DK人类探险史

DK人类探险史

关于毅力与探索的伟大故事

[英] 皇家地理学会　DK公司　编著　徐菊　译

DK

上海文化出版社

图书在版编目（CIP）数据

DK人类探险史：关于毅力与探索的伟大故事 / 英国皇家地理学会, DK公司编著；徐菊译. -- 上海：上海文化出版社, 2019.8
ISBN 978-7-5535-1653-0

Ⅰ.①D… Ⅱ.①英… ②D… ③徐… Ⅲ.①探险—历史—世界—普及读物 Ⅳ.①N81-49

中国版本图书馆CIP数据核字(2019)第128291号

审图号：GS（2019）2337号
图字：09-2019-105

出 版 人 姜逸青
责任编辑 任 战
版权协助 王茗斐
装帧设计 许洛熙

书 名 DK人类探险史：关于毅力与探索的伟大故事
作 者 [英] 皇家地理学会 DK公司
译 者 徐 菊
出 版 上海世纪出版集团
上海文化出版社
地 址 上海市闵行区号景路159弄A座3楼
邮政编码 201101

发 行 上海文艺出版社发行中心
上海市闵行区号景路159弄A座2楼
201101 www.ewen.co
印 刷 当纳利（广东）印务有限公司
开 本 889×1194 1/8
印 张 45
版 次 2019年8月第一版
2023年1月第四次印刷
书 号 ISBN978-7-5535-1653-0/K.189
定 价 238.00元

敬告读者 本书如有质量问题请联系印刷厂质量科
电 话 0755-84743877 转 843

目录

前言 6
序言 8

早期探险家 11

大事记 12

古代世界的拓展 14
哈尔胡夫 16
航海家汉诺 18
马赛的皮西亚斯 20
亚历山大大帝 22
体验沙漠生活 26

贸易与外交 28
张骞 30
伊本·法德兰 32

寻找新陆地 34
莱弗·埃里克森 36
维京长船 40

探索佛教世界 42
高僧法显 44
玄奘 46

贸易与发现 49

大事记 50

亚洲的传说 52
鲁布吕克的威廉 54
马可·波罗 56
郑和 63

探索阿拉伯世界 66
伊本·白图泰 68

环航非洲 74
巴尔托洛梅乌·迪亚士 76
迪奥戈·康 78
瓦斯科·达伽马 80
图解航海导航发展 82

所谓的“新大陆” 84
克里斯托弗·哥伦布 87
圣玛丽亚号 90
塞巴斯蒂安·卡伯特 92
亚美利哥·韦斯普奇 94
佩德罗·阿尔瓦雷斯·卡布拉尔 96
图解航海制图发展 98

征服与殖民 101

大事记 102

残酷的征服者 104

埃尔南·科尔特斯 106

弗朗西斯科·皮萨罗 112

庞塞·德莱昂 116

赫尔南多·德索托 118

瓦斯科·努涅斯·德巴尔沃亚 120

图解探险和医学发展 122

北方联盟 124

萨缪尔·德尚普兰 126

雅克·卡蒂亚 130

乔利埃和马奎特 132

勒内-罗贝尔·德拉萨尔 134

环球航行 136

费迪南德·麦哲伦 139

体验航海生活 142

弗朗西斯·德雷克 144

威廉·丹皮尔 146

乔治·安森 148

路易斯·安东尼·德布干维尔 150

图解远途通信发展 152

进入太平洋 154

詹姆斯·库克 156

阿贝尔·塔斯曼 160

拉佩鲁兹 162

填补空白 165

大事记 166

绘制陆地地图 168

维图斯·白令 170

体验草原和苔原生活 172

刘易斯和克拉克 174

刘易斯和克拉克的自述 178

约翰·弗里蒙特 180

马车队 182

约翰·麦克道尔·斯图亚特 185

爱德华·艾尔 186

伯克和威尔斯 189

进入非洲 192

蒙戈·帕克 195

体验雨林和丛林生活 198

理查德·兰德 200

海因里希·巴尔特 202

伯顿和斯贝克 204

托马斯·贝恩斯 208

玛丽·金斯利 212

亨利·莫顿·斯坦利 214

西方信仰的传播 216

弗朗西斯·泽维尔 218

戴维·利文斯通 221

戴维·利文斯通的自述 224

理解他者 226

斯文·赫定 228

马克·奥瑞尔·斯坦因 235

哈利·圣约翰·菲尔比 238

约翰·路德维希·伯克哈特 240

图解探险服装的发展 244

查尔斯·蒙塔古·道蒂 246

伯特伦·托马斯 248

威尔弗雷德·塞西杰 250

格特鲁德·贝尔 252

弗雷娅·斯塔克 254

费迪南德·冯·李希霍芬 258

到达极限之地 261

大事记 262

科学探索 264

亚历山大·冯·洪堡 266

卡斯滕·尼布尔 270

阿尔弗雷德·拉塞尔·华莱士 272

查尔斯·达尔文 276

海拉姆·宾厄姆 280

托尔·海尔达尔 282

前往地球极点 284

亨利·哈德逊 286

威廉·巴伦支 288

阿道夫·埃里克·诺登舍尔德 290

约翰·富兰克林 292

体验极地生活 294

弗里乔夫·南森 297

弗里乔夫·南森的自述 300

罗尔德·阿蒙森 302

查尔斯·霍尔 306

罗伯特·E.皮尔里 308

马修·亨森 310

罗伯特·斯科特 312

斯科特的临时营房 316

厄内斯特·沙克尔顿 318

持久号 320

希拉里和丹增 322

体验高海拔地区生活 324

深海探索 326

威廉·毕比 328

雅克·库斯托 331

体验水下生活 334

进入太阳系 336

尤里·加加林 338

尼尔·阿姆斯特朗 342

指令舱 344

后阿波罗时代太空探索 346

未来科学探索 348

索引 350

致谢 358

前　　言

数千年来，由探险家、学者、旅行者、商人、外交官等人士开展的探险之旅遍及世界。许多人归来后均对探险经历进行各种记录，从关注生存发展之实际问题的探险家个人日记，到样本记录、方位图、卫星数据采集的科学文献，不胜枚举。无论每次探险之旅的动机如何，这些记录均展现了使其产生的由人类技能和耐力铸就的个人壮举，并极大地改变了我们对这个星球的理解。

这些探险家的故事主要摘录自英国皇家地理学会丰富的历史典藏，并辅之以地图、期刊、档案资料和长达500年的各种记载材料，从而佐证了实现个人目标所需的那些激情、技能和精神。这些故事表明，每次探险之旅的严酷现实，以及人在陌生的环境中所经历的身体极限挑战，往往被探险家的勇气和智慧所超越。这些不同的探险家有个共同的心愿，即渴望描述、理解和拓展地理知识。本书既有个人叙事，也有公共叙事，从斯科特和沙克尔顿这样的英雄人物在南极探险期间所面临的严酷环境，到19世纪理查德·弗朗西斯·伯顿在非洲和阿拉伯旅行时所展现的适应技能和文化融合技能，本书均有描述。同时本书还

提供了丰富的视觉材料，如弗兰克·赫利和赫伯特·庞廷等摄影艺术先驱拍摄的那些独一无二的早期摄影作品。

除了这些众所周知的人物，这本书还提供了一个理想的机会，让我们得以了解来自不同时代、不同文化的探险者之间的内在关联。比如，亚历山大·冯·洪堡对后世南美洲科学考察活动的重大启迪意义，还有伯特伦·托马斯等早期阿拉伯学者对原住民生活和文化所持的同理心在提升欧洲人对贝都因人生活的理解方面所起的重大作用，都是如此。在探险过程中，许多原住民搬运工、翻译人员、导游和外交官也居功至伟，如果没有他们所拥有的数千年传承下来的当地地理知识，探险活动就难有成果。探险活动随科学技能的进步而不断发展，让我们得以了解新的景观。当前，人们正致力于调查导致环境变化的原因和过程：激情和决心仍将是未来探险的核心。

雷纳夫·法因斯爵士

2010年5月

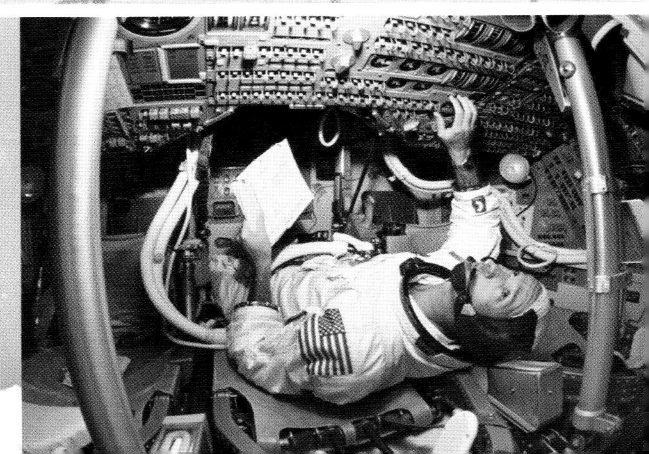

序　言

在我的有生之年，世界似乎变小了，遥远的土地触手可及。由于现代交通、卫星和计算机的发展，曾经神秘的事物已成为主流，异国情调也成为生活日常。我不是在抱怨，我已尽力拉近世界与家园的距离。作为英国皇家地理学会主席，我很高兴地看到，如今越来越多的人有兴趣亲自去发现我们这个星球非凡的美丽与多样性。

我们不该忘记的是，新技术如何快速地改变事物，这些新机会出现的时间是如何之近。在我的童年时代，去英国以外的地方旅行是少数人的特权，而对于我这样对世界着迷的人，则不得不指望某类人群去从事艰险的旅行。我们称他们为探险家，而我想成为其中一员。

作为一个岛国，探险是我们历史和传统的重要组成部分。从15世纪晚期开始，英国连同荷兰和葡萄牙，都是不安分的国家，人们总是希望拓展对世界的认识，了解潜在的新路线和新市场。后来，在18世纪和19世纪，科学和宗教成为另一动机，让人们抛下舒适的家园，前往那些艰难之地，往往也是危险之地，接受种种考验和磨难。

死亡、疾病和持续的困苦无法抑制人们探险的欲望，这在我们这个安全意识强的时代似乎很难理解。在一个旅行者跌倒的地方，另一个旅行者已准备好拿起他的行李，继续往未知的方向前进。鉴于当今很少有“未知”的事物，因此如这样的书籍非常重要。本书通过生动的插图、大量地图和个人叙事（许多来自我们皇家地理学会的档案），让我们得以深刻了解那些激励探险家们

承担如此风险的深层动因，并从中感悟良多。

我们携带地图、导游书、接种疫苗和GPS定位器出发，可能轻易就忘记自己进入的是一个无人见过、也未绘制过地图的地方。你要经历事前没有任何准备的极端酷热和寒冷，要忍受没有先例的疾病折磨，而且通常得不到任何治疗。探险活动的艰苦卓绝世所罕匹，失败率很高，其进展常常令人沮丧，需要反复摸索。所有这些都在书中展现出来，但探险故事还有另外一面，亦即成就感。譬如，见到西方人从未见过的山川、河流、沙漠、峡谷、瀑布和文明时的巨大震撼，危险化解后的巨大解脱，还有发自内心的巨大喜悦。

这本书固然充满了关于那些伟大探险家的新信息和新内容，但最重要的是，它颂扬了一种渴望超越人类经验界限的冲动，虽然它有悖常理，过于痴迷，往往还具有破坏性。该冲动仍然存在，尽管供其表现的机会很少，但地球上仍有一些这样的地方：残酷、荒凉而遥远，让人不可抗拒。

探险的故事尚未结束。

迈克尔·佩林

英国皇家地理学会

（暨英国地理学家协会）

2010年5月

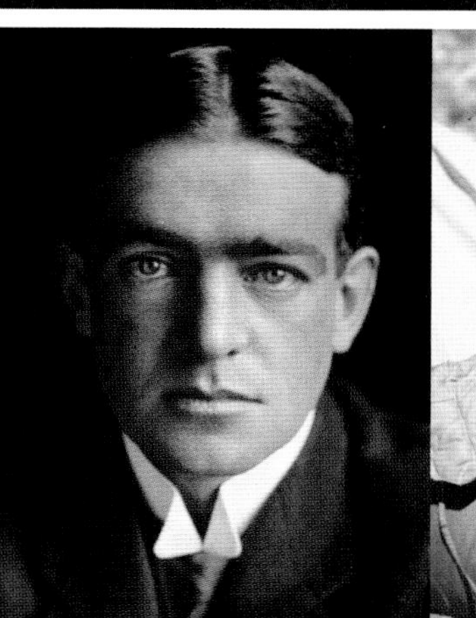

早期探险家

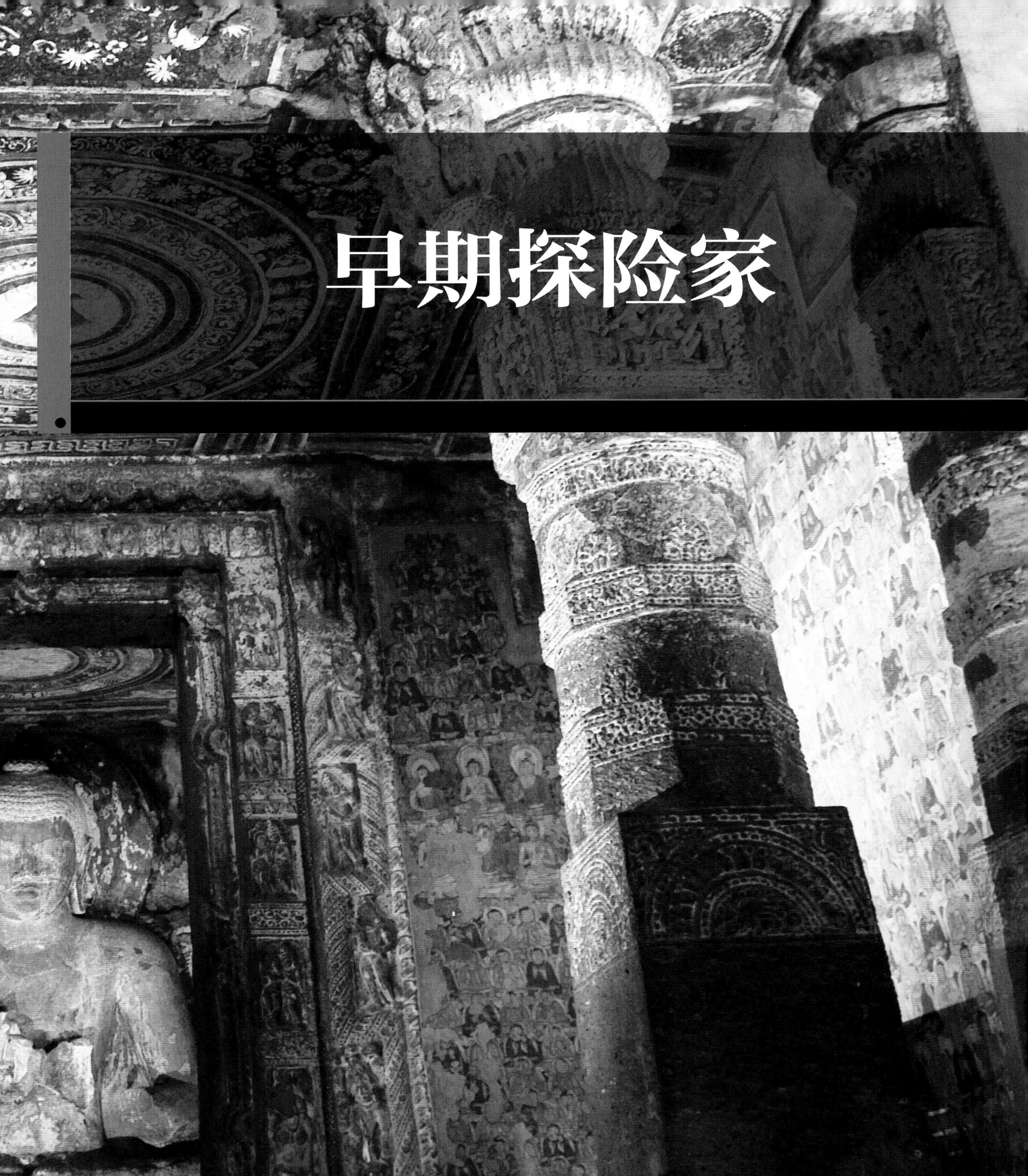

大事记

公元前2500年

▲ 公元前2500年
苏美尔石碑记录了叙利亚与安纳托利亚（今土耳其）之间的贸易路线

▲ 公元前2300年
哈尔胡夫从埃及出发，三次远征努比亚；第三次远征冠以法老佩皮二世的名义，该法老姓名刻在此石制容器上（见第16—17页）

◀ 公元前1500年
哈特谢普苏特女王派遣一支大规模贸易探险队从埃及前往蓬特地区，时人以为蓬特即非洲之角

▶ 公元前1000年
波利尼西亚人从中国南部抵达汤加和萨摩亚，其后2000年间，他们向东分布到太平洋广阔海域

公元前700年

约公元前670年
埃及法老尼哥派遣一支探险队从埃及出发，试图环航非洲

约公元前563年
佛祖释迦牟尼出生于印度北部的蓝毗尼

▶ 公元前500年
汉诺从腓尼基的迦太基城出发，从海路前往西非，可能还到达喀麦隆(见第18—19页)

公元前500年
希腊制图师赫卡特斯制作了第一张已知的世界地图，该图将世界描绘成"海洋"环绕的扁平圆盘

▶ 公元前5世纪
腓尼基人开拓的殖民地西至今摩洛哥，他们从骨螺中提取紫色染料进行贸易

公元前5世纪
班图人开始从尼日尔地区逐渐扩张至非洲大湖地区周边

公元前400年

▲ 公元前334年
亚历山大大帝开始征服小亚细亚和波斯帝国，公元前332年征服埃及，公元前324年征服印度（见第22—25页）

▼ 公元前330年
波斯帝国首都波斯波利斯被亚历山大大帝的军队占领并摧毁，或许是为希波战争中波斯破坏雅典卫城复仇

公元前330年
皮西亚斯从希腊马赛起航，到达赫布里底群岛，或远至冰岛，并首次描述浮冰和北极光（见第20—21页）

公元前138年
张骞受汉武帝派遣出使西域，于此地开通贸易通道，即后世的丝绸之路（见第30—31页）

1年

82年
罗马皇帝图密善派遣一支探险队穿越撒哈拉沙漠到达阿拉曼特人地区，或远达埃塞俄比亚

▲ 130年
亚历山大城的克迪斯・托勒密绘了当时已知世界地的坐标图，纬从赤道开始测量与今天一样

▶ 1世纪
纳巴泰人的巴尔米拉城是连接西面的罗马和东面的帕提亚的纽带，通过贸易致富

148年
帕提亚王子安世高抵达中国汉都洛阳，并首次翻译佛经

166年
一个罗马使团远
中国朝廷，与东
建立起贸易联系

从最早的时代起，旅行者就以商人、征服者或仅仅是游客身份冒险越过疆界。早在公元前，腓尼基的航海家就到达了非，希腊航海家皮西亚斯航行到不列颠群岛。后来，维京人北美登陆。但古代旅行者的叙述往往虚幻与现实交织，所以对地球地理的真正了解仍然是不可能的。美洲的先进文化依然与古代世界的其他地方隔绝。中国与欧洲文明只有零星接触，即使是与印度和波斯的接触，也依赖于丝绸之路上一条非常脆弱的路线。非洲除了北部海岸，在很大程度上仍不为外界所知。

300年

399年
僧法显从中国启，进行漫长而艰的朝圣之旅，前印度和斯里兰卡经（见第44—5页）

12—530年
尔兰修道士圣布丹开启传奇之，北上到达神秘福岛

▼600年
中国的奢侈品贸易出口到西方，远达埃及，比如这个陶俑马

629年
国僧人玄奘踏上史诗之旅，在前印度的途中穿越亚，瞻仰阿富汗米扬大佛（见第6—47页）

635年
由阿洛普率领的首个基督教传教团到达中国，在西安建立礼拜场所，传播基督教的聂斯脱里派（景教）教义

700年

700年
阿拉伯商人到达中国广东

▲850年
商人苏莱曼从巴格达出发，到访马尔代夫、马六甲、越南和中国的广州

◀860年
维京人登陆冰岛；有记载的首位永久定居者是英戈弗尔·阿尔纳森，他于874年在今称雷克雅未克的地方建屋居住

900—1000年

约900年
阿拉伯独桅三角帆船开始沿东非海岸线航行，往南最远到达索法拉

914年
阿拉伯历史学家和地理学家马苏迪开始旅行，最南到达东非，最东到达印度，或至中国

◀922年
伊本·法德兰从阿巴斯哈里发帝国向北出发，该帝国拥有号称世界上最大的清真寺，位于萨马拉，其任务是使伏尔加保加尔人皈依伊斯兰教（见第32—33页）

950年
红发埃里克从瑞典被放逐到冰岛；982年，他发现了格陵兰岛，并鼓励其他人追随他（见第39页）

▼1003年
莱弗·埃里克森从冰岛出发，航行至拉布拉多海岸，企图在该地建立名为“文兰”的殖民地，但未获成功(见第36—39页)

▼11世纪
维京人向南征服并定居，远至西西里岛

古代世界的拓展

古代文明的繁荣取决于黄金、宝石和奴隶等商品的供应。为获取这些商品，古代人建立贸易路线，并派遣军队远征来控制它们的来源。

进贡者
来自库什（努比亚的埃及名字）的土著人向埃及法老进贡自己国家的特产。

一万年前，农业的到来首先使文明成为可能。首批文明之间的贸易很早就建立了。在阿富汗开采半宝石青金石并运往埃及的活动始于公元前6000年，而来自印度河流域文明的文物在美索不达米亚的考古层中被发现，这些文物可追溯到公元前2500年左右。

在伊拉克的特珀高拉和法国的蒙贝格等地，发现了最古老的地图标注（定居点）证据。其时间为新石器时代（石器时代的最后阶段，约公元前9500—公元前3500年）。

不过，最早誊写地名目录的是公元前2500年的苏美尔人。公元前19世纪的一些楔形文字描述了从亚述到安纳托利亚中部（现在的土耳其）的贸易路线。

关于有组织探险活动的最早记录来自古埃及的第六王朝时期（公元前2323—公元前2150年）。

在埃及南面的努比亚，横亘着一条贸易路线，将象牙、乌木、熏香和

海乌鸦
罗马人模仿迦太基战舰的设计，并增添了一个名为“考福斯”（拉丁语“乌鸦”）的凶猛尖头，撞击敌舰甲板，使敌舰无法移动。

亚历山大大帝
马其顿国王亚历山大大帝进入美索不达米亚的巴比伦城，他建立了一个庞大的帝国，东至印度，南抵埃及。

托勒密的世界
托勒密绘制的原始地图没有一幅幸存下来，但他提供的坐标使得重绘这些地图成为可能，比如这幅显示印度的地图，可以追溯到1482年。

背景介绍

- 早期探险通常由资源贸易推动，如英国的锡、阿富汗的青金石、东非的象牙和黄金。对这些商品的争夺常常导致战争，比如埃及对努比亚的征服（公元前1971—公元前1926年）。
- 腓尼基人的名字来源于希腊词“凤凰”，意思是紫红色，是指他们在公元前1100年起就建立的殖民地进行交易的染料。
- 建于公元前800年左右的希腊殖民地有些至今尚存，并发展成现代城市，比如马赛（始建于公元前650年，原名“马萨利亚”）和那不勒斯（始建于公元前600年，原名“纳波利斯”，意为“新城”）。
- 昔兰尼的埃拉托色尼（公元前275—公元前194年）通过测量太阳光线在西恩纳和亚历山大两地的角度，首次对地球周长进行科学估算。到此时为止，大多数希腊学者都承认地球是球形的。
- 亚历山大大帝从公元前334年起发动的征战，使他跨越希腊世界的传统疆界，东至阿富汗和印度西北部。

野生动物皮等珍贵商品带到尼罗河流域。埃及人不遗余力地控制这条贸易路线。第六王朝时期，埃及阿斯旺城的总督哈尔胡夫四次远征“亚姆”（见第16—17页）。在哈特谢普苏特（公元前1473—公元前1458年）统治时期，埃及在红海拥有一支舰队，常去埃及人称为“蓬特”的地区进行贸易和外交活动，该地也被称为“厄立特里亚”或“阿拉伯的西南海岸”。希腊历史学家希罗多德记录了第二十六王朝期间埃及航海的另一项壮举，他讲述了埃及法老尼哥（公元前672—公元前664年）派遣一支远征探险队环航非洲的故事。

海上战争
希腊城邦雅典的实力依靠它的海军力量。这个花瓶描绘的是雅典的大型战舰。

腓尼基人的扩张

尼哥在环航非洲活动中所雇佣的水手是腓尼基人，腓尼基人自公大约元前第一个千年起，就已从位于今天黎巴嫩的家园向外扩展，沿着地中海西海岸建立起一系列殖民地。腓尼基人通常把定居点安置在沿海岛屿上。大约公元前1100年，他们在加迪尔（今西班牙的卡迪兹附近）、利克斯（在今摩洛哥）和尤蒂卡（在今突尼斯）均建立了殖民地。到公元前8世纪，他们控制了西西里岛、撒丁岛和西班牙东部的部分地区（那里有丰富的内陆银矿）。腓尼基人建立了迦太基城（传统认为是在公元前814年），也控制了西地中海。腓尼基探险家不满足于此，他们去更远的地方探险，如公元前5世纪末汉诺的非洲航行（见第18—19页），以及公元前5世纪西米尔科或许远至爱尔兰的西北航行。

希腊的崛起

到汉诺航海时，腓尼基人已面临着来自希腊人的竞争，希腊人在公元前8世纪就掀起向西方派遣殖民者的浪潮。希腊人扩张到西西里岛和撒丁岛，南抵非洲的昔兰尼加和的黎波里海岸线，北沿黑海海岸线扩张。希腊的扩张与希腊科学和哲学的繁荣相结合。公元前6世纪，他们绘制了最早的世界地图，其中包括赫卡特斯绘制的地图（约公元前500年），他描绘了一个被“海洋”包围的扁平世界，印度和阿拉伯的形状也在地图上得到合理的表现。到公元前5世纪，希罗多德对这一传统观点提出异议，在编纂《历史》时，他的叙述基于自己直接的经验和旅行，比如他亲自到访埃及，向当地宗教人员询问埃及的宗教仪式问题。

> 5世纪，西罗马帝国灭亡后，大批入侵者涌入欧洲：西部有匈奴人、哥特人、法兰克人，以及9世纪的维京人；东部是阿拉伯穆斯林，他们占领了整个北非。

收集数据

随着时间的推移，古希腊科学家开始收集证据来支持他们的观点。亚历山大大帝（见第22—25页）在他伟大的东征中还带着一群学者，其中包括贝托和迪格涅托斯，他们在日志中对距离、地理特征、动物群和植物群均作了记录。这一传统在亚历山大的托勒密（约90—168年）的工作中达到了顶峰，他绘制了已知世界各地的坐标，讨论了各种地图投影在近似球体上的优点，并确立了绘制地图的原则，直到中世纪后期仍有影响力。

哈尔胡夫

古埃及努比亚探险家

埃及　　约公元前2300年

哈尔胡夫是最早有记载的探险家。他出生于埃及象岛的一个贵族家庭，象岛为尼罗河的一个河心岛，靠近埃及与努比亚（今北苏丹）边界。他生活在公元前24世纪，是埃及第六王朝官员，历经迈兰拉和佩皮二世两任法老。他的坟墓位于埃及南部的阿斯旺，墓室铭文记载了其生平及四次努比亚之旅的经历，还骄傲地展示了他的头衔、功绩和皇室对他的赞赏。

护送商队

哈尔胡夫在其漫长辉煌的职业生涯中，曾担任下埃及总督，这是一项有效的王室任命。但他主要以“商队监督”的身份而闻名，这是一项重要工作，负责护送由士兵和驮驴组成的、运载贵重物品往返于努比亚的商队。配备弓箭和斧头的部队将确保商队在埃及以外的法外之地的安全。

这套埃及产的模型中刻画了努比亚弓箭手的形象，他们在埃及第十一王朝时受雇为雇佣兵。

古埃及与其南部邻国的关系很重要。努比亚拥有丰富的自然资源，其中包括黄金和纳特龙（一种用于木乃伊制作的盐灰混合物），这些资源在埃及备受觊觎。努比亚还控制着通往非洲大陆南部和西部的贸易通道，因此它是埃及探险活动的重点。

哈尔胡夫的墓室铭文显示，他的首次努比亚之行是受法老派遣，作为“译员监督”，与他父亲一起前往的。哈尔胡夫这样描述首次旅程：“迈兰拉陛下，我主，派遣我与父亲，唯一的同伴和诵经祭司，前往亚姆……我在七个月之内即完成了使命……我从那里带回了各种美丽珍稀的礼物，因此受到极大的赞赏。”

考古学家认为，亚姆位于今喀土穆南部肥沃的平原，是白尼罗河与青尼罗河的交汇处。

驮驴商队

为了安全起见，避开努比亚武装袭击的风险，哈尔胡夫没有走水路，而是带着由驮驴和士兵组成的队伍徒步穿越沙漠。驮驴载着法老赐给亚姆首领的礼物，还有供人畜用的食物和水。这表明当时的沙漠尚能放牧，并不像今天这样贫瘠。直至近一千年后波斯人将骆驼引入埃及，才使沙漠运输得到有效保证。

墓室铭文骄傲地记载了王室对于哈尔胡夫此行的认可，法老迈兰拉要求哈尔胡夫进行第二次和第三次探险。埃及统治者希望与他们的南方邻国建立贸易联系。“第二次，陛下派我单独前往。我沿着大象之路出行……耗时八个月。我从那个国家带回大量礼物……我是在考察那些

沙漠黄金
哈尔胡夫的目的地努比亚是古代世界最富有的黄金产区之一。

生平事迹

- 带回香料、乌木、豹皮、象牙、黄金和长矛，促进埃及与努比亚的贸易。
- 利用努比亚控制的贸易路线，与中非进行贸易。
- 增加埃及对其唯一近邻的了解。
- 在交战的努比亚统治者之间斡旋，以确保该地区的稳定并保护南方的贸易路线。
- 为埃及在后世法老统治下最终扩张到努比亚做准备。

他的足迹

第一次和第二次远征亚姆
哈尔胡夫带着来自埃及的礼物进行友好访问；他与努比亚当地酋长交好。

第三次远征亚姆
受法老派遣安抚交战的努比亚酋长，成功缔结和平。

第四次远征亚姆
哈尔胡夫为年幼的法老佩皮二世带回一名俾格米人。

哈特谢普苏特的蓬特探险
载人的船只穿越东部沙漠，驶向今索马里所在地。

○ 未在地图上显示

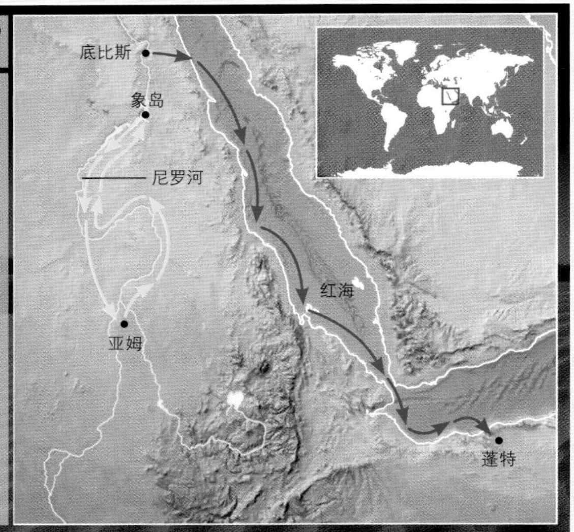

地区后，从塞杜和厄特酋长的居住地返回的。”

回程中，由于商队满载努比亚人的货物，不得不沿尼罗河行进（这样驮驴就不需要带水了）。由于有遭袭的风险，他从亚姆雇了部队进行保护。

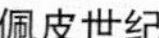

佩皮世纪
哈尔胡夫为佩皮二世效力，图中母亲膝上的男孩即为佩皮二世。他是历史上在位时间最长的君主，六岁时成为法老，活到一百岁。

受信任的顾问

哈尔胡夫的第三次远征是为了安抚交战中的努比亚统治者。根据他自己的说法，他此行是成功的，他带来的王室礼物有助于安抚当地的纷争。

迈兰拉死后，哈尔胡夫再次被要求远征南方，正是这次远征的记录，让我们了解到他是一名受信任的王室官员。对这位探险家最新的战利品，年轻的新法老佩皮二世热情地口授一封信，信的全文被铭刻在哈尔胡夫的墓壁上：“你说这次带回了一名俾格米人……快点将他带来……如果他与你一起乘船而来，就选择可靠的人护在他身旁，站在船的两侧，以防他落水……与蓬特和这个产矿地的战利品相比，我更渴望见到这个俾格米人。”

哈尔胡夫的旅行让我们洞悉了一个辽阔的古代世界。当时大多数埃及人从未离开过自己的村庄，甚至邻近的文明也似乎遥不可及。

法老的奴隶
哈尔胡夫生活在第六王朝，当时的法老希望与努比亚建立友好关系，但后来的朝代则将努比亚视为掠夺目标。这些第二十王朝的瓷砖展示了法老的努比亚奴隶。

哈特谢普苏特

埃及女王　　公元前1479—公元前1458年在位

哈尔胡夫带着巨大的财富回到了家乡，但直到大约800年后，埃及才有进一步的南下之旅记录。

下一次伟大的远征发生在第十八王朝。卢克索附近的哈特谢普苏特女王神庙，就是为纪念一次针对蓬特（当时人们认为蓬特就是非洲之角）的大规模贸易远征。船队从底比斯出发，分批跨越东部沙漠，在红海海岸重新集结，向南航行。

航海家汉诺

生平事迹

- 迦太基的巴哈蒙神庙上悬挂着一块石碑，讲述了他的航程；这块石碑后来被翻译成希腊文，我们通过希腊译本了解到他的航程。
- 在直布罗陀海峡沿岸建立新的殖民地。
- 放下上岸定居殖民的人后，他继续沿着非洲海岸向南航行，甚至可能远航到喀麦隆火山。
- 他记述了与一群多毛的野蛮人的相遇，他们可能是大猩猩，或者是另一种类人猿。
- 他可能走得比喀麦隆火山更远，但真相仍笼罩在神秘之中；很有可能，石碑并未讲述整个故事，而且他的许多发现细节都是保密的。

西非海岸早期探险家

北非迦太基　　约公元前500年

迦太基人汉诺在非洲西海岸进行了有记录以来最早的旅行。迦太基是由腓尼基人建立的一个伟大的港口城市，曾矗立在今突尼斯。腓尼基人是一个航海民族，其文明沿北非海岸传播。有一些零星的证据证明腓尼基人早期航行和探索的成就，而汉诺可能是其中最伟大的航海家。

关于汉诺探险的故事最初刻在腓尼基的一块石碑上，但随着罗马人公元前146年将迦太基夷为平地，这块石碑也消失了。幸运的是，其希腊语译本《汉诺的环游》幸存下来。该探险报告记述了一次旨在向直布罗陀海峡以西海岸殖民的远征航行，该航行的目的地可能是塞内加尔河。不过，此次探险也可能是为寻找骨螺贝壳的新场地，这种贝类可用来制作昂贵的紫色染料。此次航行是否到达更远的南方，至今人们仍在猜测，文中所描述的各种地点仍众说纷纭。

建立殖民地

汉诺的远征是一项艰巨的任务。据该书记述，这是一支由60艘船组成的船队，每艘船有50名桨手，载有约500名男女，以及补给物资。

腓尼基商人

在公元前10世纪腓尼基文明的鼎盛时期，腓尼基人的战舰和商船在地中海首屈一指。这在当时的浮雕和其他记录中都有明显的体现。到公元前6世纪，腓尼基商人除了在沿海地区占据统治地位之外，还开拓了延伸至西亚的陆上贸易网络。往来的商队在运送货物的同时，还带回了有关遥远民族和地区的信息。

热带雨林
汉诺在几内亚湾沿岸看到的风景，对腓尼基人来说是陌生的，他们之前从未进入过热带地区。

船队通过“赫拉克勒斯之柱”（直布罗陀海峡），驶向那片当时地中海人近乎一无所知的陆地。腓尼基水手航行时从不远离海岸线，所以汉诺一直靠近非洲海岸向西航行。每隔两天，就让一批腓尼基人下船，登陆定居，先后建立了八个殖民地，第一个在利克斯，最后一个在摩加多尔，都位于今摩洛哥海岸。船队沿一条大河（可能是塞内加尔河）航行期间，汉诺对大象、鳄鱼和河马均有描述。几周之内，船队远征到达“一个巨大的海口”，据认为是冈比亚河口。

遇见大猩猩?

一次特殊的登陆经历，让汉诺显然对船队产生担忧：“当时我们很害怕，我们的占卜师们促使我们放弃那个岛。我们飞快驶过了一个燃烧着火焰和香水的国家，从那里流下来的火掉进了海里……我们在夜间发现了一个充满火焰的国家。”根据对船队位置的估计，汉诺当时可能靠近今几内亚的卡库利马山。他继续记述：“我们离开那里，伴着这些火焰流航行，第三天，来到了一个海湾……在海湾尽头，有座野蛮人遍地的岛屿，上面大部分是女人，全身长毛，我们的口译员称他们为‘大猩猩’。我们追赶那些男人，却一个也抓不住，他们逃过了悬崖，用石头自卫。我们抓住了三个女人，

塔苏斯船
在这个公元1世纪时期的石棺上，绘有一艘名为“塔苏斯船”的腓尼基商船。这种船宽阔坚固，带有一面方形帆。

但她们用手和牙齿攻击看管人，无法说服她们和我们待在一起。于是我们杀了这三个女人，剥皮后将皮带回迦太基。”对于这段文字中他们接触的究竟是人类还是猿类，争论仍在继续。故事在这里戛然而止，汉诺决定放弃更远的探索，“因为食物供应阻止了我们”。

他走了多远?

后世关于汉诺环游非洲的观点来源于希腊语译本的《汉诺的环游》。据信，汉诺继续旅行，绕过好望角，从东方返回迦太基。这个观点可能是基于他确实向东航行，进入几内亚湾。但这个观点被希腊历史学家希罗多德所质疑，今天人们普遍认为其可能性极小。

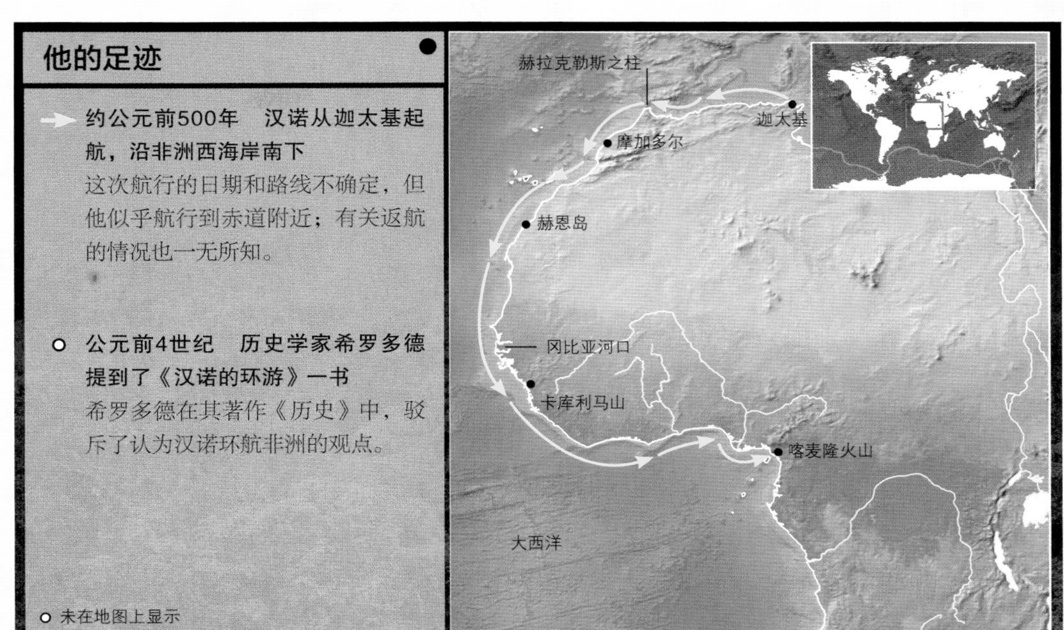

他的足迹
约公元前500年　汉诺从迦太基起航，沿非洲西海岸南下
这次航行的日期和路线不确定，但他似乎航行到赤道附近；有关返航的情况也一无所知。
公元前4世纪　历史学家希罗多德提到了《汉诺的环游》一书
希罗多德在其著作《历史》中，驳斥了认为汉诺环航非洲的观点。
未在地图上显示
赫拉克勒斯之柱
迦太基
摩加多尔
赫恩岛
冈比亚河口
卡库利马山
喀麦隆火山
大西洋

汉诺登陆

汉诺讲述了在某个岛上遇到“多毛”人的故事。它们可能是大猩猩，但更有可能是另一种类人猿，因为大猩猩不会游泳。古罗马作家普林尼后来写道，“大猩猩”的毛皮在迦太基的坦尼特神庙展出过。

马赛的皮西亚斯

不列颠群岛的“发现者”

希腊马赛　　约公元前380—公元前310年

皮西亚斯是希腊数学家、天文学家、探险家，生活在马萨利亚殖民地（今法国马赛）。约公元前330年，他进行了一次航海探险，寻找一条从北欧运输锡的海上路线。人们相信，他在这次航行中“发现”了不列颠群岛，并远至设得兰群岛。他还确立了“图勒”（极北之地）的存在，根据希腊、罗马地理学家和学者的说法，这个“图勒”是已知世界神秘的尽头。

向遥远的北方航行

皮西亚斯沿英国海岸向北航行时，据他的观察记载，他到了英国约克郡的弗兰伯勒角，后来又到达苏格兰的塔伯特岬。在途中，他注意到种植的谷物和水果消失了，北方居民依赖杂谷、草药和根茎为生。他继续沿着凯斯内斯和奥克尼群岛海岸，到达安斯特岛上的巴拉峡湾，这是设得兰群岛的最北端。皮西亚斯在记录中将其命名为“奥卡斯”，意为不列颠群岛的最北端，无疑是用当地名字命名的。

设得兰群岛安斯特岛的悬崖峭壁，这是呈现在北上的皮西亚斯及其船员面前的风光。

没有直接证据证明皮西亚斯的航行，记载他旅行的文献在介绍他的成就时往往持批评和质疑的态度。据后世希腊地理学家斯特拉博（约公元前64—公元前24年）说，皮西亚斯的个人生活相当拮据，他自己无法支付探险费用。这笔资金很可能是由殖民地的管理机构提供的，或者可能是由一位渴望获得锡和其他商品供应的富有赞助人提供的。而在此之前，来自北欧的锡和其他商品要通过一条漫长的陆路路线，穿过罗纳山谷才能获得。此次航行的时间，很有可能是公元前330年。

计划航行

皮西亚斯在起航前，先计算出了出发点的纬度。这对航行过程中的航行数据计算至关重要。最早计算所在位置与赤道距离的方法，是观察最长和最短之日的长度。他为此竖起了一个巨大的日晷，通过他的测量，可以确定马萨利亚的纬度，这几乎与当今马赛天文台的纬度完全一致。随后，他将仪器锁定距离北极星最近的一颗星，以确定他的航向。这两项准备都标志着皮西亚斯是已知最早的航海家之一。

皮西亚斯的三桅帆船以三排桨命名，长45—50米（150—170英尺），重400—500吨。将这艘船的规模与后来的探险船进行比较很有趣，比如哥伦布的圣玛丽亚号，船长只有20米（70英尺）。皮西亚斯的船，主桅杆上装有方形帆，还有前后帆。不过，这艘船的大部分动力来自桨帆船本身，船上有174名水手呈高低三行排列。桨长2.3米（7.5英尺），每上升一行增加90厘米（3英尺）。这类古希腊船只日行距离平均为500个体育场（90公里/56英里）；体育场（90米/295英尺）是古希腊测量所有地理距离的单位。

皮西亚斯和船员近海岸线航行，就像所有古代航海者一样，驶向“神圣的海角”（今葡

生平事迹

- 从马萨利亚（马赛）起航后，皮西亚斯越过当时已知世界的最西端（今葡萄牙圣文森特角）。
- 驶向不列颠群岛最北端的居住地安斯特岛。
- 据报道，他到过极北之地“图勒”，亦即今挪威在北极圈内的区域；他是有记录以来第一个描述午夜太阳（极昼）和浮冰的人。
- 发现英国人喝啤酒，这是一种由大麦发酵制成的酒精饮料，当时在地中海尚不为人所知。

桨动力战船

皮西亚斯的船不仅有横梁、天鹅颈船头及船尾，还用环绕水线的木质横档加固，在船尾甲板上有一个帐篷式结构，可安置领航员和舵手。

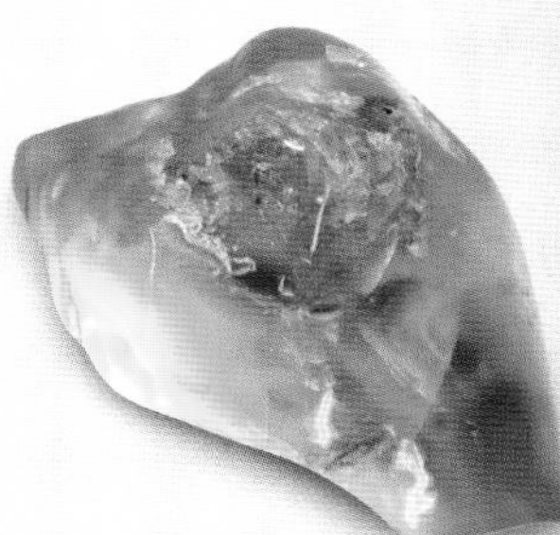

琥珀的发现
在前往莱茵河与易北河的航行中，皮西亚斯记录了琥珀的存在，当时被称为“金银合金”。

北极光
据斯特拉博记述，皮西亚斯声称他曾访问过极北之地“图勒”，这说明他可能到过北极圈，也许是在挪威。据说他在《海洋》一书中提到该地夏夜极短，以至于太阳几乎不落；书中还描述了北极光。

萄牙圣文森特角，当时认为那是已知世界的最西部），随后他们继续北上，到达菲尼斯特雷角，接着沿伊比利亚北岸向东航行。

登陆不列颠

据记载，皮西亚斯首次登陆英国的地点在坎廷（今肯特）海岸，他从那里徒步前往贝里安（今康沃尔），收集关于锡供应的关键信息。

回到船上后，他继续向北航行，到达了苏格兰的设得兰群岛。正是在此地，他获悉北极圈有陆地，即“图勒”（古撒克逊语，意为“极北之地”）的存在，据估计距离那里还有六天的航程，且附近是北方冰封的海洋。他所描述的“图勒”（亦称“极北之地”），可能是冰岛或者挪威海岸。无证据表明他到访过该区域，虽然他确实收到有关该区域的信息和报告，并描述了那里的浮冰。

皮西亚斯随即经英国东海岸返回肯特，然后起航到莱茵河与易北河的河口（在当今德国）。据记载，皮西亚斯回来后，写过两本书记述他的远航：其一是《海洋》，记述了他远征不列颠群岛的经历；其二是《皮西亚斯航行记》，记述了他到莱茵河与易北河的第二次旅程。这两本书都未流传下来，但极大地影响了古希腊人对北欧与北极的认识。

英国啤酒

皮西亚斯记录了他对不列颠人及其耕作方法的观察。据他记述，在没有阳光的情况下，当地人在大谷仓里打谷，而不像地中海地区那样露天打谷。他还发现了一种由大麦发酵后制成的名为“柯密”的饮料，用来代替葡萄酒饮用。正如哥伦布在新大陆发现烟草一样，皮西亚斯也可以说在英国发现了啤酒。

亚历山大大帝

马其顿的亚历山大：军事征服者

马其顿　　公元前356—公元前323年

亚历山大大帝在其短暂的一生结束之际，已将自己的帝国从巴尔干半岛延伸到印度次大陆。他拥有非凡的魄力，做事坚决果断，并意识到自己的伟大。他把希腊文化传播给被他征服的文明，同时也表现出向其他文明学习的意愿，经常采纳当地习俗，这让他的士兵们感到懊恼。他对世界的好奇心促使他深入亚洲，如果不是军队思乡心切强迫他回去，他甚至有可能继续远征，直至中国。

生平事迹

- 他从小就接受希腊哲学家亚里士多德的教导，亚里士多德激发了他效仿《荷马史诗》英雄的冲动。
- 征服埃及，被宣告为全埃及的法老。
- 在尼罗河三角洲建立亚历山大城，该城成为古代世界中重要性仅次于罗马的城市。
- 征服波斯帝国，建立有史以来最强大的帝国，并将希腊文化扩展到亚洲。
- 把他的帝国扩张到印度，留下被征服的首领以他的名义统治。
- 研究被征服民族的文化和传统，采纳他们的风俗习惯。
- 激励后世探险家跟随他的足迹从欧洲进入波斯和印度。

文化艺术中的亚历山大

这个可追溯至公元前2世纪的希腊亚历山大半身像，以理想化的形式展现了他作为荷马史诗英雄的形象。几个世纪以来，亚历山大雕塑的不同风格也反映了雕塑家的不同文化背景，如罗马文化、文艺复兴等。

亚历山大的父亲——马其顿的菲利普聘请哲学家亚里士多德教导他的儿子，这位哲学家送给他年轻的弟子一套特制版的《荷马史诗》——《伊利亚特》和《奥德赛》，这是件鼓舞人心的礼物，未来的征服者将携带它进行所有的冒险。亚历山大从小就决心效仿《荷马史诗》的英雄阿喀琉斯和奥德修斯的功绩。19岁时，机会来了。他在父亲被杀后登上了王位，继承的遗产是希腊帝国。

北上多瑙河

亚历山大首次环希腊之旅是为了平定因父亲去世的消息而引发的叛乱。随后，为镇压马其顿北部多瑙河谷流域的叛乱，亚历山大开始了作为国王的首次军事远征。到达该地区后，他意识到，要击败当地首领，必须横渡到河对岸，才能占据优势。因此，他指挥建造木筏，将充气的兽皮围到木筏上来给予木筏浮力，一夜之间将自己的军队、马匹、行李和武器全部运到对岸。他的战术基于对地形的解读，是成功的。22岁时，他就证明了自己是个天才的战术家。随着欧洲帝国的巩固，亚历山大把注意力转向波斯，他父亲早就计划征服波斯。

作战服装

古希腊的方阵步兵均为市民兵士，自备作战装备。富裕阶层会穿图中这样的盔甲，织物上覆有铜片以增强保护能力。

攻占波斯

亚历山大率领一支32 000人的军队从土耳其南部的西里西亚门（古莱克山口）出发。他穿过叙利亚，在伊苏斯平原与波斯国王大流士的军队隔河对峙。亚历山大再次采用上次横渡多瑙河的策略，打败波斯人，大流士向东逃亡。两个世纪后的希腊历史学家普卢塔克曾记载，当亚历山大见到富丽堂皇的波斯国王寝宫的时候，对部下说："这似乎就是皇室气派。"穿越叙利亚和巴勒斯坦之后，亚历山大前往埃及，当时那里属于波斯帝国。他解读荷马的《奥德赛》时，确认了一个与《奥德赛》故事有关联的小渔村，于公元前331年在该地建立了一座城市，这座城市被命名为亚历山大，是欧洲和东方之间的贸易中心。在它建立后的一个世纪内，它成为古代世界最大的城市。

> **我感激父亲给了我生命，感激老师教我如何好好地生活。**
>
> ——亚历山大大帝

他的足迹

公元前334—公元前331年 从马其顿到埃及
亚历山大巩固了马其顿帝国的政权，然后向南前往埃及，请示位于阿姆穆尼亚的埃及神阿蒙-拉的神谕。

公元前331—公元前330年 征服波斯
他向东进军波斯帝国的中心地带，决定性地击败了大流士，到达波斯首都波斯波利斯。

公元前330—公元前324年 东征印度
征服了印度的波罗斯王国，在印度河和贝阿斯河流域建立了新的城市，他建立的所有新城市都被命名为亚历山大。

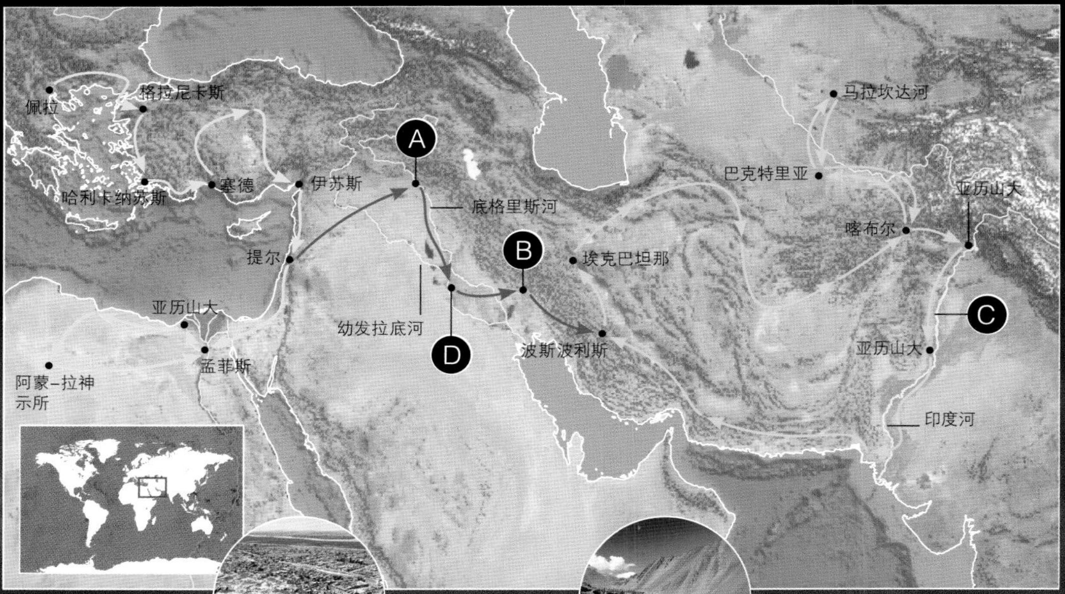

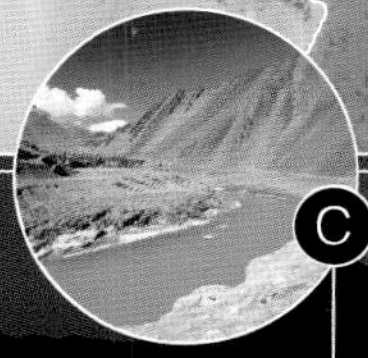

佩拉
格拉尼卡斯
哈利卡纳苏斯
塞德
伊苏斯
提尔
亚历山大
孟菲斯
阿蒙-拉神示所
底格里斯河
幼发拉底河
埃克巴坦那
波斯波利斯
马拉坎达河
巴克特里亚
喀布尔
亚历山大
亚历山大
印度河

亚历山大在他父亲菲利普去世后，19岁时成为马其顿国王。

B 进军苏萨，控制波斯帝国。

C 越过印度河，进入波罗斯王国，击败波罗斯，控制了旁遮普。

公元前336—公元前334年	公元前334—公元前331年	公元前331—公元前330年	公元前330—公元前324年	公元前324—公元前323年

亚历山大在请示阿蒙-拉神谕后，回到孟菲斯，宣布成为全埃及的法老。

A 在卡塔米拉战役中击败波斯国王大流士三世。

D 亚历山大在巴比伦去世，享年32岁，可能死于疟疾或伤寒。

天命之人

亚历山大在埃及期间，前往埃及太阳神阿蒙-拉的神庙，阿蒙-拉被希腊人认为是天神宙斯。这座神庙位于利比亚沙漠的西瓦绿洲。根据他的传记作者阿利多布卢斯的说法，亚历山大沿着海岸来到阿姆穆尼亚（今默萨马特鲁），然后在内陆行进了大约800公里（497英里），才抵达神庙。他在神庙里请示了神谕，后来他说自己已得到了“我的心所渴望的答案”。他回到孟菲斯后，宣告自己成为全埃及的法老。

亚历山大接着向东穿过幼发拉底河，到达底格里斯河。他再次与大流士交战，这次取得决定性胜利，并占领了巴比伦。他从那里出发，占领苏萨，向波斯首都波斯波利斯进发。

征服波斯波利斯

波斯波利斯是波斯国王们的居住地。这座城市建在一个偏远的高山地区，而帝国最重要的贸易城市是苏萨和巴比伦。事实上，直到亚历山大大帝征服了波斯波利斯，希腊人才知道它的存在。罗马历史学家狄奥多鲁斯将其描述为“阳光下最富有的城市”。亚历山大摧毁了宏伟的宫殿，将城市的其余部分交给他的军队去掠夺。

大流士王宫的台阶，在波斯波利斯。

很快，整个波斯帝国都被他征服，仅从波斯波利斯收获的战利品就“如此之大，以至于两千头骡子和五千头骆驼都几乎无法携带它们”。亚历山大意识到有必要将希腊和波斯的传统融合在一起，并采取了颇有远见的决策，将战败军队的军官纳入自己的军队。这是一种危险的、史无前例的举措，是有记载以来历史上首次给予战败者的价值和知识与征服者同等的地位。

永生神
这枚银币上的亚历山大形象是希腊神话中以其狮子皮帽著称的英雄赫拉克勒斯。在其他硬币上，他还有埃及神阿蒙-拉的角。

东征印度

公元前327年，亚历山大成功地将波斯帝国并入他的王国后，把目光投向印度王国，想到达“世界的尽头和伟大的外海”。他从西北进入印度次大陆，这条入侵路线是有记录以来的第一次，也是后世探险家们非常感兴趣的一条路线，如马克·奥瑞尔·斯坦因（见第234—237页）就如此。亚历山大横渡印度河，获悉该地区的伟大统治者是波罗斯，其王国在旁遮普。对于这么庞大的军队来说，越过盐岭，到达贝阿斯河，肯定是次艰苦行军。不过他们此时尚未受到挑战，直到后来，正如罗马历史学家阿利安所述，“亚历山大在河岸扎营，波罗斯带着军队和成群的大象在河对岸隔河对峙”。亚历山大把他的军队分成几块，并选择了一支小队在夜色掩护下与他一起使用木筏和船只渡河。波罗斯被亚历山大的高级骑兵和杰出战略所击败，他接受提议，在征服者的帮助下继续统治自己的领土。亚历山大下令在战场建造两座新的希腊城市。除了在被征服的领土上建立城市之外，亚历山大还把动植物收藏送回希腊。他的将领和军官们对地形的观察极大地丰富了希腊人的知识。亚历山大仅仅统治了13年，但他的统治对他庞大帝国内的语言、文化和社会各个方面都产生了深远的影响。

帝国的崩溃

亚历山大死于公元前323年，他的儿子和继承人亚历山大四世还未出生。亚历山大的保镖帕迪卡斯提议帝国应该由亚历山大同父异母的兄弟菲利普和亚历山大的儿子共同统治。在此背景下，帕迪卡斯行使实际权力，将帝国划分给亚历山大的将军们。但帕迪卡斯在公元前321年遭暗杀，该安排随即瓦解，导致长达40年的冲突。最后，出现了四个稳定地区：马其顿、埃及托勒密王朝、东部的塞琉古帝国和土耳其的佩尔加蒙。

巴比伦伊师塔门的重建。原建筑高度超过12米（38英尺），上面有琉璃浮雕。

英雄年代
亚历山大石棺，发现于黎巴嫩，可追溯到公元前4世纪。马其顿骑兵骑着没有马鞍的马，与从前的敌人波斯人一起猎杀狮子。石棺可能是为亚历山大征服波斯后任命的一个统治者而建造的。

体验沙漠生活

这些干旱、无情的土地给探险家们带来了一些最严峻的挑战。明智的探险家们向当地游牧部落学习如何在流动的沙丘中行进，如何通过穿着来保护身体，在哪里栖身，最重要的是，在哪里可以找到水。许多探险家都对生活在世界荒原上的顽强种族产生了浓厚兴趣，漫游阿拉伯的英国人威尔弗雷德·塞西杰也抱有这样的情感，他认为“道路越艰难，旅程越有价值”。

劫匪、沙尘暴和蜇咬

在19世纪，探索沙漠地区是危险的。沙漠人烟稀少，使其成为亡命之徒的理想藏身之所。塔克拉玛干沙漠长期藏匿着土匪，劫掠沿着丝绸之路往来的商队。撒哈拉沙漠也很危险，海因里希·巴尔特（见第202—203页）在19世纪40年代穿越沙漠时就曾遭到劫匪袭击。在大沙漠里，沙尘暴使旅行变得不可能。如果没有藏身之处，旅行者只能背对风坐着，遮住头。岩石地形也可能暗藏危险，比如蝎子与撒哈拉沙漠中名叫角蝰的一种毒蛇。在美国西南部沙漠里，黑寡妇蜘蛛咬人可以致命，毒蜥蜴也是如此。

小而致命
蝎子会把讨厌的毒刺刺进裸露的脚踝，晚上可能会爬进鞋里。所有的蝎子都是有毒的，有25种蝎子可能会致命。

沙漠之舟

传统的沙漠旅行方式——骆驼，被探险家们广泛使用，即便汽车运输出现后也是如此。艾哈迈德·哈萨尼和罗西塔·福布斯在1921年找到利比亚“遗失”的库弗拉绿洲所在方位时，也使用了骆驼。首次机动化穿越撒哈拉沙漠的行动发生在1922—1923年，由乔治·玛丽·哈尔德和路易斯·奥杜-杜布鲁伊率领的法国探险队完成。他们驾驶雪铁龙克格雷斯半履带车，从阿尔及利亚的托戈尔特开往马里的廷巴克图。在20世纪40年代的阿拉伯，骆驼是威尔弗雷德·塞西杰的首选旅行方式（见第250—251页）。对他来说，重要的是与沙漠交流的感觉，而坐吉普车旅行就不可能有这种感觉。

蒙古探险车队
在1922—1925年的四次探险活动中，美国人罗伊·查普曼·安德鲁斯率领一支道奇车队穿越戈壁沙漠。

寻找食物和宝贵的水

在机动运输时代之前，水要么由骆驼运送，要么位于绿洲，或者是更隐蔽的沙漠水井。哈利·圣约翰·菲尔比（见第238—239页）描述了贝都因人如何根据记忆知道沙漠井的位置，并避开敌对部落的井。沙漠井通常很难找到，因为其入口被堵住，以防被沙子堵塞。如果没有可靠的向导来定位水井，沙漠旅行可能很危险。19世纪90年代，探索中国塔克拉玛干沙漠的探险家斯文·赫定（见第228—231页）描述了在水耗尽后，他如何独自出行，希望在死前找到水源。他最终找到了一条河，还用皮靴帮同伴们运回了水。

沙漠饮食

枣、米饭、咖啡和骆驼奶是贝都因人的主食。然而，沙漠并非完全没有食物，菲尔比描述了他的贝都因同伴们发现一只野兔时的兴奋，他们在兔子被射杀前进行了长时间的追逐。有时，他们也宰杀小骆驼、牦牛和绵羊当作肉食。

夜与日

菲尔比曾记录到，在阿拉伯沙漠中，“皮肤上的水分每晚都会冻结，早上煮茶前需要先让冰融化……”白天，高温加上缺水容易导致热病，特别是在刚到沙漠的最初几天。其症状包括头疼、恶心、腹泻、抽搐、换气过度和丧失意识。塔克拉玛干沙漠冬季的温度可低至-20℃（-4℉），如果无法找到合适的防护，低温症将带来真正的危险。

宿营

在沙漠的恶劣环境中，一顶简易帐篷可以抵御白天的炎热和夜晚的寒冷。在过去，帐篷是笨重的物品，因此沙漠之旅需要有一队驮运行李的骆驼跟随探险队，到傍晚把它们赶上来，准备晚上露营。伯特伦·托马斯就是这样越过鲁布哈利沙漠的（见第248—249页）。阿拉伯的贝都因人是游牧民族，擅长建造和架设帐篷。在塔克拉玛干沙漠，游牧的维吾尔族人建造蒙古包，用厚毡覆盖的轻木框架搭建帐篷，以保护他们免受极端温度的影响。近几十年来，许多以前游牧的沙漠民族放弃了这种传统的生活方式。

沙漠驾驶

在第一次世界大战期间，由于马不适合沙漠运输，所以人们改造T型福特汽车，以适应沙漠驾驶。英国军官克劳德·威廉姆斯称，由于轮胎尺寸大，地面和底盘之间的间隙更高，以及无休止的维护，这些汽车“比猫的命还要多”，而T型车齿轮箱更适合快速换挡，以避免卡在沙子里。避开白天炎热的一种方法是在夜间旅行，但英国探险家拉尔夫·巴格诺尔德不能这样做，因为他需要确保前面的沙子不是那么软，太软的沙子会把车弄沉。在第二次世界大战期间，巴格诺尔德在白天使用简单的太阳罗盘导航。它安装在汽车的仪表板上，带有一个指时针（垂直的大头针），根据地理位置的不同，投下正午阴影，落在针的正北或正南。它相对于磁罗盘的优点在于不受汽车金属车身的干扰。

困在沙里
即使在今天，开车穿越沙漠也是一种危险的行为，因为汽车可能会陷在沙子里，或者车轴断裂。骆驼在很多方面更为适应沙漠环境，仍是旅行者的首选交通工具。

我只想在沙漠里宿营，那是一个无法估量的开阔空间，没有野心，也没有任何忧虑。

——海因里希·巴尔特

贝都因人的生活
许多欧洲探险家在阿拉伯沙漠都因受到贝都因人的热情款待而得以幸存。如威尔弗雷德·塞西杰这样的一些探险家对贝都因人的生活方式产生了深刻的尊重。

本土化

19世纪，探险家们接近沙漠部落时很谨慎。海因里希·巴尔特的遭劫事件说明了在荒野中没有当地导游的欧洲人可能会发生什么事。一些欧洲探险者通过伪装来避免引起当地人的注意。1812年“发现”佩特拉遗址的约翰·路德维希·伯克哈特（见第240—241页），在旅行开始之前，就通过学习阿拉伯语和伊斯兰法，精心准备假身份。19世纪60年代，德国沙漠探险家格哈德·罗尔夫斯在摩洛哥的撒哈拉沙漠也试图伪装成一个穆斯林，但他在游览塔菲拉勒特绿洲后还是遭到向导抢劫，并被向导丢在沙漠致死。威尔弗雷德·塞西杰在阿拉伯半岛遇到一个部落，该部落通过杀死和阉割多少人来决定一个人的地位。菲尔比则喜欢简朴的沙漠生活方式。1930年，他皈依了伊斯兰教，之后才穿越鲁布哈利沙漠。他的皈依是真诚的，也赢得了贝都因人的尊重。在斋月期间，他和向导一起斋戒，55天之内远离水，只喝茶和新鲜的骆驼奶，拂晓时配着一碗米饭喝，傍晚再喝一次。到旅程终点，他的向导杀死了一头骆驼，众人饱餐了一顿。

贸易与外交

公元前3世纪，亚历山大帝国迅速解体，东方与西方的联系逐渐减少。但随着西方的罗马和东方的中国这些新势力的崛起，新的贸易与外交联系得以建立。

香料国王
埃及法老拉美西斯二世（公元前1290—公元前1224年）手持一盏燃烧的香灯，香料这种商品在埃及神庙的复杂宗教仪式中需求量很大。

自古罗马从公元前2世纪中叶起统治地中海后，它的疆域开始达到古希腊人所探索过的世界的极限。罗马的探险通常伴随着军事远征：例如，罗马军队在公元前24年的一次失败侵略中，一直向前推进到马里布，这是罗马军队到达的最南端。也有一些非军事探险活动：公元82年，皇帝多米蒂安派遣的一个使团经由加拉曼人（一个对罗马怀有强烈敌意的部落）的土地穿越撒哈拉沙漠，到达了“阿吉辛巴”（可能靠近埃塞俄比亚边界），他们是第一批看到犀牛的罗马人。

同样重要的是商人们在罗马境外进行的对外接触，尤其是那些商人通过红海运输货物，或者组成商队走陆上商路，穿越沙漠，抵达繁华的贸易点进行贸易，如纳巴泰人的城市佩特拉城或叙利亚沙漠边缘的巴尔米拉。尤其是佩特拉城，因为位于地中海地区香料贸易路线要道而富裕起来。这条路线始于哈德拉莫河，从公元前2000年起，乳香和没药等珍贵商品就在那里交易。

为商人编写的手册得到出版，比如《埃里苏兰海的边缘地带》，就是一位匿名的埃及希腊人在1世纪出版的指南。这本手册列出了在不同贸易路线上最有利可图的商品交易，并介绍了埃及红海沿岸的主要港口，以及印度西部的主要港口。这一传统一直延续到6世纪，在西奈定居的亚历山大修士科斯马斯·印迪克吕斯编写的手册，还记录有波斯湾、印度和锡兰（今天的斯里兰卡）。那时，指导基督教朝圣者前往圣地朝圣的指南已与商人手册一样普及，而早期版本的基督教已到达中国边界，在丝绸之路上建立了多个世纪以来的第一个文化纽带。

古丝绸之路

丝绸之路是一条古老的贸易路线，它不是一条小径，而是一条将丝绸和其他商品从中国运往西方的路线。

中国对丝绸之路所提供的各种可能性的兴趣，自公元前138年张骞出使西域开始。张骞

丝绸女工
穿着高雅的中国女性用木杵捣丝绸，这幕传统的家庭生活场景也表达了妻子对远征丈夫的思念。

香料贸易
中东和地中海国家对香料的需求无法满足，导致从阿拉伯西南部发展出一条主要的贸易路线。

商人的财富
叙利亚城市巴尔米拉因对通过其领土的贸易征收通行费而致富，让市政当局得以建造奢华的公共建筑，比如这个剧院。

背景介绍

- 在古代世界，陆路贸易既危险又昂贵，船只运输则便宜得多，也更安全。但横跨亚洲的丝绸之路以及穿过阿拉伯沙漠的商队路线的开拓发展均表明，只要有可观的利润，即便是这些危险区域，商人们也会往返。
- 中国的周穆王在公元前5世纪沿后世的丝绸之路向西旅行，可能到达今天的伊朗，但这条路线在四个世纪后才被充分开发，用于贸易。
- 帕提亚的波斯人作为中间人，控制着丝绸之路的中心部分，试图垄断东西方之间的贸易和外交往来。欧洲和中国之间的直接接触直到13世纪都是断断续续的。
- 在叙利亚和阿拉伯半岛，佩特拉、巴尔米拉以及后来的麦加等城市，因对从红海港口运送香料和其他货物的商人征收重税而变得富有，但每个城市最终都向比它们强大的政权屈服，失去了独立性。
- 在7—8世纪，穆斯林军队征服阿拉伯和大部分中东地区时，也试图主导贸易路线，向中国、斯里兰卡、东非和德国派遣商人、探险家和使者。

数次前往西域（见第30—31页），招募盟友来对付游牧民族匈奴，而匈奴的敌意阻碍了这条路线的开发。他的成功，为与波斯的定期贸易开辟了道路。据说，首位到达那里的中国使者（公元前105年），在帕提亚统治者密特拉日二世面前铺上了一层奢华的丝绸，作为回礼，后者则将一枚鸵鸟蛋和一群魔术师送往中国宫廷。

> 在东西方长达几个世纪少有联系之后，13世纪，随着鲁布吕克的威廉、马可·波罗、郑和以及伊本·白图泰的旅行，贸易和文化交流逐渐恢复。

中国和西方

中国试图将他们的外交和贸易联系扩展到西方，并与罗马人直接接触，却被帕提亚人阻止了。98年，中国特使甘英被派往罗马，但最远只到达今天伊拉克的纳贾夫。帕提亚人说服他，前往罗马帝国的旅程非常艰苦，会长达三年之久，他不如回国。据说在166年，一个罗马“使团”去过中国宫廷，但这可能只是一小群没有官方背景的商人，所以并未建立任何持久的外交或贸易关系。

随着220年汉朝的覆灭，中国走向分裂，直到588年隋朝时才实现统一。60年后，衰落的波斯萨珊王朝统治者被一支新军队——阿拉伯人的穆斯林军队——推翻了。751年，阿拉伯人在塔拉斯河上击败中国军队之后，中国和阿拉伯人之间最初的敌意逐渐平息。

阿拉伯世界的探险活动

早在700年，阿拉伯商人就已经到达今中国广东。从800年起，巴格达成为阿拉伯政治和贸易中心，对外贸易联系的速度加快。9世纪50年代早期，商人苏莱曼等探险者就到访过马尔代夫、马六甲、今越南一带，还有广东。此前十年，翻译萨拉姆从巴格达被派遣到里海的北部和西部。正是这些探险家的英勇事迹，造就了水手辛巴达的传奇故事。伟大的马苏迪（896—956年）也进行成功的旅行，他自914年开始长达30年的旅行，去过里海、印度、斯里兰卡、非洲东海岸和埃及等地。在他描述的那些族群中，有914年跨越亚速海的瑞典维京人。维京人的另一支——罗斯人，则被阿拉伯外交官伊本·法德兰（见第32—33页）遇到。922年，法德兰受巴格达阿巴斯王朝哈里发派遣，作为外交使团成员，前往伏尔加河觐见保加尔国王。巴格达和罗斯人之间的贸易关系，可由瑞典东部窖藏的成千上万的阿拉伯迪拉姆银币证明。然而，到10世纪后期，随着基督教在基辅罗斯公国的确立，东西方之间的贸易和外交联系开始减少。当马可·波罗再次发掘古老的丝绸之路时（见第56—59页），这条贸易通道基本上被中世纪的西方遗忘了，而中国是一个不可思议的、具有异国情调的遥远地方。

青色瓶
罗马世界为其进口的奢侈品支付了大量的黄金和白银，但它自身也生产了一些奢侈品，比如这种精美的玻璃器皿，在其他地方需求量很大。

张骞

丝绸之路的开拓者

中国　　约公元前195—公元前114年

作为汉代皇帝的使者，张骞的旅行为中国对外贸易开辟了新天地。他开拓了越过中亚沙漠和山脉到达西方的贸易路线。张骞去世几年后，历史学家司马迁在其记述中国两千年历史的纪传体史书《史记》中记载了他的旅行经历。

生平事迹

- 向西游历以前不为中国人所知的地区，开辟中国商品特别是丝绸的新贸易通道。
- 被俘后身陷匈奴十年，匈奴是与汉朝敌对的游牧民族。
- 带回美索不达米亚和波斯帝国的情报。
- 他的功绩记录在《史记》中，《史记》亦称《太史公书》。
- 如今他在中国被誉为民族英雄，这归功于他对开辟中国与西域往来的路线有卓越贡献，这条路线帮助汉朝成为当时世界上最强大的帝国之一。

公元前2世纪，张骞出生于中国汉朝的陕西，公元前140年左右入仕。汉朝渴望与中亚各国建立贸易联系，但在今内蒙古与汉朝接壤地区的匈奴与汉朝敌对，阻碍了双方的联系。张骞因为了解匈奴，应募率使团出使与匈奴为敌的大月氏，欲与大月氏结盟，共同打击匈奴。

被匈奴截获

西行的张骞出使未久，就被匈奴抓获。他被匈奴囚禁了十年，在匈奴娶妻生子，但他一直不忘使命，终于找到机会，逃离匈奴，重启西部之旅。

张骞抵达大月氏后，感到失望，因为该国国王“志安乐”，对与汉朝结盟不感兴趣。张骞未达到目标，只能回国。但他确实带回了西域各国的情报。他在给汉武帝的报告中说：“我在大夏（巴克特里亚，今属伊朗）见到来自邛山的竹杖和蜀地的细布，询问这些货物从何而来，当地人回答，‘是我们的商人从身毒（印度）市场购买的’。”汉武帝对张骞带回的信息印象深刻，就派遣他经由蜀地出使大夏，但这次旅程受阻于西南诸多少数民族，包括昆明一带的“专门掠夺和抢劫”的少数民族。

公元前123年，张骞因卓有成效地参与匈奴的作战，获封博望侯。但第二年，他参与另

中国出口
除了丝绸，汉朝人还出口精美的工艺品，比如来自公元前3世纪的这块玉牌匾。

他的足迹

- 公元前138—公元前125年　出使大月氏
  张骞从长安西去，途中被匈奴截获，被俘后身陷匈奴十年；后逃离匈奴，到达大月氏，发现大月氏无意结盟后，返回长安。
- 公元前124年　出使大夏未获成功
  ○ 张骞向汉武帝讲那些军事虽弱但对中国商品有需求的民族的故事，汉武帝印象深刻，派遣他出使大夏，但路上为与汉朝敌对的西南少数民族所阻。
- 公元前119—公元前115年　第三次出使外国
  张骞第三次奉命出使，发展与中亚游牧民族乌孙的联系；此次西域之行，他建立了远至印度的对外贸易交流，这类交流意义非凡。

○ 未在地图上显示

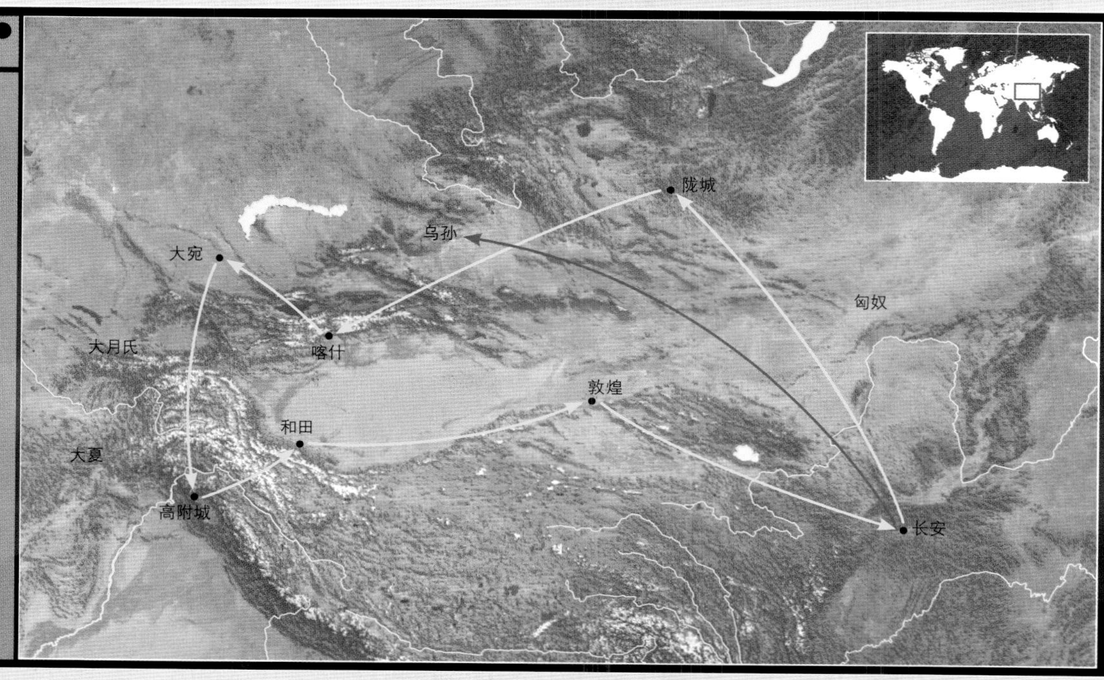

这个国家的人害怕打仗，但擅长经商。

——张骞

佛教影响
丝绸之路的开通使佛教从印度传入中国。虽然武帝未皈依佛教，但有证据表明他得到过佛像。这尊佛像约雕刻于张骞时代，位于今巴基斯坦的丝绸之路沿线。

一次对匈奴作战，结果战役失利，被判处死刑，他交了大笔罚金才得以免死。尽管失宠，但在梦想开拓西部的皇帝向他咨询时，他还是介绍了乌孙摆脱匈奴枷锁的情况，于是，他再次出使乌孙，试图与乌孙结盟，希望“断匈奴右臂”。

传播信息

张骞未能说服乌孙东迁来威胁匈奴，但他成功派遣使者去周围各国，请他们遣使来汉朝，亲见汉朝皇帝的财富与强大的权力。公元前115年，张骞归国，据司马迁记载，“拜为大行，列于九卿”，一年后去世。虽然张骞出使西域的直接目标未能实现，但他在旅行期间播下的相互交往的种子却开花结果了。张骞去过的很多国家都派遣使者去汉朝，也正如他所许诺的那样，他们在汉朝大开眼界，热切地开始贸易往来。张骞所开拓的路线成了中国出口丝绸到中亚和西方的主要贸易通道。

中国首位伟大的历史学家
张骞的行程只占司马迁的130章巨著《史记》很小的部分，该书记载了中国从传说中的黄帝到司马迁生活时代的完整历史。

汉武帝

张骞出使西域是受汉武帝派遣的，汉武帝公元前141—公元前87年在位。在他的长期统治中，大汉帝国的疆域大幅扩张，北至朝鲜，南至越南。汉武帝在儒家基础上建立了一个强大的政府，鼓励臣民自我完善，这是一种在古代中国有着持久影响力的政治制度。

莫高窟壁画，表现了汉武帝第一次遣张骞出使西域的场景。

伊本·法德兰

前往东欧旅行的阿拉伯人

波斯 约900年

伊斯兰学者伊本·法德兰闻名于世，是因为他从巴格达到东欧伏尔加河的非凡旅程。他受派遣去教授伏尔加保加尔人伊斯兰教相关知识。在他与使团自里海前往东欧平原的途中，他记录了沿途遇到的不同部族的风俗习惯，包括他称为“罗斯”的一个皮肤白皙的部族，该民族是维京人的后裔。

生平事迹

- 前往伏尔加保加尔人地区，作为一名穆斯林学者，负责指导他们的宗教教育。
- 保存详细的旅行日记，记录沿途所遇到的各部族的习俗，特别关注他们的葬礼仪式。
- 在1923年的一份中世纪文件中发现了他的旅行日记。
- 在伏尔加河遇到一个他称之为“罗斯”的部族，他们可能是来自斯堪的纳维亚的维京人后裔。
- 历史学家们仍在争论伊本·法德兰究竟遇到了哪些部族。

约920年，巴格达（在今伊拉克）的哈里发穆克迪尔收到一封来自伏尔加保加尔王的信，保加尔人是居住在今俄罗斯喀山北部的民族。保加尔王的部众包括穆斯林皈依者，有理由认为，他请求哈里发派人给予他伊斯兰教的相关教导，此外还索要经费，以便建造一座堡垒对抗哈扎尔人。哈里发同意了他的请求，于921年6月派遣纳迪尔·哈拉米担任大使，学者伊本·法德兰作为使团成员随行。关于这次距离4000公里（2500英里）的远行，法德兰保存了一本详细的日记，其中记载了途中与其他部族的一系列相遇，这些部族的起源至今仍是历史学家们争论的焦点。这次旅行的主要证据来自一份13世纪的手稿。该手稿1923年才被发现，包含四篇关于中世纪阿拉伯地理学思考的报告，其中之一就是伊本·法德兰的旅行报告。探险队从巴格达出发，沿着古老的丝绸之路穿过中亚，然后紧随从前在中亚和北欧之间进行毛皮、银器和琥珀交易的商人的足迹，沿这条皮毛贸易路线北上。

星盘
法德兰随身携带类似本图的星盘，名叫“朝向”，上面标着麦加的方向。

进入北方

这支队伍在靠近咸海的一个叫朱里亚尼亚的地方待了三个月。对阿拉伯使团来说，当地与波斯首都的炎热气候截然不同。法德兰记录道：“我离开桑拿室，回到住处，见自己的胡子冻成一大块冰，不得不在火炉前解冻。”他还记下一群骆驼在零度以下是如何冻死的。到了922年2月，天气条件有所改善，尽管当地人

酋长火葬
伊本·法德兰在伏尔加河上目睹了一场戏剧性的葬礼仪式，一名死去的酋长在一艘长船中火化，旁边是殉葬的奴隶。

我见到拥有一万匹马和十万头羊的部族。

——伊本·法德兰

西安大清真寺
阿拉伯商人沿着丝绸之路把伊斯兰文化带到中国西部，在西安建造了大清真寺。伊本·法德兰可能在前往伏尔加的路上参观了清真寺。

警告说他们会有去无回，队伍还是带着三个月的补给品和一群双峰驼离开了。他们还携带了几艘小船，上面覆盖着骆驼皮，准备横渡他们预计会在途中遇到的河流。正如预期的那样，随着队伍向北推进，情况恶化了。当他们到达里海北部的一个地区时，骆驼陷入及膝的雪地里挣扎。法德兰回顾他早些时候在旅途中所经历的寒冷，与这相比，似乎是“夏天的日子”。他不仅记述了当时的境况，也详细描述了他遇到的部落，包括游牧的土耳其奥胡兹部落，对他们庞大的羊群和马匹感到惊奇，并对游牧部落的殉葬方式作了一些最早的书面描述。奥胡兹部落首领的尸体被埋在坑里，并用一个泥丘覆盖。贵族的马会被宰杀、吃掉，马头、马蹄、马皮和尾巴则被用来装饰坟墓。

保加尔王的宫廷

从朱里亚尼亚出发约70天后，队伍到达伏尔加保加尔王的宫廷，宣读了哈里发穆克迪尔的信件，递交了给保加尔王及王后的礼物，这些活动均被法德兰记录下来。据法德兰自己描述，他深得国王宠爱，这或许是他能自由考察和留心周围风土人情的理由，让他得以考察“可能是猛犸象的遗骸或其他骨骼化石”的巨型骨头。

中世纪手稿还记录了法德兰对一个被他称为“罗斯”的民族的印象。一种解释是，他们起源于斯堪的纳维亚半岛，可能是扩张到当今俄罗斯的维京人分支。法德兰把这些伏尔加-俄罗斯皮草商人描述为“像棕榈树一样的男人。他们是白种人，皮肤又白又红……每人都携带斧头、大刀和匕首，没有人不带”。这篇文章还详细介绍了一种葬礼仪式，在此仪式上，一位死去的酋长被安放在一艘长船上，连同殉葬品及殉葬的奴隶一起焚烧，然后建坟墓掩埋。

他的日记到此结束，我们不知道此次探险是如何结束的。尽管伊本·法德兰的记述非常不完整，但他对中世纪早期的东欧文化有着独特的见解，是有关罗斯人的重要信息来源。

比鲁尼

波斯 973—约1050年

比鲁尼出生于波斯北部的卡逖，是一位才华横溢的学者，他对数学、历史、医学等许多学科都做出了重大贡献。国王马哈茂德·加兹纳威苏丹征服印度北部时，年轻的比鲁尼伴随他四处游历。

比鲁尼花了20年时间周游印度，学习印度哲学和数学，教授希腊和阿拉伯的哲学与科学。回到故乡后，他在《印度历史》一书中生动地记述了游历的故事，该书有助于新征服印度的穆斯林统治者接受印度文化。他不仅计算出地球绕太阳运行的轨道，还研究月球的相位（见下图），对天文学也做出了巨大贡献。

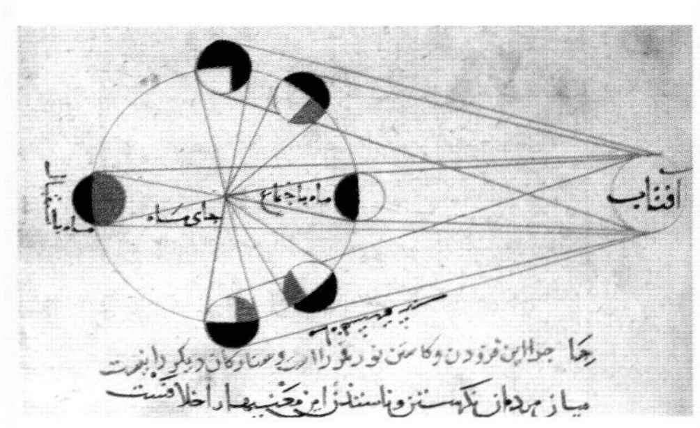

《月亮的月相》，由比鲁尼在他的《科学观察百科全书》中绘制。

他的足迹

伊本·法德兰及其团队离开巴格达前往东欧
伊本·法德兰受派遣参与指导保加尔人伊斯兰教方面的知识；他的旅行日记详细描述了途中遇到的不同部族及其风俗习惯。

11世纪 比鲁尼环游印度
这位波斯学者在印度待了20年，并写了一本关于他的经历的书；他在天文学、数学和地理等许多领域拓展了知识。

○ 未在地图上显示

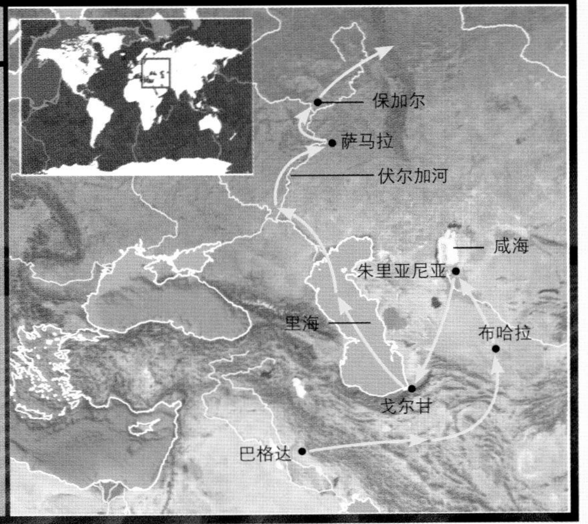

寻找新陆地

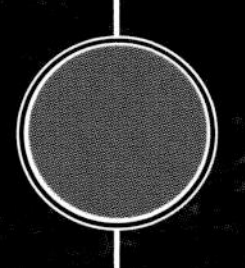

8世纪晚期，斯堪的纳维亚半岛出现了一个新的族群——维京人。他们以劫掠开始，但很快就建立起独立国家。他们在北大西洋一系列岛屿居住下来，最终登陆北美。

维京人的卢恩文字
在维京人的世界里，大约有3000段铭文用线条分明的卢恩文字（北欧符文字母）刻成，纪念那些在维京探险中死去的人。

793年，英格兰林狄斯芬修道院被洗劫一空，这拉开了海盗突袭的序幕，其原因尚不清楚。这可能是因为斯堪的纳维亚国内人口过剩，以及政治集权的开始，迫使那些不愿守法的人到海外寻求冒险。无论如何解释，在7世纪和8世纪，航海技术的进步导致了维京长船的发展，给了维京海盗助力。

这种线条流畅的船吃水浅，可以快速行驶，不用深锚就能驶入河流探险。北欧海盗使用这种船，以及更坚固、也更适合在海上航行的船只，雄霸北欧广大地区。

留下过冬

不久，维京人就开始寻找过冬基地，而不是每次突袭后返回斯堪的纳维亚半岛。苏格兰曾是维京海盗袭击的早期目标，首次有记载的袭击发生在公元795年，袭击目标是伊奥纳修道院。苏格兰的岛屿，特别是奥克尼群岛、设得兰群岛和赫布里底群岛，为维京人建立更多的永久基地提供了理想的避风港。到了9世纪中叶，这些地方都被斯堪的纳维亚各种“首领”所统治。在苏格兰，维京人取代或同化了土著居民，而在更远的地方，他们的船只遇见了几乎或完全无人居住的岛屿。大约800年，在格里姆·卡班的带领下，维京探险队抵达法罗群岛（或称“羊岛”），这里很快成为北欧海盗的第一个殖民地。法罗群岛成了维京人横跨大西洋扩张到冰岛的天然踏脚石。长期以来，有传言说北方的冰冻荒原中有一个叫图勒的岛屿，它的名字被1世纪的罗马地理学家托勒密列入了他的世界地图。约825年，爱尔兰僧侣迪库尔在描述僧侣们去过的这个岛时说，那里的夏夜特别明亮，亮到他们可以从衬衣上捉到虱子。

维京剑
尽管传统上被描绘为挥舞着大斧头的形象，但维京人事实上使用各种武器，贵族还携带如图中所示的长剑，这种剑能发起凶猛的攻击。

美洲最早的定居者是12000年前的亚洲人。在莱弗·埃里克之后，这片新大陆被欧洲遗忘，直到1492年克里斯托弗·哥伦布的航行，为欧洲的征服和殖民铺平了道路。

冰岛和格陵兰

大约860年，一个名叫纳多德的人，从法罗群岛起航后迷航，成了首位在冰岛登陆的维京人。他登上了最近的一座山，看到内陆结冰的荒原，就称此地为“雪域”。几年后，瑞典人加德尔·斯瓦尔松在前往赫布里底群岛的途中，也遭遇风暴，来到该岛。他环游全岛，并将其命名为“加达申姆”。但真正实现定居该岛，要到865年。当时弗洛基·维尔格达尔森乘船前往冰岛。他不太确信岛的位置，就放飞了两只乌鸦，乌鸦没有返回，他便知道陆地就在附近。弗洛基给这片土地命名为“冰岛”，该名沿用至今，但他的定居只持续了两年。直至英戈·赫若尔夫松于870年和874年两次探险，在靠近今雷克雅未克一带建立了一个定居点，才标志着冰岛维京时期的真正开始。

在接下来的50年内，冰岛几乎所有最好的土地都被新移民获得。这是非常独立的殖民地，小农场散布其间，每年在雷克雅未克附近的平原上举行集会，管治当地事务。冰岛没有法纪的早期，在后世的萨迦故事中有详细的描述。这些故事最初是口头流传的，后来在12世纪和13世纪早期被书面记录下来，其中有关于维京人去更远的地方探险的故事。《红发埃里克的传奇故事》讲述了维京年轻人埃里克的生平事迹，他家定居在冰岛西部（见第39页）。他卷入了一场争斗，又在一

冰岛之家
为了抵御北大西洋诸岛的严寒，维京人改造了他们的建筑，创建了草砖砌成的农舍，比如冰岛的这个农舍。

维京人葬礼
在苏格兰设得兰群岛，圣火节的特色是长船的焚烧仪式，旨在纪念斯堪的纳维亚人船葬仪式。

背景介绍

- 维京海盗在北欧地区的劫掠活动开始于8世纪晚期。到9世纪60年代，维京人征服了英格兰北部，还有苏格兰北部的大部分地区和岛屿，并建立了都柏林（约840年）和爱尔兰海岸诸港口。
- 9世纪70年代殖民冰岛后，9世纪晚期挪威国王哈拉尔德·芬海尔的政治集权，使很多人避难逃往冰岛。
- 在10世纪晚期和11世纪早期，斯堪的纳维亚人皈依基督教，随着王权的强大，海盗的劫掠活动停止了。冰岛在1262年丧失独立地位，被挪威国王统治。格陵兰岛也接受挪威的控制，但随着“中世纪温暖期”的结束，气候变冷，驶往那里的船只越来越少，殖民地最终消失。

次争吵中杀死了邻居的两个儿子。结果，982年，他被驱逐出冰岛三年。埃里克带着家人向西航行，寻找60年前冈比约恩·乌尔夫松发现的土地。埃里克最初在格陵兰岛东海岸登陆，然后绕岛的南端航行，发现了一系列避风港。流放结束后，埃里克带着这片新土地的丰厚财富回到冰岛，他称其为“格陵兰岛”（意为“绿色之岛”），以吸引移民。当埃里克于986年返回时，总共约25艘船，载着近500人前往格陵兰岛，其中包括他妻子肖希尔德和儿子莱弗（见第36—39页）。埃里克在布拉塔赫利德建立了一个农场，这里后来成了格陵兰岛的东部殖民地，接下来300年间都是维京殖民地的中心，并最终拥有了自己的主教。

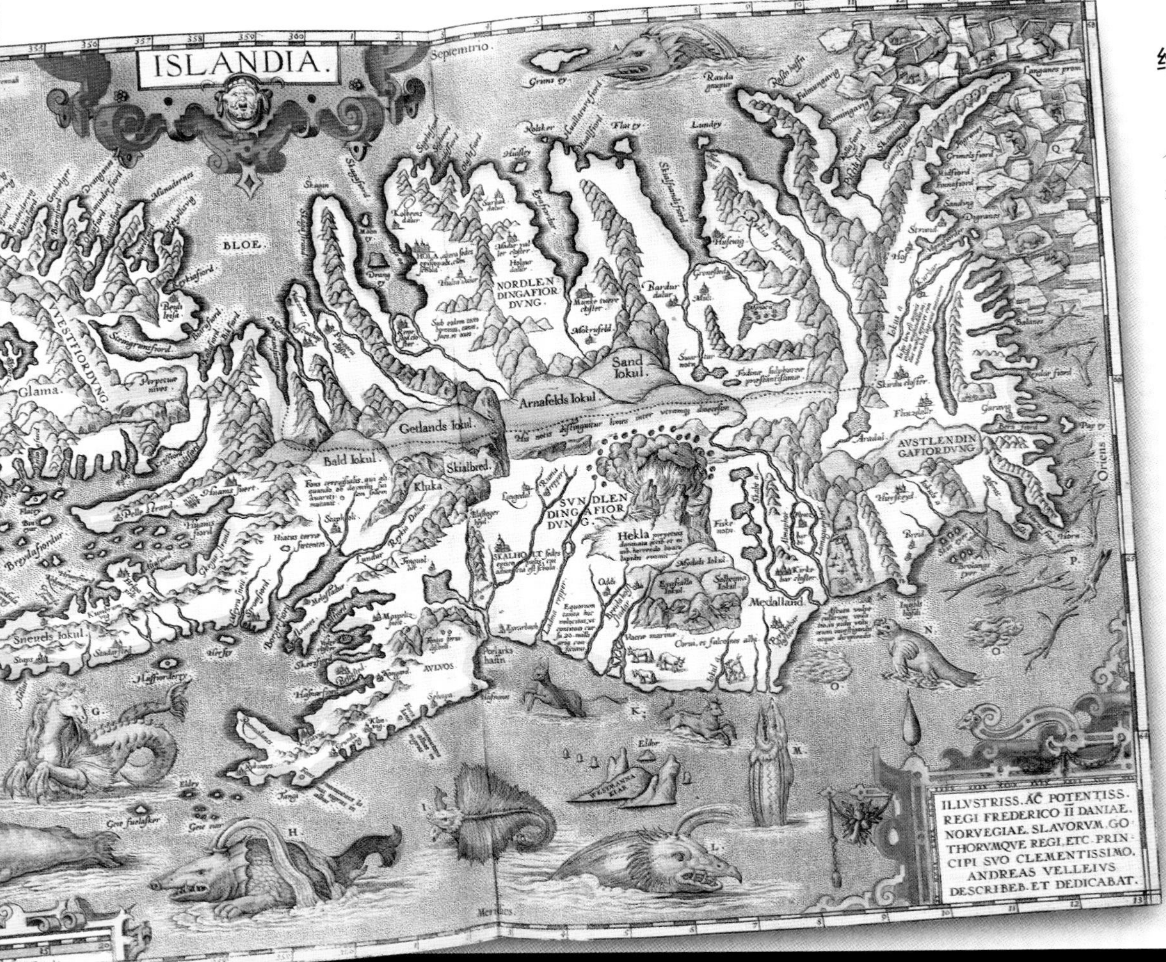

维京时代的冰岛
这幅由17世纪佛兰芒制图师奥特柳斯绘制的冰岛地图，生动地描绘了在9世纪70年代英戈·赫若尔夫松居住的那片峡湾云集的土地。

维京人登陆美洲

格陵兰岛上的维京人最多时只有约4000人，这些斯堪的纳维亚殖民者无法适应当地恶劣的环境。毫不奇怪，朝格陵兰岛西面资源丰富的陆地迈进的想法很吸引人。因此，约1001年时，埃里克的儿子莱弗就开始寻找几年前被水手比亚尼·赫若尔夫松发现的海岸线。经过几次殖民尝试之后，维京人去北美海岸的冒险行动失败，格陵兰发现自己比以往任何时候更加孤立。大约1400年，一艘从冰岛开往那里的船发现东部定居点仍在运作，但到了1541年，另一艘船登陆时只发现了废弃的房屋，还有一具孤零零的尸体。

莱弗·埃里克森

发现北美洲的维京人

冰岛 约970—1020年

根据维京人的萨迦故事，莱弗·埃里克森从冰岛向西航行到未知海域，并发现了一片气候温和、果实累累的陆地，被他命名为“文兰”。他很可能已到达今天加拿大的纽芬兰。他是第一个踏上新大陆的欧洲人，比克里斯托弗·哥伦布早了将近五个世纪。据萨迦故事记载，维京人至少有三次尝试在美洲建立殖民地，但由于当地印第安人的敌意以及与家乡距离过远，均告失败。

约970年，莱弗·埃里克森出生于冰岛，但很可能是在格陵兰长大的。他的父亲是发现格陵兰岛的红发埃里克，一个不法之徒和探险家。童年时的莱弗就受到父亲探险故事的激励，还有埃里克的朋友赫若尔夫的儿子比亚尼·赫若尔夫松的故事的启发。比亚尼是一名商人，经常在冰岛和挪威之间航行。一个冬天，他回冰岛时，发现赫若尔夫和埃里克已前去格陵兰建立一个新的维京人定居点。比亚尼熟悉航海，尽管以前没去过格陵兰岛，还是决定加入他们的行列。但船在向西航行期间遇到浓雾，被风吹离航线。当他看到陆地时，发现与赫若尔夫对格陵兰岛长满草的山丘的描述不同，这里被茂密的森林所覆盖。比亚尼没有登陆，相反，他掉头向北，在海岸线消失之前，他又发现了两次相同的森林地形。大约七天后，他终于看到格陵兰岛，抵达了父亲的定居点。

发现美洲

比亚尼描述的神秘土地吸引了年轻的莱弗。莱弗长大后，决心也要探索西方未知世界。大约1002年或1003年，他准备起航。他购买了比亚尼的船，挑选了35名冰岛水手，邀请父亲红发埃里克一同前往，但老人拒绝了，说自己的探险岁月已经结束。老人在参观该船的途中，从马背上摔下受伤，他认为这是不祥之兆，不能参加此次远行。莱弗和船员们出发了，循比亚尼之前的路线航行。但他们遇到的第一处陆地不是比亚尼所描述的森林景观，而是一片由巨大的板状石头和冰雪覆盖的山脉组成的荒凉之地。船员们乘小舟上岸考察，发现这片荒凉之地作为定居点毫无价值，他们将其命名为“赫卢兰”，意为“石板之地”（这可能是今天的巴芬岛）。

莱弗继续航行，随后发现了一片与比亚尼的描述相符的陆地，上面是低洼的海岸森林和沙滩，他称这是马克兰，意为“布满森林的土地”（可能是拉布拉多岛）。最后，探险者们到达了另一个小岛，据萨迦故事描述，人们在岛上品尝着青草上的露水，被它甜美的味道惊呆了。这个登陆地点可能是

雷神托尔在美洲
莱弗远征时期，大多数维京人仍然是异教徒。他们会随身携带护身符到文兰，比如这个雷神托尔护身符。

生平事迹

- 探索北美海岸，到过巴芬岛、纽芬兰，可能还有马萨诸塞州的南塔基特。
- 带着对新大陆土著民族、植物群和动物群的了解返回。
- 北美之行结束后，他在牧师的协助下，推进了基督教在冰岛的传播。

远洋船只
维京人是高超的水手，擅长在波涛汹涌的北冰洋上操纵船只。航行尽量不远离海岸线，他们在靠近海岸时放下帆，自己划船。他们的船坚固、宽敞，有多重船板，甲板上还能容纳牲畜和生活物资。

广泛旅行的人需要智慧——在家里怎么都行。

——《高人的箴言》

马萨诸塞州的南塔基特。

这批维京人绕附近的海角（可能是鳕鱼角）航行，在一个河口登陆。他们建起营地，从船上运来动物皮床，用木桩搭建起简易居所，上面覆盖树枝和草皮。他们惊叹于放牧的草场质量，还有河中大量的大马哈鱼。一个名叫提尔基尔的水手在内陆探险的头几周失踪，但后来带着从葡萄藤上摘来的野生葡萄返回。这启发莱弗把他的新定居点命名为“文兰”，意为“美酒之地”。他们就在这里过冬。与格陵兰岛和冰岛相比，这里气候似乎很温和，草地一年四季都是绿色的，几乎没有霜冻。最终，他们带着采集来的葡萄、藤蔓和大量木材返航了。

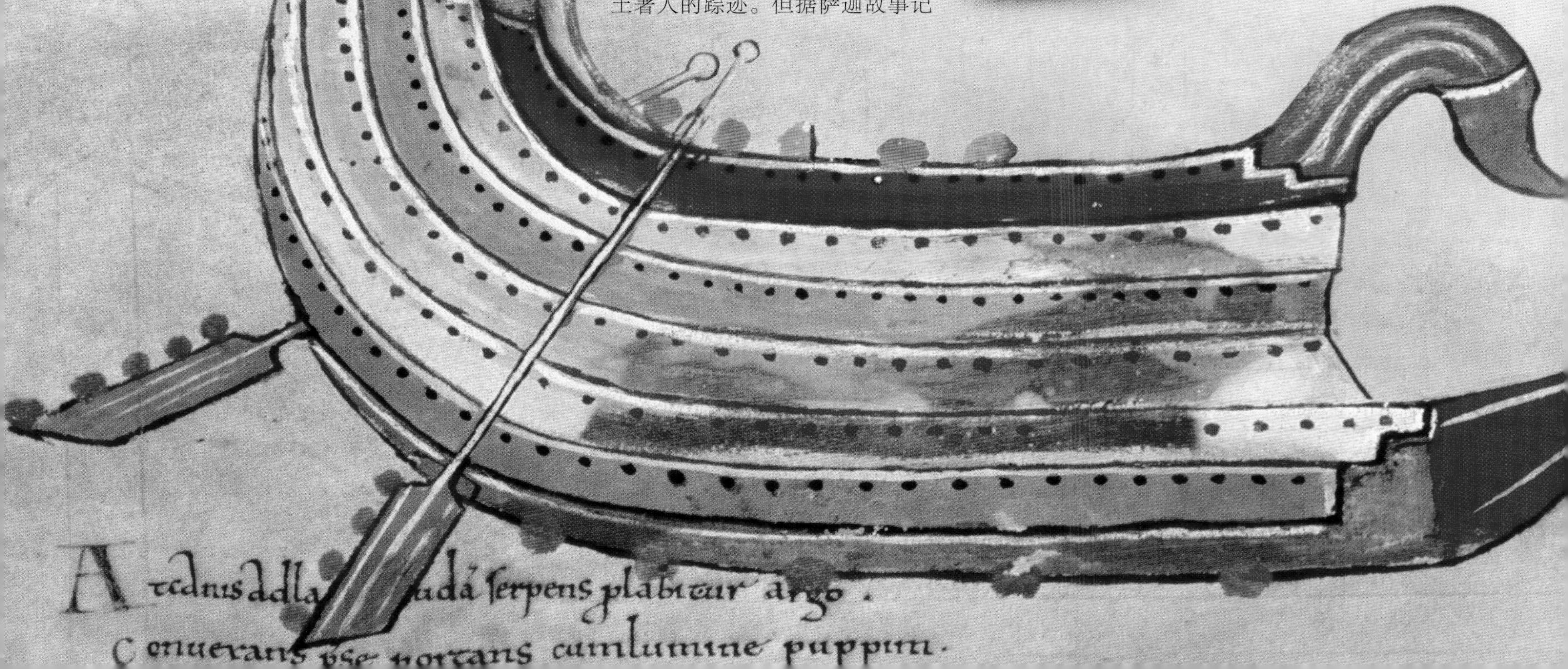

龙船
中世纪维京萨迦故事的文字记述充满幻想。图中所示为一艘维京战船，维京战士正乘着此船攻城略地。

到达文兰后，维京定居者用从邻近森林中砍伐的树木搭建住处。

维京人定居点

维京人是臭名昭著的海盗，但他们也是伟大的探险家和殖民者。例如，在870—930年之间，大约有1万名定居者从斯堪的纳维亚来到冰岛，寻找在挪威供不应求的农田。他们从冰岛移居到格陵兰，尽管那里的人口从未超过4000。文兰的殖民没有成功，有几个原因：定居者离家很远，冬天很长，原住民持续敌对。

返航的头几天，文兰岛尚在视野之内时，莱弗发现海岸线有异物。他驶近海岸，发现了一艘失事的维京船只。船长梭勒与15名船员，连同他们的货物被运到莱弗的船上，然后直航格陵兰岛的埃里克峡湾。营救梭勒及其船员使他赢得了一个新的绰号——“幸运神莱弗”。

文兰殖民地

这次探险大约两年后，莱弗的兄弟托瓦尔德出发前往文兰。他和水手到达定居点，在那里过冬，采集木材和捕鱼。托瓦尔德乘一艘维京长船去探索西部海岸线，未发现土著人的踪迹。但据萨迦故事记述，他在文兰的第二个冬天，水手们遭到袭击，袭击者为“斯克拉林斯人”（维京语，意为“尖叫的人”），可能是当地因纽特人。托瓦尔德受重伤而死，这是第一个在美洲去世并被埋葬在当地的欧洲人。他的手下带着一批木头和浆果回到格陵兰岛。随后，莱弗的同父异母妹妹弗雷迪斯带领一群殖民者来到文兰，但她也受到了斯克拉林斯人的攻击。在定居点的冬季，格陵兰岛人和冰岛人之间产生了矛盾。弗雷迪斯是一个残暴的、意志坚强的女人，她解决争端的办法是将冰岛人

莱弗航行的开端
莱弗·埃里克森的雕像如今矗立在南格陵兰的布拉塔赫利德，据信他是从那里出发前往纽芬兰的。

他们的足迹

约980年　红发埃里克航海去格陵兰岛
他被驱逐出冰岛，航海去格陵兰岛，在那里找到好牧场，并建立了一个定居点。

约1000年　比亚尼·赫若尔夫松的航行
维京水手比亚尼·赫若尔夫松在前往格陵兰的途中因风偏离航道，看到拉布拉多南部森林海岸。

1002或1003年　莱弗离开格陵兰岛
他带着35名船员从布拉塔赫利德出发，驶入戴维斯海峡；在沿着拉布拉多海岸向南前往纽芬兰之前，考察了“石板之地”（可能是巴芬岛）；建立了名为“文兰”（可能是兰斯奥克斯草甸）的定居点。次年带着木材返回格陵兰岛。

A 莱弗·埃里克森离开红发埃里克在格陵兰的领地布拉塔赫利德，与35名船员驶入戴维斯海峡。

C 探险队到达纽芬兰，他可能在此地建立了“文兰”定居点；他是否往南航行更远，并无定论。

约980年	约981—999年	约1000年	1000年	1002—1003年	约1004—1008年

- 红发埃里克建立了第一个维京人格陵兰岛殖民地，成为它的首领。
- 比亚尼·赫若尔夫松在前往格陵兰岛途中被吹离航道后，首次看到拉布拉多海岸。
- B 莱弗称之为“马克兰”，一个被森林覆盖的地方（可能是拉布拉多岛）。
- 莱弗的弟弟和同父异母的妹妹先后领导的另外两次远征美洲的尝试均以失败告终。

谋杀。弗雷迪斯和她的队伍被斯克拉林斯人赶出文兰，返回格陵兰岛。当莱弗获悉她的罪行后，她遭到厌弃。

消失在时间的迷雾中

在弗雷迪斯返回格陵兰岛，并放弃了文兰定居点之后，似乎没有人再尝试去美洲殖民。冰岛的记载表明，有关殖民地确切位置的信息在12世纪早期就已丢失。尽管维京人的确切位置仍然是个谜，但1963年在纽芬兰北部的兰斯奥克斯草甸发现了一个维京人的定居点。但萨迦故事提到温和的冬季和野生葡萄，这表明该地点还要偏南，可能是在圣劳伦斯河口的南侧。

一些历史学家指出，莱弗的航行发生在中世纪温暖期，当时的平均气温比现在高，萨迦中描述的植物群可能确实在纽芬兰生长。另一些人则认为他发现的根本不是葡萄，而是该地区盛产的蓝莓。

草屋
维京风格的大型长屋遗址已在纽芬兰的兰斯奥克斯草甸被发现。这些房屋是用厚厚的草砖墙建造的，这种墙使居住者能抵御漫长而严寒的冬天，并能经受强风。

红发埃里克

挪威　　约950—1003年

莱弗的父亲埃里克·托瓦尔德森，可能是因为头发颜色而获此绰号。

埃里克出生在挪威，当时他父亲（及其家人）因为“一些杀戮”而被流放到冰岛。982年，埃里克因类似的罪行而被流放出冰岛。流放结束后返回时，他告诉人们发现“格陵兰”（意为“绿色陆地”）的故事。他选择这个名字，旨在使这片严酷的土地能吸引移民。他带着大约500名殖民者来此，建立了定居点，成了一个富有而受人尊敬的首领。与儿子莱弗不同，他一直是异教徒，而莱弗则皈依基督教，并帮助冰岛传播基督教。埃里克死于一群殖民者带来的传染病。

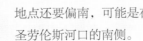

9世纪海盗船

维京长船

这艘轻盈纤长的长船，从斯堪的纳维亚半岛石器时代早期的船只演化而来，最终形成了9世纪这种行动快捷、线条优雅的船只。维京人是一流的水手。在开阔的大海上，他们依靠一面巨大的方形帆航行，而在沿海水域和河流中，为便于操纵，则放下桅杆划桨前行。航行时尽可能不远离海岸线。作为贸易、殖民和战争的工具，长船的龙骨很浅，即使满载，也可直接在海滩上滑行，不需要码头。一旦到达海滩，动物和人便可以涉水上岸。

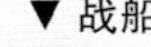
▼ 战船
维京战士的盾牌沿船舷上缘排列，装在船外侧的盾牌支架上，随时准备用于对异国海岸的突然袭击。

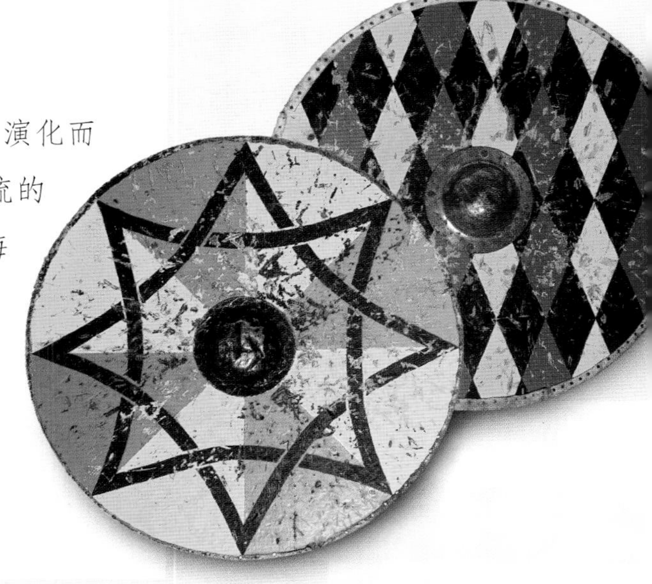

▲ 桅杆设置
桅杆不用时就放倒，放入与龙骨平行的被称为“内龙骨”的凹槽木中，并被一片叫作“桅杆鱼”的木块固定住。甲板可掀开，水手可把货物装在甲板下面。

◀ 鱼鳞形船板
这些从船头铺到船尾的木质船板展示了维京海盗的工艺，有助于长船“蛇”主题的创造。

▶ 满帆
这艘仿造的长船在挪威海岸航行。借助风力，一艘长船速度可能达到7—12节。按当时标准来看，这是很快的——以此速度从瑞典航行到纽芬兰需要28天左右。这种被称为“克纳尔”的长船是为大西洋航行而建造的。

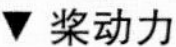
▼ 桨动力
长船根据其大小，需要24—50支桨，或者更多，以便在不使用帆时划桨。在长途航行中，维京水手轮流划船。

▲ 龙骨雕刻
一艘长船龙骨的近景，显示了精心安装的船板（木板）让船变得非常灵活。船板之间的缝隙被塞满沾油的羊毛，以防水渗入，这是一种被称为“填塞”的技术。

▲ 长船的蛇头雕饰
这个蛇头雕饰在21.5米长的“奥斯伯格”船上，该船于1903年在挪威奥斯陆附近的一个墓穴中被发现。潮湿的黏土保存了这艘船上技艺高超的动物雕刻。

◀ 神秘的雕刻
“奥斯伯格”船的船尾雕刻着长着胡须、穿着飘逸长袍的怪异形象，其意义尚不得而知。

▼ 船头怪兽雕饰
一些长船在船头上雕刻了怪兽。欧洲海岸的居民对这种“龙船”望而生畏。

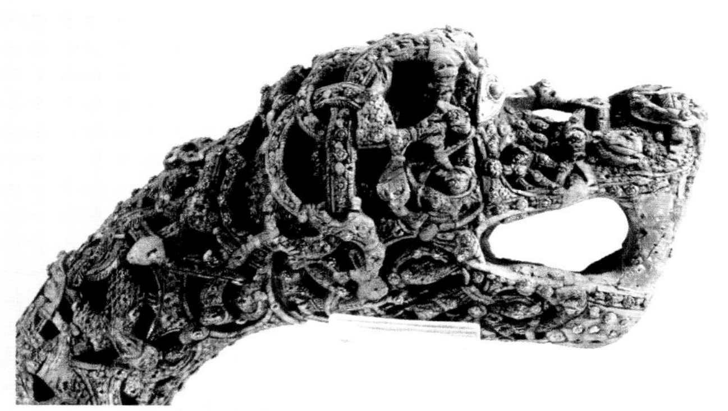

▲ 长船内部构造
横梁被用来加固船体。这种横向木料可支撑甲板，用弯曲的“膝盖”固定在船舷板上。

▼ 风向标
船头的风向标用来指示风向，也可能被用来显示船上人员的等级。这是瑞典索德雷拉发现的一个风向标的复制品。

▲ 船上的桶
这个在“奥斯伯格”船上发现的木头和陶瓷雕像，用来装饰一个造型复杂的桶。该桶为英国制造，可能是在一次突袭中抢来的。

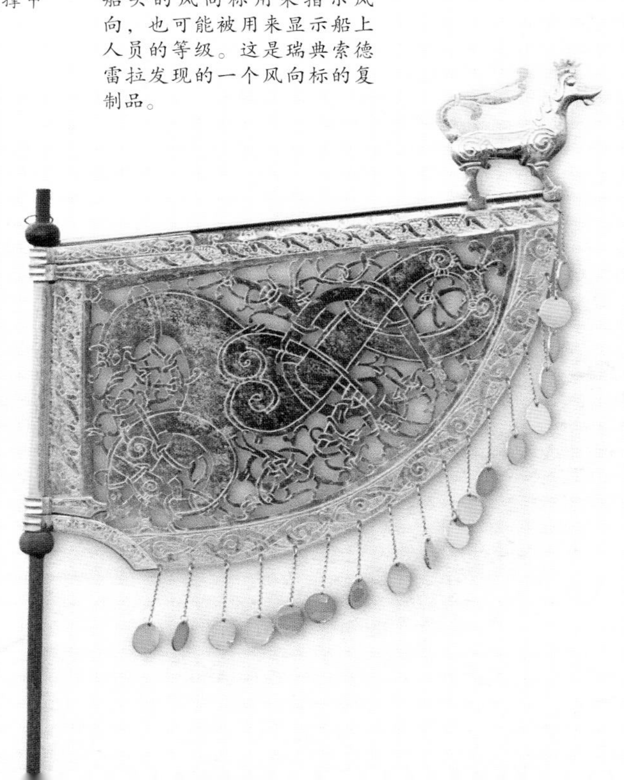

探索佛教世界

佛教从早期开始，就以向外传播为特色，从印度向伊朗、斯里兰卡、中国和日本传播。佛教僧侣取经或传教的路线是丝绸之路。

《西游记》
这部中国经典名著流行的西方译名为《猴》，歌颂了佛教高僧玄奘前往印度取经期间的冒险经历（见第46—47页）。

佛陀约公元前483年去世，此后两个世纪，这个围绕佛陀教义成长起来的宗教主要仍局限于印度恒河流域。直到古代印度强大的摩揭陀国国王阿育王（公元前274—前236年）皈依佛教，才导致了传教活动的高涨。他派遣僧人去邻国传教，下令在国内竖立无数石柱，上面镌刻着宣告他信奉佛教的法令。

从13世纪初开始，西方旅行者（如马可·波罗）开始抵达中国，使得有关中国的信息首次沿着丝绸之路流传到西方。

佛教最初向西传播，是由于一个印度-希腊王国的出现。这个王国在公元前180年扩张到现在的巴基斯坦，它的统治者梅南德（约公元前160—公元前135年）皈依了佛教，在他的继任者的领导下，该地区成了佛教向西传播到帕提亚（今伊朗），向北、向东进入中亚的通道。

佛教的传播

佛教知识向西传播远至埃及的亚历山大城，基督教神学家克莱门特（约150—215年）在他的一部著作中提到了对印度佛陀的崇敬。佛教在帕提亚帝国获得更稳固的立足点，首位将佛经翻译成中文的是帕提亚王子安世高（或阿尔塞斯），他在150年抵达中国汉朝首都洛阳。

早在此前半个世纪，中国文献就提到佛教，但直到220年汉朝灭亡后，佛教才真正进入中国。

到4世纪晚期，佛教在中国的地位得以建立。399年，以法显为首的首批中国僧侣远赴印度取经。法显归国前访问了印度的大部分佛教中心。此后不久，随着印度教复兴，佛教在印度衰落。一个世纪后，518年，惠生受中国北魏皇帝的派遣去印度取经。惠生成功地收集到170部佛教典籍，但他惊恐地发现，佛教王国犍陀罗（今巴基斯坦）已经被不信佛教的中亚游牧民族征服了。

中国取经者

唐朝时期，赴印度的中国取经者增多。据义净的《大唐西域求法高僧传》记载，仅在650—700年之间就有至少56名赴印度取经的僧人。义净本人也前往印度，并于687年抵达马来西亚的室利佛逝王国。大约650年，一位朝圣者玄召前往印度、尼泊尔和西藏，但他发现，阿拉伯人占领了中亚巴克特里亚王国，他的回国之路受阻，再也无法回国。尽管从8世纪初开始，对中国僧人来说旅行的条件并不好，但与更大的佛教世界的接触仍在继续。朝鲜在4世纪末开始皈依佛教，552年佛教传入日本。在中亚，佛教也继续兴盛，敦煌是佛教思想汇聚之地，直至10世纪的宋朝。

从8世纪开始，中西接触的大部分史料记载来自到访中国的西方旅行者。首先是早在635年就到达中国的基督教传教士，然后是13世纪的欧洲强国，他们努力争取中国蒙古统治者的帮助，对抗阿拉伯人。不过，蒙古统治时期也有中国旅行者对蒙古以西地区的描述。1219年，成吉思汗的辅臣耶律楚才陪同君主西征波斯，曾撰写《西游录》，记述沿途情况。他详尽

佛狮
这个狮子柱头来自阿育王敕建的石柱，旨在纪念他对佛教的支持和对佛法（“正义生活”）的推广。

沙漠中的绿洲
中亚敦煌附近的新月湖绿洲被沙丘所包围，这表明旅行者必须忍受恶劣环境才能到达那里的避难所。

佛陀诞生地
佛陀诞生地蓝毗尼位于尼泊尔，是佛教最神圣的地方之一，最早的朝圣者是公元前249年左右的阿育王。

地描述了该地区风土人情，比如当地产的西瓜之大。在蒙古人保留对波斯的控制权期间，这样的使命一直延续，并以基督徒拉班·巴尔·索马的旅程为高潮。出生在中国北部的这位基督徒于1287年前往西方，到访了罗马、巴黎和君士坦丁堡（今伊斯坦布尔）。

背景介绍

- 乔达摩·悉达多，佛教的创始人，约公元前560年出生于一个王室家庭，但他抛弃自己的特权身份，出家苦行传道。
- 随着时间的推移，佛教分成小乘佛教与大乘佛教两个主要流派，小乘佛教（或“规范”）今天在斯里兰卡和东南亚大部分地区占主导地位；大乘佛教（或“大乘”）在中国、日本和韩国占多数地位。
- 据说阿育王在公元前263—公元前262年残酷征服印度卡林加邦时，看到被烧毁的房屋和尸体而感到悔恨，皈依佛教。作为一种相对较新的宗教，佛教在大约公元前260年成为孔雀王朝的国教，并迅速达到新的成熟度。
- 401年，就在法显离开中国前往印度的两年后，印度僧人鸠摩罗什来到中国首都长安，并定居在此，把许多佛教经文翻译成中文。
- 1259年，中国佛教旅行家陈特受蒙古统治者蒙哥汗派遣，出使西亚看望蒙哥汗之弟旭烈兀，他留下的文字记述了专门从事暗杀敌人活动的“阿煞星派”。

佛塔
桑奇佛塔的北门，此塔最初由阿育王建立，是现存最古老的佛教圣地之一。

高僧法显

在佛教世界游历的朝圣者

中国　　约350—约422年

中国僧人法显前往印度、斯里兰卡和爪哇，进行了一次范围广泛的朝圣之旅，求取当时中国所没有的“佛教戒律”。他留下的文字是历史上有关中亚和印度的最早记录。

法显所著的《佛国记》，为读者了解早期佛教和他在长达15年海外游历中所到访地区的地理、文化和历史提供了独特的视角。

至尊佛
在敦煌附近的莫高窟中发现的这条丝绸横幅描绘的是公元前400年左右的佛陀（开悟者）。法显的旅行旨在取经求法，即求取包含佛陀原始教义的佛法典籍。

399年，法显及同行僧人离开中国都城长安，沿丝绸之路南线去朝圣取经。取经途中，为保持传统的夏季寺庙静修，他们在多地驻留，每次驻留数月。

旃陀罗笈多二世
法显到访印度，是在旃陀罗笈多二世统治期间，此时期偶被称为印度的黄金时代。统治者的头像出现在这枚硬币上。

穿越戈壁沙漠

他们走近法显称为“沙河”的戈壁沙漠时，关于该沙漠的严酷环境，当地太守李浩曾这样警告他：“上无飞鸟，下无走兽，遍望极目，欲求度处，则莫知所拟……唯以死人枯骨为标帜耳。”僧侣们花了17天时间，越过了危险的沙漠。在和田，他们住进有3000名僧侣的格麦寺，食宿与寺中僧侣相同。法显在此地观看了一个重要的佛事仪式，其中包括一辆四轮花车，“高三丈余（13米/45英尺），状如行殿……悬缯幡盖”。这个佛教的行像仪式历时四个月。之后，法显及同行僧人前往喀什。

进入印度

法显一行花了一个多月时间，越过当地居民所说的“雪山”（即喀喇昆仑山脉），进入北印度，然后朝西南下行，克服海拔落差达4500米（15 000英尺）的艰险，抵达印度河河谷。他们经由一座东西向的悬索桥跨越印度河。法显指出，该地一定是佛教信仰向中国传播最早的渡口，印度的圣徒“带着佛经和律书渡过了这条河”。

法显一行经牛建陀罗到达佛祖的诞生地蓝毗尼。在向南去科哈特的途中，法显的同伴慧应在严寒中病倒了。他嘴唇苍白，敦促法显：“你马上离开，别都死在这里。”队伍继续穿越旁遮普，沿着普纳河前行，法显发现沿河两岸共计有20座寺院，大约有

生平事迹

- 在亚洲各地展开了长达15年的朝圣之旅，寻求佛陀教义的经文。
- 详细记述了4世纪和5世纪南亚繁荣的佛教文化。
- 除了研究到访地区的文化，他还描述了该地地理和动植物，注意与中国不同的一切。
- 在返航途中经受住一场风暴，将收藏的佛经文本带回中国。
- 回到中国后，他花了很多年的时间来翻译他在印度佛教僧侣帮助下带回的作品。

避世深山
在漫长的朝圣之旅中，法显受到众多佛教寺院的款待。如今天一样，许多佛教寺院为避世，都建在山上，比如在印度北部的古母帕寺院，海拔4000米（13 500英尺）。

最古老的佛教国家

这座巨大的卧佛雕像长14米（45英尺），10世纪被雕刻在斯里兰卡露天的花岗岩上。佛教在佛陀死后约200年的公元前2世纪传入斯里兰卡。该岛拥有世界上最古老的佛教传统，法显发现这里是佛教手稿的丰富来源地。

他的足迹

399年　开始朝圣之旅
从长安出发，穿越印度北部，在那里追念佛陀的生平。

410年　乘船前往斯里兰卡
在多摩梨待了两年之后，向南航行到佛教盛行的岛屿斯里兰卡，在那里待了两年。

412年　返回中国
离开斯里兰卡，经爪哇从海路返回中国。

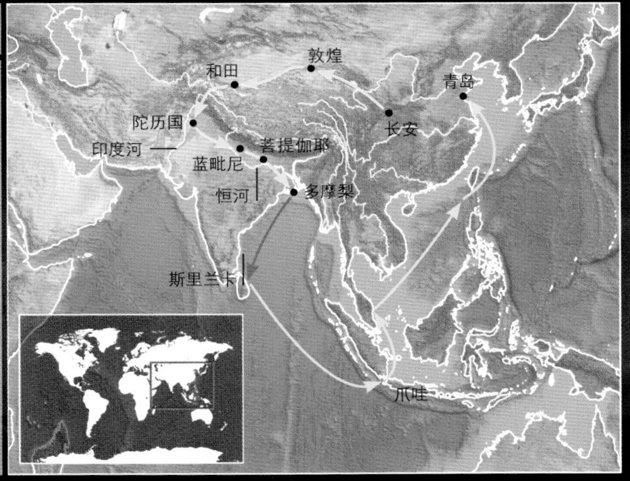

3000名僧侣。他们穿过平原，抵达阿瓦德的杰特瓦纳寺。在这里，朝圣者受到欢迎，因为他们是第一批从中国来到这里的人。在巴塔利普特拉（今印度帕塔里普），法显找到佛教经律手抄本，其中包含了大乘佛教的法则，规定了僧侣社团的运作方式，从而完成了此行的一个主要目标。法显沿着恒河到多摩梨市（今印度泰姆鲁克），这是个海港和贸易中心，他在那里待了两年，抄录经文。

狮子国

法显从多摩梨搭乘商船到锡加拉，意为“狮子国”（今斯里兰卡）。他在岛上待了两年，收集了许多在中国未知的梵语手稿，然后从海路归国。在返航途中，法显搭乘的船遭遇暴风雨，所有乘客都被命令将随身财物抛入海中。他抱着珍贵的手稿说：“我远行求法，愿威神归流，得到所止。”他携带完整的手稿，经由爪哇从海路回到中国。

法显这次史诗级的旅行，到过约30个国家。他这样描述佛教信仰如何给他支撑：“顾寻所经，不觉心动汗流。所以乘危履险，不惜此形者，盖是志有所存，专其愚直，故投命于不必全之地，以达万一之冀。”

玄奘

赴印度寻求佛法的高僧

中国　　约602—约664年

7世纪，佛教高僧玄奘，为更全面地了解佛教教义，从中国远赴印度，展开了16年的朝圣之旅。他对沿途所经地区，包括中亚山区和沙漠，以及印度北部的佛教中心，均留下了生动的描述。玄奘的探险故事为16世纪小说《西游记》提供了灵感，对于该小说，西方观众更熟悉的译名是《猴》。

生平事迹

- 效仿300年前的法显，从印度带回佛经典籍。
- 在《大唐西域记》中，生动地描述了他到访过的地区。
- 据此衍生了许多神话和传说故事，进而在16世纪形成了一部小说。
- 参观当时被认为是世界最高的建筑——犍陀罗的大佛塔。
- 他人生的最后20年致力于将带回的佛经译成中文。

玄奘出生在中国河南省，13岁时入寺庙学经，20岁受具足戒时，已掌握大量佛教文献。为获得更深刻的见识，他需要去佛教的诞生地印度。629年，他在梦中看到前进的道路后，开始了寻求佛法之旅。

离开中国

然而，629年正值唐朝与突厥交战，越境旅行是被禁止的，所以玄奘的首个考验是找到出国之路。他越过凉州、青海省及戈壁沙漠，于630年到达吐鲁番（今中国西北）。从那里，他绕过塔克拉玛干沙漠的边缘，沿着北丝绸之路到达库车。穿过克孜勒库姆沙漠时，他观察到：“望大山，寻遗骨，以知所指，以记经途。”他最终抵达位于今乌兹别克斯坦的撒马尔罕，该地当时是中亚的一个伟大的贸易城市，当地的货物品种让他印象深刻。

不久，玄奘进入阿富汗，在那里他看到

徒步旅行的僧人
这幅来自中国敦煌莫高窟的画，描绘了玄奘背着佛经，拿灯照亮前路的形象。

石窟寺庙
几乎可以肯定，玄奘参观过印度中部的阿旃陀石窟，该石窟是公元前1世纪在岩壁上开凿的、由30座佛教寺庙组成的壮观建筑群。

了巴米扬大佛。他写到其中一座巨大的雕像——周身金光闪闪，珍贵装饰令人眼花缭乱。该佛像在2001年被塔利班摧毁。

进入印度

玄奘于630年进入印度。他对该国风土人情有非常详细的描述。当地人的清洁习惯给他留下了深刻印象，他说："馔食既讫，嚼杨枝而为净。澡漱未终，无相执触。"他来到了犍陀罗，在那里看到了大佛塔，里面珍藏很大一部分佛陀"灵骨舍利"。他还提到恒河的神圣地位："彼俗书记谓之福水。罪咎虽积，沐浴便除。"

接下来的几年，玄奘拜访了印度北部重要的佛教圣地，其中包括桑加夏——佛陀从天降临之地；蓝毗尼——佛陀的出生地；拘尸那揭罗——佛陀涅槃之地。玄奘生动地描述了那些聚集在瓦腊纳西圣地的佛教徒："或断发，或椎髻，露形无服，涂身以灰，精勤苦行，求出生死。"

玄奘还到访尼泊尔，随后通过丝绸之路南线返回中国，途经喀什与和田。645年，玄奘结束了旅程。他收集了600多部梵文佛教经典，回到寺庙后花了数年时间翻译带回的佛经。

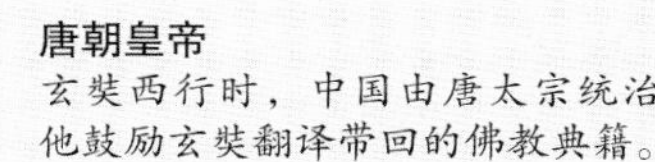

唐朝皇帝
玄奘西行时，中国由唐太宗统治，他鼓励玄奘翻译带回的佛教典籍。

西游记

1590年匿名出版的《西游记》，据认为作者是吴承恩，小说根据由玄奘《大唐西域记》衍生的传说改编而成。该书的主人公玄奘在猴子、猪八戒和沙僧的陪同下前往印度求取佛经，这三个徒弟为洗清从前的罪孽，同意帮助玄奘。一路上，师徒四人帮助当地人打败了各种妖魔鬼怪。

这幅19世纪的插图描绘的是猴子与妖魔的搏斗场景。

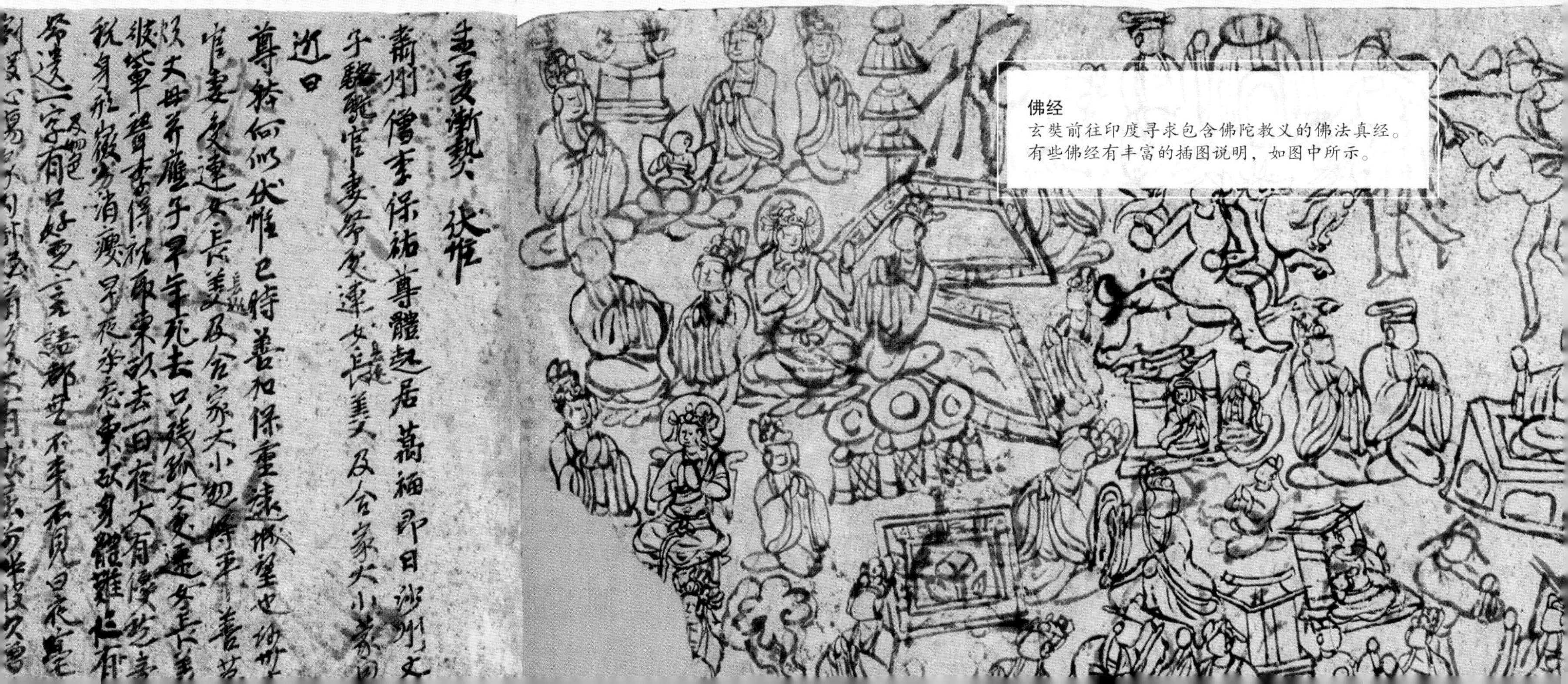

佛经
玄奘前往印度寻求包含佛陀教义的佛法真经。有些佛经有丰富的插图说明，如图中所示。

SERENISS:o PRINCIPI ALBERTO AB
AVSTRIA, SACRO SANCTÆ APOST:cæ SE
DIS CARD: TIT: SANCTÆ CRVCIS IN IERV
SALEM, ET LEGATO PER HISPANIAS A LA
TERE LVSITANIÆ ET ALGERBIORVM
PRO REGI HISPANIÆQVE CATHO: MA:tis
NOMINE GVBERNATORI, ARCHIDVCI,
AVSTRIÆ, DVCI BVRGVNDIÆ COMITI
TYROLIS ETC. DNO SVO CLEMENTIS
SIMO IOANNES HVGONIVS A LYNSCO
TEN HVMILLIME DEDIC:
INCLYTE AVIS PRINCEPS PRVDENTI A
PECTORE MAIOR
OBSEQVY PATERE HOC SYMBOLŌ ESSE MEI
Goæ Indiæ Orientalis Metro
polis & Emporij longe ditiss:mi
pro rege Archi-episcopo &
supremo Senalocupletis
exacta descriptio
Auctor: Ioannes Hugonius A.
linschoten. 1595.
Affconterfeytinge van principaele
Coop en hooft Stat des Rycks Goa,
alwaer die Aertsbischop: Viceroy,
en oppersten Raet van Portugaels
Indien Residert. door Ian Huygē
van Linschoten a.o 1595.
Baptista à Doetechum sculp.
TERRA FIRME
A LAGOA
S. Thome novo
S. Lazaro
S. Paulo
Rua de S. Paulo
Spirital dos pobres
S. Amaro
Passo Seco
S. Bras
N. S. do Monte
S. Luzia
Bazar grande
Alfandega
O terreiro
Terreiro do Vizorey
As cazas do Vizorey
A madre de Deus
S. Ioseph
S. Esteuão
Champanas e cotias de gentios
A ILHA DE
A ILHA DE NORVA
O Passo de Norua

贸易与发现

ILHA DO ÇAPATEIRO.
GOA VELHA.
S. Anna
S. Ius Evangelista
Spectare intuitu vis Orientis opes
Imos Goa, licet nostro semotior orbe
Una tibi sensus expleat atque oculos,
Seu fora, seu spectes plateas, seu templa Deorum
Obuia maiestas, par et ubique nitor.
Quamque iter emensæ, fida rati statio.
Haud alia emporio locupletior Indus Eoi
Ditia quam latè dividit arva soli.
Hoogerbeets.
Pannelin
S. Pedro
Passo de Pangin
Surgideira das naos do Reyno
Fortaleza
Os Reys Magos
A ILHA DE CHORAÕ
Praya de Bardes de Mar em fora

大事记

1000年

11世纪
泰米尔人在印度南部和斯里兰卡建立帝国，主导印度教文化进入长达300年的繁荣期

▼ 1099年
基督教十字军从土耳其人手中夺取耶路撒冷，屠杀该城居民；萨拉丁领导的穆斯林军队1187年重新夺回该城

▲ 约1100年
航海者和天文学家使用的天文仪器星盘，由安达卢西亚仪器制造商扎卡里加以完善，使它在任何纬度都能运行

1200年

▶ 1206年
成吉思汗联合东北亚的游牧部落，建立以哈拉和林为都城的蒙古帝国

1236年
多米尼加修士朱利安受匈牙利的贝拉四世派遣到拔都汗的宫廷，他被要求让匈牙利人服从蒙古的统治

▼ 1246年
翁布里亚旅行家乔瓦尼・卡尔皮尼抵达蒙古，见证了贵由可汗的登基

▶ 1253 年
鲁布吕克的威廉出使哈拉和林蒙古王庭，欲使蒙古人皈依基督教，结盟对抗穆斯林（见第54—55页），但未获成功

▶ 1271年
威尼斯人马可・波罗开始了长达24年的亚洲之旅，蒙古统治者忽必烈（见第56—59页）任命他担任外交官

1280年
西非马里帝国正处于巅峰时期，它的法律和文化在尼日尔河沿岸传播；南部的贝宁帝国正在崛起

1300年

◀ 1324年
马里国王穆萨前往麦加朝觐，有6万随从，其中包括12 000名奴隶

▲ 1325年
伊本・白图泰离开摩洛哥丹吉尔，开始长达29年的旅行。他造访了伊斯兰世界的大部分地区，包括西非的杰内（见第68—71页）

▶ 1342年
方济各会修士乔瓦尼・戴伊・马利格诺利由教皇本尼迪克特十二世派往中国；乔瓦尼在途中访问了斯里兰卡，并登上圣山——亚当峰

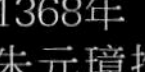

1368年
朱元璋推翻元朝，建立了明朝，明朝统治这个国家达300年

◀ 第48—49页　1595年，印度西南海岸城市果阿的葡萄牙港口地图

7世纪，阿拉伯帝国征服中东和北非，为穆斯林旅行者相对松地旅行开辟了空间。然而，阿拉伯帝国的兴起切断了基督欧洲通往东方的的贸易路线。13世纪，为寻找替代路线，并找同盟对抗穆斯林势力，欧洲遣使前往蒙古可汗控制的中亚地区。一个世纪后，葡萄牙和西班牙的航海家开始沿西非海岸探险。1492年，克里斯托弗·哥伦布向西航行，寻找一条通往亚洲的航线，结果偶然发现"新大陆"，开启了一系列从欧洲出发的航行，使美洲首次与世界其他地区直接接触。

1400年

1404年
郑和先后七次下西洋，穿越印度洋到达波斯湾和东非（见第62—65页）

▼15世纪30年代
葡萄牙航海者沿着西非海岸向南推进时，航海家亨利王子积极支持葡萄牙的大西洋探险

1434年
葡萄牙航海家吉尔·埃阿尼什绕过西撒哈拉的波加多角，当时欧洲认为该地无法航行通过

1444年
迪尼什·迪亚士到达了非洲最西端，发现了佛得角（意为"绿色角"）

1450年

▶1483年
迪奥戈·康到达非洲南部，竖起了四根十字架石柱，以此宣布葡萄牙国王若昂二世对此地拥有主权

◀1488年
巴尔托洛梅乌·迪亚士首次绕过好望角，因为在这里遭遇恶劣天气，将其命名为"风暴角"（见第76—77页）

▶1492年
克里斯托弗·哥伦布在加勒比海的圣萨尔瓦多登陆，他认为自己已到达东亚（见第86—89页）

1497年
塞巴斯蒂安·卡伯特和父亲约翰抵达纽芬兰（见第92—93页）

◀1497年
达·伽马绕过非洲航行至印度，这是从欧洲首次绕过穆斯林控制的中东，经由海路抵达亚洲（见第80—81页）

1498年
哥伦布在第三次航行中，成为首位踏足南美洲的欧洲人；他一直相信自己发现了通往亚洲的航道

1500年

◀1500年
佩德罗·阿尔瓦雷斯·卡布拉尔是第一个登陆巴西的欧洲人，他在前往印度途中因为偏离航向到达巴西（见第96—97页）

▲1502年
德国制图师马丁·瓦耳德西姆勒在其绘制的世界地图上，首次用"亚美利加"命名新大陆，以显示新大陆是独立于亚洲的大陆

◀1524年
为法国服务的意大利探险家乔瓦尼·维拉扎诺是继维京人之后第一个在纳拉甘西特湾附近探索北美大西洋海岸的欧洲人

▶1582年
耶稣会传教士利玛窦抵达中国，并成功立足传教；他成为最早掌握中国文字的西方学者之一

亚洲的传说

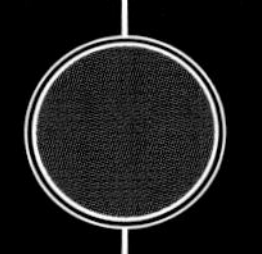

中国与西方的关系至少可以追溯到1世纪，当时罗马人从他们称之为“丝国”的土地上购买丝绸。

蒙古可汗
成吉思汗于1227年完成对中国北方的征服，他是元朝的太祖皇帝，元朝统治达98年。

罗马和中国之间的贸易通过中间商进行。随着4世纪中国的分裂，中西方连这种间接接触也停止了，直至唐朝（618—907年）。但此时伊斯兰哈里发控制了丝绸之路中心地带，使东西方接触陷入困难。

寻找祭司王约翰

到11世纪晚期，十字军东征——基督教西方试图从穆斯林手中夺取圣地控制权的宗教战争受挫。为寻求援助，基督教西方开始寻找神话人物长老约翰，据说他是穆斯林世界基督教王国的统治者。因为极度渴望他对圣地的军事支持，一系列特使被派往蒙古宫廷。据信，任何一位可汗都可能是难以捉摸的祭司王约翰。

西方往东方的第一人是多米尼加修士朱利安，他于1236年由匈牙利国王贝拉四世派往蒙古，但拔都汗向他提出匈牙利人服从蒙古统治的要求。

1240—1241年蒙古对欧洲的入侵，并没有消除欧洲人认为蒙古人可能是盟友的信念。1246年，翁布里亚旅行家乔瓦尼·卡尔皮尼抵达蒙古，见证了贵由可汗的登基。他试图让蒙古人改信基督教，但未成功。他留下的珍贵记载，描述了蒙古包以及蒙古人对马奶酒的嗜好。1253年，鲁布吕克的威廉同样未完成使命，只发展了六名皈依者，未获任何援助承诺。

中国人眼中的欧洲人形象
这是中国艺术家为马可·波罗画的肖像，马可·波罗在亚洲的24年期间，奉忽必烈之命在各地巡视旅行。

贸易帆船
郑和船队的主体是可能达140米（450英尺）长的九桅杆宝船。

中国圣像
西方基督教传教士很少努力去理解中国的佛教信仰与宗教文化，直到如利玛窦这样的耶稣会士来华后才改观。

背景介绍

- 第一次十字军东征于1099年占领了耶路撒冷。十字军建立了一系列基督教公国，但在穆斯林于1144年重新集结后，十字军急需援助。他们寻求盟友，包括蒙古。
- 1256年，旭烈兀统率的蒙古军队入侵中东似乎帮助了十字军。旭烈兀于1258年攻占了穆斯林重要据点巴格达，但他的军队于1260年在艾因扎鲁特被埃及的马姆鲁克击败。
- 基督教使节和商人继续访问蒙古宫廷，蒙古人也遣使回访。1287年，基督教聂斯脱里派（景教）侣拉班・巴・索玛向欧洲求援，以对抗马姆鲁克。他访问了那不勒斯、罗马和巴黎，甚至还受到英国国王爱德华二世的接见。
- 1342年，乔瓦尼・戴伊・马利格诺利带到北京的礼物是一匹马。元惠宗妥懽帖睦儿非常高兴，他下令为马画肖像、献诗。
- 1433年，郑和最后一次下西洋后，明朝统治者开始反对海洋冒险。1436年禁造海船，到1500年，明朝海军实际已消亡。
- 尼科洛・伦巴迪接替利玛窦在北京传教，耶稣教会继续在华运作，直至1724年康熙皇帝禁教。

忽必烈汗

忽必烈统治时期（1260—1294年），更多欧洲人来到蒙古宫廷，最著名的是威尼斯商人马可・波罗（见第56—59页）。他的游记是研究蒙古时期亚洲地理和文化的宝贵资料，但他探险是为了贸易，而不是外交。14世纪，基督教使节继续访问蒙古。其中最后一人是由教皇本尼迪克特十二世于1338年派来的马利格诺利，他于1342年来华，并逗留三年。在中国，元朝1368年被明朝推翻。明朝对外国使节有抵触，对基督教的敌意也明显。郑和下西洋（见第62—65页）是中国重拾自信的例证。他在1405—1433年间的远航行至非洲东海岸。此后中国再次闭关锁国，直到1582年，传教士利玛窦来华。1610年利玛窦去世时，他的传教活动已卓有成效。

> *穿越中亚的丝绸之路贸易路线建立于公元前3世纪的中国汉代。20世纪初期，包括马克・奥瑞尔・斯坦因和斯文・赫定在内的欧洲探险家重走了这条路线。*

马弓手
蒙古骑兵，骑着小而壮实的马，使用杀伤力极强的复合弓从远处攻击。骑兵是蒙古军队的主要组成部分。

鲁布吕克的威廉

中世纪蒙古的记述者

佛兰德斯 约1220—约1293年

传教士鲁布吕克的威廉对东方奇迹的记述，比马可·波罗探险早几十年。威廉受法国国王路易九世派遣，肩负传教和结盟使命，去觐见蒙古可汗。虽然这位方济各会修士最终未能使可汗成为基督徒和盟友，但他非常详细地记录了自己的三年旅程。他的游记《鲁布吕克的威廉东方之旅》，是中世纪关于蒙古帝国及其习俗的最可靠的记述。

十字军俘虏

威廉执行使命时，他的保护人路易九世（后来的圣路易斯）的经历就没那么愉快了——他在第七次十字军东征期间被穆斯林俘获，后被赎回（见上图）。

威廉出生在13世纪初叶法国鲁布吕克佛兰德斯的村庄。关于这位方济各会修士，人们所知甚少，除了他在自传中讲述的旅行经历之外，甚至连生卒年月都没有记录。

出使蒙古

威廉在巴黎获得了国王路易九世的信任，1248年受邀加入法国国王的第七次十字军东征。在六年战争失利后，路易九世改变了策略，他想与鞑靼人——蒙古帝国可汗友好结盟，共同对抗盘踞圣地的撒拉逊人。1253年5月，威廉被派往蒙古帝国，带着路易九世的礼物，与方济各会修士克里莫纳的巴托洛缪从巴勒斯坦的阿克里启程。他乘牛车旅行，理由是牛车在每一站都不需要开箱检查，但后来他承认，骑马旅行会使行程减半。

他们经君士坦丁堡前往伏尔加河地区的统治者拔都汗驻地，拔都汗拒绝皈依，送他们去蒙古帝国首都哈拉和林觐见大汗蒙哥。这是一次艰险的陆路之旅，在吉尔吉斯草原巴尔喀什湖的东边，威廉遭遇狂风，他们冒着极大危险穿过山谷，唯恐风把他们吹进波涛汹涌的水中。

到了12月，情况非常严峻，他的向导们恳求他为抵抗“峡谷里的恶魔”祷告，以便“安全通过”。尽管“评论这种信仰问题是危险的，更不用说是不可能的”，威廉不得不写出祷告文，让这些人随身携带。四个月后，他到达哈拉和林，发现那里“没有巴黎郊区的圣丹尼斯村大”。

强大的蒙古帝国

1206年，居住在蒙古大草原上的各游牧部落由成吉思汗统一成一个民族。他于1211年进军中原，并于1219年横扫亚洲，建立帝国，该帝国在他的继任者统治下继续扩张。当威廉到达哈拉和林时，蒙古统治已从太平洋延伸到黑海，成了中世纪世界最强大、最具统治力的帝国。

蒙古首都乌兰巴托的成吉思汗雕像

生平事迹

- 为了方便通过中亚，他拿着“水果、麝香酒和美味的饼干，送给首领，因为两手空空的人不会受到正确对待”。
- 对蒙古风俗的观察：“那里的女人都很丰满，他们认为鼻子最小的女人最漂亮。”
- 从一位西藏喇嘛那里了解中国的风俗习惯，对纸币和中国文字进行了早期描述：“他们把几个包含一个单词的字母画成一个图形。”
- 证明里海是内陆海，而不像先前设想的那样向北流入北极。

大汗首都

哈拉和林1260年被忽必烈抛弃，他将蒙古首都迁到了上都。该遗址建有藏传佛教寺庙额尔德尼召庙，现已被辟为博物馆。

他的足迹

- 1248年 第七次十字军东征
  参加法国路易九世第七次十字军东征。在登陆位于尼罗河河口的港口达米埃塔之前，在塞浦路斯越冬。
- 1253年 出使蒙古
  从阿克里出发到君士坦丁堡，然后穿越黑海到达伏尔加河拔都汗王国；于1254年年底抵达哈拉和林。在蒙哥汗的宫廷逗留七个月，然后返回圣地。

○ 未在地图上显示

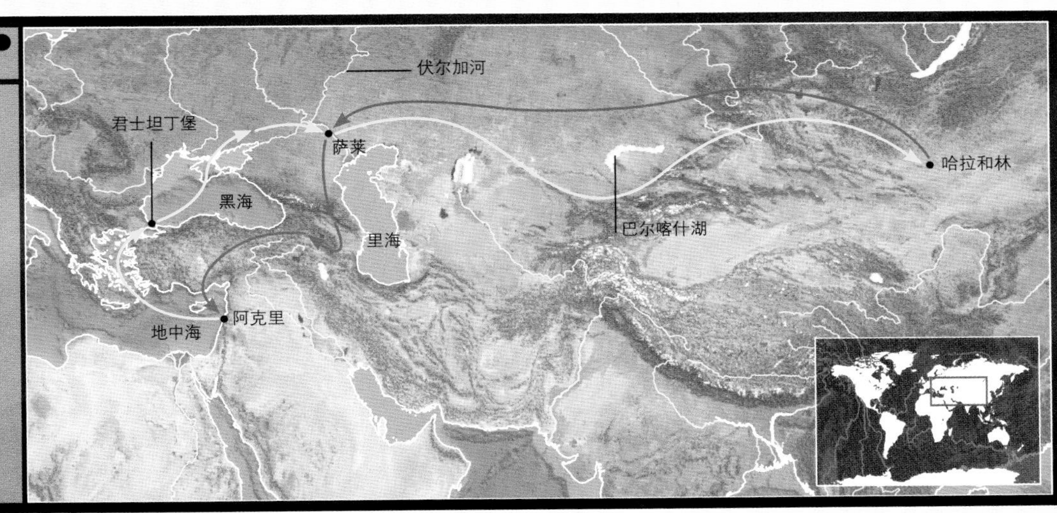

他还惊讶地发现，那里有一位名叫帕奎特的法国妇女，是在匈牙利被俘的，还有一位来自巴黎的金匠以及其他外国俘虏。

等待觐见

威廉记述了大量的蒙古传统，如毛毡制作、蒙古包的架设和布局以及美食等。他还观察蒙古宴会："当他们想挑战谁喝酒时，就抓住此人的耳朵，拉着他的脖子，在他面前拍手跳舞。"

1254年1月，寒冷变得如此严重，威廉因此得到皮衣以抵御零度以下的气温。他抱怨说，他没有大房子可以为大汗祈祷，只有一个很小的住所，"小得一燃起火就无法站立，也无法打开书"。

他获准觐见蒙哥本人，在此期间，大汗看了圣经文本。威廉虽努力争取，蒙哥还是未接受基督教。相反，威廉被邀请在大汗面前与佛教徒和穆斯林进行辩论，并准备文件供他细读。1254年5月，威廉最后一次觐见蒙哥，蒙哥用如下的话礼貌而坚定地回绝了传教士的信仰："神赐给我们不同的手指，也赐给了人类不同的方式。"当年7月，威廉带着蒙哥写给路易九世的一封信离开，于1255年8月抵达十字军的黎波里驻地。他向国王递交了自己写了40章的游记，该书被认为是中世纪地理文学的杰作。他建议向蒙古人派遣更多的使团，但条件是他们有优秀的翻译和"充足的旅行基金"。

永恒的纪念碑
这只花岗岩龟象征着永恒和保护，是哈拉和林留下的最后遗迹之一。

马可·波罗

中国宫廷里的欧洲人

威尼斯共和国　　1254—1324年

马可·波罗出生在威尼斯一个繁荣的商人社区，这座港口城市在地中海和东方的贸易中扮演着重要的角色。很少有人知道他的早年生活，但他后来在热那亚监狱口述给一位狱友听的游记，以及对世界的描述，是欧洲人关于中国和东南亚的第一份详细的记述。其中第一次提到日本，还有关于波斯、印度和中亚偏远地区的许多新见解。

马可·波罗踏上旅行之路，是受珠宝商父亲尼可洛和叔叔马泰奥的激励。1260年，当马可·波罗六岁时，他们去君士坦丁堡（今天的伊斯坦布尔）和克里米亚港口索尔代亚进行远程贸易。从那里，他们冒险北上，沿着商队路线横穿草原，与蒙古西部帝国（又称“黄金部落”）可汗巴卡进行贸易。在该地区爆发内战之前，他们待了一年多。由于无法南行，波罗兄弟向东来到了中亚的布哈拉，在那里住了三年。在布哈拉，他们遇见了来自中国的“大汗”忽必烈宫廷的蒙古使者，后者向他们提出了一个非同寻常的建议：与他一起返回中国宫廷。他们接受了，沿着丝绸之路东行，1266年到达大都（今北京）。威尼斯人在中国宫廷受到欢迎，大汗请他们为特使，回欧洲见罗马教皇。作为忽必烈的特使，他们于1269年回到欧洲，希望有朝一日能再次回到中国。

与马可一起返回东方

两年后，兄弟俩再次启程前往中国，这一次他们带着17岁的马可。他们的路线在《马可·波罗游记》中没有明确确认，而且通常不清楚他们是否真的访问了游记中提到的所有地区。然而，我们知道，他们途经土耳其，横越中亚，然后到达波斯湾的奥姆兹，在那里他们计划走海路到中国，以避免陆路的危险。然而，奥姆兹的船只简陋，他们选择了陆路，可能是向东北进入奥克斯山谷，随后穿过帕米尔山脉。他们在夏天来到中国，当时忽必烈的宫廷已搬至大都北面的行宫上都。

20岁的马可·波罗受过良好教育，让大汗印象深刻，就任命他为情报人员，执行秘密巡视任务。

生平事迹

- 波罗的父亲和叔叔与中国的忽必烈汗建立了联系。
- 波罗在忽必烈汗的宫廷中受到欢迎；大汗任命他为使节，出使亚洲各地。
- 被囚禁于热那亚的监狱期间，波罗将自己的故事讲述给狱友——比萨的鲁斯蒂谦，后者写成《马可·波罗游记》，为波罗带来了声誉。
- 向大汗描述自己声称在近20年间去过的地方。
- 直到20世纪初，他对中亚和丝绸之路的描述构成了欧洲了解该区域的基础。

丝绸之路上的马可·波罗
这幅插图出现在《加泰罗尼亚地图集》上，该地图集共六页，是14世纪已知世界的地图。它显示马可·波罗与骆驼商队沿着连接中国与中东和印度的丝绸之路旅行。两千年前汉代利润丰厚的中国丝绸贸易，推动了该贸易路线的发展，“丝绸之路”也由此得名。

无论是基督教徒还是撒拉逊人，蒙古人或异教徒，没有人如梅塞尔·尼可洛·波罗的儿子梅塞尔·马可·波罗这样广泛地探索过这个世界。

——比萨的鲁斯蒂谦

首次任务是去云南（中国南部）和缅甸，为期一年。据他的游记记述，“比起其他，他（大汗）更愿意听的是各地的风俗、人情、新闻”，所以马可·波罗执行这个任务时，会关注他所见所闻的新奇事物，以便返回时向大汗复述。

马可·波罗与家人在中国待了17年。他与父亲、叔叔的旅行细节并不完全为人所知，历史学家们还在争论其中一些描述的真实性，但马可·波罗对帕米尔高原、喀什、罗布泊这些对欧洲来说极为偏远、封闭的地区的描述，在北欧探险家19世纪和20世纪初叶前往该地区之前，一直是欧洲人关于中亚为数不多的文本信息来源。事实上，如匈牙利探险家与考古学家马克·奥瑞尔·斯坦因（见第234—237页）等人，在中亚探险时仍使用马可·波罗的地理描述来规划路线。

丝绸的秘密
作为可汗的宠臣，马可·波罗会穿一件和这款类似的精美丝绸外衣。当时，丝绸制造的秘密只有中国人才知道。

回到威尼斯

1292年，马可·波罗和父亲、叔叔陪同可汗的侄孙护送公主前往波斯成婚，借此回到西方。他们从杭州出发，经过南太平洋到奥姆兹。他对中国沿海、东南亚和香料群岛的描述，对后来的航海探险家来说非常重要。《马可·波罗游记》还包括了对日本的最早记录（无论是个人证据还是报告）：“吉潘古（元朝对日本的称呼）是一个海岛，它位于太阳升起的东部海面，离中国南部陆地1500英

他的足迹

1271—1275年　前往大都
波罗兄弟重返大都。他们首次来大都是应蒙古使者的邀请，第二次则带着年轻的马可·波罗走陆路前来。

1275—1291年　为忽必烈工作
17年里，马可·波罗奉大汗之命游历东亚各地，为大汗收集生活在蒙古帝国各个地区的人们的信息。

1292—1295年　返回欧洲
马可·波罗与父亲和叔叔回到威尼斯，这次返程走的是从中国到欧洲的海路，比较安全。

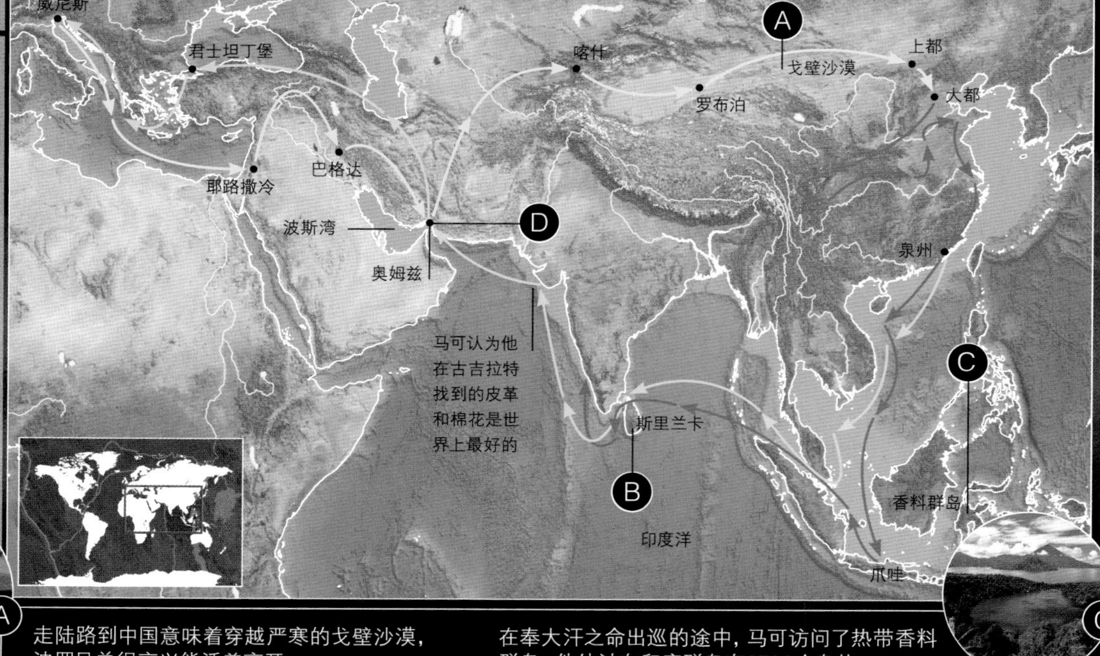

A 走陆路到中国意味着穿越严寒的戈壁沙漠，波罗兄弟很高兴能活着离开。

C 在奉大汗之命出巡的途中，马可访问了热带香料群岛；他估计东印度群岛有2700个岛屿。

1260—1271年	1271—1275年	1275—1291年	
马可六岁时，他父亲和叔叔第一次去中国。	离开威尼斯十年后，马可·波罗的父亲和叔叔回到欧洲，成为忽必烈的使者。	大汗派遣马可·波罗到他未能征服的爪哇岛，马可·波罗对各种香料印象深刻。	B 马可拜访了斯里兰卡，该岛以其珠宝闻名于世，尤其是它巨大的红宝石。

里。这是一个非常伟大的岛屿……岛上的统治者有一座全由黄金覆盖的宫殿。”无论马可·波罗是否访问过日本，对于欧洲读者来说，他的记录都是潜在的丰富贸易来源的新信息。

“不计其数”

马可·波罗1295年回到威尼斯时，他在24年里已旅行了近24 000公里（15 000英里），这是中世纪世界前所未有的一次冒险之旅。他与父亲、叔叔下船时，发现威尼斯正与热那亚交战，他在冲突中被俘，在热那亚监狱待了几个月。不过，这对后世来说是幸运的，因为他在那里把自己的故事讲述给狱友——比萨的鲁斯蒂谦，后者写下《马可·波罗游记》。马可的绰号是“不计其数”，据认为是指他在描述忽必烈的宫廷规模和中国人活动规模时所列出的惊人数据，他的批评者认为这是夸大其词。1324年他临终时，他的敌人试图让他承认他的“谎言”。马可的回答很简单：“我只告诉了你们我所看到的一半。”

马可与父亲、叔叔离开威尼斯

这幅描绘马可·波罗从威尼斯出发的插图出现在14世纪的《马可·波罗游记》中，该书被称为“博德尼手稿”。

高原山区

马可·波罗通过与今巴基斯坦、中国和印度接壤的帕米尔山区（图左）时，加入商队越过帕米尔高原的冰川河流。

D 在他们的出巡和返回途中，马可同父亲及叔叔在波斯湾的奥姆兹停留，这是当时一个重要的贸易港口。

1292—1295年

1295—1324年

回到威尼斯后，马可参与了与热那亚的战争；他被热那亚俘虏，并在被囚禁期间向鲁斯蒂谦讲述了他的故事。

图德拉的本杰明

西班牙纳瓦拉　　约1100年

图德拉的本杰明写的《本杰明游记》，早于马可·波罗一个世纪，此书详细记述了他从西班牙北部家乡越过欧洲到中东与波斯的旅程。

本杰明旅行的目的是为他的犹太人同胞找到一条前往圣地的安全通道。为此，他记录了他在旅途中发现的犹太旅行者可能受到款待的所有地方。他描述了沿途繁华的犹太社区，东至今阿富汗的加兹尼，一个有着八千犹太人的城市，“来自各个国家、说各种语言的人们都带着货物来该城贸易”。本杰明记录了他所遇到的犹太人和非犹太人的风俗习惯，特别详细地描述了12世纪的城市生活。与马可·波罗形成鲜明对比的是，他总是注明信息来源出处，这让学者们认为他的说法非常可信。该书如今被认为是中世纪地理学和民族志的一部重要著作。

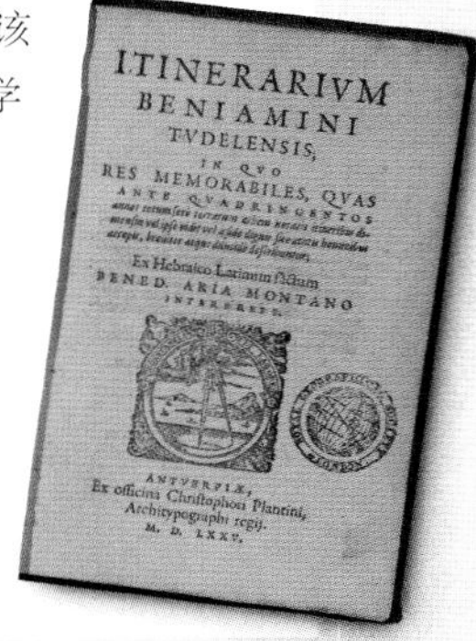

ITINERARIVM
BENIAMINI
TVDELENSIS,
IN QVO
RES MEMORABILES, QVAS

Ex Hebraico Latinum factum
BENED. ARIA MONTANO
INTERPRETE.

ANTVERPIÆ,
Ex officina Christophori Plantini,
Architypographi regij.
M. D. LXXV.

《本杰明游记》希伯来语原文的早期拉丁文译本

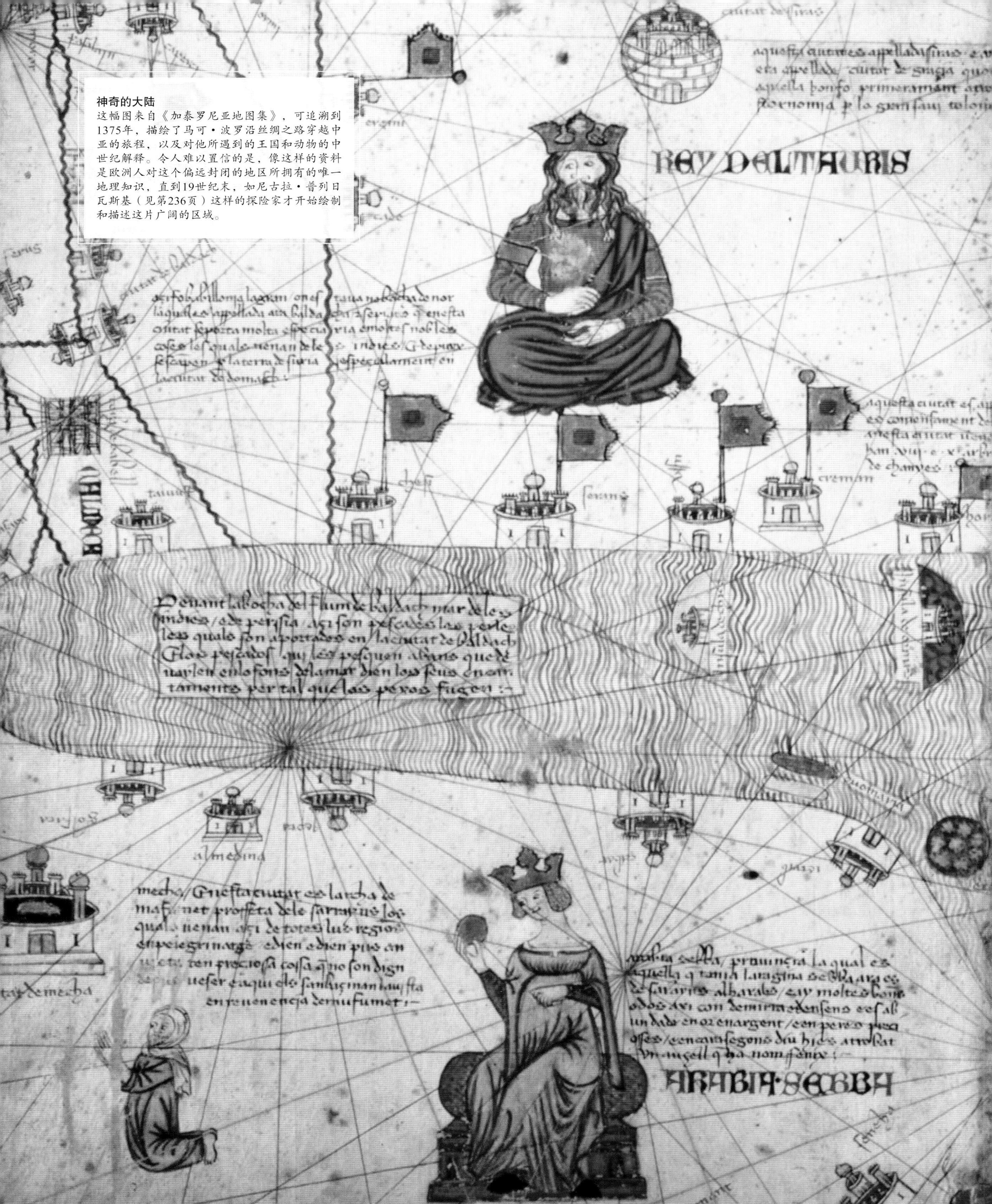

神奇的大陆

这幅图来自《加泰罗尼亚地图集》，可追溯到1375年，描绘了马可·波罗沿丝绸之路穿越中亚的旅程，以及对他所遇到的王国和动物的中世纪解释。令人难以置信的是，像这样的资料是欧洲人对这个偏远封闭的地区所拥有的唯一地理知识，直到19世纪末，如尼古拉·普列日瓦斯基（见第236页）这样的探险家才开始绘制和描述这片广阔的区域。

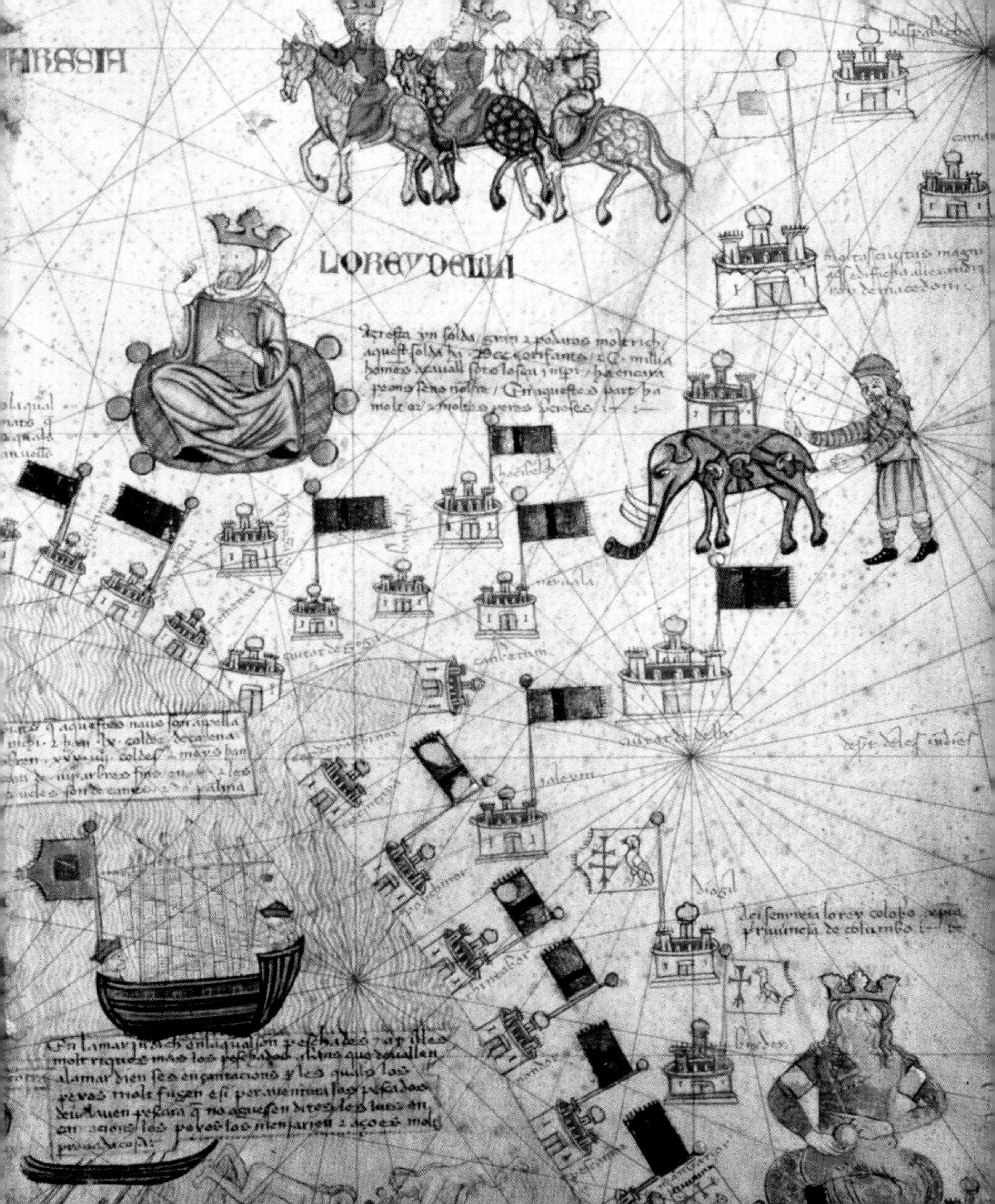
LO REY DELLI
ciutat de delli
desert de les indies

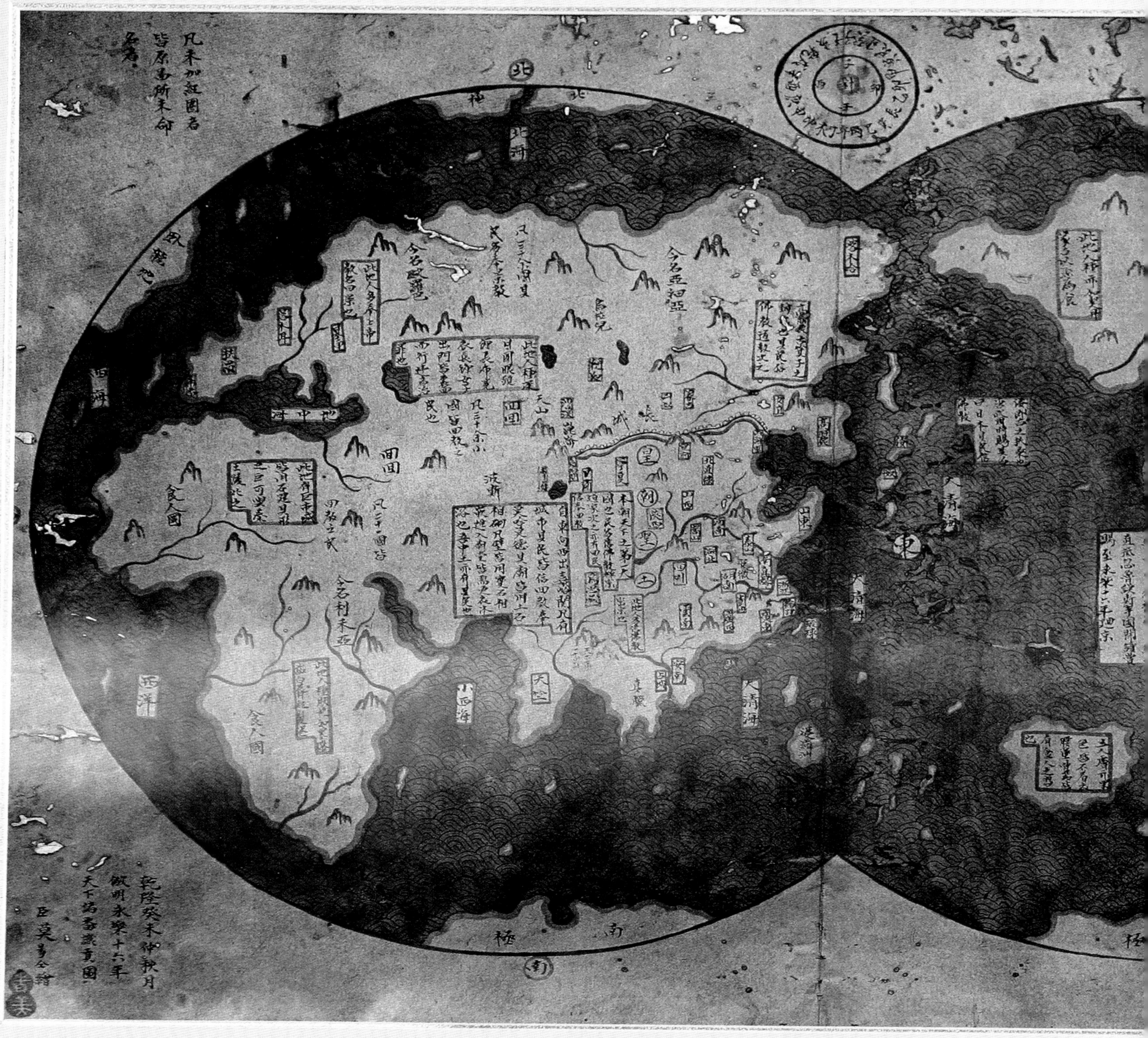

我之云帆高张，昼夜星驰。

——郑和

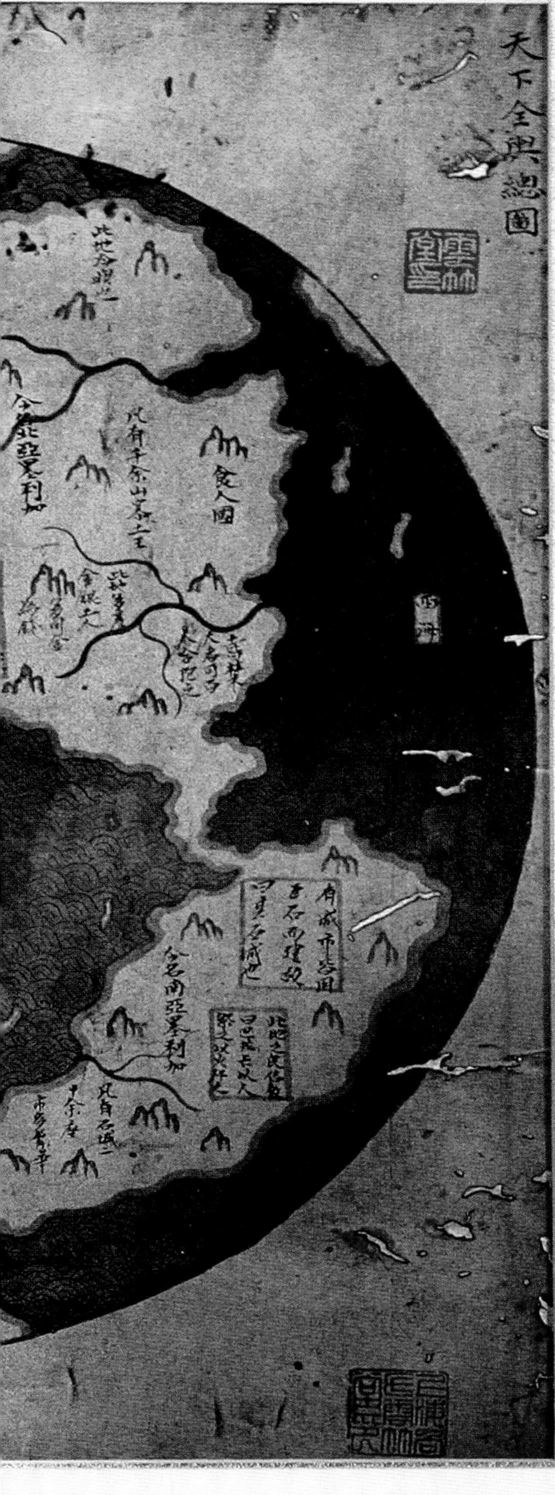

郑和

中国明代航海探险家

中国 1371—1433年

钦差总兵太监郑和进行了六次航行，并指导沿印度洋海岸的第七次航行，远至非洲东部海岸的马林迪。引人注目的不仅是他们试图在东南亚、阿拉伯和东非等地的主要贸易港口宣扬中国国威，而且他们的航行规模也很大。郑和的第一支舰队据说有300多艘船和2.8万人，是“二战”之前印度洋出现过的最大规模的舰队。

郑和，本名马和，出生于中国西南部云南省昆阳（今晋宁）的一个穆斯林家庭。十岁时，他被派到云南与蒙古首领作战的明军俘虏。按照当时惯例，郑和受阉割入宫，在那里升为明朝皇帝的心腹。

生平事迹

- 他的首次航海比哥伦布到达美洲早近100年。
- 郑和像祖父和曾祖父一样，成为到麦加朝觐过的伊斯兰信徒。
- 郑和航海被证明对贸易从丝绸之路转向海上路线起过重要作用。

跨海贸易

令人恐惧的蒙古人统治者帖木儿在横扫中亚，摧毁中国对外陆路贸易路线后，于1405年去世。中国的永乐帝开始了一项雄心勃勃的计划，以横渡印度洋的航线取代陆路，并让海外港口向中国明朝朝贡。

郑和被选中率领这支庞大的舰队。历史文献描述了这种长140米（450英尺）的九桅“宝船”。有些历史学家认为这是夸大其词，但这些船只肯定比同时期欧洲船只要大得多。他的第一支舰队中有许多大小不一的船只，可运载军队、马匹、补给品和水，以及巡逻艇、军舰和旗舰宝船。

郑和于1405年7月离开中国，访问了爪哇、亚齐和斯里兰卡，然后于1406年12月抵达印度西海岸的卡利卡特。他向各地统治者赠送礼物，宣扬中国国威，必要时采用武力。返程途中，郑和与海盗陈祖义展开大战，剿杀了五千海盗。陈祖义被带到南京处死。

郑和随后几次航行也同样装备精良，而且进行顺利。他的第四次、第六次和第七次航行都被随行翻译马欢记录在案。马欢后来基于三次航行经历，写了《瀛涯胜览》，书中所述事

海上导航
明代水手海上导航使用复杂的24点罗盘，在每一点上都有不同的汉字，还使用航海图。

并非新大陆?
郑和的传奇地位在2006年再次上升。当时据称找到一份地图，该地图是郑和1418年绘制的中国航海地图的1763年版本。它清楚地描绘了北美、南美和澳大利亚，这些大陆直到19世纪才被欧洲人完全绘制出来。但专家们对这幅地图的真实性提出了质疑。据认为，郑和也是《天方夜谭》中水手辛巴达故事的灵感来源。

件具体发生地点尚不清楚，但他的作品生动描绘了郑和的成就。

跨文化编年史家

马欢记述了某次航行到达的第一站占城（今越南中南部）。这是一个令人愉快的目的地：“气候暖热，无霜雪。”这支舰队随后在国际贸易中心爪哇抛锚。马欢说：“许多国家的人来这里做生意。黄金、宝石和各种外国商品大量出售。人民非常富有。”他们还喜欢娱乐活动：“有一等人以纸画人物鸟兽鹰虫之类……以图画立地，每展出一段，朝前番语高声解说次段来历。众人圜坐而听之，或笑或哭。”这支舰队继续航行，到达了暹罗（今泰国）。此处虽然不如占城气候宜人——“内地潮湿”，但国王仍然给人留下了深刻印象。“国王出入骑象或乘轿。一人执金柄伞。”马欢还描述了一个不寻常的当地习俗：“男子年二十余岁则将……周围之皮，如韭菜样细刀挑开，嵌入锡珠十数颗皮内。”富人更喜欢空心金珠，在里面放置一粒沙子，走路时“玎玎有声，乃以为美”。

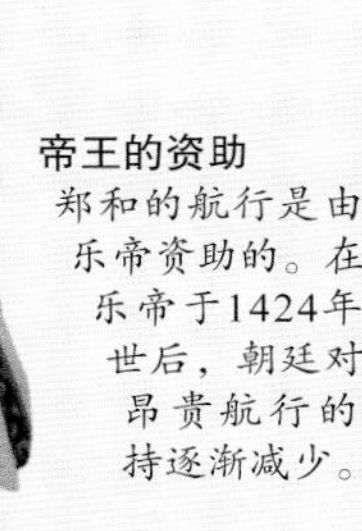

帝王的资助
郑和的航行是由永乐帝资助的。在永乐帝于1424年去世后，朝廷对他昂贵航行的支持逐渐减少。

在造访斯里兰卡后，舰队抵达印度西海岸的柯枝（今科钦）。马欢在那里观察到季风气候。当地人“各整盖房屋，备办食用……日夜间下滂沱大雨，街市成河，人莫能行，大家小户坐候雨信过”。他形容印度西南太平洋岸的今卡利卡特是“西洋大国”，郑和在此立碑纪

定居者
这面现代青铜浮雕旨在纪念郑和鼓励中国人在马六甲（今马来西亚）定居，马六甲不久就成为一个繁华的港口。

他的足迹

1405—1409年 卡利卡特之旅
在郑和的前两次航行中，他到达印度南部的卡利卡特，途经占城、爪哇和马六甲。

1409—1415年 前往霍尔木兹和阿拉伯半岛
在第三次和第四次航行中，他访问了马尔代夫，横渡阿拉伯海到霍尔木兹，然后绕过阿拉伯到吉达。

1417—1419年 抵达摩加迪沙
航行到马六甲和非洲之角，直到摩加迪沙，这是他的第五次航行。

1421—1422年 返回非洲后，他继续沿着东海岸一直走到马林迪。

1430—1433年 到霍尔木兹后返航
进行最后一次航行，但路线不得而知。

● 未在地图上显示

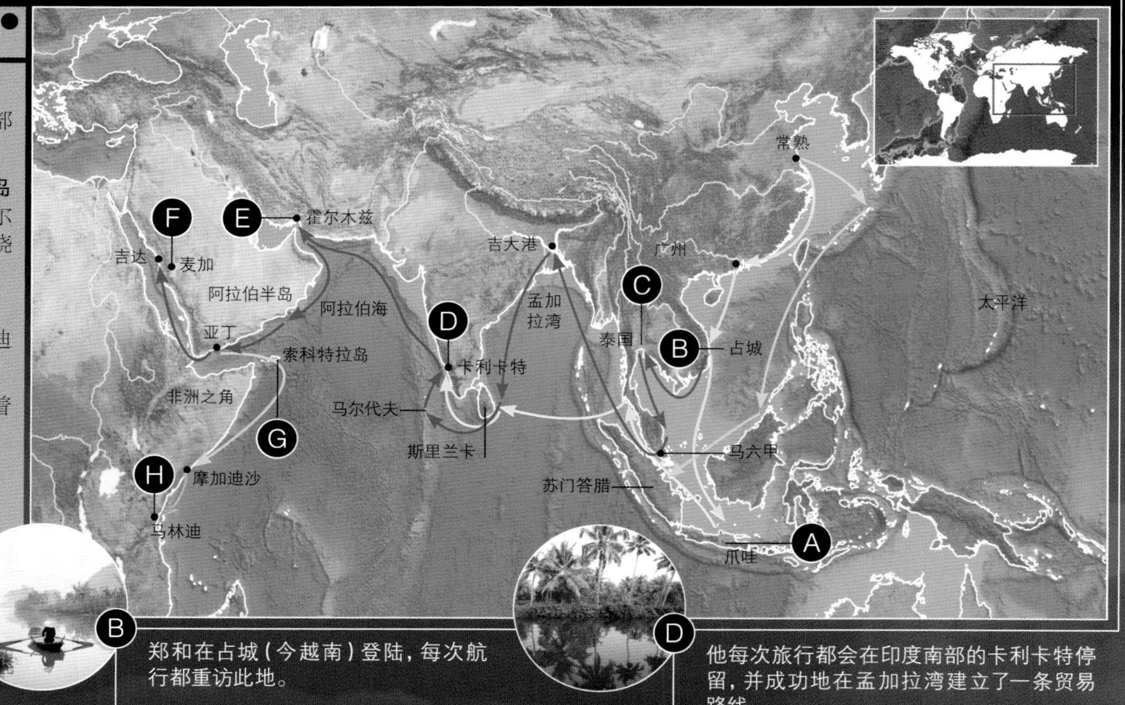

B 郑和在占城（今越南）登陆，每次航行都重访此地。

D 他每次旅行都会在印度南部的卡利卡特停留，并成功地在孟加拉湾建立了一条贸易路线。

郑和被选中带领一支船队从中国出发，寻找穿越印度洋的贸易航线。

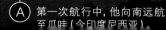

1405—1409年	1409—1415年

摧毁中印原有贸易路线的令人生畏的蒙古统治者帖木儿去世。

A 第一次航行中，他向南远航至爪哇（今印度尼西亚）。

C 他在第三次航行中访问了暹罗（今泰国）。

E 他穿过阿拉伯海，从卡利卡特到霍尔木兹，这是一个重要的贸易点。

念中印两国人民的友谊。

舰队离开印度，抵达阿拉伯半岛，造访了阿曼南部的达法尔国。马欢发现这些人“人体长大，貌丰伟”。亚丁（今也门）“国富民饶”。马欢观察到财富的有害影响：“人性强硬”，但也指出，他们打造的器物“甚精妙，绝胜天下”。

1425年，郑和被明仁宗任命为南京守卫使。他在1433年完成第七次航行后不久就去世了，而作为一名海军将领，他也葬身大海。由于成本高昂，印度洋航行冒险被放弃了，但郑和留下的巨大贸易网络，尽管缺乏帝国的援助，仍然幸存下来。不幸的是，他的大部分航海报告，甚至航海船只，都在他死后遭摧毁。

混杂的遗产

据悉，郑和到过的地方远不止阿拉伯半岛，他沿着非洲印度洋海岸向南航行了几次，到过摩加迪沙和马林迪（今索马里和肯尼亚），并从马林迪的阿拉伯苏丹那里得到一只长颈鹿，作为贡品送给皇帝。威尼斯制图师弗拉·毛罗在他1459年的地图上记录了1420年在大西洋发现的“印度的垃圾”，这一发现被用来证明郑和曾绕过好望角。但大多数学者认为这是不可能的。

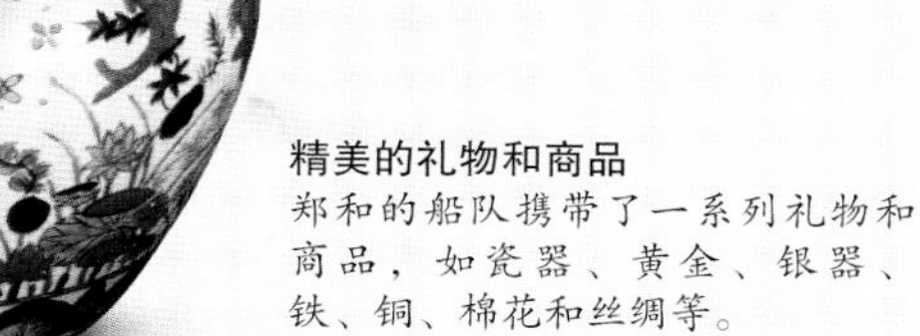

精美的礼物和商品
郑和的船队携带了一系列礼物和商品，如瓷器、黄金、银器、铁、铜、棉花和丝绸等。

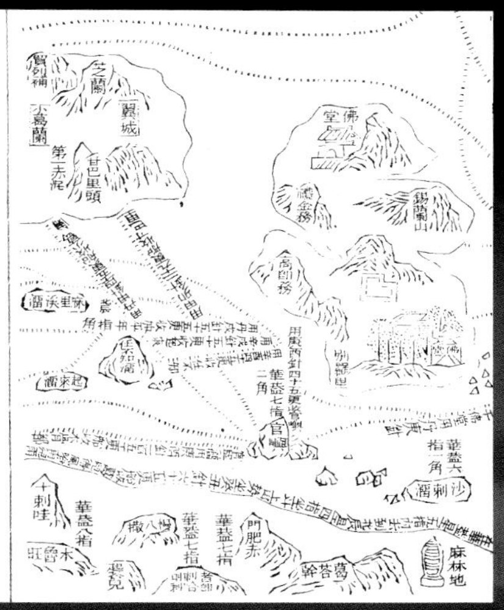

细致的图表
郑和远洋存留下来的少数文件，以准确的细节记录了他的旅行。17世纪的《武备志》中收录了这张图表，上方显示印度西海岸，右边是斯里兰卡，下部为非洲。表中同时标注了24点罗盘的读数、航行时间和距离，以及测深数据。

公平交易

在他的第四次和第七次探险中，郑和在富裕的霍尔木兹港口（今伊朗）停靠。该港口位于波斯、中亚和中东的陆路贸易路线的交会处，从而保证了良好的贸易往来。来自各地的外国船只和外国商人“都到此地赶集买卖，所以国民皆富”。

但马欢对该城民风淳厚也有记录：“国王国人皆奉回回教门……无贫苦之家。若有一家遭祸致贫者，众皆赠以衣食钱本，而救济之。”

G 环航非洲之角期间，他在索科特拉岛（今也门）停留。

H 他在第六次航行中，沿东非海岸航行至马林迪。

1417—1419年	1421—1422年	1430—1433年

F 他从亚丁到吉达再到圣城麦加，完成了他的朝觐

第六次航行中，他回到卡利卡特和

郑和的主要支持者永乐帝死于1424年，下

探索阿拉伯世界

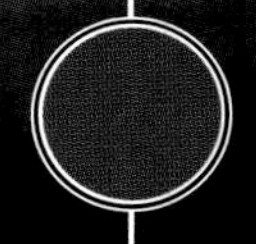

阿拉伯世界形成了早期的科学探究传统，导致了一系列对世界的开拓性描述。前往麦加朝觐的宗教义务促使旅行者川流不息地穿越广阔的伊斯兰国土，前往麦加。

灵活的船只
据说阿拉伯独桅帆船影响了后来的葡萄牙帆船，克里斯托弗·哥伦布就率领两艘这样的葡萄牙帆船驶往新大陆。

约750年，阿巴斯哈里发帝国在巴格达（今伊拉克）的建立，开创了自公元前4世纪雅典以来世界从未有过的文化繁荣。哈伦·拉希德（786—809年）统治时期建立的“智慧宫”成为伊斯兰世界顶尖学者的避风港。在那里，他们可以查阅波斯的梵文作品，以及晚期罗马帝国图书馆的重要文献（主要是希腊文）。

阿拉伯天文学家

这种向阿拉伯世界传播知识的成果最早见于天文学，其发展对海上安全航行至关重要。772年，哈里发曼苏尔下令将梵文天文学文本《完美的真理》翻译成阿拉伯文。820年，巴格达建立了一座天文台。

这些天文学项目很快发展成地理项目。苏丹马蒙（813—833年）命令巴格达图书馆馆长穆罕默德·阿尔·花拉子密编写一本名为《地球系统》的书，这本书在很大程度上是基于1世纪的希腊地理学家托勒密的著作，并列出了各地地名及其经纬度。这些著作更加实用，虽然像当时的西方书籍一样，间或有点儿不现实，如阿姆鲁·伊本·巴尔·伊黑兹所写的《城市之书和国家的奇迹》，甚至在当时就因为其轻信而受到批评。

天文学传统
位于伊斯坦布尔附近的加拉塔的天文台，由苏丹苏莱曼于1557年建立，宏伟壮观，沿袭了七个世纪前的巴格达传统。

后来从事实际旅行和观察的学者，如波斯人比鲁尼（见第33页），进行了更精确的观察。990年，年仅17岁的他就计算出了卡思城（今伊朗）的纬度，并编写了一部关于地图绘制的著作，讨论了不同的地图投影。他还计算了地球的周长，误差在约100公里（60英里）内。

> 从16世纪开始，欧洲人开始访问穆斯林世界，其中大部分地区以前都禁止他们入内。他们最初是以如威尼斯这样依赖地中海贸易的地区的使者身份而来的。

到了这时，一个繁荣的制图学派在巴格达成长起来了，主要是基于阿布扎伊德·巴勒齐（850—934年）的工作，他的《气候图》本质上是伊斯兰世界的地图册。这一制图传统的杰出代表是伊本·伊德里西，他是一位阿拉伯地理学家，著有《罗吉尔之书》，1125年在西西里国王罗杰二世的宫廷定居。他的作品雄心勃勃地试图描述世界上所有有人居住的地区，他根据自己从托勒密那里改编的系统，把这些地区划分为七个气候区域，每一个区域又被细分为十个等份。

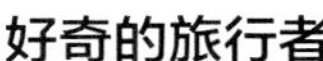

好奇的旅行者

虽然对一些阿拉伯地理学家来说，他们的主要目的是政治或经济，但也有一些人确实在很大程度上进行了旅行。约840年，哈里发马蒙派翻译萨拉姆去里海以外的地方探险。约850年，苏莱曼·塔吉尔最早用阿拉伯语对中国进行描述。

9世纪末，艾哈迈德·雅库比的《列国志》根据第一手经验详细描述了印度、埃及和

苏莱曼大帝
奥斯曼苏丹苏莱曼大帝（1520—1566年）是伊斯兰地图杰作——皮瑞·雷斯世界地图的接受者之一。

巴格达陷落
1258年，蒙古军队攻占了巴格达，导致阿巴斯帝国的终结，使这座城市丧失了其充满活力的文化中心地位。

背景介绍

- 8世纪阿巴斯哈里发帝国建立之后，通过美索不达米亚和巴格达到红海和波斯湾（然后再到印度、印度尼西亚和中国）的贸易路线，以及经丝绸之路通往中亚和中国的贸易路线，成了外交、文化和探险的通道。
- 阿拉伯天文学和地理学在很大程度上源自希腊和印度的模型，并从印度获得了零的概念。在这两者基础上，到10世纪时，伊斯兰世界在这两个领域都拥有了最发达的专业知识。
- 伊斯兰世界辽阔的疆域，从西班牙的安达卢西亚和北非的马格里布，到印度以及中亚和爪哇，意味着伊斯兰旅行者往往走很远的路，也从未走出穆斯林控制的领土。最著名的伊斯兰制图师是皮瑞·雷斯，他是奥斯曼的一名海军上将，他绘制的地图在各大洲之间的距离上显示出无与伦比的精确性。

北非城市马格里布。一个世纪后，出生在耶路撒冷的马克迪西访问了大部分伊斯兰世界，收集了他对这些地区的了解，并提供了有关中世纪早期耶路撒冷的最佳描述。

在穆斯林世界的疆域几乎达到顶峰时，阿拉伯探险家中最著名的、旅行最广的伊本·白图泰进行了一系列旅行。伊本·白图泰（见第68—71页）1325年从丹吉尔出发，几乎访问或逗留过伊斯兰世界的所有地区，1354年回到摩洛哥。他沿着红海和非洲东海岸旅行，乘坐伊斯兰旅行者的伟大船只——独桅帆船。这种船的特点，是悬挂在桅杆上的三角帆与桅杆成一定角度，它比方形帆船更加灵活，非常适合利用印度洋的季风航行。

科学装置

在这些水域中，阿拉伯航海家可以使用的仪器包括圆形星盘（更先进的一种是球体星盘），能进行数学和天文计算，确定太阳、月亮和恒星的位置。它最早是希腊的发明，8世纪末由法扎里引入穆斯林世界，11世纪初由扎卡里加以完善，可以在任何纬度运行。有了这种装置的海洋版本，穆斯林旅行者可以充满信心地航行到全世界。不过，最伟大的穆斯林制图师制图时正值西方的科学复兴。皮瑞·雷斯（约1465—1554年）是奥斯曼帝国的海军上将，他利用自己的航海笔记绘制地图。他的第一张世界地图可追溯到1513年，其中包括哥伦布1492年航行的描述（见第86—89页），其尚存的部分包括对南美洲最早的描绘。

太阳、月亮或星星
通过移动星盘上的指针和杠杆，将它们与太阳、月亮和恒星的运动联系起来，航海家可以大致了解自身位置。

伊本·白图泰

学者和旅行家

无人匹敌的摩洛哥 1304—1368年

伊本·白图泰是个对旅行极其着迷的人，他的足迹踏遍中世纪伊斯兰世界的广阔疆域及更远的地方。从西方的西班牙摩尔人领地与廷巴克图，到中亚的撒马尔罕，再到东方的印度、越南和菲律宾，无所不至。这位学者甚至还到过元代的中国。虽然他旅行的全部范围仍有争议，但他是纯粹为旅行而旅行的第一人。他凭借计谋、魅力和丰富的智慧，成为诸多东道主不可或缺的客人。

生平事迹

- 他在不同场合进行了七次朝觐，成为世界有史以来旅行最多地方的人之一。
- 他离开摩洛哥家园，远至中国和撒哈拉以南的非洲，游历了整个伊斯兰世界。
- 他在自己访问的许多地方，都任过伊斯兰法官，但他严格的判决在马尔代夫这样皈依伊斯兰教不久的地方并没有很好地发挥作用。
- 他在海上遭受过数次不幸：一艘预定让他搭乘去中国的船沉没，第二艘船将他带离斯里兰卡后也撞毁，第三艘船遭海盗袭击。
- 1354年，在摩洛哥苏丹命令下，他向宫廷诗人伊本·朱扎伊口述一生的旅行经历，即后来出版的《伊本·白图泰游记》。

伊本·白图泰在西方仍然相对不知名，即使在穆斯林世界，他的非凡旅行也没给他带来相应的声誉。人们经常将他与中世纪时另一位伟大的旅行者马可·波罗（见第56—59页）相比，因为两人都曾从陆路经过许多相同地区到达中国，但此外就别无相似之处了。伊本·白图泰的行程远比那位威尼斯人要远，他游历过阿拉伯、印度、中亚、中国和撒哈拉以南的非洲地区，行程约12万公里（75 000英里）。事实上，他通常被认为是19世纪前全世界旅行最广的人。当马可·波罗作为商人和外交官旅行时，白图泰则是一名纯粹的旅行家，他渴望参观和体验新的地方。他说：“我的习惯，是在旅行中从不重复自己走过的任何一条路。”他访问过当时所有的伊斯兰国家，这是一个了不起的成就，如果换作今天，会是40多个国家。

白图泰于1304年出生在摩洛哥丹吉尔的一个柏柏尔人家庭，父辈是伊斯兰教法学者，他年轻时就学习伊斯兰教法。从很小的时候起，他就迫不及待地想要去麦加朝觐，瞻仰先知在麦地那的陵墓。他形容自己“被一种强烈的冲动所支配……想去瞻仰著名圣地”。1325年，马可·波罗死后一年，白图泰决定不畏艰险前往阿拉伯，尽管离开父母对他来说是“沉重的负担”。

学习伊斯兰教法
这本摩洛哥《古兰经》是在1344年出版的。伊本·白图泰非常精通《古兰经》，偶尔也会对他所访问的地区不严格遵守行为和着装规范感到不满。

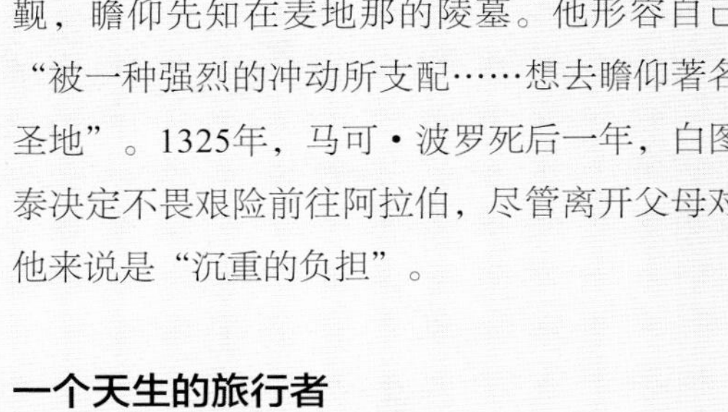

一个天生的旅行者

伊本·白图泰21岁时离家前往麦加朝觐，他预计离家18个月，但事实上，25年后他才返家，那时父母都去世了。前往麦加的朝觐之路很顺利，白图泰很快就加入了其他朝觐者的行列。他经过3500公里（2175英里）的旅程之后，到达开罗——一个“美丽辉煌、无与伦比、人员往来的汇集地”，开始探索这座城市。他观察：“据说在开罗有12 000名运水工，他们用骆驼运输水，还有三万名雇用骡子和驴子的人，在尼罗河上有36 000艘船，属于苏丹和他的臣民所有。”在尼罗河上探险之后，白图泰回到开罗，前往大马士革，在那里度过斋月，然后加入一支大规模朝觐队伍，行程1500公里（930英里），前往麦地那。途中，白图泰指出，这些参与朝觐的女性“有着罕见的、超凡的美丽、虔诚和纯洁”，但她们非常喜欢香水，“宁愿晚上挨饿也要买香水”。

巴格达及其以外地区

在完成了麦加朝觐者必须完成的哈吉仪式之后，白图泰加入了一支前往伊拉克的商队，绕道前往波斯的伊斯法罕和设拉子。回到伊拉克后，他参观了乌拜达教济院，目睹了艾哈迈迪人的奇特风俗，他们在生起大火后，“进入火中间跳舞，一些人在火中翻滚，另一些人吞火，直到火完全熄灭”。

1327年他到达巴格达时，发现这是一座部分被毁的城市：巴格达1258年被蒙古旭烈兀军队洗劫后，还没有恢复。当地的公共澡堂让白图泰大开眼界，他留意到“每个澡堂都有很多个人浴室，每间个人浴室的地面都涂有沥青，墙壁下半部也涂有沥青，上半部则涂上了闪闪发光的白石膏，这就形成了对比鲜明的美感”。

返回麦加之后，白图泰于1328年向南旅行到也门、亚丁和东非。在亚丁湾，他注意到，“商人拥有巨大的财富，有时一个商人可

伟大多样的世界

这幅插图是13世纪阿拉伯艺术家瓦斯提所作，描绘了朝圣者奏着音乐、举着旗帜前往麦加朝觐的场景。伊本·白图泰于1326年首次朝觐时，被来自四面八方的穆斯林聚集一堂的场景深深打动了。就在那时，他意识到这个世界是多么伟大和多样，决心尽可能多地去看它。

能拥有一艘大船，还包括满船货物”。他发现索马里的泽拉“是世界上最肮脏、最讨厌和最臭气熏天的地方”，这是由于“鱼直接扔到街上，骆驼被当街宰杀”。

白图泰访问拜占庭帝国和安纳托利亚的突厥人土地后，约1330年，经撒马尔罕（今乌兹别克斯坦）由陆路前往印度。他被德里苏丹任命为卡迪（伊斯兰教法法官），使他的伊斯兰教法知识得到了很好的应用。这一职位在他的旅行中发挥了很好的作用（尽管他经常因作出严格的教法判决而不受欢迎）。白图泰将德里描述为“一座巨大而壮丽的城市……被世界上任何国家都没有的城墙所环绕”，他在这座城市待了八年。白图泰的下一次冒险是应苏丹的邀请，于1342年作为大使前往中国。

君士坦丁堡
1332年，伊本·白图泰首次尝试去伊斯兰世界之外，前往君士坦丁堡，宏伟的圣索菲亚大教堂当时仍然是一座基督教教堂。

他的足迹

1325—1327年　**首次朝觐**
伊本·白图泰从丹吉尔出发，经开罗和耶路撒冷抵达麦加。

1327—1328年　**第二次朝觐**
从麦加出发，经由波斯到巴格达，然后经大马士革返回麦加。

1329—1330年　**前往东非，第三次朝觐**
访问东非的穆斯林王国。

1331—1333年　**向东进入亚洲**
从君士坦丁堡出发，穿越黑海和里海北部到德里。

1342—1344年　**从海路到中国**
从古吉拉特海岸出发，经马尔代夫、斯里兰卡和吉大港航行到中国。

1349—1354年　**从西班牙到廷巴克图**
穿越撒哈拉沙漠到廷巴克图之前，从丹吉尔前往摩尔人控制的西班牙。

B 白图泰穿过阿拉伯到波斯，然后到美索不达米亚，这块肥沃的土地位于幼发拉底河和底格里斯河之间，古老的巴比伦文明曾在该地兴起。

1325—1327年	1327—1328年	1329—1330年	1331—1333年
白图泰离开丹吉尔，开始首次朝觐之旅，25年后才回到故乡。	A 白图泰先尝试从开罗经尼罗河到达麦加，后来转经大马士革到达目的地。	往南远至位于赤道的南部非洲伊斯兰国家，在每个途经的城市均逗留一周。	白图泰不赞成黑海周边地区穆斯林的文化，这些穆斯林皈依未久。

这是一次充满灾难的旅程。白图泰本来要乘坐的船在他出发前就失事了，他的随从遭到匪徒袭击，本人也差点被处决。他失去了苏丹让他带去中国的所有礼物，因此不敢返回德里。最终他到达泉州，观察到“丝绸非常之多……连穷人都穿着它”。他从泉州前往杭州，他说：“这是我在地球上见过的最大的城市。”

回家

离开中国后，白图泰觉得是时候回家了。他经过麦加时进行了最后一次朝觐，在一场席卷中东的瘟疫中幸存下来，并于1349年抵达摩洛哥，距离他离开时已有25年。离乡时他是一个空有理想的学生，现在则成为一位富有而著名的旅行家，带着一群仆人重新进入丹吉尔的大门。在他离乡的25年中，他见过40位国家元首，担任过大使和法官，几次与死亡擦肩而过，娶了几个妻子，并多次进行朝圣。回家两年后，他又离开了，这次去了摩尔人的西班牙，然后是最后一次冒险，穿越撒哈拉沙漠到廷巴克图。

他于1354年永久回国，他的旅行依摩洛哥苏丹的命令被记录在《伊本·白图泰游记》一书中。在这本书中，白图泰给人的印象是一个富有同情心的观察者，偶尔有点古板，他与国王一起就餐，也乐于与穷人打交道。他的伊斯兰教教法造诣为他到任何地方都打开了方便之门，使他能够在整个伊斯兰世界中相对轻松和安全地旅行。但也许最吸引人之处，是白图泰愿意抓住任何机会踏上一段旅程，寻找新的体验，并且纯粹为快乐而旅行。

元朝佛教
元朝蒙古族皇帝保护中国佛教艺术，如这座佛教木雕坐像。白图泰在来到中国之前就熟悉佛教，曾在从佛教信仰转变为伊斯兰教信仰的马尔代夫担任伊斯兰教教法法官。

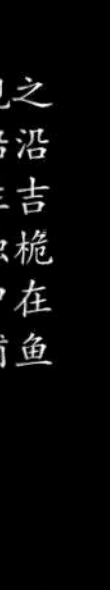

独桅帆船航行
1328年麦加朝觐之后，白图泰乘船沿着红海沿岸前往吉达。这些船是独桅帆船，类似图中在坦桑尼亚海岸捕鱼的这些帆船。

D 在斯里兰卡，白图泰登上斯里帕达（亚当峰），这是位于该岛中心的一座锥形山。

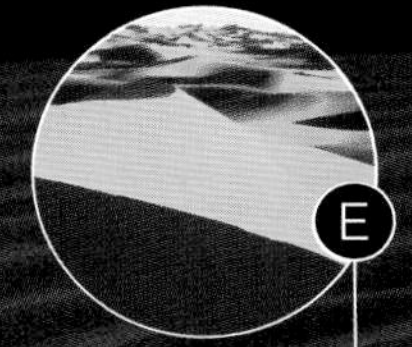

E 白图泰穿越撒哈拉北部的“沙海”，访问西非的穆斯林地区。

1342—1344年 | 1349—1354年 | 1354—1368年

中世纪阿拉伯世界

伊本·白图泰（见第68—71页）在旅行中，对13世纪阿拉伯手稿中所描述的这些场景很熟悉。此图展示的是一个商队旅馆（为骆驼商队服务的旅店）为朝觐者提供休息场所。对面的图中，则是在奴隶市场上买卖奴隶的情形。伊本·白图泰1341年在廷巴克图目睹过这一幕。

环航非洲

到15世纪为止，探险家们一直想寻找一条绕过非洲通往亚洲市场的海上航线，虽然古代曾尝试过，但直到1488年才成功完成了这样一次航行。

探险家王子
“航海家”亨利王子（1394—1460年）是葡萄牙国王若昂一世的小儿子。他对沿西非海岸航行的葡萄牙探险队给予了宝贵的支持。

古埃及和腓尼基人都曾派出远征队，试图绕过非洲。公元前670年的一支远征队由法老尼哥二世赞助；另一支则由航海家汉诺（见第18—19页）率领，他的60艘船往南可能已远至喀麦隆。非洲究竟是否存在“大海角”，可以绕过它航行，还是如那些读过地理学家托勒密著作的人所相信的那样，只是一大片连续的陆地，船只无法通过，希腊人和罗马人并不确定。公元前6世纪，希腊历史学家希罗多德就揭示了他们对沿海以外情况的了解很粗略，他在那些有据可查的历史文献记载中，还提到居住在利比亚的一个“狗脸”部落。

航海动机

罗马人可以从他们在埃及的红海港口进入西印度洋，他们发现季风促进阿拉伯和印度贸易的秘密，致使通过艰险的非洲环航到达印度洋的动机降低。然而，拜占庭首都君士坦丁堡1453年被土耳其攻陷，欧洲商人经过穆斯林统治的地区可能受阻，或被榨取巨额通行费，这就为他们寻找通往东方的替代路线提供了一个新理由。

据记载，最早对非洲大西洋沿岸岛屿进行探险考察的是意大利商人。1291年，热那亚两兄弟乌哥利诺·维瓦尔迪和圭多·维瓦尔迪，试图通过环航非洲到达印度，但未成功。20年后，一个名为兰扎罗特·马尔科罗的热那亚航海家开始寻找维瓦尔迪兄弟，结果到达加那利群岛（他将该地命名为兰扎罗特岛）。此后，葡萄牙人接管了非洲大西洋沿岸的探险活动，

航海结束
1498年5月，瓦斯科·达伽马在近一年的航行后，到达印度的卡利卡特（今科泽科德），但当地统治者态度冷淡。

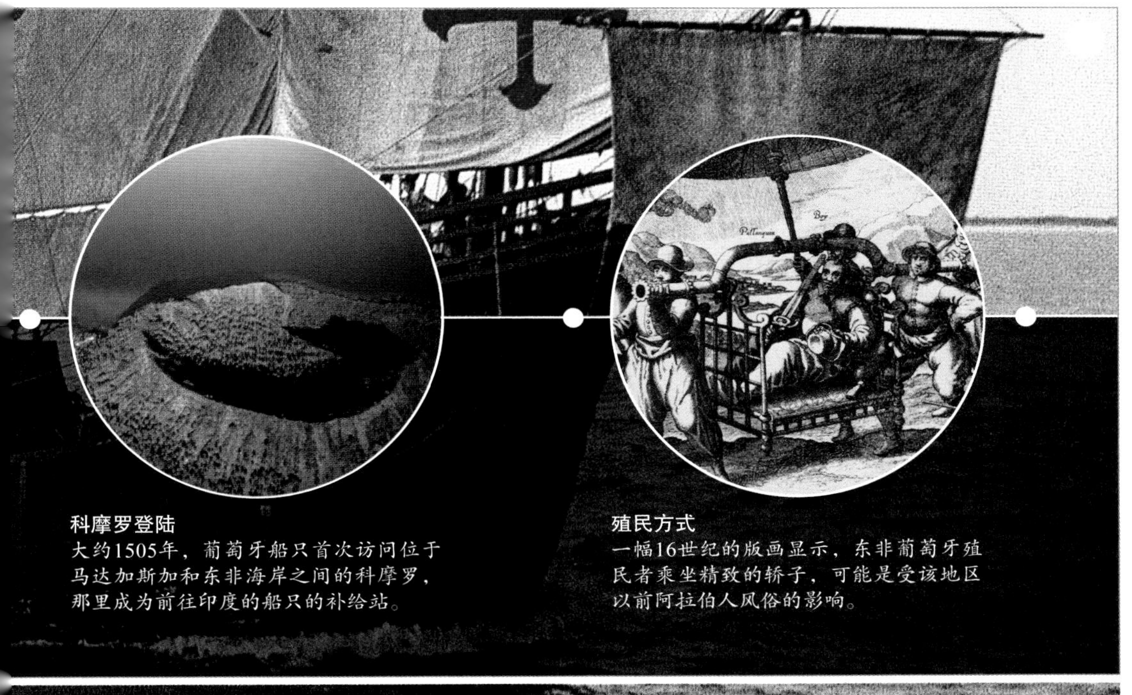

科摩罗登陆
大约1505年，葡萄牙船只首次访问位于马达加斯加和东非海岸之间的科摩罗，那里成为前往印度的船只的补给站。

殖民方式
一幅16世纪的版画显示，东非葡萄牙殖民者乘坐精致的轿子，可能是受该地区以前阿拉伯人风俗的影响。

背景介绍

- 腓尼基人沿非洲西海岸建立了许多殖民地，包括今属摩洛哥的利克斯和摩加多尔。与他们相比，约公元前500年的汉诺探险走得更远，但并未建立任何永久性的定居点。
- 如阿那克西曼德这样的古代地理学家绘制了世界地图，展示了数个大陆，包括被“海洋”环绕的非洲。这使人们坚信，沿非洲海岸线航行，可能会开启从欧洲到亚洲的贸易路线。
- 约公元前145年，据说历史学家波利比奥斯从占领迦太基的罗马将军那里借用了一支船队，沿非洲西海岸航行，远至一条河，他看到了河中的鳄鱼和其他动物。
- “航海家”亨利王子派遣葡萄牙人沿非洲航行，到他1460年去世，几乎远至塞拉利昂海岸。但同时期内陆勘探进展甚微。
- 葡萄牙人1498年抵达东非时，阿拉伯人比他们早700年到达此地，郑和（见第62—65页）的航海探险比他们早70年左右。郑和搜集狮子、犀牛和斑马供明朝宫廷娱乐。

并在1341年向加那利群岛派遣了一支探险队。葡萄牙统治者为鼓励这一海上扩张活动，作出了巨大努力。1377年，葡萄牙政府给予里斯本居民补贴，允许他们砍伐造船木材免税。1415年，葡萄牙占领了摩洛哥北部休达城，这就为进一步探险活动提供了非洲基地，对探险活动是一大激励。1418—1425年，葡萄牙人殖民马德拉，并从1427年开始对亚速群岛进行勘探和殖民。此时沿着非洲海岸线向西南推进的道路已经十分清晰，富有远见的“航海家”葡萄牙王子亨利发起了一系列远征探险活动。

葡萄牙的崛起

1434年，吉尔·埃阿尼什率领的一支葡萄牙探险队绕过西撒哈拉的博哈多尔角，以前该地被视为沿非洲西海岸航行的一道不可逾越的屏障。两年后，阿丰索·巴尔达亚将航线向前推进了650多公里（450多英里），抵达杜鲁河（位于今西撒哈拉），并携带大量海狮皮毛返回葡萄牙。

1437年葡萄牙袭击丹吉尔失败后，其非洲航行探险曾短暂中断，后于15世纪40年代恢复，沿西非海岸向南推进。

> 环航非洲为葡萄牙人（以及后来的西班牙人、荷兰人和英国人）在印度洋周围建立贸易殖民地和在非洲内陆进行探险提供了动力。

1444年，葡萄牙水手迪尼什·迪亚士发现佛得角群岛。1446年，葡萄牙水手努诺·特里斯唐在冈比亚河口被当地人杀死。1448年，超过50艘船通过博哈多尔角，离首次航行通过不到15年。

1456年，水手阿尔维利·达·卡德莫斯托和安东尼奥托·乌西达姆在几内亚海岸探险。不久之后，迪奥戈·戈麦斯沿着几内亚海岸航行，尽管在佛得角以南，多变的风和浓雾让航行条件很糟，使进一步的探索发现变得困难，但在15世纪70年代早期，商人费尔诺·戈麦斯还是将航行推进到黄金海岸。1483年，迪奥戈·康（见第78—79页）更进一步，在刚果河河岸上竖立了一根十字架石柱。

巴尔托洛梅乌·迪亚士（见第76—77页）于1488年1月初绕过好望角，瓦斯科·达伽马（见第80—81页）1497年7月绕过非洲，开辟了一条寻找已久的海上航路。看到印度海岸时，这项持续了一个多世纪的航海探险达到高潮。

坚固的卡拉维尔帆船
葡萄牙人的卡拉维尔帆船承担了大部分非洲航行任务，据说是按照传统的阿拉伯独桅帆船仿造的。这种浅黄色的船吃水线较浅，使用拉丁帆（三角帆）。

先行的阿拉伯人

达伽马抵达的东非海岸并非不为外人所知。早在7世纪，倭马亚王朝哈里发伊本·马尔万派遣叙利亚人移民到索马里和肯尼亚之间的海岸，而一部8世纪的文献则列出了一系列东非城市统治者对巴格达哈里发哈伦·拉希德的回复。

阿拉伯人在桑给巴尔的殖民可追溯到9世纪，一份1107年的碑文证明了该地由穆斯林领袖统治。在达·伽马的时代，从摩加迪沙到肯尼亚马林迪的整条海岸线都点缀着穆斯林港口，这些港口在印度洋的贸易中繁荣发展，而且不欢迎像葡萄牙人这样的“入侵者”。

巴尔托洛梅乌 · 迪亚士

首位绕过非洲最南端的探险家

葡萄牙 约1450—1500年

迪亚士是葡萄牙航海大发现时代的先驱，是首位绕过非洲西南端好望角的欧洲人。1488年，他率领由三艘船组成的船队沿非洲海岸向南和东航行，从大西洋进入印度洋，航程比其他任何欧洲探险队都要远，并竖立十字架石柱宣告葡萄牙对新发现土地的主权。迪亚士的大胆冒险之旅为十年后瓦斯科 · 达伽马前往印度的航行铺平了道路。

迪亚士的早年生平鲜为人知，不过人们认为他在1481年参加过前往黄金海岸（今加纳）的航行。他一定获得了成功，因为五年后，他被葡萄牙国王若昂二世选中，带领一支探险队前往非洲最南端，考察一条可能通往印度的贸易路线。

一路向南

1487年8月，迪亚士带着两艘专门为海岸探险而设计的轻型快船从里斯本起航，还有一艘更大的货船随行。他一路向南航行，在黄金海岸停靠，补充给养。他越过了最后的地标——一根宣称葡萄牙主权的十字架石柱，这是两年前迪奥戈 · 康（见第78—79页）在克罗斯角（今属纳米比亚）竖立的。同年12月底，船队到达瓦维斯湾，货船留下过冬。迪亚士率领船队到达从该地往南约500公里（300英里）的一处海岬（今属纳米比亚的迪亚士角），下令竖

他的足迹

1487年8月　离开里斯本

迪亚士往南走，在黄金海岸的葡萄牙要塞埃尔米纳停下补给食物；绕过海角，1488年2月3日到达今天的莫塞尔湾；3月12日，他在阿尔戈亚湾停下，那是向东航行最远的地点，他在该地竖立了十字架石柱。

1488年3—12月　返回

迪亚士希望继续去印度的航行，但在船员的压力下折返；他在返回时才发现了好望角，因为他来时未看到陆地。

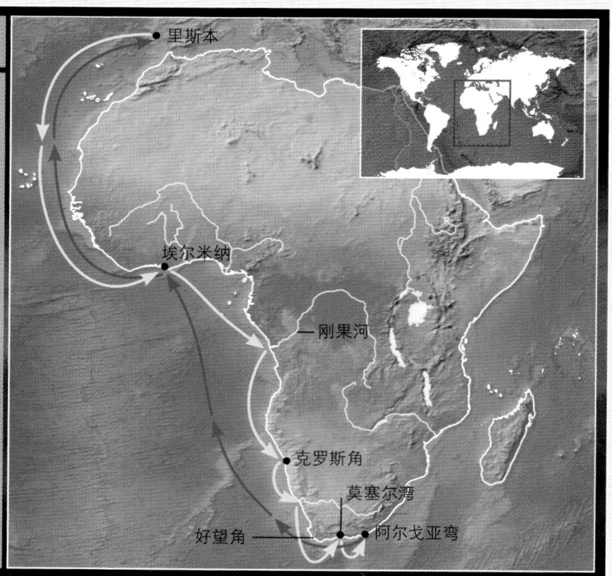

生平事迹

- 他向南航行比先前任何欧洲人都远。
- 他是第一个绕过非洲最南端的欧洲人，并证实了通往印度的海上航线的存在。
- 他的观察首次使绘制南部非洲的地图成为可能。
- 他的第二个目标是寻找传说中的基督教祭司王约翰之国，中世纪葡萄牙人认为这个传说中的基督教王国位于今埃塞俄比亚某地。

可改装的船只
迪亚士的两艘船“圣克里斯托瓦奥号”和“圣潘泰隆号”能用方形帆航行，也可以改装成拉丁三角帆，这使它们成为探索沿海水域和河口的理想选择。

通往印度之路
迪亚士的观察使首次绘制南部非洲海岸地图成为可能。变高的气温和向东北方向延伸的海岸线使他正确地猜测，他找到了一条通往印度洋的南边路线。

立自己的十字架石柱。1488年1月初，在天气愈加恶劣的情况下，迪亚士命令船队驶离海岸线。

葡萄牙编年史作家若昂·巴洛斯在60年后写道：“天气迫使他们驶离海岸线，他们放下风帆航行13天。”令迪亚士满意的是，他发现这场风暴把船吹到了非洲大陆的最南端。他还发现了利用危险的海流航行安全绕过这个海角的规律。

绕过好望角

风暴过去后，迪亚士折向东航行，于2月3日到达莫塞尔湾（今属南非），为获得淡水供应登岸。他们注意到，非洲的口译员无法翻译当地土著的语言，那些土著的外表也与非洲西海岸的人截然不同。迪亚士继续沿着海岸线向东走，并在帕德隆角（今伊丽莎白港以东）立起了另一根十字架石柱。此时，迪亚士似乎面临一场潜在的哗变：船员们因为不确定自己的确切位置，要求返回葡萄牙。迪亚士控制住事态，船队沿着印度洋沿岸向东继续航行100公里（60英里），然后在阿尔戈亚湾掉头。返航途中，迪亚士观察好望角，鉴于船只首次经过时遇到危险的风暴，把它命名为“风暴角”。

为标记葡萄牙的主张和成就，迪亚士的最后一根十字架石柱在此地竖立起来。这两艘船循原路返航，与补给船会合，访问赤道几内亚和利比里亚海岸附近的普林西比岛，并于1488年12月回到里斯本。

褒奖很少

据知，迪亚士之旅的日志或第一手资料都未幸存下来，但很可能是国王若昂二世将风暴角改为现名“好望角”，以期望与东方的贸易往来。尽管这条路线很重要，但葡萄牙水手们九年后才再次绕过好望角。瓦斯科·达伽马（见第80—81页）使用迪亚士提供的信息，将葡萄牙的贸易扩展到印度洋。

迪亚士的努力似乎未获多少褒奖。他为达伽马1497年航行到印度奠定了第一站，但他再也没有领导过探险活动。他的最后一次航行是在1500年，在卡布拉尔的带领下前往印度，但迪亚士及其队员离开新发现的巴西后，在一场风暴中丧生。

地理大发现时代
葡萄牙在15世纪和16世纪处于海上探索的前沿，里斯本的“地理大发现时代”纪念碑就是对此的纪念。纪念碑上的迪亚士和迪奥戈·康拉着一根十字架石柱。

迪奥戈·康

发现安哥拉的葡萄牙人

葡萄牙　　1450—1500年

葡萄牙人迪奥戈·康沿西非海岸往南的航海探险，走得比他之前的任何欧洲人都要远。他在沿途的战略要点留下十字架石柱，记录自己的成就。尽管这段时期的文字记录很少，但这些十字架石柱是康进行两次重大海上航行的证据。他是第一个沿着刚果河航行的欧洲人，在更靠南的安哥拉，他也留下一根十字架石柱。安哥拉就此成为葡萄牙的殖民地，长达近500年。

生平事迹

- 沿非洲海岸进行了两次航行，成为有记载以来首位在刚果河上航行的欧洲人，也是首位看到骷髅海岸的欧洲人。
- 在他航行的战略要点竖立起四根石柱，为我们提供了他航行到达的确切位置。
- 加强了葡萄牙对几内亚海岸贸易垄断的主张，削弱了西班牙在该地区的影响。
- 尽管记载有矛盾之处，但他也许在第二次航行中指挥过一支庞大的船队，并且可能在这次探险中死于某个战略要点。

以国王的名义
康在第二次航行时，在今纳米比亚的克罗斯角竖立起第一根十字架石柱。接下来他又往南推进250公里（160英里），竖立起第二根石柱。虽然这种石柱很粗糙，却被证明是宣称葡萄牙主权的一种有效方法。

康生活的年代，葡萄牙正开始通过贸易扩大其在世界上的影响力。他的首次航行是奉命加强葡萄牙在非洲海岸的现有贸易权。康一定也是奉命去探险的，他是首位携带十字架石柱标记发现过程的葡萄牙探险家。以前曾使用过木制十字架，但这种十字架石柱更能持久地宣示对任何新发现地区的主权。康在他的两次航行探险中共竖立了四根石柱，这四根石柱目前均在原位置被发现。

首次航行

康于1482年年中从里斯本起航，循葡萄牙商人费尔诺·戈麦斯1469年的路线到达刚果河河口。据那次航海图，在离海岸28公里（15英里）处的水域还是淡水，这表明了河口处水流的强度。据记载，康曾短暂沿河航行，直到遇到当地人的独木舟，与当地民众进行了友好交易。他们用手势解释说，河的上游有位伟大的国王，于是康派了一队人去觐见。他在刚果河口竖立了第一根石柱，并在此停留数月，然后沿海岸向南进发，到达今安哥拉蓬塔楚卡以南某地，在那里竖立了第二根石柱。回到刚果后，康发现他派去觐见国王的使者

宣布主权
康携带的这根石柱上刻着葡萄牙国王若昂二世的纹章。

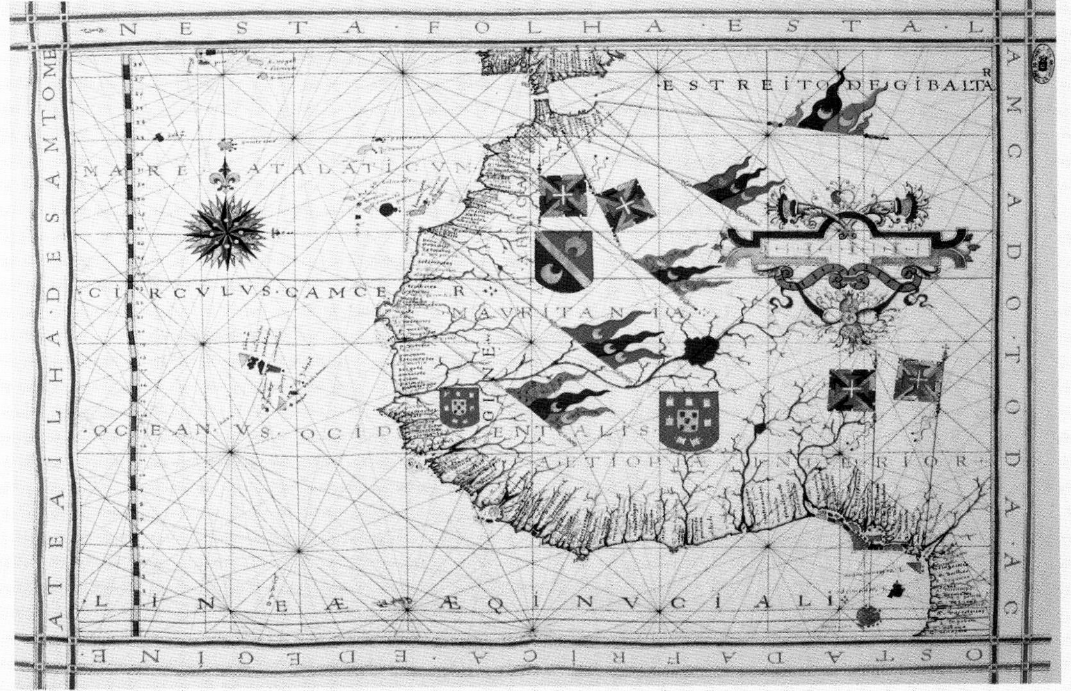

大发现时代的西非
康的一些航海细节，仅来自一些地图上记载的传说，如这幅1571年的地图，就是基于他对西非海岸线的观测结果绘制的。

骷髅海岸

康在第二次航行中，通过了与纳米布沙漠接壤的干旱海岸。这一地区在葡萄牙水手中声名狼藉，被称为“地狱之门”。从陆地上刮来干燥的大风，还有一种持续而强烈的海浪，这在航行中意味着上岸比下水容易。它现名“骷髅海岸”，名字来源于在海浪中失事的许多残骸。

纳米比亚的布什曼人把这片骷髅海岸称为“上帝盛怒下创造的陆地”。

未归。由于担心他们被绑架（尽管后来的报告显示他们只是在享受国王的款待），康劫持了四名男子为人质，其中包括当地贵族卡库托，并返回里斯本。卡库托受国王宠爱，康受封贵族，盾徽有石柱图案。

有关康第二次远征的文献记载较少，1493年的一篇文献这样显示：“1484年，若昂国王派遣两艘船南下，其中一艘由康指挥……他们和约洛夫人交易，并来到一个国家，在此地发现肉桂。”另有文献显示，康返回刚果后，在南下航行之前释放了四名人质。他在克罗斯角竖起第三根石柱，在海岸边又竖了第四根石柱。一些地图记载康死在第四根石柱那里。卡库托1490年曾出现在葡萄牙宫廷，并改名为乔达席尔瓦，这表明第二份文献叙述可能是真实的。

他的足迹

1482—1484年　第一次航行
康奉命加强葡萄牙沿西非海岸的贸易协定，先前一些葡萄牙商船水手已经在这里探险并建立了贸易联系；康的探险船队可能包括士兵和武器，他还奉王室命令沿海岸往南推进探险，留下两根十字架石柱，一根在刚果河河口，另一根在圣玛丽亚角（今纳米比亚）。

1484—1486年　第二次航行
循第一次航行路线，这次航行向南推进1400公里（870英里），又竖立了两根十字架石柱；有份文献记载康在克罗斯角附近海域死亡。

瓦斯科·达伽马

通往印度贸易路线的发现者

葡萄牙 约1460—1524年

瓦斯科·达伽马也许是欧洲地理大发现时代最残酷的探险家，他率领船队首次从欧洲直接航行到亚洲。他雄心勃勃，渴望超越他的葡萄牙前辈在探索未知世界方面取得的成就。到15世纪晚期，葡萄牙在非洲海岸线上确立了海上霸主地位。让一位勇敢的航海者将葡萄牙势力从非洲扩张到印度次大陆，时机已经成熟。

生平事迹

- 是他首先开辟了一条直接进口香料和其他东方商品进入西方的海上通道。
- 发现非洲东海岸——其港口提供淡水、粮食和木材，这对葡萄牙人的利益至关重要，导致莫桑比克1505年被殖民。
- 采用暴力强烈维护葡萄牙在印度的利益，在摧毁了29艘船后，以武力从卡利卡特那里获得有利的贸易让步。
- 与卡布拉尔（见第96—97页）一起为建立葡萄牙帝国开辟道路，葡萄牙帝国成为历史上首个全球帝国。

达伽马是阿列特霍省总督之子，早年就接受军事训练，学习航海技能。当曼努埃尔一世计划派遣船队考察和探索一条通向印度的航道时，达伽马被选中率领船队。曾在1488年绕过好望角的巴尔托洛梅乌·迪亚士（见第76—77页）为此次航行提供建议。迪亚士还监督了“圣加布里埃尔号”船和“圣拉斐尔号”船的建造，这两艘船分别由达迦马和他的弟弟保罗负责。

船队出发

1497年7月8日，由四艘船组成的船队（携带有六根准备在新土地竖立借以宣称主权的十字架石柱）起航，达伽马由迪亚士陪同，迪亚士将在几内亚海岸担任葡萄牙殖民地总督。

12月，船队抵达位于今南非东海角的英凡纳河，这是迪亚士之前返航的地点。圣加布里埃尔号上的水手害怕进入未知海域，威胁要叛变。达伽马逮捕了叛变的领头人，他弟弟保罗则平息邻船的叛乱。在1497年的圣诞节，达伽马将他正经过的这一带海岸命名为纳塔尔（意为“圣诞节”）。

非洲绿洲

在1498年3月抵达莫桑比克时，据这支远航船队的日志记载，许多船员患上了坏血病，“他们手脚肿胀，牙龈发炎坏死，无法进食”。船队继续向北航行，到达蒙巴萨以北的马林迪。日志记录道：“蒙巴萨……非常令人愉快，到处都是果园，种着石榴、印度无花果、柠檬和柑橘。”

达伽马征得马林迪国王的同意，在离开前将其中一根石柱竖立在该城上方的一座小山上。正是在此地，他获得艾哈迈德·梅斯吉德的导航，他是印度古吉拉特邦一名熟练的导航员，他对季风的了解对达伽马的船队横渡印度洋至关重要。梅斯吉德于1498年4月从马林迪出发，引导船队前往印度的喀拉拉邦海岸。船队乘着身后的季风，经喀拉拉邦的拉克代夫群岛（今拉克沙群岛）抵达目的地，旅程只花了23天。

抵达印度并返航

从里斯本出发大约十个月后，船队抵达卡利卡特港（今科泽科德港）。关于达伽马与讲葡萄牙语的当地人邦塔伊博会面的场景，有这样的记述：“将军在如此远离家乡的地方见到一位能说自己语言的人，惊讶万分，乃至喜极而泣。达伽马随后拥抱了邦塔伊博。”然而，

达伽马的暴行
达伽马在第二次航行中，途经印度的坎纳诺尔时，遇到一艘从麦加朝觐返回的穆斯林船只。他下令攻击该船，烧死了船上所有人。

传说之墓
达伽马的坟墓位于葡萄牙贝勒姆，他在1524年第三次去印度时患上疟疾，死在科钦。

当地的阿拉伯商人却不太欢迎他们，认为达伽马是对他们古老贸易体系的威胁，把他扣为人质。他的弟弟保罗以绑架六名当地贵族作为报复。再加上关于达伽马的四艘船是50艘葡萄牙船只的先遣队的错误消息，导致针对他们的敌对行动停止，达伽马获释。他随后离开该地，沿海岸线航行到科钦，然后在8月返回里斯本。返航途中遇到重重困难，由于频繁的无风和逆风，他花了132天才到达马林迪。航海日志中又记录了坏血病："能驶船的只剩下七八人。"

在马林迪，由于船员短缺，不得不放弃圣拉斐尔号。远征归来后，达伽马功成名就，获颁"印度洋上将"的称号，而曼努埃尔国王则号称他是"埃塞俄比亚、阿拉伯、波斯和印度征服、航行和商业之王"。

他的足迹

1497年　离开里斯本
往南越过佛得角群岛，寻找南大西洋的西风带，当年11月在南非海岸登陆；在六个月里，航程覆盖了9600公里（6000英里）的开放海域，这是迄今为止最远的旅程。

1498年8月　回程
达伽马无视季风，经过漫长的旅程，在丧失2/3的船员之后，于1499年8月回乡。

1502年2月　第二次航行
他带着20艘战船返回印度，并迫使扎莫林（当地统治者）进行贸易。

1524年　第三次航行
受国王派遣去管理印度殖民机构，染上疟疾死亡。

○ 未在地图上显示

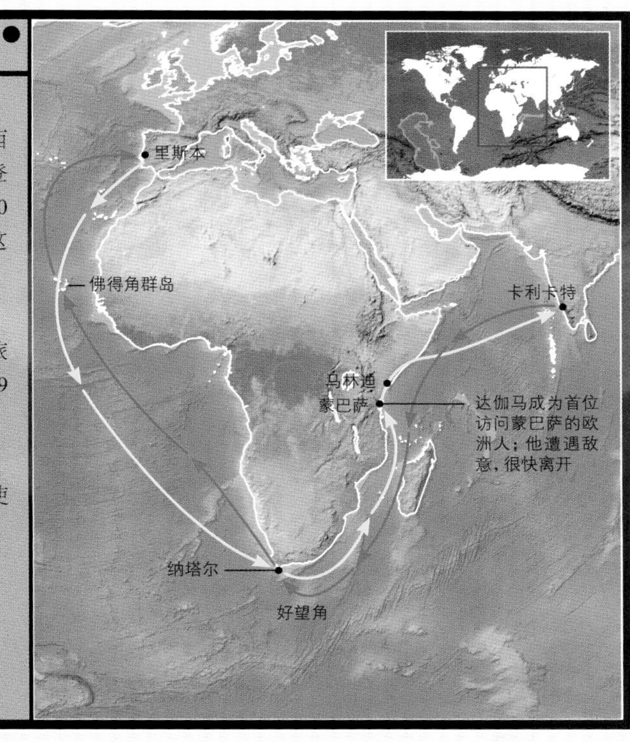

廉价西方商品
这幅挂毯描绘了达伽马向卡利卡特统治者扎莫林致意。在最初的友好关系之后，葡萄牙人很快就遇到了问题，因为他们带来的货物质量很差，而扎莫林认为这些商品既便宜又不受欢迎。

图解航海导航发展

在科学导航仪器发展之前，水手们依靠他们对恒星、洋流和鸟类迁徙模式的了解来估计他们的位置。在沙漠地区，即使是在20世纪，探险者们也会利用航位推算法、太阳罗盘和对骆驼速度的估算来导航。在南北极，航行由于浮冰、黑暗和导致指南针读数偏差的极地磁力而变得异常复杂。

海上导航

从13世纪开始，水手们用来计算他们在海上位置的主要技术就是所谓的航位推算法。利用航海图或引航手册测量船舶最新已知位置，并记录结果。然后，利用太阳、月亮、星星或指南针，计算出航向，并将一根测深绳扔到船外，计算出在一定时间内从一卷绳子上扯下的结数。为了更精确地测量位置，导航仪需要两个关键信息：船的纬度（地球上的位置，赤道的南北）和经度（子午线的东侧或西侧）。计算纬度相当简单，只要对太阳、月亮和恒星进行精确观测。

古希腊人所知的星盘，公元800年前就在伊斯兰世界获得高度发展，能通过确认太阳在海上的高度，精确

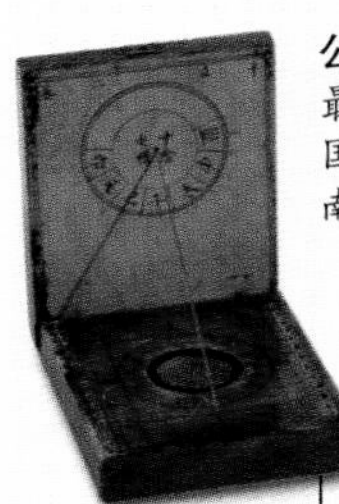

公元前221年 第一个罗盘
最早的罗盘起源于公元前3世纪的中国。后来这种中国仪器将日晷和指南针结合。

800年 北风
维京人利用盛行风的知识航行。

1268年 黑石
英国修士罗杰·培根用磁石做实验，这是最早的磁罗盘。

1568年 世界地图
吉哈德斯·墨卡托出版了他绘制的世界平面图。

1598年 经度奖
西班牙国王菲利普二世提供10万克朗以解决经度问题。

公元前 1100 1000 公元 150 800 1250 1300 1350 1400 1450 1500 1550 1600

公元前1200年 腓尼基水手
腓尼基人通过观察某些恒星的位置变化来发展导航系统。

1270年 罗盘和海图
西班牙国王阿方索下令所有西班牙船只都要携带罗盘和海图。

1500年 红海航行
阿拉伯航海家艾哈迈德·伊本·马吉德写下他最完整的航海日志，记录了阿拉伯人在红海“从礁到礁”的航行技术。

公元前1000年 波利尼西亚水手

即使没有指南针的帮助，波利尼西亚岛民也是专业的航海家，他们使用棒形海图在岛屿之间航行，如用椰子纤维、植物根和小贝壳制成的这种海图。这些海图记录了岛屿周围的波浪模式、岛屿之间的海洋膨胀，以及岛对岛的航行，分别被称为马坦、瑞比利博和迈笃海图。

1492年 星盘

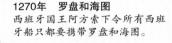

克里斯托弗·哥伦布在1492年的首次航行中使用了星盘，这是一种用指针围绕中心旋转来测量的科学仪器。0°标志与地平线对齐，而太阳是用指针观测到的，太阳的高度可以用度来测量。这个星盘给出了天球的投影，其中圆盘显示恒星的位置。

地测量纬度。克里斯托弗·哥伦布（见第86—89页）在横渡大西洋的航行中，就将星盘和航位推算法结合在一起。

经度问题

然而，精确计算经度则要困难得多。这取决于对所观察物体之间的角度的精确测量。1730年发明的八分仪改进了这种精确度。它使用镜子反射待测物体的图像，通过将这两幅图像对齐到望远镜上，可以确定物体之间的夹角。后来的改进导致了六分仪的发展，六分仪的工作原理相同，但使用的是60° 比例尺，而不是45°。尽管有这些创新，还是缺乏真正精确的经度测量方法。1714年，经度委员会在伦敦成立，并为最终解决这个问题的人提供了一大笔奖金。为了建立纵向位置，需要知道船舶位置与某一固定点的时间差。问题在于如何确定位于异地的固定点的时间。解决办法是英国钟表制造商约翰·哈里森（1693—1776年）发明的航海天文钟，在大海航行时能保证时间的精确性。在此之前，在船上条件不稳定的情况下（见第142—143页），手表在温度和湿度变化很大时十分不可靠。哈里森最好的航海天文钟是1759年制造的H4，詹姆斯·库克在第二次航行时就使用过（见第156—159页）。

流沙

世界上大沙漠的探险者们在某些方面遇到了与水手们相似的问题：如何在无特征的、不断变化的景观中行进（见第26—27页）。1930年，英国探险家伯特伦·托马斯穿越阿拉伯鲁布哈利沙漠（见第248—249页）时，通过估计骆驼的速度计算出了他要走过的距离，当饥饿的骆驼遇到灌木丛时则作出调整。1945年，威尔弗雷德·塞西杰（见第250—251页）在同一沙漠自行担任向导，行程240公里（150英里）。因为没有任何地图或当地知识，他使用指南针和量角器来计算自己的经度位置。

极地问题

在卫星测绘系统出现之前，极地的地形给探险者带来了重大的导航问题。北极探险家沃利·赫伯特（见第309页）在1969年记录了跟踪漂流浮冰的唯一方法是以太阳、月亮和恒星为参照点，用六分仪进行定期的位置测量。如果天气阴沉，他就用安装在雪橇上的指南针，但当他接近南极时，指南针就变得“呆滞”了。

卫星精度

直到20世纪70年代末，航海天文钟和其他测量仪器仍然是必不可少的，其后则被一个叫作GPS（全球定位系统）的卫星网络所取代。然而，尽管能每天24小时获取精确的定位信息，今天的水手和探险队领导仍需要具备基本的导航技能，以防止系统崩溃或电池失效。

1714年 经度委员会
经度委员会在英国成立，设奖金2万英镑，以这笔数额巨大的款项解决经度问题。

18世纪30年代 发明八分仪
英国和它的北美殖民地几乎同时发明了一种反射式仪器，它支持经度的近似计算。

1841年 军事测量
法国、英国和其他欧洲国家绘制了精确的地图，供军方使用。

1996年 卫星精度
美国的卫星导航系统允许公众进入，绘制地图和计算经度几乎是多余的。

1650 1700 1750 1800 1850 1900 1950 2000

1698年 磁场专家
英国天文学家埃德蒙·哈雷绘制了一幅地球磁场图，这是他研究磁场变化规律的一部分。

1772年 库克航行
詹姆斯·库克在第二次和第三次太平洋航行中，随身携带哈里森H4型号航海天文钟，成功地全程计算他的位置。

1759年

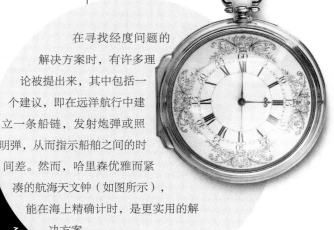

在寻找经度问题的解决方案时，有许多理论被提出来，其中包括一个建议，即在远洋航行中建立一条船链，发射炮弹或照明弹，从而指示船舶之间的时间差。然而，哈里森优雅而紧凑的航海天文钟（如图所示），能在海上精确计时，是更实用的解决方案。

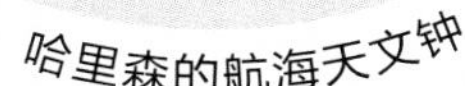

哈里森的航海天文钟

1910—1913年

20世纪初，包括罗尔德·阿蒙森1910—1911年的南极探险（见第302—305页）在内，一系列极地探险进行了精确测量活动。图中显示1910年罗伯特·斯科特南极探险中用三棱镜罗盘仪测量（见第312—315页）。测量数据被用来绘制被探索区域的地图，这些地图对于未来的探险家来说是非常有用的，直到卫星地图的出现。

南极测量活动

所谓的“新大陆”

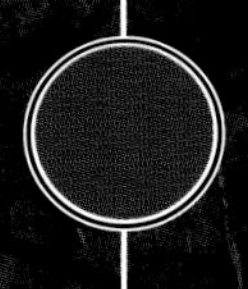

在美洲“新大陆”和欧亚“旧大陆”1492年首次相遇前，它们对彼此一无所知，而此时所谓的“新大陆”已有超过2000年的文明。

森林城市
位于今危地马拉森林深处的玛雅城市蒂卡尔，在西班牙人到达之前就已被遗弃了。可能是因为干旱而导致人口迁移。

约公元前240年，天文学家埃拉托色尼精确地计算了地球的周长。因此，几个世纪以来，专家们一直认为，当时的船只不可能从欧洲向西航行到达东亚这么远。然而，在15世纪70年代和80年代，一些人开始质疑这一推理，包括当时德国纽伦堡的宇宙学家马丁·贝海姆，约1492年，他制造了世界上现存最古老的地球仪。

利用这些修正者的替代计算方法，热那亚船长克里斯托弗·哥伦布（见第86—89页）得出的数据比地球周长的真实值少了约20%。他的计划是途经吉潘古（今日本）向西航行到中国，据说日本位于中国东面2500公里（1500英里）处，这似乎并不是那么不可思议，所以他的圣玛丽亚号船（见第90—91页）于1492年10月12日在加勒比海登陆。

首次接触

哥伦布在圣萨尔瓦多岛遇到的泰诺族印第安人最初可能来自南美洲，是一个名为阿拉瓦克的更大族群的一部分。他们使用刀耕火种的耕作技术，主要是为了种植木薯。他们的社会虽然拥有酋长和贵族，却无法对西班牙人进行有组织的抵抗。他们也没有多少西班牙人想要获得的东西。

> 西班牙人最初在加勒比岛屿立足，但他们不久就开始向中美洲和南美洲大陆派出远征队。

玛雅的终结

更先进的文明在中美洲等待着。玛雅人首次遭遇以弗朗西斯科·赫尔南德斯·德科尔多瓦为代表的西班牙武装，是在1517年。他们从公元前2000年就分布在危地马拉、墨西哥的尤卡坦半岛和洪都拉斯地区。玛雅文化的繁荣主要发生在古典时期（250—909年），当时这一地区被如蒂卡尔、亚西奇兰和帕伦克等一系列城邦所统治。这些城邦的统治者建造了巨大的金字塔，彼此之间进行战争，以获得俘虏，在该地区确立自己的霸权地位，但战争削弱了彼此的力量，1517年，古典文化已经崩溃。1441年，后古典时期的最后一个中心玛雅潘遭遗弃，近80年后西班牙人才到来。

可怕的重量
这块24吨重的阿兹特克巨石被认为是日历。人们曾经认定是一种用来把献祭囚犯绑在上面的“祭坛”。

阿兹特克黄金

最吸引西班牙人的是阿兹特克人的墨西哥帝国。阿兹特克人自称为墨西哥人，1168年从一片叫作阿兹特兰的神话般的国土向北迁徙到此。两个世纪后，他们在墨西哥建立了一个以特诺奇蒂特兰为中心的帝国。

1429年与特斯科科城和特拉科潘城建立的联盟让阿兹特克人控制了墨西哥山谷。阿兹特克人有着强大的军事精神，控制着墨西哥和周边地区的大部分贸易通道，得以建造巨大的寺庙，积累大量的黄金制品。然而，他们对附近部落的统治非常严酷——包括定期提供俘虏来向墨西哥神献祭，这导致埃尔南·科尔特斯（见第106—109页）于1519年抵达时，臣民们宁愿与西班牙人合作。

四方之地

印加帝国的统治者萨帕印加行使绝对的权力，远至安第斯山脉的南部。印加人最初于1300年左右在安第斯山脉的山麓建国，但他们从1438年起在帕恰库蒂皇帝的统治下戏剧性地扩张，将基穆（先前占统治地位的政权）

阿兹特克的作物
玉米是阿兹特克人种植的一种常见作物，西班牙人不认识。西方世界不认识的其他农作物还有辣椒和西红柿。

太阳神崇拜
太阳神印蒂是印加帝国的主神。在秘鲁，印蒂节在冬至（6月24日左右）举行，从三天的斋戒开始。

赶走。到1493年，印加的统治版图北至厄瓜多尔，南至秘鲁，这片广袤的土地被称为“四方之地”。将这片辽阔的疆域连起来的是一个四通八达的道路网，传令者沿着道路网传递从复杂的行政机构中发出的命令。巨大的神庙珍藏着黄金。在西班牙人于1532年到达之前，印加统治者图帕克印加和华纳卡马克将帝国的疆界扩展到了阿塔卡马沙漠的边缘，并延伸到玻利维亚高原，印加帝国在南美大陆的统治似乎不可动摇。

背景介绍

- 克里斯托弗·哥伦布认为，他首次登陆的地点很可能是吉潘古（今日本），因为据马可·波罗描述，日本在中国东部的2500公里（1500英里）处。因此，当哥伦布1492年在加勒比登陆时，他认为已经到了日本。
- 玛雅王国在权力鼎盛时期建造了伟大的建筑，比如巴加尔二世的宫殿，他在615—683年统治帕伦克城。
- 阿兹特克人相信天神奎茨尔（“羽蛇神”）会有一天从东方归来。当西班牙人到达时，阿兹特克人对他们是否为神及其随行人员感到困惑，因而最初未对侵略者进行全力抵抗。
- 玛雅的分裂意味着西班牙人不能简单地抓住他们的统治者（正如抓住阿兹特克人和印加人的统治者那样），必须对城市各个击破。最后一个城市塔亚潘在1697年陷落。
- 印加国家刚刚摆脱内战，胜利者阿塔华尔帕就被迫面对西班牙侵略者。

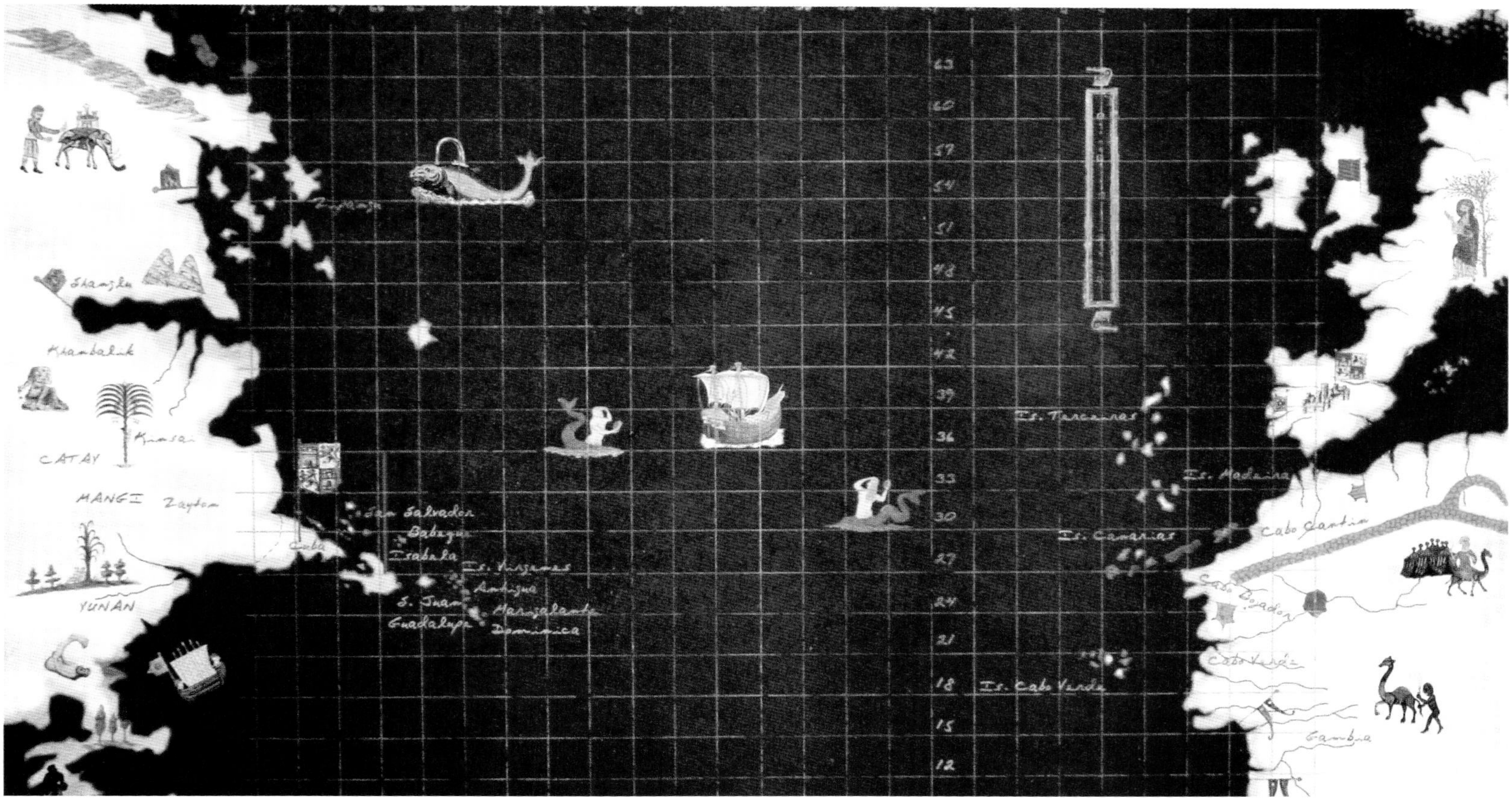

新大陆与旧大陆
这幅早期的地图把美洲海岸描绘成东亚。据说它是四次航行的克里斯托弗·哥伦布第二次航行后在西班牙制作的，但现在认为制作时间稍晚。

会见当地原住民

这幅插图描绘的是哥伦布与他命名为“伊斯帕尼奥拉”的岛上的原住民友好的首次接触，双方交换了礼物。然而，十字架的竖立表明殖民的野心，这很快导致了双方关系的恶化。

克里斯托弗·哥伦布

新大陆的探险者

热那亚共和国

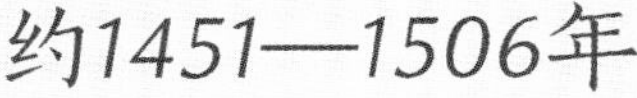

约1451—1506年

生平事迹

- 从西班牙起航，发现美洲陆地；他的船员是首批登陆巴哈马群岛的欧洲人。
- 在伊斯帕尼奥拉岛的纳维达德建立殖民地（今海地和多米尼加共和国）。
- 成为“海军上将”。因自身成就获得经济奖励。
- 考察将委内瑞拉和特立尼达隔开的帕里亚湾。
- 鼓励西班牙殖民“西印度群岛”，并承诺会有珍珠、黄金和其他贵重金属。
- 提出新理论——“世界是梨形的，除了梨柄之外到处都是圆的”。
- 是首位登陆南美洲的欧洲人。
- 因残酷镇压殖民地的叛乱而被伊斯帕尼奥拉总督逮捕。
- 要为开启奴隶贸易负责，因为非洲人开始被带到美洲的矿场和种植园劳作。
- 领导欧洲对中美洲的首次探险。
- 在牙买加遭遇海难后，让自己的船员免于饥饿。

热那亚航海家和水手克里斯托弗·哥伦布因为偶然发现美洲而成为历史上最著名的探险家。他的目标本来是找到一条通往中国和印度的新航路，而他在1492年踏上巴哈马的圣萨尔瓦多岛时，误以为已到达亚洲。虽然他不是第一个到达美洲的欧洲人，但他横渡大西洋的四次航行引发欧洲殖民者对“新大陆”的广泛殖民。

人们对哥伦布早年生活知之甚少，但很可能他年轻时就成了一名商船水手。当时，热那亚（今属意大利）是航海科学的中心，因此航海职业对他来说可能是一个明显的选择。他于1478年起航前往加那利群岛，进行蔗糖贸易，并至少参加过一次前往西非加纳的商船之旅，从而积累了大西洋航行的经验。1485年，他在葡萄牙的里斯本与在当地任制图师的弟弟巴托罗密欧综合专业技术，筹划“印度项目”。这个大胆的计划是通过向西航行来寻找通往亚洲的新航路，而不是向东航行。

“新大陆”

一开始，兄弟俩没能找到担保人。他们的提议遭到葡萄牙国王若昂二世的拒绝，他认为他们严重低估了地球的周长（事实证明，国王是对的）。但15世纪晚期，欧洲各王国正从新的海上航线和殖民地争夺财富，1486年，兄弟俩的冒险计划引起了西班牙国王斐迪南二世与伊莎贝拉一世的注意。

因为资金问题拖延很长时间后，一支由圣玛丽亚号、品塔号和尼娜号三艘船组成的船队于1492年8月从西班牙的帕洛斯起航。哥伦布的计划是向西航行，他相信中国将是他看到的第一个陆地。他对此非常自信，向船长们保证，将在几周内到达亚洲。

1492年10月11日，品塔号的水手罗德里戈·特里亚纳首次发现陆地。但这不是亚洲——哥伦布的船队到达的是北美海岸附近的巴哈马群岛。他将该岛命名为圣萨尔瓦多

皇家奖励
这份1492年的手稿详细介绍了西班牙王室对哥伦布成功发现西班牙新殖民地的慷慨奖励。

我发现世界不是圆的……而是梨形的。

——克里斯托弗·哥伦布

岛，相信它在东印度群岛附近，并将其居民称为“印第安人”。哥伦布在日记中这样描述土著：“他们对我们很友好……我送给他们一些红帽子，还有佩戴的串珠。”到1492年圣诞节，对当地岛屿和附近古巴东北部海岸的全面考察已告完成。哥伦布抵达另一个大岛（今海地和多米尼加共和国）的北部海岸，据记载，“一千多名土著参观了这些船只，每个人都带着一些东西”。

首航船队
1991年10月13日，在重现哥伦布首次美洲航行的活动中，仿造的圣玛丽亚号、品塔号和尼娜号从西班牙南部的休尔瓦港起航。

圣诞节晚上，灾难袭来。圣玛丽亚号在海地角附近搁浅。哥伦布不得不砍掉桅杆，将阻碍他迅速上岸的所有东西抛入大海。当地一位国王瓜卡纳加里前来援助，提供了使用船只卸货的方法。哥伦布下令建造一个堡垒定居点，这成为欧洲在美洲的第一个殖民地。在筹划返回西班牙之前，他将这座大岛和岛上的堡垒命名为伊斯帕尼奥拉岛和纳维达德城。40名殖民者，包括工匠在内，被留下来，并留下粮食和其他物资。1493年3月15日，哥伦布凯旋带来了来自新大陆的黄金和棉花。他在巴塞罗那受到王室欢迎，并被授予“海军上将”的头衔，以昭示他的地位。为获取更大财富，哥伦布又进行了三次美洲探险之旅。第二次远航时，他乘新的圣玛丽亚号，率领1200人，分乘17艘船，1493年11月抵达纳维达德，沿途在加勒比海或“西印度群岛”发现了更多的岛屿。抵达目的地时，他震惊地发现，留下的定居者在他去年离开后遭到原住民的反抗击杀。一个名为圣多明各的新殖民地在纳维达德东面建立起来，由巴托罗密欧·哥伦布出任总督，不久后新移民就开始开采黄金。

已知的世界
这张地图被认为是哥伦布的弟弟巴托罗密欧在1490年绘制的。航行路线的具体细节过了西非就逐渐消失，大西洋西部的地图则是空白。

南美洲

1498年5月，哥伦布进行了第三次航行，船队规模较小。他经由伊斯帕尼奥拉岛航行到特立尼达岛的南岸，探索了该岛与委内瑞拉海岸线之间的帕里亚湾。他在那里登陆，他的队伍成为首先踏上南美洲大陆的欧洲人。哥伦布知道他登上了一个新大陆，但相信这是从中国大陆垂下来的部分，凸出来使地球呈梨形。他相信是亚洲，部分是受发现珍珠的影响，他知道东西方贸易的主要资源是来自中国的珍珠。他写信给他的西班牙赞助人说：“通往珍珠和黄金的路现在已经打开了，可以满怀信心地期待一千件事情。”然而，他的承诺开始变得空洞。在伊斯帕尼奥拉，食物匮乏，而且承诺的金子比预期

他的足迹

1492—1493年　到达加勒比海
哥伦布在巴哈马群岛的一个岛屿登陆，他给此岛定名圣萨尔瓦多，然后探索古巴的北岸和伊斯帕尼奥拉岛。

1493—1494年　建立第一个殖民地
带领1000多名殖民者返回加勒比海。

1498年　沿南美洲海岸航行
探索现委内瑞拉海岸，然后返回伊斯帕尼奥拉岛，他在该地被捕。

1502—1504年　到达中美洲
哥伦布仍相信自己在探索亚洲东海岸，他寻找一条通往印度洋的航线。

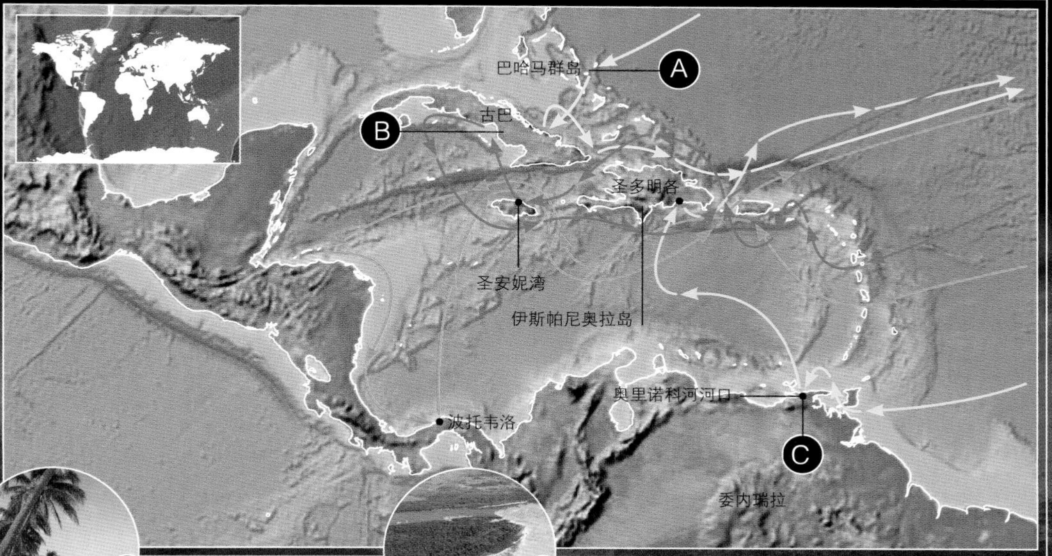

巴哈马群岛　A
古巴　B
圣多明各
圣安妮湾
伊斯帕尼奥拉岛
奥里诺科河河口　C
波托韦洛
委内瑞拉

B　在第二次航行中，哥伦布沿古巴南海岸航行，他认为该地是半岛，而不是独立岛屿。

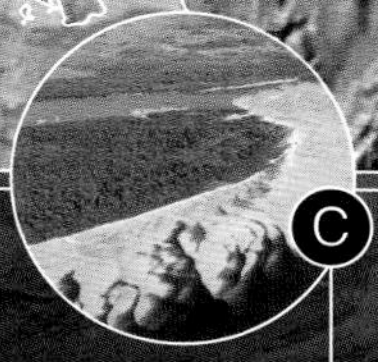

C　哥伦布到达南美洲海岸后，探索奥里诺科河河口周边地区。

1492—1493年	1493—1494年	1495—1497年	1498年	1502—1504年

9月6日离开加那利群岛，开始为期五周的横渡大西洋之旅。

A　在巴哈马群岛登陆，具体登陆地点不确定，可能是今天的萨马纳岛、普拉纳岛或圣萨尔瓦多岛。

哥伦布被控滥用作为伊斯帕尼奥拉总督的权力，被戴上镣铐，押回西班牙。

在探索中美洲海岸后，哥伦布及其船员滞留牙买加一年。

月食魔术师
哥伦布在牙买加遭遇海难，饥肠辘辘，他用数学来预测月食，让惊惧的土著为他们提供食物。

的更难开采。殖民者在一次叛乱中反抗巴托罗密欧，遭到残酷镇压。新总督弗朗西斯科·德博巴迪拉被派往该岛，他发现有几个叛乱的殖民者是被吊死的。听到那些心灰意冷的定居者的报告，德博巴迪拉给哥伦布与他弟弟戴上镣铐，押回西班牙。

失宠

尽管他被允许为自己的案件辩护，并与西班牙君主和解，但哥伦布永远不会忘记他被捕的耻辱。他相信第四次航行是恢复名誉的唯一机会，他于1502年5月与13岁的儿子费尔南多起航。

船队只有150人，由四艘船组成，哥伦布相信他会到达亚洲并与西班牙建立贸易航线，但现实并非如此——1502年6月，在一场可怕的风暴中，哥伦布的船队被总督拒绝进入圣多明各港口，被迫在海上继续航行。哥伦布到达巴拿马，花了两个月的时间调查今洪都拉斯、尼加拉瓜和哥斯达黎加的海岸，他和手下成为首先探索中美洲的欧洲人。在巴拿马，探险队发现了一些黄金，但被当地印第安人赶回船上。

因为急需食物和水，他们前往伊斯帕尼奥拉岛，但船上的木材中长满了蠕虫，1503年6月，两艘幸存的船不得不搁浅在牙买加海岸。直到一年后，救援人员才到达将其营救。

1504年，哥伦布回到西班牙。他很富有，但身体在牙买加被毁掉了。他写道：“我没一根头发不是灰白色的，我的身体非常虚弱。”他于1506年5月20日去世，至死仍相信他之前一直沿着亚洲东海岸航行。

“海军上将”
这个盾形纹章是1492年为哥伦布设计的。如果他能回到西班牙，这会是他的荣誉之一——许多人怀疑他能否返回。

首航新大陆的传奇之舟

圣玛丽亚号

克里斯托弗·哥伦布1492年首航新大陆时，他的旗舰为圣玛丽亚号。这艘船建于西班牙加利西亚的庞特维德拉，可能是一艘大帆船（远洋三桅船），比船队另两艘船尼娜号和品塔号（易操控的轻快帆船）要大。船上有一层甲板和三根桅杆，条件相对简朴。虽然圣玛丽亚号是一艘缓慢而坚固的船，能够在大西洋的恶劣环境中幸存下来，但它在1492年圣诞节搁浅，不得不被遗弃在伊斯帕尼奥拉的海地角。

▼ **满帆**
这艘船有三根桅杆——前桅、主桅和后桅——每根桅杆上都有一张帆：前帆和主帆都是方形的大帆，而后帆是三角形的，又称拉丁帆，如该船1994年的复制品所示。该船还在船首斜桅上置有一张小帆。

► **高高的帆缆**
发现陆地时，哥伦布向上帝致谢，船员争先恐后地爬上帆缆来验证这一说法。按当时西班牙的风俗，更大的船帆会有红十字标志，哥伦布则确保每艘船都悬挂一面绿色十字旗，作为在新大陆航行的规范。

▲ **腐烂的风险**
绳子被存放在最不易受潮和不易腐烂的地方。

◄ **伦巴第火炮**
伦巴第火炮射程为275米（300码），用于发射炮弹来测量距离。

▲ **标石**
圣玛丽亚号、尼娜号和品塔号可能携带了类似葡萄牙十字架石柱的标石，在任何西班牙宣称拥有主权的新土地上竖立。

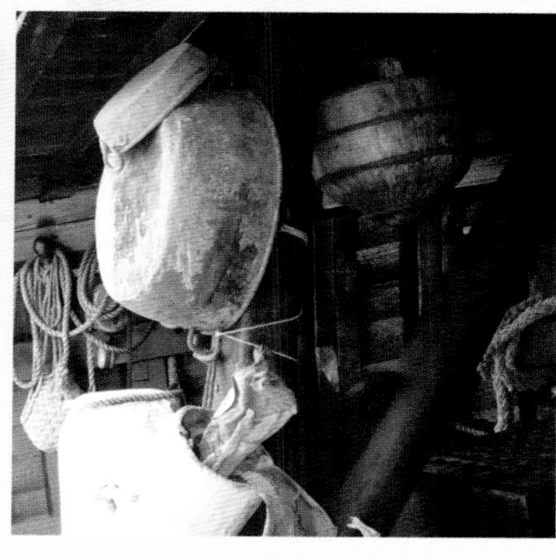

◄ **拥挤的空间**
甲板下面的空间很小。船员们轮班工作四小时，找空地睡觉。

► **大帆船**
大帆船的历史可以追溯至早期沿地中海贸易路线航行的商船或驳船。前（左）桅最初是用来辅助操纵船只的。

▲ **照明**
当时西班牙船上装有蜡烛，但使用受到限制，夜晚借助烛光读取罗盘数据。

▲ **关在笼子里的鸟**
回西班牙后，哥伦布展出来自新大陆的“华美的鹦鹉”。这些船配备有篮子等物，比如这个装新发现鸟类的笼子。

▲ **船钟**
这艘船的船钟将会敲响，用于整点报时，或者以一刻钟的时间报时，并在需要的时候召唤援助。

▲ **主甲板**
主甲板被船员当作食堂使用，食物则在火箱里准备好。甲板空间也被用来储放牲畜、给养和淡水，淡水储存在类似图中的木桶中。

▲ **来自海洋的食物**
船员们捕获海龟、蛤蜊、乌鱼、螃蟹和其他海鲜，以改善他们只有饼干、腌菜和咸肉的简朴饮食。

◄ **掌舵航向**
只有领航员才获准驾驶船只，通过港口，避开暗礁。

塞巴斯蒂安·卡伯特

商人航海家

英格兰 约1474—1557年

塞巴斯蒂安·卡伯特可能是世界上航行时间最长的人，但他的生平却鲜为人知。他父亲是约翰·卡伯特，一位热那亚商人和冒险家，于1489年定居英国布里斯托尔。据记载，卡伯特父子在从该地出发的许多航海探险之旅中均起到重要作用，直到塞巴斯蒂安最终于1512年向西班牙效忠。他的主要贡献是将航海日志作为航海记录的标准形式带入实践中。

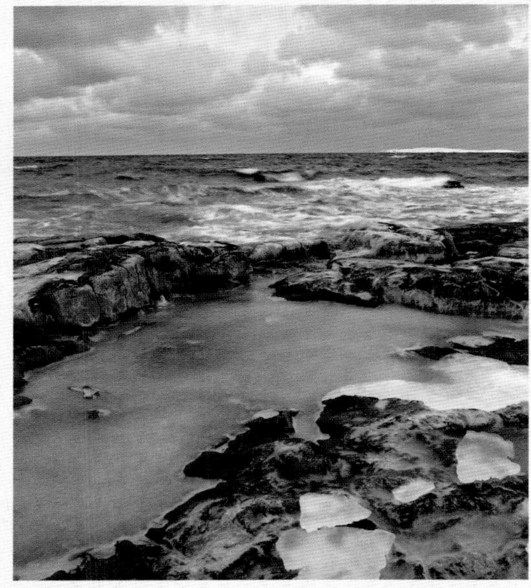

不可逾越的海洋
在寻找东北航道的过程中，卡伯特被冰冷的白海逼退。他以特有的锐气，把失败的使命转化为成功，与俄罗斯建立贸易联系，创立了莫斯科公司。

卡伯特约于1474年出生在布里斯托尔。他大约22岁时，父亲见识到克里斯托弗·哥伦布在发现新大陆方面的成功（见第86—89页），请求亨利七世签署一份特许状，让他“航行到东、西、北的所有陆地和海洋”。特许状的条件很清楚：卡伯特和儿子们要从布里斯托尔起航及回归，并向王室支付1/5的战利品。1497年5月2日，卡伯特和他的父亲乘马修号起航，向西直航，并于6月24日抵达纽芬兰海岸。该船沿着拉布拉多海岸航行，他记录了当地景象：“无数巨大的冰块在海里游动，白天一直在持续”，这是一种几乎迫使水手叛变的磨难。探险队不得不放弃，船在7月返回布里斯托尔。他们带回了关于一片有丰富鱼类资源的海域的报告，让“王国不用再与冰岛有任何贸易”。虽然这在布里斯托尔大受欢迎，但王室的反应有些平淡。亨利七世肯定是希望有丰富的黄金和财富供应，因此只为发现这片新土地支付了十英镑。

寻找新航路

1498年，卡伯特父子进行第二次航行，他们带300多名移民横渡大西洋，并计划在纽芬兰海岸殖民定居。对这些人的命运，后世几乎一无所知，也很少有关于这次航行的细节，但约翰·卡伯特可能死于海上，剩下的航程转而由儿子塞巴斯蒂安指挥。到1512年，卡伯特被西

西行新大陆
1906年的一幅画描绘了卡伯特1497年前往纽芬兰的情景。他虽没有带回黄金，但发现了利润丰厚的渔场。

生平事迹

- 发现纽芬兰，带领探险队对它进行殖民。
- 是第一个使用船舶日志进行日常航行记录的人。
- 在今阿根廷和乌拉圭建立西班牙的第一个军事堡垒。
- 放弃寻找东北通道，并通过陆路到莫斯科建立贸易公司。

班牙王室积极支持探险的举措所吸引，转而向西班牙效忠。他曾多次前往墨西哥湾，后被任命为西班牙大领航员。1526年，卡伯特从西班牙的圣卢卡出发，开始了他最为雄心勃勃的远航探险。他率领200人，分乘四艘船，计划是将定居者运送到摩鹿加群岛（印尼的香料群岛），并继续向西环航世界。

但在6月抵达巴西海岸时，卡伯特听到有关印加宝藏的传闻，就放弃使命，转而深入海岸，探索普拉塔河，这次远航就此中断。有三名船员因为对他的指挥不满而叛变，结果被送上岸。卡伯特花了五个月的时间探索这条河，在今阿根廷和乌拉圭一带建立了西班牙的第一个堡垒。但与急流搏斗，并在一次被印第安人伏击中失去18人后，他没有发现任何宝藏，便于1530年返回西班牙。审判等着他。他因违抗命令和残暴对待手下而被处以罚金，并被流放到北非。不过，他可能得到了王室的赦免，因为他一直是西班牙的大领航员，直到1547年。

约1528年，卡伯特回到英国，率领一支探险队去寻找通往亚洲的东北航道。探险队远至俄罗斯西北海岸，建立了牢固的英俄贸易关系，这是他最后一次航行。他退休后被任命为商人冒险家公司的终身董事。

他的足迹

1497年　驶往纽芬兰
卡伯特在马修号上陪着父亲。他发现了丰富的鱼类资源，但没有宝藏；几乎不为人所知的是1498年的第二次航行，当时他率领300名定居者前往纽芬兰。

1527年　率领西班牙探险队驶往香料群岛
南美黄金的传闻让他中断远航，他探索普拉塔河，建立了两座西班牙要塞；他从未到达香料群岛。

1528年　试图找到通往亚洲的东北通道
卡伯特的最后一次航行到达了俄罗斯西北部，但天气迫使他放弃这一尝试。

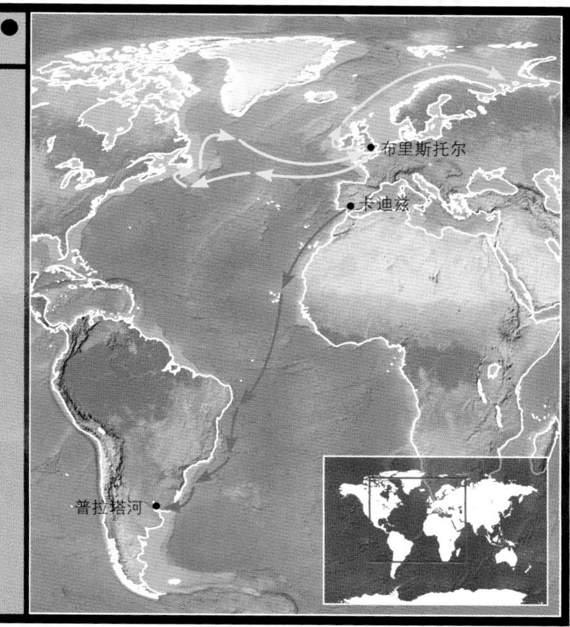

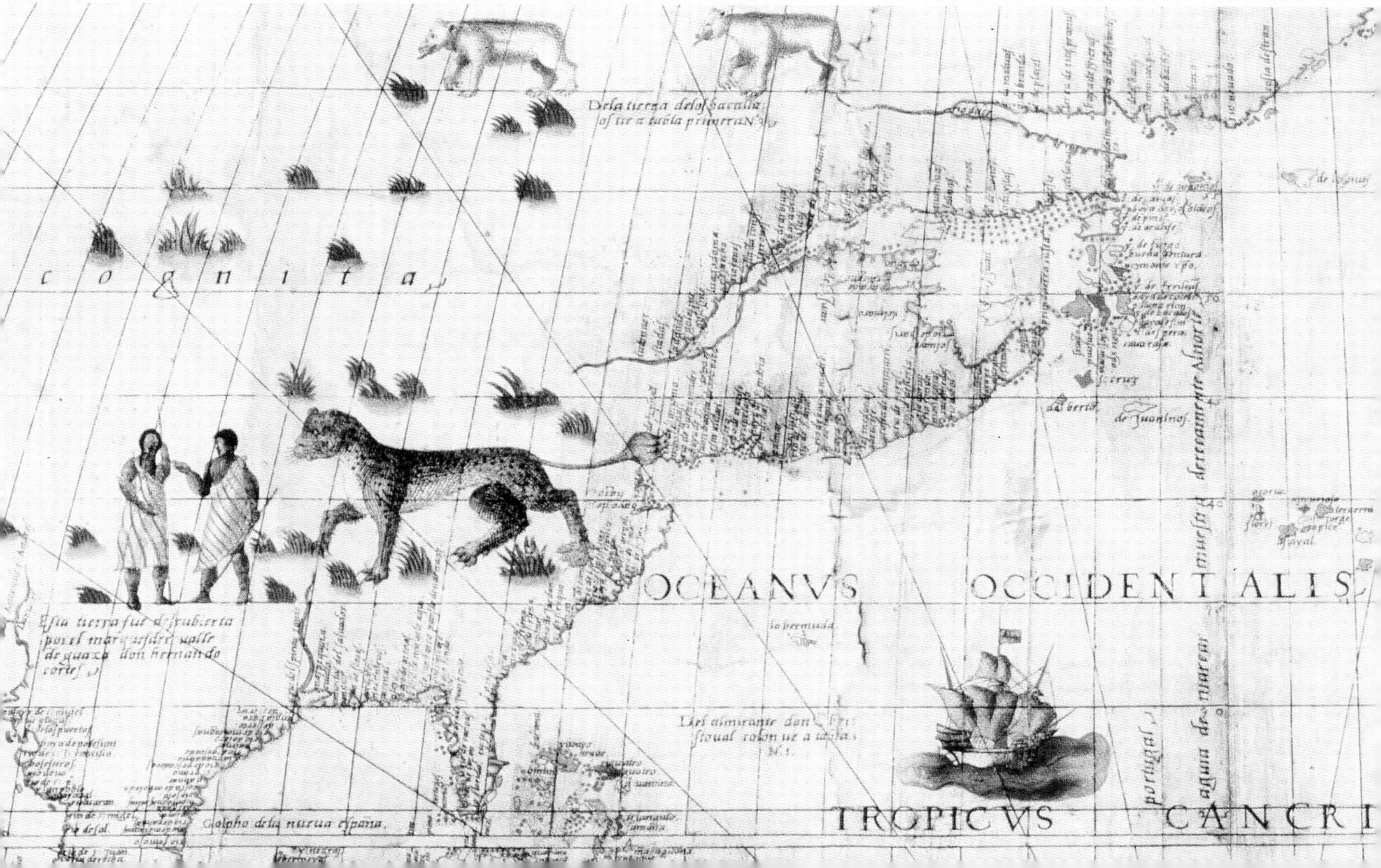

卡伯特的世界
尽管卡伯特保存了他所有的航海记录，但后来都丢失了，只剩下他在1544年绘制的一张地图的复制品。这幅地图很有趣，涉及新大陆被哥伦布发现以来52年内已知的信息，也为卡伯特的美洲航行提供了便利。

亚美利哥·韦斯普奇

第四大洲的确认者

佛罗伦萨共和国　　约1454—1512年

作为一名学者和商人，亚美利哥开始探险活动的时间很迟。他的具体旅程仍有争议，但可以肯定，他至少两次横渡大西洋，并意识到自己航行的海岸线不是哥伦布所坚持认为的亚洲东海岸，而是一个全新的大陆。世界两大洲——以及西半球最大的国家都以他的名字命名，从而让他不朽，这在很大程度上是出于一位制图师的心血来潮。

生平事迹

- 1472年，作为一个年轻的新面孔出现在文艺复兴时期画家多梅尼克·盖兰多奥1472年创作的《圣母经》中。
- 他在首次远航探险期间成为第一个在新世界水域横渡赤道的人。
- 几次转换效忠对象，先是西班牙，后是葡萄牙。1505年，他似乎放弃出生地佛罗伦萨，获得卡斯提尔的公民身份。

韦斯普奇出生在今意大利佛罗伦萨郊外的一个村庄，接受他叔叔的教育，后来继续学习科学，1483年开始为强大的美第奇家族工作。他成了美第奇各种商业企业中值得信赖的人物，但没有迹象表明他有一天会成为著名的航海家，更不用说以他的名字命名一个新发现的广阔大陆了。

探险热

1496年，韦斯普奇在美第奇家族的工作把他带到西班牙塞维利亚，在那里他开始卷入航运。克里斯托弗·哥伦布的航行（见第86—89页）是该镇的热门话题，韦斯普奇决定加入地理新发现的热潮中。尽管他已40多岁，也没有航海经验，但还是成功地获得了天文学家和制图师的职位，加入探险家阿伦索·德奥维达领导的西班牙探险活动。

1499年5月离开西班牙后，韦斯普奇与德奥维达在加勒比海某处分手，加入了另一艘向东南航行的船只。不久，他遇到了一片海岸，“如此茂密的树林，这是伟大的奇迹”。但浓密的植被阻止了船员们的登陆，所以这艘船一直沿着海岸航行，直到他们在那片海域发现了“奇妙的景象；离陆地十五里格（约80公里或50英里）处，我们发现那里的水就像河水一样新鲜，我们直接饮用，并装满了所有的空桶”。韦斯普奇可能已到达亚马逊河大量淡水汇入大西洋的位置。他登陆此地，是在卡布拉尔1500年4月登陆巴西（见第96—97页）之前还是之后，目前尚不清楚。

红得像狮子鬃毛
韦斯普奇在写给索德里尼的信中这样描述土著：“肤色接近于红色，就像狮子的鬃毛……如果他们穿上衣服，肤色就会和我们一样白。”

新世界宣传
印有韦斯普奇名字的信件被复制、翻译、印刷并销往欧洲各地。这张图片印在据称寄给佛罗伦萨治安法官索德里尼的一封信的首页上，并于1505年出版。

人间天堂

到达亚马逊的双河口后，韦斯普奇与20人分乘两艘船进入了这条大河探险。他们观察到“无数形形色色的鸟……树木如此美丽和芬芳，我们以为进入了地球天堂”。他们还遇到“长约八个布拉恰（一布拉恰相当于人张开手臂的长度）的蛇，有我的腰粗，它让我们非常害怕，一看到它就赶紧返回大海”。

韦斯普奇远至累西腓（在今巴西）后就返回了，向北航行到特立尼达岛。他发现那里的土著很友好，但也很吓人。他“费了很大的力气才用手势安慰他们”，发现他们是食人族，尽管“他们不吃彼此，但乘名为‘独木舟’的船航行……去邻近的岛屿或土地寻找猎物”。

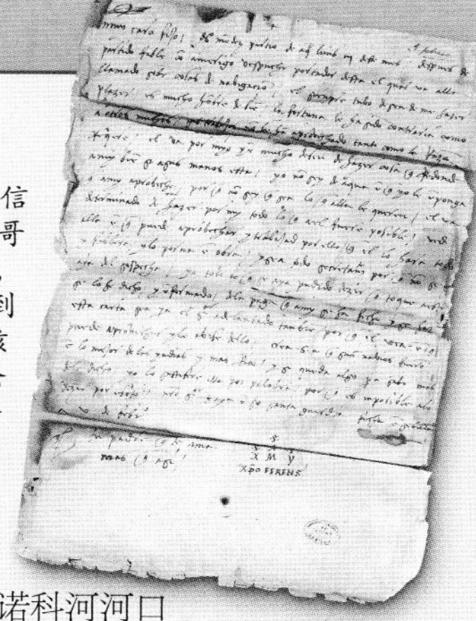

备受推崇
在这封写给儿子的信中，克里斯托弗·哥伦布赞扬韦斯普奇，并谈到了“他受到的不公正待遇应该得到补偿”。哥伦布钦佩这个佛罗伦萨人，后者在1498年航行前曾向他提过建议。

在驶过奥里诺科河河口（今委内瑞拉），到达加勒比海的伊斯帕尼奥拉岛后，韦斯普奇开始返回，于1500年抵达西班牙。他在1501年参加了第二次远航探险，这次是在贡萨洛·科埃略指挥下的葡萄牙探险队。韦斯普奇声称，这次航行记录了“近2000里格的大陆海岸和5000多个岛屿”。他南至巴塔哥尼亚似乎不太可能，因为他在记录里没有提到普拉塔河河口。

不管这些说法的真假，在第二次航行中考察的原住民、植物和动物使韦斯普奇确信，他不是沿着亚洲海岸航行，而是到达了一个新大陆。回到西班牙后，他被任命为大领航员，就此成为西班牙海军的首席教官。他于1512年在塞维利亚去世。

制图师用词不当

当德国制图师马丁·瓦耳德西姆勒选择韦斯普奇名字的阴性名词“亚美利哥”作为新大陆的名字时，韦斯普奇被推到了新大陆探险家的最顶端。那位德国制图师似乎对韦斯普奇所写的有关新大陆之旅的信件很熟悉。

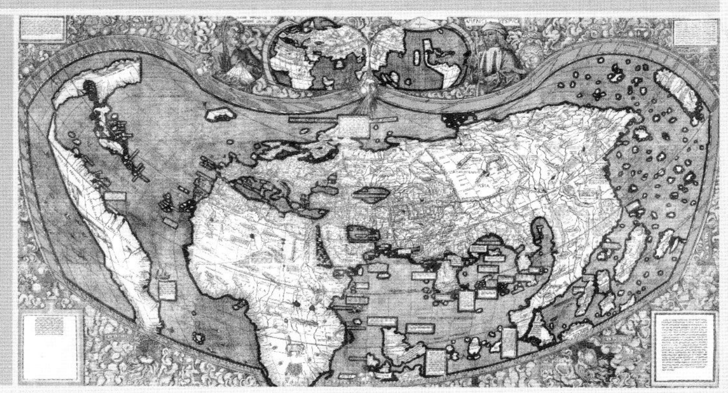

瓦耳德西姆勒的地图自1507年起广泛流传。

令人困惑的信件

韦斯普奇的成就多少被据称是他所写的信件所遮蔽。《新世界》描述了1501—1502年的一次航行，被送至美第奇家族，而《四次航行记》（关于韦斯普奇在四次航行中新发现的岛屿的信）则描述了1497—1504年的四次旅行，是寄给美第奇的合伙人皮耶罗·索德里尼的。这两封信现在都被认为是由韦斯普奇的支持者而不是他本人所写的。信被广泛传播，部分归功于其中所包含的迷人描述。这些铺张夸大的叙述进一步搅浑了水。韦斯普奇并没有声称自己发现了新大陆，他把这一荣誉留给了哥伦布。他的名字是德国制图师偶然绘制在地图上的（见上文方框），因此他对美洲故事的贡献并不在于他名字的使用，而是认识到新土地本身就是一块大陆。

测量星星
在中世纪，根据恒星导航对海洋勘探至关重要，因此，韦斯普奇的天文学技能——正如这幅1491年印刷的图片所描述的——受到欢迎。

佩德罗·阿尔瓦雷斯·卡布拉尔

东方和西方航线的领航员

葡萄牙　　约1467—1520年

伟大的葡萄牙航海家佩德罗·阿尔瓦雷斯·卡布拉尔是第一个发现巴西的欧洲人，他在前往印度的途中偶然发现了巴西。在瓦斯科·达伽马于1499年发现了一条通往印度的海上航线后，葡萄牙国王曼努埃尔一世决心在与印度次大陆利润丰厚的香料贸易上建立葡萄牙的垄断地位。卡布拉尔受命接任达伽马，任务是传播基督教，打击控制海上航线的阿拉伯商人。

手稿中的舰队
16世纪早期的手稿记录了卡布拉尔舰队中13艘新船的命运，这些船似乎全是大帆船，是地理大发现时代的关键船只之一。

贸易使命

人们对卡布拉尔的早年生平知之甚少，只知道他父亲是葡萄牙贝拉和贝尔蒙特区总督。因为父亲的关系，卡布拉尔和两个弟弟曾做过一段时间的王室近臣。据推测，他还获得航海经验。因为在1499年，国王曼努埃尔一世任命他率领13艘船组成的新船队，共载有1500人，其中包括牧师和至少另一位著名的探险家：巴尔托洛梅乌·迪亚士（见第76—77页）。

卡布拉尔的使命是接任达伽马的工作（见第80—81页），与印度建立永久的贸易关系，必要时通过武力传播天主教。卡布拉尔的船队于1500年3月9日从里斯本起航，并打算沿着达伽马的路线前往印度。但卡布拉尔的船队向西偏离航线过远。他们4月23日在某处海岸登陆，卡布拉尔认为这是个岛屿，取名为“真十字地”，但实际上是位于南美洲大陆的巴西海岸。当地讲图皮语、马克吉语和阿拉瓦克语的土著，用手语与新来者进行交流。卡布拉尔留下两名犯人学习当地语言。（他为何在船队中携带罪犯，目前尚不清楚。）

舰队又一次起航，驶向东南方向的好望角，在那里遭遇了严重的风暴，好几艘船失事，迪亚士因此丧生。

1500年9月13日，卡布拉尔终于到达了目的地：印度喀拉拉海岸的卡利卡特（今科泽科德）。葡萄牙人带来了四名喀拉拉邦男子，这几人是1498年达伽马在访问卡利卡特后带回葡萄牙的。他们穿着葡萄牙服装，安全归来，这给卡利卡特的萨莫林（统治者）留下了深刻印

生平事迹

- 他是第一个踏足巴西的欧洲人，并宣布此地归葡萄牙所有；他到达巴西，是由于强风和航行失误所致。
- 他的船只载着第一批基督教传教士前往印度。
- 与科钦和卡纳诺尔（今卡努尔）订立贸易条约。

他的足迹

首段航程

卡布拉尔先在佛得角停留，之后被强风吹向巴西的巴伊亚；一艘船立即返回葡萄牙，报告这个重大发现。

第二段航程

船队在好望角附近的一场风暴中实力大减。但他们绕好望角航行时，成为第一批发现马达加斯加的欧洲人，他们将该岛取名为“圣洛伦索”，然后横渡印度洋，到达印度的卡利卡特。

象，彼此关系开端良好。

葡萄牙人在锡兰（今斯里兰卡）截获一艘载着大象的船，大象被赠送给萨莫林，让他很高兴，卡布拉尔转而要求比当地阿拉伯商人占优势的贸易特权。最终，萨莫林同意建立一家香料工厂，并将卡布拉尔的船只装上优质香料和胡椒粉。阿拉伯商人很愤怒，向萨莫林抱怨。卡布拉尔在一艘阿拉伯船装货时劫持了它，认为它违反了与萨莫林的交易。当地穆斯林包围卡布拉尔的工厂，杀害了工人。卡布拉尔很快被迫逃离，向北驶往卡纳诺尔（今天的卡努尔）。他在当地受到友好对待，并发现该地盛产“生姜、豆蔻……和罗望子”。

卡布拉尔签订了将阿拉伯商人的竞争排除在外的贸易条约，满载货物，循原路返航，于1501年7月回到里斯本。但船队付出了高昂的代价，13艘船中只有4艘返回葡萄牙。

喀拉拉邦的香料

卡布拉尔的远征是欧洲为利润丰厚的香料贸易而控制航线的最早尝试。自古以来从亚洲到欧洲的贸易主要经由陆路。

宣称对巴西的主权

卡布拉尔于1500年在巴西巴伊亚海岸登陆后，通过竖立十字架和举行基督教仪式，为葡萄牙占领了该地。从1500年起，巴西成了葡萄牙的殖民地，但葡萄牙人直到1534年才真正开始定居。葡萄牙人同化了当地一些原住民，而其他无数原住民则被奴役或杀害。葡萄牙帝国在19世纪早期的拿破仑战争期间曾迁往巴西，直到1822年，巴西殖民地才从葡萄牙独立出来。

卡布拉尔与方济各会神父亨利·德科姆布拉举行仪式，宣称葡萄牙占有维拉克鲁兹（葡萄牙语，意为“真十字地”）。

巴西宝藏

最早的葡萄牙定居者不久就开始从雨林中开采巴西木。巴西木作为木材和独特的红色染料的来源很有价值。

图解航海制图发展

已知最早的地图是在土耳其的恰塔霍裕克发现的一份城镇规划图，它可以追溯到公元前6000年。随着古希腊人、罗马人和阿拉伯人的数学革新，地图得到了改进，再纳入15世纪欧洲探险家的地理发现，地图制作越来越精确。如今，在线用户可以通过数据库不断更新的网站查看定制的地图。

古代世界

公元前6世纪，米利都的希腊哲学家阿那克西曼德被认为是世界上第一张地图的制作者。他的地理学论述还包括一张把地球描绘成碟子的地图。在古希腊，很少有人根据物理数据绘制地图；许多地图是基于对神话和宗教信仰的解释。但在公元前2世纪，希腊数学家埃拉托色尼根据行星是球形的概念计算出了地球周长。2世纪时，克劳迪斯·托勒密出版了他的《地理学》著作，其中包括一系列地图，显示罗马帝国疆界之外的土地。幸存下来的少数罗马地图包括若格瑞纳地图，这是一张显示整个帝国交通的交通图。随着罗马统治的减弱，为制作这类地图而收集的信息从

公元前2500年　黏土边界
巴比伦黏土板记录了定居点的边界。

**公元前490年
圆的世界**
希腊数学家毕达哥拉斯提出了球形世界的理论。

1134年　南北颠倒
安达卢西亚学者伊德里西为西西里国王罗杰二世绘制了一幅世界地图，他在图中将南方置于地图的顶端，北方置于地图的底部。

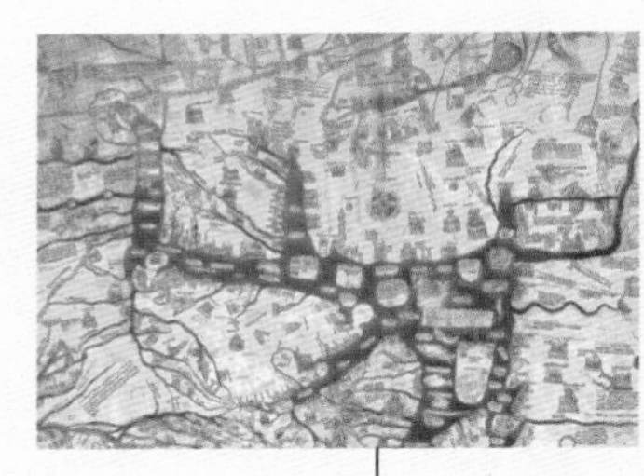

1290年　古世界地图
中世纪地图显示耶路撒冷在世界的中心，如这幅来自英格兰赫里福德的地图。

1477年　第一张印刷地图
意大利博洛尼亚出版了一份基于托勒密数据的世界地图。

公元前　2000　1000　公元　100　300　500　1150　1200　1250　1300　1350　1400　1450

公元前350年　阿那克西曼德地图
希腊哲学家亚里士多德收集了三个世纪前绘制的阿那克西曼德地图。

600年　圆形或碟形?
在他的《起源》一书中，塞维利亚的伊西多鲁斯把地球描述为圆形或碟形。

1350年　波托兰
被称为波托兰的地图是基于对地中海周围港口和距离的真实描述绘制而成的。

1492年　首个地球仪
德国纽伦堡的马丁·贝海姆（上图）制造了现代首个陆地地球仪。

100年　托勒密的《地理学》

托勒密在创作《地理学》时，依靠来自各种来源的精确的经纬度数据。现在还不知道他自己是否基于这些信息汇编了地图，但他确实给出了指示。从15世纪起，他的作品以手稿形式在西欧流传，随着1477年第一个印刷本问世，就不断印刷，图中的版本就是如此。

1375年　《加泰罗尼亚地图集》

由马略卡岛主要制图师制作的《加泰罗尼亚地图集》（见左图），是中世纪最重要的地图之一。除最新的天文、宇宙学和占星学数据外，地图集最初还包括宗教和文学参考资料，包括《马可·波罗游记》。

图书馆中散佚、丢失或被忽略。

尽管托勒密的地图没有保存下来，但他为绘制这些地图所做的计算，贯穿了其后14个世纪的地理思想。他的作品在800年左右就在伊斯兰世界广为人知，并被阿拉伯学者保存下来。这些学者在9世纪——阿拉伯的黄金时代，在数学和科学方面取得了巨大进步。其后300年间，世界上最精确的地图是安达卢西亚地理学家伊德里西于1134年制作的地图，它展示了整个欧亚大陆和北非。

1439年，约翰内斯·古腾堡发明了印刷机，使地图得以更广泛地流传。与此同时，1453年土耳其征服了君士坦丁堡（伊斯坦布尔），导致欧洲通往东方的陆路关闭，这就迫使西班牙和葡萄牙寻找替代路线，以维持来自亚洲的香料和其他奢侈品的供应。在亨利王子（1394—1460年）的庇护下，以巴尔托洛梅乌·迪亚士为首（见第76—77页）的葡萄牙人迅速行动，绘制地图和图表，以支持葡萄牙人对非洲海岸线的探索。

展示新世界

1507年，德国制图师马丁·瓦耳德西姆勒绘制的地图出版，这幅地图具有里程碑意义，因为这是第一张用“亚美利加”称呼新发现大陆的印刷地图。1569年，佛兰芒地图制作者吉哈德斯·墨卡托出版了他著名的柱面投影地图，一年后，墨卡托的同时代人亚伯拉罕·奥特柳斯出版了第一本印刷的现代地图集《世界概貌》。荷兰人在整个17世纪的地图制作方面都很出色，有名的制图师有洪迪厄斯、布劳、扬松纽斯和德怀特，他们制作的地图非常精美。

全国性测绘

法国是第一个进行全国测绘的国家，在桑森和卡西尼主持下的调查致使《法国地图》于1789年出版。巴黎天文台台长塞萨尔·弗朗索瓦·卡西尼与格林威治的英国同行威廉·罗伊合作开展测绘，使得1791年英国陆地测量部成立，该部门会持续提供已知欧洲最详细的地图。殖民扩张是竞争对手法国和英国大部分制图工作背后的动机。拿破仑在1798年入侵埃及失败，导致了对这个国家的第一次详细地理调查，而英国在19世纪通过测绘新领土来巩固在印度的权力。

1884年，在华盛顿召开的一次会议上，地图被国际标准化，经过伦敦格林威治的经线被确定为“本初子午线”。法国人继续把巴黎显示为法国世界地图的中心，但最终于1914年向格林威治认输，尽管巴黎子午线在今天的一些法国地图上仍有标记。

在现代，计算机已经彻底改变了我们对地图的看法。地理信息系统（GIS）存储可以以各种不同方式显示的原始数据，为用户（包括制图者）提供必要的空间数据来定制自己的地图。

1569年 墨卡托投影地图
当时全欧洲采纳的吉哈德斯·墨卡托的投影地图，包括平行的纬度线。

1635年 《世界概貌》
佛兰芒制图师亚伯拉罕·奥特柳斯（见右图）的《世界概貌》包含70幅基于投影的新地图。

1755年 米切尔地图
一张英国殖民统治下的北美地图被制作出来。

1791年 陆地测量部
为防备可能的法国入侵，英国成立陆地测量部，对英格兰东南部进行精确的地理测绘。

1959年 卫星图像
美国航空航天局“探索者6号”的首幅卫星图像对地球有了更新的深入了解。到20世纪90年代，地球海洋的热成像图（右）产生。

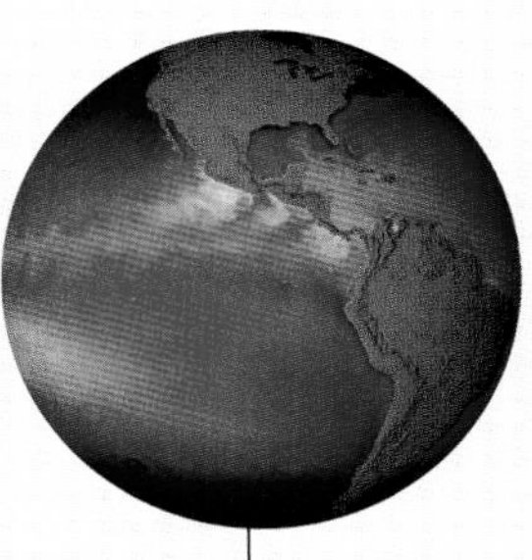

1500 1550 1600 1650 1700 1750 1800 1850 1900 1950 2000

1513年 皮瑞·雷斯
奥斯曼制图师皮瑞·雷斯（见第67页）绘制了一张地图，图中显示了13年前欧洲人发现的巴西海岸。

1658年 扬松纽斯
这位荷兰制图师制作了一系列精确的荷兰地图。

1890年 巴黎街道图
欧洲城市的测绘详细而准确。

1507年

德国制图师马丁·瓦耳德西姆勒绘制了一张地图，首次将大西洋彼岸的土地描绘成一个与亚洲分离的新大陆。他称这片大陆为“亚美利加”，据认为这是为了纪念亚美利哥·韦斯普奇（见第94—95页），亚美利哥早在1504年就认为他所见的土地并非如哥伦布和其他人所认为的那样属于亚洲。这张地图的绘制比欧洲首次发现太平洋早六年。

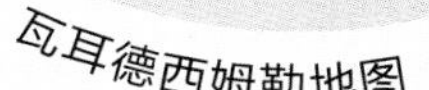

瓦耳德西姆勒地图

1914年

约从1914年开始，针对航空的特殊需求，新类型地图被开发出来。这种飞行地图囊括三个维度，不仅显示陆地位置，还显示上面大气的可能状态：哪里可能结冰，哪里可能有乱流。最早的飞行地图，如1914年第一次世界大战开始时的这张地图，显示了在法国北部索姆新挖战壕的位置。有些是基于摄影侦察。

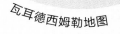

飞行地图

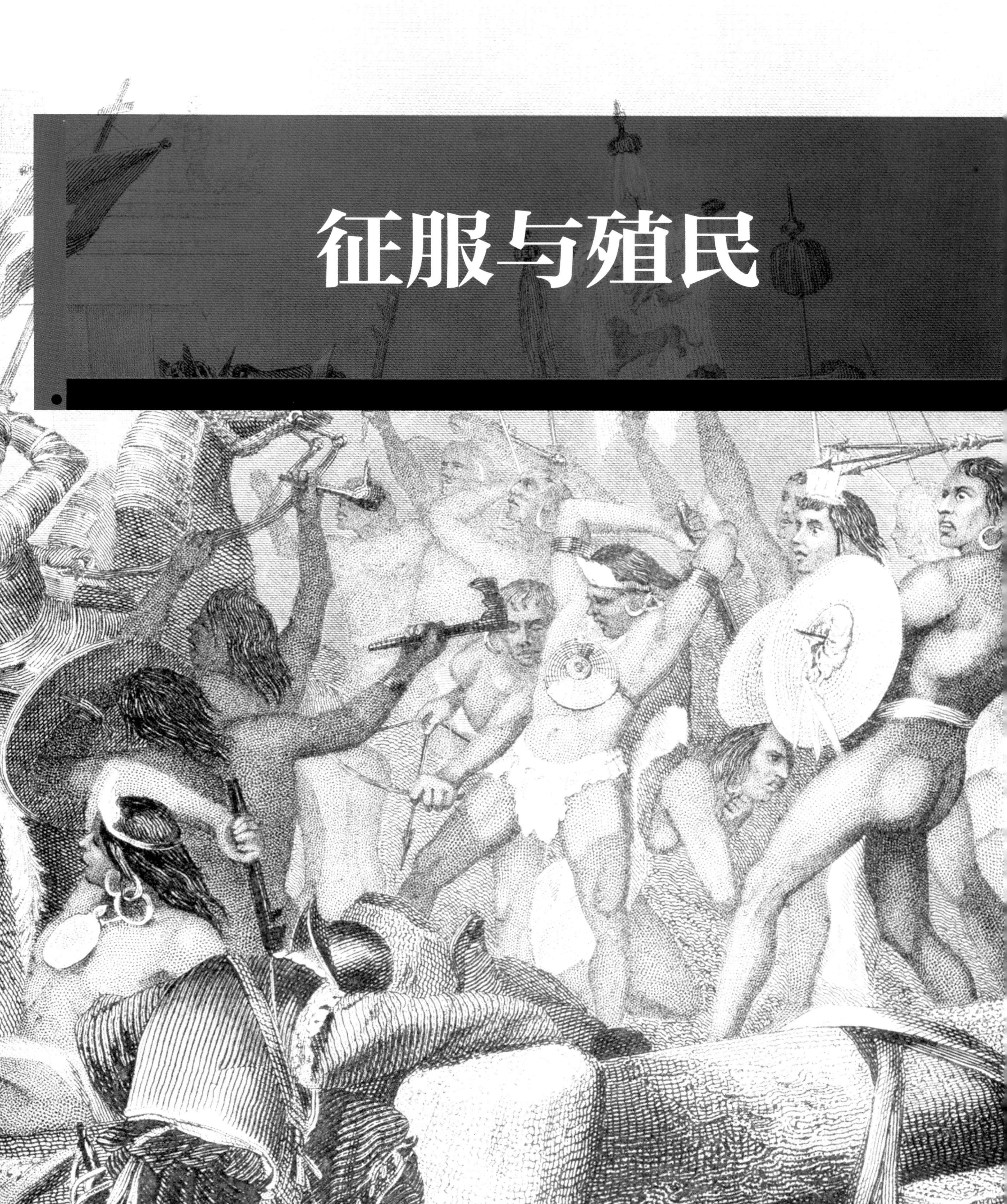

征服与殖民

大事记

1500年

1502年
多米尼加神父巴托洛姆・德拉斯卡萨斯抵达伊斯帕尼奥拉（现为海地和多米尼加共和国），谴责对泰诺人的奴役

▲1513年
征服者瓦斯科・努涅斯・德巴尔沃亚成为第一个看到太平洋的欧洲人；他正式宣称太平洋归西班牙所有（见第120—121页）

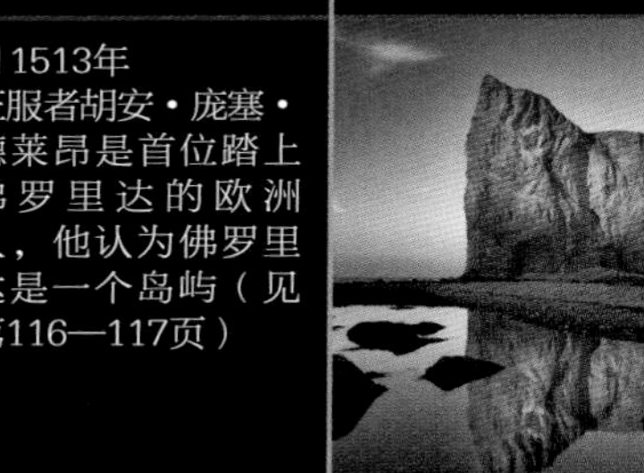

◀1513年
征服者胡安・庞塞・德莱昂是首位踏上佛罗里达的欧洲人，他认为佛罗里达是一个岛屿（见第116—117页）

▼1513年
费迪南德・麦哲伦领导了环航世界之旅；他在菲律宾宿务被杀后，胡安・塞巴斯蒂安・埃尔卡诺完成了剩下的航程（见第138—141页）

1521年
埃尔南・科尔特斯推翻了阿兹特克帝国，占领了特诺奇蒂特兰，他将其命名为墨西哥城，并抓获了阿兹特克皇帝库赫特莫克（见第106—109页）

1525年

▶1532年
西班牙征服者弗朗西斯科・皮萨罗在秘鲁北部卡哈马卡战役中推翻印加帝国，俘虏印加皇帝阿塔华尔帕（见第112—115页）

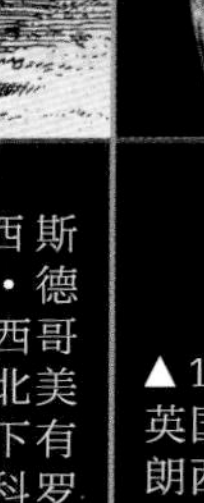

◀1534年
法国探险家雅克・卡蒂亚抵达圣劳伦斯湾，将那里的土地命名为"加拿大"（见第130—131页）

1540年
征服者弗朗西斯科・瓦斯奎兹・德科罗拉多从墨西哥出发，探索了北美西南部，他手下有人远至内陆的科罗拉多大峡谷

1542年
西班牙征服者弗朗西斯科・德奥雷拉纳沿亚马逊河全程航行后，到达河口

▶1542年
赫尔南多・德索托抵达密西西比河河岸，受到当地酋长阿基索和200艘独木舟船队的欢迎（见第118—119页）

1550年

1576年
在英国莫斯科公司的赞助下，英国航海家马丁・弗罗比舍进行了三次航行中的首航，寻找西北航道

▲1580年
英国私掠船船长弗朗西斯・德雷克完成了世界上第二次环球航行（见第144—145页）

1585年
约翰・戴维斯探索了格陵兰岛和巴芬岛的西海岸，越过如今以他的名字命名的海峡，寻找一条通往中国的航线

1595年
西班牙航海家阿尔瓦罗・德蒙达纳死于他寻找"未知南方大陆"的第二次太平洋航行，据信该大陆位于太平洋南部

1597年
为英国女王伊丽莎白工作的葡萄牙航海家西蒙・费迪南多在北美缅因州的海岸登陆

在西班牙人首次登陆巴哈马群岛后短短几十年内，对南州和中美洲大部分地区的征服和殖民活动就大量开展。但在美洲，探险者（和欧洲殖民地）在很大程度上仅限于沿海地。首次环球航行开启了贸易的可能性，使控制航路的欧洲国家变得富裕，但航行探险此时变得更有风险。首次进入南太平洋的冒险活动，使得一个新的探险领域就此开启。欧洲探险者发现了所罗门群岛和新几内亚岛等岛屿群。荷兰人在17世纪初的一系列航行中，发现了一个全新的大陆——澳大利亚。

600年

1603年
国人萨缪尔·德普兰抵达北美洲"新法兰西"，在今魁北克建立一个定居点（见126—127页）

1605年
葡萄牙航海家佩德罗·德基罗斯在新赫布里底群岛的圣埃斯皮尔里图岛登陆，并经加利福尼亚返回墨西哥

21年
国探险家艾蒂·布鲁尔是第一到达苏必利尔湖欧洲人

1642年
兰航海家阿贝·塔斯曼发现了西兰，而这片土是毛利人在1300左右发现的（见160—161页）

1650年

1656年
荷兰人夺得葡萄牙在斯里兰卡科伦坡的据点，成为印度洋的主要贸易大国

▲1673年
基督教传教士马奎特和乔利埃从密歇根州出发，乘树皮独木舟，去见密西西比河沿岸土著部落，并让他们皈依基督教（见第132—133页）

◀1682年
勒内-罗贝尔·德拉萨尔从北到南沿密西西比河航行，并宣称密西西比河流域属于法国

1700年

◀1704年
亚历山大·塞尔柯克是小说《鲁滨逊漂流记》的人物原型，他被困在太平洋的胡安·费尔南德斯岛，在与世隔绝中幻想会说话的动物

▼1708年
威廉·丹皮尔第三次环航世界时，为英国私掠船船长伍德斯·罗杰斯（见第146—147页）担任领航员

1740年
乔治·安森起航赴南美洲与西班牙人作战，完成了环游世界的航行，在途中有一千多名士兵死于坏血病（见第148—149页）

1766年
路易斯·安东尼·德布干维尔开始了为期三年的法国环球航行之旅（见第150—151页）

▲1768年
詹姆斯·库克船长在三次历史性的航行中，首次航行到太平洋，他在地球表面的航行比在他之前的任何人都要多（见第156—159页）

▶1785年
拉佩鲁兹受法国国王路易十六派遣，赴太平洋执行科考任务，一年后，他造访遥远的复活节岛（见第162—163页）

残酷的征服者

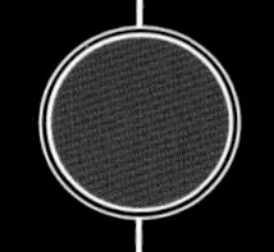

克里斯托弗·哥伦布1492年寻找通往东方的通道时发现新大陆，还有费迪南德·麦哲伦1519年环航世界，使西班牙在“地理大发现时代”开启时，领土迅速扩张到新大陆。

印第安人的支持者
巴托洛姆·德拉斯卡萨斯在西班牙法庭上赢得了一场辩论，他在辩论中主张美洲原住民在法律之下的平等待遇。

鉴于哥伦布的发现，西班牙伊莎贝拉女王与斐迪南二世为防备其主要竞争对手葡萄牙，要求明确他们对新领土的所有权。教皇亚历山大六世为此下令在世界地图上大西洋佛得角群岛以西370里格（1800公里/1100英里）处划一条分界线。该线以东属于葡萄牙势力范围，以西属于西班牙势力范围。该条约于1494年6月7日在西班牙的托德西利亚斯签署，西班牙对美洲的征服随即开始。

征服者

那些愿意进行探险的西班牙征服者包括了从贵族到平民的整个社会阶层。许多人在长达一个世纪的对抗西班牙南部摩尔人的战争中参加过战斗，这场战争于1492年——哥伦布到达加勒比海的那一年（见第86—89页）才结束。最顶层的征服者为大贵族，第二层由中层贵族组成，包括墨西哥征服者埃尔南·科尔特斯（见第106—109页）。第三层则为小乡绅。

对于大多数征服者来说，赴新大陆的主要动机是有望借此积累大量个人财富。虽然西班牙政府从所有探险活动中抽取巨额回报，但有关美洲拥有大量黄金、白银和珍珠的报道仍很诱人，因为在陷入战争的西班牙，获取财富的途径有限。许多征服者也希望在新殖民地建立世袭领地，进行殖民统治；其他人则用自己的钱来投资航行冒险活动，但并不是所有人都能实现目标。

西班牙和葡萄牙在16世纪瓜分了南美洲和中美洲；17世纪，法国和英国在北美进行探险活动，它们的殖民地接下来会在新大陆占首要地位。

在阿兹特克人之前
在阿兹特克人之前，有几个古文明在墨西哥蓬勃发展。2000年前，在特奥蒂华坎建造了巨大的金字塔。这副马赛克覆盖的木制面具是在那里被发现的。

黄金热

随着阿兹特克帝国1521年被科尔特斯推翻，印加帝国1532年被皮萨罗推翻（见第112—115页），“黄金王国”的概念在西班牙深入人心。到16世纪70年代，许多人追随了探险者的脚步。据估计，16世纪西班牙从殖民地掠夺的金银价值，按今天的汇率计算为1.5万亿美元。每一个征服者均就自己的战利品份额与西班牙王室谈判，在此过程中，许多人变得非常富有。然而，对黄金的欲望给当地土著造成了致命的影响。

性能优越的武器

对于中美洲和南美洲的各个文明来说，外国侵略者是真正的外来势力。在西班牙人到来之前，他们不知道马这种动物，骑兵对他们的战士造成新的致命挑战。除骑兵外，征服者们还装备有各种高科技武器：精致的托莱多钢剑轻巧而灵活；火绳钩枪（步枪的前身）已被开发出来，能对欧洲板甲造成致命的损坏，将对阿兹特克盾牌进行更血腥的打击，而后者的设计只能防卫嵌入黑曜石的飞镖或木剑。

西班牙大炮的强大威力常常被用来造成可怕的影响。1519年，当阿兹特克皇帝蒙特苏马派遣使者去韦拉克鲁斯时，科尔特斯让大炮开火予以震慑。据50年后写的一篇报道称，这名使者当场吓晕。

在美洲原住民遭受军事摧毁的同时，还出现了同样致命的新疾病。欧洲人带来了一系列的感染和病毒，原住民对这些病毒几乎没有免疫力。霍乱、天花、麻疹和白喉在西班牙人到来后短短20年内就以流行病的形式

哥伦布发现美洲大陆前文明
在墨西哥尤卡坦半岛的奇琴伊察，西班牙人发现了几个世纪前被遗弃在森林里的成熟的玛雅文明遗址。

活人祭祀
阿兹特克人进行祭祀，挖出受害者的心脏，把它献给众神。科尔特斯说，这是“最可怕、最可恶的习俗，确实应该受到惩罚”。

蔓延到整个美洲大陆，原住民人口在疾病和军事力量的双重作用下大量死亡。

阿兹特克人生活记录
这幅阿兹特克高级战士的插图来自《门多萨抄本》，此书包含以阿兹特克象形文字与符号绘制的插图，记录了阿兹特克人日常生活的细节，成书约于西班牙征服阿兹特克20年后，是为西班牙国王制作的。

背景介绍

- 让原住民皈依天主教，是所有探险活动的核心。正是基于这一认识，教皇条约授予西班牙和葡萄牙新大陆的所有权。两国认为，它们的海上霸权是如此强大，没有其他欧洲国家会参与新发现的战利品的划分。
- 黄金王国的传说存在于哥伦布发现之前的南美洲。它可能是由安第斯山脉梅斯卡人的传统仪式演变而来。仪式中，新国王被涂上油和黄金。他乘坐一只装满香水和熏香的木筏被送往瓜塔维塔湖。当他到达湖中央时，据说贵族们会把金子投到水里去完成加冕礼。
- 西班牙反对征服者暴行的声音在16世纪初开始出现。巴托洛姆·德拉斯卡萨斯是多米尼加的一名神父，于1502年移居伊斯帕尼奥拉。他写道，他对西班牙士兵奴役当地原住民的残酷制度和随后对古巴各部落的大规模屠杀感到震惊。他作为目击者的陈述将有助于形成某种最早形式的人权法。

埃尔南·科尔特斯

墨西哥的征服者

西班牙 1485—1547年

如果一个人的生命价值是由他的行为所造成的后果来判断的，那么埃尔南·科尔特斯肯定是历史上最重要的人物之一。与他那一帮勇敢的冒险家一起，他推翻了一个组织严密、复杂成熟的帝国，该帝国统治多达1500万人。他借此撬开了一扇大门，让欧洲征服者纷纷拥来，瓜分新大陆。科尔特斯因他的功绩而声名鹊起，却没得到他认为自己应得的权力和财富。

科尔特斯1485年出生在西班牙的埃斯特雷马杜拉省，父母是贫困的小贵族，“埃斯特雷马杜拉”的意思是“极端强硬”。出身地与父母这两个因素是影响他性格的关键。他意识到，要想出人头地，就必须离开西班牙，前往新世界，那里的土地和财富会供给那些有决心和才能的人。

1504年，他乘船前往加勒比海的伊斯帕尼奥拉岛，并在圣多明各成为一名种植园主。几年后，他成功立足，但他的雄心壮志使他加入了一支远征队，去征服邻近的古巴岛。这次探险的领导者是迭戈·贝拉斯克斯，此人曾在征服伊斯帕尼奥拉岛时发挥重要作用。征服古巴之后，科尔特斯成了殖民地的领军人物之一。1517和1518年，贝拉斯克斯先后两次从古巴派遣探险队侦察墨西哥的尤卡坦海岸和坎佩切湾。带回来的情报显示，美洲大陆有一个先进的文明，其军事结构能够抵抗西班牙的入侵。这个文明统治了大陆的大部分地区，被征服的其他民族向他们纳贡。1518年年底，第三支探险队被派往墨西哥，这支队伍共500人，由科尔特斯率领。

阿兹特克黄金
对黄金的渴望驱使科尔特斯及其手下行动。他们珍爱小巧轻便的黄金装饰，如图所示。

挺进内陆

科尔特斯在塔巴斯科登陆墨西哥大陆，计划与当地居民谈判。他的小部队遭到了来自坡顿坎城民兵的袭击，尽管他赶走了他们，但对手的战斗力给他留下了深刻的印象。他意识到，他需要利用外交手段来分裂敌人并获得盟友。为此，他向当地人展示力量，发射大炮来震慑他们，并告诉当地人，如果他们成为西班牙王室的臣民，他就会保护他们。塔巴斯科当地的土著首领告诉

蒙特苏马的头饰
阿兹特克贵族穿着精美的、装饰华丽的衣服。皇帝本人戴着这件华丽的羽毛头饰。

生平事迹

- 参与征服古巴，在西班牙的新殖民地崛起，成为一个强有力的人物。
- 与他在墨西哥发现的阿兹特克人的敌对者结成联盟，并与他们联手进军特诺奇蒂特兰城。
- 推翻阿兹特克人，并宣称整个墨西哥属于西班牙，以500人的武装力量，统治拥有1500万人口的帝国。
- 探索墨西哥太平洋海岸，往北远至下加利福尼亚。
- 当其他人率先殖民墨西哥时，他在西班牙死于贫困和痛苦。

蒙特苏马之死

随着科尔特斯离开海岸，软弱的阿兹特克皇帝蒙特苏马，向科尔特斯的副手佩德罗·德阿尔瓦拉多请求批准庆祝托克克特节日。然而，在庆祝活动中，德阿尔瓦拉多带人闯入主圣殿，屠杀庆祝的人群。这引发了一场叛乱（如图所示），蒙特苏马因允许屠杀而被自己的人民用石头砸死。

科尔特斯，阿兹特克人拥有大量财富，他们更愿称这个伟大的内陆文明为墨西哥。科尔特斯决心面对。他沿海岸深入航行，在托托纳克人居住地登陆。这些曾经占统治地位的人现在成了阿兹特克人的臣民，吁请科尔特斯保护他们。这个重大突破正为科尔特斯所需。他现在有了一个盟友，后者知道去阿兹特克首都特诺奇蒂特兰的路线。托托纳克人建议科尔特斯在内陆寻求与阿兹特克人的仇敌特拉克斯卡人结盟。

然而，直到科尔特斯与大约10万名特拉克斯卡军人进行战斗之后，双方才结盟。起初，特拉克斯卡人猛烈地抵抗入侵者，但最终还是诉诸和平，邀请西班牙人参观他们的首都特拉克斯卡拉。科尔特斯写道：“我确信，我说的这些话几乎没人会相信，因为这座城市比格拉纳达强大得多，有许多漂亮的房子，人口更多。”与特拉克斯卡人结盟，使得科尔特斯有军事力量来挑战阿兹特克统治者蒙特苏马。当他向内陆推进时，他清楚地意识到，许多内陆城市都将蒙特苏马视为暴君。

蛇形礼物
这个代表阿兹特克神塔洛克的双蛇胸饰是蒙特苏马送给科尔特斯的。

巨大的城市

1519年11月，当西班牙人最终进入特诺奇蒂特兰时，他们被它的规模和壮观惊呆了。科尔特斯注意到，仅在主要市场上，就有6万人聚集在一起。特诺奇蒂特兰是当时世界上最大的城市之一，人口至少有20万。

起初，西班牙人和阿兹特克人之间的关系即使紧张，也还算良好。但对科尔特斯来说，麻烦还在后面。由于担心科尔特斯的势力越来越大，贝拉斯克斯又派了一支探险队来反对他。科尔特斯离开此地去对付竞争对手，留下200名士兵驻守。可他返回时，发现局势令人震惊：蒙特苏马被自己的人民杀死（见第107页），他的部队在大屠杀后被围困。他奋力杀入这座城市，带着全体西班牙人

与科尔特斯结盟？
这个当代手抄本（书面记录）显示了米斯特克的首长们在讨论是否与科尔特斯结盟来攻击阿兹特克人。这样的会议是西班牙人向内陆推进时召开的。

他的足迹

1519—1521年　挺进特诺奇蒂特兰，征服阿兹特克人
科尔特斯带领一支探险队前往墨西哥大陆，在今韦拉克鲁斯登陆，并向特诺奇蒂特兰挺进。在那里，他打败了阿兹特克人，并宣称他们的帝国属于西班牙。

1524—1526年　穿越达里恩地峡失败
科尔特斯向南寻找一条穿越达里恩地峡（现名巴拿马地峡）的路线，但没有成功。

1535年　探索墨西哥的太平洋海岸
从墨西哥城（特诺奇蒂特兰的现名）出发，向北远至下加利福尼亚半岛。

下加利福尼亚半岛　特诺奇蒂特兰　韦拉克鲁斯　古巴圣地亚哥　特鲁希略　太平洋

A 在今为韦拉克鲁斯靠近埃尔塔欣的地点登陆，埃尔塔欣大金字塔早在他到达之前几个世纪就遭废弃。

B 他探索墨西哥海岸时，最北远至下加利福尼亚半岛。

1504—1518年	1519—1521年	1522—1523年	1524—1526年	1527—1534年	1535年	1536—1547年

1504—1518年：科尔特斯以殖民者身份抵达伊斯帕尼奥拉岛，前往古巴之前他已在岛上立足。

1522—1526年：由于担心特诺奇蒂特兰可能发生叛乱，科尔特斯把阿兹特克皇帝库赫特莫克带到中美洲，并在那里绞死了他。

1527—1534年：回到西班牙后，他被国王授予荣誉。

1536—1547年：科尔特斯计划另一次新大陆之旅时，死于西班牙。

阿兹特克帝国

“阿兹特克”来自纳华特尔语，意为“来自阿兹特兰的人”。阿兹特兰是墨西哥北部的一个神话传说中的城市，据说所有讲纳华特尔语的人都来自那里。到16世纪初，纳华特尔帝国已将其势力范围扩展到今墨西哥的大部分地区，权力中心在墨西哥谷，此地是特诺奇蒂特兰与其邻邦特斯科科及特拉科潘三个阿兹特克同盟的所在地。该同盟统治时间并不长：其最大城市特诺奇蒂特兰建立不足200年就被科尔特斯占领。

特诺奇蒂特兰城位于墨西哥谷的特斯科科湖边。

从此地突围。

1521年，科尔特斯回来围攻特诺奇蒂特兰，虽然缓慢，但毫无疑问，西班牙人获得了控制权。战斗非常激烈，科尔特斯和他的当地盟友损失惨重。对于那些被阿兹特克人俘虏的人来说，前景是严峻的。科尔特斯写道：“敌人……剥光衣服，裸露胸膛，取出他们的心脏，献给自己的偶像神。”科尔特斯占领了这座城市，正式改名为墨西哥城，并杀死了新皇帝库赫特莫克。他继续掠夺整个阿兹特克帝国，为西班牙王室获得了巨额财富。由于对旧大陆传来的天花、麻疹等疾病没有免疫力，大量土著阿兹特克人死亡，当地人口锐减。1524年，在担任新领土总督三年之后，科尔特斯被一名文职官员取代。在返回西班牙前，他试图找到一条穿越达里恩地峡的通道，但没有成功，此时他即便富有，也深感痛苦，只能返回西班牙。

科尔特斯于1530年回到墨西哥，他获颁瓦哈卡侯爵的新头衔，但没有多大实权。他多次出征墨西哥太平洋海岸。因为从未远离争议，他在生命的尽头失去王室的青睐。1547年，科尔特斯去世了，死前就像他生命开始时一样：在西班牙，债务缠身，并计划去新大陆旅行。

我给你的领土比你的祖先留给你的城市还要多。

——埃尔南·科尔特斯致西班牙卡洛斯五世的信

《攻占特诺奇蒂特兰》
这幅画展现的是科尔特斯重新包围特诺奇蒂特兰的壮观场面。西班牙人的战马和金属盔甲给了他们远胜防守者的关键优势。

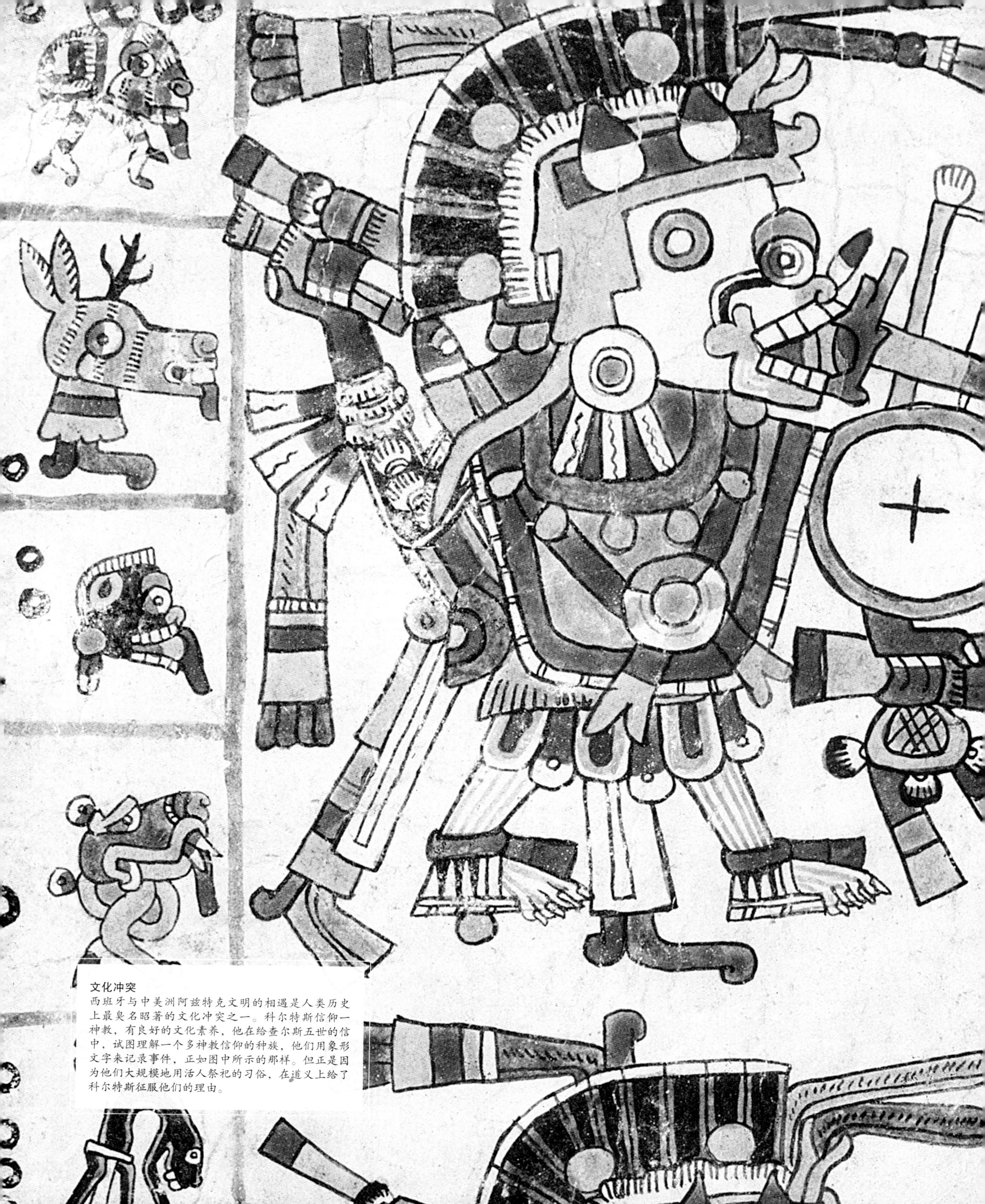

文化冲突

西班牙与中美洲阿兹特克文明的相遇是人类历史上最臭名昭著的文化冲突之一。科尔特斯信仰一神教，有良好的文化素养，他在给查尔斯五世的信中，试图理解一个多神教信仰的种族，他们用象形文字来记录事件，正如图中所示的那样。但正是因为他们大规模地用活人祭祀的习俗，在道义上给了科尔特斯征服他们的理由。

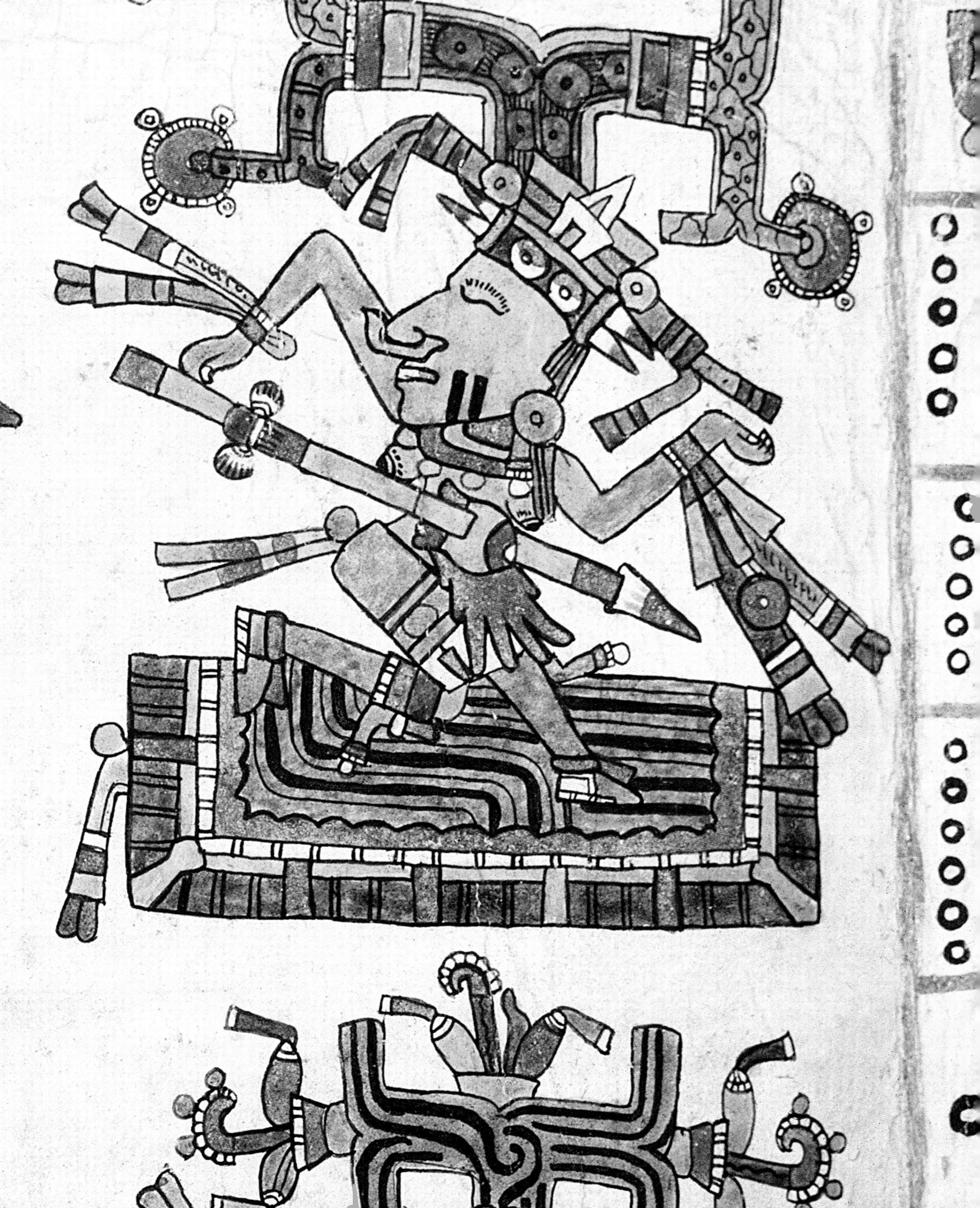

弗朗西斯科·皮萨罗

宣称占有秘鲁的征服者

西班牙

1471—1541年

这个推翻了强大的印加帝国并征服了南美广大地区的人，似乎本不太可能成为征服者。弗朗西斯科·皮萨罗是私生子，目不识丁，只是从西班牙来到巴拿马的成千上万殖民者中的一个，希望能在此地找到新生活。在殖民社会，他花了20年的时间一步步往上爬，然后才开始第一次探险。在南部文明有惊人财富的传说的刺激下，皮萨罗在60岁高龄开始了他的征服战斗。

虽然弗朗西斯科·皮萨罗与杰出的征服者埃尔南·科尔特斯（见第106—109页）是远房表亲，但皮萨罗出身卑微。1502年，2500名西班牙殖民者搭乘一支由30艘船组成的大型船队抵达新大陆，他是其中一员。他们中的大多数都出身卑微，渴望找到财富。1524年，皮萨罗一跃成为巴拿马社会的领军人物。但是，就像他的表弟一样，他也受到了寻找土地和掠夺财富的欲望的驱使。他之前已参加过其他探险者的探险活动，包括1513年与努涅斯·德巴尔沃亚（见第120—121页）一起远赴太平洋海岸。现在，他准备开始自己的探险，与士兵迭戈·德阿尔马格罗（见第115页）和神父赫尔南多·德卢克一起向南航行，探索南美洲西海岸。

糟糕的开端

第一次远征进行得并不顺利。皮萨罗一行人只到达了今天的哥伦比亚海岸，就因为恶劣的天气、当地人民的强烈抵抗和严重的食物短缺，不得不撤退回巴拿马。在远征过程中，德阿尔马格罗被当地战士袭击而失去一只眼睛。他们一度被迫登陆等待补给，甚至落到煮皮革吃的地步，因此把该地命名为“饥荒港”。

在经历如此灾难性的第一次航行之后，很难再找到愿意南下探险的人。巴拿马总督也不愿批准第二次探险。然而，随着1526年新总督佩德罗·德洛斯里奥斯的到来，皮萨罗的运气开始好转。第二次探险获得批准，皮萨罗再次出发，沿西海岸南下。

发现黄金

他在考察哥伦比亚布满沼泽的海岸时，派遣他的领航员巴托洛姆·鲁伊斯沿现厄瓜多尔海岸南下，在该地发现了印加人的一个定居点通布斯，该地盛产黄金、纺织品和绿宝石。这正是贪婪的征服者所追求的，也表明南方大陆拥有诱人的财富。

鉴于总督拒绝批准第三次远

印加宝藏
西班牙人忽视了印加金器的艺术价值，如这座小雕像般精美的黄金首饰都被熔化成金。

生平事迹

- 出身卑微，一步步成为巴拿马社会的重要成员。
- 西班牙国王授予他权力来占领和统治印加帝国。
- 用不到200人的力量击败印加帝国。
- 独自侵吞大部分的印加财富后，被他前盟友的追随者杀死。

那边是秘鲁和它的财宝，这边是巴拿马和它的穷困！选择吧，诸位！什么是最适合一个勇敢的卡斯提尔人去做的！

——弗朗西斯科·皮萨罗

对黄金的欲望

1602年的这幅版画出现在征服美洲的早期历史中。图中印加人携带黄金作为赎金，以赎回皮萨罗在卡哈马卡（今天的秘鲁）抓获的印加皇帝阿塔华尔帕。尽管已收到全部赎金，皮萨罗还是处死了阿塔华尔帕。

沙滩画线
据说，当部下在秘鲁安第斯山脉的恶劣环境中摇摆不定时，皮萨罗在沙滩上画了一条线，激励他们敢于跟随他走向荣耀。

征，皮萨罗回到西班牙，直接向查尔斯五世请求，国王对他关于富饶新大陆的故事印象深刻。皮萨罗带着王室委员会回到新大陆，旨在建立一个新的西班牙殖民地，由他担任总督。回到巴拿马后，皮萨罗和德阿尔马格罗组织了下一次探险，于1532年起航，沿海岸南下。

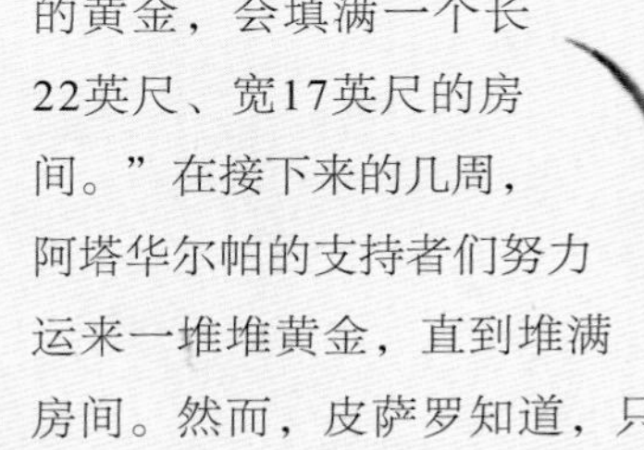

皮萨罗烧杯
这个木制烧杯是印加工匠为皮萨罗制作的，上面装饰有他征服秘鲁的场景。

他们在通布斯登陆，立即引起当地普尼昂人的敌视。皮萨罗发现通布斯不是一个安全的地方，便前往内陆，在秘鲁的圣米格尔·德皮乌拉建立了第一个西班牙定居点。从那里，他派遣手下赫尔南多·德索托（见第118—119页）深入内陆考察。德索托带着印加皇帝阿塔华尔帕本人的使者归来。

印加中心地带

西班牙人的时机再好不过了。他们是在印加内战时期进入秘鲁的——阿塔华尔帕为了继承印加王位而与他的兄弟华斯卡尔作战。阿塔华尔帕刚刚击败了华斯卡尔，在印加北部城市卡哈马卡休整。皮萨罗带着106名步兵和62名骑兵前往卡哈马卡，路上花了两个月时间。

具有讽刺意味的是，印加作为强大而有组织的集权帝国，拥有优良的道路系统，使入侵者更容易进入他们的中心地带。对于身穿盔甲、不习惯安第斯山脉高海拔的士兵来说，印加公路肯定是一个意外之喜。皮萨罗到达卡哈马卡，但皇帝拥有一支5万多人军队的支持，并不认为皮萨罗的微小武装是一种威胁，拒绝了他的进城要求。然而，阿塔华尔帕的自负导致了他的失败。皮萨罗把他的人召集到一起，他们似乎进退维谷。皮萨罗提醒他们，科尔特斯是如何用同样微小的力量占领墨西哥的，唯一的选择就是进攻。1532年11月16日，皮萨罗的队伍突然袭击了阿塔华尔帕那毫无准备、大部分没有武装起来的军队。他们的目标是阿塔华尔帕本人，以便斩断印加指挥系统。

俘虏皇帝

众所周知，卡哈马卡战役实际上只不过是全副武装的西班牙人屠杀了数千名手无寸铁的人。阿塔华尔帕被俘，皮萨罗坚信他的基督教神站在自己一边，他说：“当你看到你生活的错误时，就会明白我们来到你的土地上对你所做的好事。”由于害怕西班牙人会杀了他，阿塔华尔帕提出一笔赎金，说：“我给你的黄金，会填满一个长22英尺、宽17英尺的房间。”在接下来的几周，阿塔华尔帕的支持者们努力运来一堆堆黄金，直到堆满房间。然而，皮萨罗知道，只

俘虏阿塔华尔帕
这幅19世纪的画展现了阿塔华尔帕在卡哈马卡战役中被活捉的那一刻。印加社会是一个等级森严的社会，一旦印加战士看到领袖倒下，他们的抵抗很快就会崩溃。

要阿塔华尔帕还活着，对他的野心始终是个威胁，因此，在手下军官的纵容下，皮萨罗以捏造的叛国罪判处印加皇帝死刑，准备将他烧死在木桩上。阿塔华尔帕惊恐万分，他皈依基督教，求得逃避这种野蛮的命运（他相信燃烧会阻止他的灵魂进入来世）。于是，在他本人的要求下，他被绑在空地的一根柱子上绞死。

他们的足迹
1526年 鲁伊斯到达通布斯
皮萨罗的首席领航员巴托洛姆·鲁伊斯，沿着今天的厄瓜多尔海岸航行，抵达通布斯。
1531—1533年 皮萨罗征服印加
他从巴拿马起航，在卡哈马卡击败印加皇帝阿塔华尔帕，然后向南进军攻占库斯科。
1535—1536年 德阿尔马格罗抵达智利
在他被迫返回库斯科之前，曾越过安第斯山脉到达今瓦尔帕莱索。
巴拿马
A
通布斯
卡哈马卡
库斯科
B
安第斯山脉
瓦尔帕莱索
皮萨罗一行人在越过安第斯山脉的过程中与高海拔斗争。
他们到达印加帝国的首都库斯科，但萨克塞华曼要塞忽视了这支队伍。
1524—1525年
1526年
1526—1531年
1531—1533年
1535—1536年
皮萨罗南美洲的首次探险以失败告终。
皮萨罗在王室支持下从西班牙返回，进行美洲南部探险。
德阿尔马格罗往南穿越安第斯山脉的艰苦行程以失败告终，只好空手返回库斯科。

挺进库斯科

处决印加皇帝一年后，皮萨罗进入印加首都库斯科，他此时有一支原住民部队协助。皮萨罗让阿塔华尔帕的弟弟图帕克华尔帕成为新的傀儡皇帝，在几乎没有遇到任何抵抗的情况下占领了库斯科。文盲皮萨罗命令他的一名军官写信给查尔斯五世：“这座城市是这个国家或西印度群岛任何地方所见过的最伟大和最好的城市……我们可以向陛下保证，它是如此美丽，即使放在西班牙也会引人瞩目。”库斯科位于山上，作为皮萨罗新殖民地的首都。它海拔太高，离海太远，于是1535年皮萨罗在沿海建立了利马城，并定居下来享受他的新总督职位。

征服者的命运

皮萨罗利用王室委员会授予他的权力，将阿塔华尔帕的大部分财富占为己有。不出所料，这种霸道的态度使一些前盟友与他疏远，包括德阿尔马格罗。他并没有直接对抗现已强大的皮萨罗，而是决定到南方去探索今天的智利，希望找到自己的文明去征服。结果发现那里只有敌对的部落，没有黄金，他只能不情愿地返回秘鲁。在那里，他说服新的印加傀儡统治者曼科与他一起对抗皮萨罗。1538年，德阿尔马格罗被皮萨罗的兄弟赫尔南多击败。赫尔南多与皮萨罗同样残忍，在德阿尔马格罗乞求饶命的时候，他说：“你是一个绅士，声名显赫，不要展现软弱。”德阿尔马格罗被处决，尸体在主广场示众。然而，皮萨罗并没有长期享受他的胜利，三年后，他被德阿尔马格罗儿子的支持者暗杀了。

值得注意的是，皮萨罗征服秘鲁时，手下人数比科尔特斯征服墨西哥时还要少。他无情地将基督教强加于人，几乎不重视本土文化，这一错误对该地区产生了长期影响。西班牙人不理解印加分层山腰农业体系的价值，直到今天，秘鲁的农业还没有从该体系的消亡中完全恢复过来。

迭戈·德阿尔马格罗

西班牙 1475—1538年

在征服秘鲁之后，皮萨罗与他长期共事的副手德阿尔马格罗发生争执。

德阿尔马格罗对战利品的不公平分配感到不快，他于1535年带着自己的远征队出发，沿着印加小径向南一直走到今天的智利。然而，他的500人队伍却不足以应付安第斯山脉的酷寒和当地马普切人的顽强抵抗，再加上严寒的冬天，他们被迫返回秘鲁。但德阿尔马格罗仍心怀怨恨，密谋推翻皮萨罗，结果被皮萨罗的兄弟赫尔南多抓获并处决。

庞塞·德莱昂

发现佛罗里达的西班牙人

西班牙 1474—1521年

西班牙贵族胡安·庞塞·德莱昂，与他的许多同龄人一样，在新大陆看到了自己的未来。他为西班牙征服了波多黎各岛，并成为那里的总督。当他在岛上的动乱中被罢免时，把注意力转向北方，率领一支船队，成为第一个踏上佛罗里达的欧洲人。首次航行时在该地区发现的肥沃土地让他大受鼓舞，他又返回佛罗里达，为西班牙占领了这块土地，但在与当地人的一次小规模冲突中丧生。

沿佛罗里达海岸航行
这幅版画展现了庞塞·德莱昂的圣地亚哥号船在佛罗里达沼泽中航行的场景。在首次航行中，他还率领另外两艘船，即圣克里斯托瓦尔号和圣玛丽亚号。

生平事迹

- 参与克里斯托弗·哥伦布的第二次远航，驶向新大陆。
- 征服岛上的塔莫人之后，被任命为波多黎各总督，但很快就被免职。
- 从波多黎各向北航行，是第一个登陆佛罗里达东海岸的欧洲人，他认为这是一座大岛。
- 返回西班牙，获得王室同意征服佛罗里达。
- 返回佛罗里达时，在与当地人发生的小规模冲突中丧生。

人们对庞塞·德莱昂早年情况知之甚少。他的名字第一次被人注意是在1492年西班牙从摩尔人手中夺取安达卢西亚的战争期间。随着摩尔人被赶出西班牙，德莱昂发现工作机会短缺，于是在1493年参加了克里斯托弗·哥伦布的第二次远征（见第86—89页），目的地是伊斯帕尼奥拉岛（现在的海地和多米尼加共和国）。但在途中，他们曾在被当地土著称为博里肯（今波多黎各）的一座大岛上短暂停留。

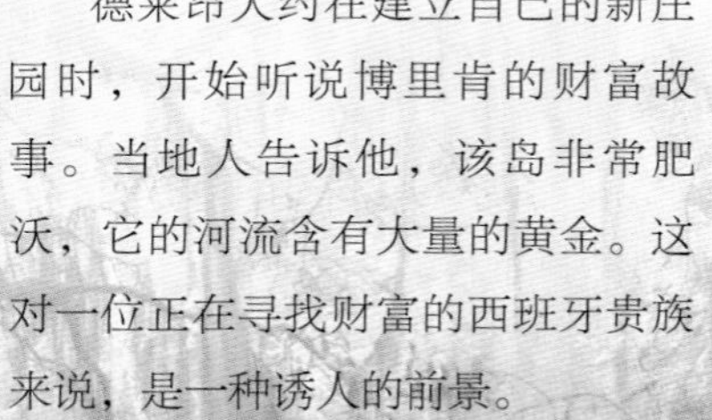

第一城市
圣奥古斯丁市建立于1565年，它的纹章上有庞塞·德莱昂的半身像。

在接下来的几年里，德莱昂从历史上消失，他再次露面，是在1504年，伊斯帕尼奥拉总督尼古拉斯·德奥万多让他主导镇压当地塔莫人的叛乱。庞塞·德莱昂因此获得了大量的土地补助，并被任命为一个名为伊瓦伊的新边疆省的长官。

博里肯的财富

德莱昂大约在建立自己的新庄园时，开始听说博里肯的财富故事。当地人告诉他，该岛非常肥沃，它的河流含有大量的黄金。这对一位正在寻找财富的西班牙贵族来说，是一种诱人的前景。

他在1508年获得了带领探险队

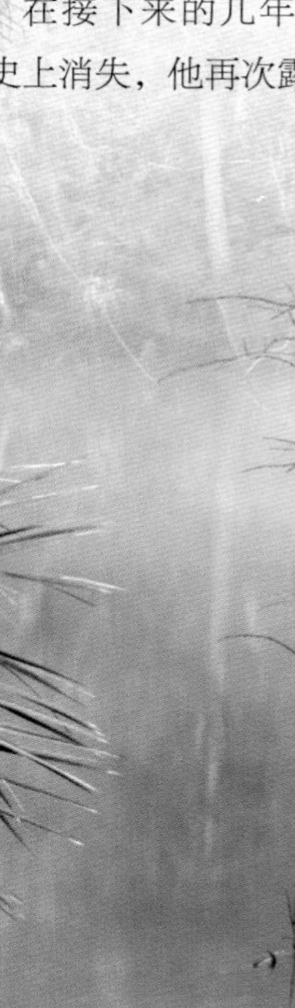

前往该岛的许可。很有可能之前他已秘密到访过该岛，以使自己确信这是一次重大的远征。此时，西班牙人称该岛为圣胡安·鲍蒂斯塔岛。他们在圣胡安湾登陆后，挺进内陆，建造起坚固的房子和储藏室。据编年史家安东尼奥·德赫雷拉从寄回西班牙的报道中整理出的征服历史，当地酋长带领德莱昂看遍全岛，把河流指给他看，其中两条河非常富有，一条叫作马纳图邦，另一条叫作塞布哥（后来那里挖掘出很多宝藏）。这座岛本身就很吸引人，“有高山，其中一些山绿草茵茵，就像伊斯帕尼奥拉岛那样……平原很少，但有许多山谷，河流在山谷中间流过，让人赏心悦目，这里的一切美丽富饶”。

叛乱和免职

1509年，西班牙人收集了足够的黄金，回到伊斯帕尼奥拉。德莱昂被迅速任命为新殖民地总督，有权让塔莫人为他工作。但是，挖掘金矿的辛苦劳动和欧洲的疾病很快让当地人口锐减，德莱昂不得不再次镇压一场叛乱。随着动乱的加剧，西班牙的政治阴谋斗争导致他被免去总督职务。对这样一个雄心勃勃的人来说，这无疑是个打击，但他灵活机智，“积累了很多财富之后，他决心做一件可能给他带来荣誉的事，增加他的财产；他得知北方还有土地，适合去探索发现”。

不老泉
在庞塞·德莱昂死后，传说他去佛罗里达寻找神秘的不老泉，饮用那里的水，会让人恢复青春。

他的足迹

- **1508年　探索波多黎各**
  他在岛上发现了黄金，并在第二年返回来征服它。
- **1513年　发现佛罗里达**
  他听说北部有富饶的岛屿，到达了佛罗里达东海岸，又航行到西海岸，认为那里是一座岛屿。
- **1521年　返回佛罗里达**
  他回到佛罗里达，打算当总督，但被一支有毒的箭击中肩膀，不久丧生。

○ 未在地图上显示

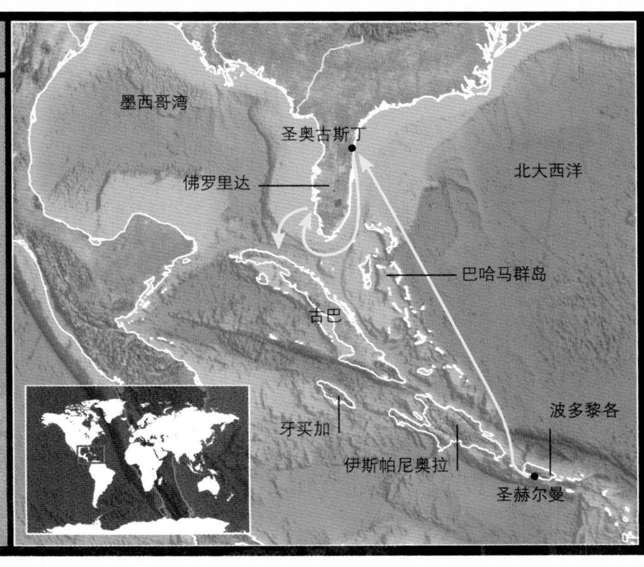

北边的土地

德莱昂于1513年3月下旬从波多黎各向北航行。4月初，他率领的三艘船和200名船员，抵达了他们认为是另一座岛屿的海岸。根据德赫雷拉的说法，“他们把此地命名为佛罗里达，因为景色非常宜人，有许多美丽的树林，而且一样平整；再加上是在复活节发现的，所以西班牙人称它为‘鲜花盛开的地方’，或‘佛罗里达’”。

登陆后不久，他们与当地人接触，后者起初似乎很友好，但情况很快就变糟了。一名当地人“用棍棒打一名水手的头部，水手被打晕，西班牙人不得不战斗，有两名士兵被用尖骨头制作的飞镖和箭刺伤”。在几次小规模冲突之后，庞塞·德莱昂撤回队伍，他们认为佛罗里达值得定居。

不久，他回到西班牙，确认自己是新“岛”的合法发现者，并准备第二次远征，占领他的新殖民地。然而，这一次，德莱昂的好运到头了。在与当地卡鲁萨人发生的一场小规模冲突中，他被毒箭射中了肩膀，在返回古巴后死亡。一些人说，德莱昂一直在寻找传说中的佛罗里达不老泉，但是，就像后来的征服者一样，他的动机可能是土地和黄金。他的“发现”留给其他人去解决和利用。

郁郁葱葱的大沼泽
庞塞·德莱昂对佛罗里达茂盛的热带植被印象深刻。他在植被同样繁茂的加勒比海岛屿波多黎各担任过总督，遭免职后，他认为佛罗里达是理想的殖民之地。

赫尔南多·德索托

首位到达密西西比河流域的欧洲人

西班牙 1496—1542年

赫尔南多·德索托是一位著名的探险家和征服者，他为军事荣耀和无限财富的前景所吸引，于1514年从西班牙前往新大陆。在征服中南美洲的过程中，他作为领导者、战术家和战士而闻名，但因其残暴的手段而声名狼藉。德索托是第一个带领探险队深入如今美国所在区域的欧洲人，他在那里镇压了敌对的原住民，并发现了密西西比河。

佛罗里达探险
德索托及其手下在北美佛罗里达的土地上度过了头几个月。他们的冬季营地在安哈卡，那是阿巴拉契印第安人的一个城镇。

1514年，雄心勃勃的18岁青年赫尔南多·德索托随同巴拿马新总督佩德拉里亚斯·达维拉从西班牙出发前往中美洲。他在达维拉的政府工作了15年，升任尼加拉瓜利昂政府执政官。在那里，他从奴隶贸易中获得了丰厚的利润，但他的目光却投向更大的财富。弗朗西斯科·皮萨罗描述的印加财富（见第112—115页）点燃了他对黄金的渴望，他决定和皮萨罗一起去秘鲁探险。但达维拉拒绝让德索托辞职，所以直到1531年总督去世，这位刚出道的征服者才可以自由离开。

他到达皮萨罗位于普纳岛的基地（今厄瓜多尔）时，发现皮萨罗一行人感染疾病，并受到当地土著的攻击。皮萨罗感谢德索托提供的帮助，让他担任队长。

西班牙人向南进入印加帝国的中心，在卡哈马卡会见皇帝阿塔华尔帕。作为一名熟练的外交官，德索托试图与皇帝谈判，但遭到拒绝，于是皮萨罗开始攻击，劫持了阿塔华尔帕为人质。德索托随后率领一支先锋队前往首都库斯科，他在那里的掠夺所得，以及他从阿塔华尔帕的赎金中分得的份额，使他极其富有。

生平事迹

- 他对北美风景和原住民的观察为西班牙殖民铺平了道路。
- 宣称北美大部分地区为西班牙王室所有。
- 他的探险活动给美洲印第安人带来了麻疹、天花和水痘；由于对这些疾病没有抵抗力，许多美洲土著饱受流行病的摧残。

到达北美

德索托1533年回到西班牙。作为对他的奖赏，他被任命为古巴总督。当了六年总督后，他开启了下一次探险，寻找横越北美洲到达东部的路线。1539年5月12日，他率领由9艘船、350匹马、1000多名士兵和殖民者组成的船队扬帆起航。他在今佛罗里达登陆，将该地命名为圣埃斯皮尔里图（今坦帕湾）。尽管当地印第安人怀有敌意，德索托还是与乌兹塔部落的赫里希瓜酋长谈判安全通道，该部落的土地与海岸接壤。他还获得了一个西班牙年轻人胡安·奥尔蒂斯的帮助，奥尔蒂斯在早期一次失败的探险中学会了当地方言和路线，所以选择穿得像当地人，“像他们一样裸体，用弓和箭，身体像印第安人一样装饰”。尽管有奥尔蒂斯的帮助，德索托的西部探险还是因为屡屡与对他们有敌意的土著发生小规模冲突而深受困扰。德索托的队

行动中的德索托
1540年的这幅版画描绘了德索托的残忍手段。他为寻找宝藏，折磨佛罗里达的印第安人。

发现密西西比河
这幅浪漫风格的画描绘了德索托发现密西西比河的场景。这条由充满敌意的原住民巡逻的宽阔河流，是探险路上的主要障碍；德索托的队伍使用木筏来横渡。

伍最终于5月到达密西西比河流域，现美国田纳西一带，成为到达这里的第一批欧洲人。他们向西往今得克萨斯州一带前进，希望中的黄金毫无踪迹，失去许多人和马，还受到攻击，人们非常沮丧。他们再次改变路线，返回密西西比河，到达河西岸的瓜乔亚定居点。在那里，德索托感染热病，于1542年5月21日死亡，尸体被放入一段空洞的树干里，淹没在密西西比河中。其余的探险队成员营养不良，穿着动物皮，到达墨西哥的西班牙边境城镇帕努科时，只有一半人幸存下来。

他的足迹

- **1531—1533年　征服印加**
  在皮萨罗的指挥下与印加人作战，率领一支部队进入印加首都库斯科（见第112—115页）。
- **1539—1542年　探索北方大陆**
  在佛罗里达登陆，向北行进，然后往西抵达密西西比河；在他死后，他的部下返回墨西哥。

○ 未在地图上显示

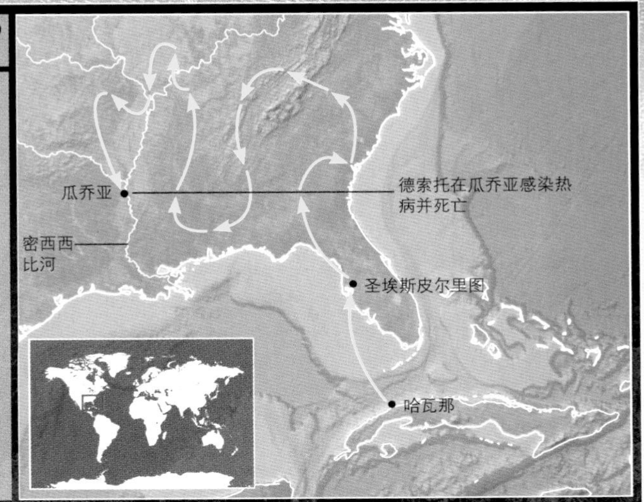

瓦斯科·努涅斯·德巴尔沃亚

太平洋的发现者

西班牙 1474—1519年

雄心勃勃的瓦斯科·努涅斯·德巴尔沃亚出生在西班牙赫雷斯一个高贵但贫穷的家庭。当哥伦布发现新大陆的消息传到欧洲时，他嗅到了机会，并于1501年参加了赴南美洲的任务。在美洲大陆建立起最早的欧洲永久殖民地之后，德巴尔沃亚跨越巴拿马地峡，成为第一个从新大陆到达太平洋的欧洲人。

生平事迹

- 见证科马格雷人的丧葬习俗，火化后的残骨会跟宝石串在一起，悬挂在葬仪厅里。
- 给太平洋起的名字——“马德尔苏尔”（南海），一直用到六年后麦哲伦到达此处。
- 为巴拿马海岸的珍珠岛命名，这个名字沿用至今。

27岁时，德巴尔沃亚参加由罗德里戈·德巴斯提达斯率领的探险队，从卡迪兹起航。这支探险队考察了哥伦比亚海岸和南美洲东北部，同时通过与土著人的贸易收集黄金、珍珠和其他贵重货物。在返回西班牙的途中，船队在加勒比海遭遇风暴，被迫前往伊斯帕尼奥拉岛。

德巴尔沃亚在伊斯帕尼奥拉岛留下，在萨尔瓦多海岸管理一个农场。可当种植园主的经历并不幸福。1509年，他负债累累，混上了一艘开往圣塞巴斯蒂安殖民地（今哥伦比亚）的船。他是藏在一只木桶里，被人从农场运到船上的。船一出海，德巴尔沃亚就向指挥官马丁·费尔南德斯·德恩希索自首，德恩希索威胁说要放逐他。当时德恩希索正在执行一项救援任务，救援遭到土著攻击的圣塞巴斯蒂安，德巴尔沃亚以他先前在该地区的经验为理由，请求继续留在船上。

迁往森林
德巴尔沃亚1510年选择巴拿马地峡的达里恩森林地区作为殖民地定居点，并改名为圣玛丽亚·安提瓜·德尔达里恩。

抓住时机

救援部队到达时，圣塞巴斯蒂安正遭受猛烈的攻击，很明显该殖民地定居点必须搬迁。德巴尔沃亚建议向北迁移到今巴拿马和哥伦比亚之间的达里恩地区，那里的土地更肥沃。西班牙人听从这个建议，控制了现有的一个沿海定居点，改名为圣玛丽亚·安提瓜·德尔达里恩。随着德巴尔沃亚巧妙地代表殖民地居民投诉德恩希索市长的统治，并成功地推翻了这个曾保护过他的人，他的行情也上涨了。德巴尔沃亚是个精明的战略家，他将黄金送往伊斯帕

尼奥拉岛的王室私库，请求王室批准他担任达里恩地区的行政长官。他对该地区进行非官方控制期间，获悉北面科伊巴的卡列塔酋长很友好。德巴尔沃亚启程前往科伊巴，该酋长告诉他，往西面有一块领土由科马格雷统治，那里有“浩瀚的海洋”和丰富的黄金。德巴尔沃亚把抵达那片富饶的海域作为他的当务之急。

到达新海洋

1513年9月，德巴尔沃亚率领由190个西班牙人和几名达里恩印第安人译员组成的探险队从圣玛丽亚出发。他们在布满岩石的地形中艰难行走，驾着仓促建造的木筏在激流中航行。

怪兽狗
德巴尔沃亚以对原住民民使用残忍的暴力而闻名，放狗追咬对同性恋宽容的奎瑞奎斯人。

疾病肆虐，使他们只剩下67人。9月25日，他们发现了太平洋。德巴尔沃亚感谢上帝，以西班牙的名义占领了这片海洋。队伍划独木舟在由诸多小岛组成的群岛间绕行，德巴尔沃亚在他确信岛上有丰富宝藏后，将其命名为珍珠岛，但由于天气恶劣，他们被迫返回。

1519年，德巴尔沃亚率领一支300人的队伍重返太平洋，并再次探索了这些岛屿。然而，回到加勒比海岸后，他的好运气已经耗尽了。新任行政长官阿里亚斯·德阿维拉指控巴尔沃亚叛国罪，他回国后被判有罪并被押上断头台。

看到太平洋
终于到达海岸线，德巴尔沃亚走向大海。站在齐腰深的海水中，他宣称西班牙拥有“南方海洋、陆地、海岸、岛屿”。

他的足迹

1501年　探索哥伦比亚海岸
德巴尔沃亚和罗德里戈·德巴斯提达斯一道探索南美洲的北部海岸，他们被迫在伊斯帕尼奥拉岛登陆，而不是返回西班牙。

1509年　进入中美洲
在偷偷混上一艘开往大陆的船后，德巴尔沃亚一跃成为达里恩行政长官。

1513年　见到太平洋
穿过巴拿马地峡，成为第一个注视太平洋的欧洲人，并以西班牙的名义“占有”它。

图解探险和医学发展

极端环境会导致严重的医疗问题，即便最有计划的探险也如此。几分钟内接触到最寒冷的温度仍会造成冻伤，但科学进步和医疗训练已经做了大量的工作，来减轻最常见的疾病和伤害对探险者造成的最严重影响。早期的旅行者和探险者遇到新疾病，带来旧疾病，而坏血病是几个世纪以来水手们的灾难。

致命的疟疾

疟疾已经影响人类数千年。有关其诊断和治疗的理论早在公元前6世纪就有记载。今天，疟疾每年夺去一百多万人的生命，大多数死亡者来自撒哈拉以南非洲地区。科学家们认为，疟疾寄生虫在16世纪就伴随西班牙殖民者从西非运来的奴隶到达中美洲和南美洲。到了17世纪，人们发现从南美洲金鸡纳树的根部提取的一种酊，对疟疾是一种有效的治疗方法。在19世纪，亚历山大 · 冯 · 洪堡（见第266—269页）发表了首篇关于这种树的科学论文。1820年，从树皮粉末中分离出有效的生物碱，这种新药被命名为奎宁，它很快成为到访疟疾地区的探险者的必备物品。除了疟疾，欧洲

公元前5世纪 医学院
希腊医生希波克拉底创立了一所医学院，把医学作为一门独特的学科。

1253年 大黄
佛兰芒修士鲁布吕克的威廉（见第54—55页）记录了蒙古医生在使用包括大黄在内的药用植物方面的技能。

1348年 黑死病
鼠疫在欧洲达到顶峰，由携带感染跳蚤的老鼠传播；这种疾病被认为是从亚洲带来的。

1497年 牛黄结石
达伽马（见第80—81页）购买牛黄——从牛的胃里取出的结石（如左图所示）——相信这是抗毒素。

1530年 没有免疫力
西班牙殖民者携带的天花使墨西哥的土著人口大量减少。

公元前 400 | 公元 70 | 1250 | 1300 | 1350 | 1400 | 1450 | 1500 | 1550

1350年 伊本 · 白图泰
这位阿拉伯旅行者被印度皇帝治愈心悸。

公元前70年

希腊药理学家佩达尼乌斯 · 迪奥科里斯出版了他的《药草志》，这是最早的药典之一，包括对印度和阿拉伯草药的描述。这些知识通过军事和贸易从小亚细亚传到了西方。迪奥科里斯的著作直到中世纪时仍在流行。这张插图选自其著作的中世纪版本。

《药草志》

1493年

乳香树叶

克里斯托弗 · 哥伦布（见第86—89页）1493年访问希腊的希俄斯岛时，描述了一种由乳香树的树皮制成的树胶的功效，其叶子如图所示。当时，它被用来治疗各种疾病和制作牙膏。哥伦布认为它可以治愈霍乱，而且这种树胶确实已被发现具有一些抗菌特性。

1520年 致命坏血病
麦哲伦环球航行中（见第138—141页），船员被坏血病摧垮，死亡率超过80%。

探险者在非洲也面临着黑水热（一种更严重的疟疾）、痢疾，还有在欧洲未知的无数感染和寄生虫病的危险。第一批欧洲探险者的死亡率很高，甚至到了19世纪末，还有许多人死于疾病，包括玛丽・金斯利，她于1900年在南非死于痢疾（见第212—213页）。在金斯利时代，装备精良的探险家，无论是否有医疗专家随行，都会带着一个装有各种药品的药箱旅行。

水手的灾难

虽然药物信息的交流帮助了新土地上的旅行者，但随着时间的推移，许多治疗方法被遗忘或丢失。坏血病是15世纪欧洲探险航行中最主要的死亡原因之一，有关其病因及治疗方法的记载可追溯到古代，但此时已经被遗忘。15世纪末，意大利解剖学家希尔默斯・法布里修斯记录了一种“新的、闻所未闻的疾病，如传染病般蔓延”。人们对这种病或其真正病因——缺乏维生素C——知之甚少。这在1497年瓦斯科・达伽马的航行记录（见第80—81页）中被描述成“口的诅咒”。

饮食中缺乏维生素C在陆地上可能同样严重。1535年，法国探险家雅克・卡蒂亚在圣劳伦斯河探险中被冰困住，对一名患有坏血病的船员进行了最早的尸检，以确定尸体四肢肿胀和发黑的内在原因。当地一名部落男子从树上取下了针叶，并让他们喝浸泡过的松树叶水，使剩下的人迅速康复。1753年，英国海军外科医生詹姆斯・林德发表了关于坏血病的论文，此后，预防性治疗开始实施。詹姆斯・库克在1768—1779年（见第156—159页）的航行中，遵照林德的建议，坚持让他的手下吃德国泡菜，这是一种维生素C的来源。随着认识的提高，坏血病对船员生命的威胁变小。

冰冻荒原

在陆地上，林德疗法被采纳的速度较慢。极地探险者们继续遭受坏血病的折磨，他们认为这是受污染的罐头食品造成的。坏血病并不是唯一的疾病。在1901年斯科特的探索之旅中，爱德华・威尔逊医生记录了探险队员除轻微冻伤和更严重的冻伤外，如何遭受雪盲、疝气、风湿性疼痛和频繁腹泻的折磨。相比之下，在1910—1912年的挪威南极考察队（见第302—305页），罗尔德・阿蒙森放弃了医生服务，更倾向于依靠“精心挑选和精心安排”的医疗装备。极地探险者常常不得不独自忍受冻伤的痛苦（见第294页）。斯科特在从南极回来的日记中，沮丧地写道：“截肢是我所能期待的最小的事情。”罗伯特・皮尔里（见第308—309页）在早期探险中因为冻伤而失去了七个脚趾，但他没有因此退缩，还是于1908年动身前往北极。即使在今天，尽管在服装和保护措施方面取得了进展，许多探险家的失踪数字还是显明了冻伤的危险。

1795年 非洲药物
受过医学训练的外科医生蒙戈・帕克（见第194—197页）在考察尼日尔河时，观察萨皮亚斯书写——在石板上写上符号，用水冲洗，喝下去用来治病。

1804年 印第安药方
刘易斯和克拉克的“发现军团”（见第174—177页）用印第安药袋携带简单的医疗用品，用于路易斯安那购买地的探险。

1873年 抗疟疾药物
戴维・利文斯通（见第220—223页）和其他探险家服用奎宁来对抗疟疾。

1910年 “特拉诺瓦”
南极探险家彻里・加勒德在不戴手套两分钟后被冻伤。

1969年 宇航员的健康
阿波罗号的宇航员将眼药水、绷带、抗生素和止痛药带入太空。

1600 1650 1700 1750 1800 1850 1900 1950 2000

1740年 海洋瘟疫
在乔治・安森的环球航行中，有超过1200人死于坏血病（见第148—149页）。

1820年 奎宁
该药物首先从金鸡纳树中被提取。

1953年 氧气瓶
希拉里和丹增在珠峰上使用氧气罐来对抗海拔高度对人体的影响。

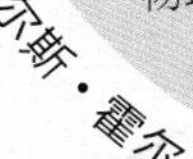

1753年 詹姆斯・林德

英国海军外科医生詹姆斯・林德对坏血病进行了研究。在一项实验中（如图所示），一组水手每天得到两个橙子和一个柠檬，另一组则正常饮食。结果非常戏剧性，食用柑橘的人病情得到了控制。英国水手是首批从林德的发现中获益的人，他们的航海政策规定柠檬和其他柑橘类水果的供给，“英国佬”的绰号由此而来。

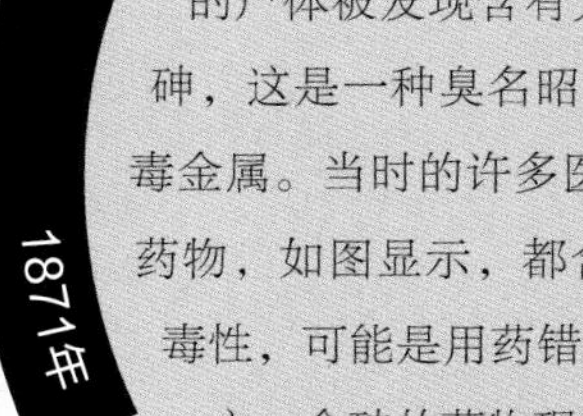

1871年 查尔斯・霍尔

北极探险领袖查尔斯・霍尔去世后，他的尸体被发现含有大量的砷，这是一种臭名昭著的有毒金属。当时的许多医疗备用药物，如图显示，都含有少量的毒性，可能是用药错误导致了他的死亡。含砷的药物现已被现代抗生素和其他药物取代。

北方联盟

加拿大早期的探险经历了英法两国之间的激烈竞争，两国都想确保对北美的控制。士兵、传教士和毛皮商人都参与了加拿大内陆的探险。

交易站
哈德逊湾公司维持着一个庞大的交易站网络，其中许多都处于非常偏僻的位置，比如育空地区。

欧洲人第一次登陆北美，是在1000年左右，北欧人从格陵兰岛航行而至，但并没有导致任何永久的定居。居住此地的仍是原住民：在加拿大，主要是因纽特人，他们的活动范围从圣劳伦斯河北部一直到麦肯齐河河口的北极；还有居住在南部的阿尔冈昆人和易洛魁人。阿尔冈昆人往往是迁徙的渔民和猎人，易洛魁人生活在大型的栅栏村庄，这可能代表了哥伦布到来前北美最高的人口密度。

> 虽然欧洲人于1793年就到达了加拿大的西海岸，但加拿大大部分内陆和美国南部内陆仍未被探索，这一进程是由刘易斯和克拉克在接下来的十年里推进的。

欧洲人的回归

再次登陆加拿大的欧洲人是热那亚人约翰·卡伯特（见第92页），他于1497年6月24日抵达拉布拉多海岸。此行由英国国王亨利七世赞助，因为亨利七世担心英国人可能被排除在瓜分克里斯托弗·哥伦布五年前发现的新大陆（见第86—89页）之外。随着为法国弗朗索瓦一世效力的佛罗伦萨人乔瓦尼·德维拉扎诺于1524年抵达北美，法国开始了与英国在北美的长期竞争。德维拉扎诺从纽约和哈德逊河起航，向北远至纽芬兰。1524—1525年，由西班牙赞助的埃斯特班·戈麦斯试图进入圣劳伦斯湾，并沿新斯科舍海岸航行，扬言要将该地区纳入西班牙领土。但随后并无西班牙人跟进戈麦斯的航行。

相反，首次真正深入加拿大的是法国人，典型例证就是雅克·卡蒂亚（见第130—131页），他于1534年访问了易洛魁人定居点（现为魁北克市）。

与此同时，英国人则专注于围绕北美洲北端寻找西北航道，希望找到通往亚洲的另一条路径。1576年，马丁·弗罗比舍发现了弗罗比舍海峡；1585—1586年，约翰·戴维斯发现了戴维斯海峡，并沿着巴芬岛和拉布拉多海岸探险。1610年，亨利·哈德逊发现哈德逊湾，进一步拓展了英国对加拿大北部的认知；1615—1616年，威廉·巴芬在为英国的莫斯科公司工作时，进入巴芬湾，并沿巴芬湾整个东海岸航行。

法国人的探险集中在圣劳伦斯河谷，萨缪尔·德尚普兰（见第126—127页）1608年在加拿大创建了欧洲人的第一个永久定居点——魁北克。德尚普兰的副手艾蒂安·布鲁尔更进一步，在1621年成为进入苏必利尔湖的首位欧洲人。1634年，德尚普兰的另一名部下让·尼科莱特从渥太华和福克斯河北行，到达了温尼贝戈印第安人领地。因为期待随时遇到亚洲人，尼科莱特有个奇怪的习惯——穿中国丝绸长袍，结果让当地的印第安人以为他是神明。

传教士探险家

法国的探索越来越多地由耶稣会传教士领导。1673年，雅克·马奎特神父（见第132—133页）到达密西西比河，并在芝加哥附近过冬。勒内-罗贝尔·德拉萨尔（见第134—135页）沿着密西西比河一直行进到墨西哥湾。到此时为止，“新法兰西”的疆域已完全确立，它基于以魁北克城为中心的殖民地，向外拓展新殖民地，比

防熊必备品
遭遇熊攻击，是毛皮商面临的诸多危险之一，有必要使用防熊装置，比如图中所示。

购买安全
与当地印第安部落的良好关系对于毛皮商来说至关重要，因为要依靠印第安人的善意，才能安全穿过加拿大内陆的广阔区域。

毛皮桩
这些毛皮悬挂在下加利堡，这是哈德逊湾公司在1830年建立的贸易站，是北美现存最古老的石造贸易堡垒。

如1642年建立的蒙特利尔等新殖民地。

皮毛贸易是英国和法国探索加拿大的主要经济动机之一。1670年，哈德逊湾公司成立，它控制皮毛贸易达两个世纪之久，并为英格兰——以及后来的大英帝国——在加拿大的利益提供了一个堡垒。亨利·凯尔西是哈德逊湾公司的一名英国商人，他在1690—1691年首次深入加拿大大草原，成为第一个遇到美洲水牛的欧洲人（有关他旅行经历的记述文字1926年重现于世）。直到1755年，英国商人安东尼·亨迪到达加拿大亚伯达省的红鹿河，他的发现才被继续跟进。

背景介绍

- 有迹象表明，来自英国布里斯托尔的船只可能在约翰·卡伯特之前就在纽芬兰海岸捕过鱼。1480年，蒂尔德船长带领一艘船从爱尔兰往西寻找“布莱斯尔岛”，但在海上航行了九个月后被迫返回。
- 易洛魁人居住的村庄，有多达100栋长屋。16世纪，这些村庄组成了部落联盟，抵制欧洲的入侵。它被称为易洛魁联盟，由五个部族组成：莫霍克人、奥奈达人、奥农达加人、卡尤加人和塞内卡人。托斯卡拉人在18世纪加入。
- 1501年，葡萄牙航海家米格尔和加斯帕·克尔特-雷阿尔造访过拉布拉多和纽芬兰海岸，但里斯本当局没有跟进。
- 新法兰西首府魁北克市最终于1759年落入英国人之手。在这座城市的争夺战中，英军指挥官詹姆斯·沃尔夫和法军指挥官蒙泰姆侯爵都身受重伤。
- 1821年，哈德逊湾公司和西北公司合并。合并后的公司垄断皮毛贸易，这种局面直到1870年才被打破。

穿越美洲

1763年签署的《巴黎条约》结束了七年战争，英法两国之间的竞争以英国根据《巴黎条约》占据几乎整个新法兰西而告终。然而，加拿大仍有许多地方有待探索，1770—1772年，英国毛皮商人塞缪尔·赫恩到达北极海岸的科珀曼河。1779年，哈德逊湾公司最重要的商业竞争对手西北公司在蒙特利尔成立。苏格兰毛皮商人亚历山大·麦肯齐出发寻找一条穿越加拿大到太平洋的航线，但首次尝试以失败告终，他将自认为会带自己到达太平洋海岸的那条水道命名为“失望之河”。不过，1792—1793年，他成功到达太平洋，成为首个在墨西哥西班牙领地以北穿越美洲的欧洲人。

出海
在遥远的北方，当地的因纽特人（或阿拉斯加的阿留申人）乘坐由海豹皮绷在骨头和浮木上制成的皮艇出海。

萨缪尔·德尚普兰

新法兰西之父

法国　　1580—1635年

士兵、航海家、地理学家萨缪尔·德尚普兰在北美建立了法国第一个永久殖民地。他多次航行到北美大陆，探索圣劳伦斯河周围的河流和湖泊，大大拓展了该地区的地理知识。他与美国印第安部落建立了联盟，从他们那里了解到关于这片新大陆的一切。他还和易洛魁人打过几次仗，易洛魁人是他新盟友的死敌。

建立传道所

1615年8月12日，萨缪尔·德尚普兰（右）陪同约瑟夫·勒卡隆神父（中间）在卡拉贾巴（今加拿大安大略的拉方丹）建立传道所。

德尚普兰出生在法国大西洋海岸的布卢奇。他父亲和叔叔是水手，德尚普兰长大后，很自然地学会了如何导航和制作航海图表。他在国王亨利四世的军队服役一段时间后，跟着父亲出海。他在叔叔的船上学到了航海技能，这艘船于1598年被租来运载西班牙军队到加勒比海，这次航行持续两年。

在巴拿马的波托贝罗，他观察到，“如果穿过从巴拿马到这条河之间的四里格土地，不仅有可能从南太平洋到大陆另一边的海洋，而且会缩短路程1500多里格……”这是关于修建巴拿马运河的最早书面建议之一。

生平事迹

- 探索五大湖东部周边地区，绘制详细的地图。
- 探寻一条通往东方的路线，以及一条通往北冰洋的内河航线。
- 在魁北克城建立首个新法兰西永久定居点。
- 与美洲印第安人结盟，也开启了法国殖民者和易洛魁人之间长期的敌对关系。

回到法国后，德尚普兰被任命为皇家水道测量员，负责制作海岸航海图，并惊奇地听到渔夫们对北美大西洋海岸的描述。1602年，他征得王室同意，参与北美“新法兰西”的探索活动。

他的足迹

1603年　赴新法兰西
德尚普兰探索塔杜萨克，寻找合适的定居点。

1604—1606年　沿海岸航行
他向南航行到今天的马萨诸塞州海岸，但未建立任何定居点。

1608—1609年　找到定居点
德尚普兰在魁北克建立定居点。

1615—1616年　探索五大湖
他探索休伦湖和安大略湖沿岸。

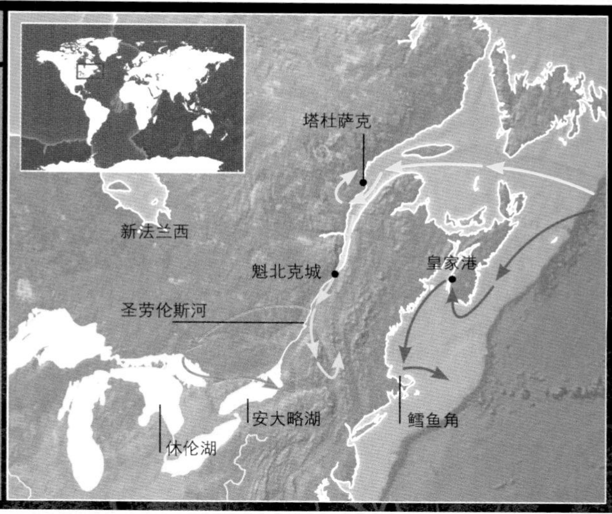

探索新法兰西

到达新大陆后，德尚普兰探索了塔杜萨克周边地区，萨瓜尼河在此汇入圣劳伦斯河。他没有找到合适地点建安置点或贸易站，但收集了许多关于大湖区和可能通往北冰洋的河流路线的信息。他的第二次新法兰西之旅始于1604年，他带来100名商人，希望他们能成为新定居点的中坚力量。他从芬迪湾到鳕鱼角，寻找可能的地点，但由于严冬和坏血病，两次试图建立定居点的努力都以失败告终。他描述了坏血病的症状：“患者的牙齿松动，可以拔出来，却不会引起疼痛。”在1608年的第三次航行中，他在今魁北克市建立了一处定居点，距离圣劳伦斯河有200公里（120英里）。

次年春天，德尚普兰开始致力于与当地印第安人建立良好关系，并与休伦人和阿尔冈昆人缔结盟约，其中包括支持他们打击易洛魁人。为到达易洛魁人的领地，德尚普兰和新盟友划船经黎塞留河到尚普兰湖，结果与200名易洛魁人遭遇。德尚普兰用步枪击毙对方的两名酋长，易洛魁战士吓得四散奔逃。1609年9月，他返回法国。1610年春，他又回到新法兰西，帮助阿尔冈昆盟友再次击败易洛魁人。他对易洛魁人的进攻为该世纪法国与易洛魁人的关系奠下基调。

1611—1632年间，德尚普兰又多次航行到新法兰西，沿圣劳伦斯河一直推进到现在的蒙特利尔，但他未能找到通往太平洋的河道。1629年，魁北克被英国人占领，德尚普兰被带回英国。1632年，这一地区被归还给法国。1635年，德尚普兰逝世。

探险家与制图师
德尚普兰制作了许多地图，包括这张格洛斯特港的地图。该港位于今美国马萨诸塞州，他于1606年到访此地，并将其命名为“博波特”。

易洛魁人的失败
在其印第安盟友的陪伴下，尚普兰用步枪射击易洛魁人，这是一场实力悬殊的战斗，为法国对新法兰西的殖民统治开辟了道路。

> **这个冬天，我们所有的烈酒都结冰了，苹果酒按磅配发。**
>
> ——萨缪尔·德尚普兰

登陆加拿大

这幅1542年的地图手稿显示法国探险家雅克·卡蒂亚及其船员在加拿大刚测绘的海岸线登陆的场景。他在未知的危险水域进行了三次探险航行，未失去一艘船；在约50个不为人知的港口进出，未发生过一起严重事故。在所有伟大的探险家中，卡蒂亚堪称是最熟练的水手。

雅克·卡蒂亚

"新法兰西"殖民地的法国开拓者

法国 1491—1557年

雅克·卡蒂亚是一位头脑冷静的船长，他的天才在于沿危险的海岸线航行，开辟新的土地，以及在满怀敌意的原住民之中幸存下来——未失去一艘船，或者遭遇手下的反抗。他是首位绘制圣劳伦斯湾的欧洲人。虽然他最初的任务是寻找通往东方的西北通道，但他的三次远征有助于把现加拿大地区变成法国殖民地。

生平事迹

- 他证明自己是一个有能力的探险者和领袖。他与原住民结盟，虽然后者的忠诚度远未得到保证；尽管困难重重，也没有一次面临来自手下的叛乱。
- 他借用易洛魁语创造出"加拿大"一词，该词本是易洛魁人对某个居住地的称呼，他误以为是指国家名称。
- 在品尝易洛魁人的食物后，卡蒂亚谴责新大陆的贫苦生活，并宣称："他们吃的都是没有盐味的东西。"

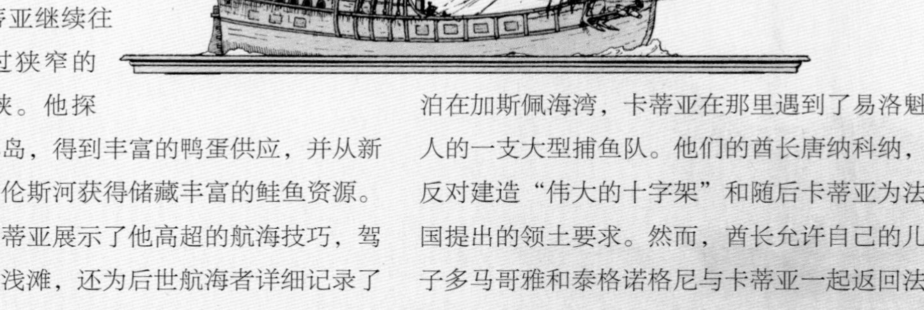

大胡曼号

卡蒂亚第二次航行中驾驶的船是大帆船，这是一艘远洋船，其体积足以运载足够的粮食，而且足够稳定，可以抵挡巨浪。

雅克·卡蒂亚1491年出生于法国北部海岸的圣马洛港口。人们对他早期的职业生涯知之甚少，但在1533年，他写信给法国高级将领菲利普·德夏博特，告知自己的抱负：沿着美国海岸航行，寻找尚未被发现之地。

发现之旅

卡蒂亚于1534年4月20日起航，同行有三艘船和61名船员。他在短短20天内横渡大西洋，于5月10日到达纽芬兰。由于"该地海岸全是巨大的冰"，他不得不在南面一个海湾停靠，将其命名为"圣凯瑟琳港"。卡蒂亚继续往北走，穿过狭窄的贝尔岛海峡。他探索了几座小岛，得到丰富的鸭蛋供应，并从新命名的圣劳伦斯河获得储藏丰富的鲑鱼资源。在那里，卡蒂亚展示了他高超的航海技巧，驾船穿过无数浅滩，还为后世航海者详细记录了海水深度及特征。他描述所看到的海象："兽大如牛，有两颗巨齿，如同象牙。"

1534年7月中旬，恶劣的天气迫使船只停泊在加斯佩海湾，卡蒂亚在那里遇到了易洛魁人的一支大型捕鱼队。他们的酋长唐纳科纳，反对建造"伟大的十字架"和随后卡蒂亚为法国提出的领土要求。然而，酋长允许自己的儿子多马哥雅和泰格诺格尼与卡蒂亚一起返回法国，多马哥雅后来担任翻译。

沿河而上

卡蒂亚认为自己所看到的一条航道可能是通往东方的西北航道，于是在1535年5月开始了第二次航行。在横渡大西洋的50天航程中，这三艘船——"大胡曼号""小胡曼号"和"埃默里诺号"——在一场剧烈的大西洋风暴中分开，后在拉布拉多海岸的布兰克萨布

他的足迹

- 1534年　圣劳伦斯湾
  花三个月时间探索圣劳伦斯湾及其周边海岸线和岛屿。
- 1535—1536年　圣劳伦斯河
  返回该地后，深入探索圣劳伦斯河，寻找一条通往东方的贸易路线。
- 1541—1542年　试图建立殖民地
  卡蒂亚此时已确定没有通往东方的路线，但回到此地参与对该地区的殖民探险活动。

○ 未在地图上显示

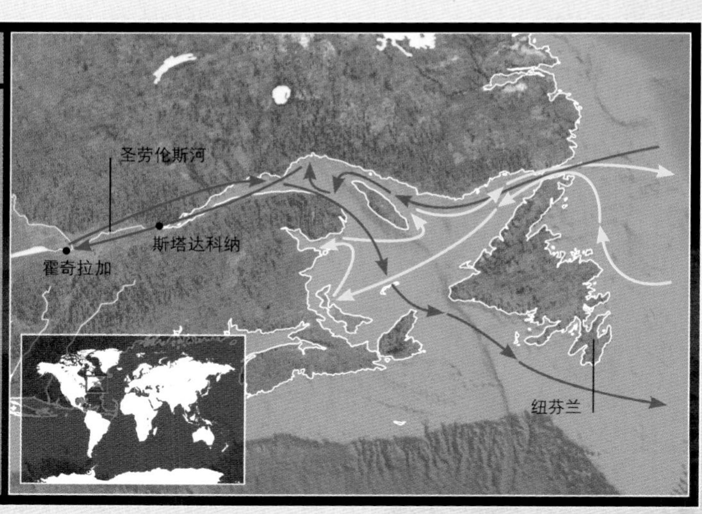
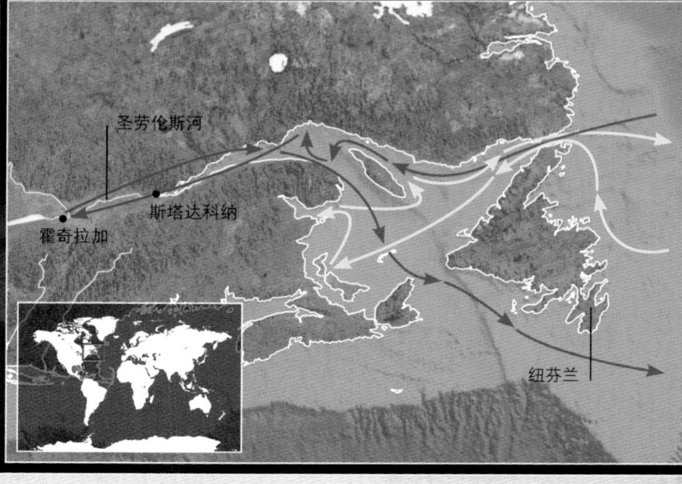

隆重新集结。卡蒂亚向西驶入海峡，进入一条大河入口处，他将该河命名为圣劳伦斯河。他于9月抵达唐纳科纳的居住地斯塔达科纳（今魁北克），随后继续沿河而上。到达更大的原住民定居点霍奇拉加（今蒙特利尔）后，他从附近一个高点（他称之为“皇家山”）观察到，圣劳伦斯河很快就转向了急流，阻止了进一步向西推进。

这支队伍回到斯塔达科纳过冬，由于不确定易洛魁人的真实意图，卡蒂亚修建了一座小堡垒。可是到了12月，另一个敌人袭击了他们，那是一种“奇怪而残酷的疾病”——坏血病。在1536年3月译员多马哥雅发现治疗方法之前，8名法国人和50名易洛魁人死亡。用白雪松树枝熬成的茶经证明对治疗该病有效，导致“如法国橡树一样粗壮的树被砍得光秃秃的”。5月，冰层融化后，卡蒂亚起航回家，这次是和唐纳科纳一起。1540年，国王弗朗索瓦一世派遣卡蒂亚进行第三次远征，在新法兰西创建首个殖民地。他于1541年5月出发，但在横渡大西洋时受到“逆风和源源不断的洪流”困扰。到达斯塔达科纳后，他在附近建造了查尔斯堡，当年晚些时候被易洛魁人袭击时，他被迫依靠该堡垒的保护。艰难过冬后，第二年6月，他携带一船珍贵的宝石和黄金返回法国。但结果证明，他远征的真正价值在于他开拓的新法兰西殖民地，这为法国政府提供了战略优势。

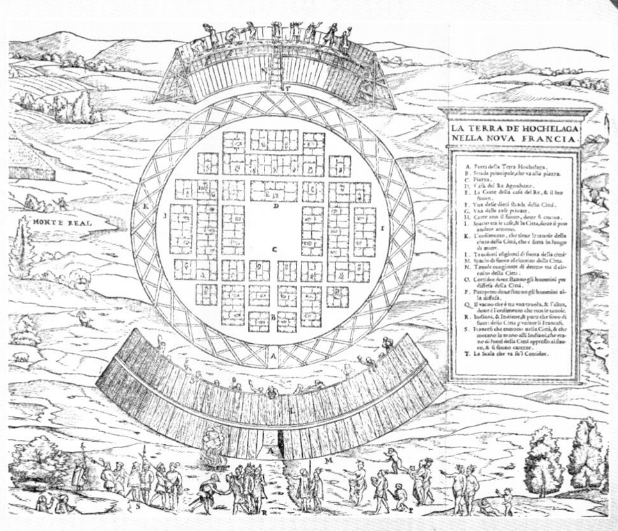

木屋城镇
霍奇拉加城（如图所示）让卡蒂亚印象深刻，他后来写道：“城里大约有50座房子……全部用木头建造……非常巧妙地结合在一起。”

发现岛屿……据说那里有大量黄金和财富。

——弗朗索瓦一世致雅克·卡蒂亚的信

和平先驱
本图展现卡蒂亚向圣劳伦斯河沿岸的部落致意的情景。他与原住民的友好关系是他前两次远征成功的关键因素。他对西班牙人在新大陆其他地方表现出的残酷态度表示遗憾。

乔利埃和马奎特

为法国探索密西西比河上游的探险家

法属加拿大 1645—1700年
法国 1637—1675年

路易斯·乔利埃

雅克·马奎特

17世纪，信仰和帝国是推动法国人在密西西比河航行的因素。该地区的原住民部落很早就向捕猎者和传教士描述过这条伟大的北美河流。乔利埃是出生于魁北克的一位坚定的探险家，被新法兰西选派沿这条河行进到南端，而马奎特则是耶稣会挑选的传教士，其使命是将基督教带到新大陆。

雅克·马奎特出生在巴黎东北部的莱昂市，17岁进入耶稣会。1666年，他作为传教士被派往今加拿大法属殖民地，最初在魁北克传教。1669年，因为证明自己擅长休伦语，他被派往西部，去苏必利尔湖的拉波因特从事传教工作。路易斯·乔利埃接受耶稣会的教育，选择了毛皮商人的生涯。他出生在魁北克市附近，并在此地长大，已习惯了原住民的生活方式。

寻找密西西比河

这两个人因在传教、语言、远征探险诸方面的技能而被新法兰西总督弗朗坦克伯爵召集在一起。为了提升自己的事业，他派他们去看看这条被印第安人称为“密西西比”的河流最终是汇入法兰西墨西哥湾还是汇入科特兹之海。

> **法国人啊，太阳从未这么明亮过，因为你来看我们。**
>
> ——佩利亚部落长老

1673年5月，他们携带少量玉米和牛肉，乘坐两只树皮独木舟，一共五名水手，从密歇根州的圣伊涅斯出发。在密歇根湖划船进入格林湾时，马奎特形容这片水域“充满了顽皮的蒸汽，引起最为壮观而永久不息的雷鸣”。他们沿着福克斯河行进，奋力对抗急流，到达一个村落，该村住着米埃米斯人、马斯库人和基卡波人诸部落。

村落中心竖立着一个巨大的木制十字架，标志着欧洲人迄今到达的最远点。6月10日，他们与两名埃米斯向导离开该村，向导领他们携带独木舟徒步前往威斯康星河。沿河行进时，偶尔会因为沙洲而遇到困难，但藤蔓和周围的草地也让他们印象深刻。6月17日，乔利埃和马奎特抵达密西西比河，后者形容那是“一种难以言传的喜悦”。

这两人发现密西西比河是个受欢

热忱的传教
马奎特成功地帮助当地人建立了几个布道所。正是在苏圣玛丽（今密歇根州）传教期间，他接触到描述密西西比河的伊利诺伊人。

生平事迹

- 马奎特精通六种印第安语，尽管他的法国导师对他评价不一，说他“平庸”“胆大”“忧郁”。
- 乔利埃不仅是坚定、粗犷的探险家，习惯原住民的生活方式，还是一位颇有造诣的音乐家，擅长演奏拨弦、长笛和小号。

吸和平烟斗
乔利埃和马奎特赢得了伊利诺伊河地区原住民的友谊，如波塔瓦托米部落，他们以让对方抽和平烟斗的方式欢迎法国探险家。

最后的旅程
马奎特信守诺言，尽管身患痢疾，还是拖着病体回到伊利诺伊河卡斯卡基亚部落。他向500名长老和1500名印第安武士布道，于1675年5月18日去世。

迎的地方。鹿和水牛数量很多。他们第一次接触到人，是在爱荷华河河口附近。沿着河岸留下的足迹，他们来到一个村落，受到四名长老的欢迎，长老吸过和平烟斗后，自称是伊利诺伊州的佩利亚部落，用四道菜的盛宴来款待他们，不过法国人拒绝了第三道菜——狗肉。

第二天，他们在600人的护卫下离开村子，但从那时起，他们就一直保持戒备，在夜间灭火，在溪流中段抛锚。队伍经密苏里河和俄亥俄河这两条支流顺流而下，向下游的阿坎斯卡斯河（现为阿肯色州）进发。马奎特在那里掏出了和平烟斗，以赢得长老们的信任。作为回报，他们被邀请参加宴会，这次，他们轻易就吃掉了提供给他们的狗肉和玉米。马奎特注意到，当地人只使用石器。

意识到越往南走，就越有可能遇到原住民的敌意，同时也害怕西班牙殖民者，因为他们进入探险的区域归西班牙所有，于是7月17日他们开始折返。他们遇到的最后一个原住民部落告诉他们，该地离墨西哥湾只有十天的路程，从而证实了他们的观察结果，即密西西比河向南注入墨西哥湾。

回到伊利诺伊部落，马奎特写道：“我们从未见过这样的地方：草地、树林、水牛、鹿、野猫、鸨、天鹅、野鸭、鹦鹉，甚至海狸。”1673年9月，他们满怀喜悦地返回格林湾。尽管乔利埃给上司的报告让密西西比河可能是通往东方的水道这一希望破灭，但结果证明，这条强大的河流是未来法国殖民扩张到路易斯安那的动脉。

丢失的记录

乔利埃的旅行日志和地图，于1674年5月他乘坐独木舟在蒙特利尔上游的圣路易斯急流中翻船时丢失了，而他在苏圣玛丽留给耶稣会传教士的一份副本毁于火灾。马奎特的日记也丢失了。这次考察的唯一记录来自克劳德·达布隆，此人是赴加拿大的传教士的团队领导。

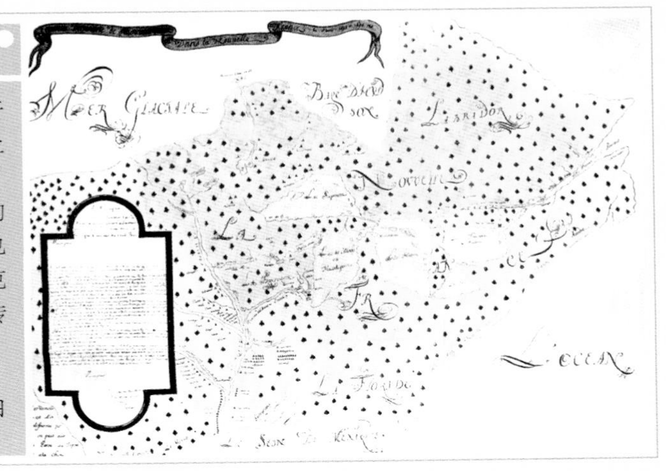

新法兰西 乔利埃1673—1674年的地图包括密西西比河上游。

勒内-罗贝尔·德拉萨尔

五大湖探险家

法国 1643—1687年

尽管宣誓要成为一名牧师，但年轻的勒内-罗贝尔·德拉萨尔还是被美洲的新生活所吸引，离开了教会。他的职业生涯从当一名拓荒者开始，但他渴望在五大湖之间建立贸易路线，并探索“河流之父”——密西西比河，他从做贸易的印第安人那里听说过这条河。这一雄心最终将带领他探索密西西比河流域，到达墨西哥湾，并宣称法国拥有广袤的路易斯安那州领土。

德拉萨尔于1667年抵达新法兰西，两年后首次参加远征，划着独木舟沿圣劳伦斯河逆流而上。这次远征激发了他的雄心，他想建立一个由各要塞和河流贸易路线组成的网络。1674年，他带着这一想法回法国，说动了国王路易十四。国王授予他爵士头衔，授权他管理安大略湖上的卡塔鲁西堡（他改名为弗朗坦克堡），以及一项皮毛交易特许权，还允许他修建边境要塞。1678年，德拉萨尔带着从法国引进的30名熟练工匠以及一些当地造船商和木匠从魁北克市出发，沿河逆流而上，1678年12月到达弗朗坦克堡，用石头重建堡垒。

第二年，德拉萨尔派手下卢西埃和亨内平去探索尼亚加拉河。他在今布法罗一带建立起一个造船厂，在那里建造了一艘新的轻型船——狮鹫号，旨在使五大湖之间的贸易得以实现。这也成了未来密西西比河沿线贸易的雏形。这艘船被派往弗朗坦克堡，船上装载着一堆毛皮，后来却失踪了，据推测是遭到了印第安人的袭击。

生平事迹

- 他是沿密西西比河航行的首位欧洲人，声称密西西比河流域属于法国，并将其命名为路易斯安那。
- 和一个名叫亨利·德托尼蒂的意大利人一起旅行，此人因被手榴弹炸伤而装上金属假手，绰号“铁手”。
- 环五大湖建立要塞系统，以支持皮毛贸易。
- 返回新大陆后，因为未找到密西西比河三角洲而被殖民者杀害。
- 他死后，法国控制了路易斯安那。

新的开始
这幅19世纪的画描绘了拉萨尔带领殖民者于1684年启航前往路易斯安那的情景。拉萨尔误在密西西比河三角洲以西登陆，这个航行失误导致他在殖民者叛乱时付出了生命的代价。

他的足迹

1678—1680年 环游五大湖
为了在五大湖周边建立贸易路线，德拉萨尔划船穿过湖泊，沿伊利诺伊河下游建造克雷夫科尔堡。

1681—1682年 赴密西西比河下游
德拉萨尔从克雷夫科尔堡出发，到达密西西比河，并顺流而下，到达墨西哥湾。

1684—1687年 倒霉的回归
德拉萨尔带着数百名来自法国的殖民者抵达墨西哥湾，但他未找到密西西比河，后在一场叛乱中丧生。

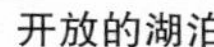

三重灾难

德拉萨尔沿着圣约瑟夫河和伊利诺伊河航行，并建起一处要塞，他命名为“克雷夫科尔堡”，然后从陆路返回弗朗坦克堡。陆路行程非常艰辛，历时65天，穿越的是未知土地。到达尼亚加拉时，拉萨尔发现狮鹫号失踪了。他继续向弗朗坦克堡前进，听到了更坏的消息：因为据传他已死，债权人占领了要塞。更糟糕的是，德拉萨尔随后回克雷夫科尔堡时，发现它在一次兵变中被摧毁了。他建立贸易网络的首次尝试以失败告终。1681年6月，他回到伊利诺伊河。他从重建的克雷夫科尔堡出发，向西推进，于1682年2月6日抵达密西西比河。他与一名法国人和印第安水手一起划船顺流而下，4月6日抵达密西西比河三角洲。看到墨西哥湾，他声称密西西比河及周边土地属于法国王室，并依国王名字命名为“路易斯安那”。在他逆流而上，返回伊利诺伊河上游之前，探索海湾周边地区，并建造了一个新要塞，取名为“圣路易斯”，该要塞成为一个非常成功的皮毛贸易站。

致命回归

发现一个理想的殖民地后，德拉萨尔凯旋回到法国，殖民者纷纷聚集在他身边。1684年7月，他为前往密西西比河三角洲确定了航线，四艘船满载前往路易斯安那定居的殖民者。但这次航行将以灾难告终。在墨西哥湾遭遇西班牙海盗的袭击幸存下来后，德拉萨尔将得克萨斯海岸的马塔戈达湾误认为是密西西比河，殖民者们登陆，但很快补给船就触礁失事，损失惨重。意识到自己的错误后，德拉萨尔三次试图通过陆路到达密西西比河，但都失败了。1687年，他被叛变者枪杀，因为他们对新生活的梦想已经破灭。德拉萨尔的人生以失败告终，但在接下来的几十年里，法国人将巩固他开辟的路线，建造新的要塞，并在路易斯安那的广袤土地上开拓殖民地。

开放的湖泊

这幅彩色玻璃壁画描绘了德拉萨尔在今密歇根州底特律登陆。

建立联盟

德拉萨尔与他遇到的部落建立了良好关系，甚至学会了易洛魁语。此图显示他正与伊利诺伊人（一个居住在密西西比河上游的部落联盟）共享盛宴。

环球航行

首次环球航行是在16世纪完成的，但直到18世纪中叶，确定海上经度才成为可能，这使得制图者第一次能绘制出精确的世界地图。

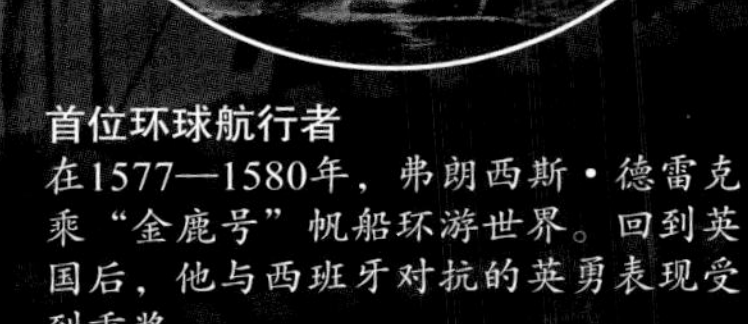

首位环球航行者
在1577—1580年，弗朗西斯·德雷克乘“金鹿号”帆船环游世界。回到英国后，他与西班牙对抗的英勇表现受到重奖。

早期的希腊地图，如米利都的阿那克西曼德（公元前610—公元前546年）所绘的，把世界描绘成一个扁平的圆盘，周围环绕着一大片未知大小（或者无限）的海洋。相比之下，哲学家亚里士多德（公元前384—公元前322年）坚信地球为球形。他利用简单的观测，如在月食期间月球上的地球阴影的形状来支持自己的论点。公元前325年，希腊探险家马赛的皮西亚斯（见第20—21页）对纬度进行了精确的测量，确定了他家乡的纬度位置。埃拉托色尼（约公元前274—公元前219年）设计了一种用“印章”分隔的地图，它预示着现代地图的网格系统。古代世界最伟大的制图师亚历山大的托勒密（约90—168年），尝试用不同的投影在平面地图上描绘出一个接近球体的图像。托勒密的著作《地理指南》在其后1500年间始终是世界地理学的权威参考文献。

第一位环球航行者
1521年4月，费迪南德·麦哲伦死于菲律宾马克坦岛上的一次小规模冲突，此时距他从西班牙起航大约19个月。尽管他没能返航，但仍被认为是第一位首次尝试环球航行的人。

扩大视野

尽管最终人们普遍认为地球是球形的，但事实上，环球航行的想法直到哥伦布发现美洲（见第86—89页）后才开始为人接受。当时这个想法被认为太过牵强。然而，当西班牙和葡萄牙占领新大陆，瓦斯科·达伽马（见第80—81页）及其继任者的航行在印度洋周围建立了类似的欧洲帝国时，把这两个新的欧洲

海上时间
英国钟表匠约翰·哈里森发明了一种能在波涛汹涌的海洋上保持良好时间的航海天文钟，最终解决了海上测量经度的问题。

发现火山
这座火山位于布干维尔岛，以法国探险家路易斯·安东尼·德布干维尔（见第150—151页）的名字命名，他于1769年完成了环球航行。

背景介绍

- 伟大的希腊数学家毕达哥拉斯的弟子埃利亚的巴门尼德（约公元前480年）说，地球应该被看成一个球体（因为只有球体才是完美的象征）。
- 麦哲伦的环球航行是由他的下属胡安·埃尔卡诺完成的，他带着麦哲伦剩下的船“维多利亚号”于1522年9月返回西班牙。
- 路易斯·安东尼·德布干维尔率领第一支法国探险队在1766—1769年环航地球，他的200名船员中只有7人死于坏血病，死亡人数远低于之前的类似航行。
- 船长威廉·布莱佩戴经拉西姆·肯德尔改良的天文表“K2”航行，但那次不幸的航行因1789年“邦蒂号”叛变事件终止。
- 1898年，美国人约书亚·斯洛克姆驾驶“浪花号”帆船完成了首次单人全球环航。
- 首次不间断环球航行是在1968—1969年由英国帆船运动员罗宾·诺克斯-约翰逊驾驶“苏哈利号”双桅纵帆船完成的。

活动领域联系起来就成为首要目标。

最终成功

1514年4月，瓦斯科·努涅斯·德巴尔沃亚（见第120—121页）成为首位见到太平洋的欧洲人。那时，西班牙人面临着如何到达马六甲群岛（或称香料群岛）的问题，因为绕过非洲、通过印度洋，是与竞争对手葡萄牙之间有争议的势力范围。于是，1519年9月，费迪南德·麦哲伦（见第138—141页）从巴尔拉米达起航，通过南美洲南端被风暴袭击的海峡进入太平洋，这条海峡以他的名字命名。尽管麦哲伦在菲律宾去世，但探险队的幸存者在1521年11月到达了香料群岛的提多尔。他们继续向西到达家园，从而实现了第一次环航世界。不过，这是事后的说法。

18世纪，航海家们从追求环球航行转向对特定区域（如南太平洋）的海上探索，或寻找通往美洲北部的航线。

随着16世纪的过去，宣称自己环航的国家数量成倍增加，弗朗西斯·德雷克（见第144—145页）成为首位在1577—1580年实现这一目标的英国人，而奥利维尔·范诺尔特则在1598—1601年成为实现这一目标的首位荷兰人。1711年，英国私掠船船长和探险家威廉·丹皮尔（见第146—147页）成为首个绕地球三圈的人。

到了丹皮尔的时候，问题不在于环航世界，而在于准确地确定自己的位置。虽然可以用一天的长度、中午的太阳高度或某些恒星的相对位置来计算海上的纬度，但精确确定经度要困难得多。为此，航海家必须将其所在地点的时间与其本国港口的时间进行比较。每次中午改变船上的时钟，并取其与本国港口之间的差额，理论上将允许海员计算这两个点之间的距离［经度15°，或每小时1600公里（1000英里）］。不幸的是，当时最精确的时钟，在海上也是非常不可靠的。

经度问题

1714年，英国议会提出对任何能够解决经度问题的人给予丰厚奖励。1731年，约翰·哈德利发明了由移动指针与镜面结合的八分仪，用来观测月亮位置和天际线。结合月亮航运表，八分仪应该能计算一艘船在海上的时间，但事实证明它不够准确。

1736年，约克郡钟表制造商约翰·哈里森测试了一台新设计的航海天文钟“H1”，它有许多功能来抵消海上计时器的运行误差，包括由两种金属——黄铜和钢铁制成的钟摆，使哈里森能够在温度变化时补偿其膨胀和冷却。哈里森从未获得全额奖金，1773年，他的“H4”最先进版本获得较少的奖金。

另一位钟表制造商拉西姆·肯德尔仿造了“H4”，并命名为“K1”。1772—1775年，詹姆斯·库克在他赴南太平洋的第二次航行中使用了“H1”。库克高度赞扬它相对于月亮航运表的准确性。到1815年，世界范围内估计有5000台天文钟在使用，因此水手们此时可以在全球范围内纵横航行，甚至环航世界，相信他们能够准确无误地确定自己的位置。

航海天文钟的发展
19世纪早期，航海天文钟已非常普遍。1831年，查尔斯·达尔文乘贝格尔号起航时，携带有22台航海天文钟。

麦哲伦海峡

麦哲伦最初将南美大陆和火地岛之间这条狭窄的海峡命名为万圣海峡，因为他是在11月1日万圣节进入这条海峡的。后来西班牙国王为纪念麦哲伦，将它改为现名。这条海峡长570公里（354英里），最窄处只有2公里（1.2英里）宽。

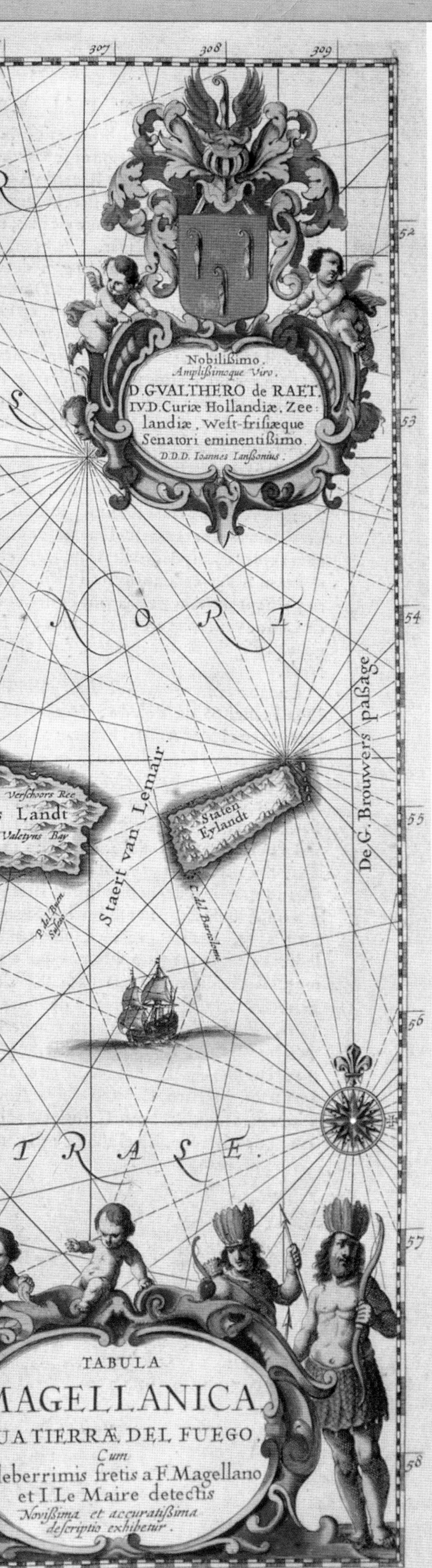

费迪南德·麦哲伦

天才航海家

葡萄牙 1480—1521年

费迪南德·麦哲伦率领一支大型探险队向西寻找一条通往亚洲的航线，这是航海史上最伟大的壮举之一。尽管遭遇船员哗变、恶劣天气和饥饿，麦哲伦还是绕过南美洲，横越太平洋，展现了他的航海天分，只是在菲律宾部落纷争中因为协助当地部落首领而被杀。最终，胡安·塞巴斯蒂安·埃尔卡诺率领剩下的少数幸存者继续他的探险，完成首次环球航行。

唯一返回的船只

在离开塞维利亚的五艘船中，只有维多利亚号返回，237名船员中仅18人幸存。

麦哲伦的航海经历始于1505年3月，当时他加入了奉命加强葡萄牙在好望角地区贸易垄断的舰队。他在印度卡纳诺尔和印度洋迪乌岛的战斗中负伤，而葡萄牙人巩固了对航线的控制权。1511年夏天，麦哲伦在被葡萄牙人成功占领的马六甲市（今属马来西亚），接到葡萄牙探险家弗朗西斯科·塞劳的来信，塞劳是有记载以来最早造访马六甲以东遥远的摩鹿加群岛的欧洲人。信中描述了这些岛屿的巨大财富，包括胡椒、肉桂、生姜和丁香等在欧洲非常珍贵的东西。但塞劳在信中夸大了这些岛屿与马六甲的距离，这将对麦哲伦的职业生涯产生深远的影响。

生平事迹

- 被诬告与敌人交易后失宠，就此离开葡萄牙。
- 镇压了手下两个西班牙船长的叛乱，这两人因憎恨受一名葡萄牙人指挥而发动叛乱。
- 是成功通过麦哲伦海峡从大西洋进入太平洋的第一人。
- 代表菲律宾的一位当地酋长与酋长敌人作战，在战斗中被毒箭射死。
- 埃尔卡诺接替麦哲伦继续探险，完成了首次环球航行。

效命他国

1512年7月，麦哲伦志愿加入前往摩洛哥的远征队，参加阿扎莫战役。尽管葡萄牙取得了胜利，麦哲伦还是被指控非法向敌人出售牲畜。这严重影响了他在王室的地位。尽管指控最终被驳回，但他要求返回摩鹿加群岛的请求遭到曼努埃尔一世的拒绝。麦哲伦职业生涯受挫，转而期待西班牙提供新的机会。1517年10月，他来到西班牙南部的塞维利亚，不久就开始研究塞劳的信件，以确定摩鹿加群岛的地理位置。根据1494年的《托德西利亚斯条约》，西班牙和葡萄牙已经同意了新世界的东西划分方案，这条假想分界线以东所有无主领土落入葡萄牙手中，以西领土则归属西班牙。根据麦哲伦的计算，摩鹿加群岛在马六甲以东很远的位置，因此落入了西班牙的势力范围。国王查理一世在瓦拉多利德宫召见了他，国王很兴奋，因为他希望通过寻找一条通往亚洲财富的西方路线来抗衡葡萄牙对东方的控制。麦哲伦毫不迟疑地放弃了葡萄牙国籍，并被授予这次远征的领导权。

队伍中的麻烦

1519年8月，一支由五艘船组成的船队从塞维利亚出发，麦哲伦指挥旗舰特立尼达号。他们沿着非洲西海岸航行，1519年10月穿越赤道，然后向西南方向航行，12月抵达巴西海岸，圣诞节那天到达瓜纳巴拉湾（今里约热内卢）。船只在白天通过精心设计的航行信号系统保持联系。晚上，每艘船都离特立尼达号足够近，以便守望者能看见旗舰灯光信号。然而，随着航程的推进，属下越来越不满麦哲伦的独裁方式，两名船长领导了一场针对他的叛乱，但因未能赢得船员的足够支持而失败。麦哲伦将一名叛乱的船长砍头，将另一名放逐到海岸上。

进入海峡

船队继续向南航行，麦哲伦的助手安东尼奥·皮加费塔负责记录航海日志。他记下了沿途所见新景观的奇迹，包括发现了菠萝，他形容它“像大圆锥，但非常甜，比任何其他水果都更美味”。他还提到了大脚的当地印第安人，后来被称为“大脚人”。

巴塔哥尼亚企鹅

麦哲伦曾记录道，他经过巴塔哥尼亚海岸时，看到了在海里游泳的“小鸟”。这些小企鹅现在被称为麦哲伦企鹅。

1520年10月21日，麦哲伦来到后来以他名字命名的麦哲伦海峡，在那里他观察到了荒凉的海岸燃起的大火，把该地命名为“火地岛”。舰队经过长达38天的艰难航行才穿过海峡。由于缺乏食品，麦哲伦知道他必须继续前进。此时一艘船失事，另一艘船放弃探险，返回西班牙，带走了主要的食品供给。11月，剩下的三艘船——维多利亚号、特立尼达号和康塞普西翁号——出现在一片被金色夕阳余晖映照下的海洋中。面对这片风平浪静的海洋，麦哲伦失控痛哭，将其命名为太平洋。

太平洋磨难

麦哲伦如哥伦布一样，严重低估了地球的周长。根据他的计算，穿越太平洋到达摩鹿加群岛只需要三四天时间。但这确实是个重大错误。穿越这片浩瀚海洋的旅程持续了一个月又一个月，人们开始挨饿。皮加费塔描述了当时的情况：“我们三个月零二十天没有得到任何粮食，吃着满是虫子的饼干碎屑……每只老鼠

他们的足迹

1519—1521年　麦哲伦的五艘船从塞维利亚出发

麦哲伦奉命寻找一条通往摩鹿加群岛的西部航线，他绕过南美洲，穿越太平洋，但在到达摩鹿加群岛之前就在菲律宾丧生。

1521年　麦哲伦死后局面一度混乱

船队最终由若昂·洛佩兹·卡瓦略指挥，他带领两艘剩余的船通过菲律宾前往摩鹿加群岛，历时六个月。

1521—1522年　返程

埃尔卡诺率领最后一艘船——维多利亚号返回欧洲，此时船队只剩下18名幸存者，他们到达西班牙，成为第一批完成环球航行的水手。

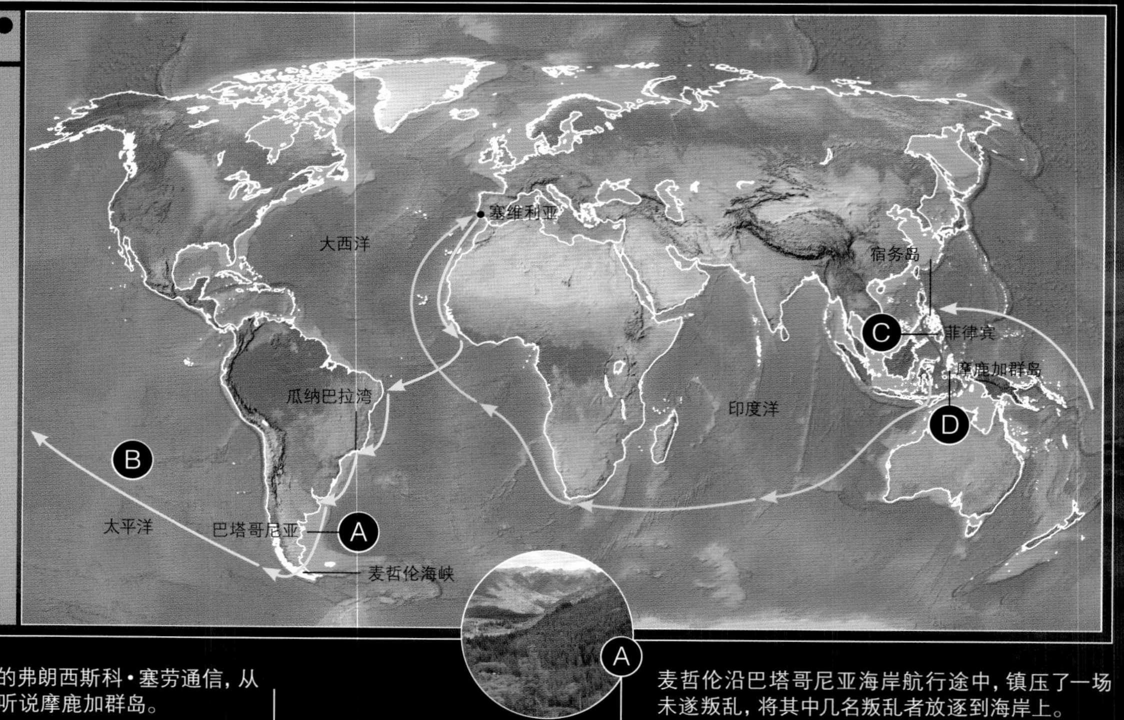

麦哲伦与法国的弗朗西斯科·塞劳通信，从塞劳那里最先听说摩鹿加群岛。

麦哲伦沿巴塔哥尼亚海岸航行途中，镇压了一场未遂叛乱，将其中几名叛乱者放逐到海岸上。

1505—1519年

1519—1521年

麦哲伦加入葡萄牙舰队，远赴印度，保卫葡萄牙的贸易路线

从波涛汹涌的麦哲伦海峡出 B

卖半个金币，即使如此，也买不到。”麦哲伦在绝望中把剩下的航海图抛进大海。三个半月后，这三艘船驶入了莱德隆群岛（今马里亚纳群岛），接受了急需的补给。之前途中，他们错过了沿线附近的几座岛屿。

灵活的船队

麦哲伦率领的特立尼达号（图中描绘的是在麦哲伦海峡中的情景）是卡拉维尔帆船——悬挂拉丁帆的行动灵活的帆船。其余船只为悬挂横帆的小型卡瑞克帆船。

麦哲伦之死

麦哲伦继续前行，通过菲律宾前往宿务岛，在那里他同意代当地酋长战斗。这是个严重的错误。1521年4月27日，在邻近的马克坦岛一次小规模冲突中，他被一个名叫拉普拉普的酋长杀死。

在进一步冲突之后，剩下的船员太少，无法驾驶这三艘船，因此其中一艘被遗弃了。最终，只有埃尔卡诺率领的维多利亚号（见右图）于1522年9月8日回到西班牙，完成人类首次环球航行。最初的237名船员中，只有18人完成了全程。特立尼达号的四名幸存者最终经由印度返回家园。

胡安·塞巴斯蒂安·埃尔卡诺

葡萄牙 1486—1526年

埃尔卡诺是麦哲伦探险队康塞普西翁号上的一名船长。他参加了那次失败的哗变，在船上服了五个月的劳役，但最终是他把最后一艘船带回国。

当麦哲伦在菲律宾被杀时，指挥权最初由杜阿尔特·巴尔博萨和乔奥·塞劳联合接管。但几天后，这两个人就在同一位酋长举行的宴会上被杀。在若昂·洛佩兹·卡瓦略的软弱领导下，剩下的两艘船在接下来的六个月里缓慢地在菲律宾航行，埃尔卡诺在此期间是二把手。1521年11月6日，他们终于到达了麦哲伦原定的目的地摩鹿加群岛，在那里他们满载香料。但就在离开的那天，特立尼达号漏水，因此同意埃尔卡诺率领维多利亚号继续前进。八个月后，维多利亚号抵达西班牙，18名欧洲幸存者和4名帝汶人同船返回。埃尔卡诺被查尔斯一世国王授予了一枚以地球仪为特色的盾形勋章，并镌刻有铭文：“你首先拥抱了我。”（拉丁文语“你先绕我一圈”）1525年，埃尔卡诺开始了第二次环球航行，但他在穿越太平洋时死于营养不良。

马克坦岛战役

这幅富于想象力的画描绘了麦哲伦在马克坦岛海滩的死亡时刻，周围是一群充满敌意的岛民。后来在该遗址上建了一座纪念碑，记载了麦哲伦的蛮勇和杀死他的人的凶悍。

C 特立尼达号和维多利亚号航行穿过菲律宾群岛，这些岛屿已经有人居住了数千年。

D 到达摩鹿加群岛后，余下的船只装满香料，特立尼达号因漏水修理，维多利亚号独自返航。

埃尔卡诺在第二次环球航行中于穿越太平洋时死亡。

1521年 | 1521—1522年 | 1522—1526年

埃尔卡诺抵达西班牙，因其成就被国王查理一世封为贵族；安东尼奥·皮加费塔是幸存者之一，他带回了详细的航海日志。

体验航海生活

航海的基本原理总是保持不变。从腓尼基人的地中海航行和维京人的移民，到葡萄牙航海家绘制遥远海岸线，水手们总是需要了解风浪和潮汐。技术的进步增加了航海专业知识，提高了海上安全和精确度，而叛变和疾病的风险几乎消失了。然而，海洋仍然是危险和不可预测的，所以即使在今天，乘船穿越世界海洋也并非总是一帆风顺。

水手的灾难

自15世纪海洋探险扩张开始，坏血病便是水手最大的杀手之一。其中乔治·安森（见第148—149页）的环球航行死亡人数最多，当时2/3的船员死亡。1747年，苏格兰海军外科医生詹姆斯·林德对坏血病患者进行了一次试验，证明了柑橘类水果的疗效。

林德通过分组，给不同组别不同的饮食，结果那些吃橙子和柠檬的人完全康复。1753年，林德发表了《论坏血病》一文，其中也论及水手应该定期清洗和刮胡子，而船上甲板以下的部位要进行消毒。尽管如此，直到20世纪，坏血病始终是水手和极地探险者的杀手，直到1932年美国科学家阿尔伯特·谢恩特-久尔盖和查尔斯·金发现坏血病的病因是缺乏维生素C，这种疾病才被根除。

应对沿海灾害

16世纪，珊瑚礁和沙洲对水手构成了重大挑战。可以派较小的船只到达岸边，而测深系统则用来计算深度，由测深员将一个铅锤系在绳上垂下水底确定水深。18世纪晚期和19世纪早期的大型科学考察中，会委派更小、更机动的船只，因为这种船更适合在浅水中航行。查尔斯·达尔文（见第278—281页）乘贝格尔号船航行时，提出了关于珊瑚环礁如何形成的理论，使水手能够更好地为珊瑚群周围深度的突然变化做好准备。

搁浅
哥伦布的圣玛丽亚号1492年在伊斯帕尼奥拉海岸（今海地）搁浅，不得不弃船。

大量啤酒

18世纪，英国海军船只上有啤酒给水手喝，威廉·帕里在1821年北极探险中甚至酿造啤酒。啤酒作为一种酿造的饮料，与桶装水或当地水供给相比，藏匿危险细菌的可能性较小。帕里给下属发放了罐头肉、醋、酸橙汁和糖，而不是船上的饼干，他甚至在舱室的暖管里用霉菌种植芥菜和芹菜。

吃饼干
饼干是船上长期生活的主食，用面粉、水和盐制成，通过喝桶装啤酒吞咽。

海上导航

几个世纪以来，一些协助远洋导航的仪器不断改进（见第82—83页）。在星盘、指南针和六分仪之后，1764年，航海天文钟问世。它由英国钟表学家约翰·哈里森发明，使水手们能够确定经度，并确立海上方位。航海历书的使用进一步拓展了航海家的知识。20世纪初陀螺罗盘的出现，进一步推进了南极探险活动。

南极导航
这个陀螺罗盘，尽管有磁场干扰，却能找到真正的北方，在1910—1913年的特拉诺瓦探险中被使用。

> **我所忍受的晕船痛苦远远超出了我的想象。**
>
> ——查尔斯·达尔文

海上生活

长期以来，遵守严格的船上作息制度是船员维持健康的关键。除了饮食方面的创新，威廉·帕里还提出了一些预防措施，以确保下属在漫长的北极冬季保持健康。甲板被清理干净，让船员可以边跑步边跟着管风琴音乐唱歌。通过阅读探险活动报纸，如《北佐治亚公报》《冬季纪事报》，让他们思想保持活跃，同时，皇家北极剧院演出戏剧；星期日则进行礼拜仪式。

船员及其衣服与被褥每天检查，以便在早期发现任何感染。甲板下面的卫生状况得到了改善，用吊床取代铺位，使空气流通。船员被分成四组夜间轮值，轮到的这一组负责用布擦拭船的内壁，以避免潮湿和结冰。

水手哗变

远洋哗变
1611年6月，在哈德逊湾（今加拿大）的冰冻地带度过严冬后，亨利·哈德逊被他疲惫、叛乱的船员们抛弃，从此杳无音讯。

在15世纪和16世纪的航海扩张过程中，水手往往衣衫褴褛，装备简陋，没有受过训练，也经常有压力。驶向未知的地方，迷信，还有对危险的恐惧，常常会导致对船上军官的反叛情绪。西班牙和葡萄牙船长试图通过每日祈祷来灌输纪律，而对未来奖励的承诺往往是为了激励船员和船长。如果感到指挥上有薄弱环节，或者指挥官是外国人，如费迪南德·麦哲伦就是一例（见第138—141页），可能会导致彻底的哗变。对哗变的惩罚可能是处死、鞭打或放逐到异域海岸上，如麦哲伦的二把手胡安·德卡塔赫纳就是这样被处置的。随着固定路线的建立、交易模式正常化和船员状况正规化，那些导致船员违抗命令的因素得以消除，船员哗变情况减少。

操纵水泵
正如库克船长经历的那样，南大洋是世界上海洋环境最恶劣的区域。图中显示，1912年的南极洲，特拉诺瓦号在南极洲附近的大风中震荡摇晃，船员正用水泵从船上抽水。

弗朗西斯·德雷克

私掠船船长、海盗、探险家

英格兰 约1540—1596年

1588年，弗朗西斯·德雷克因击败西班牙无敌舰队而名扬四海，但在西班牙语世界的记忆里却是公海海盗。他对西班牙船只的劫掠为其秘密后台英国女王伊丽莎白一世积累了巨额财富。德雷克完成了人类第二次环球航行，并且全程指挥。在这次航行中，他成为首位在而今的加利福尼亚登陆的欧洲人。

德雷克作为船长的辉煌生涯开始于西非和美洲之间的奴隶贩卖。他多次前往加勒比地区，并穿越达里恩地峡。当他首次看到太平洋时，就开始雄心勃勃地想横渡它。实现这一抱负的旅程始于1577年，德雷克在该年12月率领五艘船起航，其中包括他的旗舰鹈鹕号，但最终只有一艘船驶完全程。船队于次年4月抵达蒙得维的亚湾（现乌拉圭），在成功穿过南下的水道时，抓获了西班牙领航员努诺·达席尔瓦，并胁迫他协助德雷克沿着巴塔哥尼亚海岸航行。1578年8月，五艘船中有三艘驶入圣朱利安港，在该地过冬，然后再去穿越危险的麦哲伦海峡。由于失去过多船员，两艘船已经被遗弃了。在圣朱利安港，他们发现麦哲伦在50年前用来处决叛乱者的绞架（见第138—141页）。恶劣的天气和严重的损失在德雷克的船员中也引起了类似的不满。其中一个阴谋者是德雷克的密友托马斯·道蒂，他被发现为西班牙人工作，被立即处死。

幸运鼓
德雷克在旅行中携带这个小军鼓。据传说，每当英格兰处于危险之中，该鼓就会自动敲响。

生平事迹

- 完成环球航行，是完成这一壮举的首位船长，因为麦哲伦死在环球航行的途中。
- 在美洲海岸附近对西班牙船只进行劫掠，在西班牙成了臭名昭著的海盗。
- 他为他的秘密赞助人伊丽莎白一世积累了巨额财富。
- 积累有关太平洋的重要信息，为英国成为海上强国奠定了基础。
- 1588年，击败西班牙无敌舰队，是英国舰队的三名指挥官之一。

劫掠西班牙

随着冬天的过去，这三艘船驶向太平洋。一艘船在波涛汹涌的海上沉没，剩下的两艘船被分开。尽管如此，德雷克仍坚守在已改名为“金鹿号”的鹈鹕号上，并对西班牙船只和陆上宝藏进行了一系列劫掠，夺得贵重的战利品，然后返航。途中，他曾在今旧金山港一带登陆过，据当时记载，当地的加州人认为这些英国人“是神，而不相信事实相反”。

1579年7月，金鹿号驶离美洲，德雷克详细记录返航路线，他途经菲律宾和东印度群岛，然后绕过好望角，于1580年9月回到朴茨茅斯，成为第一位完成全程环球航行的船长（麦哲伦在环球航行的中途死亡）。金鹿号满载的西班牙战利品回报价值特别高，投资者每投入1英镑就能回收47英镑，因此伊丽莎白一世的投资获得丰厚回报，使王室得以偿还英格兰的国债。女王为表示感谢，正式授予德雷克爵位。

德雷克的环球航行被他后来的成就所掩盖，尤其是他在1588年击败西班牙无敌舰队时发挥的领导作用。在这次重要的航行中，他为英国发展成为航海国家奠定了基础。

“起立，弗朗西斯爵士”
为避免激怒西班牙人，德雷克携带战利品回国并没有被公开庆祝。伊丽莎白女王亲登金鹿号，以低调的仪式封他为爵士。

德雷克的旗舰
这艘金鹿号仿制于1973年，已环航世界，现在伦敦永久停泊。

他的足迹

1577—1578年　抵达巴塔哥尼亚
五艘船中有三艘到达圣朱利安港，德雷克在该地挫败了针对他的叛乱阴谋。

1578—1579年　绕过合恩角
只有德雷克的旗舰金鹿号在合恩角的危险水域中幸存下来，他沿海岸往北在加利福尼亚登陆。

1579—1580年　返程
横渡太平洋后，德雷克经由菲律宾和东印度群岛返航。

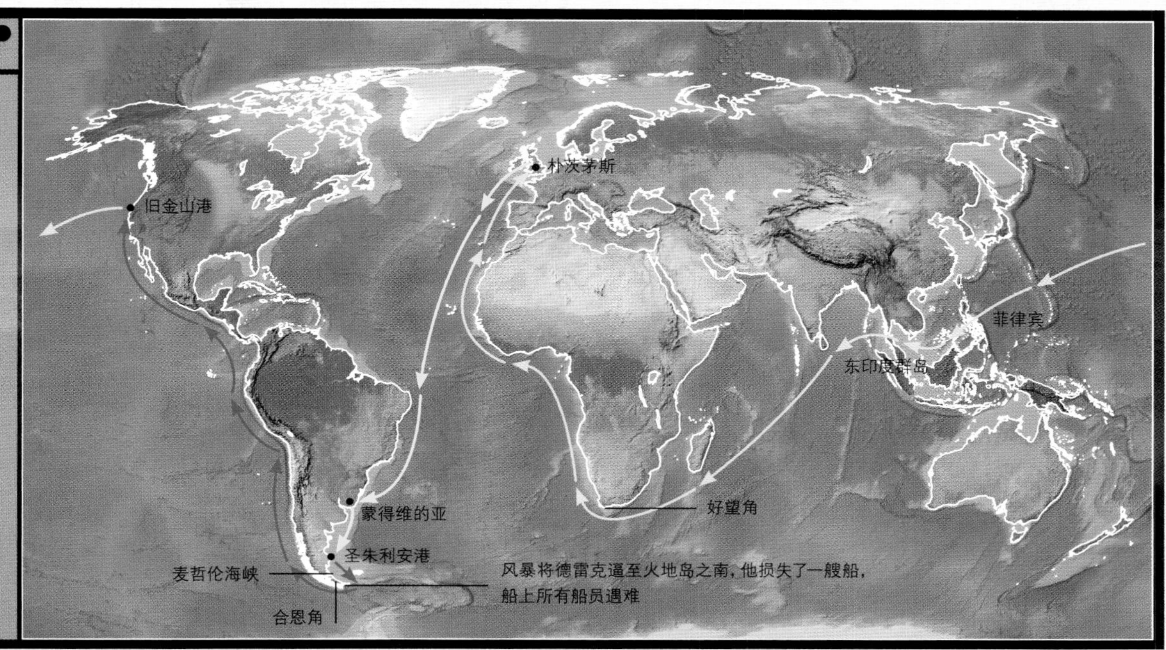

圣奥古斯丁的毁灭
整个16世纪80年代，德雷克继续在美洲攻击西班牙人。这张地图描绘了1586年德雷克摧毁西班牙佛罗里达殖民地圣奥古斯丁的情景。

威廉·丹皮尔

海盗出身的环球航行家

英格兰

作为冒险家、海盗、作家和自然学家，威廉·丹皮尔是17世纪最杰出的人物之一。他出身普通，却是实现三次环球航行的第一人，在英国以名人作者和科学观察家闻名。据说是丹皮尔给了查尔斯·达尔文和亚历山大·冯·洪堡的科学考察活动以灵感，而詹姆斯·库克则学习了他在航海方面的革新。

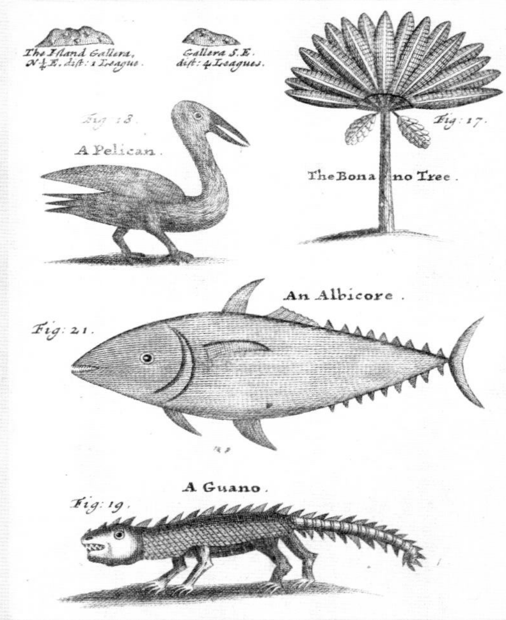

动植物
丹皮尔对航行中遇到的动植物进行了很有价值的详细记录，包括（上图）“博纳诺树”、鹈鹕、长鳍蜥和鬣蜥。

生平事迹

- 在参与各类海盗活动的间隙，在甘蔗种植园工作过，也当过伐木工与炮手。
- 他的新书《新环球航行》使他声名鹊起，被委派率领一艘船去新荷兰（今澳大利亚）。
- 在最后一次环球航行中，他从太平洋的胡安·费尔南德斯岛上救出了被抛弃的亚历山大·塞尔柯克。
- 未获最后一次航行积聚的巨额战利品份额就去世了。

丹皮尔第一次航海是在18岁，当时他乘坐一艘贸易船前往纽芬兰。这次航行使他既喜欢海上旅行，又厌恶寒冷。1671年，对温暖气候的偏爱使他登上了一艘驶往印度尼西亚的荷兰香料群岛的船。一年后，第三次英荷战争爆发，丹皮尔在皇家王子号上服役，后受伤并被遣送回国。

康复后，他有机会在牙买加经营一个甘蔗种植园。然而，大海的诱惑太大，九个月后，丹皮尔登上了一艘驶往墨西哥尤卡坦半岛的贸易船。

在那里，他加入了一群靠伐木为生的顽强的英国人，那些木材是用来制作染料的。他一直和那些人在一起，直到1676年，一场大风暴刮倒了他们赖以生存的树木。

足智多谋的丹皮尔很快就找到了一份新工作，让他开始了一段高度冒险的职业生涯：伙同海盗攻击西班牙在新大陆的殖民地和船只。

海盗名人

1683年，丹皮尔和海盗船长约翰·库克一起航行到加拉帕戈斯群岛。库克去世后，他加盟另一位海盗船长查尔斯·斯旺，并横渡太平洋，最终于1688年抵达新荷兰（今澳大利亚）。在印度洋的尼科巴群岛，丹皮尔离开了海盗团体，又一次扭转了他非凡的职业生涯。他乘一艘独木舟，用五天时间，航行到苏门答腊岛，并在岛上本库伦英国要塞短暂担任炮手。他从此地回英国，并带回一个名叫“约利”的有大量文身的印度尼西亚米安吉斯岛土著。他给约利起绰号“文身王子”，让他在英国各地的畸形秀上展演。

1697年，丹皮尔的新书《新环球航行》出版，引起了英国海军部的注意。海军部让他指挥一艘名为“罗巴克号”的有漏损的船，负责探索新荷兰。但他的缺乏经验很快显示出来，他的

西班牙战利品
丹皮尔在当海盗期间，其任务是尽可能多地获取黄金，以及葡萄酒、火药，甚至包括有价值的地图。

> 运气不好，无论是谁都很难得到好名声。
>
> ——威廉·丹皮尔

他的足迹

- 1678—1691年　首次全球环航
  丹皮尔当过数艘私掠船的船员，进行环球航行。
- 1699年　新几内亚调查
  他担任罗巴克号的船长，考察了新几内亚。
- 1700—1701年　返航
  他沿新几内亚原路返航，打算向南驶往新荷兰，但由于船只状况不佳，只好掉头返航。
- 1703年　第二次全球环航
  作为圣乔治号炮船的船长，丹皮尔再次环球航行，攻击法国和西班牙的船只。
- 1708—1711年　第三次环航
  在私掠船船长伍德斯·罗杰斯指挥的公爵号上当舵手。

○ 未在地图上显示

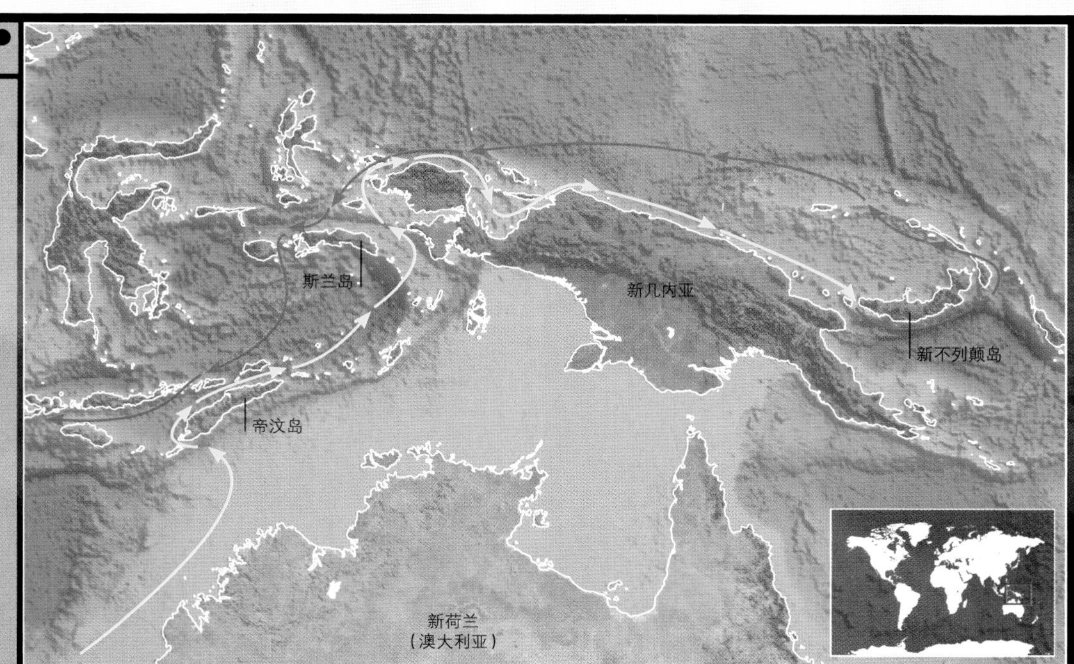

副手费舍尔对他态度轻蔑。为维护自己的控制权，丹皮尔被迫把费舍尔放逐到巴西海岸。

他先后考察了新几内亚和新不列颠的海岸，然后于1699年7月抵达新荷兰。但他的船修理不善，迫使他返回英国。最后，罗巴克号在阿森松岛附近沉没，船员们被过往的船只救起。作为海盗，他打算再作两次环球航行。在他的最后一次航行中，他从太平洋岛屿救出了被抛弃的亚历山大·塞尔柯克（丹尼尔·笛福《鲁滨逊漂流记》的灵感原型）。最后一次航行积聚了价值2000万英镑（3000万美元）的巨额战利品，但丹皮尔未获得自身份额就去世了。

观察印第安人
丹皮尔遇见生活在今洪都拉斯和尼加拉瓜海岸一带的米斯基托印第安人时，形容他们“高大，身材匀称，粗犷，有活力，强壮，脚灵活”。

名人作者

1697年《新环球航行》的出版，即便没让丹皮尔获得财富，也让他获得了声誉。他对自己的航行进行了细致的记录，将海图、观察和记述保存在“大竹筒里，两端用蜡封口，以便防水”。这些数据使他的环航活动不仅是令人兴奋的冒险故事，具有文学魅力，而且也是有价值的科学论文。

乔治·安森

环球航行的海军军官

英格兰 1697—1762年

乔治·安森是英国海军上尉，后晋升为海军中将。他指挥英国舰队进行过几次战役，包括1747年在菲尼斯特雷战役中战胜法国人。作为探险家，他以有史以来最英勇、最危险的环球航行而闻名于世。他几乎失去整支舰队，但回国的船上满载西班牙战利品。安森奉命与西班牙人作战而出征，但回来后发现法国人才是敌人。

西班牙控制下的美洲
这张当代地图显示了西班牙殖民地的大小。受损船只不得不从合恩角返回被葡萄牙控制的巴西，以避开由西班牙控制的部分海岸线。

生平事迹

- 19岁时开始掌管他的第一艘船。
- 指挥一艘在南卡罗来纳州海岸巡逻的船，与海盗和西班牙船只作战，取得首次成功。
- 尽管粮食不足，天气恶劣，还是完成了环球航行。
- 靠一个袖珍罗盘和一个自制的四分仪的引导，穿越太平洋。
- 回到英国，赢得公众的赞誉。
- 在菲尼斯特雷战役中指挥英国舰队对抗法国，取得胜利。
- 晋升到海军中将，并因其成就而被授予贵族称号。

1740年英国和西班牙爆发战争时，安森被任命为海军准将，负责指挥八艘船，包括他的旗舰百夫长号，任务是攻击西班牙的南美殖民地。这支舰队表面上非常强大，有1696名船员。然而事实上，超过250名船员患病，食物供应不足。

危险的航行

尽管有这些障碍，这些船仍然于1740年9月18日从英国起航，于12月18日抵达巴西海岸，在圣凯瑟琳岛停泊。经过一个月的休息和恢复，舰队继续向南航行，但经过麦哲伦海峡时遭遇一系列可怕的风暴，塞文号和珍珠号两艘船被迫向北折返到里约热内卢，而威戈号在智利海岸失事。进入太平洋时，安森这样记载他减员严重的舰队："百夫长号有292名船员死于坏血病；特里亚号已从最初的80名船员减至船长和另外4名船员。"在绝望中，安森驶往胡安·费尔南德斯岛。此前在这座无人荒岛上，被抛弃的亚历山大·塞尔柯克（丹尼尔·笛福小说《鲁滨逊漂流记》的人物原型）独自生活了30年。安森及其下属在该岛休整三个多月，靠吃鱼和海豹肉为生。

以胡安·费尔南德斯岛为基地，这支减员严重的舰队继续沿着太平洋海岸向北行

他的足迹

1740年　远赴巴西
安森带领八艘船横渡大西洋来到圣凯瑟琳岛，在那里休整了一个月。

1741—1742年　从巴西到中国
安森尝试横渡太平洋时，汹涌的海洋将舰队缩减到一艘船。

1742—1744年　返航
安森带着一艘满载西班牙战利品的船返回英国。

1747年　菲尼斯特雷战役
指挥舰队战胜法国；随着英国成为欧洲主要的海上强国，安森继续监督皇家海军的大规模扩张。

○ 未在地图中显示

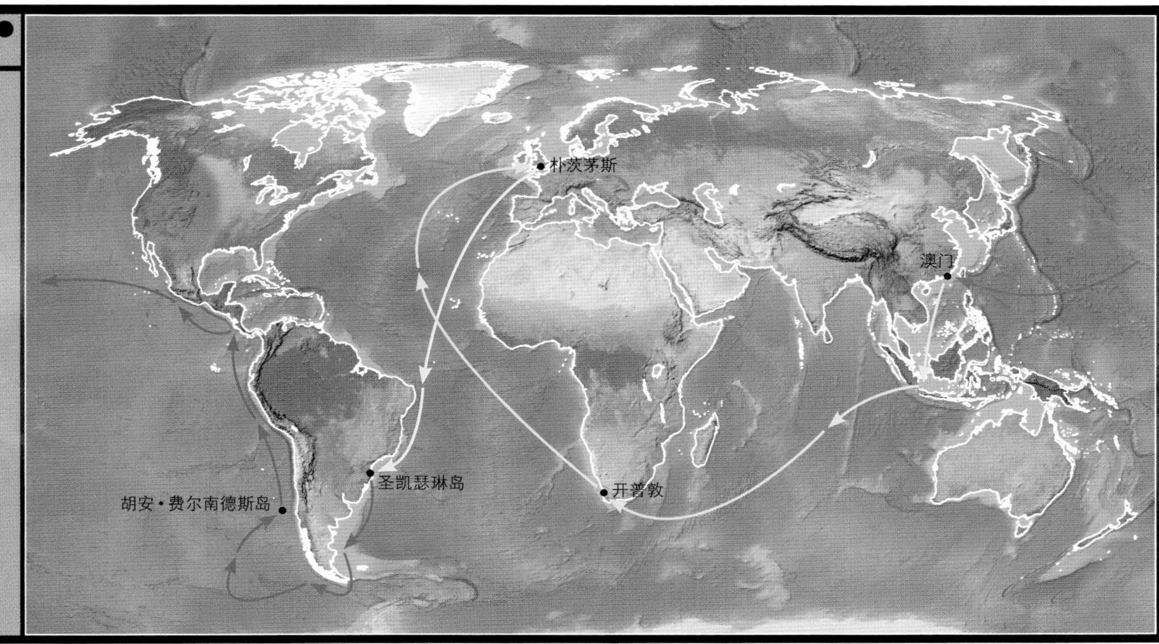

远望前方
安森所生活年代的航海仪器不支持精确计算，所以光学观察很重要。安森会一直把望远镜放在手边。

驶，并劫持了西班牙商船。当安森横渡太平洋到中国时，只剩下百夫长号一艘船。

安森乐观地认为，这次航行需要七个星期。事实上，百夫长号花了五个月才到达澳门。安森带着一个袖珍罗盘和一个自制的四分仪横渡太平洋。中国人对他的到来并无兴趣，他对此感到困惑："虽然许多船靠近我们这艘船，但他们似乎对我们一点儿也不感兴趣……这一点，尤其是从事航海的人员对自己职业中的某件事如此不敏感，几乎令人难以置信。"1744年6月，安森经由开普敦的泰普湾返回英国。他对英国正与法国作战而不是与西班牙作战的消息感到震惊，不过这并未减弱国人对他截获的西班牙财宝的欢迎程度。从南太平洋海岸往伦敦运送这些财宝需要32辆运货马车，正如安森在一封信中谦逊地说："尽管远征队并没有取得国家所期望的所有成功，这对我来说是巨大的不幸，但我相信，作为总司令，不可能有人指责我有任何不当行为。"

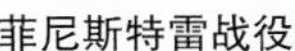

菲尼斯特雷战役
回到英国后，安森快速投入与法国的战争。1747年，他率领舰队在菲尼斯特雷战役中战胜了法军，取得举世闻名的胜利。

约翰·拜伦

英格兰　　1723—1786年

约翰·拜伦是诗人乔治·拜伦勋爵的祖父。他曾在安森的舰队中服役，当时他是威戈号的军官。1741年，该船在巴塔哥尼亚海岸的浓雾中迷失方向，在智利南部海岸搁浅。

拜伦和一群生还者一起乘大划艇沿着智利海岸航行，被西班牙人俘虏，五年后返回英国。1766年，拜伦完成了破纪录的环球航行——在22个月里，船上只有六人死亡，没有人死于坏血病——这在当时是一项罕见的成就。拜伦在航行中确定了福克兰群岛的方位。1765年1月，他首次看见这些岛屿。

《拜伦遇见巴塔哥尼亚人》，这幅插图摘自同时期有关拜伦航行记载的书中。

路易斯·安东尼·德布干维尔

福克兰群岛的法国殖民者

法国 1729—1811年

路易斯·安东尼·德布干维尔是天才的数学家，也是一位成就卓著的军事指挥官。在1766—1789年完成法国首次环球航行时，他的学术能力和领导才能就脱颖而出。这些航行有助于扩大法国在世界各地的影响力，特别是他在南太平洋的经历，给人们提供了对一个未知的广阔区域里族群和岛屿的科学的新认知。

《环球纪行》中的图片
此图片来自德布干维尔的《环球纪行》（1772年），显示布干维尔的一名船员递给一名巴塔哥尼亚妇女一块饼干，给她的孩子吃。

路易斯·安东尼·德布干维尔1729年出生于巴黎，当时正值启蒙运动，这是一场欧洲国家对世界进行理性科学理解的运动。这位年轻的贵族在国王路易十五的宫廷中很早就有了天才数学家的声誉。1754年，德布干维尔被选为伦敦皇家学会会员，以表彰他出版的数学著作。他注定戎马生涯，在七年战争期间（1756—1763年），他担任上尉。当时大部分欧洲国家都卷入了这场北美冲突。

荣誉勋章
法国于1931年铸造了这枚纪念奖章，以纪念路易斯·德布干维尔为祖国做出的贡献。

1763年战争结束时，他自费在马卢恩群岛（现为福克兰群岛）建立了一个法国前哨站，这使他更加声名卓著。德布干维尔对这些岛屿进行过两次单独的旅行，描述了他对这些岛屿的印象："地平线尽头是光秃秃的山脉，陆地被海洋撕裂……由于缺少居民，土地死气沉沉；没有树林可以安慰那些打算成为第一批定居者的人。"

尽管他的描述相当冷峻，他还是认识到这些岛屿作为法国赴太平洋航行的中转补给站的战略价值。为表彰他的贡献，法国政府委派他执行首次远征太平洋的任务。他获得路易十五的许可，全球环航，经由麦哲伦海峡航行到中国，并被授权为法国占领他遇到的任何新土地。他于1766年11月起航，希望能有新发现，并为法国的扩张找到出路。

生平事迹

- 因他在数学方面的贡献而入选伦敦皇家学会。
- 在马卢恩群岛（今福克兰群岛）建立了一个法国前哨基地，但不得不将其移交给西班牙，因为西班牙此前曾宣称拥有主权。
- 在为期三年的探险中环球航行；为布干维尔岛命名。
- 调查南太平洋并宣称塔希提岛属于法国。

探索南太平洋

在为期三年的探险中，德布干维尔指挥法国海军护卫舰布迪斯号和前商船埃托尔号。探险队访问并考察了塔希提岛、萨摩亚和新赫布里底群岛。他还以自己的名字命名了位于澳大利亚北海岸附近的布干维尔岛。

船队停靠塔希提岛时，一个名叫奥图鲁

乘独木舟横渡
在前往蒙得维的亚（今乌拉圭）的途中，德布干维尔的部下乘着独木舟横渡圣卢西亚河。马随他们一起过河。

天堂岛
在他关于塔希提岛的报告中，德布干维尔将这个岛描述为一个天真无邪的天堂，远离了文明的堕落影响。

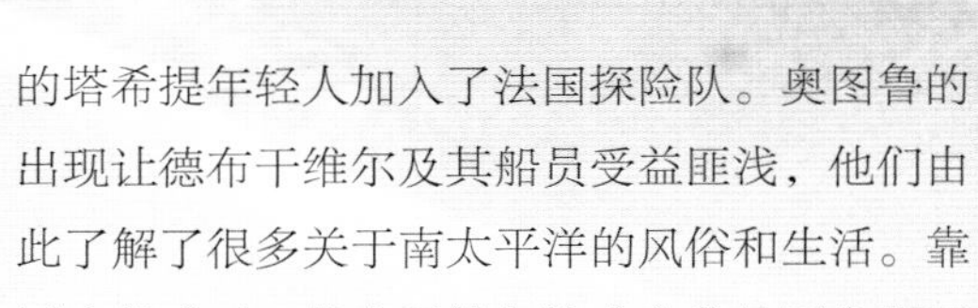

的塔希提年轻人加入了法国探险队。奥图鲁的出现让德布干维尔及其船员受益匪浅，他们由此了解了很多关于南太平洋的风俗和生活。靠近大堡礁时，德布干维尔险些宣称法国发现了澳大利亚，但被汹涌的海洋拒之门外。探险队于1769年3月返回法国。尽管粮食短缺，但在200人中只有7人丧生。正如德布干维尔所描述的，“饥饿……一直在船上逗留”。虽然德布干维尔很少为法国发现或收购土地，但这次探险首次绘制了许多太平洋群岛的地图。此外，他对塔希提人纯真的幸福生活的描述对有关人性的启蒙观念和法国大革命思想有很大影响。

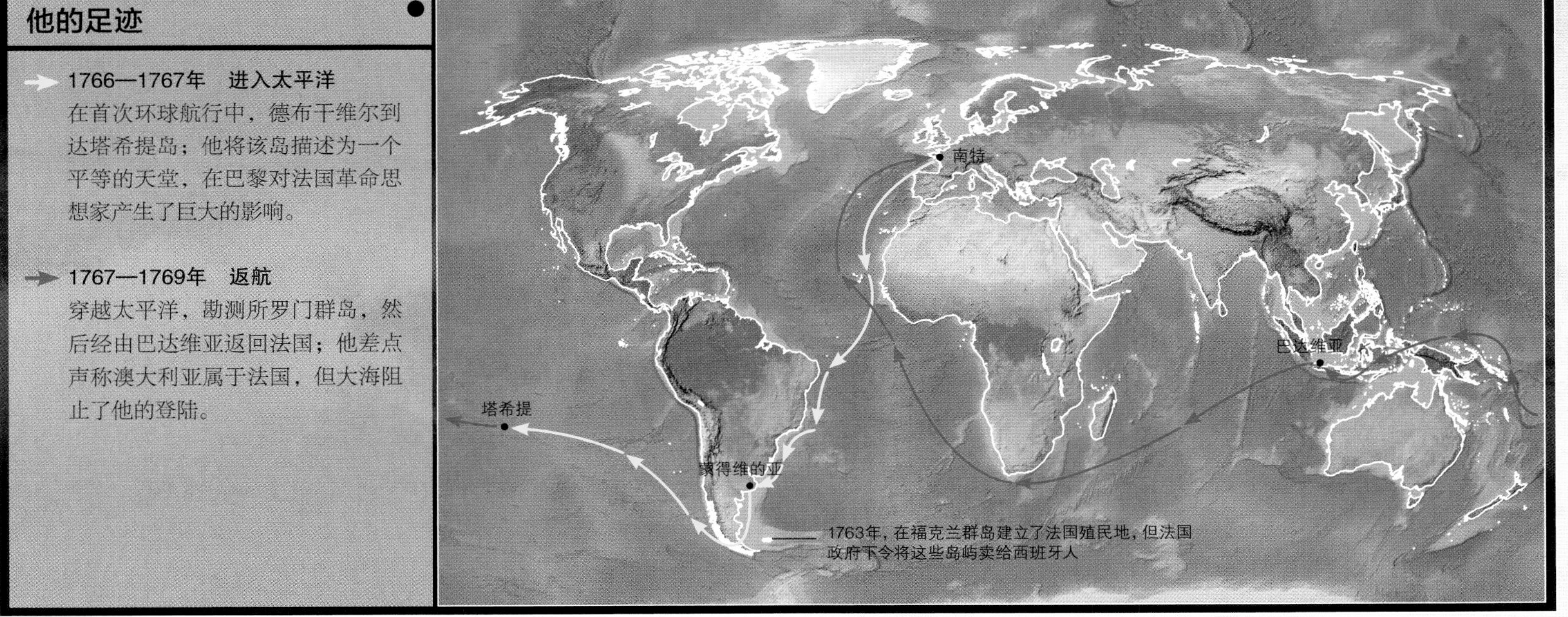

他的足迹

1766—1767年　进入太平洋
在首次环球航行中，德布干维尔到达塔希提岛；他将该岛描述为一个平等的天堂，在巴黎对法国革命思想家产生了巨大的影响。

1767—1769年　返航
穿越太平洋，勘测所罗门群岛，然后经由巴达维亚返回法国；他差点声称澳大利亚属于法国，但大海阻止了他的登陆。

图解远途通信发展

一支远征探险队的成功与否，取决于成员之间的交流以及与国内的通信联系。直到19世纪，长途通信的传播速度并不比马或帆船快，而探险家们常常会在没有任何消息的情况下离家多年。电报的发展和现在的卫星使通信几乎可以瞬间实现，而探险家可以与世界上任何地方的文明保持联系。

古代道路

公元前600年，大流士在波斯建立了一个驿站网络，利用驻扎在沿线驿站的人和马的接力，使信息能够快速传遍他的帝国。骑手们携带写在分量很轻的莎草纸上的文字信件，在帝国来回穿梭，每天跨越300公里（200英里）。

后来，在中世纪的中国，马可·波罗（见第56—59页）见证了驿站道路系统的存在，这并非没有危险。他描述道，在丝绸之路上，旅客们会睡得很近，把铃铛挂在他们的动物身上，以便一旦遭匪徒袭击，就会发出警报。

海上信号

在海上，船只之间的早期通信仅限于火或照明弹。在大西洋穿越时，

公元前334年　希腊的情报系统
亚历山大大帝（见第22—25页）雇用了一群侦察兵，他们在部队前面行动，收集情报。

公元前200年　丝绸之路
这条8000公里（5000英里）的贸易路线是连接亚洲与欧洲、非洲的一条通道。

1000年　维京人探险
冰岛的萨迦记载了移民到格陵兰和北美的家族故事。

1584年　旅行作家
英国地理学家理查德·哈克卢伊特通过他的书传播关于遥远地区的知识。

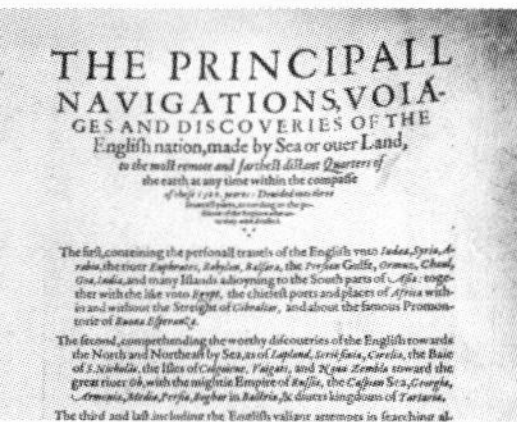
THE PRINCIPALL NAVIGATIONS, VOIAGES AND DISCOVERIES OF THE English nation, made by Sea or over Land, ...

公元前　500　公元　100　500　1000　1550　1600　1650　1700

公元399年　僧人网络
僧人法显（见第44—45页）在远赴印度取经求道途中通过佛教寺院网络得到支持。

1520 年　烟雾信号
费迪南德·麦哲伦（见第138—141页）看到火地岛沿岸的火光，误认为是巴塔哥尼亚人的烟雾信号。

1740年　迟到的新闻
在与西班牙的战争中，英国派遣乔治·安森（见第148—149页）攻击西班牙太平洋舰队。他于1743年返回时，发现当下的敌人是法国。

公元前500年　万里长城

长城是防范北方入侵者的屏障，同时也为通信提供便利。长城沿线的烽火台，如金三岭这一段，综合利用烟雾（白天）、闪光（夜间）和鼓声模式，发出潜在攻击的警报。公元前475—公元前221年，第一次用这种方式传递信息。

1534年　雅克·卡蒂亚

雅克·卡蒂亚在初次与加拿大原住民接触期间（见第130—131页），将易洛魁酋长的两个儿子扣为人质。图中这位酋长正在与卡蒂亚寒暄，允许探险家带自己的两个儿子去法国，条件是他们带欧洲货回来。卡蒂亚在1535年的第二次旅行中带他们返回，他们也带回了在法国生活期间的所见所闻。

早期航海家如克里斯托弗·哥伦布（见第86—89页），会在各船之间建立夜间口头呼叫系统，以确定位置并发出危险警告。白天，可以通过扬帆和降帆来提供简单的信号。从18世纪开始，英国就建立了一套正式的夜间灯光信号系统，可以由焰火或照明弹闪光组成。打旗语则是一种手持旗帜信号系统，19世纪初拿破仑在战争中首次使用，后被英国人弗雷德里克·马里亚特（1792—1848年）改装为船舶升旗系统。

语言障碍

对于早期的西班牙和葡萄牙探险家来说，与其他地方族群的语言差异是一个主要问题。例如，1488年，巴尔托洛梅乌·迪亚士（见第76—77页）通过绑架来解决这个问题，在其东方之旅中带着西非的翻译人员。不幸的是，他的俘虏们无法理解本大陆东海岸的语言。

要了解当地的知识和专业技能，对翻译人员和中介人的需求一直至关重要。刘易斯和克拉克（见第174—175页）探索美国西部时，雇用了名叫萨卡加维亚的肖肖尼印第安妇女，担任肖肖尼语和希达萨语的翻译。他们还使用一种肖肖尼语手语，这是由猎人乔治·德鲁里亚发明的。尽管印第安人并不像外界误认为的那样有共同的符号系统，但1805年，刘易斯记载，“他们传递的思想很少被误解”。在非洲，英国维多利亚时代的约翰·汉宁·斯贝克（见第204—207页）、奥古斯都·格兰特等人，在跨越部落边界从桑给巴尔到内陆的时候，都依赖他们的翻译。

有线和无线

1844年，美国发明家塞缪尔·摩尔斯首次成功地展示了电报系统，该系统不久就在世界各地铺设了数千公里的电缆，提供了跨越陆地的即时通信。1867年，英国海军中将菲利普·科洛姆发明了一种基于摩尔斯系统的闪光信号系统，使海上通信得到了极大的改善。虽然这种系统经常受到恶劣天气的干扰，但它们的速度和可靠性意味着信件邮递很快就被取代。1876年，苏格兰工程师亚历山大·格雷厄姆·贝尔发明了电话，使得用电报发送人类话语成为可能。到1892年，意大利无线电先驱古列尔莫·马克尼进行了第一次无线电报试验，允许摩尔斯电码从陆地传送到海上。除提供一种口头通信方法外，无线技术还利用无线时间信号提高了该领域经度测量的准确性。

来自太空的信息

今天的探险家们通过卫星信号讲话或发电子邮件，与国内甚至是世界上最遥远的地方保持联系。笔记本电脑现在比以往任何时候都更加小巧紧凑，几乎方便携带到任何地方。即使是在太空，国际空间站上的宇航员也通过普通博客与地球上成千上万的人分享他们的经验。

1839年　摩尔斯电码
塞缪尔·摩尔斯首先概述了他的电磁电报理论。

1804年　印第安信号
刘易斯和克拉克（见第174—177页）用手语与美国印第安人各族群交流。

1990年　卫星通信
卫星技术支持远程连接到互联网。无线电卫星技术使远程连接互联网成为可能。

1953年　珠穆朗玛峰代码
在珠峰上，睡袋摆放为“T”形，这是登顶的标志。

2010年　太空博客
全世界用户都在关注国际空间站的博客，宇航员用博客记录他们的经历。

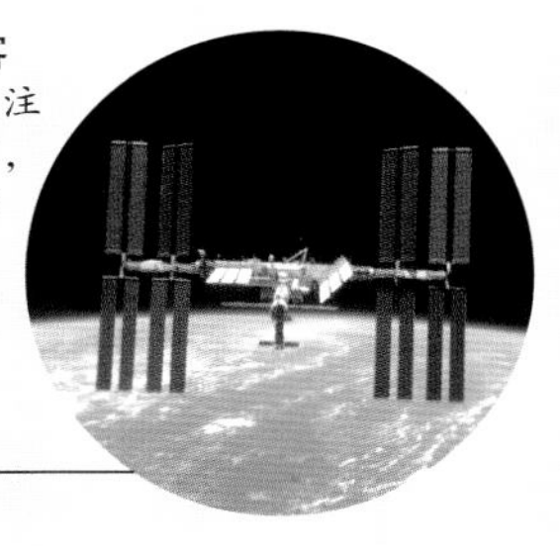

1800　1850　1900　1950　2000

1800年　捕获旗语信号
海上世界采用了基本的手持式旗语信号系统。

1840年　北极搜索
信息气球被用来寻找约翰·富兰克林的“迷失的远征”（见第292—293页）。

1897年　极地信鸽
瑞典热气球爱好者奥古斯特·安德雷在飞往北极的不幸旅途中携带信鸽。

1934年　无线电发生器差点致死
美国极地探险家理查德·E.伯德差点死于其无线电发生器发出的一氧化碳。

1817年　海洋信号系统

英国皇家海军舰长弗雷德里克·马里亚特公布了《商船信号代码》，它基于旗语系统，最终被采纳为一种国际编码。到1854年，马里亚特的系统被称为通用信号代码。今天，所有由非海军舰艇发出的信号，无论是旗语信号还是信号灯信号，都是根据通用信号代码组织起来的。

1909年　无线电

20世纪早期，探险家们已可自由使用无线技术，但很多探险家都因无线设备过于笨重而不愿携带。罗伯特·皮尔里（见第308—309页）1909年北极探险前获赠一套无线设备，但他拒绝接受。他的同事马修·亨森（见第310—311页）后来写道，电台“有助于创新”。图中所示为1927年在尼日尔运行的一台如手提箱大小的无线接收器。

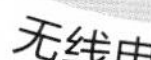

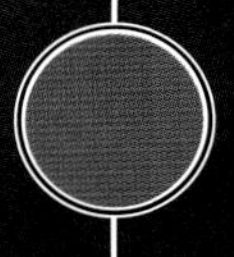

进入太平洋

16世纪，一个传说中的南方大陆吸引了欧洲探险者进入太平洋。他们的寻找活动导致了对太平洋岛屿、澳大利亚和新西兰的探索，最后发现了南极洲。

流氓贸易商
1615年，荷兰人威廉·斯考滕和雅各布·勒梅尔从南美洲西部航行到摩鹿加群岛，目的是打破荷兰东印度公司的贸易垄断。

第一批真正的太平洋探险者不是欧洲人，而是波利尼西亚人。他们是中国南方人的后裔，最初迁徙到西波利尼西亚，公元前1000年到达汤加和萨摩亚。大约1300年之后，又开始了一系列的迁徙活动。他们乘大型独木舟横渡海洋，在群岛间穿梭，并携带典型的波利尼西亚面包果、芋头、山药和甘薯，以维持他们所建立的定居点。他们准确了解风向和洋流，用棍棒绘制海图，到700年，他们已到达夏威夷，并远至复活节岛。700—1100年，他们迁徙到更远的地方，最终到达了新西兰，毛利人就是他们的后代。

全球图画

在欧洲，15世纪初重新发现托勒密的作品使人们认识到，可能有一个南部大陆连接非洲和亚洲。1499年的瓦斯科·达伽马环航非洲（见第80—81页）证明托勒密是错误的，但著名的制图师如亚伯拉罕·奥特柳斯和吉哈德斯·墨卡托则开始描绘一个南方大陆，他们称之为“南方未知大陆”。虽然有迹象显示葡萄牙航海家在16世纪20年代到过澳大利亚海岸线，少数法国制图师将其标记为“大爪哇”，但未获证实。

毛利人的艺术
库克1769年登陆新西兰时，发现了一种高级的毛利文化，能够在木料上创造出复杂的图腾。

西班牙的成功

西太平洋地区更多的实际发现是由西班牙人完成的，始于1521年，费迪南德·麦哲伦在菲律宾的宿务岛登陆（见第138—141页）。1527年，征服者埃尔南·科尔特斯（见第106—109页）派出一支由阿尔瓦罗·德萨维德拉率领的探险队，寻找一条从墨西哥到菲律宾的安全航线。返程途中，他首次绕过了新几内亚的海岸，并报道了当地巴布亚人的风俗。1567年，西班牙派出了另一支探险队，这次从秘鲁出发，打算寻找俄斐——那是所罗门国王的矿藏，盛产黄金和宝石之地。结果证明，这是一场白日梦。但阿尔瓦洛·德蒙达纳发现并命名了属于所罗门群岛的瓜达尔卡纳尔群岛，以此作为实现其航行目标的一种认可。

> 勘测过澳大利亚和新西兰的海岸线后，探险者们就开始努力寻找更南的南方大陆，最终导致了南极洲的发现。

1605年，葡萄牙探险家佩德罗·德基罗斯在新赫布里底群岛的圣埃斯皮尔里图岛登陆，然后经由加州返回墨西哥。德基罗斯在新赫布里底群岛放弃了他的一艘船。但这艘船的船长路易斯·瓦兹·德托雷斯驶过新几内亚岛南部，穿过托雷斯海峡，看到澳大利亚西北端的长礁，此时距离发现这个新大陆只有一步之遥。

荷兰的扩张

真正开始探索这个南方大陆的是荷兰人。他们的探险活动由荷兰东印度公司赞助，该公司成立于1602年，旨在促进荷兰商业开发印度洋周边地区。该公司建立了一系列殖民地，其中最著名的是在斯里兰卡、爪哇和摩鹿加群岛，很快就使西班牙和葡萄牙在该地区的利益黯然失色。

1605年，威廉·扬松沿着新几内亚海岸线向南航行，然后沿着约克角的海岸线继续向南航行300公里（200英里），这是目前所知的欧洲人首次在澳大利亚登陆。1623年，扬·卡斯滕斯探索了阿纳姆地。到17世纪40年代，荷兰人对澳大利亚的北部和西部海岸线有了很好的了解，他们称其为“新奥朗迪亚”

权力中心
巴达维亚（今雅加达）1619年被荷兰人占领，成为荷兰总督驻地，也是他们在东印度群岛的实际首都。

绕道合恩角
到19世纪，船只常需要绕过南美洲进入太平洋。随着1914年巴拿马运河的开通，就不再需要进行这一危险旅程了。

法国太平洋航行者
此为仿造的德布干维尔的布迪斯号护卫舰，1766年，在该舰领航下，法国探险队途经图阿摩图斯、塔布提岛和萨摩亚群岛，完成首次环球航行。珍妮·巴雷名为船上植物学家的贴身男仆，其实是他的情人，她成为首位环航全球的女性。

（“新荷兰”）。

1642年，阿贝尔·塔斯曼（见第160—161页）从南印度洋向西北航行时，看到塔斯马尼亚（他谦逊地以荷兰东印度总督的名字将其命名为“范迪曼之地”），这是荷兰人对这块大陆的最后一个重大发现。而且，他还到达了新西兰，他的船员成为首批登陆新西兰的欧洲人。

英国人到来

英国人在1600年建立了东印度公司，并开始对南太平洋产生更大的兴趣。1621年，东印度公司一艘试图到达爪哇的船在澳大利亚西北部失事，但首次有意探险该大陆的是威廉·丹皮尔（见第146—147页），他于1688年年初在国王海口的小天鹅湾登陆，并于1699年再次返回，这次他在西澳大利亚的鲨鱼湾附近登陆。

值得探索的大陆

丹皮尔在新荷兰登陆报告中描绘了一片干燥无趣的土地，不值得开发。直到18世纪50年代法国和英国的商业竞争转向战争时，才爆发了一场探索和占领太平洋剩余空白版图的竞赛。1768年，路易斯·安东尼·德布干维尔（见第150—151页）来到距离昆士兰海岸不足200公里（120英里）处。次年，詹姆斯·库克（见第156—159页）绘制了新西兰几乎全部海岸线的地图，然后在1770年4月19日第一次看到澳大利亚东部大陆。

在库克航海之后的几十年里，欧洲与毛利人的贸易有所增加，基督教传教士19世纪初开始定居新西兰。英国在1840年与毛利人签订的《怀唐伊条约》中获得了欧洲对这些岛屿的权利，并于1788年在澳大利亚东部建立了他们的第一个刑事殖民地。1828年，他们正式宣称对整个大陆拥有主权。

背景介绍

- 大约在1600年，迁徙到复活节岛的波利尼西亚人砍伐了岛上最后的树木。他们耗尽资源建造了数百个被称为“摩埃”的巨大石像，造成了生态灾难。最近对当地花粉的分析表明，该岛原本几乎全部被森林覆盖，直至1200年才改变。
- 在探索印度洋方面领先的是葡萄牙人。葡萄牙人1506年到达斯里兰卡，1511年占领马六甲。但到17世纪中叶，他们已经被荷兰人超越，科伦坡的据点1656年落入荷兰东印度公司手中。
- 1621年，约翰·布鲁克的船特里尔号在澳大利亚西北海角附近解体沉没。船上46名幸存者五周后抵达爪哇岛，他们是第一批发现澳大利亚海岸线的英国人。
- 詹姆斯·库克船长在1768—1771年的首次航行是奉命观察金星凌日，次要任务是通过发现和主张英国在南太平洋的新土地所有权来挫败法国。

詹姆斯·库克

南太平洋探险家

英格兰 1728—1779年

詹姆斯·库克是一位技术高超的航海家、制图师和探险家，他为英国指挥过三次航海发现之旅。他环游全球两次，绘制了美洲大陆西北海岸的地图。库克与南太平洋群岛居民的接触，也使一些波利尼西亚文化首次与欧洲人接触。他对澳大利亚的探索导致了欧洲殖民者对澳大利亚的殖民统治，但他最大的目标——发现广阔的南方大陆——却未能实现。

在赴太平洋的三次航行中，詹姆斯·库克发现的地球未知区域比历史上任何其他探险家都多，虽然他早年的生活并未有迹象显示后来的英雄生涯。年轻时，他在商船队工作，沿英国海岸运送煤炭，但对冒险的渴望使他于1755年志愿加入皇家海军。他在“七年战争”期间的杰出表现使他晋升为船长，有资格驾驶一艘船。作为彭布罗克号战舰的船长，库克横渡大西洋抵达北美洲，在那里他更多地展示了作为制图师的天赋，绘制出圣劳伦斯河的精确地图。这帮助他赢得了格伦维尔号的指挥权，并绘制了纽芬兰海岸的地图。

航行到塔希提岛

到1768年，库克出色的航海技术使他受到了英国皇家学会的青睐，英国皇家学会任命他带领科学考察队前往南太平洋的塔希提岛。在两位天文学家的陪同下，库克的任务是观测1769年的关键天文事件——金星凌日。1768年8月25日，英国皇家海军奋进号从普利茅斯起航。他的团队包括年轻的英国植物学家约瑟夫·班克斯（见第197页）以及瑞典和芬兰同行丹尼尔·索兰德和赫尔曼·斯波林。库克在1769年4月13日抵达最近发现的塔希提岛，对金星凌日的勘测是有效的，收集到的数据最终将帮助科学家准确地确定太阳系的大小。

库克的六分仪
这个六分仪是英国仪器制造商约翰·博德（1709—1776年）制造的，是当时最先进的科学测量仪器。

大溪地之旅

随后，库克执行了另一项秘密指令，按照英国海军的命令，从塔希提岛向南航行。他的新任务是确定是否有一个巨大的、未被发现的大陆——如果它确实存在，就宣称归属英国。当时，人们普遍认为南半球存在一个巨大的大陆——“南方未知大陆”，与北半球大陆保持平衡。如果未发现新大陆，库克将起航前往新西兰，吞并该地，并绘制海岸线。

1769年10月，库克未能找到南方大陆，而是到达了新西兰。他调查了新西兰的北岛和南岛，证实了阿贝尔·塔斯曼的理论（见第160—161页），即它们确实是岛屿，与更大的陆地没有联系。从新西兰出发，库克向西航行。1770年4月19日，他在塔斯曼近

生平事迹

- 从塔希提岛观察并记录金星凌日的过程。
- 证实了新西兰由两个岛屿组成的理论。
- 在澳大利亚东南海岸登陆，领导了有记载以来欧洲人首次澳大利亚探险活动。
- 环航南极圈。
- 前往白令海峡，寻找西北通道。
- 开辟了美洲西北海岸的贸易和殖民。
- 发现夏威夷群岛，并将其命名为“三明治群岛”。
- 确保船员中无人死于坏血病，因为他坚持给予他们适当的饮食，包括橙汁。

给库克船长的礼物
这个当代雕刻展示的是1779年，在夏威夷的一个村落，卡哈纳·努伊（大祭司）赠送给库克及其船员一只乳猪。库克总是尽量对他遇到的人公平，与他们交易，并尊重当地的风俗习惯。

毛利人的抵抗
库克在新西兰航行时遇到毛利人的抵抗。毛利人一度划战斗独木舟来见他，他被迫与他们决战。

200年前发现并命名为“新荷兰”的陆地——澳大利亚海岸登陆。

约瑟夫·班克斯及植物学家同行在收集了大量新发现的植物标本之后，将他们登陆的地点命名为“植物学湾”。库克声称这块土地属于英国，并将其命名为“新南威尔士”。他还发现岸上有人活动，但未与他们接触。库克随后勘察了整条3000公里（2000英里）的东部海岸线，成功地在危险的大堡礁上航行。

回到英国后，库克被誉为英国最杰出的航海家，但与他的成就相比，公众更加关注约瑟夫·班克斯的科学发现。这次航行建立起科学家随海军远征探险的悠久传统。

第二次航行

尽管库克的首次航行取得了巨大成就，但南方大陆的问题仍未得到解答。1772年，库克收到了海军部的第二次秘密命令。他奉命指挥决议号，同行的还有冒险号，任务是航行到比任何竞争对手更远的南方。库克于1773年1月越过南极圈，在南大西洋发现并绘制了南乔治亚岛。他沿着冰架的边缘航行，怀疑有一个较小的极地大陆在这个屏障之外，却无法突破冰层找到它。他完成了对南极的环行，然后被迫北上塔希提岛接受新的补给。他带着确凿的证据返航回国，证明了任何可能存在的南部大陆都不是人们所希望的那块土地。

探险家的结局

1776年7月，库克再次乘决议号进行他的第三次航海之旅，这次他

他的足迹

1768—1771年　第一次航行
库克航行到塔希提岛，在该地观察金星凌日，然后航行寻找南方大陆；在此过程中，他调查了新西兰和澳大利亚东海岸。

1772—1775年　第二次航行
完成对南极的环航，但无法穿过冰层找到远处的大陆。

1776—1779年　最后一次航行
为寻找西北航道，返回太平洋；寻找穿越白令海峡的航道失败后，库克在返回夏威夷的途中被杀。

1779—1780年　库克的船员返航回家
库克死后，船长查尔斯·克莱克负责这次探险，他们在返回英国前再次试图穿越白令海峡。

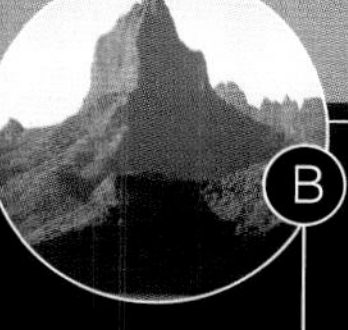
B 在塔希提岛观察金星凌日，库克在三次太平洋航行中均到过该岛。

1755—1768年	1768—1771年	1771—1772年	1772—1775年

库克在商船工作几年后，于27岁加入皇家海军。

A 绘制纽芬兰海岸图，让世人得知他是一名杰出的航海家和制图师。

C 在澳洲大陆登陆，将登陆点命名为“植物学湾”。

安全越过大堡礁，尽管他一度被迫上岸修理船只。

关注的是北冰洋。他的目标是找到一条西北通道，从太平洋跨过美洲最北端到大西洋。决议号向北航行穿过太平洋时，库克的船员成为第一批在夏威夷群岛登陆的欧洲人（库克以他的赞助人三明治伯爵的名字将该地命名为“三明治”）。到达加利福尼亚海岸后，他继续勘探工作，在温哥华岛停留了一个月，在那里他与当地原住民之间的交易并不容易。然后他向北航行到白令海峡，但未在那里发现通航的航道。

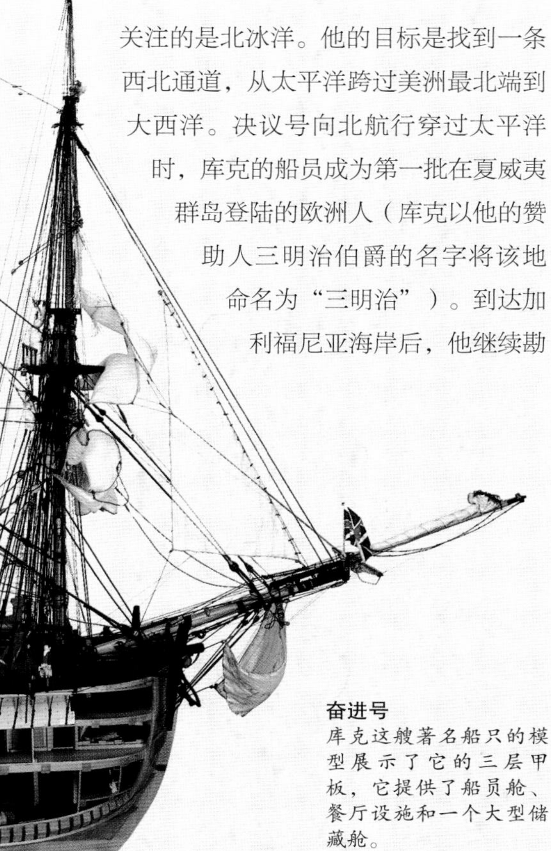

奋进号
库克这艘著名船只的模型展示了它的三层甲板，它提供了船员舱、餐厅设施和一个大型储藏舱。

雄心引导我……前往我认为人类所能到达的极远之地。

——詹姆斯·库克

1779年，库克回到夏威夷，他公平对待当地原住民，结果反而导致了自己身亡。在调查一名岛民盗窃船只事件时，他被愤怒的当地人刺死。一年后，他的探险队回到了英国。库克留下了一笔可观的遗产：他在船上和岸上的行为准则；他测量结果的精确性；以及一种和平的、科学探索的新精神。

乔治·温哥华

英格兰 1757—1798年

乔治·温哥华是一名英国海军军官，以对北美西北海岸的勘测而闻名，他早期的航海经验从库克的航行中获得。

作为一名英国海军军官候补生，他先后参加过库克的第二次与第三次航海。在第二次航海（1772—1775年）期间，他在决议号上服役；第三次航海中，则在发现号上服役。接下来他在西印度群岛服役，后来被授予英国远征特遣部队的指挥权。1791年4月，他带着两艘船起航，造访过南非的开普敦、澳大利亚、新西兰、塔希提岛和三明治群岛（今夏威夷），测量海岸线，选择植物标本。接下来，温哥华前往北美，勘测了从加利福尼亚到阿拉斯加的西部海岸线（加拿大不列颠哥伦比亚省的温哥华岛，美国温哥华市和加拿大温哥华市，都以他的名字命名）。1794年，温哥华再次访问三明治群岛，接受当地居民臣服于大英帝国，尽管这从未得到正式批准。他以同情他所访问的地方人民而闻名，对那些肆无忌惮的西方商人不屑一顾。

复活节岛
库克在第二次航行中，于1774年访问了复活节岛。它是世界上最孤立的岛屿之一，为亚热带气候，由三座死火山组成。图中所示为拉帕努伊火山的火山口。复活节岛因海岸线上的神秘雕像而闻名。库克参观后报告说，许多雕像都处于失修状态，或者已倒塌。

D 在南极航行期间绘制南乔治亚岛图，但未能找到极地大陆。

E 库克在最后一次航行中，发现了夏威夷，把其命名为三明治群岛。

1775—1776年 | 1776—1779年 | 1779—1780年

库克被迫在白令海峡掉头，这意味着他未找到从太平洋到大西洋的北方通道。

阿贝尔・塔斯曼

探索南方大陆的荷兰探险家

荷兰　　1603—1659年

船长阿贝尔・塔斯曼率领第一支欧洲探险队前往“南方大陆”，目的是扩展荷兰东印度公司的贸易帝国。他的第一次航行发现了塔斯马尼亚、新西兰、斐济和汤加，但都不是其雇主所期望的能进行大量贸易的地区。塔斯曼的成就在他有生之年很少受到赞赏，由他首先发现的岛屿也在200年后才以他的名字命名。

生平事迹

- 他给新发现地区的命名证明他对公司的忠诚和爱国精神，比如范迪曼之地（塔斯马尼亚）和玛丽・范迪曼角（新西兰北岛的北端）都是以上司及上司妻子的名字命名。
- 在新大陆的南端航行，发现了几个未知的太平洋岛屿群，但他的探索性努力没有得到雇主的赞赏。
- 由于荷兰人乔恩・布莱厄的世界地图的出版，他在1648年的探索之旅获得一些认可。

经营良好的公司
1602年，荷兰人成立了一家公司，从利润丰厚的香料贸易中分得一杯羹。公司简称VOC（即“东印度联合公司”）。

塔斯曼出生在荷兰东北部的卢杰加斯特，在他1632年的结婚证上被列为普通水手。一年后，他加入了荷兰东印度公司，职位不断晋升。1638年，他率领恩格尔号船，前往位于东印度群岛的巴达维亚（今雅加达）基地。

寻找南方

巴达维亚总督安东尼・范迪曼热衷于扩大东印度公司的贸易利益，他于1642年派遣塔斯曼去探索被称为“南方大陆”的地区，并勘探一条去南美的航线。塔斯曼于8月14日率领海姆斯科克号和泽汉号起航，向西航行到毛里求斯，以充分利用盛行风向。在穿越印度洋的途中，到11月24日，塔斯曼“发现了陆地……我称之为‘范迪曼之地’”。除内陆升起的烟外，未见有人居住的踪迹。塔斯曼写道：“我还在沙滩上看到野兽的脚印，就像老虎的脚印……我们竖立了一根柱子，每人都刻上名字或者留下印记，我在柱子上挂了一面旗帜。”

隆起的陆地

离开范迪曼之地，塔斯曼向东航行，目标是“所罗门群岛”。但他在12月13日发现了“一片巨大的陆地，隆起的高地”——新西兰。这些船只停泊在南岛的费雷韦尔角，塔斯曼报告说那里“有大量原住民”。几天后，毛利人乘一只独木舟驶近船只，袭击泽汉号的一艘支援船，四名船员被

他的足迹

1642—1643年　范迪曼之地
从巴达维亚出发，利用盛行风经毛里求斯向东南航行；不顾恶劣的天气，冒着被狂风吹向大海的风险在今塔斯马尼亚岛登陆；成为第一个踏上新西兰的欧洲人；经过十个月的航行后，经汤加、斐济和新几内亚返回印度尼西亚。

1644年　新几内亚和澳大利亚
被派遣去确定印度尼西亚和澳大利亚之间是否存在一座陆桥；沿着新几内亚南海岸向西航行，但错过托雷斯海峡；绘制澳大利亚北部海岸地图，并对其地理和居民进行观察。

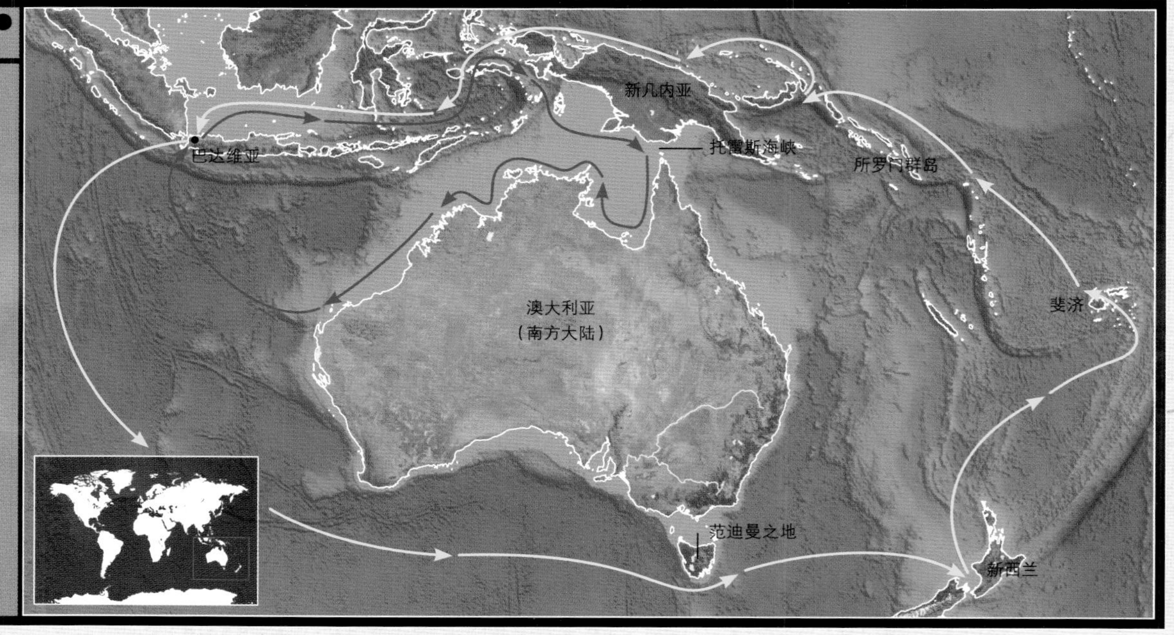

第一次接触
塔斯曼所作的毛利人素描，描述他们“黑发绑在头上，就像日本人的发式……在发髻上插着一根又大又厚的白色羽毛……上半身是赤裸的”。

杀，其余人跳海求生。塔斯曼立即起航前往北岛。虽然他需要淡水和食物，但由于“有三十多个身材高大的人，每人手里都拿着一根大棍子……”，他决定不在附近的三个国王群岛登陆。他们在恶劣的天气中向东北航行，1643年1月发现汤加群岛，2月发现斐济。塔斯曼在斐济遇到“暴雨，强风……天寒地冻”，然后经所罗门群岛和新几内亚向西航行，于6月15日抵达巴达维亚。

虽然塔斯曼的航行大大增加了荷兰人对太平洋的了解，但他未能提供有望获得丰厚利润的通往南美的航线。他在1644年1月再次被派去确定新几内亚和澳大利亚是否同属一块陆地，但未到达将两者隔开的托雷斯海峡就折返了。这是到澳大利亚的最后一次航行，荷兰东印度公司对“南方大陆”的兴趣就此结束。直到126年后，詹姆斯·库克才赴该大陆探险（见第156—159页）。

正规的毛利棍棒
塔斯曼遇到的毛利人用石头和硬木武器武装起来，比如这根雕刻精巧的木棍。鲍鱼壳代表一只鸟的眼睛。

远近贸易
巴达维亚1619年成为荷兰东印度公司在东印度群岛的总部。得益于蓬勃发展的香料贸易，它成长为一个欣欣向荣的城市。到17世纪中叶，这家荷兰公司已经成为世界上最富有的私人组织。

拉佩鲁兹

从地图上消失的制图师

法国 1741—约1788年

拉佩鲁兹伯爵是一名被授予勋章的海军指挥官，他率领一支法国探险队环游世界。他的目标是在他钦佩的詹姆斯·库克船长的科学探索的基础上更进一步。他带领法国科学家进行了一次典型的科学考察，准备在太平洋地区与英国人、西班牙人和荷兰人竞争，但未能如愿。前往新喀里多尼亚的途中，拉佩鲁兹的船只消失了，几十年后他的命运才重见天日。

有插图的地图
这幅插图显示的拉佩鲁兹的指南针号，出现在采用拉佩鲁兹送回法国的测量数据绘制的太平洋地图上。

让-弗朗索瓦·德拉加罗普出生于法国南部阿尔比附近。拉佩鲁兹是他在自己的名字中添加的家族头衔。15岁时，他进入海军学院，“七年战争”（1756—1763年）期间，他在北美参加对英国作战，升为准将。1785年，国王路易十六任命拉佩鲁兹领导一支探险队，承继詹姆斯·库克的测绘事业（见第156—159页），开辟新的贸易路线，并丰富法国的科学知识。

角度测量
拉佩鲁兹用这个量角器来勘测西北太平洋海岸。此量角器被用来测量角度，进行三角函数计算。

太平洋之旅

1785年，这支探险队分乘拉佩鲁兹指挥的指南针号和保罗-安东尼·德朗格尔指挥的星盘号，从布列斯特港起航。他们绕过南美洲到达复活节岛，拉佩鲁兹在当地感谢库克1772年的访问：“正是因为这些航海家对当地人的好意，才让他们似乎对我们有所信任。”然后，他经由夏威夷群岛航行到西北太平洋。

拉佩鲁兹考察加拿大西北部的海岸线，直至今阿拉斯加，但未找到西北通道，返回到上加利福利亚的蒙特利海岸。他是自1579年弗朗西斯·德雷克（见第144—145页）以来第一个访问该地区的欧洲人。

前往亚洲

1786年9月，拉佩鲁兹离开蒙特利湾，向西南横渡太平洋，次年1月抵达中国沿海的澳门。在中国澳门地区，探险队的沿途收藏和日志被送回巴黎。这两艘船前往菲律宾。到1787年4月，沿着日本和韩国的海岸线航行，进入鄂霍次克海。拉佩鲁兹于6月23日在特尼湾停泊。这最后一片土地是库克未去过的地方，拉佩鲁兹热情地收集标本，还记录了鞑靼人的居住地和文化。他们吃的是当地草药调味的鱼，拉佩鲁兹认为这可预防坏血病。在沿俄罗斯库页岛海岸航行一段路程后，他无法确定该地区是半岛还是独立岛屿，就继续前往堪察加，将更多的沿途收藏品从西伯利亚运到巴黎。在堪察加，拉佩鲁兹接到法国的命令，第三次穿越南半球，调查英国在澳大利亚的活动。

生平事迹

- 率领海军护卫舰阿斯特里号在1781年的路易斯堡战役中战胜英国人。
- 1782年，他在北美哈德逊湾攻占了两座英国堡垒，一举成名。
- 继承了詹姆斯·库克的勘察事业，证明库克方法的严谨性和安全性。
- 他对加利福尼亚海岸动植物的调查，几个世纪以来一直是该地区物种最准确的记录。

毛皮战争

在科学尝试之外，国王路易十六还要求拉佩鲁兹密切关注英国的海军活动，并让法国在太平洋西北部利润丰厚的毛皮贸易中建立立足点。这使他与控制太平洋彼岸毛皮贸易的俄罗斯人对抗，向亚洲出售美洲毛皮。

图中，拉佩鲁兹正从加拿大印第安酋长那里购买毛皮。

他的足迹

1785—1786年 考察北美洲
进入太平洋，向北航行到阿拉斯加，然后沿北美洲的太平洋海岸航行，直至今加利福尼亚。

1786—1788年 跨越太平洋
他从加利福尼亚横渡太平洋，直至中国澳门地区，在那里他把收集到的测量数据发回法国，然后北上探索西伯利亚的海岸。

1788年 失踪太平洋
他接到了前往澳大利亚的新命令，经过艰难的旅程，在英国人转移居住地的同一天到达植物学湾，从那里前往新喀里多尼亚。

○ 1825年 发现残骸
拉佩鲁兹两艘船的残骸在圣克鲁兹群岛被发现；一些船员幸存，但命运不明。

○ 未在地图中显示

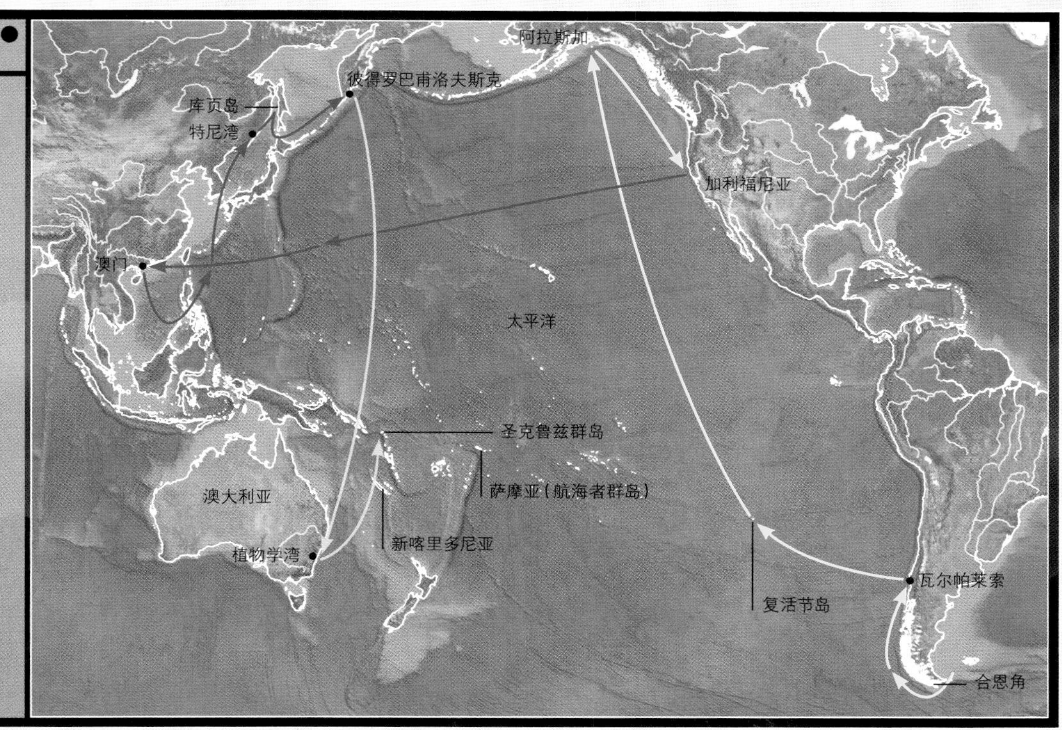

消失

拉佩鲁兹起航前往航海者群岛（今萨摩亚），他的12名船员，包括德朗格尔船长，在与岛上居民的冲突中丧生。他禁止报复，两艘船继续向南澳大利亚驶去。他们在1788年1月26日的大风中抵达植物学湾，当时一艘英国护卫舰正在将定居点转移到悉尼湾的安全地带。英国人热情接待了拉佩鲁兹，尽管一些英国罪犯试图为法国船只提供服务，还有几名法国船员偷渡到英国船上，以便尽早返回欧洲。

3月10日，拉佩鲁兹起航前往新喀里多尼亚，之后就音讯全无。1791年，一支救援队伍被派遣去寻找拉佩鲁兹的踪迹，但直到1825年，一名英国船长才报告看到圣克鲁兹群岛上的圣路易十字勋章。1828年的进一步调查证实，拉佩鲁兹的船只在万尼科罗岛附近失事，幸存的船员利用残骸造了一艘小舟，消失在茫茫海洋中。

复活节假期
这幅版画展示了拉佩鲁兹和他的船员们在复活节岛上与当地人一起放松的场景，在那里他们受到了热烈欢迎。该版画出现在1797年法国出版的拉佩鲁兹的航海图集中。

填补空白

大事记

1800年

▲1804年
刘易斯和克拉克出发去探索新收购的路易斯安那州的土地；他们从圣路易斯穿越北美洲到太平洋海岸（见第174—177页）

◀1805年
蒙戈・帕克返回西非探索尼日尔；他受到当地人的攻击，在试图逃跑时溺水而亡（见第194—197页）

▶1812年
瑞士探险家约翰・路德维希・伯克哈特是首位在今约旦见到佩特拉古城遗址的欧洲人（见第240—243页）

1825年

1825年
英国探险家休・克拉珀顿与随从理查德・兰德在西非的尼日尔河探险（见第200—201页）

1827年
法国人雷内・凯利成为第一位访问廷巴克图并生还的欧洲人，随后他穿越撒哈拉沙漠前往丹吉尔（见第201页）

▲1840年
英国农民爱德华・艾尔从新建立的阿德莱德市出发，开始了他在澳大利亚西部的史诗级旅程（见第186—187页）

▶1843年
约翰・弗里蒙特为向西穿过美洲落基山脉的移民探寻路线（见第181—180页）

1850年

▲1850年
德国人海因里希・巴尔特从北向南穿越撒哈拉；1852年，他独自沿尼日尔河来到廷巴克图（见第202—203页）

▶1854—1856年
戴维・利文斯通从西向东穿越非洲，从安哥拉的罗安达出发，抵达赞比西河河口附近的克利马内（见第220—223页）

◀1857年
理查德・伯顿与约翰・汉宁・斯贝克一起寻找尼罗河的源头（见第204—207页）

▶1858年
约翰・麦克道尔・斯图亚特首次进入澳大利亚内陆，他先后六次进行澳洲内陆探险之旅，其顶峰是从南到北成功穿越澳洲（见第184—185页）

1860年

▶1860—1861年 伯克和威尔斯从南到北横穿澳大利亚，但在返程途中死亡（见第188—191页）

◀1868年
经过两年的冲突达科他州的金矿和奥格拉拉苏族第安人签署了一和平条约

1868年
英国艺术家兼探险家托马斯・贝恩斯探索了非洲西南部，用绘画和摄影记录他的旅程（见第208—209页）

▶1871年
德国地理学家费迪南德・冯・李希霍芬在中国各地广泛游历，发现了穿越祁连山脉的古丝绸之路（见第258—259页）

1872年
挑战者号从英国茨茅斯起航，开了为期四年的科发现之旅，在这航行中发现了400多个海洋新物种到1800年，除南极洲外，世界上绝大多数陆地至少已被部探索过。然而，在这些地区，政治动乱或偏远条件意味着人所知有限。在澳大利亚、美国和加拿大，19世纪上半叶的一列协同努力打开了内陆的门户。在撒哈拉以南的非洲，欧洲险家开始利用刚果河、尼罗河和赞比西河水道向内陆推进，并解决这些河流长期以来一直困扰着外人的源头之谜。在欧洲难以控制的地区，如东亚、北非和阿拉伯，探险家们仍然渗透进来，不断填补几个世纪以来地图上的“空白”区域——至少在欧洲如此。

1875年

1900年

1925年

▶ 1900年
匈牙利马克·奥瑞尔·斯坦因第一次前往中亚探险，探索沿塔克拉玛干沙漠南部边缘的路线（见第234—237页）

▶ 1930年
弗雷娅·斯塔克首次访问了波斯西部的乌里斯坦偏远地区；她绘制了该地区的详细地图（见第254—255页）

◀ 1904年
荣赫鹏率英国赴西藏使团到拉萨，旨在加强英国在与俄罗斯“大博弈”中的利益（见第231页）

◀ 1930年
伯特伦·托马斯开始穿越阿拉伯南部令人望而生畏的鲁布哈利沙漠（即空旷区）（见第248—249页）

▶ 1906年
瑞典人斯文·赫定在中国西藏南部旅行，这一地区以前是欧洲人所不知道的，他在那里进行了大量的土地调查（见第228—231页）

1931—1936年
卡齐米日·诺瓦克徒步和骑自行车4万公里（25 000英里），穿越非洲

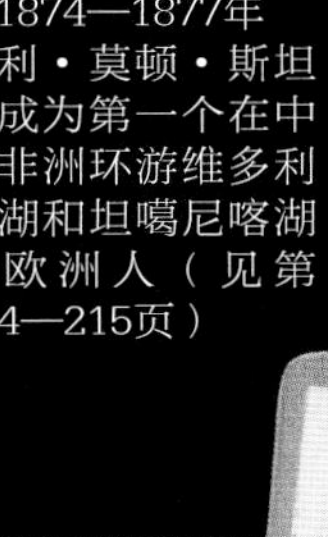

1874—1877年
利·莫顿·斯坦利成为第一个在中部非洲环游维多利亚湖和坦噶尼喀湖的欧洲人（见第14—215页）

▶ 1876年
查尔斯·蒙塔古·道蒂开始了为期两年的阿拉伯之旅（见第246—247页）

▶ 1909年
格特鲁德·贝尔在美索不达米亚旅行，她与T.E.劳伦斯合作，在该地进行考古工作（见第252—253页）

▶ 1945年
威尔弗雷德·塞西杰首次长途跋涉，穿越鲁布哈利沙漠，在此期间，他研究贝都因人的文化和生存技巧（见第250—251页）

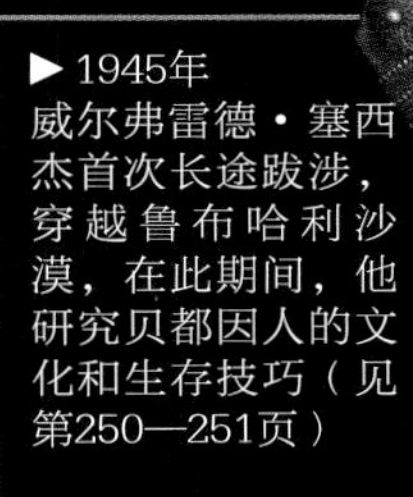

◀ 1893年
玛丽·金斯利第一次去西非旅行，与刚果（金）弗约特人在一起，并沿着加蓬河旅行（见第212—213页）

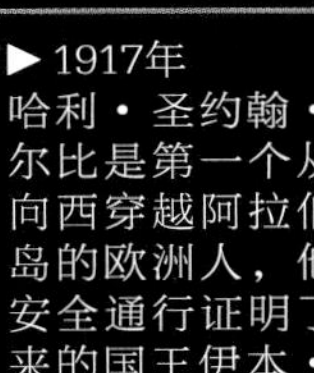

▶ 1917年
哈利·圣约翰·菲尔比是第一个从东向西穿越阿拉伯半岛的欧洲人，他的安全通行证明了未来的国王伊本·沙特拥有该地区部落的忠诚（见第238—239页）

1922年
英国考古学家霍华德·卡特在埃及国王谷发现了图坦卡蒙的坟墓

绘制陆地地图

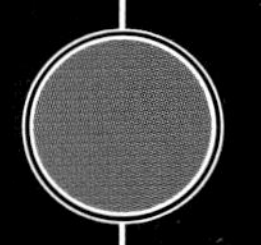

绘制未知陆地的地图是许多探险家的主要动力。澳大利亚、俄国和美国的情况尤其如此，它们的内部都有大片未经勘探的陆地。

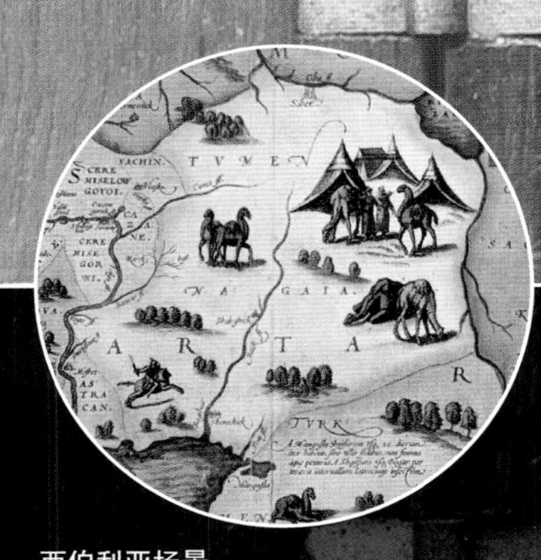

西伯利亚场景
这张绘制于1571年的哥萨克西伯利亚地图显示了俄国东部地理信息的匮乏。塞米恩·雷梅佐夫在1687年基于这张地图绘制出一幅更详细的地图。

欧洲制图的传统至少可以追溯到公元前6世纪希腊哲学家阿那克西曼德和赫卡特斯的地图。使用科学仪器测量土地以精确测量距离的想法也有经典先例。在罗马时代，被称为农业测量师的测量者测量了新殖民地周边领土，将土地分为网格状，然后分割成数百份划分给其他殖民者。这种方法在将近两千年后的土地所有权划分中，还会常常见到。在中世纪，意大利比萨的列奥纳多绘制的几何图形描绘了象限在测量中的应用，而文艺复兴时期的人文主义者莱昂·巴蒂斯塔·阿尔贝蒂描述了许多不同的测量技术，包括使用三角测量来固定位置。

绘制新大陆地图

在1492年哥伦布首次登陆美洲之后（见第86—89页），欧洲地图制造商获得的新数据大幅增加。不到一个世纪，美洲、非洲和东印度群岛的大部分海岸线都被绘制成了地图。这与新印刷工艺的普及相结合，导致流通中的地图数量激增——从1450年前的几千张激增到16世纪末的数百万张。获得这一知识的机会增加本身就推动了进一步的勘测，

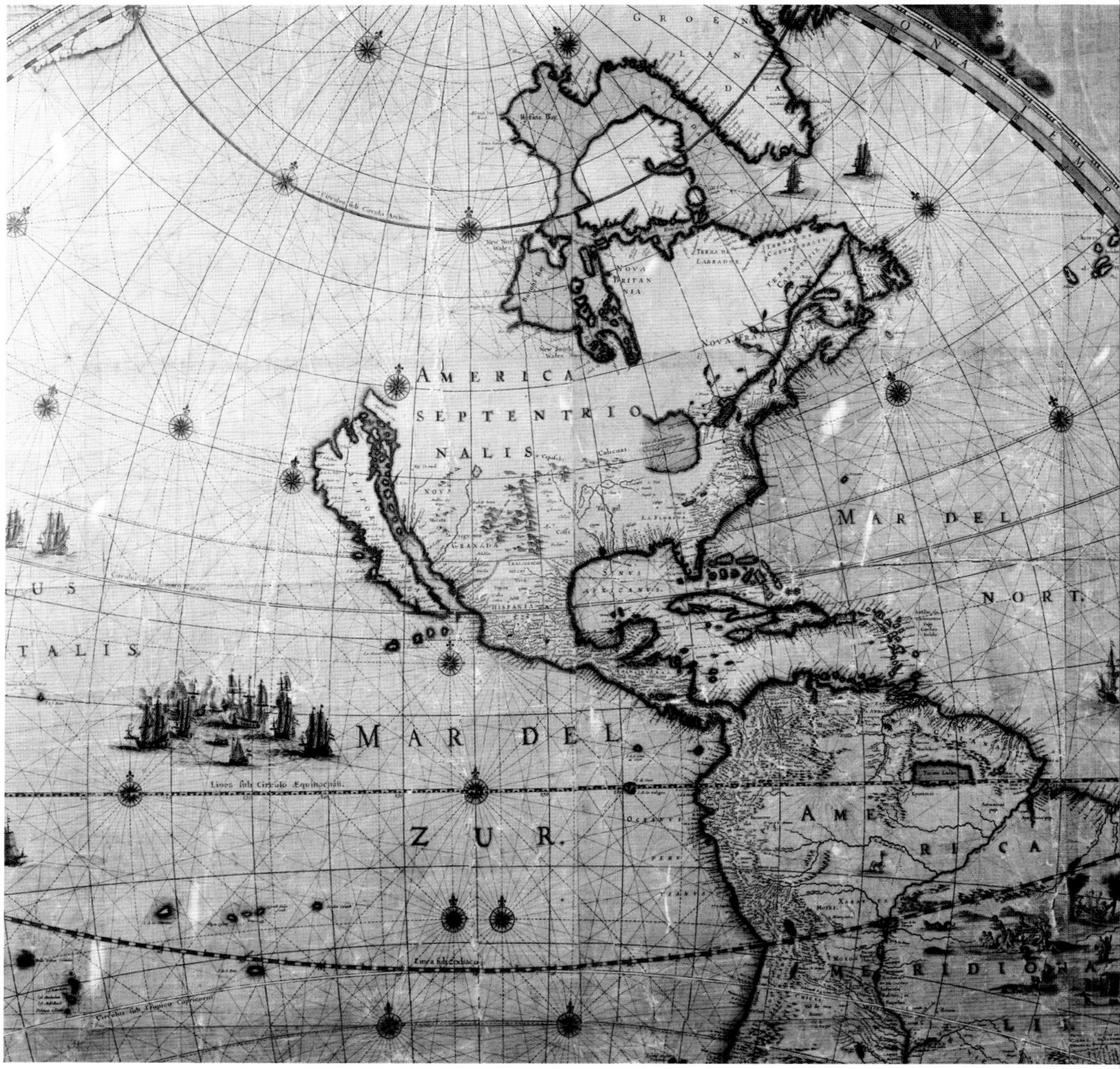

岛屿、空白和空隙
这张17世纪中叶的世界地图显示加利福尼亚是一个岛屿，而美国西北部仍是一片在地图上尚为空白的区域。

山地勘测
美国探险家、登山者和制图师亨利·布拉德福德·沃什伯恩首次登上阿拉斯加十几座山峰。

轨道自由
修建横跨美国大陆的铁路，以及后来横穿俄罗斯进入西伯利亚的铁路，有助于巩固这两个国家的政治凝聚力。

人工地平仪
测量师使用人工地平仪勘测时，实际的地平线是不可见的，是利用太阳或恒星对着镜子的反射进行勘测。

因为探险家们试图填补地图上的“空白”，有时是被描绘在地图上的错误观念所推动，如“南方大陆”或澳洲“大内陆海”的存在。另一些时候，他们寻找诸如亚洲和美洲之间的海上通道或横跨加拿大最北端的西北通道，最初难以捉摸，但最终被证明是真实的。

西伯利亚测绘

尽快确定已定居地区之外资源和地貌的需要，推动了19世纪一些最伟大的探险活动。16世纪晚期，俄国探险活动逐步向东跨越西伯利亚，建立了诸如托波尔斯克（1587年）这样的定居点，并探索了奥布河、埃尼塞河、阿穆尔河（中国段称为黑龙江）和阿纳迪尔河的大水道。第一张西伯利亚地图是于1667年在该省军事长官彼得·戈达诺夫省长主持下制作的。在彼得大帝统治时期（1682—1725年），由中央赞助测绘和探险的传统继续存在。俄国沙皇构想了由维图斯·白令（见第170—171页）率领的伟大的北方探险队，该探险队从1733—1743年对西伯利亚北部海岸的一大片地区进行了考察，并横穿了俄罗斯和美国之间的白令海峡。

开拓西部

刚刚起步的美国面临向西扩张到未知领土的问题，同时还要抵挡其他国家对这些领土的争夺，如法国对路易斯安那州，西班牙对佛罗里达州、得克萨斯州和加利福尼亚州，英国对俄勒冈州，俄罗斯对阿拉斯加州，均声称拥有主权。1803年，通过路易斯安那购地案，美国向法国购买了200多万平方公里（100万平方英里）的领土，开辟了一个需要勘探的新区域。1804—1806年，刘易斯和克拉克探险队考察了这块新区域并建立了通往太平洋的通道。

> 卫星导航系统意味着当今几乎在世界任何地方的旅行者都可以即时获得地图，但亚马逊河流域以及非洲和中亚的偏远地区仍未得到全面勘测。

进一步的探险活动随之而来，包括约翰·弗里蒙特（见第180—181页），他从1842—1846年沿着俄勒冈小道，进入内华达山脉，成千上万的移民沿着他开拓的路线行进。随着蜂拥而来的探险队、冒险家和移民在整个大陆的扩张，地图上东西海岸之间的“空白”被填满了。

背景介绍

- 罗马测量师使用格罗玛这种有十字交叉臂的杠状仪器，通过将视线对准第二个预定位置的格罗玛来进行布局规划。
- 尽管维图斯·白令乘船穿过隔开亚洲与美洲的白令海峡（见第170—171页），但他未能向东北方向行进到足够远的地方，以最终证明这两个大陆并未相连。
- 19世纪40年代初，许多地图都显示了从犹他州大盐湖流出的“布埃纳文图拉河”。弗里蒙特在1844年的探险中花费了大量时间去寻找这条虚构的水道。
- 俄罗斯军事探险家尼古拉·普列日沃斯基（见第236页）在1870—1885年间四次进入中亚，当时俄罗斯和英国在“大博弈”中争夺该地区的影响力。他是一位热忱的自然科学家，研究动植物，但对他遇到的人不屑一顾。
- 爱德华·艾尔（见第186—187页）在1840—1841年间，从努拉伯平原至西澳洲的奥尔巴尼河，完成了首次从东往西成功穿越澳洲的壮举。
- 美国第一条横贯大陆的铁路于1869年5月建成，这意味着乘客可以相对轻松地穿越美洲大陆。

澳大利亚内陆

勘探澳大利亚海岸线的活动在18世纪末和19世纪初快速进行，英国航海家和制图师马修·弗林德斯在1801—1803年环航了该大陆。干旱的内陆地区带来了巨大的挑战，但从南到北穿越大陆的挑战——这是约翰·麦克道尔·斯图亚特在1862年首次完成的壮举（见第184—185页）——开启了对澳大利亚中部大部分地区的探险活动。当时人们相信这片大陆的中心地带有一大片海洋，这一信念为许多探险者提供了动力，尤其是英国军官查尔斯·斯图特，他曾多次带领探险队进入内陆。斯图特1844年的最后一次尝试，导致他长达18个月极度匮乏生活必需品，经受持续超过53℃（127℉）的极端气温挑战，并且在大沙漠中只能找到最贫瘠的水道。

维图斯·白令

对西伯利亚进行科学探险的第一人

丹麦　　1681—1741年

这位丹麦出生的航海家在俄国沙皇彼得大帝的资助下探索了西北太平洋。在18世纪初，这个广阔的地区在地图上还是一片空白。沙皇派遣白令去查明亚洲和美洲是否有陆地相连。在第二次远征探险寻找大陆桥时，白令发现了阿拉斯加和阿留申群岛。他在返航途中死亡，当时他和船员被迫在一个北极岛上过冬。

生平事迹

- 他的首次航行因为未能找到阿拉斯加海岸而受到批评。
- 首次航行十年后返回西北太平洋，成功地从俄国穿越到阿拉斯加。
- 探险队的一大群科学家收集关于该地区地理、动植物的大量数据。
- 在返航途中死去，当时他和他的船员们被迫在现在被称为白令岛的岛上过冬。
- 为俄国东扩铺平道路。

斯特勒儒艮
白令首次描述这种行动缓慢的大型哺乳动物，是在1740—1741年探险期间。它为饥饿的水手们提供了简单的肉食来源，在堪察加海岸被发现后仅仅27年就被猎杀殆尽。

1725年，白令被选中率领一支探险队前往西北太平洋，这是彼得大帝治下俄国领土扩张的一部分。有一个大陆桥连接堪察加半岛楚基角与北美大陆，这种可能的设想很迷人。探险队满载着物资，从莫斯科穿过西伯利亚到俄国远东地区，从该地开始探险。

拥抱海岸

到1728年，白令准备乘加布里号起航，这是一艘专门为探险队在堪察加海岸探险建造的船。他往北在两大洲之间航行，虽然航线距离美洲只有大约110公里（70英里）远，但由于靠俄罗斯海岸太近，所以未能看到美洲。白令于1730年返回莫斯科，并提供了有关该地区动植物的详细报告，但无法提供大陆桥的确凿证据。

三年后，彼得一世的继任者凯瑟琳一世委派他重返西北太平洋。众所周知，北方大探险是一项浩大的工程，涉及3000多人，其中包括来自欧洲各地的杰出科学家，其中一位是德国博物学家乔治·威廉·斯特勒，他后来写了一份详细的报告。白令不仅要绘制北美海岸地图，还要在更广阔的太平洋地区争取俄国的利益。

经过十年准备，在鄂霍次克造船厂建造了两艘新船：由白令指挥的圣保罗号和在首次航行中担任中尉的阿列克谢·奇里科夫率领的圣彼得号。

白令在1740年9月起航，在亚瓦卡湾越冬，然后于1741年6月驶往美国海岸，7月18日发现美洲。白令在他的船舱里对召集的军官和船员们说：“现在我们认为已找到了一切，许多人都像怀孕的活篓一样充满了期望！但他们并没有考虑我们到达了哪里，我们离家乡有多远，可能发生什么事故！”博物学家斯特勒加入了一支小型登陆队，在凯阿克岛附近上岸，成为第一个踏上阿拉斯加土地的欧洲人。

灾难性返航

返航途中，与圣彼得号失散的圣保罗号船员中开

征服西伯利亚

彼得大帝认为西伯利亚尚未开发的资源是俄国发展的关键。西伯利亚首次被俄国征服是在1582年，当时耶尔马克·提莫费耶维奇在库瓦什角战役中击败了蒙古人。耶尔马克后来在一次突如其来的蒙古袭击中逃亡时，因为锁子甲过重而淹死，俄国人撤退了。在接下来的几十年里，因为耶尔马克探索过穿越西伯利亚中部的河流路线，俄国人利用这一知识重新占领了这个地区，向东推进到太平洋沿岸。白令用作基地的堪察加半岛，早在1700年被弗拉基米尔·亚特兰索夫首次探索和定居。

西伯利亚的萨满
这幅雕刻画摘自乔治·威廉·斯特勒的作品《堪察加半岛描述》（1774年），展示了一个来自堪察加半岛的萨满，穿着皮革长袍，手持仪式鼓和鼓槌。

冰冻的结局

左图为白令的圣保罗号船，在白令岛上失事。包括白令在内的77名船员中，有31人没等到来年春天就去世了。另一艘船圣彼得号则安全返回堪察加半岛。

我们来美洲只是为了取水到亚洲。

——乔治·威廉·斯特勒在被告知他们为取水将在凯阿克岛停留时说

始暴发坏血病，该船被迫登陆科曼多尔群岛，他们误以为这里是堪察加海岸，决定在严酷的条件下过冬，在多年冻土之下建造地下掩体。队伍中许多人死亡，其中包括白令，他于1741年12月19日去世，此行只有46人生还。

虽然白令没有在远征探险中幸存下来，但这些报告、地图和白令探险的样本为19世纪俄国向东方扩张奠定了基础。阿拉斯加一直被俄国控制，直到1867年被卖给美国。

他的足迹

1728年 首次航行

白令从堪察加半岛沿西伯利亚海岸航行，寻找通往美国的大陆桥；他一直向北到达现在以他的名字命名的海峡，但没有看到阿拉斯加海岸。

1740—1741年 到达阿拉斯加

他带着一支重要的科学探险队回到西伯利亚，发现了阿拉斯加和阿留申群岛；白令在艰难的返程中死去。

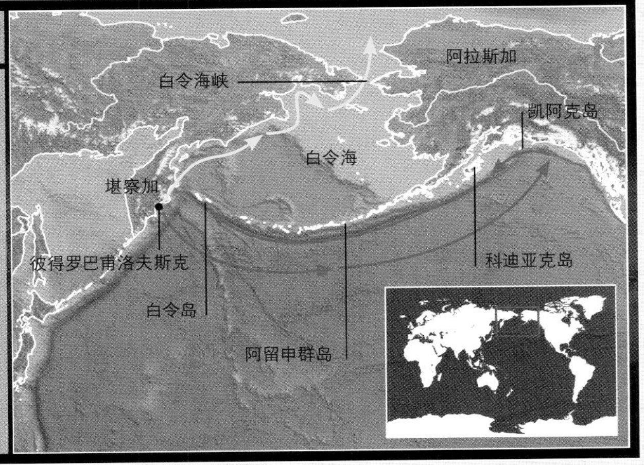

体验草原和苔原生活

草原和苔原是两个截然不同的气候带。这两种环境都对探险者提出了挑战，只有采用当地游牧民族的技能才能应对这些挑战。草原的特点是长草的平原，而在遥远的北半球发现的苔原，特点是永久冻土。欧亚大草原大部分位于中亚，丝绸之路的古道在其间纵横交错。

生活在酷寒环境中的民族

欧洲人和北极因纽特人之间的最初接触发生在985年左右，维京人抵达格陵兰岛之时。然而，维京人从未完全适应严酷的环境，直到19世纪，欧洲探险者才从因纽特人那里学到了宝贵经验。“我们的土地是我们的生活”，这句话中包含了因纽特人与自然景观的关系，使探险家们，如马修·亨森（见第310—311页），意识到因纽特人的服装、食物和交通工具在酷寒环境中的价值。再往南，欧亚大草原的游牧民族在丝绸之路上经历了东西方文化的交融。

御寒服装

当穿越加拿大北极或阿拉斯加的冷冻荒原时，欧洲的探险家们发现，穿戴因纽特人的衣服是抵御冻伤、风寒和低温的必要条件。因纽特人用海豹皮做夏季服装，用驯鹿皮做冬季服装。在因纽特人的传统中，动物的所有部分都被使用，用海豹和驯鹿的皮制成的鞋子，通过咀嚼变得坚韧。“风帽”（一种因纽特语）是一种厚重的夹克，上面有遮风帽以保护脸部。它是由卡里布因纽特人发明的，旨在打猎和划皮艇时御寒。这件衣服须定期涂上鱼油，尽管有刺鼻气味，但能防水。在欧亚大草原上，用牦牛、羊毛和骆驼毛制成的厚厚的毛毡衣服可以抵御摄氏零下几十度的寒风。“皮卡”一词出自俄罗斯的涅涅茨语，是另一种带帽夹克（见下图）。

苔原的游牧民族
图中，西伯利亚西部涅涅茨部落的一个居民在放牧驯鹿，他以此为生。涅涅茨人还饲养萨摩耶犬，以帮助放牧和拉雪橇。

交通的挑战

在北极圈，驯鹿和狗拉的雪橇已提供了几个世纪的运输（有时甚至是食物）。正如英国探险家沃利·赫伯特的妻子玛丽·赫伯特所说的那样："狗不会出故障……当你缺少食物时，你无法吃雪地车。"19世纪晚期，在吉尔吉斯草原上，瑞典探险家斯文·赫定（见第228—231页）骑吉尔吉斯马。中亚游牧民族是技艺高超的骑手，他们的马也非常珍贵，能在雪地里挖掘青草，而不像欧洲品种。第一次世界大战之后，机动化交通工具到达蒙古草原。虽然草原地形适合机动车辆运输，但早期路线信息很难获得，所有的部件和拖曳设备都必须携带。与骆驼的自给自足不同，汽油也需要运输和搬运。

长途骆驼
正在装货物的蒙古双峰驼。骆驼能够饮用咸水，在没有食物的情况下能够长期生存，因此在长途旅行中是无价之宝。

避风技能

因纽特人在北极圈建造临时冬季狩猎小屋或冰屋，这项技能被一些探险家学到。1924年，杜威·索菲尔横渡巴芬岛时，在考戈南的一座冰屋里找到了藏身之处。这座冰屋有照明用的鲸脂灯和睡台，尽管有霜冻，但仍然温暖，并提供了烘干湿衣服的设施，"在北极冬季工作的所有阶段，这是一个不可估量的优势"。

蒙古移动房屋
蒙古族的传统住宅蒙古包，是一种用毡布覆盖的格子框架结构，墙壁比帐篷还要厚。

拥有驯鹿的人拥有食物、交通、神明和朋友。

——涅涅茨谚语

寻找食物

北极在春季和夏季有季节性的海豹、鱼和猎物的供应，北极狐全年都有。尽管如此，坏血病在历史上一直是欧洲人探索草原和苔原的致命疾病，即使是储备充足的探险队也会有疲劳、虚弱和关节疼痛的症状。

了解营养

到了19世纪末，对罐头食品、新鲜肉类的依赖以及对抗坏血病药物的了解是至关重要的。例如，1893年，在弗朗茨·约瑟夫之地上，美国探险家弗雷德里克·杰克逊描述说，更喜欢吃熊和海象肉，而不是罐头食品。到了20世纪30年代，巴芬岛的探险家们对依赖猎物持谨慎态度："北极地区存在着巨大的'空旷地带'，那里根本不存在猎物……在任何那样的地方，队伍都很容易因饥饿而死亡。"因此他们确保有足够的罐头库存。

准备过冬食物
在这里，因纽特妇女在帐篷里用烟熏鱼，作为过冬食物。

应对极端气候

在中亚草原，根据季节的不同，温度可在-40℃（-40℉）到40℃（104℉）之间。欧洲游客记录到，春天冰雪融化使道路泥泞，行进困难，而在冬天，驮马会陷入雪堆中。斯文·赫定的吉尔吉斯向导建议他沿途铺上毡布，让马继续走下去。在北极，气温可能降至-68℃（-90℉）。在这种情况下，因纽特人回到一个常规狩猎海湾的避难所，将冰屋迁移到他们知道海豹可以被杀死的地方，而鲸脂则是为了取暖和照明而燃烧。

因纽特人连指手套
这些19世纪因纽特人的手套是用海豹皮制成的，里面有皮毛衬里。目前还没有任何合成材料能超过毛皮的保暖能力。

刘易斯和克拉克

美国西部英雄

美国 1774—1809年；1770—1838年

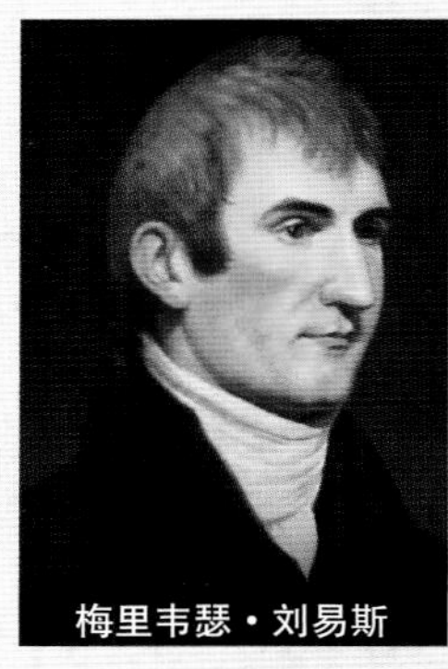
梅里韦瑟·刘易斯

威廉·克拉克

梅里韦瑟·刘易斯和威廉·克拉克于1804—1806年率领一支探险远征队穿越美国，勘察1803年从法国购买的领土。他们不仅制作了这片广袤区域的地图，还记录了原住民和野生动物，依靠北美印第安人向导萨卡加维亚与遇到的部落进行交流。刘易斯和克拉克的探险考察极大地增进了人们对他们所穿越的这片区域的了解。

1803年，法国皇帝拿破仑·波拿巴以1500万美元的价格把路易斯安那的所有领土卖给了美国。众所周知，路易斯安那的收购使美国国土一夜之间翻了一番。考虑到新土地的广袤，美国总统托马斯·杰斐逊立即委派一支考察队去勘察地貌，评估移民定居的潜力，并找到一条向西通往太平洋的路线。为此，他任命梅里韦瑟·刘易斯上尉领导这次远征。刘易斯是弗吉尼亚人，对边疆地区有丰富的经验，他选择了同乡威廉·克拉克来帮助他。两人组成了一支33人的“发现军团”，随后一位名叫萨卡加维亚的肖肖尼族印第安妇女也加入，她负责翻译美洲印第安人语言，包括肖肖尼语和希达萨语。

出发

“发现军团”于1804年4月沿密苏里河出发，进入了美国政府几乎未知的印第安部落土地。事实上，队伍很快就得到当地部落印第安人的善意帮助。然而，并不是所有人都会对探险者如此有好感。刘易斯知道，一旦他们到达密苏里州的源头，他们将不得不请求肖肖尼人送马匹给他们，才可安全地通过落基山脉。正如陆军中士帕特里克·盖斯在日记中所说的那样，他们将经过一个由众多强大而好战的野蛮人部落所组成的国家，这些部落的人高大、凶猛、背信弃义、残忍，对白人尤其抱有敌意。幸运的是，萨卡加维亚的存在消除了许多部落的进攻威胁，她儿子在远征期间出生后，情况更是如此。

他们乘龙骨船（一种浅水船）在密苏里河上航行时，遇到了许多苏族和法国商人，他们正乘着独木舟把皮毛和动物脂肪带到下游。尽管空气良好，鹿和其他猎物供应充足，克拉克和其他人在探险过程中还是抱恙生病。正如克拉克在具有自己独特风格的散文中所言：“队伍中满是长疖子的，有几个还患有‘德西蒂克’（溃疡），我认为这是水质问题，因为水很泥泞……蜱虫和蚊子非常讨厌。”

送给总统的礼物
刘易斯和克拉克描述了100多种新物种。他们把一只黑尾草原犬鼠（左）关进笼子，作为送给杰斐逊总统的礼物。

生平事迹

- 绘制美国西北部的第一张精确地图。
- 发现落基山脉的实际范围。
- 描述超过100种新植物和动物，以前只有土著居民了解。
- 与30多个不同的美国印第安部落建立友好关系。

我不相信在宇宙中还有类似地方土地如此肥沃，且水源充足。

——梅里韦瑟·刘易斯在密苏里山谷说

蒙大拿州刘易斯—克拉克县
队伍于1805年4月27日到达今蒙大拿州沃尔夫点以东的位置，克拉克和出色的猎手与翻译乔治·德鲁里亚杀死了他们遇到的最大的灰熊。就在同一天，克拉克盯上了一窝狼崽。

他们的足迹

1804—1805年　刘易斯和克拉克的考察之旅
发现军团沿着密苏里河向西前进，穿过落基山脉，沿哥伦比亚河向太平洋海岸挺进。

1805—1806年　回程
发现军团返回哥伦比亚河，离开前对该地区进行探索考察。

1806年　克拉克和刘易斯分开旅行
克拉克和刘易斯在返回时分开，刘易斯从密苏里河源头出发，沿河考察，而克拉克则探索黄石河。

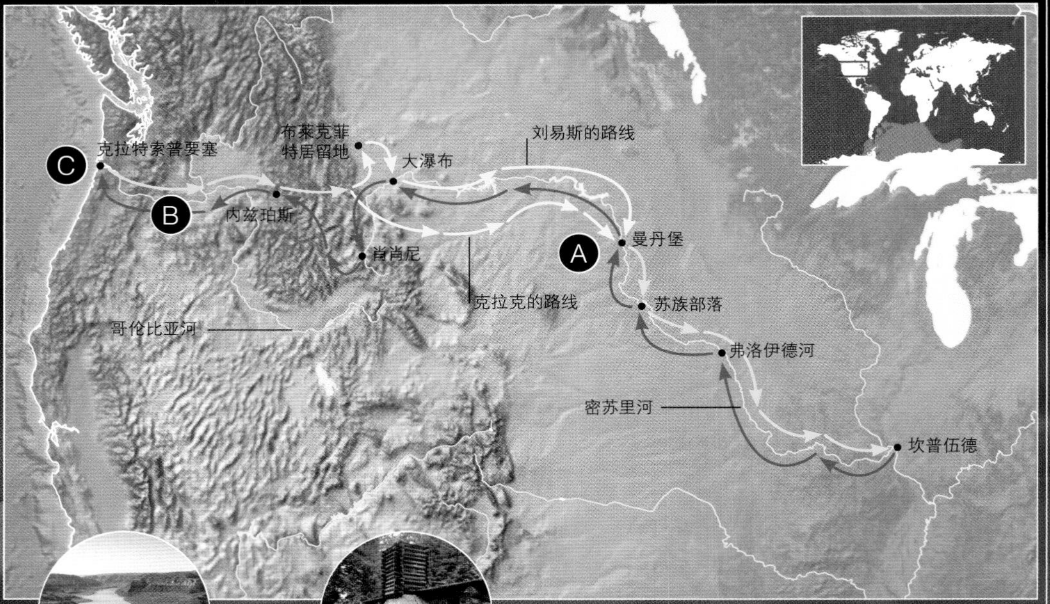

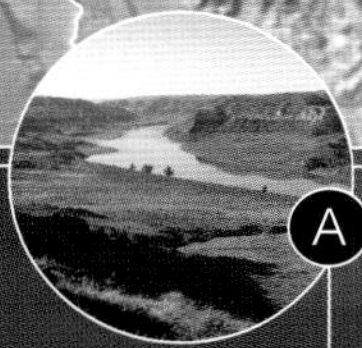

克拉特索普要塞　布莱克菲特居留地　大瀑布　刘易斯的路线　内兹珀斯　肖肖尼　曼丹堡　克拉克的路线　苏族部落　哥伦比亚河　弗洛伊德河　密苏里河　坎普伍德

A 在1804—1805年的冬天，发现军团在上密苏里修建了曼丹堡；他们在该地招募到萨卡加维亚及其丈夫杜桑·夏博诺。

C 队伍到达太平洋海岸，在那里他们建造了克拉特索普要塞。

1803—1804年	1804—1805年	1805—1806年

1803年4月30日，法国和美国签署了路易斯安那购地条约。

托马斯·杰斐逊总统任命梅里韦瑟·刘易斯负责探索这块新领土。

B 在哥伦比亚河上游的灯塔岩，刘易斯和克拉克注意到河上的潮汐效应。

克拉克沿黄石河探索时，与刘易斯分开。

印第安民族

1803年8月，刘易斯领导了一个委员会，成员包括奥托和密苏里印第安人。首次会议为以后的交往确定了模式。随着探险的进展，刘易斯记录了他对各个部落群体的印象。这些记录表明，随着接触的增加，人们对土著文明的了解会越来越多。1804年10月，刘易斯记录了北达科他州曼丹人和希达萨斯人的定居点，指出该定居点容纳了4500多人居住。

刘易斯和克拉克试图赢得路易斯安那州当地某部落的好感。

1805年6月13日，发现军团到达刘易斯称之为“我看见过的最壮观景色”——密苏里河大瀑布，上面是这条河的源头。当队伍更靠近萨卡加维亚的故乡时，刘易斯记录道：“这位印第安妇女认出这里，并向我们保证，这条河是她的亲友们赖以生存的河流……这一信息鼓舞了队伍的士气，因为他们已开始安慰自己，期待着不久就能看到密苏里河的源头。”尽管有积极的一面，许多人还是因疲劳而痛苦不堪。刘易斯明显关注如何到达大陆分水岭的问题：“没有马匹的帮助，翻越落基山脉几乎是不可能的。如果我们找不到他们或其他一些有马的部落，我担心我们的旅行很难成功。”

史书
美国与法国签署的路易斯安那购地条约，被保存在这个精心刺绣的单卷本中。

前往太平洋

随着急流的增加，向上游进发的行程变得更加困难，但在1805年8月12日，刘易斯终于到达了密苏里河的源头，这给他带来了极大的满足。刘易斯写道：“到目前为止，我多年来一直孜孜以求的伟大目标，迄今为止已经完成了一项……休整之后，登上山脊的顶端，我发现西边仍有大片山脉。在这里，我首次品尝了伟大的哥伦比亚河的河水。”不久之后，队伍终于遇到了一个肖肖尼人村庄，在萨卡加维亚的帮助下，刘易斯获得了急需的马和骡子。队伍沿着哥伦比亚河向俄勒冈挺进，直到克拉克在1805年10月发现胡德山雪峰。队伍从高山下到太平洋西北部的森林，到达了距离太平洋海岸约30公里（约20英里）的哥伦比亚河河口所在地——格雷湾。正如帕特里克·盖斯的记录：“我们的旅程现在已经到了尾声，尽管沿途遇到种种困

部落会议
1825年，克拉克在威斯康星州的大草原上会见了许多部落头领。其目的是限制部落的土地所有权并结束他们的争斗。

难、匮乏和危险，但这次探险远征的目标，即通过密苏里河和哥伦比亚河发现一条通往太平洋的通道，这次旅程全部达成。”在剩下的探险中，刘易斯和克拉克经常将队伍分成小组，在返回东部之前更详细地探索路易斯安那州的领土。1806年9月，发现军团回到圣路易斯，为取得的成就举行了盛大的庆祝活动。刘易斯被任命为路易斯安那州州长，克拉克被任命为美国印第安人的联络官。但悲剧接踵而至，因为刘易斯不适应办公桌上的角色，他遭遇施政失败、财政问题，还遭到阴谋将路易斯安那州从美国分裂出去的指控。被控叛国罪的刘易斯可能在前往华盛顿的途中自杀，以给自己正名，还有一些人认为他是在更大的政治阴谋中被暗杀的。

如今，刘易斯和克拉克在美国广受赞誉，因为他们进行了北美第一次重大探险考察活动。他们以最小的投入完成这一任务，而且实现了对原住民作用和贡献的更深刻理解。

卡布扎·德瓦卡

西班牙　　*约1490—1559年*

早在刘易斯和克拉克之前，另一支探险队在与美洲印第安人的相遇中就没那么幸运了。

1527—1528年，由征服者潘菲洛·德纳瓦埃斯带领的探险队在经过墨西哥湾周边地区时，受到当地部落的攻击，并遭受疾病的折磨。最终300人中仅有5人生还，阿尔瓦·努涅兹·卡布扎·德瓦卡是生还者之一，他对这段经历的记述包括对该地区原住民部落最早的一些描述。

语言问题
在这里，萨卡加维亚向奇努克印第安人翻译考察队的意图。虽然她不会说英语，但她的加拿大法裔丈夫杜桑·夏博诺可以把她的话翻译成法语，队中的译员再译成英语。

刘易斯和克拉克的自述

在1804—1806年的史诗之旅中，梅里韦瑟·刘易斯和威廉·克拉克带领发现军团发现了美国历史上一些最重要的物种。到返程时，他们已发现了超过300种动植物新物种。他们还将其他科学发现记录在一系列以麋鹿皮为封面的野外书籍中，并附有日记，记录了他们为这个新创建的国家作出的贡献。

E 高山积雪
银边翠（别名“高山积雪”）是一种原产于北美的一年生花卉。威廉·克拉克在1804年和1806年分别从内布拉斯加州的阿特金森堡和蒙大拿州的黄石河收集了当地的标本。

A 克拉克的日记
这是威廉·克拉克在1804—1806年写的日记。外面帆布包装提供了保护，使它们在旅行时不受影响。

B 鳟鱼插图
克拉克画的美洲鳟（有一个独特的红色下巴）。为纪念他，这一物种被命名为“切喉鳟”。

C “平原公鸡”
克拉克在日记里画的平原雄鸡的素描。克拉克描述了他是如何“派出猎犬去追逐草原公鸡，那是一只我只在这条河沿岸见到的大家禽”。

D 扁头部落
在哥伦比亚河沿岸，克拉克遇到了扁头印第安部落。他展示了印第安人用来压扁头部的奇异方法。

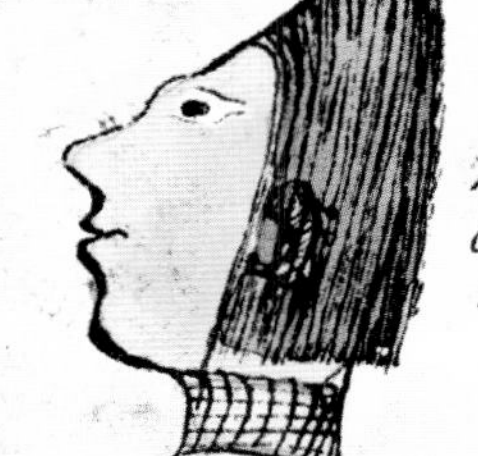

F

Clarksville 17th July 1803

Dear Lewis

I received by yesterday's Mail, your letter of the 19th ulto: The Contents of which I received with much pleasure— The enterprise & Mission is such as I have long anticipated & am much pleased with— and as my situation in life will admit of my absence the length of time necessary to accomplish such an undertaking I will cheerfully join you in an "official Charrector as mentioned in your letter" and partake of all the Dangers Difficulties & fatigues, and I anticipate the honors & rewards of the result of such an enterprise

This is an immense undertaking fraited with numerous difficulties, but my friend I can assure you that no man lives with whome I would prefer to undertake & Share the Difficulties of such a trip than yourself Reserve nothing

F 接受函

这是威廉·克拉克在克拉克斯维尔写的接受刘易斯邀请加入发现军团的信，写信时间为1803年。当年早些时候，托马斯·杰斐逊总统委派刘易斯探索新购的路易斯安那，他描述这次远征探险的目标："探索密苏里河及其主要河流，并探索它的航道及其与太平洋水域的沟通……这是横贯美洲大陆最直接、最可行的水路交通。"

G

G 卷首插画

这幅"独木舟撞树"的卷首插画，出自帕特里克·盖斯撰写的日志《发现军团旅行记》1807年版本。盖斯是发现军团的首席木匠，负责构建队伍的过冬房屋。

H

JOURNAL

OF THE

VOYAGES AND TRAVELS

OF

A CORPS OF DISCOVERY,

Under the command of Capt. Lewis and Capt. Clarke of the army of the United States,

FROM THE MOUTH OF THE RIVER MISSOURI THROUGH THE INTERIOR PARTS OF NORTH AMERICA TO THE PACIFIC OCEAN,

During the Years 1804, 1805, and 1806.

CONTAINING

An authentic relation of the most interesting transactions

H 帕特里克·盖斯

坚持记探险日记，该日记1807年首次出版，广受欢迎，在宾夕法尼亚州匹兹堡以每本一美元的价格出售。"发现军团"一词就是他创造的。

约翰·弗里蒙特

自由加州的奠基人

美国 *1813—1890年*

军人和政治家约翰·查尔斯·弗里蒙特出生于佐治亚州的萨凡纳，父亲是法国移民，母亲是一个弗吉尼亚种植园主离家出走的妻子。尽管出身不光彩，但弗里蒙特领导过几次远征，勘察过美国大片地区，因而声名卓著。1846年，他煽动了一场反对墨西哥统治的起义，在反农奴制选票的支持下，成为首位竞选总统的共和党候选人。

弗里蒙特在南卡罗来纳州查尔斯顿学院学习，在那里他展示了相当高的数学天赋。1838年7月，他担任陆军工程勘察队的少尉，参加了两次勘察，任务是测绘密苏里河和上密西西比河之间的广阔区域。

首次探索

1842年，弗里蒙特亲自率领一支探险队，目标是返回密西西比河及其以西地区，开辟让移民穿越落基山脉的最实用道路。途中，他进行了土地调查，将植物和地质资料与详细的图纸结合起来。他的报告由国会公布，引发了一股向西部移民的浪潮。

这一成功导致了第二次探险。1843年，弗里蒙特率探险队抵达太平洋西北部的哥伦比亚河，向南进入内华达山脉（在今加利福尼亚州和内华达州）。当弗里蒙特及属下在厚厚的积雪中艰难跋涉时，南下的一段旅程变得越来越危险。一头装载着植物学标本的骡子跌落悬崖而死，印第安人导游拒绝陪他前往更远的荒野。然而，他成功实现了目标，绘制出美国西部山区第一幅地图，淘金者们很快就来到这里挖掘财富。

加州冒险

1845年5月，弗里蒙特第三次探险，远赴西部最偏远的地区，通过墨西哥进入上加利福尼亚的沙漠地区。在墨西哥控制的加利福尼亚边境，弗里蒙特离开部下，独赴蒙特利，得到了墨西哥总督的许可去探索圣华金河谷。弗里蒙特真正的目的似乎并不是探险，因为他一

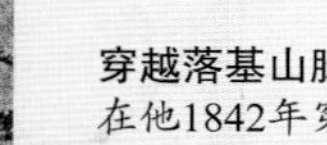

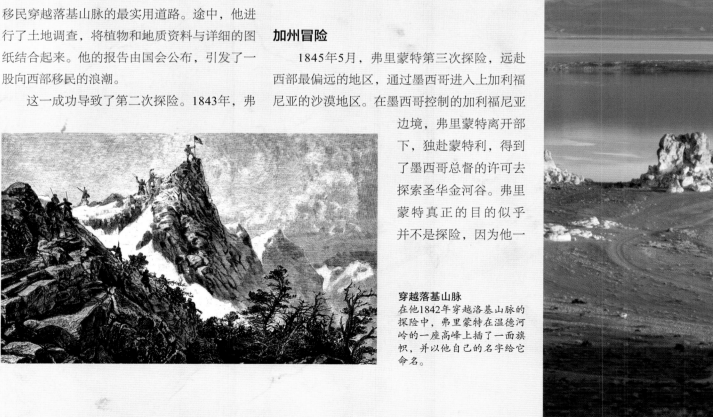

穿越落基山脉
在他1842年穿越洛基山脉的探险中，弗里蒙特在温德河岭的一座高峰上插了一面旗帜，并以他自己的名字给它命名。

生平事迹

- 撰写报告，鼓励一代定居者在1842年和1843年沿俄勒冈小道向西迁移。
- 是首位绘制犹他州大盐湖地图的人；他的报告鼓励了摩门教徒为定居而调查这个地区。
- 定居在加利福尼亚，成为该州首批参议员之一；1856年和1864年两次当选共和党总统候选人。

总统候选人
弗里蒙特1856年总统选举的竞选搭档是威廉·代顿（右）。他们输给了民主党候选人詹姆斯·布坎南（1857—1861年）。

到那里就开始煽动美国移民反抗墨西哥当局，这也许是他从一开始就想做的。墨西哥军队发动进攻，弗里蒙特急忙离开，前往俄勒冈州。在途中，他遇到美国士兵携带命令给美国驻蒙特利领事和弗里蒙特，索取美国在加州地区的权利。他回到萨克拉门托后，指挥美国移民，在60天内，让加利福尼亚北部脱离了墨西哥的控制。1846年7月4日，弗里蒙特向美国移民提议，他们应该宣布脱离墨西哥的统治，而加州应该成为一个自由州。

他的足迹

1842年　第一次探险
寻找一条方便的路线，让移民穿过落基山脉。

1843—1844年　第二次探险
成功地绘制内华达山脉的地图。

1845年　第三次探险
到达上加州沙漠地区，在那里他开始煽动美国移民发起反对墨西哥统治的叛乱。

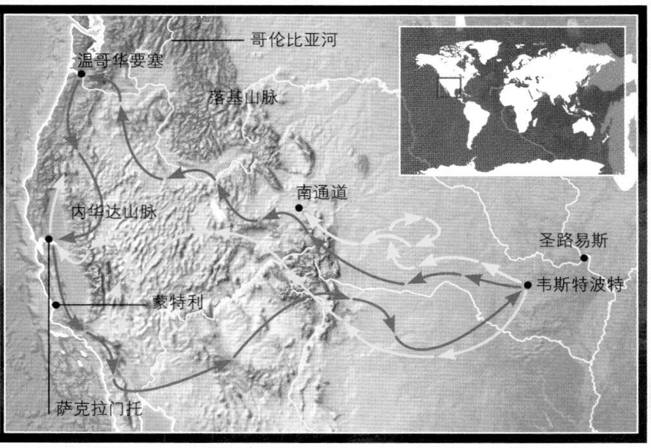

哥伦比亚河
温哥华要塞
落基山脉
南通道
内华达山脉
圣路易斯
韦斯特波特
蒙特利
萨克拉门托

逮捕和耻辱

1847年1月16日，弗里蒙特被任命为加州军事州长。然而，尽管他取得成就，还是被逮捕并被指控叛变。这桩指控是由美国将军克尔尼提出的，他声称接到了美国总统和战争部长让他担任州长的命令。弗里蒙特被判有罪，并被解除了军队职务。

为了恢复名誉，弗里蒙特在1848年进行了第四次私人探险，前往位于美墨边境的格兰德河的源头。探险队遭遇严重的暴风雪，最终以灾难告终。弗里蒙特派人回最近的定居点寻求帮助。16天之后，弗里蒙特带着三个人出发了，很快遇到先前派出的小分队，发现队员在恐惧和饥饿的驱使下，正向首领的尸体靠近，而这具尸体已被他们吃掉了一部分。他成功获得援助，返回原来的营地，那里有许多人已经死亡。弗里蒙特没有被这段经历吓住，仍进行计划中的探险，成功找到通往萨克拉门托的路线。作为共和党候选人竞选总统之后，弗里蒙特在南北战争中服役。他绘制出美国西部大片地区地图，开辟了通往美国西部的道路。他在纽约去世，享年77岁。此时他已基本上被人遗忘。

骑马赴西部
图中，弗里蒙特穿着他的“大草原”制服，带领着他第三次探险的队伍向西前往加利福尼亚。

广阔的新土地
在1843—1844年远征内华达山脉的探险中，弗里蒙特成为第一个绘制山脉地图的人，也是美洲印第安人之外首位见到金字塔湖（图中所示）和塔霍湖的人。

美国西部开拓者马车

马车队

跟随探险家刘易斯和克拉克的脚步，一大批拓荒者蜂拥而至，他们将驯服“蛮荒的西部”。他们乘坐的是重型马拉货车，比如康涅托加货车，一种虽粗糙但结实的货车。后来的开拓者将受益于“恰克”马车（流动炊事马车）。据认为该马车是在1876年由查尔斯·“恰克”·古德奈特发明的，它会携带食物，在艰难的旅程中支撑着饥饿的定居者。它会在主车队前面开辟一条小径，在定居者到达前建立营地。“恰克”马车可以带30天的粮食，一个厨师会在此准备基本而又丰盛的食物。

▶ 恰克箱
恰克箱位于恰克车的后部，是旅行车的神经中枢。箱体被一个带铰链的木制盖子保护着，可被转换成一张桌子供厨师专用。里面有抽屉和隔间，用来存放设备和供应品。

▼ 清理
受损或多余的平底锅被储存在恰克箱的顶部。就餐时，它被放在厨师桌的下面，脏盘子放在里面。

▶ 安全存储
康涅托加货车车厢地板的空隙里填满了焦油，使它们防水。这确保了货物在货车渡河时保持干燥。

▼ 砍伐树木
双锯和斧头被放在马车的侧面，用来砍柴火和清理营地。

▶ 粗犷的车轮
木制的马车轮绕着坚硬的铁轴旋转，可以承受崎岖道路的颠簸。

◀ 牛皮袋
耐用防水的牛皮袋是保护贵重物品不受水浸泡的理想选择。

▲ 高高的座位
厨子坐在前帆布的半遮篷下。他的座位常常简单地装有弹簧，以消除马车没有减震的悬架所导致的一些颠簸。

▶ **切肉**
咸猪肉是一种常见的主食，灵活的厨师会添加定居者沿途射杀的猎物。

▲ **"珠宝箱"**
箱子里放着几条用于修补的生皮、马蹄铁工具和其他需要快速修好的物品。

▲ **照明方式**
油灯是一种昂贵的资源，由沿途供给站限量配给。

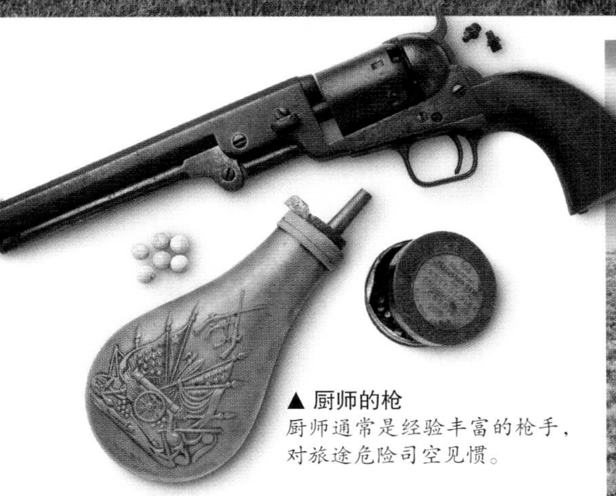

▲ **厨师的枪**
厨师通常是经验丰富的枪手，对旅途危险司空见惯。

◀ **额外存储**
床上用品和衣服储存在帆布的保护下，但是一辆马车会在轮子之间的侧板上装载额外的储物箱（如图所示）。

▲ **坚固的运输车**
这款经久耐用的康涅托加货车是开拓者们的经典车型，能载重5000公斤（11 000磅）的货物。许多较贫穷的定居者改装更简陋的农用马车用以旅行。

▲ **水源**
一个水桶被放置在马车的一侧，里面有足够用两天的水。

> 任何国家在任何时候，都没有哪位先驱人物如斯图亚特这般为促进殖民地利益不遗余力。
>
> ——罗德里克·默奇森爵士，时任皇家地理学会主席

钱伯斯石柱
斯图亚特是第一个在艾丽斯斯普林斯以南看到这块裸露岩石的欧洲人，他是在1860年4月到达这里的。高达50米（160英尺）的砂岩柱是帮助后来探险者旅行的一个重要地标。

约翰·麦克道尔·斯图亚特

澳大利亚探险先驱

苏格兰人　　1813—1866年

1838年，来自苏格兰的土木工程师约翰·麦克道尔·斯图亚特移民澳大利亚，成为勘测该大陆广阔内陆地区的主要人物之一。他在1844年参与了英国探险家查尔斯·斯图特的探险，发现辛普森沙漠，他从中学习了技能，成为一位杰出人士。随后他自己领导了六次探险活动。斯图亚特的最后一次探险从南到北横穿澳洲大陆，但这次旅行的艰苦破坏了他的健康，他不久后去世。

生平事迹

- 他是第一个到达澳大利亚大陆心脏地带的欧洲人。
- 从南到北穿过澳洲并返回，为横贯大陆的电报系统开辟了路线。
- 在前往阿德莱德的南行途中，他两次中风，而且一直未恢复健康。

受到攻击
这幅1879年的木刻画描绘了澳洲土著在斯图亚特1862年横越澳洲大陆时袭击他的营地。

在1858年的第一次探险中，斯图亚特探索南澳大利亚的西北地区，寻找新的牧场和矿产。在此过程中，他发现了一条永久河流，取名为钱伯斯河。在2400公里（1500英里）的旅程之后，他返回阿德莱德，申请租赁钱伯斯河流域的土地，然后返回该地区进行勘测。1860年3月，斯图亚特穿越南澳大利亚的北部边界，顺利进入了澳洲大陆的中心。4月22日，他成为到达澳洲大陆心脏地带的第一个欧洲人，将英国国旗插在一座山上，并说："我以澳大利亚探险之父的名字将它命名为斯图特山脉。"

电报线路

斯图亚特的成功使州政府支持进一步的探险，旨在建立穿越大陆的新电报线路。1861年1月，斯图亚特从钱伯斯河出发，同行11人，共49匹马。但旅途艰难，缺乏水和补给迫使他返回。

斯图亚特的六分仪
斯图亚特在探险中带着这个六分仪，用来测量地标间的角度以便制图，也用来测量太阳的角度来计算他的位置。

1862年1月，他再次远征探险，但此次他为自己的旅行付出了代价。他觉得自己的健康状况每况愈下，而探险队的马匹由于中暑而遭受严重损失。队伍向北推进到海岸，斯图亚特"很高兴看到印度洋"。

结果证明，斯图亚特对自己病情的预感是正确的：归途中，他两次中风，不得不躺在用两匹马架着的简易担架上。

探险队在12月17日抵达阿德莱德，这是第一批穿越澳洲大陆并返回的欧洲人。半盲半瘫的斯图亚特回到伦敦，他在那里去世，享年50岁。然而，他不会被遗忘，因为他开拓的路线构成了澳大利亚电报系统、阿德莱德到达尔文的铁路线，以及以他的名字命名的斯图亚特高速公路的主干。

他的足迹

- **1858年　首次探险**
  他首次探险，到南澳大利亚去寻找新牧场。
- **1859—1860年　向北推进**
  第二次和第三次探险中进一步探索南澳大利亚北部。
- **1861年　进入澳洲腹地**
  他在第四次和第五次探险中，进入澳洲心脏地带，是完成这一壮举的首位欧洲人。
- **1861—1862年　从海岸到海岸**
  最后一次探险时，他穿越了整个大陆。

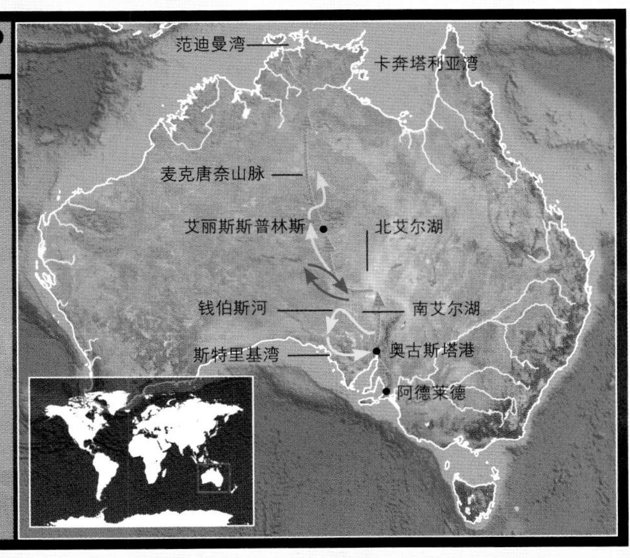

爱德华·艾尔

牲畜贩子出身的澳大利亚探险家

英格兰　　*1815—1901年*

爱德华·艾尔是一位探索新牧场的牧羊人，他在充分地了解南澳大利亚阿德莱德新城周边土地后，大胆踏上西部之旅。在土著向导怀利的陪同下，艾尔徒步2000公里（1200英里），从阿德莱德来到西澳大利亚的奥尔巴尼，穿越了对欧洲人来说完全陌生的区域。后来，他统治牙买加，背负为人残暴的指控而声名狼藉。

生平事迹

- 探索阿德莱德周边土地，认为它不适合定居。
- 在沿南部海岸探险旅行时，在另外两名向导杀害了他的欧洲同伴之后，带着向导怀利前往奥尔巴尼。
- 1865年，担任牙买加总督期间被指控使用过多武力镇压叛乱，职业生涯以耻辱告终。

艾尔在英国约克郡长大，是牧师的儿子。16岁时，他打算参军，但被父亲劝阻。父亲建议他到澳大利亚碰运气，这一想法激起了艾尔的冒险精神。他于1832年抵达悉尼，不久就在堪培拉附近的莫隆洛平原当牧羊人。1837年，他遇到英国探险家查尔斯·斯图特，后者的探险故事激发了他自己探索的欲望。

艾尔决定把他的羊从陆路赶到墨尔本附近的菲利普港。经过四个月的艰苦跋涉，他在菲利普港卖掉了羊群，然后决定把生意和探险结合起来。他的下一次冒险是穿越维多利亚西北部的沙漠，把牛赶到阿德莱德，这将大大缩短旅程。以前的牲畜贩子避开这片被烈日烤焦的无水荒原，是合乎情理的。当他的牛群开始死亡，而同行者威胁要退出时，他不得不改走常规路线。他在阿德莱德出售牲畜所得的利润为他未来的探险提供了资金。

寻找新牧场

1839年5月，艾尔和他的监督员约翰·巴克斯特开始寻找一条可行的、水源充足的路线，自阿德莱德往西穿过斯宾塞湾到林肯港，经过海岸的路程约为640公里（400英里）。但艾尔想往内陆探索，希望能找到未被发现的新牧场。他们从阿德莱德向北行进，到达了海湾的顶端，随后探索了北部、西部和东部，最后在墨里河东面找到了一个不错的牧场。艾尔随后试图反向旅行。他们从林肯港向东北方向行进，但很快就因为缺水，不得不绕道穿过今艾尔半岛到斯特里基湾。从那里他向东行进到阿尔登山，发现北面有一个干涸的巨大盐湖，“我以托伦斯上校的名字为它命名”，然后返回阿德莱德。

艾尔的手表
艾尔在探险中带着这块表。一块手表对他确定位置至关重要，为确保安全，他把手表放在一个木箱里。

艾尔和怀利获救
当他们西行结束到达海岸时，艾尔和怀利被一艘法国捕鲸船所救，船长罗西特将他们带到船上休养。

他的足迹

1839年　环斯宾塞湾探险

艾尔从阿德莱德出发，探索了斯宾塞湾北部、东部和西部，寻找新牧场。

1840—1841年　西部之旅

在深入探索斯宾塞湾之后，艾尔将目光转向西部，并开始了2000公里（1200英里）的奥尔巴尼之旅；在他的欧洲同伴巴克斯特被杀后，他与原住民向导怀利完成了剩下的旅程。

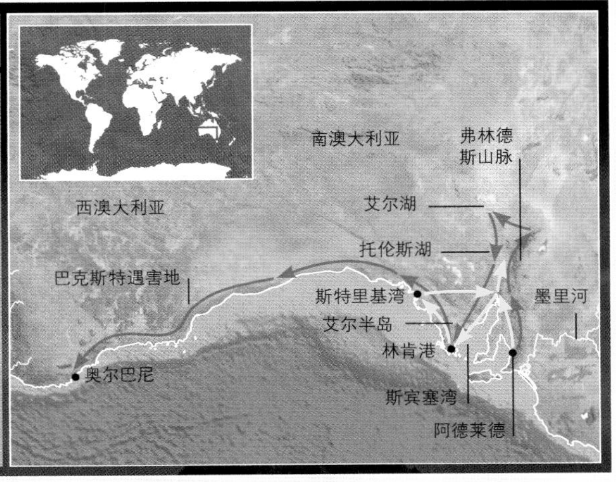

阿德莱德
图中为1895年的阿德莱德，始建于1836年，就在艾尔抵达前不久。艾尔对周边的探索帮助这个定居点发展成城市。

不断扩大的野心

艾尔的下一次探险是他最雄心勃勃、也最具戏剧性的一次。他的计划是在斯宾塞湾以北的阿尔登山建立基地，并尽可能向北探索。他在1840年6月离开阿德莱德，同行有巴克斯特，以及另外四个欧洲人和两名土著。在斯宾塞湾北部，他发现迪塞普申山附近有水，但后来发现一个干涸的大盐湖堵住了去路，这个湖现在被称为“艾尔湖”。艾尔错误地认为艾尔湖是托伦斯湖的延续，所以他们决定不再向北，转而向西。在林肯港领取补给后，他们又回到了斯特里基湾。

1840年年底，艾尔做出了大胆的决定，试图到达距离西部约2000公里（1200英里）的国王乔治湾。1841年年初，艾尔、巴克斯特和三个原住民（库塔查、尼兰比林和怀利）向未知的方向进发。1841年4月，艾尔离开寻求补给时，巴克斯特被想退出探险的库塔查和尼兰比林杀害。这两个凶手拿走了剩下的大部分食物，但艾尔和怀利找到了足够的水，得以继续前进，直到在蓟湾，他们偶然发现了一艘法国捕鲸船，并获准在船上休养。1841年7月7日，艾尔和怀利来到奥尔巴尼，完成了这次危险之旅。

艾尔后来离开了澳大利亚，先去新西兰，然后去加勒比地区。他促进了澳大利亚的移民与原住民之间的和平，但在他担任牙买加总督期间，镇压了一次叛乱后，他下令大规模鞭笞黑人，因此声名受损。

弗林德斯山脉
1839年，艾尔探索了阿德莱德北部的弗林德斯山脉，但未发现良好的牧场。19世纪70年代曾建过农场，但现已抛弃，证实此地气候严酷。

殖民地因这次探险而获得的所有荣誉都归功于伯克和威尔斯。

——墨尔本检察官利德·凯蒙特，1861年

生平事迹

- 在维多利亚州淘金热的推动下，开始了由新富城市墨尔本资助的探险远征活动。
- 成功地从南到北穿越澳大利亚，但这次探险是一场灾难。
- 认识到非本地骆驼对澳大利亚内陆气候的适应性。
- 愚蠢地在夏天出发去北岸，而不是如原计划那样等待春天的到来。
- 探险队从一开始就矛盾重重，这暴露了伯克完全缺乏领导此类行动的经验。
- 因缺乏在恶劣环境下生存的知识，除了一名先遣队成员，所有人都死于内陆。
- 唯一的幸存者约翰·金被当地原住民拯救并得到照顾。
- 在救援队发现他们的行迹后，他们被誉为英雄，但如今历史学家更强调他们所犯的诸多错误。

伯克和威尔斯

内陆的蛮勇英雄

澳大利亚

1821—1861年；1834—1861年

罗伯特·奥哈拉·伯克

威廉·约翰·威尔斯

1860年，来自爱尔兰戈尔韦的移民、澳洲警务督察罗伯特·奥哈拉·伯克与澳洲政府勘测师威廉·约翰·威尔斯，率领19人的“维多利亚探险队”，计划从南部的墨尔本穿越大陆到北部的卡奔塔利亚湾。这次探险以悲剧结束，这两人及几个追随者都牺牲了。

1860年，维多利亚州刚成立八年。欧洲移民对澳大利亚的内陆知之甚少，甚至对居住在内陆的澳大利亚原住民的生存技能也知之甚少，而原住民已学习生存技能近五万年。1860年8月20日，英勇无畏的“维多利亚探险队”从墨尔本出发。该探险队配备了26头骆驼、23匹马和6辆四轮马车的物资，选择的路线几乎一路径直向北。尽管伯克在探险方面完全缺乏经验，但他还是被选为领袖。

缓慢的开端

这支探险队在途中得到了15 000名祝福者的欢呼，但这是他们命运的巅峰。在行程近两个月之后，探险队终于抵达位于墨尔本以北750公里（470英里）的达令河畔的梅内迪（普通邮车仅用一周就可完成这段旅程）。探险队已经陷入了困境：两名军官辞职，13人被解雇，又新雇8人。伯克厌倦了队伍的缓慢步伐，率领一支八人先遣队向库珀河进发，离他们最后的目的地大约还有一半路程。库珀河是欧洲人北上路线的最后一站，伯克的队伍在11月11日到达。天气潮湿，旅途相对容易。他们在库珀河边等了一个多月，等待从梅内迪订购的补给品到达。但到了12月16日，在酷热的夏天，伯克厌倦了等待，于是决定带领威尔斯和另外两人——查尔斯·格雷和约翰·金继续前行，而把其他队员留在库珀河。伯克带着六头骆驼、一匹马和三个月的食品出发，他在日记中指出：“当地原住民没有任何危险……在我们回来之前，留在这里的队员没有任何理由离开，除非给养不足。”结果证明，他的乐观态度是致命的错误。

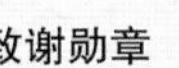
致谢勋章
这个勋章由维多利亚州颁发给原住民，以感谢他们帮助伯克和威尔，并拯救约翰·金的生命。

乐观的开端
在墨尔本市民的欢呼声中，伯克和威尔斯满怀着对成功的期待出发了，但他们的自信来自无知。这支队伍由19人组成，携带23匹马、26头骆驼和足够维持两年的物资。他们所缺乏的是在这块土地幸存下来所需的原住民生存知识。

骆驼动力

维多利亚州政府知道骆驼在其他地方被成功地用于沙漠探险，于是从印度购买了26头骆驼进行探险。

那些留在库珀河的人等了四个月，直到坏血病开始暴发，领队威廉·布拉赫决定离开。他们在一棵大树上刻下“挖掘”字样的标记，在大树脚下藏了一小批贮存品。在返程途中，布拉赫遇到了从梅内迪送来补给的队伍，补给队不少人患病，疲惫不堪，其中几名成员已死亡。两支队伍联合起来，艰难地往南折返。他们向墨尔本以北130公里（80英里）的桑德赫斯特（今班迪戈）发送了一份电报，称：“伯克先生于12月16日离开库珀河。从那以后，音讯全无……该地区250公里（150英里）的范围内均没有水。”

当返回队伍抵达桑德赫斯特时，救援团队被立即派出，由胡伊特率领，寻找伯克队伍的踪迹。

搜索队伍

1861年11月，消息反馈到墨尔本。胡伊特在库珀河营地发现了伯克和威尔斯的尸体。据估计，他们在6月就因饥饿、脱水和精力衰竭而死亡。格雷被发现从卡奔塔利亚湾返回途中死亡。金幸存下来，并被发现生活在库珀河流域澳大利亚原住民当中。他带回伯克的日记和威尔斯的笔记，证明他们已成功地穿越了澳洲大陆。

根据金的证词以及金获救时随身携带的日记和信件，人们拼凑出伯克和威尔斯的命运。1861年2月10日，伯克和威尔斯的小队到达弗林德斯三角洲，那里的潮汐流证明他们已经抵达了目的地。在沿原路折返时，他们不得不开始宰杀牲畜以获取食物。威尔斯描述说，他杀死了一匹马：“在营地里待了一整天，宰杀那匹叫比利的马。比利因为缺乏食物而精疲力竭，几乎没有机会到达沙漠的另一边。”夏天最热的时候，据威尔斯记录，河流阴凉处的温度为36.3℃（97.4℉）。

震惊和绝望

这些人精疲力竭，回到了库珀河。格雷在途中死亡，但三名幸存者于4月21日抵达营地，结果发现营地已被遗弃。他们的时机再糟不过了，因为布拉赫是那天早上才离开的。威尔斯写道：“营地被抛弃，我们的失望可想而知。经过四个月的艰苦旅行，返回时已精疲力竭。”布拉赫留下的食物供给不足以支撑他们继续进行约650公里（400英里）。被困原地的伯克和威尔斯于6月死在库珀河。威尔斯临终前深思：“至少在这种处境下，知道我们已经尽了一切努力，我们的死亡是别人管理不善的结果，而不是由我们自己的任何鲁莽行为导致，这是一种极大的安慰。”他的自我评价很好，但在很久以后受到质疑。

树上的面孔

1898年，艺术家约翰·迪克在库珀河旁的树干上雕刻了伯克的面孔。

结局到来

威尔斯在日记中写下最后一笔：“现在只有最大的幸运才能拯救我们中的任何人；至于我自己，如果天气继续变暖，我可以活上四五天。我的脉搏是48次，非常虚弱，我全身皮包骨头。让人不愉快的绝不是因为饥饿吃田菁的感觉，而是因为一个人所感受到的软弱，以及完全无法移动自己的无助。”

在感人至深的最后一封信中，威尔斯表达了对获救的希望，但也清楚地承认了自己的处境：“两头骆驼都死了，我们的粮食也已经耗尽了……我们正努力像黑人那样，尽我们所能活着，却发现很艰难。我们都衣衫褴褛。尽快送来食物和衣服。——W.J.威尔斯。”

金在同伴死亡后，被当地原住民收留和照

致命的无知

在补给品耗尽时，伯克和威尔斯如当地原住民那样，吃了用田菁制作的种子面包，但他们对如何制作这种食物的细节不够重视。他们并没有把种子磨成糊状，而这被忽略的一步正是破坏田菁所含的硫胺酶的必要步骤。硫胺酶会耗尽身体里的维生素B1，金报告说，伯克曾抱怨过腿和背部疼痛——这是缺乏维生素B1引起的脚气病的症状。

原住民向导狄克的肖像，他是探险队早期雇用的向导。

他们的足迹

1860—1861年　单向行程
伯克、威尔斯、格雷和金离开库珀河的其他人前往海岸，他们到达弗林德斯三角洲，此地就在北海岸附近。

1861年　返回南方
他们试图循原路返回，走了一些不必要的弯路，伯克、威尔斯和金到达库珀河，格雷死在路上；伯克和威尔斯死在库珀河，几个月后金获救。

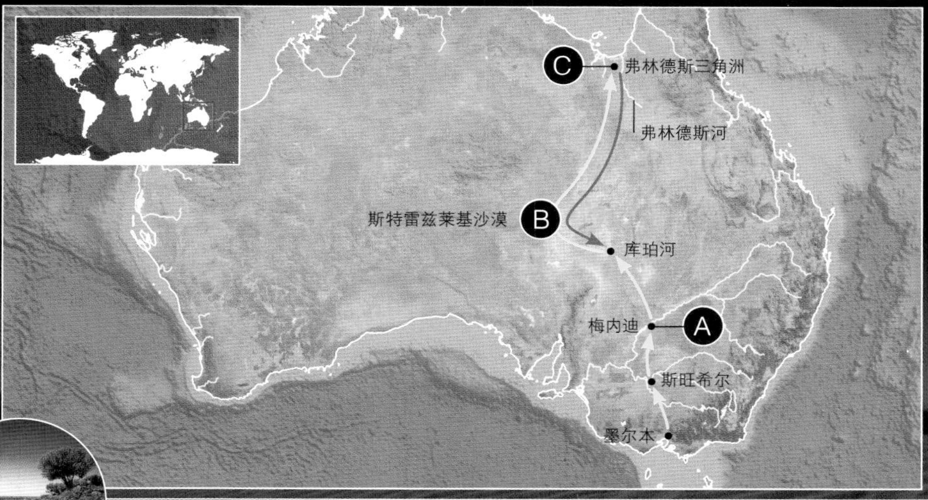

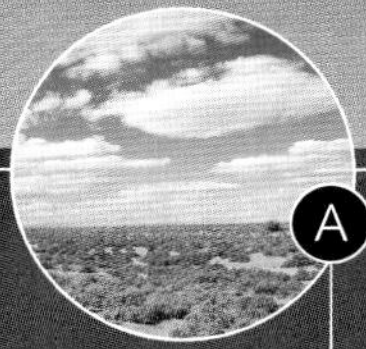

弗林德斯三角洲
弗林德斯河
斯特雷兹莱基沙漠
库珀河
梅内迪
斯旺希尔
墨尔本

A 经过两个月曲折、缓慢的行进，探险队到达梅内迪。

B 四人先遣队从库珀河出发，穿过斯特雷兹莱基沙漠向北推进，这是一大片广阔的干旱地区，有大面积的沙丘。

金被一支搜索队救了出来，当地原住民一直在照顾他。

1860—1861年　1861年

1860年8月20日，19人在沿途15 000人的欢呼下，从墨尔本出发。

C 他们到达弗林德斯三角洲，但无法抵达海岸。

伯克、威尔斯和金到达库珀河，此时布拉赫离开仅数小时。

顾了六个月。他评价说：“他们对我一视同仁，把我当作他们中的一员。”救援队返回时，金和失踪人员被澳大利亚人民当作英雄对待。他们的叙述加强了移民对澳大利亚内陆的了解，尽管在之后几十年里，还是忽略了学习原住民的知识和生存技能。在他们去世一年后，皇家委员会下令将伯克和威尔斯的遗体从墨尔本库珀河带回维多利亚州举行国葬，以表示官方的尊敬。直到许多年后，人们才承认他们在这场灾难中有自身失误。

未知之地的边缘
在伯克和威尔斯远征之前，库珀河标志着欧洲人探索过的土地的边缘。探险者曾两次到达此处：1845年查尔斯·斯图特到达过，1858年C.格雷戈里到达过。

进入非洲

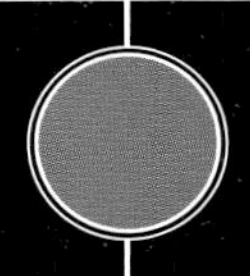

非洲面积是欧洲的两倍，占世界陆地面积的1/5，对非洲的全面勘探直到18世纪才开始。在奴隶贸易利润的驱使下，欧洲列强一发现非洲大陆的财富，就开始了对非洲土地的掠夺。

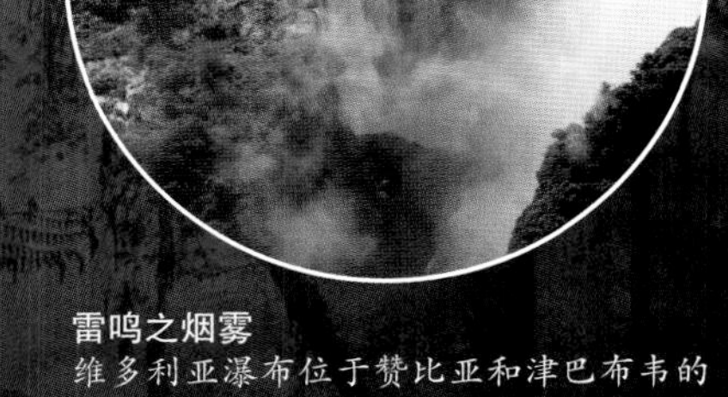

雷鸣之烟雾

维多利亚瀑布位于赞比亚和津巴布韦的交界处，该奇观在19世纪之前一直不为欧洲所知，是世界七大自然奇观之一。

15世纪的葡萄牙出于拓展通往东方的海上航线的愿望，对非洲进行一系列探索活动，使非洲海岸线和主要河道开始为外界了解。不过，除了那些葡萄牙传教士的早期探险活动之外（如传教士贡萨洛·德西尔韦拉就率队到达过今属津巴布韦的穆胡姆塔巴帝国），有关葡萄牙人深入内陆探索的记录甚少。

人口贩卖

非洲部落社会长期存在买卖奴隶的“乌木交易”，正是这一贸易导致欧洲与非洲的联系增加。在美洲新大陆棉花、烟草和甘蔗种植园对劳动力不断高涨的需求的推动下，西非沿海地区出现了一种有利可图的悲惨贸易。

葡萄牙探险家和商人安陶·冈萨维斯是第一个参与非洲奴隶贸易的欧洲人，1441年他在西非购买了一批奴隶。葡萄牙人还考察了非洲印度洋沿岸，以支持他们通往印度的贸易路线。这使他们与其他奴役奴隶的文化发生冲突，如斯瓦希里人的阿扎尼亚文明，中非西部的刚果文明和穆胡姆塔巴文明，其中一些是争夺奴隶贸易份额的穆斯林商人。

奴隶镣铐

这些颈部镣铐被用来将奴隶们捆在一起运输到欧洲的奴隶贸易港口，图中所示镣铐为1847年戴维·利文斯通带回伦敦的一部分，目的是展示奴隶贸易的野蛮性。

到16世纪时，葡萄牙人已不是唯一掠夺非洲人口和自然资源的欧洲人。早在1530年，英国商人就在西非港口停泊，1663年在冈比亚建立了詹姆斯堡，为黄金、象牙以及后来的奴隶贸易服务。荷兰在17世纪开始了非洲贸易，1621年创立西印度公司，并最终在西非海岸建立了16座堡垒。荷兰开普敦殖民地成立于1652年，是东印度公司的中转站，该公司经营通往东亚的贸易航线。法国在17世纪进入了这个市场，1626年从荷兰手中夺走塞内加尔，1642年占领了马达加斯加。瑞典、丹麦和普鲁士也加入了非洲西海岸的贸易争夺战。在此期间，欧洲对非洲的勘探大多局限于沿海地区。资源集中在奴隶贸易上，这意味着能够处理船载货物和奴隶的沿海基地是必需的。非洲统治者与欧洲人贩子串通一气，向人贩子提供奴隶，他们愿意在沿海地区出让土地，却抵制了欧洲对其内陆地区的侵占。此外，严酷的地形、热带气候，以及与欧洲免疫系统相异的疟疾和其他疾病，导致最初勘探非洲腹地的尝试遭遇困难和失败。

> *在15世纪与欧洲接触之前，数以百万计的非洲原住民的文化在复杂多样的社会形态中发展，而非洲大陆以外的地方对这些社会了解有限。*

打破锁链

奴隶贸易直到18世纪开始受到挑战，部分原因是欧洲理性时代的到来。它的核心是相信科学调查的价值和对自由、民主与理性原则的信念。英国作家塞缪尔·约翰逊的煽动性反奴隶制论文《税收不是暴政》提议解放美国所有的奴隶，这有助于在反奴隶制运动与对该大陆进行科学探索的愿望之间建立联系。

通过富有同情心的研究来发现这个“未知的非洲”，成为早期欧洲探险家的焦点，如詹姆斯·布鲁斯（见第203页）。他在《发现尼罗河源头的旅行（1768—1773年）》中描述了自己对青尼罗河和白尼罗河汇合处的识别，这是有关埃塞俄比亚文化的首批描述之一。

地理好奇心也是苏格兰年轻人蒙戈·帕克（见第194—197页）寻找尼日尔河的动机。尼

当地的盟友
戴维·利文斯通去世后，他的三名忠实仆人，包括马修·惠灵顿，徒步1500多公里（1000英里）将他的遗体运至海岸。

争夺非洲
欧洲列强在1898年同意划定非洲属地的边界。法国人和英国人梦想有一条横贯非洲的走廊，分别是东西走向和南北走向。

日尔河直到1796年才被欧洲人发现。法国人雷内·凯利1828年到达廷巴克图，是第一个活着离开这座城市的欧洲人。

瓜分大陆

19世纪欧洲的发展使非洲的领土构成发生了重大变化，包括欧洲列强吞并了非洲大陆的大部分地区。比如，对埃及的占领（1798—1803年），先是法国，后来又是英国，直到穆罕默德·阿里于1811年创建独立的埃及。拿破仑战争也使英国1814年占领了南部非洲的殖民地，以防它从荷兰落入法国之手。1830年，在北非，法国占领了阿尔及利亚首都阿尔及尔。当欧洲探险家——包括在南非的戴维·利文斯通（见第220—223页）以及在中非与东非的理查德·伯顿和约翰·汉宁·斯贝克（见第204—207页）——绘制出非洲内陆的地图时，非洲大陆的财富得到了充分的揭示。从19世纪80年代起，非洲其余地区被欧洲列强瓜分。

传教士的热情

除了奴隶制和帝国主义，对非洲探险的主要动力是传播基督教信仰。19世纪中叶，在几内亚海岸、南部非洲和桑给巴尔岛，新教传教活动十分活跃。1840年，伦敦传教士协会将其最著名的传教士利文斯通送至非洲大陆，之后是他长达33年的探险生涯。利文斯通凭借传教士的热情，通过“商业和基督教”的方式，将非洲人从奴隶制中解放出来，并满怀激情地了解非洲的地理和文化。

利文斯通的故事与另一位伟大的非洲探险家亨利·莫顿·斯坦利的故事交织在一起（参见第214—215页）。他在1869年被派去寻找那位传教士，而对方已经六年音讯全无。1871年，斯坦利向他走过来，说出不朽的话语：“我想，你是利文斯通医生吧？”

背景介绍

- 在前殖民时代，从南非的狩猎采集者和西非的马里王国，到今属尼日利亚的伊博和约鲁巴城邦，非洲估计存在一万个不同类型的国家和社会形态。
- 在15世纪葡萄牙航海家到来之前，对非洲大陆的了解受到北非伊斯兰统治的阻碍，这限制了欧洲对撒哈拉以南非洲的贸易和认识。
- 欧洲人的探险在18世纪末正式开始。非洲协会于1788年在伦敦成立，最初专注于西非的探索。到1820年，该协会将注意力转向东非。最重要的探险活动之一，是由法国人路易斯-毛里斯-阿道夫·利南·德贝尔莱夫斯（1799—1883年）领导的探险队，到达白尼罗河距离与青尼罗河交汇点240公里（150英里）的地方。
- 19世纪90年代起，妇女在非洲探险中起着越来越重要的作用。玛丽·弗兰奇·谢尔登成为第一个在今坦桑尼亚发现查拉湖的欧洲人；在西非，玛丽·金斯利（见第212—213页）在尼日利亚的旅行赢得了世人的钦佩。

泥砖杰作
伊斯兰教在西非的存在，如这座位于马里王国的用泥砖建成的中世纪清真寺，证明了欧洲人到来之前存在的丰富文化。

在马里惹人注目

帕克经过马里村庄时无法不惹人注目，如图中的桑格就是这样。他遇到的一些部落对他持有很深的戒心，他们认为那个高个子白人是一个“喝牛奶的魔鬼”；其他人则欢迎他进入他们的家中。他很快就被当地的摩尔国王逮捕了。

生平事迹

- 第一个发现尼日尔河的欧洲人，明确了河流走向，绘图描述了部分河道。
- 被他的引荐人约瑟夫·班克斯爵士的成就和执着所鼓舞。
- 通过仔细的观察，留下了关于西非地貌的重要地理记录。
- 提供了奴隶贸易经济运作的详细信息，为英国的废奴辩论提供了论据。

蒙戈·帕克

一个才具非凡的年轻人

苏格兰 1771—1806年

1795年，一个渴望冒险的苏格兰年轻人踏上了西非最伟大的探险之旅。蒙戈·帕克出生于苏格兰边境的佃农家庭。人们曾期望这个好学的男孩能在教堂里完成职业生涯，但由于年轻的自信和对自然世界的迷恋，他开始在爱丁堡学医。很快，他就把世界纳入自己的视野，并渴望“获得最为杰出的名声”——到非洲寻找尼日尔河。

在爱丁堡学医之后，帕克的医学研究把他带到了伦敦外科学院，在那里他被介绍给有影响力的博物学家约瑟夫·班克斯爵士（见第197页）。这是一次决定性的会面。在班克斯的推荐下，21岁的帕克获得外科医生助手的职位，在伍斯特号上工作。该船属于东印度公司，前往东南亚的苏门答腊。三个月的旅程平淡无奇，但帕克对冒险的热情却被点燃了。虽然名义上他只是一位外科医生的助手，但他回来后提交了一篇关于发现八种新鱼类的论文。

在18世纪末，非洲内陆对欧洲人来说是个谜。为了促进研究，1788年成立了非洲协会，班克斯不失时机地介绍了帕克。不久，这位年轻的冒险家获准远征探险，去寻找神秘的尼日尔河。尽管前一位得到这份工作的人显然是在前往廷巴克图的途中被杀，他还是欣然接受了这个任务。帕克受托将一张200英镑金额的信用证交给约翰·莱德利博士，莱德利的贸易站位于冈比亚河岸的皮萨尼亚，手下有50人。

独自前往

无论是因为缺乏耐心，还是想单独行动，帕克没等探险队组建完毕，就于1795年5月独自一人搭乘奋进号前往非洲。他于7月5日到达交易站，不久就染上了疟疾。他以自己典型的坚强意志，在康复过程中掌握了冈比亚和西非其他地区使用的曼德语，因为他知道沟通能力对自己的使命有多重要。1795年12月，帕克在曼丁戈向导约翰逊和奴隶男孩登巴的陪同下，踏上了寻找尼日尔河的旅程。他带有一匹马、两头驴、一台六分仪、一个指南针、两支

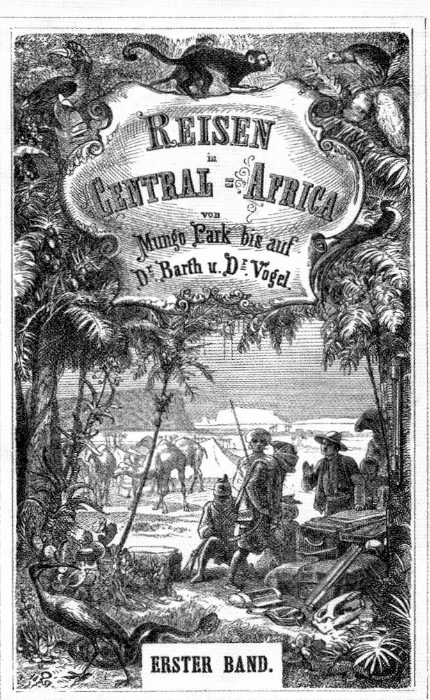

开辟道路
帕克对中非的探索鼓舞了许多欧洲人追随他。在他去世后几十年出版的这本德国书籍，赞誉帕克为该地区的开路先锋。

他的足迹
1795—1797年 首次探险
帕克从冈比亚河口深入内陆，被阿拉伯士兵俘虏；被囚禁四个月后，他逃亡并抵达尼日尔河边的塞戈，然后回国。
1805—1806年 第二次探险
帕克返回西非，探索尼日尔河；他航行经过廷巴克图，但遭到袭击，并溺死在布萨瀑布。
廷巴克图
贾拉
贝恩
皮萨尼亚
凯伊
塔利卡
塞戈
西拉
B
A
巴马科
C
尼日尔河
非洲协会委派帕克寻找尼日尔河。
A
帕克首次探险到达尼日尔河边的塞戈，沿河顺流而下到达西拉。
帕克在尼日尔河的布萨瀑布遭到袭击，溺水身亡。
C
1793—1794年
1795—1797年
1797—1805年
1805—1806年
1793年，帕克踏上伍斯特号前往苏门答腊，开始首次探险。
B
返回时逆流而上，远至巴马科。
回到英国后，出版了关于首次旅程的描述《非洲内陆之旅》。

鸟枪、两把手枪和一把伞。他还携带了少量的珠子、琥珀和烟草，作为交换的商品。帕克沿着一条向东的路线到达麦地那，然后前往西宾，进入了卡塔亚的内陆和半沙漠地带。在那里他是一个易受攻击的人物。因为如果没有明显的贸易意图，为什么一个白人会以这种方式毫无目的地旅行呢?

当帕克穿过塞内加尔上游盆地时，他被当地摩尔人国王阿里逮捕并关押了四个月。根据帕克自己的说法，他的行为举止、衣着和语言使国王着迷。虽然受到暴力威胁，但帕克在监禁中幸存了下来。他的财产被拿走了，除了指南针，因为指南针被认为具有魔法属性，所以他可以保留。在整个监禁过程中，帕克详细描述了他的阿拉伯抓捕者、他们的情感和交易制度。

1796年5月，阿里国王同意帕克陪他去贾拉，而这个年轻人则趁机骑马逃走，除了指南针和日记外什么也没有。1796年7月21日，他到达塞戈，在那里，他看到了“我使命的伟大目标——我长期寻找的雄伟的尼日尔河，在清晨的阳光下闪闪发光，就像威斯敏斯特的泰晤士河一样宽广”。帕克是第一个见到这条河的欧洲人，并确定了它自西向东的流向。

他沿河一直走到西拉，然后折返。他从1796年7月30日开始返程，沿着河道走了大约500公里（300英里），在此期间他再次病倒，多亏商人卡尔法·陶拉的照顾，才得以存活。陶拉给他提供了七个月的食物和住所。七个月后，仍疾病缠身的帕克加入了一队西行的奴隶队伍，步履蹒跚地回到冈比亚海岸。他在1797年6月10日抵达皮萨尼亚，并于12月22日起航回英国。

回到非洲

帕克回国后，受到了英雄般的欢迎，但他很快就厌倦了这种关注。他回到苏格兰，完成了日记，日记在1799年出版时得到了极大的赞誉。然而，非洲对他的吸引力仍然很强，五年后，他接受了第二次前往尼日尔的任务。1805年的这次探险名义不同。帕克提出，这是“为了扩大英国的商业版图，拓展我们的地理知识”。作为回应，殖民地办事处要求他评估欧洲人定居的可能性。这次远征探险的规模很

“蒙博-朱波”之舞与其他文化观念

帕克对自己目睹的“蒙博-朱波”之舞并不认可。曼丁戈男人在解决家庭争端之前，会盛装打扮，进行这种仪式，而帕克则认为这是一种“不雅的、下流的狂欢”。在其他事情上，他则胸襟宽广。当一群好奇的女人想要检查一个基督教男人是否受过割礼时，他开玩笑说他给最漂亮的那个看。

“蒙博-朱波”之舞，基于帕克的日记创作的画面。

大，包括30名士兵和在尼日尔河现场建造15米（50英尺）的船只所需的资金。帕克得到船长的委任状和慷慨的拨款，以支付这次活动的费用。

注定失败的任务

探险队在1805年1月离开，这是个不明智的决定，因为这意味着他们会在最热的季节到达。更糟糕的是，因为充分意识到他们会遇到的天气状况，没有非洲人愿意加入。探险队在1805年4月27日离开凯伊，沿帕克首次探险的路线行进。从巴马科到塞戈的旅程是乘独木舟进行的，但到了8月，队伍陷入混乱。

由于降雨和热病，到11月时情况进一步恶化，从冈比亚起程的44名欧洲人当中，只剩下帕克和其余4人。其他的人未到达尼日尔就已死亡。帕克和一名幸存的士兵将两艘独木舟改装成一艘船，他将这艘船命名为乔利巴（曼德语：尼日尔河）。帕克给殖民地办公室的信显示了这一绝境。他写道："虽然与我同来的欧洲人皆去世，我自己也已半死，但我仍会坚持下去，如果我不能成功实现旅行目标，我至少会死在尼日尔河。"在布萨瀑布，帕克的船被岩石所阻，同时遭遇敌对土著的攻击，他在试图游泳脱险时不幸淹死。这次探险中幸存的向导阿马迪·法图玛在日记中详述了帕克的死亡细节，1825年，兰德兄弟（见第200—201页）到达布萨瀑布时也对此加以证实。

关于非洲的真实知识
帕克的日记《非洲内陆之旅》是第一部关于非洲的人类学著作。这些画是由英国地理学家詹姆斯·伦内尔根据帕克的笔记创作的。

在他去世200多年后，帕克仍然是一个鼓舞人心的人物。他的日记启发了戴维·利文斯通（见第220—225页）、小说家约瑟夫·康拉德和欧内斯特·海明威。由于他的勇气、谦虚以及遇事泰然处之的态度，他被认为是非洲最早和最伟大的探险家之一。

约瑟夫·班克斯爵士

英格兰 1743—1820年

博物学家、探险家约瑟夫·班克斯是18世纪末19世纪初科学界的领军人物。

班克斯在詹姆斯·库克第一次远征太平洋时，表现出作为植物学家的非凡能力。他对各种形式科学的热情极大地推动了当时欧洲科学知识的传播。班克斯与其亲密同事卡尔·林奈和丹尼尔·索兰德是植物学发展的关键人物。他于1778年被任命为伦敦皇家地理学会主席，他的职位和声誉对帕克产生了持久的影响。

在詹姆斯·吉尔罗伊的漫画中，班克斯变成一只蝴蝶。时值1797年，班克斯被封为爵士。

雄伟的尼日尔河
这座位于马里尼日尔河上游的河心岛一如当年帕克看到的模样。尼日尔河从塞拉利昂的山丘向东奔流到尼日利亚海岸，全长4025公里（2500英里）。帕克穿过撒哈拉以南的国度，顺流而下，赞叹尼日尔河的宽阔之美。

体验雨林和丛林生活

西班牙征服者是第一批探索原始丛林的欧洲人。他们冒险深入亚马逊雨林，寻找传说中的黄金城市。在真正的丛林中，高耸的树木让位于难以渗透的茂密植被，他们尽可能走水道。南美洲最大的河流——亚马逊河由此被绘制成地图，而在赤道非洲，斯坦利和利文斯通在19世纪对刚果河和赞比西河进行了勘探，并同样绘制成图。

丛林法则

对于探险家来说，丛林是一个危险的竞技场。箭毒蛙、狼蛛、蟒蛇、水蛭、咬人蚁、大黄蜂，以及水媒病毒传播的疾病等，只是其中最轻微的危险。其他动物，如鳄鱼，也把人类放在猎物名单上。与植物稍有碰触，就可能在皮肤中嵌入倒刺，在潮湿的环境中很快就会感染。一些危险随着时间的推移逐渐消失，但食人部落——偶尔会有传教士遭其毒手——直到20世纪初，在美拉尼西亚和一些太平洋岛屿的丛林中仍然存在。热带雨林的原住民有充分的理由害怕欧洲人的到来（见右图）。天黑之后，丛林不允许有任何喘息的机会。成群的蝙蝠和猴子在夜间出没、尖叫、猎食，并被营地的灯光所吸引。

雨林筏夫
这些新几内亚战士，据信是食人族，拍摄于1919年。

失落的民族

与世隔绝的丛林部落在流行文化中有着持久的魅力。例如，阿瑟·柯南·道尔的《失落的世界》（1912年）就衍生了无数的电影。人权组织“生存国际”估计，全世界大约有100个部落仍未与现代文明接触过，这些部落主要分布在亚马逊雨林和马来西亚群岛。为了维持隔绝状态，有些部落让外界的接触变得危险或困难。印度洋安达曼群岛的森提奈人会习惯性地攻击外人。在巴西，伐木对这些部落危害严重。大多数原住民对人类常见疾病缺乏免疫力，而探险者的到来会带来这些疾病。

从空中发现
2008年5月，从空中拍摄到一个不与外界接触的亚马逊部落，他们试图向飞机射箭。

丛林热

潮湿会导致疲劳，更严重的是中暑，这可能致命。其症状包括恶心、头晕、呕吐、腹泻和疲劳。当汗腺被阻塞时，痱子就会产生刺激性皮疹，而潮湿的环境会导致脚部和腹股沟的真菌感染。探险者不得不忍受持续的潮湿。记述16世纪贡萨洛·皮萨罗亚马逊雨林探险经历的秘鲁历史学家印加·德拉维加观察说：“由于从上到下都是水……他们的衣服腐烂了，所以不得不赤身裸体。”

安全栖身地

考虑到经常被水淹的地面，以及潜伏在丛林地面落叶层下的蛇和虫子，最好的栖身地是在平台上或悬挂在树之间。蚊帐是必不可少的，就像防止雨水的防水布也不可少——一整天浑身湿透后，在干燥的环境中睡觉是很重要的。过去的探险家发现在这样的条件下很难扎营，在那里，即使火可以点燃，也会吸引成群的蚊虫叮咬。征服者经常使用废弃的棚屋栖身，这样有时会带来致命的后果。一旦被人类遗弃，棚屋就会变成蛇、蝎子以及引起肺组织胞浆菌病的真菌、传播致命的恰加斯病的杀手虫的窝点。

避开令人毛骨悚然的爬虫
丛林栖身场所最好位于地面以上，以防止昆虫叮咬，并且应远离河流和腐烂的树木，以避免山洪暴发和树枝掉落。

利用水道

丛林使陆上旅行非常困难。不仅要劈开缠绕的植被来开辟一条路，而且地面可能会被水浸泡，或者包含一些危险的生物，比如寄生的麦地那龙线虫。因为它在钻进人的皮肤组织时会使人感觉极度疼痛，16世纪的探险家们称其为“火蛇”。

丛林旅行的水路更安全，但也有危险，包括鳄鱼、食人鱼和水蟒。16世纪，西班牙征服者弗朗西斯科·德奥雷拉纳及其手下建造了一艘两桅船，用来沿亚马逊河航行和划船。在400年后的刚果河探险中，亨利·莫顿·斯坦利（见第214—215页）下令在伦敦建造一艘驳船（长30英尺）。“完工时，它将被分成五个部分，每个部分应该是2.5米（8英尺）长”。船体被运到非洲，确保斯坦利开始他的刚果河之旅时，有一艘构造良好的大型船只。

在河上胡闹
这艘船1934年在圭亚那的一条皮带鱼出没的水道航行。考虑到有倾覆的危险，在这些地区乘独木舟旅行是不可取的。

非洲热猛烈地攻击我，让我的身体虚弱。

——亨利·莫顿·斯坦利描述一场让他体重减轻3公斤（7磅）的高烧

丛林食物

丛林环境中含有有限的食物和水，而对于外来者来说，即使少量食用当地食物也可能导致中毒和死亡。饮用未经处理的水会导致阿米巴痢疾，这是一种使人衰弱的危险疾病，是许多征服者死亡的原因。一直以来，诸如汞等重金属的水污染实例越来越普遍，尤其是在亚马逊地区。

早期的探险队携带了尽可能多的食物，并且依靠物物交换、购买或从当地人那里偷窃来获取食物。当弗朗西斯科·德奥雷拉纳那率领的亚马逊探险队耗尽了食物供给时，“他们没东西可吃，只能用草药熬煮腰带皮和鞋皮吃”。

世界上最致命的动物

从每年造成人类死亡的人数来看，小小的蚊子是世界上最危险的动物。雌蚊携带病毒和寄生虫在人之间传播，导致黄热病、登革热和疟疾等疾病。在非洲、南美洲、中美洲和亚洲大部分地区，每年有超过7亿人被蚊子叮咬和感染，造成数百万人死亡。在丛林和热带雨林的潮湿环境中，蚊子成群结队地繁殖，雌蚊在沼泽地、池塘和河流产卵。蚊子和疟疾之间的联系直到1880年才被阿尔及利亚的法国陆军医生查尔斯·路易斯·拉维兰发现，他观察到了感染者血细胞中的寄生虫。在此之前，热带地区的探险家，如雷内·凯利（见第201页），据说就是死于发烧。

嗅探咬人
蚊子喜欢特定人群，它们会嗅探有二氧化碳和辛烯醇香味的汗。

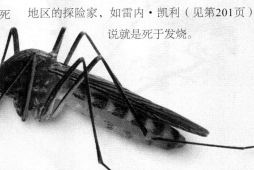

理查德·兰德

尼日尔河的地图绘制者

英格兰 *1804—1834年*

理查德·兰德和弟弟约翰·兰德（1807—1839年）一起发现了西非尼日尔河河道。自1796年帕克首次看到这条河起，测绘这条河一直是英国探险家的伟大目标。“因其在确定尼日尔河河道和终点方面的重要贡献”，1832年，兰德成为皇家地理学会创始人奖章的第一位获奖者。两年后，在一次贸易考察中，他死于尼日利亚部落袭击。

生平事迹

- 探索尼日尔下游河道，但后来他重返该地区，试图开拓欧洲贸易时被杀害。
- 因密谋对付巴达格里国王的罪名而被捕，并经历了一场毒药的磨难后幸存并自证清白。
- 记录当地习俗，如身体穿刺，文身，男性和女性割礼。

理查德·兰德于1804年出生在英格兰康沃尔郡的特鲁罗，是一个客栈老板的儿子。比他小三岁的弟弟在他的成就中扮演了关键角色。理查德很早就展现了探险家的天赋，9岁时就从家乡走到伦敦，11岁时去西印度群岛。后来，他在欧洲和南非的开普敦殖民地担任英国游客的男仆和助理。兰德的伟大突破出现在1825年，他跟随正进行第二次探险的苏格兰人休·克拉珀顿，沿尼日尔河从内陆到达三角洲。这支英国探险队还包括另外两名欧洲人：医生迪克森和莫里森。但在抵达非洲后不久，此二人都死于疟疾。克拉珀顿和兰德最先在内陆约320公里（200英里）处的布萨瀑布附近看到了尼日尔河，1806年，帕克正是在此处溺水身亡。他们随后向东到卡诺城，然后又向西折返，到达位于索科托河河岸的索科托城，索科托河是尼日尔河的一条支流。患痢疾而身体虚弱的克拉珀顿请求该城苏丹穆罕默德·贝洛让他们经尼日尔河前往大海。然而，克拉珀顿的病情过于严重，于1827年4月13日死在索科托

伊斯兰帝国
今属尼日利亚的卡诺城，如今还是1825年兰德和克拉珀顿去那里时所看到的面貌。当时，这座城市属于索科托哈里发伊斯兰帝国。

尼日尔三角洲
理查德·兰德是第一个到达尼日尔三角洲的欧洲人，这个面积7万平方公里（3万平方英里）的地区，现有超过40个不同种族的3000万人口。

附近。兰德也患有使身体虚弱的热病，他明智地将自己的装备与贝洛交易，获得许可，循陆上原路前往海岸线上的巴达格里。他独自走了七个月，躲过葡萄牙奴隶贩子的冲突和追捕（尽管兰德自己也为旅行买了奴隶），有几次都差点放弃生还的希望，他对回国深感欣慰。

兄弟共同探险

兰德回到伦敦，克拉珀顿的文件被安全地交付，关于他们的共同成就被全文发表。他受到科学界和地理界的好评，给英国政府留下了深刻的印象。他被要求重返尼日尔河，以确定其下游河道。

这一次，理查德在弟弟约翰的陪同下，1830年3月31日从海岸出发，追溯克拉珀顿探险队的足迹。到达布萨瀑布后，他们乘独木舟沿这条充满暗礁的危险河流逆流而上，来到了伊奥里城。他们被苏丹扣押了五个星期，最终获准离开，被当地的向导带到了下游。这对兄弟注意到，随着他们往下游行进，内河贸易明显增加。

11月5日，在科里（今阿萨巴）附近，两兄弟的独木舟遭到了河上盗贼的袭击。他们被俘虏和索要赎金。因为找不到其他欧洲人可以支付这笔费用，兰德兄弟被移交给一位名叫“国王男孩”的当地商人，后者划船带他们到几内亚湾的比阿夫拉湾向一艘英国船的船长勒索赎金，但船长并不情愿。理查德和约翰在一场猛烈的风暴中逃到船上，而盗贼们则在岸上热切地等待着。这对兄弟终于在1831年6月经由巴西返回伦敦。财富正等着他们回家，他们的日记以1000几尼（合50 000英镑或75 000美元）的价格被人买下。

理查德·兰德于1832年重返非洲，此次远征的目的是在尼日尔河上建立一个贸易站。他在一次袭击中受伤，不久后因伤死亡。就像许多早期前往非洲的欧洲探险家一样，几年后，弟弟约翰死于在非洲大陆染上的一种疾病。

兰德的望远镜
兰德兄弟勘探尼日尔河周边景观。一位名叫W.M.克鲁布鲁克的少校为此送给他这个木制望远镜。

雷内·凯利

法国 *1799—1838年*

与兰德兄弟同时代的雷内·凯利是第一个到达廷巴克图和杰内的欧洲人。

1827年，他决定第一个从南到北穿越撒哈拉沙漠。他在1828年年初穿过西非城市杰内和廷巴克图，然后租了一头骆驼，带着一辆大篷马车穿越沙漠，于8月到达摩洛哥的丹吉尔。

我呆呆地望着面前那可怕的景象。

——绘制尼日尔河地图的理查德·兰德在目睹巴达格里的活人祭祀时说

他们的足迹

- **1825—1827年 克拉珀顿和理查德·兰德探索尼日尔河**
  克拉珀顿死于热病，兰德则设法携带克拉珀顿的文件回国。
- **1827—1828年 凯利穿越撒哈拉沙漠**
  途中，他造访廷巴克图，成为首位进入该城还能活着离开的欧洲人，然后穿越撒哈拉来到丹吉尔。
- **1830—1831年 兰德兄弟同赴西非**
  理查德和约翰·兰德沿着尼日尔河顺流而下，一直到贝宁湾的三角洲。
- **○ 1834年 理查德·兰德去世**
  他在第三次非洲之行中被杀。

○ 未在地图上显示

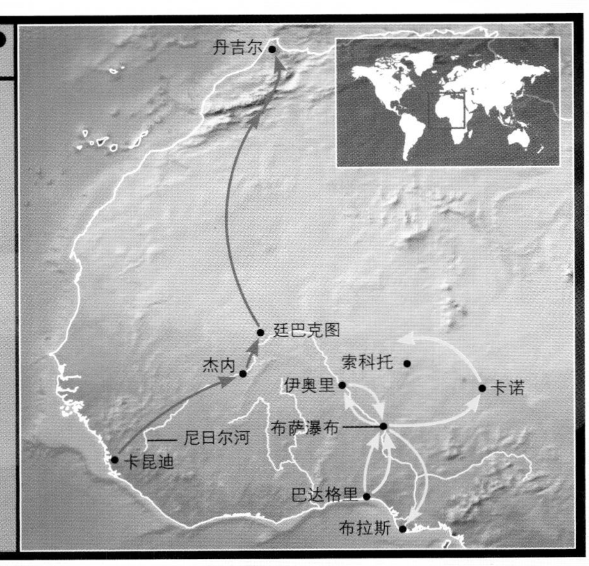

海因里希·巴尔特

研究西非的现代地理学家

德意志联邦 1821—1865年

海因里希·巴尔特是德国学者、语言学家和探险家。他的首次探险是一次穿越北非海岸的旅行，但他被人铭记的是他的西非之旅。在一个欧洲人认为其他文化是劣等文化的时代，巴尔特研究非洲民族时所持的同情态度是超前的。他对自己冒险经历的细致叙述至今仍是一份被广泛研究的历史文献。

生平事迹

- 学习阿拉伯语和非洲当地方言，以便研究西非各民族的文化和历史。
- 1856年度荣获皇家地理学会金奖，以表彰他“对中非的广泛探索、在乍得湖周边地区的旅行和前往廷巴克图的危险之旅［原文如此］”。
- 他的五卷本《北非和中非旅行与发现》在1857年和1858年分别以英文版和德文版出版。
- 1863年成为德国地理学会主席。

乡村场景
巴尔特的旅行报告含有西非生活场景的插图。这幅画中间的是乍得湖南岸穆斯古部落的首领。

1849年，巴尔特加入了英国赴中非科学和商业联合考察探险队，该探险队由詹姆斯·理查森上尉指挥，成员有著名的德国地质学家和天文学家阿道夫·奥维格。这三人于1850年春天离开的黎波里，但探险队内部很快就关系紧张起来。理查森的目标是阻止整个撒哈拉沙漠的奴隶贸易，而巴尔特和奥维格希望进行科学研究，避免地方冲突。9月初，该探险队抵达了柏柏尔人小镇提特拉斯特，并在那里停留了两个月，然后缓慢向南推进。

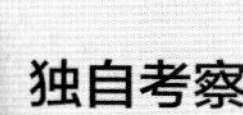

学术中心
巴尔特在廷巴克图学习了六个月。这座城市的大学收藏了无与伦比的古阿拉伯和古希腊手稿。

独自考察

1851年1月，探险队到达撒哈拉南部边缘的达梅尔古，巴尔特和奥维格与理查森在该地分道扬镳。不过，他们计划在乍得湖沿岸的库卡瓦会合，但巴尔特感觉到理查森已经病了，无法在旅途中存活下来。他在日记中写道：“我没有足够的信心把寄往欧洲的包裹托付给他。”两天后，奥维格和巴尔特也分手了。巴尔特出发前往卡诺城，他仔细记录了所遇到的各民族的语言、习俗和历史。1851年4月，他到达库卡瓦，发现理查森已经死亡；奥维格也病了，并于1852年9月去世。不久德国人爱德华·沃格尔从欧洲来接替理查森。但很快证明，沃格尔是个负担，因为他拒绝学习阿拉伯语，而阿拉伯语是该地区大多数人使用的第二种语言。巴尔特没有因此气馁，11月25日，他独自前往廷巴克图，标志着这支官方探险队的解散。

他的足迹

- 1850—1851年 **穿越撒哈拉沙漠** 三位探险家穿过撒哈拉沙漠，然后分道扬镳，计划在乍得湖会合。
- 1852—1853年 **沿尼日尔河行进** 他独自一人，花了将近一年的时间沿着尼日尔河来到廷巴克图，在该城待了六个月。
- 1854—1855年 **原路返回** 尽管身体状况迅速恶化，巴尔特还是返回乍得湖，穿越撒哈拉，抵达的黎波里。

沿尼日尔河旅行

接下来的一年时间，巴尔特一直沿尼日尔河旅行，用阿拉伯人的服装伪装自己，以确保安全通过对基督徒旅行者有敌意的穆斯林国家。在整个雨季，他身体因发烧而严重衰弱，

正式报告
1853年出版的探险队官方报告的封面上有几位探险家的肖像，从左上角顺时针方向依次为：理查森、奥维格、沃格尔和巴尔特。

但他终于在1853年9月抵达廷巴克图。他在这座城市待了六个月，受到他强大的朋友酋长艾尔·巴卡的保护，这个阿拉伯人被巴尔特描述为“廷巴克图教皇”。他对这座城市的街道规划做了详细记录，并指出了它的贸易潜力：“虽然城市不大，但它的居住条件相当好，而且几乎所有的房屋都维护得很好。这里有980座黏土房屋，还有几百座用垫子做的锥形小屋。”

1854年3月，巴尔特离开廷巴克图，回到库卡瓦，在另一个雨季，他患上了严重的风湿病，但他奋力穿越撒哈拉沙漠，下定决心要回到家乡，“以便把我的工作和发现完整记录下来”。1855年8月28日，他到达的黎波里时，已在不到六年的时间里走了超过1.6万公里（1万英里）。巴尔特五卷本的旅行报告提供了19世纪西非独特的记录，详细记载了他所到的地方及其部落语言。他的观察使该地区的第一张精确地图得以绘制，尽管他并没有进行天文读数。巴尔特的研究为撒哈拉地区未来所有的地理工作奠定了基础，而他也经常被历史学家引述。

詹姆斯·布鲁斯

苏格兰 *1730—1794年*

詹姆斯·布鲁斯在妻子去世后，依靠从父亲那里继承的资金，开始了探险家的生活。

布鲁斯从1763年起担任英国驻阿尔及尔领事，从突尼斯到的黎波里搜寻古罗马遗迹和文物。他在利比亚海岸附近的一次沉船事故中幸存下来，前往克里特、罗得岛和小亚细亚。1768年，他装扮成土耳其人，穿越埃及，最终到达埃塞俄比亚首都贡达尔，在那里逗留了两年。然后他前往青尼罗河的源头塔纳湖，1772年，他成为首位到达青尼罗河与白尼罗河努比亚交汇处的欧洲人。

> **（我）决心向尼日尔出发，迈向新的国家和新的民族。**
>
> ——海因里希·巴尔特

伯顿和斯贝克

寻找尼罗河源头的人

英格兰　　*1821—1890年；1827—1864年*

理查德·伯顿

约翰·汉宁·斯贝克

最早的非洲地图是由罗马地理学家托勒密绘制的，地图上标记着一块神秘的土地，他称之为“月亮山脉”，山上的水流下汇成两个平行的湖泊。虽然这些地理特征还没有得到证实，但在后来的所有地图上都有标记。到19世纪中叶，关于这些湖泊的猜测甚嚣尘上。它们是尼罗河的源头吗？1856年，英国皇家地理学会决定解决这个问题。

在伦敦，英国皇家地理学会成立了东非远征队，并选定理查德·伯顿为领队。伯顿是一名军人、探险家和杰出的东方学者，他选择了英国军官约翰·汉宁·斯贝克作为同伴。1854年，这两人一起参加了英国政府前往索马里兰的远征。接下来，皇家地理学会让他们有机会在一次可以创造历史的探险中再度合作。

在维多利亚时代，伯顿是一个特立独行但才华横溢的人物，曾因伪装成阿拉伯人进入麦加而闻名。他是一位自由的思想家，曾翻译《卡玛经》和《天方夜谭》。他的搭档斯贝克则持有更为传统的维多利亚时代的观念，对大型狩猎有着浓厚的热情。简言之，这两人几乎没有共同点，这是两人对自己的“发现”产生重大分歧的原因之一。这对搭档于1857年6月从桑给巴尔岛出发前往坦桑尼亚，随身携带一幅由刚从非洲返回英国的传教士J.J.埃尔哈特绘制的地图。这张地图显示了一个巨型内陆湖的迹象，最终证明，那是维多利亚湖、阿尔伯特湖和坦噶尼喀湖。

艰辛的旅程

即使对伯顿和斯贝克这样有经验的探险家来说，这次旅行也非常艰辛。伯顿描述说，穿越鲁苏吉河时，他们都必须由搬运工抬着过河，“上半身由两个人支撑，脚靠在第三个人的肩膀上——有点类似于那些发现自己无法脱下靴子的绅士们的姿势”。更糟糕的是，他们感染了严重的热带疾病：斯贝克因为一次除甲虫的拙劣尝试而失去了一只耳朵的听力，伯顿在旅途中有一段时间无法行走。两人都因发烧而暂时失明。他们曾希望在雨季开始前到达“月亮山脉”的首府尤尼安贝。在旅程的最后阶段，他们在敞篷独木舟中直接面对季风带来的暴风雨。抵达探险终点时，已经死了30头驴，许多搬运工拒绝偏离他们所知道的路线，离开了队伍。

“人工地平仪”
斯贝克借助人工地平仪进行导航，该仪器有助于测量天体与地平线之间的角度。

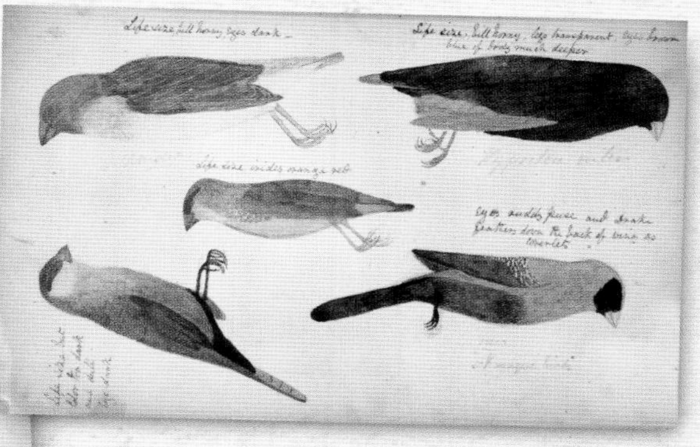

素描簿
斯贝克的素描簿是他穿越非洲的非凡记录，里面有无数他所见到的动植物的图画。

1858年2月，他们到达坦噶尼喀湖时，伯顿记录了看到湖时的场景。他问斯贝克那位受人尊重的非洲向导西迪·穆巴拉克·孟买：“下面

生平事迹

- 伯顿在1853年成功地去麦加朝圣，他伪装成一个阿拉伯人，为了减少被发现的风险而割了包皮。
- 伯顿是将《卡玛经》和《天方夜谭》翻译成英文的第一人。
- 伯顿和斯贝克在第一次非洲探险中，曾严重受伤：伯顿的面颊被标枪刺穿，斯贝克被长矛刺得遍体鳞伤。
- 伯顿是第一个将目光投向坦噶尼喀湖的欧洲人，而斯贝克则是第一个看到维多利亚湖的欧洲人。
- 斯贝克带格兰特返回非洲，他们认定里蓬瀑布是尼罗河从维多利亚湖流出的地方。
- 伯顿和斯贝克两人围绕斯贝克声称发现尼罗河源头的问题争吵不休；斯贝克死后被证明是正确的。
- 斯贝克在原定与伯顿就尼罗河源头进行公开辩论的前一天，死于一次狩猎事故。

约翰·汉宁·斯贝克

这幅关于斯贝克的油画创作于他死后，描绘了他站在维多利亚湖前的情景，他确信这是尼罗河的源头。就在计划与伯顿辩论尼罗河源头的前一天，斯贝克死于自己的枪下。他是个杰出的猎手，有些人认为他死于自杀。

斯贝克眼中的坦桑尼亚
1858年，斯贝克记录了他在去维多利亚湖的途中所看到的风景，如在尤尼安贝的这幅画。后来，他在《尼罗河源头发现日记》（1863年）中提到了这个地区。

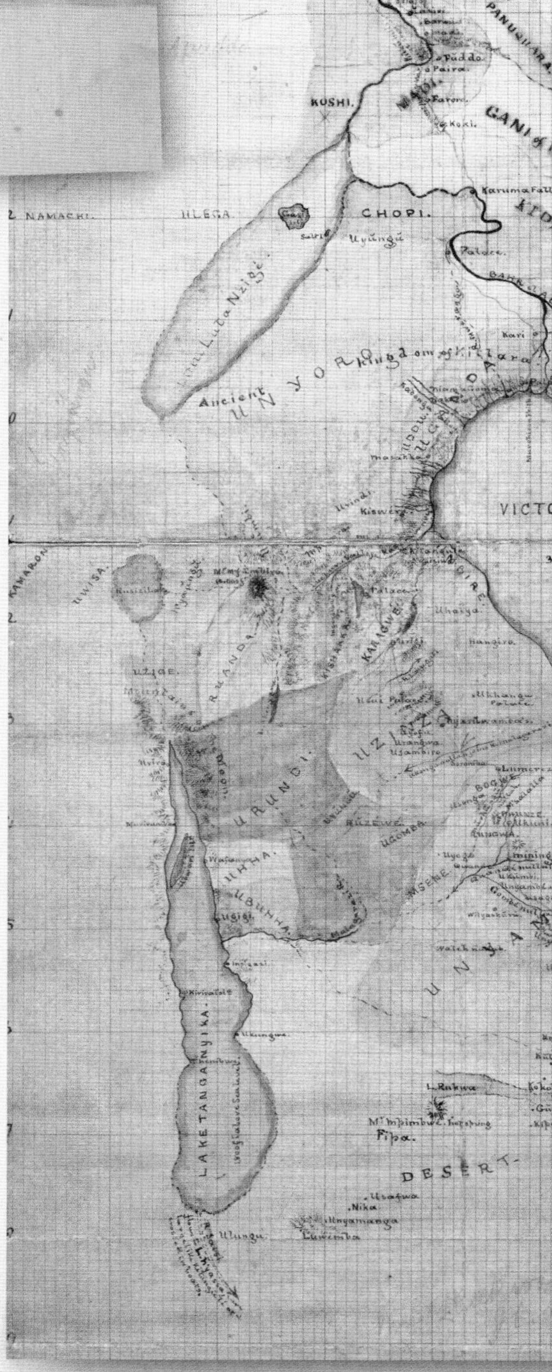

赴尼罗河的路线
一张由格兰特绘制并由斯贝克注释的1863年的地图显示了他们从桑给巴尔到维多利亚湖的路线。地图上还有阿尔伯特湖和坦噶尼喀湖。

的那道光芒是什么？”“我认为，”孟买说，“那是水。”伯顿最初的反应是失望。“我沮丧地看着，”他写道，“我失明的后遗症……缩小了这片水域的比例……我开始为自己的愚蠢感到悲哀，因为我冒着生命危险，失去健康，就是为这样一个可怜的奖品。”但向前走了几步后，“整个景观突然出现在我的眼前……湖滨……在看遍东非海岸寂静和幽暗的众多红树林小溪之后，对我来说显得格外美丽。我真的是欣喜若狂。”

前往维多利亚湖

此时，伯顿和斯贝克身体虚弱，部分失明，他们有限的设备都被损坏、丢失或被盗。斯贝克在日记中写道，他们的导游、阿拉伯商人宾·萨利姆提议他们返回最近的城市塔博拉，在那里可以获得更多的资金来完成对湖泊的探索。英国人同意回城休养，然后再进行探索。据斯贝克说，是他热切地要继续下去。他提议，他们应该从塔博拉往北，前往乌凯雷韦，得到伯顿赞同。据阿拉伯商人描述，这条伟大的水道比坦噶尼喀湖更宽、更长。回到塔博拉后，伯顿病得太重，不能再继续旅行了，斯贝克自己带队向北行进，另一位阿拉伯商人和朋友莫欣纳为他提供了足够的食物和其他物资，使旅行成为可能。

1858年7月，斯贝克描述了他对新发现湖泊的第一印象：“商队离开伊萨米罗后，开始在一座长而逐渐倾斜的小山上蜿蜒而行，因为它没有本地语的名字，所以我叫它萨默塞特——直至到达山顶时，我才突然望见那片蔚蓝色的水域——‘N'yanza’（班图语，意思是‘湖’）。”他以英国女王的名字给这个湖取名为“维多利亚”。在后来的一段叙述中，斯贝克记录道：“我不再怀疑我脚下的湖面生成了那条有趣的河流，这条河的源头一直是人们猜测的主题。”

斯贝克和格兰特奖章
英国皇家地理学会对斯贝克和格兰特1860—1863年探险之旅的成功非常兴奋，镌刻了这枚纪念奖章。

对抗和敌意

斯贝克的理论得到了阿拉伯商人谢赫·斯奈伊的支持，最初就是他向斯贝克和伯顿描述过这个湖。因为据说当地人“不好客”，斯贝克不愿沿着湖的南部和东部探索，因此没有收集到进一步的证据证明湖的角色。斯贝克断言他发现了尼罗河的源头，开始与伯顿产生了裂痕。回到塔博拉后，斯贝克“对这件事一笑了之，但我很遗憾他没有陪我，因为我很确定我已经发现了尼罗河的源头。这一点他自然反对，即使听了我说的所有理由之后，也不改变，所以这个话题就被取消了”。

在皇家地理学会的会议上，两位探险家在探险期间的野外笔记都被宣读过，但斯贝克于1859年5月回到伦敦时，首先向学会公布了他的发现，他认为维多利亚湖是尼罗河的源头。伯顿非常愤怒，他原期待斯贝克至少等他归来后再公开发表演说。伯顿断言，坦噶尼喀湖是尼罗河的源头，他认为维多利亚湖不是一个湖泊，而是一片由相互连接的水域构成的湖区。两人之间的敌意因其他因素而加剧，包括向搬运工支付个人费用的纠纷。

尼罗河源头

英国皇家地理学会认为斯贝克的理论有实质意义。1860年，他被选中带领一支新探险队前往维多利亚湖。这一次，他和詹姆斯·奥古斯都·格兰特（见右图方框）搭档。发布他简短声明，宣称此行的目的是平息争论，并提供更详细的证据来证明他的主张。1862年7月，斯贝克正确地确定了“里蓬瀑布”（今属乌干达）是尼罗河从维多利亚湖流出的地方，但由于他和格兰特当时没有跟踪下游的河道，所以仍需要最后的证据。

1864年，斯贝克回到伦敦后，他和伯顿受邀出席英国科学促进协会在巴斯举行的一次会议，讨论这个问题。会议的前一天，斯贝克在一次狩猎事故中丧生。后来塞缪尔·贝克和戴维·利文斯通（见第220—225页）的远征探险证实了斯贝克的理论。不过，伯顿和斯贝克在揭开非洲大湖的秘密时，各自所起的作用均获认可。

詹姆斯·奥古斯都·格兰特

苏格兰 1827—1892年

出生于苏格兰高地，格兰特（图中右边为斯贝克）参加印度英军，开始了职业生涯。和斯贝克一样，他参加了19世纪40年代的锡克战争。1862年，当他发现尼罗河源头时，疾病使他无法与斯贝克一起。

在1860—1863年的远征探险之后，格兰特出版了《横越非洲之行》一书，补充了斯贝克对他们旅程的描述。在书中，他特别关注了“当地人的日常生活和追求、习惯和感受”以及他所经过地区的经济资源。他还制作了珍贵的植物标本。

他们的足迹
1857—1859年 寻找大湖
历经穿过今坦桑尼亚的艰苦旅程，伯顿和斯贝克到达坦噶尼喀湖。
1858年 斯贝克独自探索
斯贝克在塔博拉离开生病的伯顿，独自前往维多利亚湖。
1860—1863年 斯贝克与格兰特重返非洲
他们绕维多利亚湖东岸旅行，然后沿着尼罗河河道向北行进。
B
里蓬瀑布
维多利亚湖
姆万扎
A
乌吉吉
塔博拉
桑给巴尔
坦噶尼喀湖
A 伯顿看见坦噶尼喀湖，而斯贝克正遭受着失明的折磨。
B 斯贝克和格兰特抵达里蓬瀑布，这是尼罗河从维多利亚湖流出之处。
1854年
1857年
1858年
1859年
1860—1863年
1864年
伯顿和斯贝克在首次去非洲探险期间，在索马里兰受到攻击和伤害。
斯贝克到达了维多利亚湖的南岸，他确信这是尼罗河的源头。
在原定与伯顿就尼罗河的源头争议进行辩论的前一天上午，斯贝克去世。

托马斯·贝恩斯

艺术家出身的探险家

英格兰　　1822—1875年

托马斯·贝恩斯出生于英国金斯林恩的航海家庭，从小就梦想着冒险。与当时许多获私人资助的“绅士探险家”不同，贝恩斯不得不靠自己赚钱参加探险活动。他在探险活动中以艺术家的身份谋生，并创作了一系列作品，为19世纪中叶的澳大利亚北部和非洲南部提供了独特的图像记录。贝恩斯自己也成了一位杰出的博物学家，他发现并绘制了诸多植物和昆虫的新物种。

在给一位建筑师当学徒时，贝恩斯会在速写本上画满冒险的场景。22岁时，他放弃了自己的生意，前往南非，在开普敦担任签名画家。然而，他很快就想成为一名职业艺术家。1848—1851年，他被英国军队雇用成为一名战时艺术家。贝恩斯下一步计划是进行一次“出于艺术和地理目的进入非洲内陆”的旅行，主要目标是寻找尼罗河的源头，但无法筹集到必需的资金。

不过，1855年，他造访伦敦时，受邀参加英国探险家奥古斯都·格雷戈里（1818—1905年）前往澳大利亚北部的探险。探险队的目的是探索维多利亚湖地区及其西北部，并评估其是否适合建殖民地。作为一名艺术家，贝恩斯是第一个用图画记录澳大利亚北端的风景和原住民的欧洲人。他完成了一系列绘画作品，提供了19世纪中期澳大利亚独特的图像记录，他也开始在速写本上记录植物和昆虫的新物种。

马塔贝列黄金
1870年，贝恩斯加入了淘金热，来到马塔贝列地区。然而，事实证明这是一次过头的冒险，他于1875年在纳塔尔死于痢疾，享年53岁。

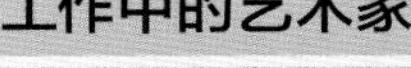

工作中的艺术家

年轻的贝恩斯在英国时从纹章画家威廉·卡尔那里学会绘画技能。在南非，他画过船和肖像，在科萨战争期间作为战争艺术家加入英国军队。作为格雷戈里在澳大利亚北部探险的官方艺术家（见下文），他开始详细记录他所看到的景观和动植物群。这张素描显示他在博茨瓦纳恩加米湖湖畔的一棵猴面包树上工作。

沿赞比西河探险

由于获得澳大利亚探险队的赞誉，贝恩斯于1858年被任命为戴维·利文斯通医生（见第220—225页）的赞比西河探险队的艺术家。在性格上，贝恩斯是个机敏的人，但利文斯通想要的是不会干扰或破坏他的计划的探险队成员。探险队开始时没有发生意外，贝恩斯能记录赞比西河的景观，并发展他作为一名博物学家的技能。贝恩斯和利文斯通之间的分歧开始于后者在信件中抱怨贝恩斯偷走了“[我们的]纸张”（这可能仅仅反映了贝恩斯作为一名艺术家巨大的创作量）。贝恩斯被指控欺骗探险队，并被迫在屈辱中离开探险队。利文斯通把贝恩斯描述为“懒汉”，并确保他再也无法和官方探险队一起旅行。

生平事迹

- 在南非的第八次和第九次科萨战争期间担任战时艺术家。
- 成为第一个在澳大利亚北部进行大量图片记录的人，发现并绘制了许多新物种。
- 参与戴维·利文斯通的赞比西河远征探险队，成为最早看到维多利亚瀑布的欧洲人之一。
- 因他的绘画和探险插图而闻名英国。
- 独自穿越南部非洲，然后在德班病倒并去世。

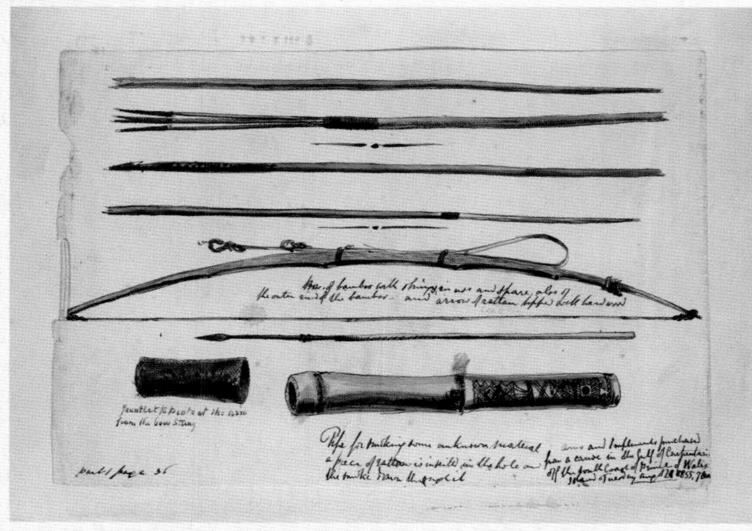

画中的武器
贝恩斯在澳大利亚北部购买了这些原住民武器，其中包括竹弓、烟管和护具。

记录新植物
作为一名博物学家，贝恩斯的好奇心促使他创作了大量在旅行中发现的新植物的素描，其中包括他在澳大利亚维多利亚河发现的一株痛风茎树的花蕾和花朵。

麦克特韦盐湖的场景
这两幅水彩画（左图）是贝恩斯在同一张纸上画的，描绘了位于今博茨瓦纳的麦克特韦盐湖的场景。上面的画展示了一群角马；下面画的是猴面包树。

商业成功

贝恩斯从这次挫折中恢复过来，很快就继续他的艺术探险家生涯。1861年，他回到非洲，加入南非的畜牧商人詹姆斯·查普曼（1831—1872年）率领的从西南海岸到恩加米湖和维多利亚瀑布的探险活动。他描述了瀑布是如何以“雷霆万钧之势冲向前方，以致分割成一股股蓬松的、雪白的、形状各异的沸腾激流，水珠就像无数颗鲜活的钻石在阳光下闪闪发光”。

探险队考察了这条路线，贝恩斯收集了植物样本，在一系列艺术作品中记录种种场景。他所绘瀑布的复制品给英国维多利亚时代的许多客厅增色。贝恩斯的探险专长和知识引起了英国公众的极大兴趣。他为各种出版物贡献了文字和插图，从这些出版物中，“神游旅行者”可以学习如何在旅行中写生、捕捉河马，或搭建桥梁。

贝恩斯被任命为一支探险队的队长，赴东南非北部塔蒂河地区勘探黄金。他的旅程因缺乏资金而受阻，因此他决定放弃组建更大的团队，几乎单枪匹马地出发。他到达纳塔尔的德班，但在那里病倒，于1875年5月8日死于痢疾。

后世对贝恩斯艺术作品的评价证实了皇家地理学会主席亨利·拉林森爵士的观点，他在1876年表示：“也许没有谁比贝恩斯更有勇气和毅力，也没有谁比贝恩斯更勤奋。”

在非洲的艺术家

出于对高度冒险的热爱，托马斯·贝恩斯喜欢捕捉在令人惊叹的自然背景下的动作场面和戏剧性场面。如这幅画中，一对欧洲猎人正在花园岛屿上向一群狂奔的水牛射击，维多利亚瀑布就在远处。贝恩斯特别关注动植物的细节，以及画中人物的衣着。

玛丽·金斯利

非洲独立女性旅行者

英格兰　　1862—1900年

玛丽·金斯利出生于维多利亚时代英国一个舒适的中产阶级家庭，她作为一个孝顺的女儿度过了人生前30年。她父亲乔治是一位游历广泛的医生，金斯利在父母去世后终于实现了自己探险的雄心。她的主要动机是逃避维多利亚社会对她的限制，但为了让她的旅程显得更加体面，她接受大英博物馆的委托收集“鱼和物神”。

金斯利没有受过正规教育。相反，她尽可能多地花时间在父亲的书房里，热切地研究父亲从旅行中带回的文件。然而，直到1892年父母去世后，30岁的她才获得了独立探索的机会。她在《西非之旅》（1897年）的前言中表达了她的兴奋之情，考虑行李时，她“过于分心，除了一个带有手柄的、袋口几乎密封的防水长袋，其他什么都没买”。首次旅行，她去了安哥拉的罗安达，与刚果河上的弗约特部落一起度过一段时间，随后穿过刚果自由州向北旅行，并越过这条河进入法国领地。

生平事迹

- 她是一位追求种族平等的斗士，她说：“黑人并不是未进化的白人，就像家兔不是一只未发育的野兔一样。”
- 她独自旅行，对于她这个时代的女性来说，几乎是独一无二的。
- 成为一位诙谐的旅行畅销书作家，不受社会习俗的束缚。
- 幸亏穿了维多利亚时代的全套礼服，才从食人陷阱中逃生。

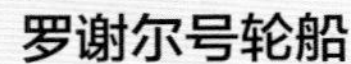

新物种

金斯利从加蓬盆地带回了淡水鱼类的标本，包括这条吻鱼。她收集的三个物种后来以她的名字命名。

罗谢尔号轮船

1893年10月，在加蓬河上，她遇见罗谢尔号轮船，就上船加入了返回海岸的旅程。她描述了船上的氛围：“傍晚时分，太阳尚未下山，整个空气随着成千上万只蟋蟀的鸣叫声和牛蛙的吼声而颤动……早晨鸟儿的歌声十分美妙，仿佛柔和的长长的口哨声，直到上午10点才能完全安静下来，然后悄然无声，到凌晨5点左右。当凉爽的空气喊醒它们时，新一轮歌唱又开始了。”金斯利于1894年携带收集的鱼类样本返回英国，并决心重返西非，特别是前往加蓬的奥戈韦河，英国人对此河知之甚少。

1895年，她又回到驶向非洲海岸的船上。在加蓬兰巴伦附近的康维，金斯利下船住在雅克茨（当地的法国传教士）的家里，然后

继续她的上游之旅。在奥戈韦河上的独木舟之旅中，金斯利展示了她天生的外交和娱乐才能。有一次独木舟遇到激流，她被劝说弃船。当船员们将船重新浮上水面时，她回忆道："我尽最大努力让其他人开心，从我特意攀登的一块巨石上跳入一片茂密的柳叶灌木丛里……这样的艺术展览能让任何非洲村庄至少满足一年。"

当金斯利回到兰巴伦，与雅克茨一家同住时，她已学会了如何驾驭独木舟，研究了伊加尔瓦部落，并收集了更多的鱼类标本。7月，她向北前往伦布韦河，这一地区居住着范族——传言说，这是个食人部落。但在恩科维——一个范族村庄，金斯利的队伍受到欢迎，因为她的一个部下曾帮过酋长。当他们继续往森林深处行进时，金斯利掉进一个隐蔽的坑里，险些酿成悲剧。幸好她旅行时忽略穿裤子的建议，穿了全套维多利亚时代的女装，这一决定救了她："我将所有裙子塞在身下，坐在12英寸（30厘米）长的9根乌木尖上面，哀号着被人拖出坑。"

队伍在埃福卡村度过了一夜。正是在此地，金斯利将挂在她所住棚屋屋顶上的一个袋子倒在帽子里，发现"里面有一只手、三根大脚趾、四只眼睛、两只耳朵和食人宴的其他碎片"。为了避免危险，这群人绕道穿过沼泽地，抵达恩多科。从那里，她沿着伦布韦河回到喀麦隆，并攀登了非洲西海岸的最高峰——蒙戈·马赫·洛贝（喀麦隆山）。

1895年10月，金斯利回国，此时她已成为名人。她为大英博物馆带回了令人印象深刻的藏品，其中有一种全新的鱼类，六种"变异的新品种，必须给它们取适当的科学名称"，一种新的蛇类，以及八种新的昆虫。1897年，金斯利出版了《西非之旅》，1899年出版了《西非研究》。她于1900年回到非洲，打算到奥兰治河去采集鱼标本，但后来参与护理布尔战俘。她于1900年6月3日死于伤寒。

西非的村庄
金斯利住在由圆形土屋组成的村庄里，这种房屋类似于今喀麦隆的某些房屋样式。法国当局拒绝批准她的旅行，因为担心一个女人在未知部落中的安全。金斯利毫不气馁，向他们保证，她只会走到科学需要的地方。

如果我们自己杰出，社会就会接纳女性。

——玛丽·金斯利

和当地人一起旅行
金斯利和全部由当地人组成的船员一起沿河逆流而上。她直言不讳地反对她那个时代的种族主义理论，认为非洲人与她是平等的。

她的足迹

1893年　金斯利首次访问非洲
和刚果的弗约特人在一起，沿着加蓬河旅行。

1894年　不确定的行程
她从马塔迪到加蓬河口的利伯维尔。

1895年　第二次访问非洲
金斯利回到非洲，沿着奥戈韦河探险，和范族同住。

1900年　在南非去世
金斯利去了南非，在那里护理战俘时死于伤寒。

○ 未在地图上显示

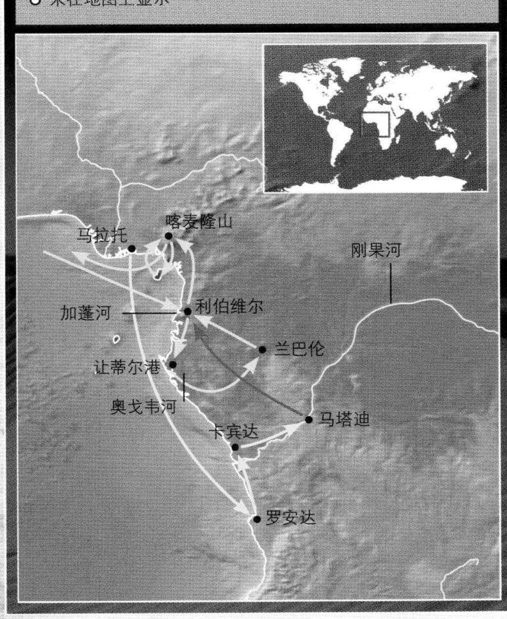

亨利·莫顿·斯坦利

媒体时代的第一位探索者

威尔士 1841—1904年

作为记者、机会主义者、冒险家，亨利·莫顿·斯坦利生活开端不幸，但重塑了人生。他在威尔士度过的童年非常贫困，后来在美国开拓了新的人生。他为《纽约先驱报》担任国际记者，并获得声望。他从记者到19世纪最著名的探险家之一的经历，是在他与伟大的传教士探险家戴维·利文斯通医生在非洲的传奇邂逅之后发生的。

斯坦利出生在威尔士的丹比郡，本名约翰·罗兰兹，是一名私生子，在当地的济贫院待过一段时间。15岁时，他离开威尔士，前往利物浦港口，在那里他找到了通往美国的道路。前往新奥尔良时，他在亨利·莫顿·斯坦利那里找到工作。斯坦利是一名富商，他收养了罗兰兹，并给了他姓氏。

无畏的冒险家
这幅画像中的斯坦利，采取了一种典型的专横姿态。斯坦利在一大批当地搬运工的陪同下，探索了非洲大陆的广大地区。

斯坦利与他的养父在美国各地广泛往来。1861年内战爆发时，他在阿肯色州听说新奥尔良被封锁，切断了他与恩人的联系。再一次，他发现自己是“一个陌生的男孩在陌生的土地上”。被困后，他成为南方联盟士兵，但是在被俘后，他转而加入了联邦陆军。

新的职业生涯

战争在1865年结束时，斯坦利受雇为《密苏里民主报》“印第安人和平委员会”的特别记者，专门写委员会的报道，后担任《纽约先驱报》的撰稿人。他在非洲的第一次经历是在1867年，当时他为《纽约先驱报》报道英国军队的阿比西尼亚战役。从阿比西尼亚开始，斯坦利广泛旅行，包括雅典、亚历山大、贝鲁特和巴塞罗那等地，从欧洲和中东各地为他的美国读者发来大量报道。他于1869年10月从西班牙被召回巴黎，接受了一个不寻常的新任务：

生平事迹

- 进行跨越非洲大陆的旅程，1874年从桑给巴尔起程，1877年至刚果博马结束行程。
- 环游维多利亚湖和坦噶尼喀湖，追踪刚果河的河道。
- 在中非发现了鲁文佐里山脉和爱德华湖。
- 帮助比利时国王利奥波德确立对刚果自由邦的控制权。
- 英国皇家地理学会授予他金质奖章，以表彰他对利文斯通的帮助，并将探险家的珍贵日志和论文带到英国。

热带雨林之河
斯坦利探索刚果河，从源头出发直到连通大西洋的河口。刚果河也被称为扎伊尔河，全长4700公里（2922英里）。这条河及其支流流经世界上最大的雨林地区之一，面积仅次于南美洲的亚马逊雨林。

"寻找利文斯通"。

著名的英国传教士探险家戴维·利文斯通（见第220—225页）于1866年返回非洲，但从那时起就杳无音讯。《纽约先驱报》老板的儿子詹姆斯·戈登·贝内特嗅到一份独家消息，就委派斯坦利去寻找利文斯通。

1871年11月10日，斯坦利前往今属坦桑尼亚的乌吉吉，到达利文斯通最后一处被看到的地方。他不必去更远处寻找，因为利文斯通19天前就回到了乌吉吉。这两个人的会面成了历史上最著名的报纸头条新闻，尽管斯坦利不朽的话语——"我想，你是利文斯通医生吧？"很可能是在这一事件之后为他的畅销书回忆录而编造的。斯坦利陪同利文斯通远至尤尼安贝，之后才返回英国。在那里，新闻的成功给他带来了名声，也带来了不菲的财富。

斯坦利的药粉和药膏
斯坦利将前往非洲内地的旅行比作远航，因为你需要随身携带所有你需要的东西，包括医药。

探索刚果河

1874年，斯坦利又返回非洲，开始了另一次由报纸资助的探险。这一次，他奉命从源头追踪刚果河的入海口。在近三年后，斯坦利到达了葡萄牙在刚果入海口的哨所。他从桑给巴尔岛启程，有4名欧洲人和350名非洲人，但等他抵达博马时，他是唯一生还的欧洲人，非洲人也只剩下114名。斯坦利后来因造成这种伤亡而受到批评。他还因代表比利时国王利奥波德二世与刚果沿岸各部落进行谈判而受到批评。在斯坦利的帮助下，利奥波德确立了对刚果自由邦的控制权，开始了长达30年的殖民统治。斯坦利于1886年对非洲进行了最后一次访问，以拯救被围困的苏丹南部赤道州州长埃明·帕夏。到1890年，他完成了使命，但这次远征严重损害了他的声誉。他手下的英国人对非洲向导极其残忍，其中一个名叫埃德蒙·巴特尔特的少校因残暴而被手下一名搬运工枪杀。

热带帽
斯坦利戴着这款遮阳帽出现在宣传照片上后，这一设计成为热带殖民者的首选。

"破岩者"

回英国后，斯坦利面对的批评终于逐渐消失。他结了婚，当选为议员。他的墓碑上刻着"Bula Matari"字样，这是基孔戈语，意为"破岩者"，这是他在刚果探险中的向导给他起的绰号，既是因为他的严厉，也是因为他愿意亲自帮助劳工干体力活。

他的足迹

1871年　寻找利文斯通
斯坦利前往乌吉吉，寻找"失踪"的传教士戴维·利文斯通医生；他发现后者还活着，并和他一起沿着坦噶尼喀湖旅行，然后返回英国。

1874—1877年　探索大湖区和刚果
成为欧洲第一个环游维多利亚湖和坦噶尼喀湖的欧洲人，然后沿刚果河全程旅行。

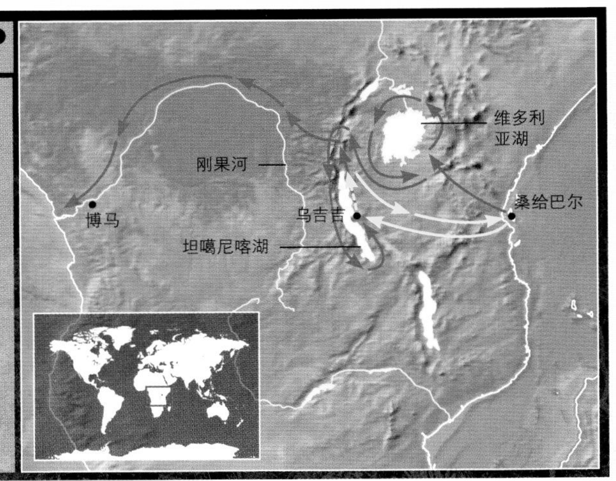

西方信仰的传播

几个世纪以来，佛教徒、基督徒和穆斯林都热心向外邦传播他们的信仰。在地理大发现时代之后，欧洲势力范围的扩张使基督徒得以奔赴世界许多新区域去传道。

划界
1494的《托德西利亚斯条约》在大西洋划分了西班牙和葡萄牙利益的分界线，但在太平洋没有这样的划分，这导致了后来的争端。

1世纪，传教的僧人将佛教传入中国，后于552年传入日本，并在斯里兰卡和东南亚宣传佛教。到12世纪，穆斯林也一直在传播他们的信仰，直至印尼群岛。基督教也有一段漫长的传教史，包括从圣保罗的旅程到圣博尼法斯等人的传教。圣博尼法斯努力让德国异教徒皈依基督教，直至754年以殉道而告终。基督教在欧洲的传教活动一直存在，直到1368年最后一位“异教徒统治者”——立陶宛的杰吉洛皈依基督教。

基督教的传播

11世纪以来，十字军东征为福音传道提供了可能性，神职人员试图在穆斯林中赢得教徒（在很大程度上是徒劳无益的）。然而，随着15世纪和16世纪西班牙和葡萄牙的地理大发现，一个有希望的新领域出现了。牧师陪同征服者前往新大陆和非洲。在刚果，葡萄牙人的传教导致当地国王的儿子皈依基督教，并以唐亨里克的名字在1521年成为西非的“教区牧师”，也是撒哈拉以南非洲地区的第一位原住民主教。

> *如今，基督教传教士缺乏19世纪先辈们的探索热情，但仍继续提供医疗或牧师服务。然而，一种极端的伊斯兰教已经在互联网上广泛传播。*

此后的几个世纪，在非洲的传教行动减少，但在美洲，传播福音的工作非常积极，1511年在伊斯帕尼奥拉岛建立了第一个教区。成千上万的原住民都皈依了基督教，但使他们成为西班牙殖民者奴隶的恩科米达制度意味着许多洗礼实际上是被迫的，导致出现争议。多米尼加修士安东尼奥·德蒙特西诺斯挺身而出，为伊斯帕尼奥拉原住民说话。1502年来到新大陆的牧师巴托洛姆·德拉斯卡萨斯，在1542年写了一篇文章，强烈谴责恩科米达制度，导致了这一制度的裁减。

耶稣会印章
耶稣会的印章是许多海外基督教传教团所熟悉的符号，直到1793年该组织遭压制。

在亚洲的有限成功

在东方，基督教传教会接触到有着成熟宗教的社会。传教士的努力是由耶稣会传教士发起的，耶稣会是由伊格纳提斯·洛约拉在1534年创立的一个牧师团体。同年，在印度城市果阿建立了一个主教教区，由耶稣会的牧师向马六甲和澳门扩展。1549年，伟大的耶稣会传教士弗朗西斯·泽维尔（见第218—219页）到达日本。在中国，耶稣会士利玛窦的努力赢得了一些人的尊重。1583年，有上千人皈依基督教。从1600年起，他在北京宫廷工作，因其学识而博得了皇帝的青睐，但无论是他，还是他的传教士继任者，都不可能让基督教取代儒学成为中国的主流信仰。

新教使命

欧洲的新教国家起初并没有做出任何显著的传教努力，但在18世纪后期，情况随着一些传教士组织的成立而发生了变化，如浸礼会传教士协会（成立于1792年）和教会传教士协会（CMS，成立于1795年）。起初，他们把精力集中在南太平洋，结果好坏参半。由于谋杀、逃亡或绝望，到1800年，传教士的人数

非人道贸易
像戴维·利文斯通和阿尔及尔大主教拉维格里主教这样的传教士，在打击非洲奴隶贸易的运动中表现突出。

雪山
当路德维希·克拉普夫第一次描述乞力马扎罗山时，遭到欧洲评论家的嘲笑，他们认为离赤道这么近的地方是不可能存在这样一座白雪皑皑的山的。

在整个南太平洋减少到7人。他们在19世纪初迁往非洲。

教会传教士协会在塞拉利昂的弗拉湾建立了一所学院，其成员塞缪尔·阿杰伊·克劳瑟于19世纪40年代在尼日利亚约鲁巴人中间传教，成为新一代非洲传教士中的第一人。

戴维·利文斯通（见第220—223页）从安哥拉的罗安达到非洲东海岸的伟大旅程，是贯穿非洲内陆的传教旅程中最壮观的一次。德国人路德维希·克拉普夫穿过300公里（200英里）的干旱灌木丛，到达乌坎巴尼，1851年首次看到乞力马扎罗山。他的同胞约翰·埃尔哈特沿着肯尼亚海岸航行到基尔瓦。这些传教士冒险家对非洲探险事业的贡献不亚于对基督教传播的贡献。

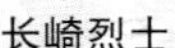

长崎烈士
作为德川幕府镇压基督教的一部分，1622年9月，26名传教士和日本皈依者在长崎被处死。

背景介绍

- 基督教在13世纪试图使蒙古人皈依的努力基本上是不成功的。佛兰芒方济各会僧侣鲁布吕克的威廉在1253—1255年前往蒙古的史诗之旅（见第54—55页），其结果只有六名皈依者。
- 教皇亚历山大六世在1493年发布教皇训令，对第二年的《托德西利亚斯条约》产生了重大影响。该条约将西班牙和葡萄牙之间的任何新发现分割开来。根据条约，西班牙被授予距离亚速群岛1800公里（1100英里）以西新发现地区的所有权，而葡萄牙人1500年发现巴西时得以占领巴西。
- 耶稣会士在1587年被驱逐出日本，尽管有成千上万的皈依者，但在1614年之后新德川统治者的广泛迫害下，基督教基本上消失了。
- 从1625年到达魁北克起，耶稣会的传教士们就在探险中扮演了重要角色，在印第安各民族之间建立联系，尤其是雅克·马奎特神父（见第132—133页），他在1672—1673年发现了一条通往密西西比河的陆路路线。
- 1853年，太平天国运动在中国爆发，几乎推翻了清朝。太平天国由洪秀全领导，他信奉“上帝”，但允许信徒一夫多妻。

弗朗西斯・泽维尔

第一位在日本传教的传教士探险家

西班牙 1506—1552年

弗朗西斯・泽维尔出生在西班牙的纳瓦拉，是16世纪天主教会传教士先驱，他以宗教信仰的热情著称。作为一名传教士，他在东亚获得的成功有限，他发现许多人抵制基督教，但他在写回欧洲的信中，详细记述了他所访问的地区。泽维尔是耶稣会的创始人之一，这是一个传教的宗教团体，其成员被称为耶稣会士。他于1622年被封为圣徒。

生平事迹

- 在今印度尼西亚和马来西亚的岛屿上广泛游历。
- 在日本待了两年，努力传播基督教，日本文化给他留下了良好的印象。
- 通过信件生动地描述了当时在欧洲鲜为人知的日本和东亚地区。
- 因传教热情而受到尊敬；他有诸多圣迹，死后被宣布为圣徒。

圣物
弗朗西斯・泽维尔右臂的肱骨。这是泽维尔施洗时使用的手臂，在澳门圣保罗大教堂可以看到。

泽维尔1542年2月从里斯本出发，执行第一次传教任务。教皇保罗三世指示他在印度东南部（许多葡萄牙商人放弃信仰并采纳当地习俗）的现有天主教社区担任牧师，同时寻求新的基督教皈依者。教皇还让泽维尔以教会官方使节的身份出发。

从马六甲到日本

泽维尔于4月到达果阿，并沿印度南部海岸向西旅行，这是他第一次前往帕拉瓦斯向采摘珍珠的渔民传教。泽维尔发现当地条件很恶劣。“这个国家，”他写道，“无论面对盛夏酷暑，还是冬天的狂风和雨水，都在努力争取生存。”1547年，他前往今属马来西亚的马六甲和位于印度尼西亚群岛东端的香料群岛摩鹿加。同年年底，泽维尔回到马六甲，在那里他遇到了日本人叶次郎，此人曾与一名葡萄牙商人从日本偷渡出海。这个年轻人对家乡的描述让泽维尔很着迷，他决心将基督教传播到日本。1549年4月，他离开果阿，登上了一艘中国帆船。他意识到这次旅行的风险：“这次航行会遭遇暴风雨、浅滩和海盗等许多危险……船主认为，如果两艘船中有一艘坚持到日本，就是万幸了。”

除航行本身的困难外，他在船上看到的“神像”崇拜也带给他不同的困扰。然而，泽维尔意识到，他须依靠船员为他提供安全旅程，于是选择不干涉他们的传统。

这次航行走的是由葡萄牙人开发的日本和印度之间的贸易路线。七年前，葡萄牙冒险家费尔南德斯・品托在种子岛登陆，成为有记载以来首位在日本海岸登陆的欧洲人，而在16世纪40年代初，一艘葡萄牙船只曾被暴风雨驱赶到鹿尔岛。这些以及其他的接触为日本和西方之间在“南蛮贸易”时期的大量贸易拉开了序幕。贸易从1543年开始，直至1641年欧洲人被排除在日本之外。

圣徒之死
这幅19世纪的中国彩刻描绘了弗朗西斯・泽维尔在中国上川岛上的死亡。

探索日本

抵达日本后不久，泽维尔写道，日本人是迄今为止发现的最好的人。他描述了日本人是如何节约饮食。他们喝的酒是米酿造的，因为这里没有别的东西。日本人认为到来的欧洲人粗野：“他们用手指吃饭，而不像我们用筷子吃饭。他们表达情感时没有任何节制。”泽维尔在日本四处游历，一度把自己伪装成一个日本商人的仆人，背着行李在商人的马旁边奔跑，从而避开了土匪的攻击。

佛教和神道教的文化传统和强大影响使泽维尔的传教很困难。两年后，他带着两名日本皈依者回到马六甲，这两人分别是马提亚斯和伯纳德，采用的是基督教名字。

马提亚斯在旅途中去世，但伯纳德最终于1552年5月抵达里斯本，成为第一个踏足欧洲的日本人。

他的足迹

1542—1545年　首次亚洲传教
泽维尔1542年5月到达果阿后，沿印度海岸旅行，在帕拉瓦斯传教。

1545—1547年　在东南亚旅行
泽维尔向东远至摩鹿加群岛，然后往西前往马六甲。

1549年　驶向日本
回到果阿后，他起程前往日本，在那里生活了两年，游历甚广。

1552年　试图进入中国
泽维尔打算在中国设立一个使团，但遭到拒绝，后因热病死于上川岛。

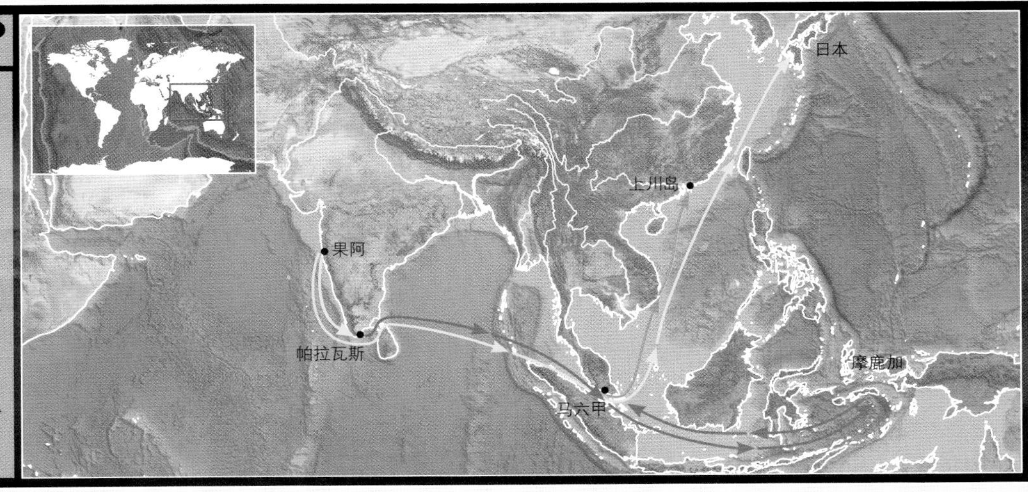

返回东方

在返回马六甲的途中，泽维尔的船在一场剧烈的风暴中被严重损坏，并被迫在中国广东海岸外的一座岛屿——上川岛停泊。当他转到另一艘船继续旅程时，泽维尔了解到在中国传教的巨大潜力："一个巨大的帝国，享受和平，正如葡萄牙商人告诉我们的，在司法实践中，它比所有基督教国家都优越。"

泽维尔于1552年8月从马六甲返回上川岛。该岛距离海岸14公里（9英里），是中国商人和葡萄牙商人之间的一个贸易点，后者被禁止在大陆登陆。泽维尔在岛上向葡萄牙人布道，住在一间简陋的小屋里，因为欧洲人被禁止定居。葡萄牙人和中国人都拒绝了让他偷渡到中国大陆的请求，担心如果被抓到，会受到广东总督的惩罚。事实上，一旦获悉泽维尔住在上川，从广东到该岛的食品供应就受到限制。被封锁削弱的泽维尔最终在1552年12月死于热病。

在他有生之年，弗朗西斯·泽维尔的信被传送给葡萄牙的教会，他们渴望更多地了解他作为传教士所取得的成功。如今读来，泽维尔的这些信件提供的是东亚与欧洲初次接触时，泽维尔对东亚的独特见解。

弗朗西斯·泽维尔的圣迹
在他的最后一次航行中，泽维尔搭乘的圣克罗斯号船被困了14天，淡水耗尽。根据教会有关他封圣的记录，泽维尔被放到船下，船周围的海水奇迹般地变成了淡水，然后他们装满了储水桶。

我决心永不停止，直至我走到终点，达成目标。

——戴维·利文斯通医生

生平事迹

- 第一次探险穿越卡拉哈里沙漠，从恩加米湖到罗安达。
- 作为他把英国商人带到中非的目标之一，他试图乘坐轮船向赞比西河上游航行。
- 是第一个在赞比西河上看到维多利亚瀑布的欧洲人。
- 在坦噶尼喀湖周边广泛探索，寻找白尼罗河的源头，但未获成功。
- 只使一名非洲人皈依基督教，却建立了传教站，与他遇到的部落发展了友谊。
- 致力于结束他在中部非洲发现的奴隶贸易。

戴维·利文斯通

远赴非洲的传教士探险家

苏格兰 1813—1873年

戴维·利文斯通在去世时成了国家英雄。他出身卑微，后来成为一名医生和传教士，最后成了中非的探险家。多年来，他一直孜孜不倦地寻找尼罗河的源头。尽管他在这项探索中失败了，但他给自己探索过的地方留下了持久的遗产，让当地开放贸易，并最终被英国殖民。他以人道主义态度对待非洲人，这为殖民者树立了一个榜样，至少有些殖民者会效仿。

利文斯通出生在苏格兰格拉斯哥东南部的布兰太尔，十岁就开始在当地的棉纺厂工作。他在棉纺厂一天工作14小时，晚上上学，是个全神贯注的学生。在阅读了荷兰传教士协会的卡尔·古兹拉夫的小册子后，利文斯通决定成为一名医疗传教士，并开始在格拉斯哥学习医学。他需要一个传教士协会来接纳自己，于是申请加入世界基督教伦敦传教会（LMS）。

第一次传教

利文斯通被伦敦传教会分配到南部非洲，并于1840年12月起航。他于1841年3月15日抵达非洲南端的西蒙湾，从该地前往位于库鲁曼以北1000公里（600英里）的罗伯特·莫法特的传教所。

具有讽刺意味的是，鉴于利文斯通未来作为传道者的糟糕记录，他发现库鲁曼的皈依者人数太少（约有40人），因此他与另一名传教士罗杰·爱德华兹一起，前往北部寻找新的传教地点。这两个人在库鲁曼东北400公里（250英里）的马博塞建立了一个新传教所。就是在该地，利文斯顿遭到一头狮子袭击：“它在我耳边发出可怕的咆哮声，摇晃着我，就像一只猎犬对付老鼠一样。”他最终逃离，只是手臂断了，不得不回到库鲁曼疗养。正是在他康复期间，利文斯通与罗伯特·莫法特的女儿玛丽·莫法特结婚。玛丽出生在非洲，说一口流利的塞兹瓦纳语，这是利文斯通所在地区原住民的语言。利文斯通带玛丽回到马博塞，但利文斯通和爱德华兹之间的关系破裂了。利文斯顿夫妇于1847年前往科洛蓬，建立了自己的传教所。他们将在这里待四年，在此期间，他唯一的一次传教成功，是让部落首领谢勒皈依基督教。

在科洛蓬，利文斯通重新交往了众多英国狩猎者和商人，他们于1845年就在马

利文斯通之树
这块雕刻的树皮是在班韦乌卢湖附近的安吉利姜饼木上切下来的，利文斯通的心脏被放在一个锡盒里，埋在树下。

维多利亚瀑布
1855年，利文斯通在赞比西河首次看到维多利亚瀑布，他划船到河中央以更好地欣赏风景。他在日记中写道：“我凝望着宽阔的赞比西河落进巨大的裂缝，看到一条一千码宽的河流从一百英尺高的地方跳下去，然后突然被压缩成十五码到二十码宽的狭小空间……欧洲人的眼睛从未见过如此壮观的景象，但天使一定在凝视它。”

博塞见过，其中包括威廉·考顿·奥斯威尔、芒戈·默里与杰克·威尔逊。正是在这三个人的陪伴下，利文斯通开始了他作为探险家的职业生涯。

他的第一次冒险是在1849年，当时四人穿越卡拉哈里沙漠到达恩加米湖。利文斯通将此行告知伦敦传教会，后者把他的报告转给英国皇家地理学会，英国皇家地理学会授予他“发现者”奖章。利文斯通对首次旅行给他带来的名声地位感到高兴，他渴望北上赞比西河。到此时，他已构想出一种激进的传教新方式：通过展示欧洲商业的价值，赢得非洲人民对基督教的支持。“（我）非常渴望促进非洲为欧洲产品提供原材料的工作。”

利文斯通再次向北走，这一次他带着妻子和三个年幼的儿女，到达了恩加米湖，该地的采采蝇杀死了他们的牛。玛丽又怀孕了，所以他们回到科洛蓬，她生下一个女儿，但几周后就夭折了。利文斯通决心前往赞比西河，探索其河道是否可以通航，以便为英国带来贸易。于是利文斯通再次向北启程。如果能在内陆找到适合的地点来建立传教所，利文斯通的基督教和商业愿景就能实现。

利文斯通、奥斯威尔、玛丽和孩子们于1851年4月出发，横渡博特勒河，来到林尼提沼泽。玛丽又怀孕了，与孩子们待在林尼提，而利文斯通和奥斯威尔则划船沿乔贝河航行，返回前在地图上标出了乔贝河汇入赞比西河的位置。玛丽生了一个男孩，一家人在林尼提停留了一个月让玛丽休息，之后返回科洛蓬。利文斯通随后决定返回赞比西河以西现名为巴罗特兰的地区，他在那里多次发烧，并未找到一个有益身体健康的地方来建立传教所。

三棱镜罗盘仪
利文斯通在他的最后一次旅行中使用了这个罗盘仪。由于健康状况不佳，他越来越不能使用它，罗盘仪也经常丢失。

玛·罗伯茨号
这幅画是探险家托马斯·贝恩斯于1858年创作的。图中展示了由于锅炉问题而被称为“哮喘”的蒸汽船玛·罗伯茨号。

他的足迹

1841—1849年 寻找传教场所
利文斯通打算建立他自己的传教所，他向库鲁曼以北推进，远至恩加米湖。

1850—1856年 沿赞比西河下行
他横穿大陆到西海岸的罗安达，然后向东沿赞比西河下行。

1858—1864年 返回赞比西河
带蒸汽船返回赞比西河，但发现这条河的大部分河道不能通航。

1866—1873年 寻找尼罗河
他生命的最后几年一直在寻找尼罗河的源头，但徒劳无功。

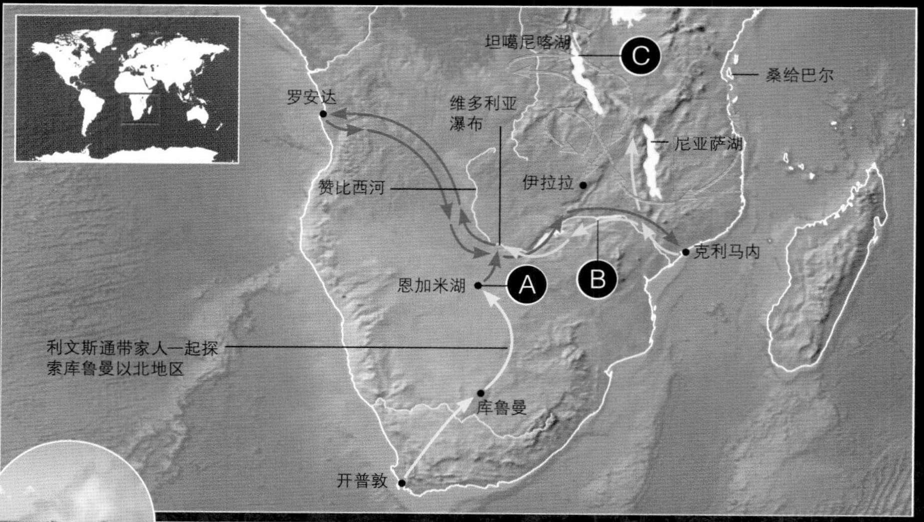

坦噶尼喀湖
桑给巴尔
罗安达
维多利亚瀑布
尼亚萨湖
赞比西河
伊拉拉
克利马内
恩加米湖
利文斯通带家人一起探索库鲁曼以北地区
库鲁曼
开普敦

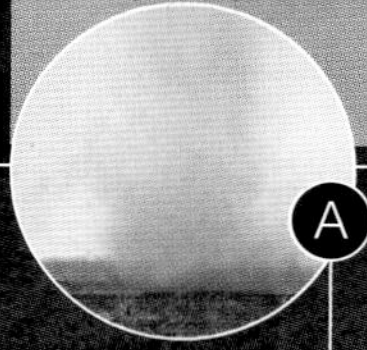

A 在他的首次旅程中，利文斯通是第一个在今博茨瓦纳看到恩加米湖的欧洲人，该湖在旱季会干涸。

B 试图在赞比西河上航行，希望英国商人可以用它到达非洲内陆，但事实证明利文斯通的船无法进入这条河。

利文斯通病了几年后，死于班韦乌卢湖附近的伊拉拉。

1841—1849年	1850—1856年	1856—1858年	1858—1864年	1864—1866年	1866—1873年

利文斯通与玛丽·莫法特结婚，他希望与她一起建立新的传教所。

C 斯坦利于1871年在坦噶尼喀湖湖畔的乌吉吉发现了利文斯通，自1866年起利文斯通就与英国失去联系。

能看到。利文斯通是首位见证这一壮观景象的欧洲人。

当利文斯通回到英国时，很明显，探索已经取代了传教，成为他的主要动力。伦敦传教会要求他多传福音、少探索，因此他辞去伦敦传教会的职务，于1858年率领一支探险队返回非洲，旨在开辟赞比西河的航道。

这次远征被证明是一场灾难。他已习惯独自探索，对欧洲同伴失去了耐心，因为他们无法适应他对身体健康的漠视。他与探险队的艺术家托马斯·贝恩斯（见第208—211页）发生争执，后者被开除出探险队。1863年，玛丽死于疟疾，利文斯通悲痛欲绝。雪上加霜的是，他们的蒸汽船“玛·罗伯茨号”问题重重。结果证明，赞比西河大部分河道不能通航。利文斯通的表现证明他是一个糟糕的领导者，他作为探险家的名声受到严重损害。

他不顾一切地继续前进，于1855年8月到达西海岸的罗安达。利文斯通的健康严重受损，经过两个月的休养，他才恢复了体力。回到林尼提时，马可洛洛的统治者塞克莱图给了他更多的粮食和人手。他现在决定沿赞比西河顺流而下到非洲的东海岸，将这条河称为“上帝的公路”。1855年11月初，他离开林尼提，到了这个月中旬，他到达赞比西河旅行的最大障碍——维多利亚瀑布。这个被科洛洛人称为“莫西奥-图尼亚”（意为“雷鸣般的烟雾”）的瀑布，宽1.5公里（1英里），深100米（300英尺）。水流的落差和峡谷的禁锢使瀑布弹成水雾，喷射得如此之高，以至于在几英里外都

寻找尼罗河

寻找白尼罗河的源头是维多利亚时代的伟大任务之一。1866年，利文斯通被皇家地理学会派去沿鲁乌马河前往尼亚萨湖，然后北上坦噶尼喀湖。他错误地认为，尼罗河的源头如果不是坦噶尼喀湖，就会在湖的西边被发现，并且花了六年时间在坦噶尼喀湖周围寻找，但没有成功。在此期间，他与欧洲长时间失去联系，亨利·莫顿·斯坦利（见第214—215页）从英国被派去寻找他。正是在斯坦利的陪伴下，他在1871年到达了鲁齐兹河，发现河水向南流，因此不是尼罗河。利文斯通后来确信，流向湖西的卢阿拉巴河是尼罗河，但他又错了。坦噶尼喀湖实际上是刚果河的源头之一。

当斯坦利在1871年找到利文斯通时，后者已经重病两年了。斯坦利试图说服他回到英国，但利文斯通坚持说，他要完成任务，然后

詹姆斯·丘马
一位住在尼亚萨湖畔的姚部落成员，曾是一名奴隶。从1866年起，他一直陪伴着利文斯通旅行。1874年，他护送探险家的遗体返回英国。

探险家的帽子
作为英国领事，利文斯通戴着这顶领事帽。他见到斯坦利的那天就戴着这顶独特的帽子。

回到班韦乌卢湖的沼泽地。1873年，他死于疟疾和内出血。他的忠诚随从丘马和苏西，带着他的遗体踏上了长达1600公里（1000英里）的旅程，徒步到达海岸，然后送回英国埋葬。遗体上附了一张字条，写明他的去世地点，还写道：“你可以拥有他的身体，但他的心属于非洲。”他的心脏已经从身上被挖出来，埋葬在他去世的地方。

利文斯通的探险活动，让他在有生之年获得声誉，但他最持久的遗产是他与当地部落建立了密切的关系，以及他在结束该地区奴隶制方面所发挥的作用。正如他所写的那样，“我把这视为比发现所有尼罗河源头更重要的事情”。

与斯坦利相遇

1866年之后，利文斯通完全失去了与外界的联系。1869年，亨利·莫顿·斯坦利受《纽约先驱报》委派来寻找他。这两个人于1871年在坦噶尼喀湖畔的乌吉吉镇相遇，斯坦利在后来的著作中对此有过不朽的描述。斯坦利的文章恢复了利文斯通的声誉，因为在他首次赞比西河探险失败后，他的名声也因此受损。

“我想，你是利文斯通医生吧？”后来，斯坦利如此描述他与利文斯通的相遇。

戴维·利文斯通的自述

利文斯通是一位多产的书信作家，坚持写日记，记录了他在非洲内陆的伟大探险的各个方面。他详细叙述了自己的经历，并定期寄给伦敦皇家地理学会的赞助商。他还创作了许多素描、地图和水彩画，最著名的是“莫西奥-图尼亚”（“雷鸣般的烟雾”）——他将其改名为维多利亚瀑布。

A 维多利亚瀑布
这幅维多利亚瀑布图最早出现在利文斯通的《南非传教之旅与研究》一书中。图中“烟柱”——当地人这样称呼瀑布——清晰可见。

B 狮子的攻击
利文斯通在1844年的首次探险中遭到狮子袭击，手臂部分残疾。他被当地一位名叫麦保维的教师所救，后者也因此受重伤。

MISSIONARY TRAVELS

AND

RESEARCHES IN SOUTH AFRICA;

INCLUDING A SKETCH OF

SIXTEEN YEARS' RESIDENCE IN THE INTERIOR OF AFRICA,

AND A JOURNEY FROM THE CAPE OF GOOD HOPE TO LOANDA ON THE WEST COAST; THENCE ACROSS THE CONTINENT, DOWN THE RIVER ZAMBESI, TO THE EASTERN OCEAN.

BY DAVID LIVINGSTONE, LL.D., D.C.L.,

FELLOW OF THE FACULTY OF PHYSICIANS AND SURGEONS, GLASGOW; CORRESPONDING MEMBER OF THE GEOGRAPHICAL AND STATISTICAL SOCIETY OF NEW YORK; GOLD MEDALLIST AND CORRESPONDING MEMBER OF THE ROYAL GEOGRAPHICAL SOCIETIES OF LONDON AND PARIS, F.S.A., ETC. ETC.

Tsetse Fly.—Magnified.—See p. 571.

WITH PORTRAIT; MAPS BY ARROWSMITH; AND NUMEROUS ILLUSTRATIONS.

LONDON:
JOHN MURRAY, ALBEMARLE STREET.
1857.

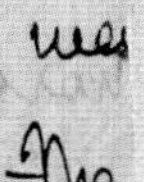

C 卷首插画
此图为利文斯通的《南非传教之旅与研究》卷首插画，该书首次出版于1857年，包含他穿越非洲的旅行和对赞比西河下游的观察。

D 详细观察
利文斯通对自己旅行的详细观察均记录在他写给皇家地理学会的一系列信件中，这些信件构成了他书稿的基础。1856年1月25日的信件内容摘录如下：“由于我们现在离葡萄牙的泰特站只有几天时间，我将开始为再次进入这个世界做准备，给你们一份迄今为止所取得进展的简述。”

E 利文斯通之笔
利文斯通用来记录他的观察结果的笔，连同他的许多其他个人物品，在1868年被E.D.扬带回英国。

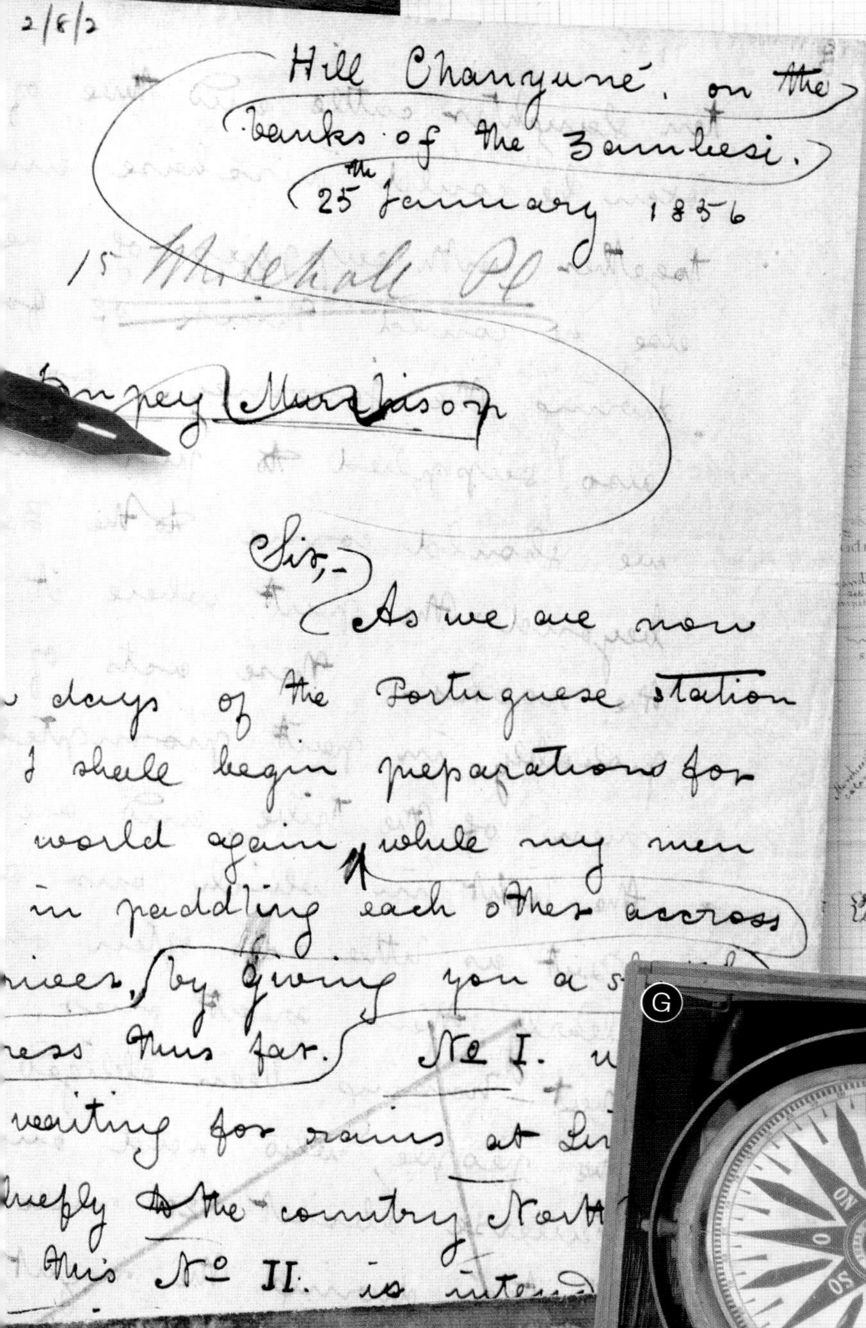

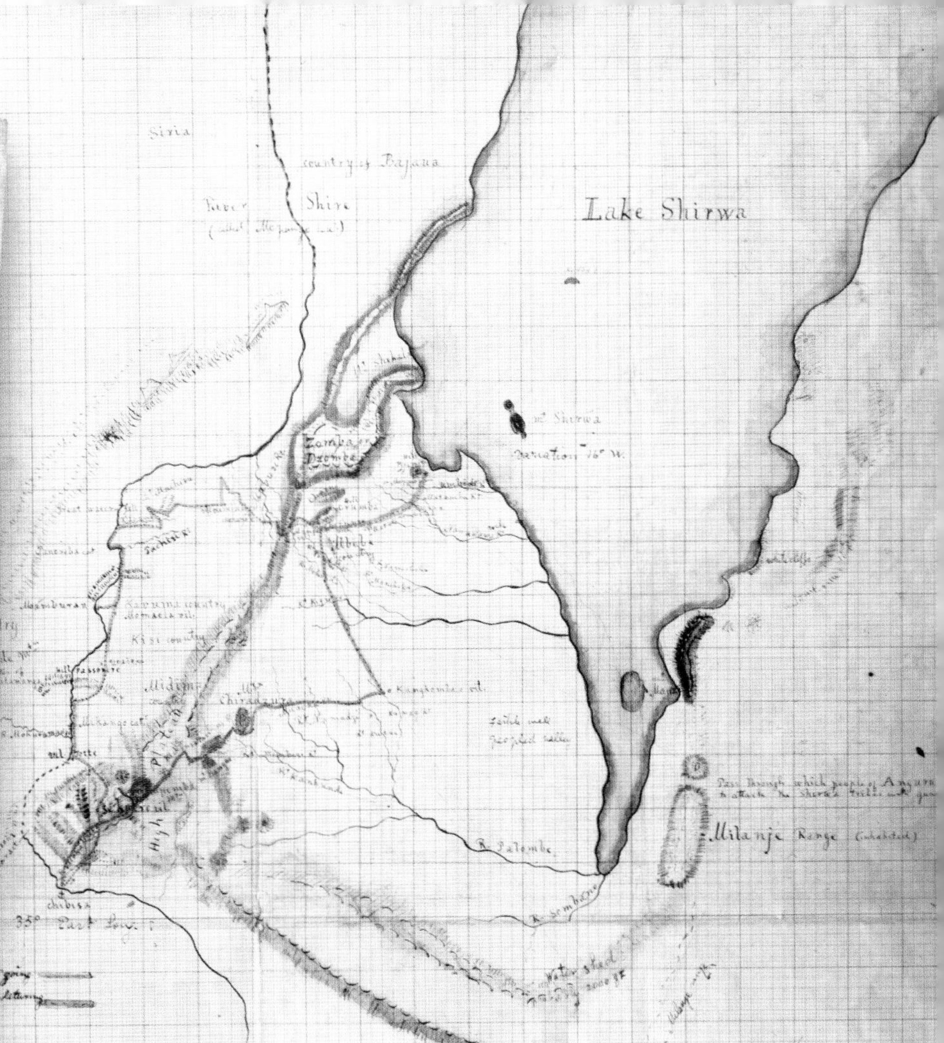

F 维多利亚瀑布素描

利文斯通创作了几幅素描和水彩画，描绘他所走过的各种非洲河流系统的场景。这幅艺术作品描绘的是津巴布韦的维多利亚瀑布——利文斯通是第一个看到该瀑布的欧洲人，时间可追溯到1860年。

G 船用罗盘

这是戴维·利文斯通第一次沿赞比西河探险时使用的罗盘，可追溯到1856年。

H 地图草图

这是利文斯通所绘的肖尔瓦湖和夏尔河地图，他在地图纸上精心绘制和着色，标记了他穿过马拉维的路线。

理解他者

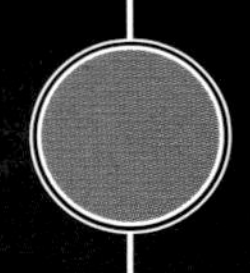

世界上的大沙漠是最后被外来者造访的地区之一。在该地区旅行需要经常穿越大片干旱缺水区域，探险者须适应当地居民的生活方式和生存技巧。

奴隶贸易
在20世纪早期，撒哈拉地区仍然支持野蛮的奴隶贸易，由车队向北方运送。直到1930年，奴隶制才在摩洛哥被取缔。

长期以来，埃及等先进文明的边缘沙漠被认为是不吉利和危险之地。公元前525年，由波斯国王冈比西斯二世派遣的一支数万人军队，去袭击埃及西部的西瓦绿洲的宙斯神庙，但整个军队被沙漠吞噬，毫无音讯。尽管一些罗马探险队确实穿越过撒哈拉沙漠，但这片广袤的土地大部分还是留给了当地部落。公元前1世纪初，骆驼的驯化为货物和人类提供了一种运输方式。这就意味着，在那些远离欧洲想象的荒芜不毛之地，如中亚、北非和阿拉伯沙漠——或者至少是它们的边缘地带——当地人创造了惊人的坚韧而成熟的文化。

伪装探险

如14世纪的伊本·白图泰（见第68—71页）这样的穆斯林旅行者相对轻松地穿越沙漠贸易路线，但欧洲探险家没有这样的便利。自罗马时代以来，第一个进入阿拉伯半岛的人是意大利人卢多维科·迪瓦尔马，他于1503年抵达叙利亚阿勒颇。从那里，他伪装成穆斯林，随一支朝圣者商队旅行，得以进入麦地那和麦加，当时这两个城市都是严格禁止基督教徒进入的。

沙漠账单
威尔弗雷德·塞西杰是欧洲最后一位伟大的阿拉伯探险家，他对自己在沙漠中的花费进行了细致的记录。

在下一个世纪，只有很少几个欧洲人到过阿拉伯，而且大部分是被主人带去的俘虏。然而，人们渐渐开始以文化和科学探索为目的进行旅行。1761年，丹麦的卡斯滕·尼布尔和他的瑞典同伴彼得·福尔斯卡尔（见第270—271页）携带235页的问题清单前往阿拉伯，许多学者希望关于该地区的这些问题能得到解答。他们在阿拉伯西部旅行了两年，远至也门，收集植物标本，进行天文观测，但只有尼布尔活着回到斯堪的纳维亚。在北非，传说中的廷巴克图吸引探险家前往，据说廷巴克图拥有难以想象的财富。法国人雷内·凯利（见第201页）于1827年4月从塞拉利昂出发，经历了可怕的物质匮乏，还有发烧和坏血病，几乎整整一年后才抵达廷巴克图。事实上，两年前，苏格兰人亚历山大·戈登·莱恩到过该城，但在开始返程时被殴打致死。凯利活着回来了。尽管廷巴克图黄金匮乏，令人非常失望，但对北非沙漠的勘探继续吸引着像德国人海因里希·巴尔特（见第202—203页）这样的冒险家，他在1850—1852年广泛地探索了阿尔及利亚南部和乍得北部的沙漠，一度仅靠喝自己的血生存下来。1869年，德国人古斯塔夫·纳赫蒂加尔从阿尔及尔出发，进行了一次为期五年的旅行。他来到了提贝斯提山脉，并抵达今属乍得的卡内姆-博尔努苏丹王国。

> 到“二战”开始时，公路和铁路跨越了世界上许多沙漠地区，旧的生活方式逐渐消亡，但即使在今天，到沙漠旅行仍然需要细致的准备。

进入阿拉伯

前往中亚的探险家，如斯文·赫定（见第228—231页）和马克·奥瑞尔·斯坦因（见第234—237页），都是出于文化方面的考虑，比如对古代丝绸之路城市的探索。然而，在阿拉伯半岛，其他的事情却占据了主导地位。一些标新立异的人继续前往阿拉伯，如理查德·伯顿（见第204—207页），他在1853年前往麦加的旅途中伪装成“谢赫阿卜杜拉”。而查尔斯·蒙塔古·道蒂（见第246—247页）则

骑兵
这些阿拉伯部落成员，比如在1928年对英国控制的伊拉克进行远征的沙特军队，是非常高效的骑兵。

下午茶时间
居住在沙漠中的贝都因人严格遵守一条规则，即向所有在和平时期来到他们身边的旅行者提供热情款待。

公开承认自己的基督教信仰，使他在阿拉伯的旅行变得更加艰难。然而，更常见的是威廉·吉福德·帕尔格雷夫的旅行，他于1862年受英国政府委派，报告有关阿拉伯利雅得王国的情况。

沙漠的开放

随着在阿拉伯的旅行越来越频繁，即便旅程艰辛，旅行者的范围也会扩大。1869年，荷兰妇女亚历山德里娜·廷恩在穆扎拉克附近的柏柏尔人部落被谋杀之前，已经在北非旅行了13年。1879年，安妮·布朗特夫人成为第一个穿越阿拉伯纳菲德沙漠的西方女性。“一战”后，欧洲对中东部分地区的影响力得到巩固，英国妇女格特鲁德·贝尔（见第252—253页）和弗雷娅·斯塔克（见第254—255页）借机探索了阿拉伯沙漠。

背景介绍

- 希腊历史学家希罗多德对非洲的描绘在欧洲人的想象中是如此强大，海因里希·巴尔特随身携带他的《历史》旅行。
- 廷巴克图并不总是贫穷。其统治者穆萨于1325—1327年间前往麦加朝圣。在此期间，他慷慨的黄金支出导致北非通货膨胀，造成了数十年的经济破坏。
- 当意大利旅行者卢多维科·迪瓦尔马于1503年在也门被关进监狱时，他假装疯癫，最终被释放并安全返回家中。
- 伊本·沙特的军队横扫阿拉伯半岛，1902年占领利雅得，最后在1925年占领麦加。他日益重要的地位导致许多人试图争取他的支持，其中包括一位名叫威廉·莎士比亚的英国政治代理人，他从科威特到利雅得，再到苏伊士，行程3000公里（2000英里）。

探险者与当地贝都因人的关系，以及接受如他们一样生活的需要，使得一些非凡的壮举得以实现。哈利·圣约翰·菲尔比（见第238—239页）绘制了阿拉伯半岛大片地区的地图。1930—1931年，伯特伦·托马斯（见第248—249页）穿过“空旷区”。这片巨大的南阿拉伯沙漠，曾经至少在欧洲人看来，是无法通行的。

沙漠休息
骆驼是沙漠旅行的重要组成部分，那些没有利用骆驼的欧洲人很少能长时间存活。图中，埃及旅行者停下来向麦加祈祷。

斯文·赫定

中亚探险开拓者

瑞典　　1865—1952年

斯文·赫定是一位勇敢的探险家，他表现出一种无情、专一的决心。在长达42年的职业生涯中，他领导了四次横跨中亚和西藏的重大远征，赢得了来自许多国家的地理和探险荣誉。赫定曾师从著名的德国地理学家冯·李希霍芬，他非常钦佩德国及其文化，后来因为对纳粹主义表现出支持，他的国际声誉受到严重损害。

生平事迹

- 探索塔克拉玛干沙漠，到达欧洲从未去过的地区，并在此过程中填补了欧洲地图的许多空白。
- 穿越帕米尔山脉，探索塔古巴什，或称“世界屋顶”。
- 探索西藏许多以前不为欧洲人所知的地方，并详细记录西藏人民的文化和习俗。
- 开辟一条穿越罗布泊的小径，后来如马克·奥瑞尔·斯坦因这样的探险家就循这条路探险。
- 他因对中亚地理知识的贡献而获得许多奖项。
- 他早先的成就因他后来对纳粹的支持而黯然失色。然而，“二战”期间，他将许多丹麦犹太人从集中营解救出来。

小时候，赫定就在儒勒·凡尔纳和詹姆斯·费尼莫尔·库珀的小说中读到了激动人心的冒险故事，热切地追踪戴维·利文斯通（见第220—225页）在非洲的探索活动，15岁时，他见证了瑞典探险家阿道夫·埃里克·诺登舍尔德（见第290—291页）在成功航行东北航道后的胜利归来。后来，他描述了那天晚上，他是“极度兴奋的猎物。我的一生都会记得那一天。它决定了我的职业生涯”。

作为一名学生，他前往俄罗斯、高加索地区和波斯旅行，直至今巴基斯坦的边界。这是一位相对缺乏经验的年轻探险家的旅行。在穿越波斯的埃尔伯兹山脉时，赫定被暴风雪所困：“我没有为那种天气准备好衣服，我被雪紧紧地裹在马鞍上。”

慕士塔格峰
羊在西藏高原北部边缘的慕士塔格峰脚下觅食。1894年，赫定是第一个尝试攀登海拔高度7500米（24 700英尺）的慕士塔格峰的欧洲人，但他在到达顶峰之前被迫折返。

丢失的量尺
赫定1901年在罗布泊以北丢失了该金属卷尺，1906年，马克·奥瑞尔·斯坦因发现了它并物归原主。

盗取头骨

五年后的1890年，赫定重返波斯，担任瑞典驻德黑兰外交使团的翻译。从那里，他又开始冒险，计划沿一条往北经波斯到撒马尔罕和喀什的商队路线，通过骑马，乘雪橇、马车和火车的交通方式旅行，行程5800公里（3600英里），预算花费是200英镑（300美元）。

在波斯北部，他劫掠了琐罗亚斯德教的“沉默之塔”（圣葬冢），取到头骨样本。赫定爬上了塔壁，假装他打算去野餐，并把旅行袋里的三个瓜换成了三个头骨，这展现出他对当地文化和宗教感情的不尊重。他对当地人民可能的反应不屑一顾，他写道：“那里可能有骚乱，我们可能遭到攻击并被交给当地人。但是一切顺利。”

1893年10月，赫定返回斯德哥尔摩后，开始了他在中亚的第一次重大考察，前往塔克拉玛干沙漠。他计划绘制中亚这片未知的广阔地区的地图，不假思索地写道：“我在亚洲探索的多年学徒生涯确实已经过去了……现在，我满足于踏上欧洲人从未涉足过的道路。”他从土库曼斯坦出发，穿越帕米尔山脉，那里也被称为“世界屋顶”，一系列高山都源于此地——天山、昆仑山、喀喇昆仑山脉、喜马拉雅山脉和兴都库什山脉。

1895年2月，赫定离开喀什，踏上了他一生中最艰难的旅程之一，目标是寻找塔克拉玛干失落的城市。到4月25日，驼队前往霍坦-达里亚河时，他发现一处水源的水量计

我满足于踏上欧洲人从未涉足过的道路。

——斯文·赫定

作为朝圣者前行
赫定在西藏高原上与同伴沙格杜尔（左）和萨勒布喇嘛（右）合影。他们装扮成佛教朝圣者，试图进入禁止外国人进入的中国西藏地区首府拉萨，但申请失败，被驱逐出了西藏。

算错误，只能灌满两天而不是十天的水。

在西藏遭驱逐

在斯文·赫定旅行的时候，欧洲人对西藏地区的大部分土地一无所知，他的探险填补了欧洲地图上的一些空白。他并没有长期受到欢迎。他于1907年在日喀则扎什伦布寺参观佛教新年庆祝活动，班禅喇嘛允许他拍摄该地区，但六周后，拉萨来的一条消息告诉赫定，他在西藏不再受欢迎。

此为1909年的杂志插图，赫定在西藏指导装载补给品工作。

命运攸关的决定

最后一次补给过了两天，赫定本可以折返重来，却选择了继续前行。分配给每人的水只有两杯，而骆驼一杯也没有。挖水的努力没有结果，到5月1日，所有供应品都已耗尽。在拼命寻找液体的过程中，他们杀死了一只羊，喝了它的血，然后是骆驼的尿液，混合了糖和醋。赫定在日记中写道："停在一个高高的沙丘上……我们透过望远镜观察东方——四面八方的群山，没有一根草，毫无生机。人和骆驼都非常虚弱。上帝保佑我们！"到5月3日，赫定和向导哈斯木是仅剩的两个能够继续下去的人。另外两人——穆罕默德·沙阿和奥尔奇（他们曾被怀疑藏匿和饮用补给的水），都死于一个营地，赫定称之为"死亡营地"。最后一名成员——伊斯兰·白濒临死亡，并留在营地，赫定和哈斯木继续出发。

这两个人开始在沙漠上艰难地爬行，把自己埋在沙子里以保持凉爽，并从柳树中汲取水分。哈斯木遇到脚印，惊恐地意识到是他们自己的足迹：两人爬行了一昼夜，还没离开原地。5月5日，赫定独自一人闯出新路，到达河岸。他喝饱了水，用防水靴子把水给哈斯木带回来。几个小时之内，这两个人遇上一支商队，该商队发现伊斯兰·白，还带来赫定丢弃

藏地印象

在这里，赫定捕捉到这个与世隔绝的地方的一些独特之处。

的地图和日记，他们得救了。但赫定在这次探险中的鲁莽行为导致国内对他的尖锐批评。

他重新执行最初的任务，最终找到了塔克拉玛干失落的城市，并收集了数百件文物。他对自己的成功感到欢欣鼓舞，写道："古代中国的地理……这片沙漠现在已经被确认无误。"

三年后的1899年，赫定重返塔克拉玛干沙漠。这一次他准备充分，乘船出发，绘制了莎车河和塔里木河的地图，然后穿越塔克拉玛干沙漠，目标是到达罗布泊沙漠。

沙漠沙尘暴
这幅当代印刷品描绘了赫定英勇地带领他不情愿的骆驼穿过沙尘暴的情景。这一事件发生在他第二次到中亚考察期间。

马可·波罗（见第56—61页）曾在大约650年前穿越过这片沙漠，但没有到达罗布泊。这是个盐湖，几个世纪以来一直被中国人所熟知。在这次探险中，赫定遇到有2000年历史的楼兰古城，在那里发现了汉代手稿。但他并没有在楼兰待太久，因为他害怕重复水量配给的错误。他继续往前走，打算越过西藏高原，前往拉萨。但他和同伴在到达拉萨之前被守卫逮捕，并被押送回边境。

成功进入西藏

赫定还进行了两次重大探险，1906—1908年成功返回中国西藏地区，绘制并记录了这片在当时欧洲地图上空白的重要区域。

1926年，62岁的赫定回到中国内地，计划在北京和柏林之间开辟新航线。他计划进行航空勘测工作，但中国当局出于对考古遗址安全的担忧，令他放弃该计划。然而，到那时，赫定已经对中亚探险领域产生了重大影响。

荣赫鹏

英格兰 *1863—1942年*

"喜马拉雅探险之父"，1919—1922年任英国皇家地理学会主席。

作为一名23岁的陆军军官，他穿过戈壁沙漠，建立了一条从喀什到印度的路线。后来，他作为1904年英国驻拉萨特派团团长，在中亚广泛游历。这发生在"英俄大博弈"的高潮期，当时英国和俄罗斯在中亚争夺霸权。后来，荣赫鹏成为攀登珠穆朗玛峰的主要力量。正如他所回忆的，"实际上攀登珠穆朗玛峰的想法只是在'一战'之后才成形的"。1920年，他成立了珠穆朗玛峰委员会，将英国皇家地理学会和阿尔卑斯俱乐部的专业知识结合在一起，为1953年埃德蒙·希拉里和丹增·诺尔盖的攀登提供了资金（见第322—323页）。

他的足迹
1893—1897年 首次访问塔克拉玛干沙漠
赫定从北方进入沙漠，从中国经过蒙古进入土库曼斯坦。
1899—1902年 重返沙漠
赫定沿着塔克拉玛干沙漠的北缘到达罗布泊。
1906—1908年 绘制西藏地图
环藏南地区旅行，该地区以前不为欧洲人所知。
乌兰巴托
塔克拉玛干沙漠
罗布泊沙漠
塔什干
A
B
北京
喀什
西藏
C
A 在误判了水量配给后，赫定险些在塔克拉玛干沙漠丧生。
B 赫定在罗布泊偶然发现了失落的楼兰城，他还在此地发现了汉代手稿。
1886—1893年
1893—1897年
1899—1902年
1906—1908年
1908—1926年
开始主要探险旅程之前，还是年轻学生的赫定穿越波斯旅行。
赫定到达喀什，他将以此为基地，探索塔克拉玛干沙漠。
对藏南地区进行了广泛的勘探，绘制了该地区的地形图；后来他进一步勘探北部和东部。 C
中国当局阻挠他在中国进行进一步探索的努力。

丝绸之路的交通

在中亚探险中使用骆驼是赫定成功的一个关键因素：双峰驼能够承受极端的温度，也能够在没有水的情况下生存许多星期，它是丝绸之路沿线货运的主要交通方式。此外，在骆驼蜕毛季节收集的骆驼毛，提供了丰富的纤维来源，柯尔克孜族人用其制造服装和其他纺织品。

俯视着这些躯体，感觉很奇怪，因为除了干燥的皮肤，它们看上去就像是睡着的人。

——马克·奥瑞尔·斯坦因谈吐鲁番木乃伊

生平事迹

- 探索中亚大沙漠，发现失落的佛教文明的证据。
- 建立连接中国、中亚、波斯和西方的线路（统称丝绸之路）之间的联系。
- 是第一个发现敦煌宝藏的欧洲人，敦煌又称“千佛洞”。
- 对中亚进行地形勘测，用于制作该区域的详细地图。
- 将数千份手稿和文件带到英国，这些手稿和文件构成了对中亚历史进行广泛学术研究的基础。

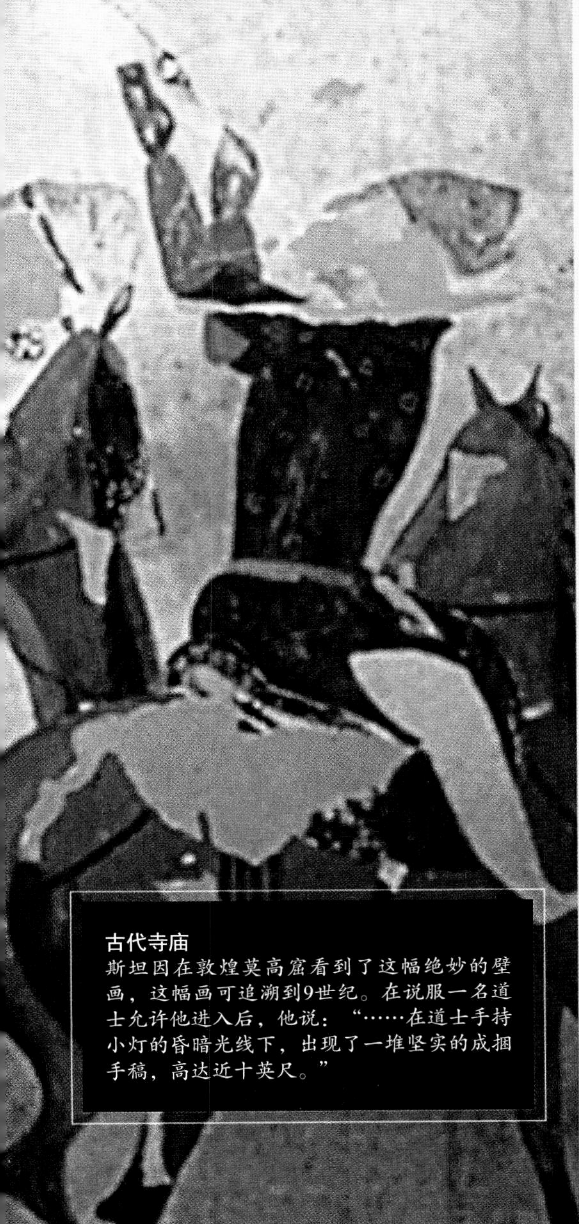

古代寺庙
斯坦因在敦煌莫高窟看到了这幅绝妙的壁画，这幅画可追溯到9世纪。在说服一名道士允许他进入后，他说：“……在道士手持小灯的昏暗光线下，出现了一堆坚实的成捆手稿，高达近十英尺。”

马克·奥瑞尔·斯坦因

丝绸之路的“发现者”

匈牙利　　1862—1943年

出生于匈牙利的考古学家和探险家马克·奥瑞尔·斯坦因从小就受到亚历山大大帝军队穿越中亚故事的启发。取得英国公民身份后，他得到英国机构的赞助，去探索那些土地。斯坦因花30年的时间去探索。他发现失落的佛教文明的证据，并将手稿、壁画、绘画和文物曝光。他最著名的发现是在敦煌，当时他确定了丝绸之路的路线是如何连接起来的。

斯坦因的第一次考古探索是沿着印度边境进行的，但中亚始终是他的目标。他非常钦佩瑞典探险家斯文·赫定（见第228—233页）的亚洲之行，在1900年，他开始了自己对中国新疆地区沙漠的第一次探险，带着一小队忠诚的助手和一只宠物狗——多年来他拥有五只，并称每一只都是“达什”，这几只狗中的大多数都要陪他去探险。

在1900—1901年的首次探险中，斯坦因穿越帕米尔山脉来到中国西部的喀什，并以和田为基地探索了塔克拉玛干沙漠的南缘。他在该地发现的古代手稿和石碑中找到了早期印度、中国和希腊的文化证据。同样令人惊讶的是，斯坦因还发现，沙漠曾经是繁荣的城镇，随着沙漠发生变化，这些城镇被遗弃了几个世纪。

到了1907年3月，在他的第二次探险中，斯坦因已经在和田以东几百公里（超过125英里）的地方旅行，在那里他发现了中国长城最西边的部分，该部分建于2000年前，是为了保护汉族人免受匈奴的攻击。他还在该地点发现了一座隐藏在沙丘中的坚固的塔。在发掘该遗址时，斯坦因的团队发现了汉代（公元前206—公元220年）的丝绸和铭文木刻碎片。

千佛洞

1907年，斯坦因为追寻长城遗址向东探索了300公里（200英里），直至他来到敦煌。在此地，他有了生命中最重要的发现，成为第一个进入莫高窟——或称“千佛洞”——的欧洲人。他在洞穴里的挖掘让许多重要文物曝光。他发现了400多座神殿和庙宇（最初是用壁画装饰），建造于4—14世纪之间。他还发现了手稿、绢画和

木版雕刻
斯坦因在塔克拉玛干沙漠的和田绿洲发现了这个6世纪出产的木版雕刻。

他的足迹

1900—1901年与1907—1908年 斯坦因早期中亚探险
斯坦因两次旅行，沿着塔克拉玛干沙漠南部边缘的路线考察。

1913—1915年 沿丝绸之路的北线旅行
探索通往塔克拉玛干沙漠北部的丝绸之路。

丝绸之路
这条古代贸易路线是在两千年前的汉朝开始的，斯坦因一直沿丝绸之路旅行。

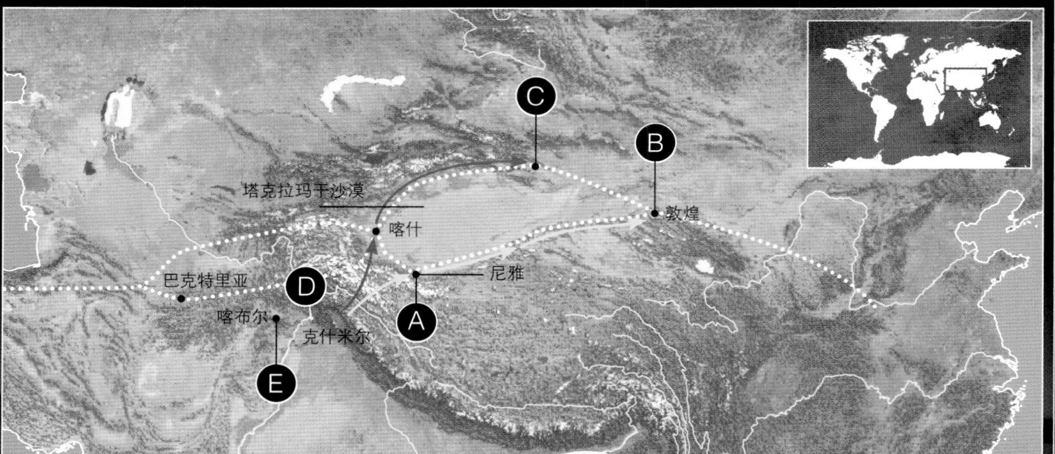

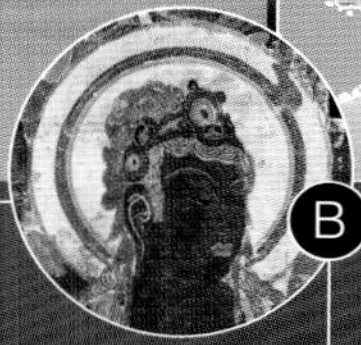

B 斯坦因最伟大的发现是在莫高窟，他在那里发现了世界上现存最古老的印刷品《金刚经》。

D 当他沿着巴基斯坦的丝绸之路返回时，斯坦因在一系列照片中记录了他的旅行。

1862—1899年	1900—1901年	1902—1906年	1907—1908年	1909—1912年	1913—1915年	1916—1943年

A 斯坦因在尼雅有了他的首个重大发现，他发现了100多块木匾，可追溯至105年。

在旅途间隙，斯坦因和他的狗一起在高山草甸上搭起帐篷，独自生活。

C 斯坦因在吐鲁番地区发现了一座古墓，尸体用丝绸包裹着。

E 斯坦因探索到最后一刻，在抵达喀布尔后不久去世。

卷轴，包括一份佛教经典《金刚经》。斯坦因的车队离开敦煌时，车上载有29个装满手稿、绘画和艺术品的箱子。到1907年12月底，斯坦因和他的向导赖辛格一起勘测一条穿越中国西部昆仑山到拉达克的路线。在攀登一座陡峭的冰川，登上海拔近7000米（20 000英尺）的高度后，斯坦因描述自己的身体状况：“我发现脚趾被严重冻伤。这的确倒霉，但我还是很高兴地知道我们的探索任务已经完成了。”斯坦因经过九次中转才被运到莱赫的医院，在那里他不得不被截掉右脚趾。

保存发现

1908年1月，斯坦因回到伦敦，在各种博物馆收藏他的藏品。虽然他是一位不知疲倦的学者，但他的研究，加上根据地形测量绘制地图的工作，是一项艰巨的任务。仅地形测量就产出了近100张完整的地图。此外，还有8000份手稿和文件需要研究。然而，在最初的作品出版后，斯坦因就急于回到中亚。他希望在莫高窟的发现引起轰动之前完成下一阶段的勘测工作，因为这些发现会刺激抢掠者和寻宝者。

斯坦因的第三次探险于1913年启动，完全由印度政府资助。他们从克什米尔的斯利尼加出发，经喀喇昆仑到达喀什，考察塔克拉玛干沙漠的西北边缘。斯坦因这次的目标是探索早期中国佛教朝圣者的路线。为此，他在高海拔地区旅行以避开印度河峡谷夏季的酷暑。虽然这条路线很

尼古拉·普列日沃斯基

俄罗斯 1839—1888年

俄国军官普列日沃斯基在19世纪60年代探索了西伯利亚，他还四次前往中亚。

普列日沃斯基在第二次远征（1876—1877年）中，进入塔克拉玛干沙漠，在那里他穿过新疆到罗布泊，据信自马可·波罗以来没有任何欧洲人访问过这里。他在第三次远征（1879—1880年）中，跨越天山，到达距拉萨不到160英里的地方，才被西藏地方当局驱逐。他记录了许多动植物物种，包括幸存的最后一种野马——被称为普列日沃斯基马，目前很可能已绝迹。

大佛塔
从光秃秃的洞窟到精心装饰的宝塔，如莫高窟的这座塔，敦煌的神殿和寺庙可谓五花八门。

艰难，但在头两周内，3000多平方公里（1200平方英里）的土地被绘制成了一幅“从未被欧洲人观察过，甚至从未见过”的景观。这条路线穿过达尔和坦吉尔山谷，斯坦因在那里记录了古代要塞遗址，早期佛教定居点的证据，以及在房屋、清真寺和墓碑上的木雕佛教图案。在达科特冰川山口，他发现了自己理论的证据：8世纪的汉族军队利用这个山口作为天然门户来阻止西藏人。

追溯他的足迹

到了1913年9月，斯坦因在明塔卡山口接近中国少数民族的边界：“我发现自己行走的地貌在前两次旅行中已经熟悉。但与我们最近的足迹相比，以前到达的路线似乎是小儿科。从克什米尔出发后的五个星期里，我们总共15次在海拔高度在10 000英尺到17 400英尺之间的高原山区旅行，而且大约4/5的行程，总长度超过500英里，必须步行。”斯坦因的作品和收集的大量材料为中国考古学和艺术开辟了新的主题领域。然而，到了20世纪20年代，中国当局担心文物从中国流出，开始限制进入丝绸之路遗址。因此，斯坦因重返他孩提时代的愿望，即探索亚历山大大帝穿越阿富汗的路线。1943年，81岁的斯坦因首次访问喀布尔（他在那里获得了探访古代巴克特里亚地区的许可）。然而，抵达后不久，他就中风，并于10月26日去世。他留下的最后一句话是：“我的生活很美好，60年来，我一直渴望造访阿富汗，人生的终点在阿富汗结束最为幸福。”斯坦因对中亚文明提出了一些相当深刻的见解，他的收藏已经成为广泛的国际研究的依据。

《金刚经》

在莫高窟发现的手稿中，有一本《金刚经》，是世界上现存最古老的印刷书籍。这份手稿可以追溯到9世纪，是用雕刻的木块印刷的。这是早期梵文的中文译本，讲述了佛陀和一位名叫苏呼提的僧侣在斯拉瓦斯第市的对话。因为佛陀向苏呼提解释通往开悟“佛心”的难以捉摸的道路，所以《金刚经》涉及佛教许多最深奥的主题。斯坦因从一名守卫莫高窟的道士那里买下了这幅长达5米（16英尺）的卷轴。它现在保存在伦敦的大英图书馆。

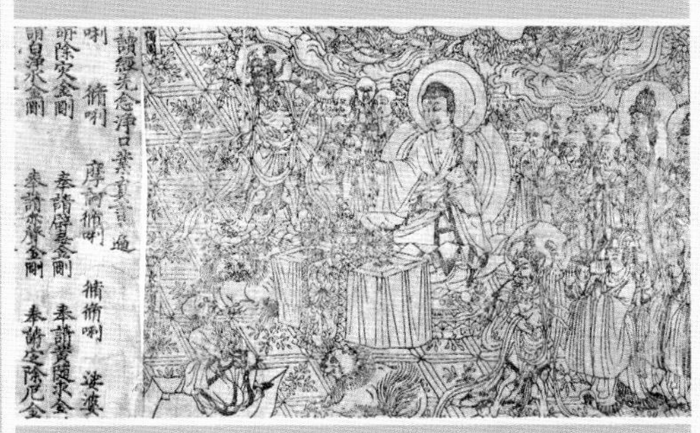

《金刚经》中的一段，这是斯坦因1907年从莫高窟取来的佛经。

青铜鼎
这个有3500年历史的三脚青铜鼎来自伊朗南部的洛雷斯坦地区。这是斯坦因捐赠给大英博物馆的众多文物之一。

图片日志
斯坦因用照片记录了他所有的旅程。这张1926年拍摄的图片展示了巴基斯坦皮尔萨山上的一群当地古杰尔人。

哈利·圣约翰·菲尔比

“空旷区”的真正探索者

英格兰 1885—1960年

哈利·圣约翰·菲尔比，语言学家、鸟类学家和阿拉伯学家，是中东历史上最不知名却最有影响力的人物之一。“一战”期间为英国情报机构工作时，他帮助煽动阿拉伯人反抗土耳其统治，并在此过程中形成了对阿拉伯的终生热爱。英国探险家伯特伦·托马斯在他之前成为第一个穿越“空旷区”——鲁布哈利沙漠的欧洲人，但菲尔比更广泛地探索了该地区。

阿卜杜勒·阿齐兹一世
1926年，阿卜杜勒·阿齐兹·伊本·沙特（上图）成为沙特阿拉伯现代国家的第一任国王。菲尔比支持伊本·沙特的王位主张，并成为他的亲密顾问。

1917年，菲尔比被派去与当地的阿拉伯统治者阿卜杜勒·阿齐兹·伊本·沙特取得联系，后者是“一战”期间英国的盟友。英国外交部曾警告菲尔比，从陆路前往吉达过于危险，因为伊本·沙特无法控制该地区的部落，但菲尔比以行动反驳了这一点。1917年12月，他成为第一个从东到西穿越阿拉伯半岛的欧洲人。

“一战”结束时，他被任命为英国驻巴勒斯坦情报局局长，但他发现自己越来越不适应英国在该地区的政策。英国人想让麦加的圣族后裔侯赛因成为国王，而不是伊本·沙特，菲尔比则认为伊本·沙特是更好的候选人。他认为英国背叛了组建统一的阿拉伯国家的战时承诺。当菲尔比与伊本·沙特之间的秘密通信被发现后，事态发展到了顶点，他在1924年因为同情阿拉伯人而被迫辞职。最终，伊本·沙特将侯赛因从汉志（阿拉伯西部海岸）赶走，成为沙特阿拉伯国王。

1925年，菲尔比在吉达定居并成立了一家贸易公司。他对沙特的新政权有巨大的影响力，甚至还安排了伊本·沙特的加冕礼。在国王的支持下，他于1928年骑骆驼考察利雅得南部地区，并在这次探险期间开始制订计划，以实现他穿越“空旷区”的长期抱负。

生平事迹

- 在剑桥大学学习东方语言，精通乌尔都语、旁遮普语、波斯语、俾路支语和阿拉伯语。
- 成为沙特阿拉伯第一任国王伊本·沙特的亲密顾问。
- 从北向南穿越空旷区，并对该地区进行广泛探索。
- 在阿拉伯南部开展研究工作。
- 以他仰慕的女性的名字命名几种鸟，并以自己的名字命名一种鹧鸪鸟（菲尔比鹧鸪）。

菲尔比的咖啡壶
咖啡壶的出现标志着休息。菲尔比写道：“时间即将暂停，咖啡可以让人振奋。”

“空旷区” 覆盖整个阿拉伯半岛的南部，是地球上人口最少的地区之一，由高耸的沙丘组成，其中一些沙丘高达250米（800英尺）。它的西边有广阔的砾石平原。此地气候极为恶劣，白天的温度通常达到50℃（120℉），夜间则常常降至冰点。菲比的野心最初被托马斯挫败（见第248—249页），托马斯在1931年，也就是菲尔比计划启程的前几个月，从南向北穿越了“空旷区”。被托马斯的成功击垮后，菲尔比绝望地把自己关了一周。他早在1924年就计划过穿越，但当时伊本·沙特和侯赛因之间的战争使沙漠环境太过危险。

他的足迹

1917年12月　穿越阿拉伯
安全地越过阿拉伯高地到吉达，向英国人证明伊本·沙特拥有该地区部落的忠诚；他是第一个完成自东向西穿越阿拉伯半岛的欧洲人。

1932年1月　从胡福夫出发
菲尔比及其团队听到贝都因人关于失落的乌巴尔城（《古兰经》中的地名）的传说，以及关于沙子中骆驼大小的铁块的故事后，前往瓦巴尔陨石坑；发现这些陨石坑时，他认为是火山口。

从北到南

菲尔比从失望中恢复过来，决心要赢得从北到南的穿越，对胡福夫和苏莱伊之间的地区进行更广泛的探索，他认为这是一项更加雄心勃勃的事业。1932年1月，他从胡福夫出发，随行14人、32头骆驼，还有3个月的补给。他沿着托马斯的路线向南一直走到沙纳和沙丘最南端，然后转而向西，往苏莱伊进发，穿越650公里（400英里）的沙漠地带。但这次尝试失败了，因为他们只走了150公里（100英里），骆驼就开始精疲力竭：行李的重量被低估了，结果证明骆驼无法承受。

那年春天，菲尔比又开始了第二次尝试，这次的队伍规模要小得多。他于3月14日到达苏莱伊，行程2700公里（1700英里）。在1933年出版的《空旷区》中，他描述了这段旅程。他对该地区进行了广泛的探索，在寻找传说中消失的乌巴尔城时，他发现了瓦巴尔陨石坑（由陨石撞击形成）。

菲尔比一直直言不讳地批评英国在阿拉伯事务上的政策，以至于在1940年他前往美国进行新书宣传活动的途中，英国当局根据《国土安全法案》拘留了他，担心他对石油资源丰富的阿拉伯国家的影响。菲尔比是个神秘人物，他于1945年回到阿拉伯时，年届60岁。他的儿子基姆当时在英国情报部门工作。

我将永远以追随菲尔比的脚步而自豪。

——威尔弗雷德·塞西杰

约翰・路德维希・伯克哈特

第一个探索佩特拉的欧洲人

瑞士　　*1784—1817年*

约翰・路德维希・伯克哈特是一位瑞士探险家，他由英国非洲协会赞助，探索北非的内陆地区。他是一个勇敢的人，看到了融入当地文化对于进入那些禁止欧洲人入内的地方的重要性。他参观了被毁的佩特拉古城和阿布辛贝勒的古埃及神庙。他还得以在圣城麦加度过一段时光。

生平事迹

- 让自己沉浸在阿拉伯文化中，利用对伊斯兰教的了解，进入之前禁止欧洲人入内的地方。
- 是第一个造访现属约旦的古城佩特拉的欧洲人。
- 探索努比亚，详细描述阿布辛贝勒神庙。
- 在麦加度过一段时光，报道他在那里见证的宗教仪式。

伯克哈特于1806年移居英国，追求成为一名探险家的梦想。他带着德国博物学家约翰・弗里德里希・布卢门巴赫（见第242页）的介绍信，并在约瑟夫・班克斯爵士（见第197页）的支持下，说服伦敦非洲协会支持一项使命。伯克哈特不失时机地为他的职业做准备。他学习语言、科学和外科，直到1809年协会给他下达一项简令：探索从开罗到苏丹的沙漠。他当时才25岁。

伊斯兰教学者

伯克哈特于1809年9月抵达叙利亚的阿勒颇。接下来的三年里，他在那里学习《古兰经》和阿拉伯语。在此期间，他假扮一个学识渊博的阿拉伯人，取名为易卜拉欣・伊本・阿卜杜拉。

他以阿勒颇的英国律师之家为立足点——后来又和一个土耳其家庭一起——赴周边地区旅行。他的方法是现代的：除了融入阿拉伯民族的文化，他还迅速了解贝都因人和瓦哈比部落的传统。他持续为艰苦探险做测试和准备，长途跋涉，甘冒酷暑，只吃少量食物，睡在地上。同时，他还研究了阿拉伯作家关于圣城麦加的记述。在整个旅行期间，伯克哈特与约瑟夫・班克斯爵士保持定期通信往来。他的信件显示，他在叙利亚的第一次旅行缺乏经验，在1810年的一封信中，他说自己不太知道如何正确选择向导。他在另一封信中描述："我们回到城里，尽可能地伪装自己，然后次日晚上出发重新与我们的首领会合。可后者离开了水源，我们不得不在沙漠里追赶他36个小时……"到1811年5月，这位年轻的旅行者对叙利亚进行了三次重大探索，包括大马士革、巴尔米拉和浩兰。非洲协会确信他提供了重要的新信息，批准将他的计

西班牙银币
伯克哈特对自己的旅行做了细致入微的描述。他随身带着西班牙银币，但他的原则是，拿的钱越少，旅行就越成功。

这座山谷值得我们深入了解；对它的考察将会带来许多有趣的发现。

——约翰·路德维希·伯克哈特在佩特拉

古代神庙
在埃及南部的努比亚，伯克哈特在阿布辛贝勒发现了用岩石建筑的古代神庙。雕刻于公元前13世纪的石像刻画了拉美西斯二世的形象，在伯克哈特的年代，这是一位只存在于《圣经》之中的法老。伯克哈特发现雕像一半被埋在沙中，正如这张1906年的照片所示。

划延长六个月。伯克哈特正在努力工作，寄给班克斯的包裹内容包括“叙利亚附近主要阿拉伯部落分类；一篇关于贝都因人风俗礼仪的论文；在浩兰的旅行日记；在叙利亚山区的旅行日记和关于该沙漠的一些地理报告”。

发现佩特拉

1812年6月，伯克哈特踏上了他一生中最伟大的旅程之一。他伪装成叙利亚人，穿过巴勒斯坦，来到死海以南，找到一个向导带他进入古尔山谷。在那里，他描述自己看到了《圣经》中所说的“吗哪”正被从树上采集下来。这是希伯来人到达应许之地之前，在沙漠流浪40年期间赖以为生的食粮。伯克哈特继续前行，向导带他穿过一个狭窄的山谷，他偶然发现了纳巴泰人建造的佩特拉古城的遗址。对这个敏感的年轻人来说，这一定是个惊人的景观。他在给班克斯的信中写道：“这座古城的遗迹，我猜想是佩特拉……据我所知，这是个从未有欧洲游客到过的地方。”

然而，伯克哈特在遗址的探险时间有限，因为他对一直监视他的当地贝都因人心存警惕，他们对这个远离海岸的欧洲人持怀疑态度。

玫瑰红的城市

伯克哈特描述了建于公元前4世纪的佩特拉，它是“一座玫瑰红的城市，其历史有人类历史的一半”。图中是“艾-迪尔”，一座未完工的陵墓，被称为“修道院”。

发现佩特拉之后，伯克哈特确定路线，计划先到苏伊士，再前往开罗，最终于1812年9月到达开罗。他失望地发现没有商队沿着他预订的路线进入西部沙漠，于是改变了计划，沿着尼罗河旅行。在往南的途中，他详细地描述了阿布辛贝勒神庙。他冒险深入努比亚，途中抽出时间思考自己成功旅行的处方：“按照我在旅行中经常遵循的原则，我在钱包里放了八枚西班牙银币。旅行者在途中花的钱越少，随身携带的钱就越少，他的旅行项目就越不可能流产。”

伯克哈特是最早报道自己探险的经济可行性的欧洲人之一。在努比亚的旅行中，他详细地列出了开支：他带着三枚银币回来，其余的都花在礼物及给向导的费用上。他的个人开销仅限于烟草、面包、洋葱和修鞋。

他仍然决心要去麦加。1814年3月，他从埃及的达劳出发，穿过努比亚沙漠，前往位于苏丹红海沿岸的苏阿金港，在该港登上了一艘载着朝圣者前往吉达的船，从吉达开始了为期五天的艰苦航行。他在路上遇到埃及总督穆罕默德·阿里·帕夏，并与其同行。帕夏同意支持伯克哈特达成目标，声称他是一个值得尊敬的虔诚的穆斯林。在加入旅行队时，伯克哈特谈到了咖啡的重要性。“除了咖啡和水，”他写道，“沿途所有棚屋不卖任何东西……如果谁想要咖啡，他面前就会被摆上一小壶热咖啡，里面装有十到十五杯；这个量旅行者经常每天喝三四次。”

到达圣城

伯克哈特于1814年9月9日中午抵达麦加。在返回开罗之前，他在该地待了两个月，后来患上疟疾和营养不良。他的旅行时间已超过两

约翰·弗里德里希·布卢门巴赫

德国联邦 1752—1840年

布卢门巴赫是德国博物学家和人类学家，他在德国戈廷根大学教过伯克哈特。

他基于物理地质证据，对人类进行了最早的人类学划分，包括美洲人、高加索人、非洲人、蒙古人和（后来）马来人等分支。30多年间，布卢门巴赫定期与英国博物学家约瑟夫·班克斯爵士通信。布卢门巴赫经常把他的英国同行看作他发展理论所需的大部分数据的来源。

年半。从旅途的艰辛中恢复过来后，伯克哈特忙于准备关于他在麦加所目睹的仪式的详细报告，同时也在考虑下一步该去哪里探索。

1816年4月，开罗爆发瘟疫，他的计划提速了。为了避开瘟疫，他开始了对西奈沙漠的探险。旅程快结束时，在阿杰鲁德城堡，他和他的队伍被迫在一口受污染的井里喝水，部分原因是口渴，部分原因是由于强盗的伏击威胁：“因此，我们不得不喝的水是腐臭的黄绿色咸水，就算煮沸也没有改善，我们的胃无法承受。”

伯克哈特返回开罗，等待一支商队进入撒哈拉沙漠。在加入商队前的一点儿时间，他还能完成日记，并把它们寄回英国。但这是他最后的旅程。伯克哈特感染痢疾，于1817年10月15日在开罗去世，年仅33岁。

追随亚伯拉罕的足迹
在前往西奈的旅程中，他在圣凯瑟琳修道院休息过一段时间。圣凯瑟琳修道院是基督徒在4世纪早期建造的。在逗留期间，他攀登了西奈山。

他的足迹
1809—1812年　从阿勒颇至佩特拉
在阿勒颇学习之后，伯克哈特去南方造访佩特拉，这是一座直至20世纪20年代才完全对外国人开放的城市。
1812—1815年　南至阿布辛贝勒和麦加
他从开罗出发，沿尼罗河前往阿布辛贝勒，然后穿过红海前往圣城麦加。
1816年　探索西奈沙漠
参观西奈的古代修道院。
阿勒颇
大马士革
开罗
佩特拉
尼罗河
麦地那
红海
麦加
科玛
柏柏尔
苏阿金
A
B
C
D
他于1812年9月到达开罗，并改变了穿越沙漠的计划，转而前往尼罗河上游。
他前往西奈沙漠时，饮用了受污染的水，后来死于痢疾。
1806—1809年
1809—1812年
1812—1815年
1816年
伯克哈特带着布卢门巴赫的介绍信来到伦敦。
非洲协会委派伯克哈特探索北非沙漠。
B 到访位于努比亚阿布辛贝勒的古老的岩石神庙。
C 在圣城麦加停留两个月。

图解探险服装的发展

无论环境如何，探险服装都有一个共同的目的：保护穿着者不受天气的影响，无论是阿拉伯空旷区的酷热还是南极的寒冷。随着时间的推移，个人为了适应特定的条件，对个体服装进行了改进。作为“他者”的象征，服装在识别探险家或在某些情况下隐藏其身份方面也发挥了重要的心理作用。

服饰伪装

早期在中东的欧洲旅行者发现，通过采用阿拉伯服饰，他们能够以匿名的方式旅行。其中最成功的，是将阿拉伯服装与阿拉伯语技能相结合的约翰·路德维希·伯克哈特（见第240—243页）。还有1853年造访麦加的理查德·伯顿（见第204—207页），是最早进入麦加的欧洲人之一，他知道自己是冒着被处决的危险前往禁止非穆斯林进入的圣城朝圣。在学习了几个月的阿拉伯礼仪和举止之后，他终于穿上阿拉伯服装进入了麦加朝圣。后来那些热忱的阿拉伯学者，包括伯特伦·托马斯（见第248—249页）和威尔弗雷德·塞西杰（见第250—251页），理解了纯粹从实用角度采用当地服饰的好处：流动的阿拉伯长袍和头巾或头饰，为穿着者提供了最大的舒适感。

1519年 航海贮物箱
15世纪，海上旅行者都会在航海贮物箱里保留一套漂亮服装，其目的是在新大陆的礼仪场合穿戴，用来显示穿着者的欧洲身份。

1608年 毛皮贸易商
魁北克市是一个毛皮贸易中心，逐渐汇聚了来自欧洲的需求；在当时欧洲，皮毛帽子和外套都很流行。

1823年 真正的防水服
苏格兰化学家查尔斯·麦金塔（1766—1843年）发明了防水的橡胶服装并申请专利，当时欧洲人对探索的兴趣正开始增长。

公元 1450 1500 1550 1600 1750 1775 1800

1520年 阿兹特克甲

阿兹特克战士穿的一种棉质长袍，是一种实用、轻巧、灵活的服装，被西班牙人用来替代本国重达27公斤（60磅）的盔甲套装。这种长袍能有效抵御阿兹特克武器的黑石刀刃，但无法抵御西班牙子弹。

1634年 中国拼图
法国探险家让·尼科莱特成为第一个穿越北美密歇根湖的欧洲人。他穿着五颜六色的中国长袍，因为他确信自己即将到达中国，与亚洲人见面。

1804年 刘易斯和克拉克

刘易斯和克拉克的远征探险（右）在很大程度上展示了原住民服装的价值。他们穿防水耐用的鹿皮“连衣裙”，此外，鹿皮绑腿可以保护到大腿中部，他们还穿“莫卡辛”——一种美国印第安部落的鞋类，通过涂熊油脂保持皮革柔软。

非洲“装备”

维多利亚时代的探险家塞缪尔·贝克和亨利·莫顿·斯坦利发现，在撒哈拉以南非洲的高湿环境中，典型的旅行服装是不切实际的。贝克是最早设计他自己的狩猎装备的人之一：宽松、合身的棉质上衣和长裤，保护他不受阳光的暴晒，并给予运动时最大的灵活性。斯坦利开发了木髓遮阳帽，或称木髓头盔，他在寻找戴维·利文斯通时就戴着这种头盔（见220—223页）。他将这种头盔（后来变成了殖民统治的同义词）加入了一种可以保护脖子免受太阳晒伤的孟买织物。相比之下，利文斯通穿的是一件传统的维多利亚式黑色燕尾服，这几乎肯定会让他在潮湿季节发烧。他对环境的唯一让步就是他的领事帽。

女性旅行者

对于维多利亚时代的女性旅行者来说，着装带来了不同的挑战。例如，玛丽·金斯利（见第212—213页）和伊莎贝拉·伯德都选择保持维多利亚时代晚期的服装风格。金斯利驳斥了“理性”服装的概念，有一次，她宽大的衬裙和粗犷的羊毛服装保护了她，让她在西非的一个隐蔽陷阱中免受冲击。伯德很乐意用她的衣服作为布料和派紧急用途。1876年她穿越科罗拉多州旅行时，发现自己要穿那种讨厌的旅行服饰，描述道：“奇怪的是，一个人能在零度和零下的气候下，穿着与我在热带地区完全相同的衣服面对寒风！”随着妇女获得独立，围绕她们的旅行需求，一个新行业得以发展。1889年，莉莉亚丝·坎贝尔·戴维森出版了《国内外女性旅游者注意事项》，宣称服装使“英国女性在海外成为所有人恐惧和回避的对象”的日子已经过去了。

新旧技术

在“一战”之前，服装公司宣传他们与罗伯特·斯科特（见第312—315页）和厄内斯特·沙克尔顿的探险活动的联系（见第318—319页）。他们的极地服装是由棉花、羊毛和丝绸制成的，斯科特公开质疑毛皮服装是否有助于他最后一次远征探险。相比之下，在北极圈受训的美国人、挪威人和其他探险家采用了因纽特人几千年前的服装技术。罗伯特·E.皮尔里（见第308—309页）、弗里乔夫·南森（见第296—299页）和罗尔德·阿蒙森（见第302—305页）都选择穿皮毛和海豹皮，因注意到它们具有优良的防风和快干特性。

1924年，乔治·马洛里和安德鲁·欧文开始了他们攀登珠穆朗玛峰的最后阶段，他们穿的衣服哪怕出现在乡间漫步的地方也不会显得突兀。绑腿和步行靴，加上花呢套装，羊毛和棉质服装，只能提供有限的保护。埃德蒙·希拉里和丹增·诺尔盖（见第322—323页）都穿着特别设计的橡胶底靴子和羽绒夹克，以保障他们在1953年的登顶活动。如今，在20世纪70年代发明的“戈尔特斯”等透气性好的面料，可以在经受风吹雨打的同时允许汗水溢出。

1856年　系上纽扣
英国传教士戴维·利文斯通在非洲仍然穿维多利亚时代绅士厚重的黑色燕尾服。

1861年　热带装备
英国探险家塞缪尔·贝克发明了第一批宽松的热带探险装备。

1909年　因纽特人的保暖服装
美国探险家罗伯特·E.皮尔里北极探险时，穿因纽特人的皮毛套装，并在靴子里塞苔藓来隔断严寒。

1961年　美国宇航服
双层的宇航服由高空喷气式飞机的压力服改良而来。

1980年　新面料
透气防水的“戈尔特斯”取代了旧的户外服装面料。

1850　1875　1900　1925　1950　1975　2000

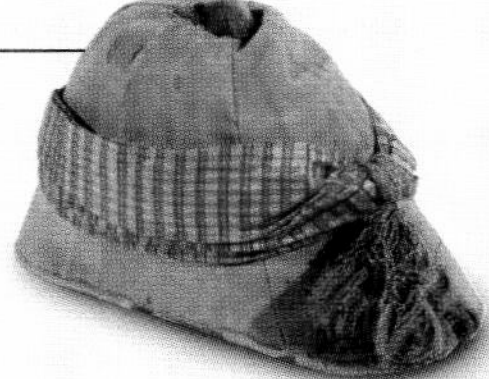

1871年　木髓头盔
威尔士记者和探险家亨利·莫顿·斯坦利推广了这种木髓头盔，或称木髓遮阳帽。

1853年　理查德·伯顿

伯顿通过采用普什图人的身份和衣着，确保他前往麦加朝圣途中的安全（如图）。他在日记中写道：“我在开罗找了一支沙漠旅行队。在该地，我是一个帕森（普什图）人，出生在印度，父母是定居印度的阿富汗人，我在仰光接受教育。按照习俗，我被送出去闯荡。我知道自己所需要的语言，如波斯语、印度斯坦语和阿拉伯语。”

1953年　埃德蒙·希拉里

随着新的高科技材料的出现，埃德蒙·希拉里和丹增·诺尔盖在成功攀登珠穆朗玛峰时，穿着最新的尼龙棉混纺面料、丝质手套和瑞士羽绒服。他们的靴子是专为在高海拔地区穿着而设计的，带有微孔橡胶底和双蒸汽屏障。每人服装（如希拉里所穿）的总重量估计为8公斤（17磅）。

查尔斯·蒙塔古·道蒂

维多利亚时代的最后一位著名探险家

英格兰 1843—1926年

学者和探险家查尔斯·蒙塔古·道蒂是维多利亚时代的一位怪杰。他拥有广泛的知识和对古英语的热情，他在拿到第一个地质学学位后，又花了十来年时间在欧洲大学学习各种语言。后来，他成为埃及和巴勒斯坦的一名漫游学者，他于1876年首次对神秘的阿拉伯半岛进行了重大探索。他的书《阿拉伯沙漠之旅》是19世纪关于阿拉伯最伟大的第一手报道之一。

生平事迹

- 是第一个造访萨利赫迈达遗址的欧洲人。
- 在他的书《阿拉伯沙漠之旅》中详细记录阿拉伯人的习俗。
- 绘制详细的阿拉伯图表，供制图人员使用，极大完善了该地区地图。
- 道蒂的作品在T.E.劳伦斯的推崇下重获新生。

1876年，道蒂的首次探险之旅，是在阿拉伯咖啡屋中偶然听到的别人谈话的结果。道蒂从中了解到沙特阿拉伯古城萨利赫迈达石刻和墓葬的存在，该古城是古代闪米特人的分支纳巴泰人于1世纪建造的。他决心去寻找，在接下来的八个月里，他在大马士革为他的远征做准备，同时学习阿拉伯语。为了穿过沙漠，道蒂需要找到一支骆驼商队接纳他，最终他设法找到一支前往麦加的大型驼队，这支队伍由6000名朝圣者和两倍多的骆驼组成。

作为一个非穆斯林，查尔斯·蒙塔古·道蒂需要伪装身份，于是他假装自己是个“中产的叙利亚人”。尽管未受过医学训练，他还是拿着一只药箱，认为医生总会受到热烈欢迎。然而，他不愿意接受东道主的习俗和宗教，也不愿意谨慎隐藏自己的基督教信仰，因此他的叙利亚伪装很快就被人识破了。很快，这个红头发、满脸胡须的高大男人便引起了别人的注意。他被赶出队伍，直到后来遇到贝都因人的骆驼商队，被他们好心收留，才在旅途中幸存下来。道蒂被留在汉志，商队继续前往麦地那和麦加。他独自前往蒂玛、耶贝尔沙玛和哈伊勒。在阿尼萨，他加入了一支到麦加的骆驼商队，并在圣城前停下，寻求塔伊夫治安官的保护。

经典记述

道蒂最终在1878年夏天到达吉达。除了造

T.E.劳伦斯

英格兰　　1888—1935年

“阿拉伯的劳伦斯”是一名英国军人，他因在1916—1918年的阿拉伯起义中担任联络官而闻名。早在他自己的阿拉伯冒险之前，他就推崇道蒂的写作。

劳伦斯在20世纪20年代出版的道蒂的《阿拉伯沙漠之旅》的序言中写道：“我研究它已经有十年了，我认为这本书与众不同，是一本特别的书，堪称同类书里的圣经。对于无论是在道蒂先生之前或者之后赴阿拉伯世界旅游的人而言，我不认为他们有资格赞扬这本书——更不用说去责备它了。”

访萨利赫迈达外，他还详细观察和记录阿拉伯世界，收集贝都因人的地质、水文、古迹和社会习俗等资料。他精心绘制了访问过的每个地区的地图，他的阿拉伯西北部地图至今仍被视为经典。他对自己旅行的详细记述，均收录在两卷本《阿拉伯沙漠之旅》中（第一卷超过60万字，并于1888年首次出版），但该书未获商业上的成功。除了篇幅过长之外，该书还借鉴17世纪詹姆士国王钦定的《圣经》的英文，有意识地以一种独特的风格写成。不过，道蒂记述的重要性逐渐得到了认可，在他去世之前，该书被重新出版，并由T.E.劳伦斯作了介绍（见上）。书中除了以更客观的资料介绍搭帐篷和装载骆驼的方法外，还记录了他在旅途中的感受，描述了他在沙漠中经历的极度炎热和疲劳的感觉。

他也见证了一些自然事件。关于一场流星雨，他写道：“一个傍晚，就在太阳即将落山之前，阿拉伯人站在那里寻找新月时，我们听到远处天堂里传来的急促的声音。这是流星雨，阿拉伯人说是星石，他们认为流星陨落到海吉尔山那里了。”

迟来的认可

道蒂生命的后期痴迷于史诗，他早期探索的成就在很大程度上被忽视了。不过，1912年，他最终被皇家地理学会授予金质奖章，以表彰他对欧洲了解阿拉伯世界的贡献，他被遗忘的书也重获新生。

他的足迹

1876年　道蒂在阿拉伯半岛的两年旅程

道蒂在大马士革花了将近一年的时间准备他的旅行和学习阿拉伯语，然后开始了他对阿拉伯的探索。

大马士革
萨利赫迈达
哈伊勒
海吉尔
吉达

纳巴泰人的城市
道蒂是第一个参观萨利赫迈达砂岩雕刻的欧洲人。从1世纪开始，这座城市就成了古代纳巴泰王国仅次于佩特拉的第二大城市。

骆驼商队
在19世纪，巨型的骆驼商队仍然在阿拉伯沙漠中穿梭，运送盐等货物，或去麦加朝圣。如果没有这些商队的帮助，道蒂的沙漠穿越将是不可能的。

伯特伦·托马斯

沙漠外交官

英格兰　　1892—1950年

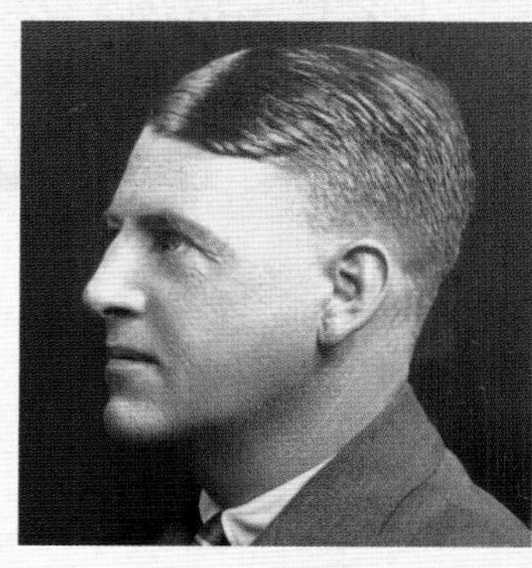

伯特伦·托马斯首次造访中东是在“一战”结束时，他作为一名军人被派往美索不达米亚（今伊拉克）。战争结束后，他继续担任公职，向当地领导人提供政治建议，形成了对阿拉伯的深刻敬意。到1924年，他成了马斯喀特苏丹的财务顾问。就在那时，他开始计划穿越鲁布哈利沙漠，亦即臭名昭著的“空旷区”，由大约650 000平方公里（250 000平方英里）无人居住的流动沙丘组成。

托马斯秘密计划他的探险，他意识到哈利·圣约翰·菲尔比也在计划穿越。为了成功的把握更大，他决心从一开始就赢得向导的尊重：“我避开烟酒，以赢得正统的名声，这最终将帮助我穿越大沙漠。”

他在1930年1月出发，带着28名贝都因护卫队员和48头骆驼进入“空旷区”，开始了初步探索之旅。他很快就明白，携带这些山养的骆驼是个错误，因为它们“在沙漠的松软沙地上毫无用处”。因此他改变了路线，从位于沙漠边缘的乌姆哈伊特干河床向沙漠深处进发。托马斯饱尝沙漠旅行的苦难，经常只能靠很少的水或没有水维持一天到两天。阿拉伯服饰为他提供了很好的帮助：“人们现在很欣赏阿拉伯头巾的丰满褶皱，因为它白天有保护作用，夜晚也能抵御寒冷。”

穿越

1930年10月5日晚上，托马斯“悄悄地”从马斯喀特乘船失踪。他原计划在塞拉莱市与一支商队会合，从那里开始穿越，但发现商队没有在约定地点等他。他沮丧地得知，出沙漠

生平事迹

- 证明了穿越阿拉伯沙漠的空旷区是可能的。
- 是第一个与许多阿拉伯人接触并留下了良好印象的欧洲人，确保未来的探险者受到热情的接待。
- 利用当地的知识在沙漠的极端条件下生存。
- 学习许多当地语言，出版一份关于该地区语言的研究报告。
- 出版了一部关于阿拉伯不同民族历史的书籍。
- 探索阿拉伯之后，他回到布里斯托尔，在他出生的房子里死去。

他的足迹

- 第一段旅程　离开马斯喀特
  1930年10月，托马斯低调乘船离开，以免让对手知道他的计划。
- 第二段旅程　穿越鲁布哈利沙漠
  离开塞拉莱，进入空旷区，穿过允许他使用泉水的部落的土地；于1931年1月到达波斯湾，全程为期四个月。

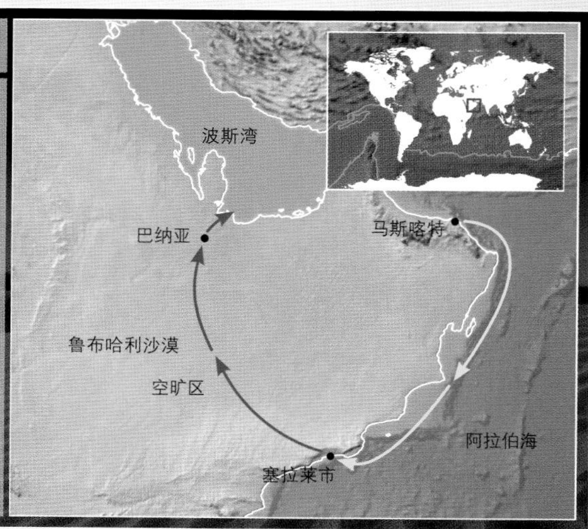

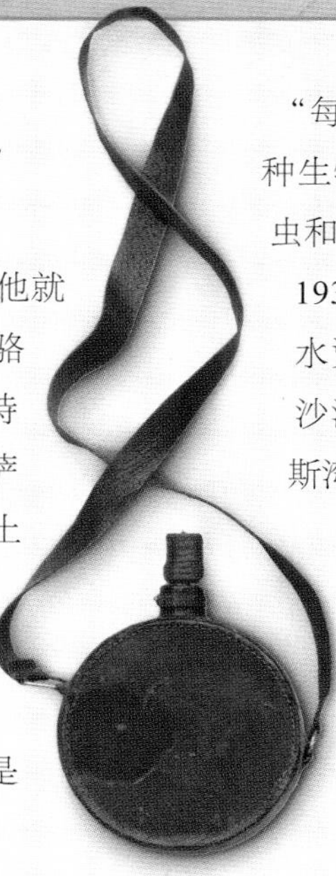

一瓶水的价值
托马斯发现水是空旷区的一种宝贵的政治商品，部落将水源对敌人和外来者保密。

的路线因为部落战争已经关闭。不久，他就制订了另一个计划，带着30个人和40头骆驼一起出发，只告诉萨利赫·本·卡鲁特（拉希德部落的酋长）他的穿越计划。萨利赫同意将托马斯一直带到穆拉部落的土地，如果得到穆拉人的支持，他就从那里继续旅程。结果他赢得了沙漠人民的尊重，被允许使用他们宝贵的水源。托马斯学会了如何观察沙漠，他说这是“每个贝都因人都知道的科学。每种生物——人、骆驼、野生动物、爬虫和飞鸟……沙漠最近没有秘密”。

1931年1月28日，在经历了沙尘暴、水资源短缺和血斗之后，他到达了沙漠的北端。几天后，他看到了波斯湾，成为第一个穿越空旷区的欧洲人：“我看到面前的大海……在沙漠饮食之后，终于有望享受无与伦比的阿拉伯款待。”

荒凉的春天
克瓦尔·哈密丹泉是空旷区唯一永久的天然饮用水来源。托马斯依靠导游的知识在沙漠中找到了其他水源。

阿拉伯的学生
伯特伦·托马斯和一群来自阿曼沙哈里部落的战士合影。他尊重当地习俗，因此获得了沙哈里和其他部落人民的信任。他留给当地部落的印象深刻，乃至22年后，英国探险家威尔弗雷德·塞西杰（见第250—251页）到此后受到拉希德部落的欢迎，他们记得托马斯对他们生活方式的理解。

威尔弗雷德 · 塞西杰

一个自认避世的人

英格兰 1910—2003年

作为一位不愿享受现代生活的旅行者，威尔弗雷德 · 塞西杰沉浸在世界上最后几个原始简朴之地区的文化中。出于“探索未知地区、去别人未曾去过的地方”的冲动，他走遍非洲、亚洲和中东。塞西杰毕生关注进步对传统社会的负面影响，他的作品和摄影提供了一份关于正在消失的人类生活方式的原始记录。

生平事迹

- 1930年，被阿比西尼亚皇帝海尔塞拉西授予“埃塞俄比亚之星”勋章。
- 1934年，成为首位到达乍得北部提贝斯提山的欧洲人。
- 1945—1949年，绘制了阿拉伯半岛空旷区的第一张详细地图。
- 作为环保主义和反全球化的早期支持者，成为保护传统文化生活方式的倡导者。
- 他在旅程中拍摄了超过35 000张照片。
- 1968年，被授予大英帝国司令勋章（CBE勋章），1995年获颁爵士勋衔。
- 写了许多畅销书，描述他的旅行和遇到的人，如《阿拉伯沙滩》（1959年）、《沼泽阿拉伯人》（1964年）、《我选择的生活》（1987年）、《我在肯尼亚的日子》（1994年）以及《群山》（1998年）。

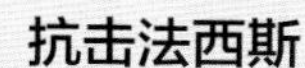

入乡随俗
他对他所遇到的每个民族的生活均欣然接受。为在阿拉伯旅行，他学习阿拉伯语，并使用当地的服饰和物品，比如这把青铜匕首。

塞西杰1910年出生于阿比西尼亚（今埃塞俄比亚），他是一位英国外交官的儿子，近亲中有一位海军上将、一位陆军上将和一位印度总督。他后来描述说，童年时，他只“渴望成为一名探险家”。他先去英国伊顿公学读书，他的旅行兴趣是在牛津大学读本科期间的多次旅行中形成的。当时他先是乘游轮去君士坦丁堡（今伊斯坦布尔），然后乘大西洋拖网渔船去冰岛。1933年，塞西杰开始了在非洲诸多旅行中的首次旅程，在家乡阿比西尼亚追溯阿沃什河的河道。第二年，他加入苏丹文官政治事务部，经历过前往乍得北部鲜为人知的提贝斯提山脉和苏丹南部苏德湿地进行陆路旅行的挑战和艰辛。

东非的游牧民族
塞西杰在1933年的探险之旅中在今吉布提和厄立特里亚遇到这些达纳基尔游牧民，当时他正顺着阿沃什河河道旅行。

抗击法西斯

在1935年意大利入侵阿比西尼亚与后来“二战”爆发期间，塞西杰加入苏丹国防军，拿起武器抗击法西斯。1941年，他因作战英勇而获颁勋章，并应征加入英国特种部队（SAS），在北非和中东地区服役，不过，他仍抽出时间参观壮观的石刻之城佩特拉。

塞西杰于1943年离开军队，回到他的出生国，担任埃塞俄比亚皇帝海尔塞拉西的顾问。1945年战争结束时，他利用联合国对阿拉伯沙漠蝗虫研究的机会，回到野外。在接下来的五年里，塞西杰在沙漠中穿行，探索和绘制地貌，并深入了解贝都因人。他对所遇到的人们的同情，在探险家中是独一无二的。他指出，“要赢得陌生人的尊重，必须与他们的耐力相匹配，走得远，骑得久，忍受炎热、饥饿和寒冷，毫无抱怨，毫不在乎”。他理解风景和人类之间的微妙平衡，并指出观察骆驼的足迹对生存至关重要。塞西杰对沙漠的与世隔绝感到震惊：他遇到的一个部落——拉希德，对最近发生的世界大战知之甚少，“只听说过基督徒之间的战争”。他总是不舍得离开他的贝都因同伴，他们“与这些温顺的城市居民格

沙漠之人
图为1948年，在阿拉伯的空旷区。塞西杰更喜欢和当地人在一起，而不是西方人的陪伴，他把自己的这一特点描述为“终生的疏离”。

他的足迹

- **1945—1946年　鲁布哈利沙漠南部**
  塞西杰在阿拉伯南部进行了为期五个月的旅行。
- **1946年　提哈迈、阿西尔和希贾兹山脉**
  探索阿拉伯西部。
- **1946—1947年　鲁布哈利沙漠东部**
  为期五个月的旅程。
- **1947—1948年　鲁布哈利沙漠西部和北部**
  与伊拉克南部马丹人一起。
- **1949—1950年　阿拉伯东部和阿曼**
  在该地区进行了数次旅行。

阿拉伯半岛
阿布扎比
阿曼
塔伊夫
希贾兹山脉
鲁布哈利沙漠
塞拉莱
提哈迈山脉
希汉
阿拉伯海
阿西尔山脉

格不入……我看着他们孤零零地骑着骆驼离开，回到空旷的沙漠”。

进入空旷区

1946年10月，塞西杰和他的贝都因朋友法奥夫和本·卡比纳一起出发，首次穿越鲁布哈利沙漠——空旷区，这是阿拉伯半岛东南部一个荒无人烟的地方。他们于12月抵达阿曼的拉姆拉特加法，尽管担心补给匮乏，但还是决定继续穿越。他们分享口粮，将骆驼奶与咸水混合，在美丽的玫瑰红色沙漠景观中前进。1947年5月，他完成了此次穿越，并于1948年再次穿越空旷区。这次穿越经历深深打动了他：“在沙漠中，我发现了灵魂的自由，这种自由与穿越的经历同在。”几年后，他出版了他广受欢迎的第一本书《阿拉伯沙滩》（1959年），这本书鼓舞了后世的旅行者和作家。

塞西杰在余生中继续旅行，20世纪50年代，他曾与马丹人一起生活在伊拉克南部的沼泽地，还曾住在伊朗的巴赫蒂亚里游牧民中间，探索巴基斯坦、阿富汗、印度、肯尼亚和西亚的兴都库什等偏远之地。他的著作，植物、岩石、矿物和昆虫标本，地图，气象记录及照片将成为他所访问过的民族和地方的持久遗产。他用作品证明了自己的生活确实充满“野性和色彩”。

驼队穿越
塞西杰被骆驼在沙漠生活中所扮演的角色所吸引。他指出，严重缺水时，贝都因人知道如何从被屠宰的骆驼的胃里提取水。

格特鲁德·贝尔

处于阿拉伯世界核心的女性

英格兰 1868—1926年

作为勇敢的旅行者、考古学家和登山家，格特鲁德·贝尔是一位罕见的女性，她以女性身份在男性世界里充实地生活。从牛津大学毕业，获历史学一等学位后，她开始了一系列探险活动，这使她爱上了阿拉伯的沙漠景观和文化。除了对考古学的热爱，她还是"一战"期间英国唯一的女性政治官员，不知疲倦地为现代伊拉克的形成奠定了基础。

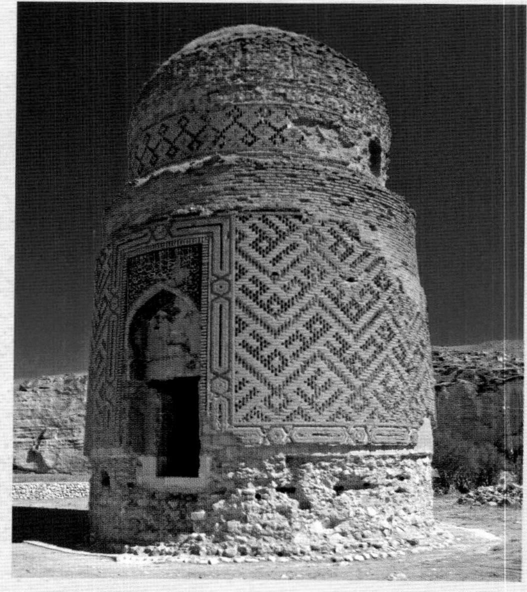

考古探险

贝尔参观过土耳其东部的哈桑凯伊夫中世纪遗迹。她用英语和阿拉伯语对该遗址做了详细的地面规划和测量，并记下笔记。在此期间，她是当地酋长的常客。

生平事迹

- 她在中东旅行期间赢得了当地部落的尊重，让她获得了许多珍贵的机会，这对她未来扮演的角色至关重要。
- 掌握六种外语：阿拉伯语、波斯语、法语、德语、意大利语和土耳其语。
- 反对妇女获得选举权，认为妇女还没有准备好承担政治责任。

贝尔出生在一个富裕的实业家家庭，她充分利用了自己的特权背景。她的第一次海外旅行是在1892年，去拜访时任英国驻德黑兰大使的叔叔。在1897年乘蒸汽船环球航行之后，她于1899年访问耶路撒冷，这激发了她与阿拉伯世界的恋情。她学习阿拉伯语，沉浸在中东文化中，分别访问了今约旦的佩特拉和今黎巴嫩的巴勒贝克，这两个古城遗址唤醒了人们对考古学的兴趣。回到欧洲后，她证明自己是一名熟练的登山家，先后攀登过阿尔卑斯山的马特霍恩峰和广为人知的勃朗峰。

进入沙漠

1902年，再次环航世界之后，贝尔于1905年返回耶路撒冷，前往叙利亚和土耳其。她在1907年的《沙漠与撒种》一书中描述了这段旅程。她在1909年冒险进入美索不达米亚，穿越叙利亚沙漠，沿着幼发拉底河前往巴格达，然

开罗会议

贝尔在中东众多部落中生活过多年，因此成为向英国领土的未来管理提供建议的理想人选。在英国的统治成本太高的情况下，两个新的国家——伊拉克和后来成为约旦的外约旦——被建立起来并迅速获得自治。在1921年的开罗会议上，贝尔和劳伦斯成功地说服了殖民大臣温斯顿·丘吉尔，让温和、亲英、泛阿拉伯的费萨尔成为伊拉克国王。

在这张摄于1921年3月的照片中，贝尔站在费萨尔的兄弟阿卜杜拉身边，与温斯顿·丘吉尔合影。当年8月21日，英国人在巴格达宣布费萨尔为国王。阿卜杜拉成了外约旦国王。

> **这个……未开化的部落群体，他们不能……被简单纳入任何体系。**
>
> ——格特鲁德·贝尔评论伊拉克

后返回北部的底格里斯河。她无意中在巴格达附近的乌卡迪尔（“小绿地”）发现了一座阿巴西德宫殿，她希望这能使自己成为一名考古学家。遗憾的是，法国人路易斯·马西尼翁在1909年4月抢先发表了研究结果。

贝尔于1911年返回，前往今属土耳其的卡基米什。这个古老的赫梯遗址对英国军队来说至关重要，因为它是德国修建柏林—巴格达铁路的一个监测点。正是在此地，贝尔第一次见到了T.E.劳伦斯（见第247页），后来他被称为“阿拉伯的劳伦斯”。

1913年，贝尔离开大马士革，带着20头骆驼、3名驱使骆驼的助手和2名仆人，前往沙特阿拉伯西北部的绿洲哈伊勒。1914年初，就像“天方夜谭”一般，她被怀疑是间谍，遭到软禁。但这次软禁并未削弱她对阿拉伯的热情，获释后，她立刻前往巴格达。

战争风云

随着“一战”的爆发，奥斯曼帝国和中东的大部分地区变得更加不稳定，贝尔于1915年11月加入了开罗的阿拉伯局。她曾与劳伦斯在情报上合作，协助英国军队在阿拉伯地区作战，更不用说支持阿拉伯起义。她于1916年3月被派往巴士拉，在那里，她利用所掌握的当地知识协助绘制精确地图，帮助英国在1917年收回巴格达，并继续把个人利益与高层政治策略相结合——贝尔将当地部落划分成北部部落和东北部部落，同时与当地酋长签订条约，为保卫西部沙漠而对抗土耳其人和德国人。

最终成就

1919年，当奥斯曼帝国崩溃时，贝尔开始对该地区的未来进行评估。正是她的报告让叙利亚的前国王费萨尔一世在1921年8月成了伊拉克国王。贝尔转而把热情投入监督考古挖掘和检查考古发现，促成巴格达考古博物馆的建立。她无视当时公认的应该在欧洲展出艺术品的观点，将自己的大部分藏品捐给了1926年6月开放的新博物馆，这是她非凡人生的最后一项成就，7月12日，她服用了过量的安眠药。是意外还是有意，不为人所知，能确定的是，她对中东古代和现代历史，以及现代伊拉克的建立，做出了持久的贡献。

考古奖杯
贝尔于1913年因其在中东地区的地理和考古发现获颁吉尔纪念奖，她要求将这台微型经纬仪——一种测量工具——作为她的奖品。

她的足迹

- 1899—1900年　**首次中东之旅**
  访问巴勒斯坦和叙利亚；到达贾巴尔德鲁兹，并与德鲁兹国王叶海亚比伊成为朋友。
- 1905年　**耶路撒冷、叙利亚、小亚细亚**
  正如她在《沙漠与撒种》中所描述的那样，考察该地区古迹遗址。
- 1909年　**阿勒颇、巴格达、乌卡迪尔**
  沿幼发拉底河到巴格达，返程沿底格里斯河到土耳其亚洲属地。
- 1911年　**乌卡迪尔、纳贾夫、卡基米什**
  返回乌卡迪尔绘制遗迹地图，在卡基米什遇见T.E.劳伦斯。
- 1913—1914年　**进入阿拉伯**
  前往哈伊勒绿洲，结果喜忧参半，她是访问这座城市的第二位欧洲女性。

○ 未在地图上显示

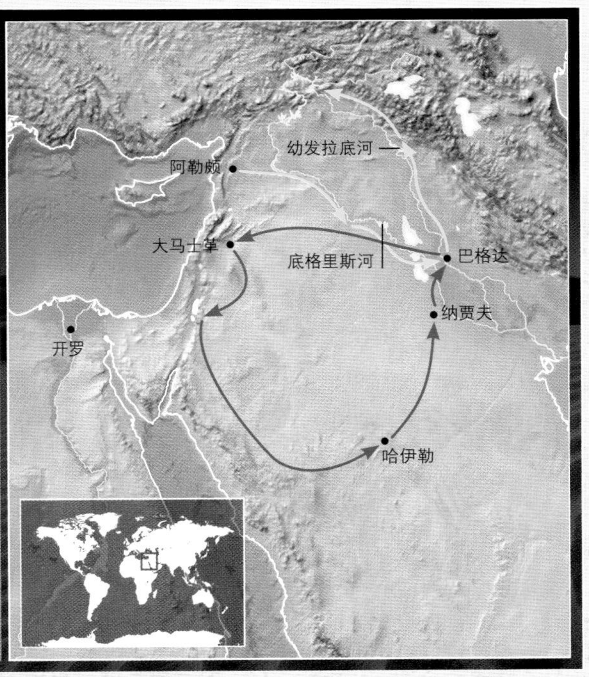

捕捉逝去的时代
贝尔决心成为最早探索阿拉伯沙漠的欧洲女性之一，她于1913年前往哈伊勒绿洲。她是一名狂热的摄影师，她的摄影作品，如这张《部落客》照片，是重要的民族志记录，清晰地记录了目前大部分已消失的生活方式。

弗雷娅·斯塔克

赴阿拉伯旅行的妇女先驱

英格兰 1893—1993年

弗雷娅·斯塔克是一位旅行作家，也是最早探索阿拉伯南部沙漠哈德拉毛高地的欧洲女性之一。她是一个天生好奇而勇敢的人，她最著名的一次旅行是在20世纪30年代，当时她经常独自前往很少有欧洲人到达的地区，更不用说妇女了。她讲流利的阿拉伯语和波斯语，是一名优秀的制图师。在长达一个世纪的一生中，她出版了二十多本书记述自己的旅行，而且一直旅行到八十多岁。

生平事迹

- 是第一个访问伊朗西部偏远地区的西方人，收集了很多她访问过地区的地形数据。
- 在伊朗探索偏远的"刺客（吸食大麻者）谷"。
- 在阿拉伯南部到处旅行，参观西方人以前不知道的地方。
- 没有受过正规教育，但与父母一起旅行时学会了法语、德语和意大利语。

探险护照
从1930年开始，斯塔克的护照上满是印章和签证，记录了她在中东不停息的漫游。

1929年，斯塔克首次旅行去了巴格达。她把这座城市描述成"一个美妙的地方……了解别的民族与他们的事情。东方文化的复杂性一定会使我们感到困惑，因为我们没有太多的时间坐着、交谈、观看和倾听"。斯塔克在阿拉伯取得成就的一个标志是，她充分利用了自己的性别，让她得以自由旅行："当一个女人，几乎唯一的安慰，就是即使装得很愚蠢，也没有人会感到惊讶。"20世纪30年代初，斯塔克进行了四次旅行：两次前往波斯洛雷斯坦，还有两次进入里海南部山区。她特意选择了地图上几乎完全空白的区域，并在探索地形时把填补空白当成自己的工作。除记录地形外，斯塔克详细解释了那些地标和村庄的当地名称的内涵。她还考察古墓，有一次，她将青铜时代的头盖骨裹在手帕里带走。

她第二次波斯之旅的主要目标是去传说中的阿拉姆山谷。斯塔克以敏锐的观察力绘制了山谷的地图，并记录了当地民族的建筑与传统。她特别对沙赫里斯坦所谓"狼和公羊"的供水方式持怀疑的观点。据说，水是用绑在公

哈德拉毛小镇
哈德拉毛是位于也门的一个偏远的沙漠地区，图中的小镇坐落于该地的瓦迪多恩山谷。1934年斯塔克来访时，哈德拉毛高地还是英国管理的亚丁保护区的一部分。斯塔克在她的书《阿拉伯南方之门》（1936年）中记述了自己在也门高地的时光。

羊身上的皮袋运到兰贝斯的刺客城堡，公羊身后有狼穿过山坡上的隧道追赶。她的作品《刺客谷》（1934年）确立了她作为旅行作家的声誉。

哈德拉毛高地

1934年，斯塔克在阿拉伯南部的哈德拉毛旅行了两个月，寻找消失的古城沙巴瓦。根据罗马哲学家普林尼的说法，沙巴瓦是一座由60座寺庙组成的古城。不幸的是，她患上了麻疹，不得不被皇家空军空运回亚丁，但在此之前她还是记下了当地人与风景宁静宜人的画面，并评论道：“我是第一个独自在这个国家旅行的女性，所以如何跟我打交道，他们没有先例可循。”

她的足迹

1930—1931年　洛雷斯坦
在20世纪30年代初，斯塔克对波斯西部的洛雷斯坦偏远地区进行了两次访问；她绘制了该地区的详细地图。

1931年　刺客谷
斯塔克描绘了波斯北部的阿拉姆山谷，该地也被称为“刺客谷”，她关于这一经历的书给她带来了声誉。

1934年　也门的哈德拉毛
斯塔克寻找沙巴瓦古城；三年后她回到哈德拉毛，发现那里正经历着快速的变化。

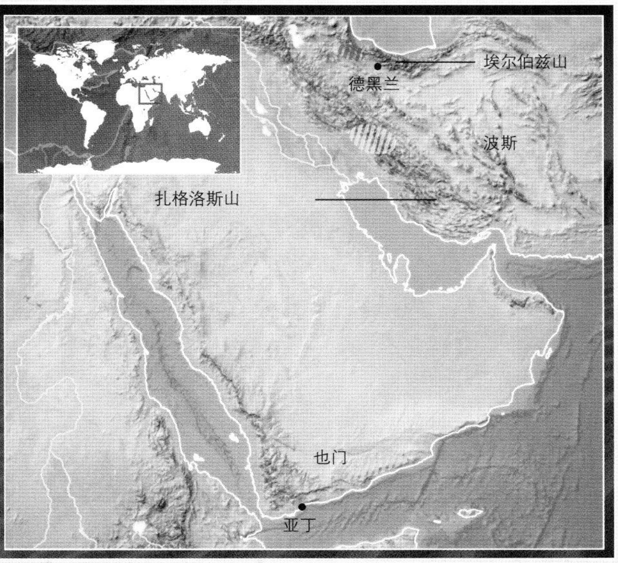

埃尔伯兹山
德黑兰
波斯
扎格洛斯山
也门
亚丁

1937年，她开始了对哈德拉毛的重大探索，这次她和英国考古学家格特鲁德·卡顿-汤普森同行，并悲伤地注意到现代世界的侵蚀所带来的变化。她写道：“大瓦迪地区的市镇，有一条机动车道与海岸相连，与亚丁每周都有飞机往返，与我四年前第一次访问时所知的地方截然不同。”她感觉到变化会很快，想捕捉她所看到的画面。然而，她与卡顿-汤普森的合作并不成功。斯塔克更喜欢独自旅行，她描述说，当她穿越阿姆德干河，“独自一人是一种难以置信的奢侈。我在一棵树薄薄的树荫下安顿下来，睡着了，一两个小时后醒来，看见一个塞亚族人坐在我旁边，静静地看着我。”

“二战”期间，斯塔克为英国情报局工作一段时间之后，在20世纪50年代继续旅行。她对希罗多德和亚历山大大帝的故事着迷，追溯他们在小亚细亚的旅行路线，并以当时独创的游记文学风格出版了她每一次旅行的记述。

在贾巴尔德鲁兹骑驴
1928年，斯塔克在首次访问叙利亚期间，穿过了叙利亚火山地带贾巴尔德鲁兹。她对这段经历的记述发表在1943年出版的《来自叙利亚的信件》一书中。

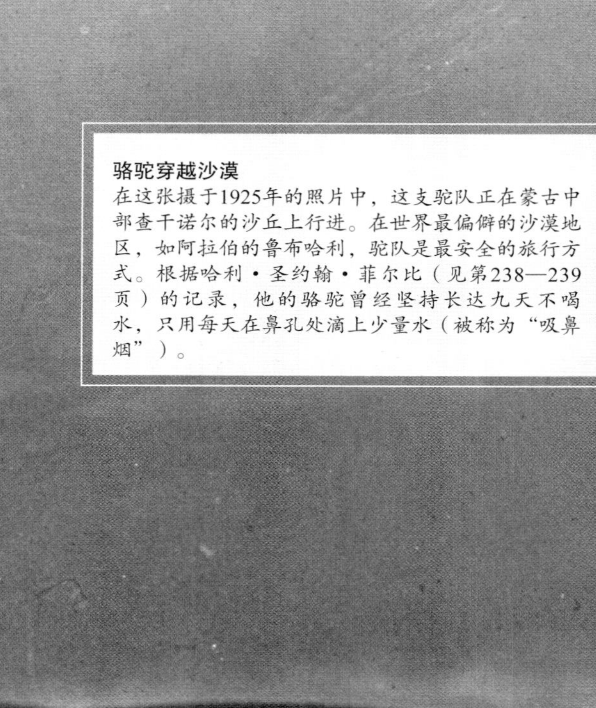

骆驼穿越沙漠
在这张摄于1925年的照片中，这支驼队正在蒙古中部查干诺尔的沙丘上行进。在世界最偏僻的沙漠地区，如阿拉伯的鲁布哈利，驼队是最安全的旅行方式。根据哈利·圣约翰·菲尔比（见第238—239页）的记录，他的骆驼曾经坚持长达九天不喝水，只用每天在鼻孔处滴上少量水（被称为“吸鼻烟”）。

费迪南德·冯·李希霍芬

开创性的地理学家

德国 1833—1905年

年轻的地质学家费迪南德·冯·李希霍芬曾从亚历山大·冯·洪堡的亚洲探险活动记述中获得灵感和对探险的渴望。他作为普鲁士代表团成员访问了东亚，然后制订了前往中国的地质勘探计划。他是第一个用“丝绸之路”来描述东西之间古老贸易路线的人。冯·李希霍芬使用了突破性的新比较技术，被认为是现代地理学的奠基人之一。

文明的边缘
这座位于嘉峪关的要塞建于1372年，守卫着中国长城的最西端，它也是古丝绸之路上的一个重要驿站。

生平事迹

- 在加利福尼亚开展调查工作时，他计划对中国进行一次全面的新调查。
- 开创性地提出关于气候变化与人类居住历史之间关系的想法。
- 在中国，他历史性地定位了罗布泊干涸湖床，并创造了“丝绸之路”一词。

李希霍芬在柏林大学学习地质学，毕业后在奥地利蒂罗尔山区从事地质研究。1858年，在发表了与德国地质学会合作的阿尔卑斯高山工作成果后，他被普鲁士政府邀请加入赴东亚贸易和外交使团。

使团于1859年启程，访问了斯里兰卡、日本、中国的台湾岛、菲律宾、苏拉威西地区和爪哇。作为一名科学观察者，李希霍芬有大量机会与博物学家弗兰兹·威廉·荣胡恩（1809—1864年）一起进行研究。在爪哇岛上，这两个人探索了该岛的内部。李希霍芬专注于收集火山活动的证据，详细记录普朗地区的火山。他们于1861年年底重返曼谷，与外交使团会合。当外交官们坐船离开后，李希霍芬在泰国陆路旅行，前往缅甸毛淡棉，并于4月在印度加尔各答结束了他的旅行。

虽然李希霍芬渴望访问中国内地，但由

他的足迹

1859—1861年　与贸易和外交使团一同旅行

作为普鲁士官方使团成员，身负贸易和外交使命在东南亚各地旅行。

1861年　陆路至加尔各答

在曼谷与官方使团分手后，他独自穿越泰国和缅甸，前往加尔各答。

1871—1872年　探索中国

李希霍芬在中国各地旅行，确定了穿越祁连山的丝绸之路贸易路线。

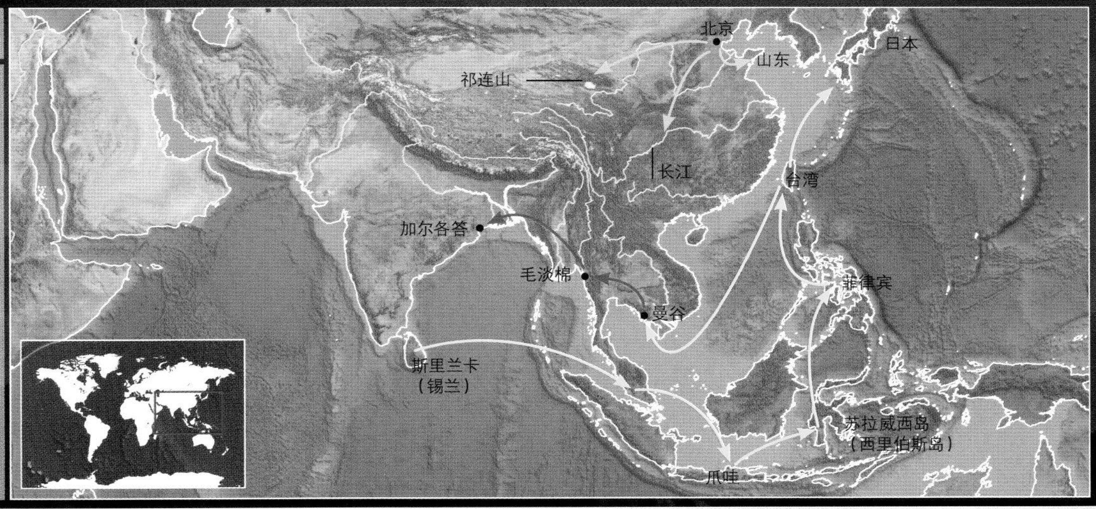

和恭亲王聊天

1870年的一幅插图显示，冯·李希霍芬与在19世纪60—70年代掌管中国政权的恭亲王奕䜣一起友好地抽烟。

于太平天国运动（1850—1864年）所引起的内乱，进入中国是不可能的。他把目光投向了一个新的勘探领域，开始了对加利福尼亚内华达山脉的地质调查，在此过程中发现了金矿。30岁时，他开始对火山岩进行开创性的研究，并在美国地质学家约书亚·德怀特·惠特尼（1819—1896年）的支持下制订了计划，一旦能再次安全地访问中国，他就会对中国进行地质调查。

最终赴中国

利用惠特尼的美国关系网，李希霍芬为他的中国之行从加利福尼亚银行和美国上海商会获得资金。后来，在回顾他与惠特尼的讨论时，他写道："我们一致认为，中国是……最不知名的国家，也是在最高程度上值得调查的国家……这是一项规模巨大的任务。"

1871年秋，他终于启程前往北京。在长达一年的时间里，他走遍中国，进入了大多数省份。然而，没有一支探险队是没有危险的。抵达后不久，在前往长江上游的重庆途中，李希霍芬和他的驮队遭到一群乞丐凶残的袭击。他写道："我的翻译，在击倒第一批人之后，不得不从压倒性的围攻力量中逃生……堪堪躲过砸向他的棍棒。他神志清醒，拔出手枪却没有开火。我从陡峭的山坡疾冲而下，手里拿着同样的武器，终于结束了围攻。"因为这次惊吓，他们放弃了旅行。

研究中国人的生活

除地质调查工作外，李希霍芬还记录了对中国各个方面的观测，包括文化、气候、政治、军事和潜在的自然资源，比如中国山东省的煤矿。他在与美国上海商会的通信中分享了这些发现。从地理角度来说，李希霍芬最值得纪念的是他对丝绸之路的认同。他认为丝绸之路沿线是几千年来文明、商品和人民相互合作的地区。他关于气候变化影响人类定居地的观点至今仍然影响着丝绸之路的研究。

在他1872年返回德国后，他汇编了自己的研究结果，在1877—1912年间出版了关于中国的五卷著作。在以后的生活中，李希霍芬的成就，再加上他作为柏林大学地理学教授的地位，激励了几代学生。他还激发瑞典探险家斯文·赫定（见第228—233页）继续对中亚的探索。李希霍芬对中国的评估听起来越来越有先见之明："就物质层面而言，（它）是世界上最富有的国家之一，一个拥有大量资源的国家，一个未来不可估量的伟大而重要的国家。"

李希霍芬分水岭

祁连山划分了中国北方的青海和甘肃。他们以前被称为"李希霍芬分水岭"，以纪念这位探险家的成就。

到达极限之地

大事记

1500年

▶ 1595年
威廉·巴伦支到达新地岛，那里的浮冰迫使他放弃寻找通往太平洋的东北航道（见第288—289页）

◀ 1611年
英国航海家亨利·哈德逊的船员在寻找通往太平洋的西北航道时发生哗变，抛弃了他（见第286—287页）

1789年
英国船长威廉·布莱前往南太平洋；他的船员在离开塔希提岛后不久发生哗变，声称他对他们进行了不应有的虐待

▼ 1799年
亚历山大·冯·洪堡与植物学家艾梅·邦普兰一起开始了为期五年的南美洲和中美洲科学发现之旅（见第266—269页）

1800年

1801年
马修·弗林德斯带领一支科学考察队乘坐调查者号前往澳大利亚

1820年
俄罗斯人法比安·戈特利布·冯·别林斯高晋第一次看到南极半岛

▲ 1831年
查尔斯·达尔文带着这个指南针，乘坐贝格尔号起航（见第276—279页）

◀ 1838年
查尔斯·威尔克斯率领一支由四艘船组成的船队出发前往南极，参加美国远征考察南太平洋的行动

1845年
约翰·富兰克林的远征队，由英国皇家海军派出去寻找西北航道，消失在加拿大北部海岸（见第292—293页）

▲ 1854年
阿尔弗雷德·拉塞尔·华莱士前往马来群岛，他是第一个描述天堂鸟的欧洲人；他独立于达尔文提出了进化论（见第272—273页）

1850年

1864年
美国探险家查尔斯·霍尔带领一支探险队去寻找富兰克林；他在威廉国王岛找到遗骸，发现了富兰克林和船员的命运（见第306—307页）

▲ 1875年
由乔治·斯特朗·纳尔斯爵士率领的英国北极探险队未能到达北极，但创下了当时到达地球最北端的新纪录

◀ 1879—1880年
阿道夫·埃里克·诺登舍尔德成功地沿着欧亚大陆顶端的东北航道航行，经由印度洋返回欧洲（见第290—291页）

▼ 1893年
弗里乔夫·南森的弗拉姆号被困在北极的冰层中长达三年，试图漂流到北极（见第296—299页）

▶ 1897—1899年
阿德里安·德格拉克率领探险队乘贝尔基卡号船前往南极洲，船员包括受益于因纽特人服装的罗尔德·阿蒙森

1900年

1901—1904年
罗伯特·斯科特带领国家探险队赴南极，在这次考察中他用气球探测到通往南极的一条路线（见第312—315页）

▲ 1906年
挪威人罗尔德·阿蒙森率六名船员，乘乔亚号完成了西北航道的航行（见第302—305页）

▲ 1909年
美国人罗伯特·E
尔里声称到达北
（见第308—309页

19世纪中期，整个欧洲，以及亚洲、非洲、美洲和澳大利的大部分地区已成为人们熟悉的领土。探险队要么在已知地中获取科学知识，如查尔斯·达尔文在贝格尔号上的伟大航，要么转向世界上最极端和最偏远的地方。到19世纪末，对北极和南极的探索已经开始，1911年，罗尔德·阿蒙森到达南极。人们的注意力也转向了海洋深处，载人船只和无人驾驶的探测器进入最深的海沟。20世纪下半叶，随着美国和苏联在太空领域相互竞争，对太阳系的探索开始了。

1910年

▲1911年
罗伯特·斯科特和罗尔德·阿蒙森竞逐南极；阿蒙森（见上图）于12月14日首先到达南极，比斯科特提前36天

◀1911年
美国学者海拉姆·宾厄姆被当地农民带到秘鲁马丘比丘遗址（见第280—281页）

911—1914年
道格拉斯·莫森亲率澳大利亚南极考察队，拒绝了罗伯特·斯科特的特拉诺瓦探险队的邀请

▼1915年
厄内斯特·沙克尔顿和他的船员被困在南极后，英勇地乘詹姆斯·凯德号寻求救援（见第318—319页）

1920年

▶1924年
乔治·马洛里和安德鲁·欧文在珠穆朗玛峰遇难；马洛里的遗体和私人物品在数年后被发现

▲1926年
罗尔德·阿蒙森乘坐挪威号飞艇飞越北极，从斯皮茨卑尔根起飞两天后，降落在阿拉斯加（见第302—305页）

▼1930年
美国人威廉·毕比第一次潜入海底，下降到百慕大海岸附近水面以下245米（800英尺）的深度（见第328—329页）

1940年

▶1947年
托尔·海尔达尔从南美洲乘筏子横渡太平洋，抵达图阿莫托群岛（见第282—283页）

▶1953年
在英国探险队第九次试图攀登珠穆朗玛峰的过程中，希拉里和丹增登上了珠穆朗玛峰（见第322—323页）

◀1956年
雅克·库斯托在电影《静谧的世界》中真实地记录了他在潜水中的一些发现，水肺是他1943年与埃米尔·加格南共同开发的一种装置

1957年
"人造地球卫星1号"由苏联发射，它是第一个绕地球运行的人造物体

▶1961年
尤里·加加林是第一个登上太空的人，他在太空飞船"东方1号"的轨道上度过了两小时（见第338—341页）

▶1969年
尼尔·阿姆斯特朗乘阿波罗11号登陆月球，实现了约翰·肯尼迪总统在20世纪60年代末登上月球的目标（见第342—343页）

1997年
火星探路者号登陆火星；火星车从火星表面发回图像和信息

科学探索

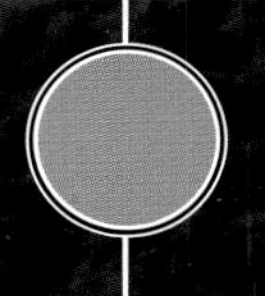

对科学知识的追求原本几乎排在人类探险目的的最末端，但随着世界主要陆地均被发现，进行科学探索就成为踏足新发现土地的驱动力之一。

引起轰动的考古

1911年，美国探险家海拉姆·宾厄姆成为首位看到马丘比丘的科学家，结果证明，这座失落的印加城市是本世纪最重要的考古发现之一。

17世纪的重大科学发现，提出了探险不应仅仅是获取新领土的手段，而应成为追求世界知识的科学学科。最早的倡导者之一是玛丽亚·西比拉·梅里安，她是第一位科学地描述毛毛虫如何变成蝴蝶的荷兰人。1699—1701年，她去荷兰控制的苏里南旅行，为后世许多以科学探索为目标的旅行者进行了预演。

> “二战”后，现代航空和卫星使地球测绘得以完成，科学家们开始探索最后的新领域——海洋深处和太阳系。

新方法

瑞典植物学家卡尔·林奈在1730年创立了一种命名和分类生物的科学体系，为植物学家的旅行提供了一个可以操作的框架。

这个体系最初的成果来自18世纪两次有植物学家随行的伟大探险。路易斯·安东尼·德布干维尔（见第150—151页）1766—1769年的环球航行中，随行的法国植物学家菲利普·德卡门森在旅途中收集了3000个新物种，并确定了60个新属。1768—1771年，在库克船长的奋进号上，约瑟夫·班克斯（见第156—159页）作为探险队的博物学家随行。在奋进号撞上大堡礁修复期间，他们上岸待了七周，班克斯首次收集重要的澳大利亚植物群，并记录了大约800个物种。回到英国后，他引导了其他许多探险远征行动，包括威廉·布莱1809年前往南太平洋寻找面包果的航行，那次航行因布莱的邦蒂号上发生臭名昭著的叛乱而告终。

班克斯还推动英国航海家马修·弗林德斯在1801—1803年担任澳大利亚调查者号环球航行的指挥官，随行人员包括博物学家罗伯特·布朗、景观艺术家威廉·韦斯特尔和矿物学家约翰·艾伦，这表明探险队已把科学研究作为他们的工作重点之一。航行结束后，布朗一直待在澳大利亚，从新南威尔士州和塔斯马尼亚岛采集标本，直到1805年。虽然他最好的标本在他回国时因为船只失事丢失了，但他仍然描述了1700多个以前未知的物种。

全球画面

19世纪对新开辟的广阔地区的探索，推动了关于物种如何在全球范围内传播以及它们如何随着时间的推移而发生变化的科学讨论。最著名的是查尔斯·达尔文于1831—1836年在贝格尔号上的航行（见第276—279页），他在加拉帕戈斯群岛观察到雀科鸟类的类型差异，帮助他阐明了进化论。英国博物学家阿尔弗雷德·拉塞尔·华莱士和亨利·沃尔特·贝茨（见第272—273页）自1844年开始沿亚马逊河航行了八年，随后华莱士去马来群岛进行了八年考察，这两次考察帮助他在达尔文之外独立形成了自己的进化理论。

1839—1843年，英国植物学家约瑟夫·道尔顿·胡克带着达尔文的《贝格尔号之旅》的证据，随同埃雷布斯号前往南极探险，他是新出现的旅行科学家的典型代表。他这次航行的成果是六大卷关于南极洲、新西兰和塔斯马尼亚岛植物群的研究报告。

19世纪末，随着社会发展机会增多，一些妇女开始利用机会进行旅行，对科学探索作出贡献，其中包括英国女子伊莎贝拉·伯德，她于1878—1879年在

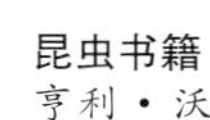

昆虫书籍

亨利·沃尔特·贝茨在亚马逊探险中记载了近15000种昆虫，其中一半以上是科学界以前未发现的物种。

洋流探险家
1799—1804年，德国探险家亚历山大·冯·洪堡考察了南美洲，探索了以他名字命名的洋流，并记载了水星过境的情况。

灭绝的鸟类
英国博物学家查尔斯·达尔文开始研究物种起源，当时渡渡鸟已经灭绝了150年，原因是印度洋的过度捕猎。

日本待了一年，然后访问了新加坡和马来西亚，十年后，她对克什米尔和拉达克的偏远地区进行了调查。19世纪90年代中期，探险家乔治·亨利·金斯利的女儿玛丽·金斯利（见第212—213页）远赴非洲寻找自然历史标本。她探索了塞内加尔、加蓬和安哥拉的偏远地区，访问了很少有外人冒险进入的地区，收集了大量的鱼类信息，其中有三种是以前科学界所不知道的。

背景介绍

- 亚历山大·冯·洪堡和同伴植物学家艾梅·邦普兰（见第266—269页）曾打算在1800年加入法国博物学家尼古拉斯·波丁的环球航行，但是当他们到达厄瓜多尔时，发现波丁已改变计划，改为经南非航行。
- 约瑟夫·班克斯派往国外探索植物的众多旅行家中，包括苏格兰植物学家弗朗西斯·巴森，他先后访问南非、马德拉、加那利和西印度群岛，寻找新物种，后于1805年在北美被冻死。
- 班克斯在澳大利亚遇到袋鼠，并给袋鼠画了素描，这是欧洲人首次看到这种动物。
- 1838年，查尔斯·威尔克斯船长启程前往南极，这是美国考察南太平洋的一次探险活动，部分动机是验证关于南极中心为海洋的“空心”理论。虽然他无法证实或反驳这一理论，但还是第一次看到了南极大陆。
- 1947年，挪威人种学者托尔·海尔达尔从秘鲁乘筏航行8000公里（5000英里），前往太平洋图阿莫托群岛，试图证明古代波利尼西亚和南美洲之间可能存在联系。

危险的河流
亨利·沃尔特·贝茨沿亚马逊河旅行期间，在一次捕龟时遭遇危险的鳄鱼。

亚历山大·冯·洪堡

世界上最后一位文艺复兴式的全才

普鲁士　　1769—1859年

亚历山大·冯·洪堡倡导基于证据的严谨的科学研究方法，他不仅是一位伟大的博物学家，还对天文学、气象学和地质学等多种学科作出了贡献。他在1799—1804年考察了拉丁美洲，是最早从科学角度记录所见事物的欧洲人之一。他严谨的研究方法是现代科学方法的先驱，也奠定了现代地理学学科的基础。

冯·洪堡最初的目标是当个审慎的政治家，这是属于中上阶层的职业，因此他在法兰克福和哥廷根（今德国）的大学学习金融和政治学。1789年暑假期间，他进行了第一次科学考察，沿莱茵河旅行，并在旅途中记录矿物数据。这使得他在1790年出版了第一本书，并巩固了他将旅行与探索相结合的认知。他大学的朋友们也鼓励他成为一名科学探险家。其中一个朋友是博物学家格奥尔格·福斯特，曾搭乘“决议号”参与詹姆斯·库克船长（见第156—159页）的第二次航行。

冯·洪堡扩大了他的学习范围，包括外语、地质学、天文学、解剖学和科学仪器的使用，旨在为地理学家的职业做好准备。1795年，他第一次到瑞士和意大利进行地质和植物学考察之前，已广泛发表了相关主题的文章。1796年，冯·洪堡的母亲去世，他继承了大笔家族财富，觉得自己可以放弃在柏林的矿产评估工作，开始他的第一次探险了。

冯·洪堡原计划在1798年加入法国海军的南太平洋航行，但法国政府后来撤回了探险资金，他感到很沮丧。不过，他很快克服了沮丧，因为他和法国植物学家艾梅·邦普兰（见第269页）受邀与一支瑞典考察队从马赛起航，经阿尔及尔前往埃及。但这个计划也遭遇挫折，因为这艘瑞典船在葡萄牙附近海面的一场风暴中受损，不得不在西班牙的卡迪兹花费数月改装。

意外的目的地

凭借不同寻常的充沛精力，冯·洪堡和邦普兰前往马德里，希望与那艘瑞典船会合。在此次旅途中，这位博物学家进行了天文测量，研究了磁力的作用，并首次记载了西班牙平原真实的自然地理。在马德里，他受到国王卡洛斯二世的接见，并得到护照到西班牙美洲殖民地旅行。冯·洪堡第一次把目光投向南美。

吼猴
冯·洪堡在拉丁美洲画了许多细节丰富的绘画作品，其中包括这只吼猴。

生平事迹

- 探索亚马逊河，追溯奥里诺科河直至其与亚马逊河交汇的源头。
- 是第一个提出南美洲曾经与非洲相连的人。
- 认为过度砍伐雨林可能导致气候问题。
- 发现火山沿地质断层线分布。
- 在欧洲发现60 000种未知植物（使已知植物数量增加一倍）。
- 用一种苦涩的混合药物治疗伤寒，这种药物后来被安古斯图拉公司批量生产。
- 总结大气扰动和地球磁性的规律。
- 在新西班牙（今天的大部分中美洲和美国西部）进行首次原住民人口普查。

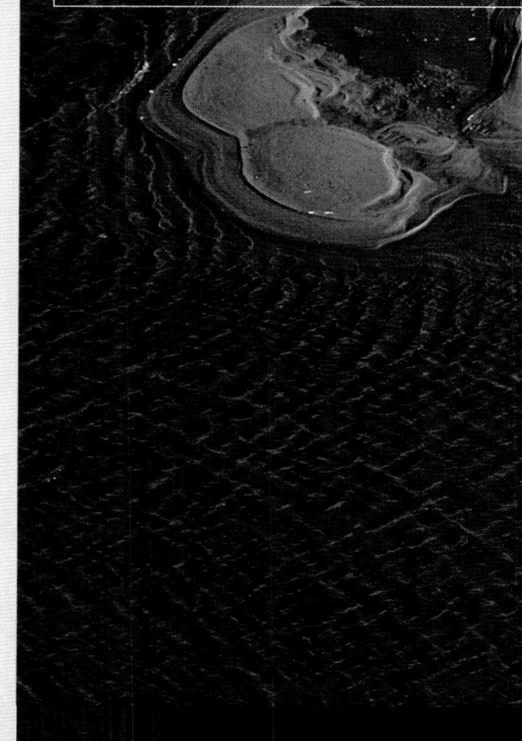

沿奥里诺科河旅行
除了发现亚马逊河的源头之外，冯·洪堡和植物学家邦普兰还在委内瑞拉的丛林深处旅行，绘制奥里诺科河的路线（如图所示）。他们是第一批确定卡西基尔河存在的欧洲人，卡西基尔河是连接亚马逊河水系和奥里诺科河水系的一条天然运河。仅这一段探险就耗时四个多月，全程所涉距离约为2776公里（1725英里）。

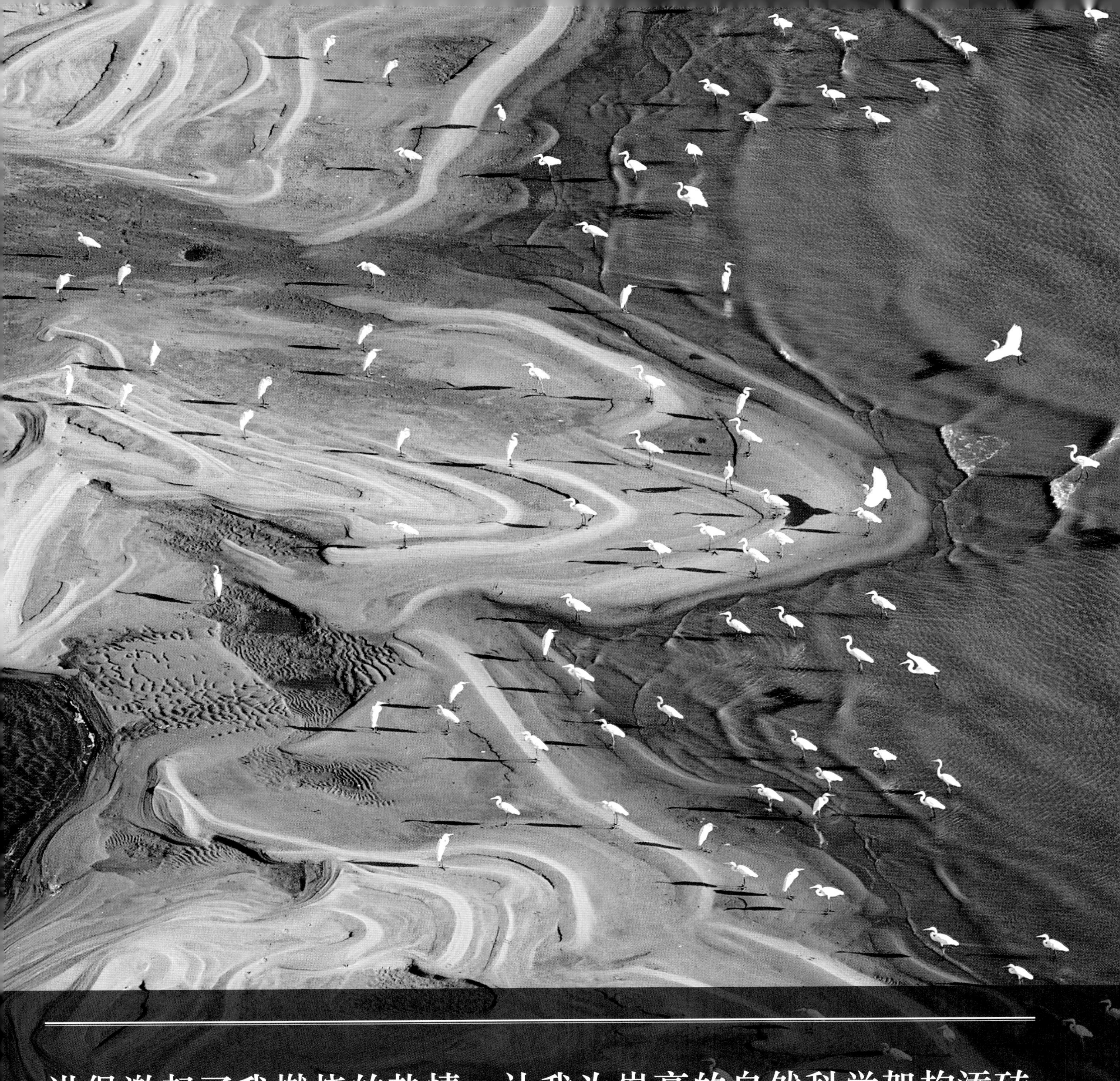

洪堡激起了我燃烧的热情，让我为崇高的自然科学架构添砖加瓦。

——查尔斯·达尔文

数据收集者

对于冯·洪堡来说，所有的科学观测都必须以观测到的数据为基础，而不需要超自然力量。为此，他在旅途中随身携带了当时最精确、最精密的科学仪器，每个仪器都存放在各自的天鹅绒盒子里。他严谨的方法论被称为洪堡科学。

拉丁美洲的冯·洪堡，1806年由F.G.威茨所绘。

拉丁美洲探险

1799年6月5日，冯·洪堡与同伴邦普兰从拉科鲁纳起航。在航行中，他记录了水流的流向，测量了水温和风向的影响，形成了地球自转并不影响水流方向的理论。五周后，这艘船抵达委内瑞拉的库马纳，他热情地描述了自己对这片风景的印象：“我们看到了一片青翠的海岸，风景如画。掩映在薄雾中的新安达卢西亚群山，一直延伸到南方的天际。库马纳城和它的城堡出现在一片可可树之间。我们早上9点左右在港口抛锚。病人拖着沉重的脚步走到甲板上，去欣赏这片即将结束他们痛苦的土地。我们凝望着河边的一片可可树：它们的树干高达60多英尺，高耸在周围景观之上。平原上覆盖着那些树枝状的含羞草，它们就像意大利的松树一样，枝茎如伞状伸展开来。棕榈羽状的叶子在蔚蓝的天空映衬下很显眼，天空的清澈不被任何水蒸气的痕迹所玷污。”他和邦普兰在库马纳的基地收集标本，并对海岸进行了详细的测量。洪堡见证了一场壮观的流星雨（狮子座），还目睹了城市周围的火山爆发。他试图将其与过去的火山喷发相比较，但发现这座城市的历史记录大部分都被白蚁破坏了。

内部和外部

1800年年初，冯·洪堡和邦普兰离开海岸，开始了首次大型内陆探险，探索和测绘奥里诺科河河道。在这片大部分无人居住、崎岖不平的丛林地区，探险持续了四个多月，全程覆盖约2776公里（1725英里）。在这次考察中，他们发现了奥里诺科河和亚马逊河两大水系之间的联系，冯·洪堡还对分叉进行了精确定位（河流分叉到支流处）。

1800年11月24日，两位探险家起航前往古巴，冯·洪堡在那里收集了该岛人口、农业、技术和贸易的数据。停留几个月后，他们返回哥伦比亚的卡塔赫纳。他们越过涨水的马格达莱纳河，穿过安第斯山脉结冰的山口，于1802年1月6日抵达厄瓜多尔的基多。在这座城市逗留期间，他们攀登了皮钦查火山，冯·洪堡一行人到达5878米（19 286英尺）的海拔高度，创下了当时的世界纪录。这次旅程结束时，

他的足迹

- 1789年　第一次科学考察
  沿着莱茵河旅行。
- 1795年　去瑞士和意大利旅行
  制作地理和植物学记录。
- 1799—1800年　前往拉丁美洲旅行
  在植物学家艾梅·邦普兰的陪同下，冯·洪堡起航前往新大陆。
- 1801—1804年　由古巴前往利马
  他们穿过安第斯山脉，向南一直到利马，然后起航前往墨西哥。
- 1804年　经华盛顿返回欧洲
  在前往波尔多之前，与美国总统杰斐逊共度了六周的时间。
- 1829年　探索俄罗斯
  穿越中亚高原。

○ 未在地图中显示

A 从西班牙到南美洲的途中，冯·洪堡和邦普兰在特内里费攀登泰德火山。

B 冯·洪堡和邦普兰探索奥里诺科河，发现了亚马逊河和奥里诺科河水系之间的联系。

1759—1788年	1789年	1790—1794年	1795年	1796—1798年	1799—1800年	1801—1804年

冯·洪堡小时候被称为“小药剂师”，因为他喜欢收集植物和昆虫。

冯·洪堡受到朋友格奥尔格·福斯特的启发，福斯特曾和父亲一起参与库克的第二次太平洋航行之旅。

这两位探险家于1799年7月16日在今天的委内瑞拉库马纳登陆；同年11月11—12日夜间，他们目睹了一场壮观的流星雨，那被称为狮子座流星雨。

探险队前往秘鲁利马探索亚马逊河源头。11月9日，他在秘鲁卡亚俄观察到水星过境。在那里，他还研究了鸟粪的施肥质量，该研究成果后来被他写入著作，引入欧洲。一次艰难的海上航行把他们带到了墨西哥，他们在那里停留了一年，然后向北前往华盛顿特区。作为杰斐逊总统的客人，他们待了六个星期，杰斐逊总统本人也是一位科学家，他很想了解洪堡的发现。

穿越俄罗斯

回到欧洲后，冯·洪堡花了许多年时间来撰写他的科学理论。1829年，他进行了一次为期25周的穿越俄罗斯帝国的探险之旅，行程超过1.5万公里（9500英里）。在他的俄罗斯之行中，他纠正了中亚高原的估计高度，并准确地预测了乌拉尔山脉中钻石的存在。

洪堡生命的最后几年从事外交工作。他最后一部伟大的科学著作是名为《宇宙》的五卷专著（第一卷出版于1845年）。他在该著作中试图将自然科学和地理科学结合起来，其思想一直基于对宇宙基本统一的信仰。《宇宙》试图提供一份全面的世界概貌，把地质学、气象学、地理学和生物学结合成一个系统的整体。洪堡是世界上第一位真正的现代科学家，用观察和测量来指导自己的理论。他可能是最后一位为这么多不同知识领域作出贡献的人士。

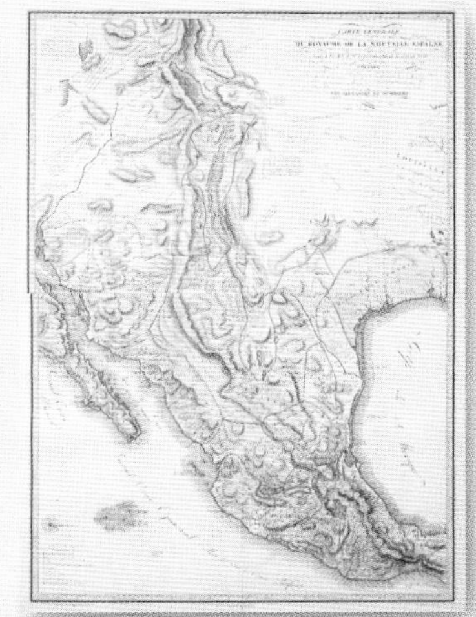

地形图
在这幅1803年的新西班牙地图上，冯·洪堡使用阴影法来显示斜坡。在此之前，山脉在地图上都用轮廓线描绘。

火山学家
冯·洪堡仔细研究了他在南美洲发现的火山，包括今厄瓜多尔的科托帕希火山（左图）。他正确地指出，火山的出现与地壳中的裂缝相对应。他还展示了该地区的岩石是如何由过去的火山喷发形成的，而非先前假设的那样，是古代海洋矿物结晶的结果。

1803年，两位探险家从利马驶向阿卡普尔科；冯·洪堡描绘了一股冷洋流，现在以他的名字命名为洪堡洋流。

E 冯·洪堡正确地预测钻石将在乌拉尔山脉被发现。

1804年	1804—1828年	1829年	1830—1859年

C 他们从卡塔赫纳横越安第斯山脉，到达基多，冯·洪堡在基多研究了几座著名火山。

D 他们对美国东部进行短暂访问，并在会见美国第三任总统托马斯·杰斐逊之后，结束探险之旅，于1804年6月启程前往法国。

艾梅·邦普兰

法国 *1773—1858年*

邦普兰1773年出生于法国的拉罗谢尔，早年从事军职和医学研究，对那个时代的人来说，这样的职业组合并非不寻常。

邦普兰受到亚历山大·冯·洪堡的邀请，陪同他去拉丁美洲考察，洪堡的财富支撑了这位年轻植物学家的开销。五年的探险让洪堡成为名人。邦普兰则是探险队植物标本的负责人，回国后他获得了国家奖金。当时，对科学的兴趣扩展到了法国社会的最高层，邦普兰获得约瑟芬皇后在马尔马孙的植物园负责人的职位。在接下来的十年里，他研究并完善了自己的收藏，出版了几部他独著或与冯·洪堡合著的经典作品。

重返冒险

1816年，邦普兰离开法国到阿根廷布宜诺斯艾利斯担任教职，在那里待了一年，然后又出发去探索南美洲。在前往玻利维亚的途中，他被当作间谍逮捕，并被巴拉圭独裁者监禁十年。重获自由后，他在阿根廷的科瑞恩德定居下来，该省的政府给他提供了一份房产。1853年，他搬到了阿根廷的圣安娜，在当地种植橘子树，并继续开展科学研究。

在委内瑞拉收集的花叶芙蓉标本。

卡斯滕·尼布尔

有见识的探险家

汉诺威 1733—1815年

作为一位渴望知识的数学家和制图家，卡斯滕·尼布尔体现了欧洲启蒙运动的理性思想。鉴于他完全是自学成才，他在记录和绘制中东地图方面取得的成就也就更加引人瞩目。尼布尔的四卷本著作《穿越阿拉伯和其他国家的旅行》（1778年）以他对该地区人民、地理和手工艺品的观察为特色，成为该领域的经典，在他去世后很久仍然流传。

尼布尔和他那个时代的许多探险家不同，他们通常都有独立的经济来源，尼布尔却出身贫寒。他的父母在他很小的时候就去世了，留下他以农民的身份勉强维持生计。他毫不气馁，最终成为一名合格的测量员，并在丹麦国王弗雷德里克五世的资助下参加了一次科学考察。探险队有两名丹麦人——一位名叫弗里德里希·冯·黑文的语言学家，另一位是著名医生和动物学家克里斯蒂安·克莱默；还有两名瑞典人——植物学家彼得·福尔斯卡尔和当过士兵的探险队雇工拉尔斯·伯格伦。尼布尔和德国艺术家格奥尔格·巴伦菲德也加入了这支队伍。到了1761年年初，这支队伍已经准备好启程。1761年1月，探险队离开哥本哈根，前往马赛、马耳他、君士坦丁堡（伊斯坦布尔）和罗得岛。9月6日，他们抵达埃及的亚历山大，这时，六人之间已陷入激烈的争执。

生平事迹

- 参加由丹麦国王弗雷德里克五世派出的探险队，对埃及、阿拉伯和叙利亚进行科学探索。
- 他是丹麦探险队唯一的幸存者，可能是由于他接受了所造访地区如饮食、服饰等方面的风俗习惯和文化。
- 出版了《穿越阿拉伯和其他国家的旅行》一书，详细记述了自己的探险经历，该书成为经典。
- 当选为瑞典皇家科学院外国院士。

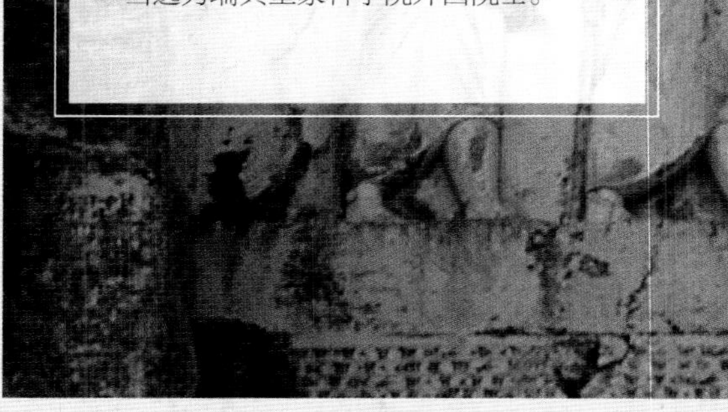

本土化

不过，有一点他们达成共识，就是在离开君士坦丁堡时穿戴东方风格的土耳其服装，以避免被认定为欧洲人。该计划行之有效：据报道，探险队的着装吓坏了丹麦驻罗德岛领事——他认为他们是土耳其水手，拒绝他们进入领事馆。尽管队伍内部有争议，探险仍在继续。

探险队在埃及停留了一年，从

阿拉伯石匾
尼布尔在他的书中收录了许多他在探险中抄录的铭文。

他的足迹

- **1761年　探索埃及**
  探险队前往亚历山大港，在前往苏伊士之前，先去尼罗河参观大金字塔。
- **1762—1763年　穿越阿拉伯**
  他们沿红海一直航行到吉达，然后沿陆路到摩卡。
- **1764—1767年　由陆路返回**
  到孟买后，尼布尔是最后幸存的探险队成员；他在印度恢复健康后，开始独自对波斯、巴勒斯坦和土耳其进行广泛的探索。

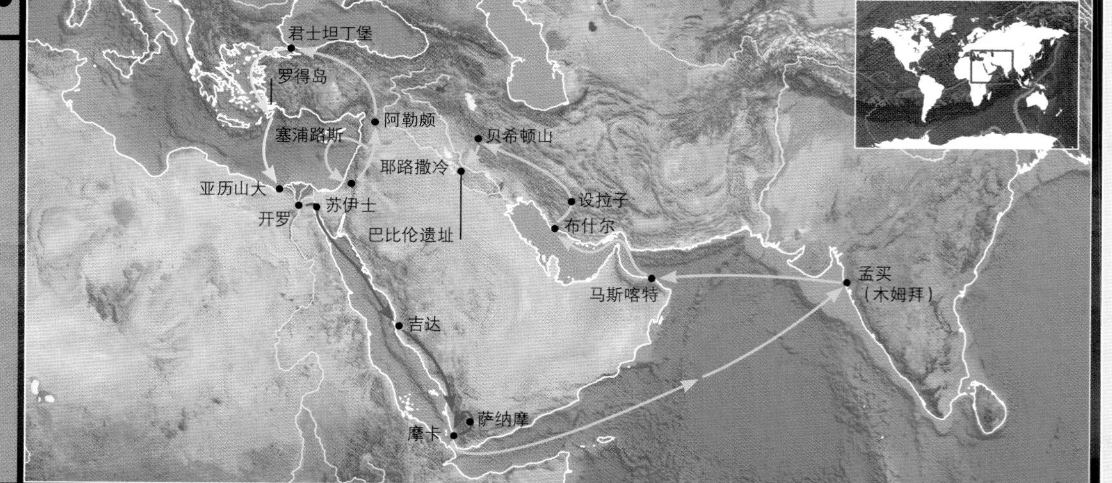

大流士的胜利
尼布尔在旅行中访问了今属伊朗的贝希顿山，他看到雕刻在岩石上的令人印象深刻的铭文，上面描绘了传说中波斯国王大流士的战役和胜利（公元前550—公元前486年）。

亚历山大港往尼罗河上游走。首次看到大金字塔时，尼布尔报告说：“当旅行者到达这一庞大的建筑群的脚下时，大为震惊，他的想象力在某种程度上随之扩展。”

从埃及出发，探险队沿红海一直航行到吉达，定期在海岸沿线的地方登陆。在航行中，他们发现自己受到一名酒鬼舵手的摆布。尼布尔说：“因为我们的舵手喝醉了酒，所以我们遭到相当大的危险，差点撞上被珊瑚礁包围的海岬。他经常向我们要白兰地，借口说他看不见山，也看不见海岸的轮廓，除非他喝一点酒才看得清。”

进入阿拉伯

探险队从吉达出发，沿陆路向南行进。随着探险的进展，他们逐渐采纳阿拉伯风俗。用尼布尔的话来说：“一个旅行者总要尽早抓住机会，以一顿饭来获得向导的友谊。”在此期间，尼布尔和冯·黑文都感染了疟疾，因此福尔斯卡尔独自探索了也门北部的群山。不幸的是，探险队到达摩卡时，福尔斯卡尔的植物标本被当局没收并销毁。冯·黑文的病情也恶化了，他到达那里不久就去世了。剩下的人则冒险深入内陆，但都健康状况不佳。在泰里姆，福尔斯卡尔感染的疟疾恶化，他于1763年7月去世。

尼布尔的赞助人
丹麦的弗雷德里克五世（右）对尼布尔的潜力印象深刻，他邀请年轻的测量员参加科学考察。

四名幸存者前往也门首都萨纳，他们获得了当地伊玛目的接见，此人从土耳其、波斯和印度商人那里学到的科学和数学知识，让尼布尔大吃一惊。尼布尔给了伊玛目一些“机械装置”，包括手表，以及其他非常受欢迎的礼物。作为回报，伊玛目为探险队返回摩卡之旅采购了骆驼，并向他们提供了额外资金。但他们在返程中深受暴风雨、蝗虫云和遭污染的水源困扰。

唯一的幸存者

探险队在1863年8月到达摩卡时，所有成员都患上了严重的疟疾或痢疾。伯格伦在摩卡去世，巴伦菲德、克莱默和尼布尔不久后前往孟买。但巴伦菲德在航行途中死亡，克莱默在到达后不久去世，尼布尔成了这次探险的唯一幸存者。他在孟买待了14个月，慢慢地从病中恢复过来，然后开始独自考察活动。

后来，尼布尔从孟买经陆路返回欧洲。他在途中考察了波斯、塞浦路斯、耶路撒冷和土耳其，参观了波斯波利斯和巴比伦遗址，并在巴勒斯坦各地广泛游历。他于1767年11月到达哥本哈根。基于自己的详细观察，他于1772年出版了《穿越阿拉伯和其他国家的旅行》一书，书中的地图在尼布尔的开创性旅行100年后仍在使用。

一位天才测量师

尼布尔的测量技术使他在考察队中获得了一席之地，但他大部分技能是在考察队出发前的18个月速成班中学到的。作为一名才华横溢的数学家，他很快掌握了进行三角测量所需的公式。这种技能是通过测量角度来确定远处某点的相对水平位置和垂直位置。同样重要的是尼布尔理解地球在平面上的投影是如何产生变形的，从而能在地图上精确地绘制出这些测量结果。

阿尔弗雷德·拉塞尔·华莱士

“另一位”进化思想家

英格兰 1823—1913年

博物学家、人类学家和植物学家阿尔弗雷德·拉塞尔·华莱士在亚马逊盆地和马来群岛开展了广泛的野外工作。不幸的是，他在从亚马逊返回的旅途中丢失了全部标本，但他在东亚另建了一个巨大的收藏库，并独立于查尔斯·达尔文提出了自己的自然选择理论。正是华莱士提出的理论，促使达尔文开始研究物种的起源，20年后出版了《物种起源》一书。

亨利·沃尔特·贝茨

英国 1825—1892年

业余昆虫学家亨利·沃尔特·贝茨放弃了在父亲的莱斯特针织厂工作的机会，与朋友华莱士一起前往亚马逊探险。

贝茨在南美洲生活11年，行程超过2900公里（1800英里），收集了14 000种昆虫，其中一半以上是新物种。回到伦敦后，查尔斯·达尔文说服他出版了《亚马逊河上的博物学家》（1863年）。

鸟翼蝴蝶
这是华莱士从亚洲带回的数千只蝴蝶标本之一。他的大量藏品保存在伦敦的自然历史博物馆。

华莱士第一次体验自然，是在帮助他哥哥进行土地调查工作的时候。然而，年轻的华莱士更感兴趣的是动植物，而不是土地的轮廓。后来，他在莱斯特教书时，遇到了昆虫学家亨利·沃尔特·贝茨（见右），两人对昆虫的收集和研究有着同样的热情，都受到查尔斯·达尔文讲述的贝格尔号航行故事（见第276—279页）的启发，于是他们共同计划了一次到亚马逊河的联合探险。

丢失的收藏品

1848年，华莱士和贝茨起航前往巴西的帕拉，华莱士在那里花了四年时间探索热带雨林。他对探索里奥内格罗地区的乌帕斯河感到特别高兴。60年后，他回忆道：“从没有任何标本收集者在这里待过……或从这里经过。”

1852年，华莱士乘坐的海伦号在返航途中起火，他所有的标本被毁。他和别的幸存者在一艘敞篷小船上漂流了十天才获救。正如他后来所写的那样：“当危险过去时，我开始感觉到自己的巨大损失。每看到一只稀奇的昆虫，我曾多么欣喜！”华莱士用剩下的笔记出版了他的研究成果——《亚马逊和里奥内格罗旅行记述》（1853年）。他在该书中热情地描述了热带雨林：“对于首次漫步在巴西森林里的博物学家而言，快乐这个词并不足以表达他的情感。”

前往东方

1854年，华莱士前往马来群岛，研究地理变化与邻近地区动物差异程度之间的关系。1855年，他在一篇名为《关于规范新物种引进的法律》的论文中阐述了这一点。他在助

生平事迹

- 探索亚马逊雨林，但他的标本在一次海难中丢失。
- 在马来群岛四处旅行，收集了数千个标本，并确认了华莱士线。
- 独立于查尔斯·达尔文，构想出自然选择理论。
- 支持他的同事和朋友达尔文的进化论。
- 华莱士常被称为生物地理学之父，他揭示了人类活动对自然界的影响。

只有在痛苦和磨难中，真理才会诞生在这个世界上。

——阿尔弗雷德·拉塞尔·华莱士

笔记
华莱士在旅行的任何时候都随身携带几本笔记本，为论文制作草图和笔记。他还单独保存日记，记录日常事件。

理查尔斯·艾伦的帮助下，收集了超过12.5万份标本，并在马来群岛进行了60多次旅行。看到蝴蝶，华莱士非常兴奋：“在橱窗里看到这样的美是一回事，而看着它在手指间挣扎，凝视它清新而生动的美，则是另一回事。”

“适者生存”

1858年，华莱士因疟疾高烧而卧床不起，他在病中首次顿悟，有了“适者生存”的想法。一旦康复，他就写信给查尔斯·达尔文，告诉他自己的想法。两个人都独立地得出了关于物种起源的相同结论，但达尔文一年后出版《物种起源》，成为进化论之父而载入史册。达尔文一直全面认可华莱士的成果，而华莱士则承认达尔文更详细地阐述了这一理论。1862年，华莱士从新几内亚旅行归来后，发表了他的研究报告，其中的地图上显示了所谓的“华莱士线”。这条线将印度尼西亚分为两部分：一边是澳大利亚血统的动植物群，另一边是亚洲血统的动植物群。他继续进行科学研究，参与社会改革运动，直到91岁时辞世。

天堂鸟
华莱士是第一个在马来群岛的自然栖息地看到众多天堂鸟物种的英国人。图中这一天堂鸟物种是“华莱士标准翼”（科学名称为“华莱士丰翅目”），是他在印度尼西亚的巴占岛收集的。

他的足迹

1848年　巴西之旅
华莱士和贝茨航行到亚马逊河口的帕拉；华莱士在接下来的四年里一直在探索亚马逊雨林。

1852年　返回英国
华莱士乘船返回英国，回国后，他出版了《亚马逊和里奥内格罗旅行记述》。

1854—1862年　探索马来群岛
他走遍了整个地区，确定了“华莱士线”，在此期间形成了“自然选择”理论。

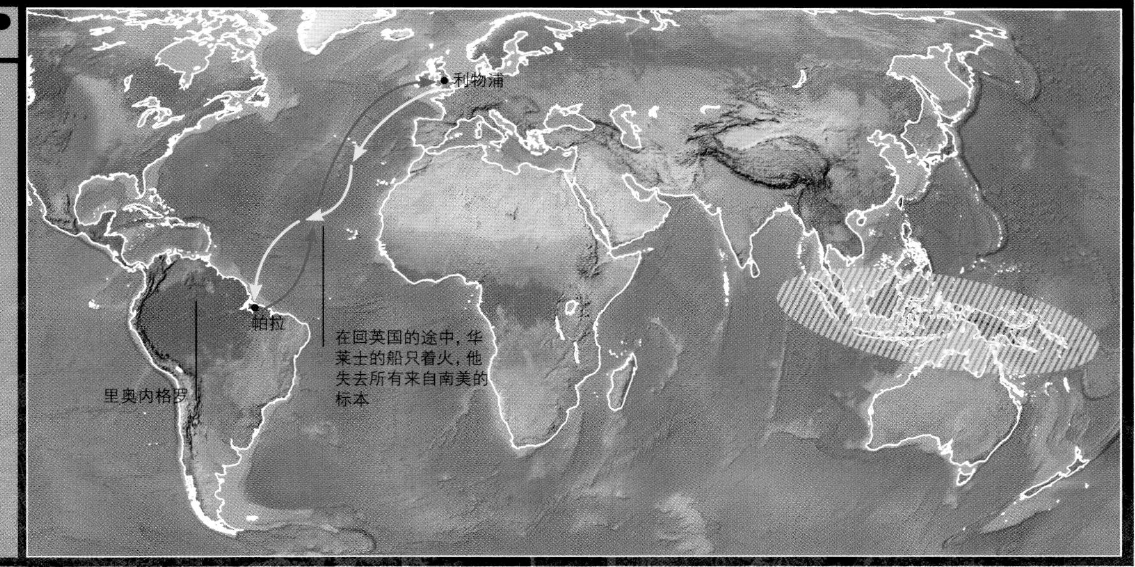

昆虫发现者
这些昆虫标本是华莱士于1854—1862年在马来群岛收集的。面对他收集的最大的甲虫标本，他写道：“若非过来喝糖棕榈的汁液，它永远不会被捕获。”

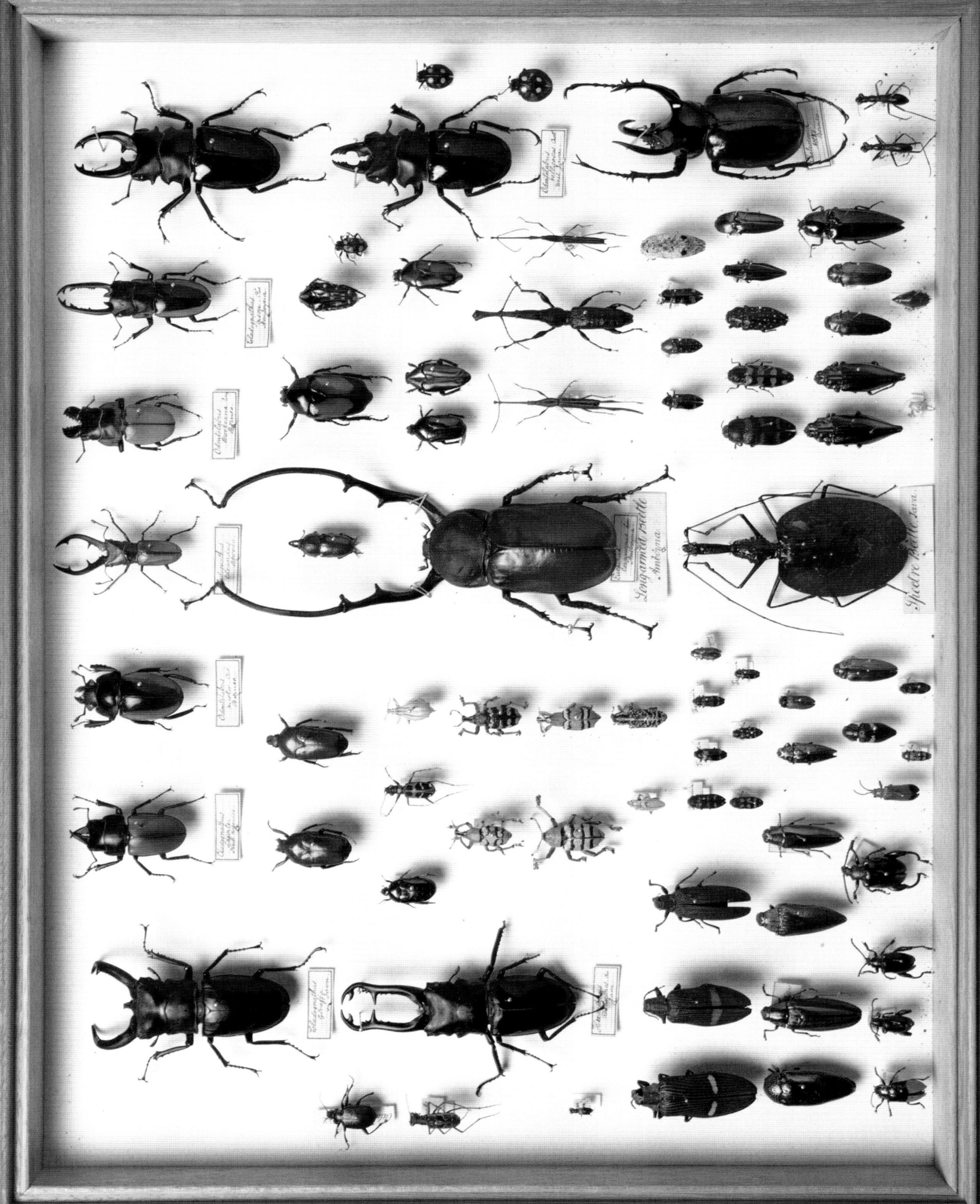
Longarmed Beetle
Spectre Beetle Java

查尔斯·达尔文

一位革命性的博物学家

英格兰 1809—1882年

查尔斯·达尔文早年就对自然世界非常着迷。他先接受医学训练，后又接受神学训练。在这些学习中，达尔文一直是一位热心的业余自然科学家，收集样本并进行野外地质工作。1831年，他作为一名不拿报酬的旅伴和地质学家参加贝格尔号的航海之旅。正是这次经历，加上他对后来20年收集的标本的详细研究和评估，导致他形成革命性的进化论。

达尔文出生在什罗普郡的什鲁斯伯里。他回忆起小时候："对自然历史的兴趣，尤其是收集……我试着辨认植物的名字，收集各种各样的东西，贝壳、海豹、信件、硬币和矿物……在我刚上学时，一个男孩有一本《世界奇迹》，我经常读这本书，并与男孩们争论这些陈述的真实性，相信是这本书首先激起了我去偏远国家旅行的兴趣。通过贝格尔号的航行，我终于实现了这一愿望。"达尔文在剑桥大学的最后一年，阅读了亚历山大·冯·洪堡的《个人叙事》和约翰·赫歇尔爵士的《自然哲学研究介绍》，这两本书都激励他渴望"为自然科学的崇高架构添砖加瓦"。达尔文会摘录冯·洪堡所写的关于特内里费探险的文章，并在地质旅行中读给同伴们听。

达尔文的笔记本
达尔文在旅途中随身带着小笔记本。他记了满满15本笔记，共计116 000个单词和300幅草图。

生平事迹

- 他搭乘贝格尔号环游世界；在航行中，他收集标本并进行地质观测。
- 他的自然选择理论是现代进化论的基础，也是生物学的基础。
- 他通过一篇关于藤壶活体和藤壶化石完整种类的论文确立了他作为生物学家的声誉。这是他从智利海岸收集的标本中得到启发，八年研究的成果。
- 英国博物学家阿尔弗雷德·拉塞尔·华莱士基于对世界另一边的完全不同的观察，独立构想出与达尔文完全相同的自然选择理论。达尔文和华莱士的理论是在1858年同一天向伦敦林奈学会宣布的。

绅士旅伴

达尔文的老师兼朋友、剑桥大学教授J.S.亨斯洛曾受委托，给海军部测量船贝格尔号的罗伯特·菲茨罗伊船长推荐一个年轻的旅伴，当时这艘船正在进行第二次航行，旨在绘制南美洲的海岸线。正如亨斯洛告诉达尔文的那样，"我说，我认为你是我知道的最有资格

我们已经把动物变成了奴隶，我们不愿意考虑平等。

——查尔斯·达尔文

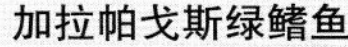

保存科学

达尔文收集的数千件标本和其他数百万件标本一起被保存在伦敦自然历史博物馆的达尔文中心。温度和湿度被精确控制，以保护通常有几百年历史的动物标本。一座巨大的、八层高的茧状建筑容纳了所有昆虫学和植物学标本，亦即所谓的“干燥”系列标本。酒精标本——用酒精炮制的系列标本则存放在一幢独立的建筑里。

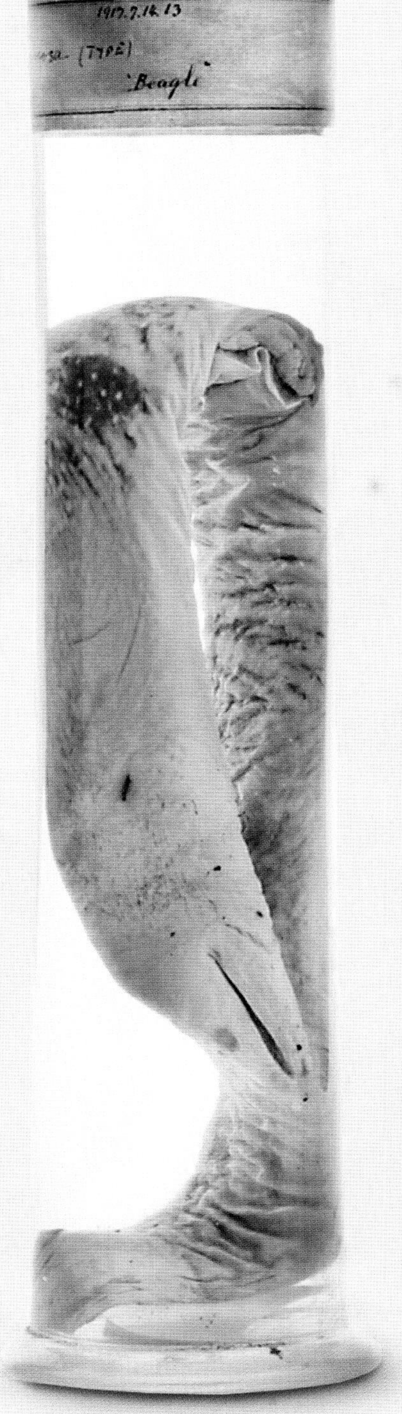

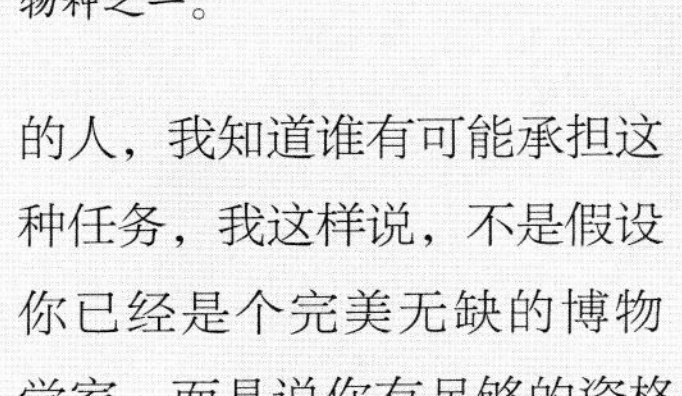

加拉帕戈斯绿鳍鱼
达尔文对他在加拉帕戈斯群岛发现的新物种进行详细的绘图，其中包括加拉帕戈斯绿鳍鱼，这是该地区特有的50种物种之一。

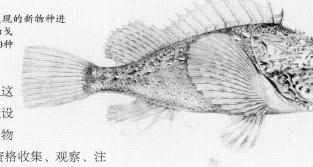

的人，我知道谁有可能承担这种任务，我这样说，不是假设你已经是个完美无缺的博物学家，而是说你有足够的资格收集、观察、注意任何值得在自然历史中得到注意的事物”。随后，达尔文收到一封信，邀请他“自愿当一名无报酬的博物学家，与他（菲茨罗伊）一起参加贝格尔号航海之旅”。他渴望接受，尽管父亲强烈反对，他还是去伦敦见了这位海军军官。达尔文后来发现，由于“船长是约翰·卡斯珀·拉瓦特（瑞士生理学家）的门徒”，他差一点因为鼻子的形状被拒绝了。

1831年，达尔文由父亲支付旅费，上了这艘船，开始了一次不寻常的五年环游世界之旅。正如他在自传中所述：“贝格尔号之旅是我一生中最重要的事件，决定了我的整个职业生涯。我总觉得这次航行是对我头脑的首次真正训练或教育，是我的心灵之旅。”过比斯开湾后，达尔文首次经历晕船，这将困扰他整个航程。这艘船在到达巴西的巴伊亚之前，先后在赤道的佛得角群岛和圣保罗礁停靠。达尔文首次见到了热带雨林，他说：“在这种时候，一个人所感受的快乐让人晕头转向，大脑被欢乐所填满。”这艘船从巴伊亚继续航行到蒙得维的亚，这是菲茨罗伊未来两年在南美洲东海岸进行勘探工作的基地。

环绕南美洲

贝格尔号随后航行到南美洲最南端的火地岛，绘制贝格尔海峡的海图。该海峡是在1828年贝格尔号的首次水文调查中被发现的。此次行动涉及乘坐两艘小船沿海峡进行巡航和勘测。在潮湿的环境中，男人们睡在小帐篷里，条件很艰苦。有一次，一堵冰墙掉进水中，激

炮制的标本
这些是达尔文用贝格尔号带回英国的动物标本，现保存在伦敦自然历史博物馆的达尔文中心。

《物种起源》

达尔文在年轻时曾受到英国哲学家威廉·佩利思想的影响，佩利认为自然界中发现的复杂性证明了它是由上帝设计的。当时大多数自然学家也相信物种是固定不变的。到1837年，当达尔文首次画出一棵进化树时，已形成了自己的新理论，即物种是在环境的选择压力下逐渐发生变化的，而复杂性可以通过这一过程而进化。他不愿意理论在未充分发展之前就公布出来，但在1856年阿尔弗雷德·拉塞尔·华莱士发表了一篇概述类似观点的论文时，他被敦促出版《物种起源》。达尔文在书中阐述了他所描述的"一个长期的观点"，许多科学界同行立即意识到这一理论的重要性。他在1882年去世时，朋友们确保他能获得国葬待遇。

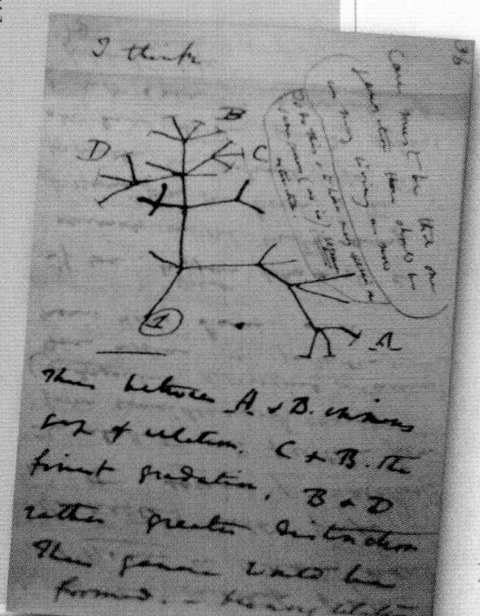

达尔文的笔记本，展示了他绘制的第一棵进化树。

起滔天巨浪，如果不是达尔文动作迅速，船肯定会被摧毁。正如菲茨罗伊所报告的那样，"要不是达尔文先生和另两三个人立即奔过来相救，他们就会被海浪冲走，无法挽回"。

贝格尔号返回蒙得维的亚，达尔文开始了他最漫长的内陆之旅。这艘船载着达尔文沿巴西内格罗河顺流而下，从那里他穿过科罗拉多河到巴伊亚，这段行程约300公里（200英里）要穿过半沙漠地带。达尔文在给表弟的一封信中写道："我这样奔波的目的，是为了了解岩层的地质情况，这些岩层中充满了巨大的、已经灭绝的四足动物骨骼。我在某种程度上成功了，但这片国土很难搞清楚——美洲的每个事物都是如此规模宏大，同样的构造会持续500英里或600英里，丝毫没有改变。"在旅程中，达尔文收集植物、动物和化石标本。他的笔记显示了他的理论："我对南美大草原地层中发现的巨大的动物化石印象深刻，这些动物身上覆盖着像现存的犰狳一样的甲胄；另外是沿美洲大陆向南推进时，那些密切相关的动物相互取代的方式。"

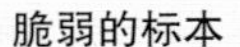

脆弱的标本
达尔文把这片蝴蝶翅膀放入他的晕船药盒子，从南美带回英国。

到1835年4月，贝格尔号已访问了福克兰群岛，然后绕过合恩角，开始了南美洲西海岸的勘探工作。同年2月，在智利的瓦尔迪维亚，达尔文经历了一次大地震的余震，目睹了康塞普西翁镇的毁灭："这是我所见过的最可怕的景象。康塞普西翁镇现在只不过是一堆堆的砖块、瓦片和木头……裂缝横贯地面，坚硬的岩石在颤抖，直径厚达6—10英尺的坚实支柱碎成了像饼干一样的碎片。"

达尔文在安第斯山脉又进行了两次探险，他这样描述安第斯山脉的景观："如此宏大的规模，如此清新而灿烂的氛围，对我来说就像是进入了另一个星球。"在山脉的高处，他发现了本来该属于沙质海滩的贝壳和化石，这些

贝格尔号的旅程
本图中，贝格尔号正进入麦哲伦海峡，前往太平洋。该船的名字已成为有史以来最重要的一次科学考察活动的代名词。

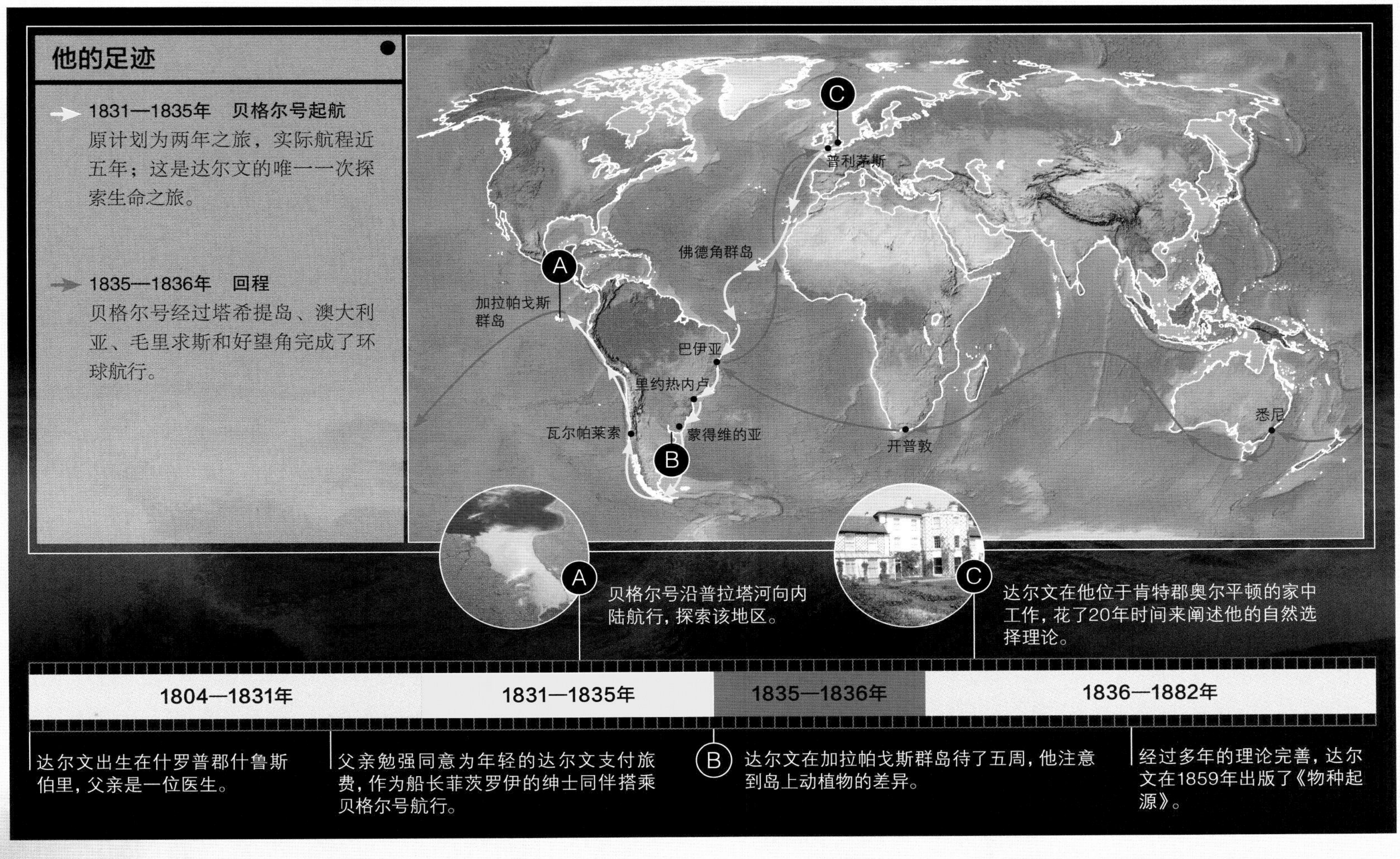

他的足迹

1831—1835年　贝格尔号起航
原计划为两年之旅，实际航程近五年；这是达尔文的唯一一次探索生命之旅。

1835—1836年　回程
贝格尔号经过塔希提岛、澳大利亚、毛里求斯和好望角完成了环球航行。

A 贝格尔号沿普拉塔河向内陆航行，探索该地区。

C 达尔文在他位于肯特郡奥尔平顿的家中工作，花了20年时间来阐述他的自然选择理论。

1804—1831年
达尔文出生在什罗普郡什鲁斯伯里，父亲是一位医生。

1831—1835年
父亲勉强同意为年轻的达尔文支付旅费，作为船长菲茨罗伊的绅士同伴搭乘贝格尔号航行。

1835—1836年
B 达尔文在加拉帕戈斯群岛待了五周，他注意到岛上动植物的差异。

1836—1882年
经过多年的理论完善，达尔文在1859年出版了《物种起源》。

线索表明，在生命开始后，山脉才隆起。他重返之前在科昆博港改造的贝格尔号，沿海岸驶向秘鲁利马附近的卡亚俄港。到此时为止，达尔文已收集了大量标本，但他即将开始整个航行中最重要的一次访问。

加拉帕戈斯群岛

1835年9月7日，这艘船从卡亚俄开往加拉帕戈斯群岛。正是在这里，达尔文在观察中有了新发现，即物种不是固定不变的，而是根据环境进化的。他观察到后来被称为“达尔文雀”的15种不同种类的鸟，每种鸟都适应各自岛屿的自然条件。贝格尔号在群岛之间航行的五周里，达尔文记录道：“这个群岛的自然历史非常了不起：它本身似乎是一个小世界；它的大部分居民，无论是蔬菜还是动物，都在其他地方找不到。”离开加拉帕戈斯群岛之后，航行的目的从海岸测量转变为确定经度，从塔希提岛、新西兰和澳大利亚，到毛里求斯和好望角，贝格尔号完成了环球航行。

加拉帕戈斯群岛的雀科鸣禽
达尔文通过仔细观察，记下他在加拉帕戈斯群岛的每座岛屿上发现的，雀科鸣禽形状各异的雀喙，每种鸟都适应了各自岛上的植物群落。

1836年10月回到普利茅斯之后，查尔斯·达尔文开始了他毕生的工作：首先在伦敦，然后在肯特的家中整理标本。1839年，他出版了详细的旅行记述——《贝格尔号之旅》，然后开始评估他收集的标本，从鸟类、甲虫到种子，与其他人分享自己的想法，并向世界各地的同行索取样本。1856年，他开始准备一本重要的书，但是1858年阿尔弗雷德·拉塞尔·华莱士（见第272—275页）关于自然选择的论文迫使他先写出这一巨著的概要，这就是在1859年出版的《通过自然选择的物种起源，或在生存竞争中优势物种的保存》。

研究、反思和怀疑
在肯特郡的唐宅，达尔文花了多年时间对他的标本进行反思。他非常担心，如果他把自己的想法公之于众，就会触犯宗教的敏感。

海拉姆·宾厄姆

发现印加遗址的科学探险家

美国 1875—1956年

作为一位年轻的历史学家，海拉姆·宾厄姆因为阅读德国探险家亚历山大·冯·洪堡的著作，激发了探索南美洲的灵感。他的梦想是找到传说中的失落之城维尔卡班巴，那是印加人抵抗西班牙统治的最后基地。当宾厄姆被人领着，沿山区丛林小道来到秘鲁安第斯山高处一座城市遗址时，误以为自己找到了维尔卡班巴。但结果证明，这是马丘比丘遗址，是20世纪最轰动的考古发现之一。

生平事迹

- 娶了珠宝品牌蒂芙尼创始人的孙女阿尔弗雷达·米切尔，她给丈夫的众多冒险活动提供了资金支持。
- 是第一个关注马丘比丘遗址的外来者，虽然该遗址对当地农民来说家喻户晓。
- 误认为马丘比丘是印加最后的避难所维尔卡班巴，但事实上他已在无意中参观过维尔卡班巴遗址。
- 开创性地利用摄影来准确记录考古挖掘。
- 结束学术生涯后，1924年进入政界，担任美国参议院议员。

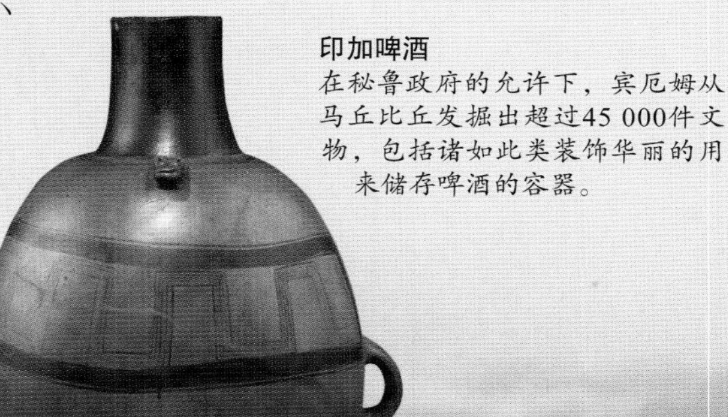

印加啤酒
在秘鲁政府的允许下，宾厄姆从马丘比丘发掘出超过45 000件文物，包括诸如此类装饰华丽的用来储存啤酒的容器。

宾厄姆出生于夏威夷，父亲是传教士。他1905年在哈佛大学完成了研究生学业，成为一名专门研究拉丁美洲历史的学者。

1906年，他在首次考察之旅中，重走了19世纪南美洲独立战争英雄西蒙·玻利瓦尔穿越哥伦比亚和委内瑞拉的路线。受这段经历的启发，他于1909年回到南美，从阿根廷的布宜诺斯艾利斯出发，横穿大陆来到秘鲁。看过古印加首都库斯科的壮观遗址后，宾厄姆决定尽可能多地发掘印加遗址。他回国组织了“耶鲁大学秘鲁考察探险队”，由《国家地理》杂志赞助。

宾厄姆和骡子
图中人物是1911年首次马丘比丘之行结束时疲惫不堪的宾厄姆。在几次南美洲之行中，他都骑着骡子旅行。

失落之城的故事

该团队于1911年沿着乌鲁班巴山谷出发，在此处发现了一个位于雅克塔帕特的印加遗址。艰难跋涉了一个多星期后，队伍来到了阿古斯卡利特斯镇。在那里，当地农民梅尔乔·阿特加告诉宾厄姆，就在离此地只有几公里远的地方，有个马丘比丘古城遗址（盖丘亚语，意为“古山”）。阿特加答应将宾厄姆带到遗址现场。

其他人对加入宾厄姆此行不感兴趣。第二天清晨，冒着蒙蒙细雨，他和阿特加一起出发，随行只有充当翻译的卡拉斯科中士，还有一个小男孩，领他穿越古城废墟。这三名秘鲁人带着他走过一座摇摇欲坠的木桥，跨越乌鲁班巴河，来到一片正在耕种的丛林空地。宾厄姆记述道：“一片片精心建造的梯田，每片梯田200码（200米）长，10英尺（3米）高，近期刚从丛林中被清理出来。”他们穿过梯田，突然映入眼帘的是“美丽的花岗岩建筑迷宫！它们被生长了几个世纪的树木和苔藓所覆盖”。

挖掘团队
1912年，在第二次访问马丘比丘时，宾厄姆组织了一次大规模的挖掘，探索当地农民未涉足的区域。本图中，他的一些秘鲁工人正在一个被标记为“11号墓葬”的区域工作。

印加人的祖居之地

起初，宾厄姆认为他来到了印加人的祖居之地——坦普托克遗址。他在日记中写道：“这可能会被证明是西班牙人来后南美洲发现的最大和最重要的遗址。”1912年，宾厄姆重返该遗址，清除那些建筑里过度生长的稠密植被，当地人则从未清理过。与他一道来的包括骨骼专家乔治·伊顿和地质学家赫伯特·格雷戈里。在挖掘过程中，宾厄姆和伊顿拍摄了11 000多张该遗址的照片。1915年，宾厄姆第三次也是最后一次访问印加，绘制了最初通往这座城市的印加古道路线图。

随着时间的推移，宾厄姆开始相信他不仅发现了印加文明的起源，还发现了维尔卡班巴遗址，并在他于1948年出版的畅销书《失落的印加城市》中解释了他的理论。1964年，美国人吉恩·萨沃伊在附近的埃斯皮尔里图潘帕发现了真正的维尔卡班巴遗址，宾厄姆曾参观过该遗址，但认为其重要性不大。

他的足迹

- **1906—1909年　追踪玻利瓦尔的足迹**
  游历哥伦比亚和委内瑞拉，然后骑骡子从阿根廷过境秘鲁。
- **1911年　发现马丘比丘**
  他被当地的一位农民带到马丘比丘遗址，误认为自己发现了维尔卡班巴。
- **1912年　返回马丘比丘**
  对现场进行大规模挖掘。
- **1915年　最后一次访问并绘制该地区的地图**
  考察印加人到达该城的道路系统。

○ 未在地图中显示

传奇山城
宾厄姆认为，三扇窗圣殿（左下角，可俯瞰砂色神圣广场）可能是16世纪印加皇帝帕恰库提·雅基的记述中提到的一座建筑。据说，传说中的“第一印加”下令在他的出生地修建工程，其中包括一堵有三扇窗的石砌墙。

托尔·海尔达尔

乘芦苇筏探索海洋的探险家

挪威 *1914—2002年*

特立独行的人类学家托尔·海尔达尔利用芦苇和纸莎草制成的筏子完成了几次非凡的航行。他的目的是找到证据，证明古代水手可能穿越过大洋。海尔达尔关于跨洋接触的一些理论并没有经受住时间的考验，但是他的航行显示了使用简单的技术来环游世界是有可能的。他还因为对环境问题和世界和平的呼吁而赢得世人的尊重。

生平事迹

- 乘太阳神号横越太平洋。
- 推测复活节岛上的居民源自南美洲。
- “拉”号纸莎草船沉没一年后，乘“拉Ⅱ”号横渡大西洋。
- 逆风驶过波斯湾，然后焚烧这艘船，抗议中东战争。

第一个“嬉皮士”
1937—1938年，海尔达尔在法图-希瓦停留了18个月，在此期间首次形成了自己的理论。他的日记（见下图）构成了著作《回到自然》（1974年）的基础。

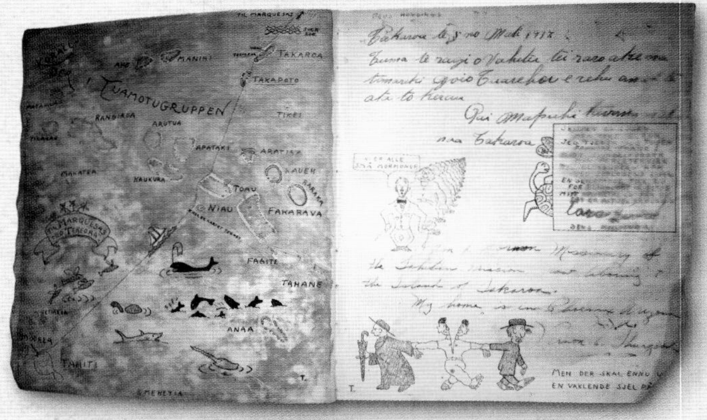

1937年，海尔达尔放弃了在奥斯陆大学的学业，以追求他对太平洋文化的兴趣。他在马克萨斯群岛的法图-希瓦岛度过一段时间，在那里，他开始相信人们是从南美迁移到波利尼西亚的，而不是像当时普遍认为的那样从东南亚迁移过去。

十年后，海尔达尔开始通过重走所谓史前移民的路线来证明这一理论。他和另外四名挪威人和一名瑞典人一起，开始建造一艘筏子。他把这艘船命名为太阳神号，以纪念前印加时代的太阳神。筏子由巴沙木、芦苇和蒲席制成，船帆是方形的，舵桨在船尾。整艘船是海尔达尔和朋友们独立建造的，没有使用任何金属工具，只使用了在前哥伦布时代秘鲁存在的简单工具。

起航

这次航行于1947年4月28日从秘鲁海岸卡亚俄开始，利用快速移动的洪堡洋流前行。伴随每一次浪涌，构成主结构的九根圆木都会各自独立运动，所以睡在垫子上就像“躺在一头巨大的、有呼吸的动物的背上”。原本担心把整个结构绑在一起的绳索有摩擦磨损的问题，但在航行的头两周内，这一担心就消除了，因为绳子浸水后膨胀，嵌入软化的木头中，反而加固而非削弱了结构。

不管夜晚还是白天，筏子都有成群的领航鱼相伴。晚上，海尔达尔记录了美丽的磷光浮游生物和虾，以及好奇的大眼睛深海乌贼。鲸鱼和海豚经常光顾，有一次，一头大鲸鲨绕着筏子游来游去。舱门外有一个小炉子，船员们在上面烹煮飞鱼和鲣鱼。筏子就像一面精心制作的渔网，总有鱼跃上来。正如海尔达尔所说，“饿死是不可能的”。

7月30日，在海上航行90天之后，这些人第一次看到陆地。最后，他们在安加托岛登陆，海尔达尔兴高采烈地说：“我永远不会忘记，

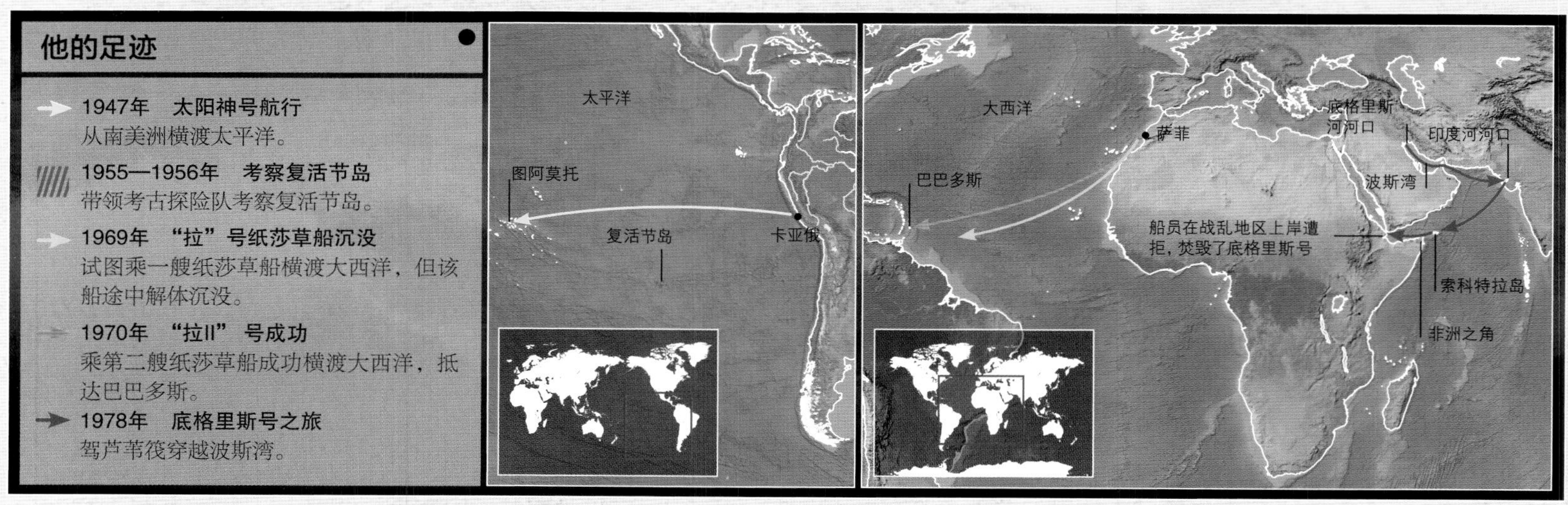

他的足迹
1947年 太阳神号航行
从南美洲横渡太平洋。
1955—1956年 考察复活节岛
带领考古探险队考察复活节岛。
1969年 “拉”号纸莎草船沉没
试图乘一艘纸莎草船横渡大西洋，但该船途中解体沉没。
1970年 “拉Ⅱ”号成功
乘第二艘纸莎草船成功横渡大西洋，抵达巴巴多斯。
1978年 底格里斯号之旅
驾芦苇筏穿越波斯湾。
太平洋
图阿莫托
复活节岛
卡亚俄
大西洋
萨非
巴巴多斯
底格里斯河河口
印度河河口
波斯湾
船员在战乱地区上岸遭拒，焚毁了底格里斯号
索科特拉岛
非洲之角

我涉水越过礁石的情景……我脱掉鞋子，把裸露的脚趾伸进温暖而干燥的沙子里。”太阳神号航行历时101天，行程6500公里（4000英里），横越太平洋，海尔达尔证明了他的筏子能够完成这一旅程。1951年，关于他这次航行的电影获得了奥斯卡最佳纪录片奖，他记述这次航行的书籍在全球售出数百万册。

有争议的理论

1955—1956年，海尔达尔率领一支考古考察队前往拉帕努伊（或称“复活节岛”），试图证明其原住民来自南美洲。1969年，他根据埃及太阳神的名字，制造了一艘名为“拉”的纸莎草船，以证明古代水手可以从非洲横渡大西洋。但首次尝试失败，一年后才获得成功。1978年，他乘着另一艘芦苇船底格里斯号逆风驶过波斯湾。

海尔达尔的许多理论一直备受争议，最近的DNA证据表明他有时是错的，但他献身事业的精神赢得了批评者的尊重。他勇敢无畏的航行证明了人类努力和智慧的力量。

复活节岛
海尔达尔认为，复活节岛的雕像与秘鲁的艺术有惊人的相似之处，它们是由南美人建造的。

在太阳神号上
最初的危险警报，是太阳神号的软木框架被海水浸透了，但太阳神号最终完成了长达101天的穿越太平洋之旅，证明自己是适航的。

前往地球极点

第一批极地探险者是游牧部落，他们早在2000多年前就先于因纽特人来到北极地区。从16世纪起，一拨又一拨的探险家向北推进寻找海上航线，向南推进寻找南部大陆。

海军探险
在1875—1876年，英国海军资助了一次到达北极的尝试。这次探险活动最终因为坏血病的困扰而被迫放弃，但在探险过程中，雪橇队创造了到达世界最北端的新纪录。

大约在1000年，维京人开始在北极地区寻找迁徙和定居的机会。然而，到了16世纪，北极探险家的动机发生了变化。鉴于西班牙和葡萄牙控制着从欧洲经印度洋到东亚的海上航线，北欧国家之间开始了一场竞赛，试图通过西北通道或东北通道建立新航线。

通往太平洋的通道

早期试图穿越北冰洋的尝试均告失败。1594—1596年，威廉·巴伦支试图找到一条从欧洲到太平洋的东北极地航道，最终失败而身死（见第288—289页）。1607年，亨利·哈德逊重走巴伦支的路线，但他也被浮冰击败（见第286—287页）。哈德逊后来在寻找西北航道的一次航行中死去。到19世纪初，英国海军考察队已经表明，要通过北冰洋航行到世界最北端是不可能的，但对西北航道的搜寻仍在继续。1845年，在约翰·富兰克林率领的探险队失踪后（见第292—293页），搜寻人员首次绘制了加拿大北极地区的详细地图。这些都为1903—1906年罗尔德·阿蒙森穿越北美最北端的航行（见第302—305页）奠定了基础。阿蒙森航行三年后，罗伯特·E.皮尔里声称徒步到达北极（见第308—309页）。他的说法存疑，但1969年，英国探险家沃利·赫伯特肯定完成了这一壮举（见第309页）。

保暖鞋
阿蒙森观察到因纽特人这种毛皮衬里的兽皮服装能够在极地环境中为人提供保护，决定模仿因纽特人的穿戴。

向南推进

南极洲是最后一个被探索的大陆，也是第一个真正被现代探险家“发现”的大陆。“我大胆地宣称，世界不会从中受益。”詹姆斯·库克（见第156—159页）在1772年绕过非洲海岸的冰层后写道。库克是第一个穿越南极圈的人，但他未能到达南极。在此30年前，年轻的法国航海家让-巴蒂斯特·夏尔·布韦·德洛泽对所谓的澳大利亚（“南方大陆”）的商业潜力作出了同样的评估。德洛泽遇到冰山，他把冰山描述为“漂浮的岩石”。水手们的穿戴无法抵御极端的寒冷，都冷得直哭。德洛泽未能实现他为法国寻找新土地的目标，他写道：“不是这些人无法完成使命，而是这个使命无法被完成。”

> 随着南极探险的进行，世界的地图终于完整了；进入20世纪后，人类的注意力从地球表面拓展到深海，直至今日，深海地图的绘制仍在进行。

英国、俄罗斯和美国都希望第一个到达南极冰原南面的陆地。1820年，有三位探险者声称自己是第一个看到南极洲的人：英国海军军官爱德华·布兰斯菲尔德，美国人纳撒尼尔·帕尔默以及俄国探险家法比安·冯·别林斯高晋。随后的几年里，美国和英国的数百艘船只在南极半岛附近海域作业，海豹贸易出现了爆炸式增长。

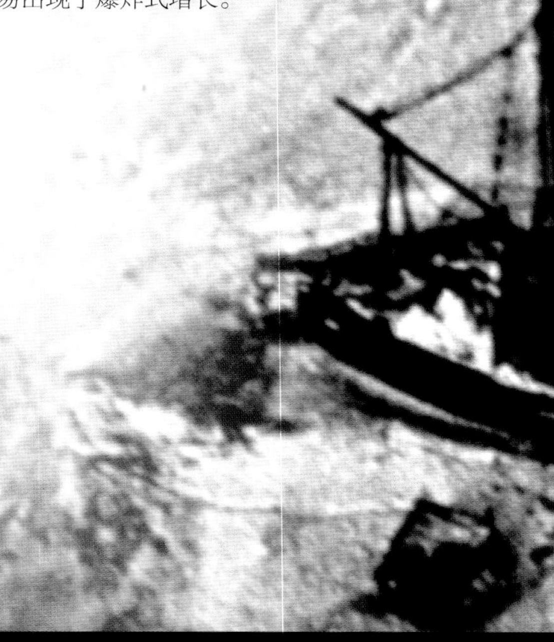

开拓者
1899年，挪威人卡斯滕·博克格雷温克成为继60年前的詹姆斯·克拉克·罗斯之后首位到达罗斯冰架的探险家。他为阿蒙森和斯科特铺平了道路。

领土权竞赛
1931年，澳大利亚人道格拉斯·莫森在乔治王之地上升起英国国旗。后来如他这样的探险，动机很大程度上是为了在南极大陆确立主权。

1822—1824年，英国水手詹姆斯·威德尔到达西经34° 16′ 45″ 南纬74° 15′ 的位置，这是当时人类到达的地球最南端。威德尔是第一个测量南极洲风和地震活动的人。他还系统地记录了南极野生动物，包括帝企鹅的详细生物学记载。

科学探险家

撇开商业利益不谈，英国皇家海军在19世纪40年代率先委派詹姆斯·克拉克·罗斯指挥埃雷布斯号和恐怖号进行南极圈航行。在1839—1843年，罗斯在植物学家约瑟夫·道尔顿·胡克的陪同下，率队进行科学探险活动，其成果包括三个季度的制图，地理和气象观测，并收集了1500个植物标本，保存在恐怖号上一个专门建造的植物标本室中。探险队发现了罗斯海、罗斯冰架、罗斯岛和维多利亚岛，并确定了埃雷布斯火山（罗斯以他的船命名）。罗斯为英国未来对这块大陆的勘探奠定了基础。1895年，在伦敦举行的第六届国际地理大会宣称，对南极的勘探是“有待进行的最伟大的一次地理探索”。在1897—1899年，比利时人阿德里安·德格拉克领导了这个新“英雄时代”的首次南极探险。十多年后，罗尔德·阿蒙森在这场到南极极点的悲剧性竞赛中，击败了罗伯特·斯科特（见第312—315页）。到1922年沙克尔顿（见第318—319页）去世时，南极大陆的海岸已获得勘测，它的最高峰已经登顶，南极极点已经到达。

背景介绍

- 1893年，挪威人弗里乔夫·南森在弗拉姆号上的非凡探险为新的海洋学科学提供了最早的证据，证明在极地冰盖之下的深处有温暖的大西洋洋流。
- 1898年，比利时人阿德里安·德格拉克的探险队率先在南极圈以内过冬。其船员包括年轻的罗尔德·阿蒙森。在南纬71° 的冰冻气候下，不久船员就都出现坏血病的症状。他们吃海豹和企鹅肉而得以幸存。德格拉克写道：“企鹅肉确实拯救了好几条生命，我们应该永远感激它们。”
- 1893—1895年，挪威的卡斯滕·博克格雷温克曾作为普通水手参加过一次猎捕海豹的远航。他在1895年的国会会议上宣布打算领导一次南极探险活动。博克格雷温克率领由英国资助的南极探险队，于1899年到达阿达雷角。他在那里建造了两座预制小屋——这是在南极洲大陆上建造的第一个可居住的避难所。博克格雷温克也是首位带狗去南极洲的探险家。
- 1911年，白濑矗率领第一支日本探险队探索南极洲。他在爱德华七世土地上进行科学研究，在那里遇到了阿蒙森的弗拉姆号，该船正等待阿蒙森从南极返回。

大自然的“玩具”
1901—1903年，埃里希·冯·德里加尔斯基领导了德国的首次南极考察活动。他的高斯号（见本图）最南到达南纬66° 2′ 的位置，最后被海冰困住。他形容被冻结的船成为“大自然的玩具”。

亨利·哈德逊

有弱点的北极路线搜寻者

英格兰 约1560—1611年

航海家和开拓者亨利·哈德逊进行了一系列探险，寻找从欧洲经北极到中国的贸易路线。他的旅行还首次对北美大陆两个最大的地理特征——河流和海湾——进行了重要探索，这两个地方现在都以他的名字命名。尽管哈德逊是一名熟练的水手，但他很容易丧失判断力，而且一再未能对船员行使权力，事实证明，这一弱点最终导致他的失败。

哈德逊的早年生活鲜为人知。他的名字最早出现在1607年，由伦敦莫斯科公司资助的探险队的记录中，当时该公司正在寻找一条穿越北极的远东贸易路线，但很难找到。

进入北极

1607年5月1日，哈德逊率霍普威尔号起航，这是一艘载有十名船员的小船，向西北方向驶过大西洋。43天后，他到达格陵兰岛，然后转向东北方向，直至斯瓦尔巴群岛（斯皮茨卑尔根群岛），但海上冰山、“薄雾、寒冷和多变的天气”阻碍了航程。在返回英国前，哈德逊航行1200公里（750英里），并且越过北极圈，是航行到最北位置的探险家。

1608年4月，他尝试了第二次前往远东的旅程，他赶在厚厚的海冰阻住霍普威尔号之前，抵达新地岛（现属俄罗斯）。正是在那里，他显露了首个令人担心的性格缺陷：哈德逊本想转向西部继续搜索，但在渴望回家的船员的抗议下软化了。鉴于哈德逊此行未获成功，莫斯科公司终止了对他的支持。他接着转向荷兰东印度公司，双方很快就达成了协议，包括严格

生平事迹

- 将他1607年航行所至的最北点命名为“鲸鱼湾”，该地属于斯皮茨卑尔根，很快就被新兴的捕鲸业所开发。
- 深入哈德逊湾，寻找通往亚洲的通道。
- 哈德逊遭到放逐之后，命运不为人所知。

半月号
图中这艘船是根据1609年哈德逊指挥的半月号仿造的。哈德逊所指挥的所有船只都是不适合北极和跨大西洋航行的小船。

他的足迹

- **1607年 斯瓦尔巴群岛** 乘霍普威尔号北至格陵兰岛和斯瓦尔巴群岛。
- **1608年 新地岛** 再乘霍普威尔号往东航行，但在手下船员的逼迫下返回。
- **1609年 西至哈德逊河** 再次往东航行，这次指挥的是半月号，但中途转而往西驶向北美洲，沿哈德逊河逆流而上。
- **1610—1611年 进入哈德逊湾** 乘发现号抵达哈德逊湾——人生过早结束。

新地岛
斯瓦尔巴群岛
格陵兰
哈德逊湾
伦敦
阿姆斯特丹
大西洋

有多处空白的地图
这张1608年由荷兰人约道库斯·洪第乌斯绘制的地图揭示了哈德逊时期人们对北极和美国内陆的了解是多么的少。当时人们甚至认为，由于日照时间长，北极在夏季是无冰的，这就为通往远东地区开辟了一条航道。

遵照指示路线，向东航行。1609年3月，哈德逊率领由荷兰和英国船员组成的探险队从阿姆斯特丹起航，但当这些人遇到海冰时，他们迫使他向西航行，去往温暖一些的美洲新大陆。哈德逊并没有按照合同条款镇压叛乱，而是屈服了，于1609年7月抵达北美。

队伍中的麻烦

9月，哈德逊写道："我们遇到三条大河。在五英寻深的地方，看到了许多鲑鱼和乌鱼，光线非常好。"半月号停靠在一条巨大河流的入口处，哈德逊认为这条河可能是通往远东的传说通道，于是他开始绘制路线，将这条河命名为哈德逊河。但是，尽管可以大量捕鱼，当地居民也很友好，船员仍威胁要叛变。到达上游大约225公里（140英里）处，亦即今奥尔巴尼所在地后，哈德逊返航。

在返回伦敦后，哈德逊逃脱了荷兰雇主的愤怒，却因悬挂荷兰国旗而被捕。但他再次赢得了英国探险队的支持，并于1610年4月率发现号起航。只是哈德逊又一次表现出他缺乏勇气，因为他没有反对科勒波鲁恩的加入，此人是雇主派来监视他的。相反，哈德逊采用非正当手段，没有带他离开港口。两个月后，哈德逊经过一条危险的海峡，到达一片开阔的海域，此地后来被命名为哈德逊湾。由于未找到通往东南亚的通道，他把船向南驶进海湾，但船很快就被冻在了冰里。由于被迫在此地过冬，供应有限，这些人不得不忍受坏血病、寒冷天气和满怀敌意的当地人困扰。1611年6月，当冰融化到足以返回家园的时候，船员们就叛变了，把哈德逊和他年幼的儿子，连同其他六个人一起，放逐到一艘小船上漂流，从此他杳无音讯。13名叛乱者中只有8人在返航途中幸存下来。所有人都被逮捕了，但没有人被判有罪。这可能是因为缺乏证据，也或者是因为他们带回了关于新世界的宝贵信息。

探索哈德逊河
半月号到达哈德逊河变窄处，即今奥尔巴尼所在地。这枚奖章是为纪念这项活动而锻造的。

威廉・巴伦支

搜寻东北航道的探险家

荷兰　约1550—1597年

作为一名经验丰富的制图师和航海家，威廉・巴伦支很有资格在16世纪带领荷兰商人寻找通往东方的新贸易航道。为此，他往北航行，穿越“白海”（他将北冰洋形容为“白海”）的冰原。巴伦支的三次航行虽然不成功，但在绘制西伯利亚海岸线地图方面起了很大作用，而他的最后一次航行向欧洲人证明了在北极冰原过冬是可能的。

生平事迹

- 为寻找通往东亚的航道而进行的三次航行均由商人资助，这些商人途经印度洋的传统贸易路线被葡萄牙人封锁。
- 将一群海象描述成“海马，是海洋中栖息的一种鱼，牙齿非常大，今天被用来代替象牙”。
- 非常有信心在第二次航行中找到东北航道，他带着五艘满载货物的船前往贸易。
- 历史学家格利特・德维尔以木匠身份参与巴伦支的第三次航行，他记录了巴伦支的旅程。
- 德维尔是第一个描述维生素A过多症影响的人，这是一种由食用北极熊肝脏而引起的疾病。
- 在受困浮冰并熬过严冬之后去世，可能葬入大海。

巴伦支的首次探险是由阿姆斯特丹商会资助的。他奉命寻找一条通往中国的东北航道。1594年6月5日，四艘船从荷兰的特塞尔出发，沿挪威北部驶往马斯科维亚（今俄罗斯）。他们在靠近新地岛时发现一艘船的残骸，这证明该地区以前曾被访问过。

受挫浮冰

7月13日晚上，船队驶入了巴伦支所称的“冰原”，他们缓缓行驶，直至在东南方向看到新地岛。在这段海域中，他们发现了大量的海豹和海象。巴伦支认识到这两种动物一旦进入水中就非常灵活敏捷，于是命令手下人在陆地上猎杀，夺取它们珍贵的牙齿，但他们“耗尽所有的斧头和梭子，也杀不了任何一只”。巴伦支率领自己的船沿他命名为奥兰治岛的一座岛屿航行，但浮冰阻碍了他的前进，于是他转而向南，重返船队。在那里，他的一名船长勃兰特・雅斯布兰佐恩描述说，他看到了一片开阔的大海，他深信这是一

误认海岸线
巴伦支在第三次航行中，首次向西北航行到斯皮茨卑尔根（如图所示），他误认为这是格陵兰岛的东海岸，因此向东折返。

他的足迹

- **1594年　首次向北航行**
  在被迫返回之前，他向东北方向航行，直至一座岛屿。为向荷兰王室表示敬意，他将该岛命名为奥兰治岛。
- **1595年　第二次航行**
  巴伦支第一次航行时，一位船长说向东是一片开阔的海洋，受此消息的鼓舞，他返回新地岛，这一次他还携带货物准备进行贸易，但再次失败。
- **1596—1597年　最后一次航行**
  巴伦支的船被困在浮冰中，他和船员被迫在冰上越冬。他死于第二年春天，不知是葬在新地岛还是葬身大海。

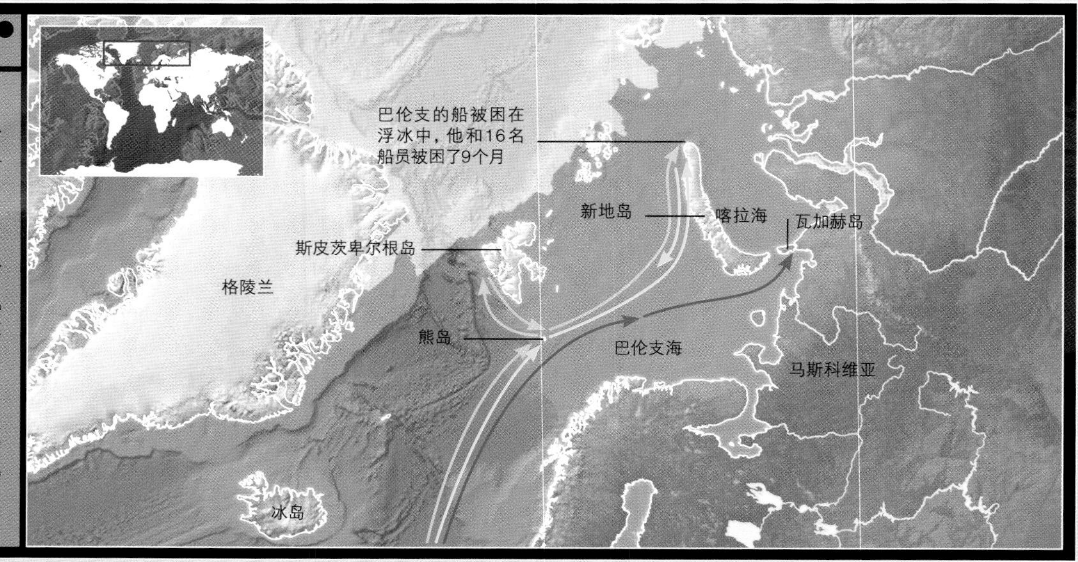

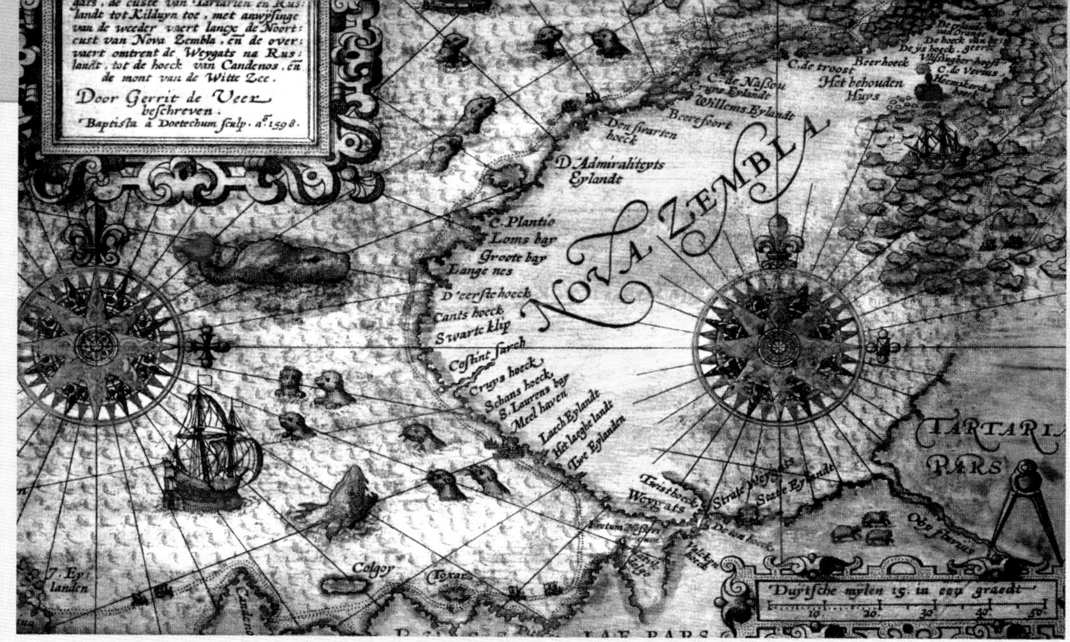

填写北极地图
这张地图来自格利特·德维尔的《威廉·巴伦支最后一次航行记述》，清楚地标记了新地岛的西部海岸线。该岛东海岸当时尚未绘制地图。

条通往中国的航道。

耻辱性的失败

第二次航行被组织起来，这次派遣七艘船，其中五艘载有准备进行交易的货物。1595年8月21日，船队到达了雅斯布兰佐恩所描述的地点并登陆。巴伦支的手下看到了有人走过的小径，但没有发现任何人。他们试图向东航行，但又一次被冰原打败而折返。这次航行代价高昂，商人们因无法进入东方而感到沮丧，但仍坚持自己的主张。

到了第二年春天，巴伦支进行了第三次探险。两艘船分别由雅各布·海姆斯克奇和扬·科尼索翁·里杰普担任船长并指挥，巴伦支自己则为海姆斯克奇领航。1596年6月9日，他们来到一座新的岛屿，称之为熊岛。浮冰不断增加，他们继续向北推进，在6月19日看到斯皮茨卑尔根。他们向西北方向航行，但极地冰层阻挡了他们前进的步伐。返回熊岛后，两艘船走上不同的路线，巴伦支向东驶向新地岛。

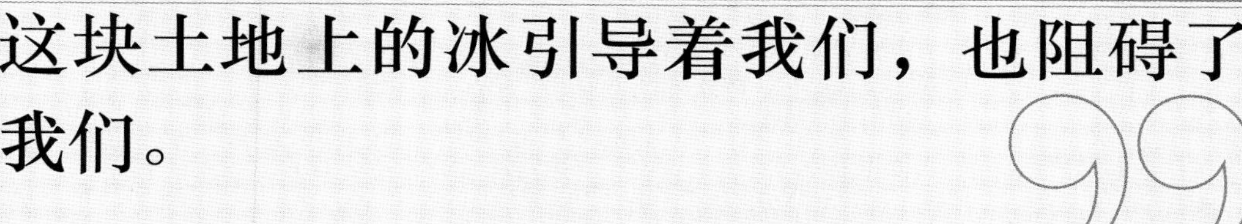

这块土地上的冰引导着我们，也阻碍了我们。

——威廉·巴伦支

冰原冬天

1596年8月7日，巴伦支的船被冻结在冰层中。历史学家格利特·德维尔描述了他们是如何被迫在严寒、物质匮乏与苦难中过冬的。因为缺乏食物供给，他们整个冬天忍饥挨饿，次年5月11日才终于得以离开。巴伦支本人已经病了好几个星期，在返程途中去世。

熊攻击
在1594年巴伦支的首次航行中，他的手下射杀了一头登船的北极熊。在第二次航行中，一头北极熊袭击并杀死了巴伦支的两名手下。

阿道夫 · 埃里克 · 诺登舍尔德

东北航道的开拓者

芬兰 *1832—1901年*

诺登舍尔德是一位矿物学家和地质学家，有着永不满足的科学好奇心。他最为人所知的，是1878年成为第一个沿东北航道航行的人。自16世纪以来，在俄罗斯北部海岸的大西洋和太平洋之间找到一条可行的航线一直是欧洲探险家们的梦想。诺登舍尔德乘现代蒸汽船织女星号把这些梦想变成了现实。他的成就激励了新一代北极探险家。

生平事迹

- 出生在芬兰，但大部分时间生活在瑞典。
- 作为一名地质学家，在北冰洋探险到斯皮茨卑尔根时，在恶劣的条件下咬紧牙关坚持。
- 两次到达北极的尝试都失败了，首次是乘船，第二次是徒步。
- 织女星号在距离白令海峡很近的地方受困浮冰，船员们必须等十个月才能解困。
- 回到瑞典后，受到英雄般的欢迎；证明在两个月内航行东北航道是可能的。

诺登舍尔德的父亲是一位杰出的地质学家和探险家，他从父亲那里获得了对地质学的热情。在赫尔辛基大学学习这门学科后，他于1857年移居瑞典，几乎立即开始了探险家生涯。1858年，在瑞典地质学家奥托 · 托雷尔的带领下，他开始了首次前往斯皮茨卑尔根岛（如今的挪威北极地区）的探险。

尝试极点

几年内，诺登舍尔德率领自己的探险队前往斯皮茨卑尔根。他使用的蒸汽船，刚刚从小型河船发展成强大的大型远洋船只。蒸汽驱动的螺旋桨能够发挥巨大的力量来突破浮冰。经过观察，他开始考虑洋流对北极冰漂移模式的影响，并得出结论：到夏末，北极北部应该是没有冰的。为证明自己的理论，他于1868年7月登上了索菲亚号汽船。这是一次重要的科学考察，旨在测量距离北极多远可以航行。

索菲亚号先向熊岛驶去，然后往北向斯皮茨卑尔根岛推进。暴风雨过后，船被冰山困住了，但船长冯 · 奥特成功地将它安全驶入港口。他们已经到达北纬81° 42′，但据冯 · 奥特记载："我们在很多处都破冰前行，才到达这一纬度。"诺登舍尔德则有了一个令人失望的重要发现：浮冰位置比他原先预期的还要靠南。

破冰船
在1878年的探险中，织女星号加固的船体顶住了冰层的压力，挽救了船员的生命。它最初是为捕鲸而建造的。

他的下一个设想更加雄心勃勃：成为徒步到达北极的第一人。自1827年英国海军军官威廉 · 帕里到达北纬82° 45′ 以来，先后有几人尝试过，但均告失败。诺登舍尔德先是准备穿越格陵兰冰盖。他的队伍设法走了56公里（35英里），就被危险的冰隙所击退。有了这次经验，他于1872年再次启程前往北极，在斯皮茨卑尔根扎营。当拉雪橇的驯鹿挣脱逃跑时，探险队立刻就出了问题：在等待救援船只时，队伍中暴发了坏血病。尽管尝试失败，科学家们还是建立了三个观测站，提供了有关气象学和天文学的有用信息。

织女星前进
这首令人振奋的乐曲是1879年为向诺登舍尔德致敬而创作的。

他的足迹

○ **1872年　尝试到达北极**
诺登舍尔德打算从斯皮茨卑尔根岛穿过浮冰到达北极，但探险队很快就出了差错，未进行任何认真尝试。

→ **1878年　横跨欧亚大陆的顶端**
织女星号从瑞典的卡尔斯克鲁纳出发，到达楚基海的科柳钦海湾，诺登舍尔德及其船员在那里度过了被困在浮冰中的冬天。

→ **1879—1880年　返回瑞典**
冰层融化，织女星号重获自由，穿过白令海峡，经南方路线返回瑞典。

○ 未在地图中显示

找到航道

到1878年，诺登舍尔德开始形成下一个理论：通过东北通道从欧洲航行到亚洲是可能的。这也是几个世纪以来探险家们的梦想。在建立了一条从挪威到西伯利亚叶尼塞河口的航线后，他认为白令海峡在夏季可能不结冰。他的300吨轮船织女星号不仅装有帆，还载有两年远航探险的装备。探险队成员包括丹麦、意大利和俄罗斯的科学家和官员。从9月中旬开始，这条沿海通道就开始布满浮冰，航行进展缓慢。在距离白令海峡仅两天行程的科柳钦海湾，这艘船终于被浮冰困住了，距离海岸只有12公里（7英里）。科学研究继续在船上进行，直到1879年夏天，织女星号在受困浮冰十个月后终获自由，继续航行，完成了此次旅程，成为第一艘从大西洋航行到太平洋的船。它绕着欧亚大陆的南部路线返回家园。

洁净烹饪
诺登舍尔德在北极探险时，携带了这种特殊的无煤烟煤油炉。

1880年4月，织女星号的船员们返回瑞典后，被视为英雄。由于之前在冬季受困浮冰期间，中断了与外界的联系，经历过那种茫然无措的恐惧，使得欢庆更加热烈。尽管因为诺登舍尔德之前推迟起航导致后来被迫越冬，但他已经表明，东北通道有两个月的通航时间。关于这次探险，他撰写了五卷书，内容详尽，他的研究提高了对气候模式的理解，但直到几十年后，这条路线才被用于贸易。

1882年，诺登舍尔德开始了另一项挑战：徒步远征格陵兰内陆冰原，但被技术问题逼退，不过，另一位伟大的斯堪的纳维亚探险家弗里乔夫·南森很快接受了这一挑战（见第296—301页）。

探险家之岛
斯皮茨卑尔根岛在几次著名的探险中发挥了重要作用。1599年，威廉·巴伦支第一次绘制了该岛地图（见第288—289页）。该岛也是飞艇飞往罗尔德·阿蒙森极点（见第302—305页）和厄内斯特·沙克尔顿北极探险队（见第318—319页）的落脚点。

约翰·富兰克林

北美北极制图师

英格兰 1786—1847年

约翰·富兰克林是一位杰出的海军军官，尽管他的三次探险有两次以灾难告终，他的北极壮举还是使他成为英国的民族英雄。他决心绘制西北航道图，据认为这条航道可通过加拿大北极地区连接大西洋和太平洋，但结果导致他失败身死。在富兰克林死后的几十年里，对他及其失踪船只和船员的搜寻一直是忠实于他的公众关注的焦点。

最后安息之地
富兰克林探险队的许多成员最后的安息之地在威廉国王岛。1931年，为标记他们坟墓的所在地，一座石堆纪念碑被竖立起来。

富兰克林于1786年出生在林肯郡，14岁时加入皇家海军，并在前往澳大利亚的调查者号上服役。1818年，富兰克林在一次不成功的探险中发现了通往北极的一条开阔航道，在此之后，富兰克林被选为陆路探险队的领队，以便在次年找到西北航道。

探险队开局很顺利，但很快就出现了问题，因为哈德逊湾的两家加拿大主要贸易公司之间的激烈争斗阻止了富兰克林从两家公司购买物资。尽管缺乏粮食供给，他还是固执地坚持下去。这种性格特点，使他勇敢无畏，却也产生了致命的后果。在1821年6月，探险队开始沿着科珀曼河前进，在8月初到达加拿大北部海岸。接下来的一段旅程——沿着未被发现的北极海岸到浅水湾，被证明太困难了，富兰克林被迫折返。食物的短缺过于严重，队员们不得不吃岩石地衣和靴子皮，富兰克林后来被称为“吃鞋的人”，但更糟的情况还在后面。

四条腿的救援
为了找到富兰克林，人们给每只北极狐都戴上标记有救援船位置的项圈和徽章，然后释放它们，希望它们能找到幸存者。

生平事迹

- 14岁的富兰克林乘调查者号参加了探索澳大利亚海岸的活动。
- 在1805年特拉法加战役中服役。
- 在他1825—1827年的探险中，首次绘制了数百英里的北极海岸线地图。
- 激励26支探险队寻找他失踪的探险队，但寻找过程中死去的人比他1845年探险时死亡的人数还要多。

可怕的发现

富兰克林和他的一名军官乔治·贝克上尉出发去寻找补给，留下的人中包括不幸的罗伯特·胡德和猎手米歇尔·泰罗阿赫特。泰罗阿赫特向饥饿的队员提供了“狼肉”，但探险队的外科医生约翰·理查森怀疑这是人肉。在找到胡德的尸体后，发现胡德的后脑勺中了一枪，于是他执行法律，开

长距离拖运
富兰克林的首次探险包括在冰河上长距离携带敞篷的印度安独木舟，图中为探险报告所记述的在拉塔角的场景。

枪打死了泰罗阿赫特。只有贝克上尉带着当地的向导和补给及时赶回，才拯救了队员。

尽管探险队的结局令人毛骨悚然，富兰克林并未放弃他对西北航道的搜寻。他于1825年从哈德逊湾出发，开始第二次探险，这次比第一次更有计划，装备更完善，更有执行力。该探险队成功地考察了麦肯齐河东面和西面数百英里的北极海岸线，没有造成人员伤亡。富兰克林于1827年返回英国时被誉为英雄，两年后被授予爵士头衔。

他的足迹

- ○ **1818年　经海路到北极**
  富兰克林作为一名中尉，参与由戴维·巴肯上尉领导的一次寻找北极航道的行动，但未获成功。
- ○ **1819—1822年　科珀曼河**
  他领导的第一次探险以谋杀和涉嫌食人行为告终。
- ○ **1825—1827年　麦肯齐河**
  富兰克林带领一支探险队前往北极海岸，成功地从麦肯齐河东西两侧探险。
- → **1845—1848年　“迷失”的探险**
  富兰克林带着装备最精良的探险队重返北极，结果却受困浮冰。

○ 未在地图中显示

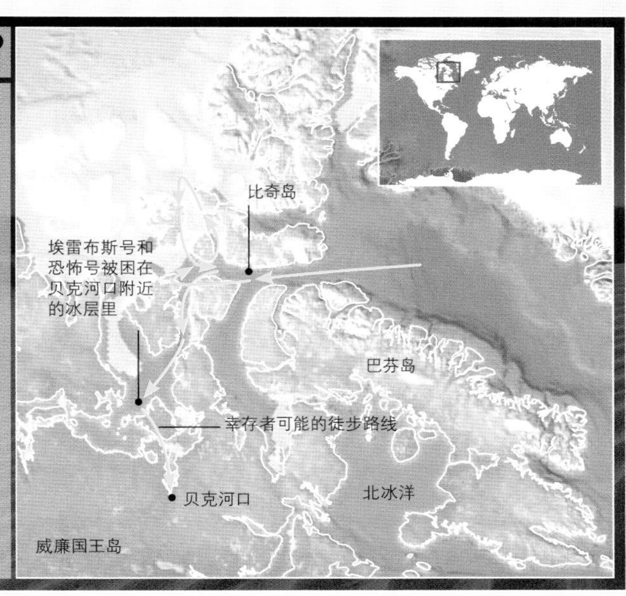

“迷失”的探险

英国皇家海军拒绝了富兰克林下一次探索加拿大北极地区的提议，他的探险家生涯似乎已经结束。在指挥地中海的一艘护卫舰一段时间后，他于1836年接受了范迪曼之地（今塔斯马尼亚州）副总督的职位。但他对刑罚改革的自由主义观点使他在殖民地不受欢迎，导致1843年被召回。这时他已五十多岁，可以退休了，但由于命运的改变，他获得了最后一次实现梦想的机会，于1845年带领另一支探险队前往西北航道。

在森林中求生
本场景取自富兰克林1819年加拿大陆上探险的记述，图中，队员们正在扎营。

寒冷的露营者
这是1845年探险中所携带的一架雪橇的复制品，显示当时的帆布露营装备不适合加拿大北极地区。

自富兰克林上一次探险以来，北极海岸线只剩下480公里（300英里）未绘制地图，因此人们对这次探险将取得成功抱有很大的信心。这次航行所选择的两艘船埃雷布斯号和恐怖号，安装有最新的铁板和蒸汽驱动的螺旋桨，船员大多经验丰富。然而，船员缺少适合北极天气的衣服，人数也过多。后来发现，罐装食品中使用的铅封可能已经渗入食品中，对食用者产生了毒害。富兰克林59岁的年龄也可能使他处于不利地位。

1845年7月，探险队在兰开斯特海峡被企业号捕鲸船见过后，从此就杳无音讯。鉴于这些船载着足够三年的粮食供应，所以直到1847年，第一次救援尝试才开始。在悬赏的激励下，又有26支探险队去寻找那些失踪的船员。1859年，福克斯探险队终于发现了这支队伍的命运，当时在贝克河口发现了一具尸体和船上物品。记录1846年埃雷布斯号和恐怖号被困在冰中的文件也被发现，还有1847年富兰克林因不明原因死亡的记录。据记录，幸存者在1848年抛弃了冰封的船只，前往陆地，却死于坏血病、铅中毒、食人行为和饥饿。尽管富兰克林被誉为一个有巨大勇气的人，但他面对风险时的固执可能两次导致致命的后果。然而，1859年福克斯探险队揭示了富兰克林的最后一项成就——到达贝克河后，他偶然发现了西北航道的缺失部分。

冰冻木乃伊
海军士官约翰·托灵顿死于1845年探险，保存完好的遗体于1984年在永久冻土中被发现。他因铅中毒而死于肺炎。

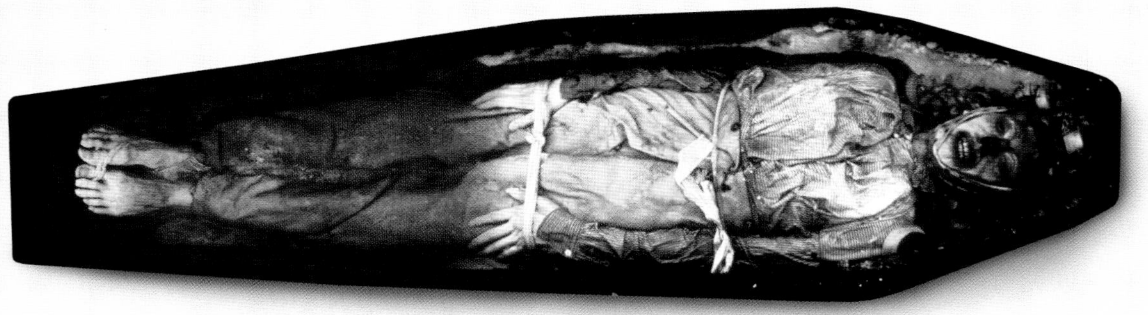

体验极地生活

长期以来，探险家们一直被北极和南极的荒凉和致命环境所吸引，被传说中的航道、科学成就和持久的声誉所诱惑。在人类首次到达极地一个世纪后，对科学饮食的理解、地理知识和技术都得到了改进，使极地探索更加安全。然而，只有最顽强的探险家才敢冒险进入这些令人望而生畏的竞技场。

搭建临时营房

由于酷寒和持续的强风，帐篷不适合在极地地区长期使用；在南极洲，风速可高达每小时320公里（200英里）。为了在这样的极端环境下有适当的住所，需要建临时营房，而且由于现场没有建造营房的原材料，必须在出发前预制。营房的位置至关重要：1911年，德国的南极探险队在冰山上建造营房，但当冰山开始漂离海岸时，他们只好匆忙拆除。牛津大学在1935—1936年的北极探险中，通过挖掘40吨冰来建造由隧道连接的几个大房间组成的地下基地，解决了强风和寒冷的问题。

冬天之家
跨南极探险队为他们在南极冰川的临时营房搭建框架，有三人在临时营房度过1957年的冬天。

“北极灾祸”

19世纪末20世纪初，极地探险家遇到的主要健康问题之一是坏血病。这种情况会导致牙龈肿胀和出血，导致牙齿脱落，头皮出血，以及关节周围内出血。如果不治疗，通常会导致死亡。在19世纪，坏血病被称为“北极灾祸”，斯科特1901年的第一次南极探险也受到了它的影响（见第312—315页）。斯科特、威尔逊和沙克尔顿在他们试图到达南极的时候，都因为出现坏血病的早期症状而被迫放弃。当时，他们认为坏血病是由受污染的肉引起的。直到1932年美国化学家查尔斯·金发现，坏血病的真正原因是维生素C缺乏症。

致命的严寒

1983年，俄罗斯南极基地记录到的最冷温度是-89.2℃（-128.6℉）。南极半岛的气温只上升到冰点以上，内陆则全年保持极度寒冷。西伯利亚有史以来记录到的最冷北极温度为-68℃（-90℉），而在短暂的北极夏季，气温可达10℃（50℉）。

在极端寒冷的情况下，探险者面临体温过低的危险，这会导致因器官衰竭而死亡。冻伤是另一个主要的风险，暴露在极端寒冷中几分钟内就可能冻伤。在最温和的状态下，它会引起皮肤的刺激和疼痛；在最严重的状态下，肌肉、肌腱和血管都会结冰，身体受影响的部分也会坏死，通常需要截肢。

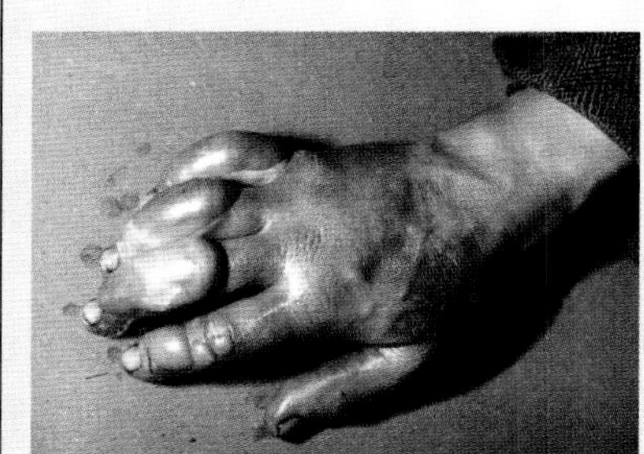

冻伤的手指
爱德华·阿特金森、罗伯特·斯科特1910年南极探险队的随队医生，其右手遭受了严重的冻伤。

食物和水

坚持在酷寒中行进，需要消耗大量的能量，而现代极地探险者每天要消耗6000卡路里——这是成年人正常摄入量的三倍。过去，探险家们吃得不够好。20世纪初，加拿大人维尔贾穆尔·斯特芬森宣称，像因纽特人一样，探险者可以在没有蔬菜的北极生活，吃低碳水化合物的全肉饮食。斯特芬森那个时代的主食是肉和脂肪，而坏血病仍然很常见。现在人们认为因纽特人从白鲸的皮肤等来源获得维生素C。

两极是地球上最干燥的地方之一，降水比撒哈拉沙漠还少。饮用水只能从冰中获取，这意味着必须携带燃料来融化冰。

应对极端情况

酷寒，狂风，眩目的暴风雪，充斥悬崖峭壁和裂缝的破碎地表——极地地区的物理环境在每个层面都提出了挑战。生存需要计划。可以说，最成功的极地探险家罗尔德·阿蒙森就精心计划，训练自己所需要的技能。阿蒙森是一名熟练的滑雪者，他还学习医学、航海技术，并特别关注因纽特人和拉普兰人在寒冷天气中的生存技巧。

个人安全

在南极，要确保人身安全，只需与气候因素进行斗争。然而，在北极，探险家们面对的是人类和北极熊。大多数探险队通过射杀来对付熊，而与因纽特人的关系一般是和平的。北极距离最近的陆地有700多公里（430英里）远。北冰洋是由海冰覆盖着的，穿过这个移动的冰壳非常危险。沃利·赫伯特在《英国跨北极远征（1968—1969年）》一书中描述，他在一块巨大的浮冰上扎营，结果这块浮冰裂成两半，切断了他与补给品之间的通道。

极地中最可怕的危险之一是探险者可能受伤或生病，而在飞机和破冰船出现之前，获救的机会微乎其微。无行为能力的人也是探险队的负担。众所周知，1912年斯科特不幸的南极探险中，病入膏肓的劳伦斯·奥茨为不连累同伴，独自走出去面对死亡（见第312—315页）。

极地运输

与因纽特人的接触向早期的探险家和毛皮商人展示了利用狗拉轻型雪橇的优势。然而，英国皇家海军顽固地坚持用人拉大雪橇的艰苦做法。1827年，威廉·爱德华·帕里在试图到达北极时尝试过驯鹿，但这艘长6米（20英尺）的雪橇船对他的八只驯鹿来说太重了。美国人罗伯特·E.皮尔里（见第308—309页）和挪威人阿蒙森（见第302—305页）与因纽特人一起学习如何用狗驾驶。在前往南极的比赛中，阿蒙森对狗的熟悉使他比斯科特更有优势，因为斯科特的西伯利亚小马无法适应南极环境。1907年，第一个乘汽车去南极的人是厄内斯特·沙克尔顿（见第318—319页），但汽车运转不良。斯科特在1909年使用了机动拖拉机，仍然无法适应寒冷气候。第一次机动车穿越南极是在1957—1958年，由维维安·福赫斯爵士用特制的履带式车辆在南极进行了第一次机动车穿越。

无人支持的团队
1992年，雷纳夫·法因斯（右）和迈克尔·斯特劳德在无人支持的情况下独自进行南极探险，自己拉雪橇。

极地服装需要在不限制运动的前提下提供保护。在斯科特时代，专门的服装已经开发出来了，但还不是由透气材料制成的。他们拉雪橇时会汗流浃背，停下来时发现自己又冷又湿。湿衣服几分钟内就会结冰，带来冻伤的危险。斯科特的同事阿普斯利·切里-加拉德写道："我们的衣服像木板一样坚硬，从我们身上每一个可以想象的角度伸出来。"

热血、辛劳和冻结的汗水
1915年，厄内斯特·沙克尔顿的船员们在失去"持久号"船后，轮班将詹姆斯·凯德号救生艇拖过南极冰面。这艘救生艇被证明是他们的救星。在长达1500公里（920英里）的英勇航行中，沙克尔顿和另几个人越过波涛汹涌的南太平洋来到南乔治亚，召集人员前去营救受困的探险队。

上帝啊，这是个可怕的地方！

——罗伯特·斯科特到达南极时说

“困难”是需要一点时间；“不可能”是花费更长时间。

——弗里乔夫·南森

奥斯陆对英雄的欢迎
在对北极进行非凡的征服尝试之后，1896年9月9日，弗拉姆号探险队的探险家们终于在一支军舰中队的护送下回到奥斯陆，受到了数千人的欢迎。在出席由奥斯卡二世（1872—1905年）主持的招待会的途中，南森和队员们经过一个由200名体操运动员组成的凯旋门。

生平事迹

- 他带领一支探险队率先穿越格陵兰岛。
- 在弗拉姆号航行后，南森被认为是挪威的民族英雄；他对此次探险之旅的记述《最远的北方》非常受欢迎，成了国际畅销书。
- 弗拉姆探险队收集的数据为北极圈的地理和地质情况提供了新的评估。
- 除了海洋学，他还在神经科学的研究上取得了突破，是第一个意识到脑细胞通过形成连接网络来工作的人之一。
- “一战”后，南森的职业生涯发生了变化：作为一名受人尊敬的外交官，他积极捍卫世界各地流离失所者的权利。

弗里乔夫·南森

开创性的极地探险家

挪威 *1861—1930年*

19世纪晚期，弗里乔夫·南森通过采用因纽特人的旅行和着装方式，引领了极地探险的道路。南森以愿意承担“考虑过的风险”而闻名，影响了后世许多极地探险家。“一战”后，南森结束杰出的海洋学家生涯，在人道主义援助领域发挥了重要作用。1922年，他因在国际联盟的工作而被授予诺贝尔和平奖。

作为一个在挪威农村长大的男孩，南森从小就热衷于户外运动，学会了滑雪和滑冰。1882年，他在克里斯蒂亚尼（今奥斯陆）皇家弗雷德里克大学学习动物学期间，曾搭乘一艘名为“维京号”的海豹捕猎船参加北冰洋探险。在旅途中，他对海流和海冰进行了科学观察，并充分利用自身的艺术技巧，在笔记中添加详细的绘图。3月中旬，维京号进入北极圈，在这艘船最终被冻结之前，南森经历了船在海冰中漂流的过程。船先向南漂流，然后向北漂流，直到7月才脱离海冰，重获自由。在此期间，南森观察到一段漂浮在北极水域的木材。他假设木材只能从西伯利亚漂到那里，并在以后的航行中证明他的理论是正确的。他还首次瞥见了格陵兰岛的海岸。1882年8月回到克里斯蒂亚尼后，南森继续学习了五年，在此期间，他形成了穿越格陵兰岛的想法。当时，所有穿越该岛的尝试都是从西向东进行的，如1883年诺登舍尔德（见第290—291页）和1886年美国极地探险家罗伯特·皮尔里（见第308—309页）。南森在1887年秋天透露了他大胆的计划：利用雪橇横跨格棱兰冰盖。他的团队包括三名挪威人和两名拉普兰人。

旅行火柴
南森在乘弗拉姆号航行和徒步返回的整个旅程中，一直随身携带这盒火柴。

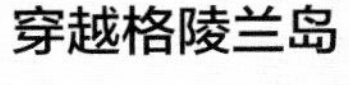

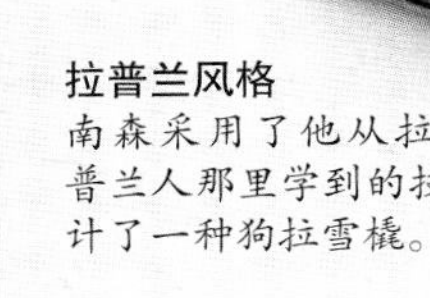

拉普兰风格
南森采用了他从拉普兰人那里学到的技术，设计了一种狗拉雪橇。

穿越格陵兰岛

南森非常清楚以前的尝试所面临的危险，比如冰中隐藏的裂缝。他觉得，如果从人们所知甚少的东海岸向西穿越，他的“滑雪运动员”将会一直朝着已知的文明前进，无论路途多么艰难。正如他所说：“我们别无选择，只有前进。我们的命运是死亡或者是格陵兰岛的西海岸。”1888年6月，在塞尔米利克峡湾对面，离陆地56公里（35英里）之处，他们从杰森号海豹船下来，乘两艘小舟漂流。在大雨和浓雾中，南森别无选择，只能沿着格陵兰岛东岸寻找合适的登陆地点。一天晚上，这些人别无选择，只好把帐篷搭在一块浮冰上。南森警告说，如果浮冰漂流到开阔的海面，就会被“粉碎”。担任守望职责的奥托·斯维德鲁普眼看着海冰朝大海漂流，毁灭即将来临。他打开帐篷的一个钩子，警告其他的人。他迟疑了一下，又打开了一个钩子，就在这时，水流转向陆地，危险终于过去。55天后，8月10日，小舟终于登陆。

革新性的雪橇

滑雪者开始把五架“南森”雪橇拉过冰盖，这些雪橇装在滑雪板上，并装备了帆，只要有可能，他们就会用帆来加速穿越。他们的装备包括三人睡袋，每个睡袋都由驯鹿皮制成。水必须从冰中提取，供应不足。有一次，在豌豆汤洒了之后，这些人拿起一大块冰冻的汤，把它吞了下去，“一滴也没有掉”。南森描述道：“我们只看到三件事物：雪、太阳和我们自己。”

10月12日，这六名队员抵达西海岸的戈德萨布。由于在春天前无法乘船通过，他们只能忙于射击和学习如何驾驶因纽特皮划艇航行。1889年5月，他们通过哥本哈根回到克里斯蒂亚尼，超过4万名挪威人欢呼着迎接他们。

依靠一小队使用滑雪板和雪橇的运动员，南森探索极地的新方法是革命性的。他有一个理论，认为极地冰是由洋流从东向西输送的。他相信，一艘船一旦在北冰洋的冰面上被冻结，就可以漂过北极。

出于这个考虑，他专门建造了一艘船，取

旅途的开始
探险开始不到四个月，弗拉姆号就冻结在浮冰群中，它将在那里随浮冰漂流近三年。

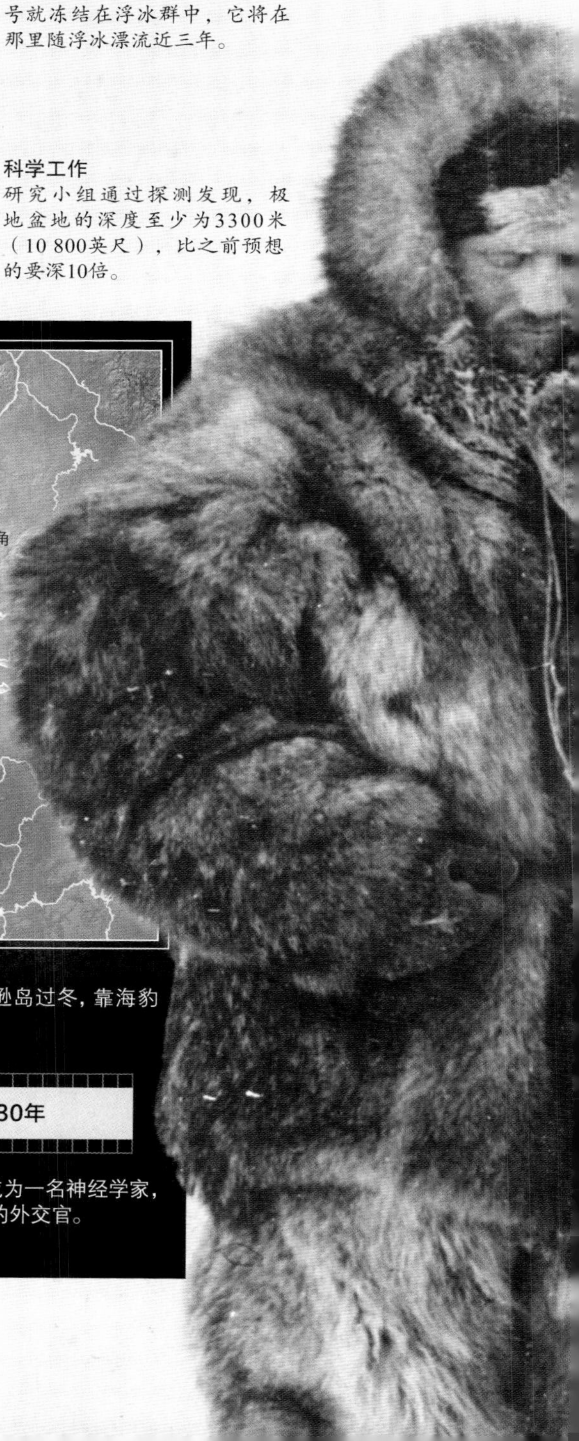

科学工作
研究小组通过探测发现，极地盆地的深度至少为3300米（10 800英尺），比之前预想的要深10倍。

他的足迹

1893—1896年　弗拉姆号的旅程
弗拉姆号在海冰中漂流将近三年，但洋流并没有像南森所希望的那样把它带到北极。

1895—1896年　徒步到极点
意识到弗拉姆号不会漂流到北极，南森和约翰森出发徒步前往北极，但因为恶劣的天气而被迫返回；一年后，他们与弗拉姆号的船员重聚。

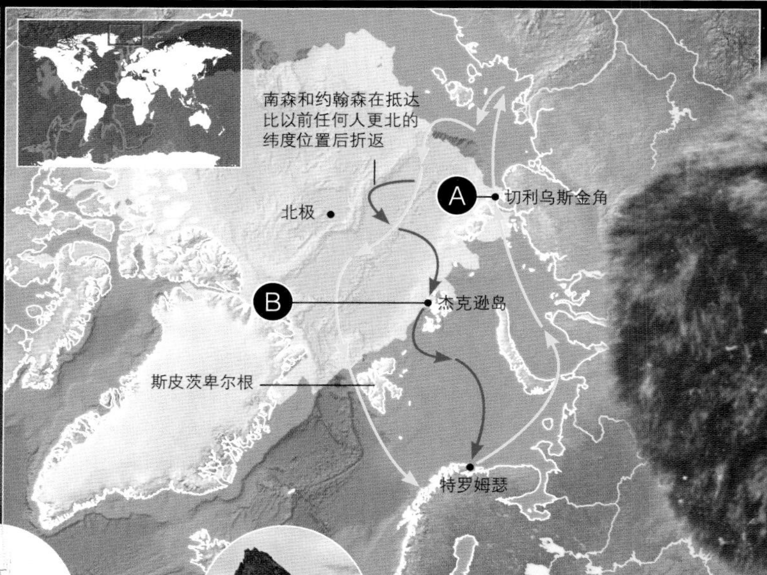

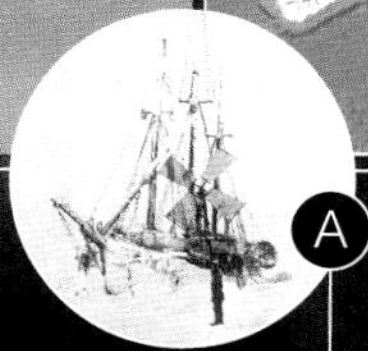

A 弗拉姆号被冻结在切利乌斯金角以北的冰面上，低于南森所希望的纬度位置

B 南森和约翰森在杰克逊岛过冬，靠海豹和熊肉为生。

1888—1893年：南森和其他五人从东到西横穿整个格陵兰冰盖。

1893—1896年：南森确信北冰洋的洋流将把他带到北极，于是他建造弗拉姆号，将该船设计成可冻结在北极冰层中。

1895—1896年

1896—1930年：回国后，南森先成为一名神经学家，后成为一名著名的外交官。

名为“弗拉姆”（见下文）。这艘船配备了一间大型图书室，供队员在途中阅读，结果证明这次探险持续了足有三年。南森形容这项计划是“随波逐流，远离陆地”。

1893年6月，弗拉姆号从克里斯蒂亚尼出发，经挪威北部的特罗姆瑟向北航行，去接更多技术熟练的北极水手。南森计划沿着诺登舍尔德的路线向北走，但当到达切利乌斯金角（俄罗斯大陆最北端）时，他发现这条路线被冰堵住了，被迫让船在北纬78°—79°处结冰，缓慢地向不确定的方向漂移。

我拆除了我身后的桥梁，然后别无选择，只能向前走。

——弗里乔夫·南森

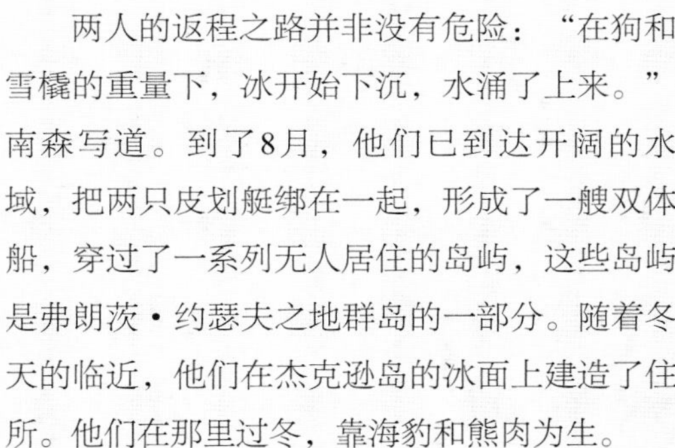

抵达极点的尝试

到1895年春天，南森意识到船不会漂到极点。他决定带着27条狗、两架雪橇和两只皮划艇出发，与滑雪和体操运动员耶尔马·约翰森一起征服北极，这是他“考虑过的风险”之一。由于存在再也找不到弗拉姆号的可能性，这两人还面临着一段艰苦的返程，他们要穿越冰面，返回距离他们起点以南800公里（500英里）的最近的已知陆地。

几乎刚出发，南森就记录了地形方面遇到的困难：“约翰森掉进水里了……既然没可能晒干或换衣服，这样的沐浴就不是一种单纯的乐趣。人就像穿戴上冰盔甲，直到身体解冻和干燥。”4月8日，在最远到达北纬86° 14′的位置后，两人决定，鉴于状况太差，他们放弃向极点推进。

两人的返程之路并非没有危险：“在狗和雪橇的重量下，冰开始下沉，水涌了上来。”南森写道。到了8月，他们已到达开阔的水域，把两只皮划艇绑在一起，形成了一艘双体船，穿过了一系列无人居住的岛屿，这些岛屿是弗朗茨·约瑟夫之地群岛的一部分。随着冬天的临近，他们在杰克逊岛的冰面上建造了住所。他们在那里过冬，靠海豹和熊肉为生。

1896年5月，南森和约翰森离开该岛，行程一个月之后，惊讶地听到了说英语的声音：他们与弗雷德里克·约翰逊率领的一支英国探险队偶遇。对方欢迎他们加入自己的营地，不久后他们乘坐一艘英国救援船离开，到达特罗姆瑟后，与弗拉姆号的船员重聚。他们收集到的大量科学数据为海洋学研究开辟了新领域。

“前进”

南森专门建造的弗拉姆号，挪威语意为“前进”，反映了南森积极的哲学和该船使用的最新技术。它全天候通电，当船上强大的220马力发动机未运行时，就用弧灯和风车为发电机提供动力。加固船体的外框是圆形，这样来自冰的侧向压力就会把船往上推，而不是压扁它。

弗拉姆号仪表板，控制船舶电气线路

弗里乔夫·南森的自述

南森是极地探险史上的杰出人物，他的科学生涯也包括推进早期神经科学技术的发展。他的领导能力、组织能力以及对民主的热情信念，使他在“一战”前后成了一名外交家。南森在饥荒救济和难民安置方面的工作得到了广泛的尊重，并因其成就在1922年获得了诺贝尔和平奖。

A 进入北极
1893年，挪威极地探险队乘弗拉姆号起航。图中，南森坐在右边第二位。

B 北极光
南森用彩色粉笔画了一系列北极光的画作。

C 艺术天才
南森是一个博学的人，他不仅是动物学家，对气象学和数学也非常着迷。1882年，他搭乘维京号进行首次北极旅行时，养成了把他所观察到的一切都绘成大量草图的习惯。这头北极熊是他在1927年所画。

D 行动计划

1892年，南森在前往北极之前，在伦敦皇家地理学会上发表演讲时，用这张地图来作为例证。

E 笔记保持者

南森保存了弗拉姆号探险队完整精确的笔记记录，他后来将其作为自己科学论文的参考材料。

F 追求和平的人

1899年，南森在写给英国记者、和平主义者威廉·托马斯·斯蒂德的一封信中表示，他相信“世界上所有思维正常的人”都可以“扼杀战争精神”。

G 外交旅行

作为挪威最杰出的外交官之一，南森经常与妻女从奥斯陆前往包括伦敦在内的其他欧洲国家首都。1923年10月，他通过德国过境签证抵达伦敦。

H 南森会议

1897年2月8日，7000人聚集在伦敦的皇家阿尔伯特大厅，向南森致敬。

Royal Geographical Society.

NANSEN MEETING,

ALBERT HALL, February 8, 1897.

ORDER OF PROCEEDINGS.

1. Proceedings opened by the President.
2. Address by Dr. Nansen.
3. Exhibition of Slides on the Screen.

罗尔德·阿蒙森

开拓性的极地探险家，取得人类多项“第一”的人

挪威 1872—1928年

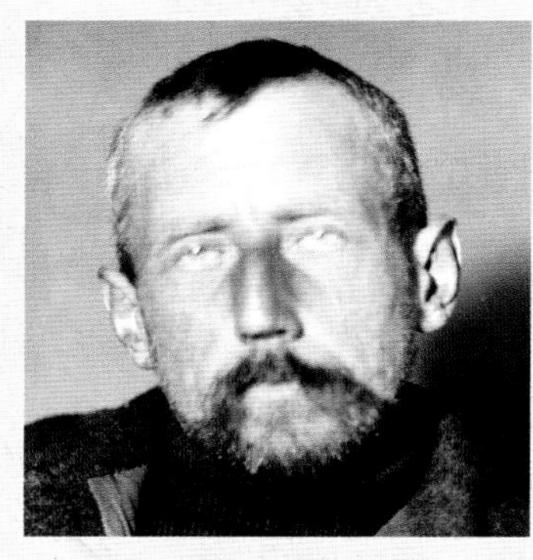

罗尔德·阿蒙森务实、雄心勃勃，是20世纪最伟大的极地探险家之一。他痴迷于探索北极，但有趣的是，他最令人难忘的成就是1911年到达南极，击败斯科特。细致的计划、强有力的领导才能，以及对因纽特人野外生存技巧的广泛了解，使他无论面临怎样的挑战，无论是在危险海域航行，乘雪橇犬拉的雪橇穿越冰盖，还是乘坐飞艇在世界屋脊上滑翔，他都获得了成功。

在孩提时代，阿蒙森梦想成为一名极地探险家，他的想象力被1895年接近到达北极的挪威同胞弗里乔夫·南森（见第296—299页）的功绩所激发。虽然父母为他选择了医学职业，他却秘密阅读极地探险故事，并训练体格，准备迎接未来的严酷考验。在母亲去世后，他放弃了医学，为获得航海技能，于1894年加入捕猎海豹的北极探险队，并在1897—1899年的一次失败的南极考察活动中担任贝尔基卡号的大副。他很快就证明了自己的价值，在领队阿德里安·德格拉克病倒后，他接管了这艘船。

南极故事
阿蒙森在《南极：弗拉姆号的挪威南极探险队报告（1910—1912年）》一书中记述了他南极探险成功的故事。该书1912年出版，立即成为畅销书。

西北通道

从南极回来后，阿蒙森的目光转向了北方。他很快就制订了在西北航道航行的计划，从不幸的富兰克林探险队（见第292—293页）的错误中吸取教训，轻装上阵，在离岸海面生活。1903年6月，他从挪威的克里斯蒂亚尼（现奥斯陆）出发，登上乔亚号。这是一艘能够航行于北极浅海水域的小型船只，船上只有六名船员。横渡大西洋后，船员们穿过了布西亚半岛的“危险水域”，在浓雾和船上的大火中幸存下来，然后在威廉国王岛的一个天然港口停泊过冬。之前，他们建立了一个基地，以船名命名为乔亚号港，并建造了一个磁变观测站，以完成科学研究——这次旅行的官方目标。在进行研究时，阿蒙森和船员们还向该地区的因纽特人学习，掌握了建造雪屋、驾驭雪橇犬和用皮毛制作服装等宝贵技能。

经过近两年的成功科学研究，包括计算磁北极的精确位置，乔亚号于1905年8月起锚。阿蒙森使用汽油发动机来操纵乔亚号，通过以前不为人知的航道向西航行——其中一些航道非常浅，船的龙骨距离水底只有3厘米（1英

生平事迹

- 参加1897—1899年的贝尔基卡号探险活动，尽管并非有意，但这是人类首次在南极过冬。
- 带领探险队首次在1905年穿越西北航道。
- 带领探险队首次在1911年到达南极。
- 1926年首次在北极上空飞行，成为第一个到达两极的人。

耐寒的旅者
在经历了三年的西北航道探索后，阿蒙森和乔亚号船员在1906年到达了阿拉斯加的诺姆。这些人曾遇到过-53℃（-63℉）的低温，“严寒中的雪，就像沙子”，但他们从因纽特人那里学到了宝贵的知识，目睹了北极光等非同寻常的景象。

五只饱经风霜的拳头一起握住这根旗杆，把它插在地理南极点上，这是人类的第一次。

——罗尔德·阿蒙森

寸）。三周后，发现一艘来自旧金山的捕鲸船驶入乔亚号的航行水域，这意味着西北航道已经过了。然而，在9月初，乔亚号再次被冰封，船员被迫在离阿拉斯加边境约100公里（60英里）的赫歇尔岛附近的国王角过冬。阿蒙森毫不畏惧，乘着雪橇向内陆行驶1300公里（800英里），到达距离阿拉斯加州鹰城埃格伯特堡最近的电报站。1905年12月5日，当他的电报内容被截获时，这条消息在世界新闻媒体快速传播。阿蒙森返回乔亚号，1906年10月到达旧金山，完成这次旅行的最后阶段。

小奢侈品
弗拉姆号上的烟斗，比如这个属于阿蒙森的烟斗，通常在晚餐后出现。

计划颠覆

回到挪威，阿蒙森——由于此前的成功而获得了可观的资金支持——将目光投向了地理北极。他计划使用在1893年为南森特别设计的极地探险船弗拉姆号，在冬季与大块浮冰冻结在一起，漂流过北极。1909年，当他一切准备就绪时，消息传来，弗雷德里克・库克和罗伯特・E.皮尔里（见第308—309页）率先到达北极——尽管这两个人的主张都有争议。作为一个实用主义者，阿蒙森迅速地转向了南极，但由于害怕失去资金，他将计划保密。他还注意到罗伯特・斯科特（见第312—315页）已宣布组建一支探险队，所以他希望能战胜英国竞争对手。1910年8月，阿蒙森在前往南极洲的途中才公开了自己的目的地。在马德拉岛，他给南森和挪威国王哈肯七世寄去了信，并给斯科特发了电报，上面写着简单的信息："谨此告知，弗拉姆号正在进行南极航行。"鉴于阿蒙森渴望争夺第一，不用怀疑他是在有意谋求优势，斯科特很清楚这对他的南极探险有何影响。出发之前，阿蒙森给了船员回家的机会，但是没有一人回去。

1911年1月，弗拉姆号穿过南极圈，在罗斯海的鲸鱼湾抛锚。然后，这艘船驶往布宜诺斯艾利斯，留下一支九人越冬队伍，在通向南极的路上每隔一段距离建立一个食品补给点。阿蒙森距离极点最近的补给点是在南纬82°，比斯科特位于南纬79° 29′ 的最近补给点要近275

记录征服
1911年12月14日，阿蒙森到达南极，用六分仪和人工地平仪进行数据测量。在帐篷里还留下了一些便条，以防队伍无法返回弗拉姆号。

他的足迹

1903—1906年　西北航道
阿蒙森和六名船员首次在西北航道航行。

1910—1912年　南极
在最后时刻改变目的地后，阿蒙森带领四个同伴首次到达南极。

1918—1925年　乘莫德号回北极
回归最初至爱之地，阿蒙森试图让船冻结在北极浮冰上，随浮冰漂流，结果莫德号来回漂流了七年，在此期间阿蒙森考虑飞行穿越北极。

1926年　乘挪威号飞艇飞越北极
阿蒙森和15名机组人员乘坐挪威号飞艇飞越北极。

○ 未在地图中显示

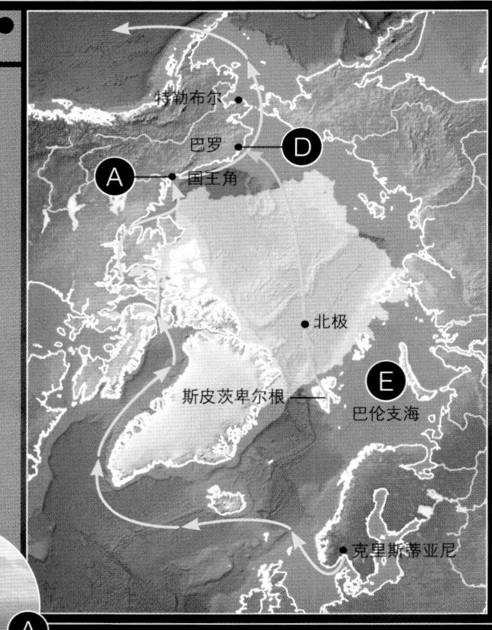

他们于12月14日到达南极
先前沙克尔顿到达的"最南位置"
南极高原
C
阿蒙森的队伍在11月21日抵达阿克塞尔海堡冰川
B
罗斯冰架

A　母亲去世后，阿蒙森放弃学医，参加了一支猎捕海豹的北极探险队。

乔亚号在国王角封冻，阿蒙森乘雪橇前往相距1300公里（800英里）的最近的电报站。

B　阿蒙森在最后一刻改变计划，前往南极，于1911年9月8日到达罗斯冰架。

1894—1903年　1903—1906年　1906—1910年　1910—1912年

在未成功的贝尔基卡号南极探险活动中，阿蒙森担任大副。

阿蒙森听到皮尔里抢在他之前到达北极的消息。

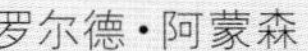

空降第一
1925年，阿蒙森试图乘水上飞机到达北极，但失败了。1926年5月，阿蒙森登上了挪威号飞艇，实现了他的目标。

公里（170英里）。

1911年9月，阿蒙森判断他的队员准备充分，状态适合。10月19日，探险队5人和4辆轻型雪橇，各由13条狗拉着，驶过布满裂缝的罗斯冰架。11月11日，他们到达莫德女王山，这是他们与极点之间最大的障碍，他们在那里度过了四天艰难时光。经过阿克塞尔海堡冰川到达极地高原后，再往前推进变得相对简单。12月8日，他们经过沙克尔顿曾到达的最南位置（见第318—319页），然后在1911年12月14日抵达极点。阿蒙森通过周密的计划和良好的实践，取得了另一项"第一"，这种方法让他在以后的探险中继续向探索的极限推进，直到1928年意外去世（见下文）。

因纽特人的生存技能
在1903—1906年探索西北航道期间，阿蒙森从因纽特人那里获得的知识让他成了一个耐寒的、足智多谋的极地探险家。像用动物毛皮做衣服这样的技能对未来旅行的成功是至关重要的，但同样重要的是细心的计划。阿蒙森写道："胜利等待着将一切都安排得井井有条的人——而世人则称之为运气。"

英雄之死

1926年，阿蒙森完成了他所有的抱负，退出了探险活动。据说，英国对他1910年保密南极计划的不光彩性的指控伤害了他，但没有人会质疑他高贵的死亡。1928年，将近60岁的阿蒙森参加了一次营救飞行，以寻找他的朋友——意大利飞行者翁贝托·诺比尔，他在最后一次探险时与诺比尔一起飞越了北极。诺比尔的飞艇在斯皮茨卑尔根附近降落，阿蒙森的飞机也被认为是在巴伦支海上空的雾中坠毁的。尽管最近使用无人潜水艇进行了搜索，但残骸至今未被找到。

C 他们跨越了海拔3000米（10 000英尺）的南极高原。

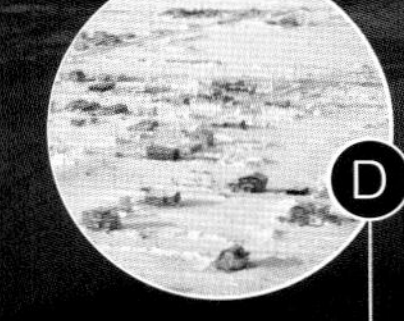

D 挪威号飞艇飞越北极后，在阿拉斯加的巴罗登陆。

1911年	1912—1925年	1926年	1926—1928年
1911年12月到达南极极点。	阿蒙森及其队员向北航行至塔斯马尼亚的霍巴特，在1912年3月17日宣布他的成功。	在副驾驶奥斯卡·姆奥达尔的帮助下，阿蒙森尝试从阿拉斯加经由北极飞到斯皮茨卑尔根。	E 阿蒙森的飞机在巴伦支海的浓雾中失踪，至今未发现残骸。

查尔斯·霍尔

不太适合的首支美国极地探险队领队

美国 1821—1871年

他坚信1845年失踪的富兰克林探险队仍有幸存者未被找到，这一信念驱使他前往北极。作为《辛辛那提休闲报》和《每日新闻》的出版人，他很清楚富兰克林的失踪引起的轰动。他在两次探险中获得的关于北极生存技巧的知识，不仅让美国政府支持他对北极探险的尝试，而且对未来的极地探险者来说也是至关重要的。

霍尔于1821年出生于佛蒙特州，几乎没有受过正规教育。他小时候是铁匠的学徒，但他有深谋远虑的头脑，这将使他的生活走得更远。他对搜索“失踪”的约翰·富兰克林探险队（见第292—293页）非常着迷，花了九年时间研究弗朗西斯·麦克林托克的发现。麦克林托克是一名英国皇家海军军官，曾在1849—1859年领导过几次对富兰克林的搜索。霍尔的结论是，仍可能有幸存者。尽管没有极地探险的经验，他还是设法为自己的搜索探险筹集了资金。1860年5月，他乘坐捕鲸船乔治·亨利号出发，船长是有丰富北极航行经验的老兵西德尼·布丁顿。船上还有一位因纽特人库德拉戈，霍尔与他建立了友好的关系。第一次看到冰山时，霍尔说：“它的宏伟壮观超过我事先所有的构想。”后来，他上了冰山，并登上冰山的顶峰，“拿一根船钩作为登山杖来协助我”。

生平事迹

- 在第一次和第二次探险中，他独自探索，与因纽特人一起生活，成为第一个学习因纽特人生活方式的美国人。
- 比他之前的任何人都更深入北极圈。
- 撰写两卷本著作，详细记述他在1860—1863年与因纽特人一起生活的情况，这是一部关于因纽特人生活各个方面的重要评论和参考著作，也是后来极地探险家的宝贵资源。
- 没有表现出必要的领导才能，有效地领导更有组织的第三次远征，可能因此激怒一群心怀不满的船员对他投毒。

可怕的发现
霍尔在威廉国王岛上发现了富兰克林部下的遗骸。任何希望富兰克林的船员幸存下来讲述这个故事的希望都破灭了。

霍尔计划雇因纽特人帮忙，并向西北方向航行到曾发现富兰克林探险队踪迹的威廉国王岛。但冰层太厚了，不能在巴芬岛以外航行，所以霍尔在那里待了一段时间，研究因纽特文化。他开始穿驯鹿皮夹克和裤子，并去他的向导克士准恩家做客，与其他九个人睡在一起。他特别喜欢因纽特人的盛宴，吃着温暖的海豹内脏，并请求再来一份食物以讨好主人。

1862年夏天，霍尔在会讲英语的因纽特夫妇埃比尔宾和图科奥利托的引导下，探索了附近的岛屿。在一名因纽特妇女的财物中发现一个砖块，霍尔意识到这是英国探险家马丁·弗罗比舍1557—1558年探险的手工艺品。“我手里拿着那支探险队的遗物，那支探险队在哥伦布发现美洲仅仅86年后就到过这个地方。”

完成使命

1863年，霍尔在未获得富兰克林踪迹的情况下返回，他未能筹集到足够的资金进行一次全面的探险，部分原因是美国南北战争爆发。1864年，他乘蒙蒂塞洛号向北航行，该船再次由布丁顿船长驾驶，并由埃比尔宾和图科奥利托陪同。这次旅行持续五年。他向北穿过哈德逊湾，在位于北极圈以内浅水湾的霍普堡越冬。到1869年，他已经航行了500公里（300英里），到达威廉国王岛的海岸，在该地找到了富兰克林手下几个人的坟墓，并发现人类遗骸和几件工艺品。毫无疑问，富兰克林的探险队无人幸存。霍尔不旅行时就与因纽特人一起生活。他是第一批证明遵循因纽特人的生活方式，可以在严酷的极地地区生存的美国人之一。

极地生活
这张图片摘自霍尔所著《在爱斯基摩人中间进行的北极研究》（1865年），展示了弗罗比舍湾附近的因纽特村庄。霍尔对他们的风俗习惯和生存技巧很感兴趣。

与富兰克林同命运

霍尔于1871年返回北极，执行一项完全不同的任务。他在极地领域生活的九年经验得到了官方的认可，1869年返回美国后不久，就受委托领导首支由政府资助的探险队。为实现最终抵达北极的目标，他花了5万美元来装备他的北极星号船。

探险队于1871年6月底离开纽约，途经巴芬湾驶入将加拿大和格陵兰隔开的史密斯海峡。8月29日，霍尔到达北纬82° 11′ 的纬度位置，在北极圈创造了新的最北航行纪录。不久，该船被厚厚的冰层逼返，进入格陵兰西北海岸的一个海湾过冬。虽然他的朋友布丁顿是船长，但霍尔坚持自己的指挥权，探险队很快分裂成不同的派系。霍尔确信北极星号的位置很理想，能让他们在来年春天前往极点，于是他开始乘雪橇向北进行短途旅行。10月24日，他返回北极星号时，出现胃部痉挛。他的病情迅速恶化，并于1871年11月8日死亡。探险队也遭遇了同样可怕的命运：1872年冬天，北极星号被困在冰中，队伍分裂；1873年春天，两组人员幸运获救。

采用因纽特人的生活方式
霍尔是最早采用因纽特人生活方式和工具的美国探险家之一，如这些木制的雪地护目镜。

霍尔曾抱怨喝了加糖的咖啡后身体不适，1968年，又发现了一条关于他的可怕结局的线索。他的尸体被发现在头发和指甲中含有高剂量的砷。是船上的纷争已经激化到背叛，还是霍尔无意中自己给咖啡中放入了一种常见药物成分——砒霜？霍尔的死亡有足够的神秘感，足以与他所迷恋的研究对象——约翰·富兰克林相匹配。

冻土葬礼
这张图片出现在1873年的报纸上。悲伤的船员们庄严地埋葬霍尔，对于报纸读者来说，这是一种奇特的描述。他对探险队事无巨细的管理遭到一些人的憎恨，至少有一名送葬者可能是投毒者。

他的足迹

1864—1869年　搜寻富兰克林
为寻找富兰克林，霍尔搜索了梅尔维尔半岛、布西亚湾和威廉国王岛。

1871年　前往北极
沿格陵兰岛的西海岸航行，希望到达北极。

1872—1873年　幸存者向南漂流
霍尔死后，他的船员随浮冰向南漂流，并在1873年春天获救。

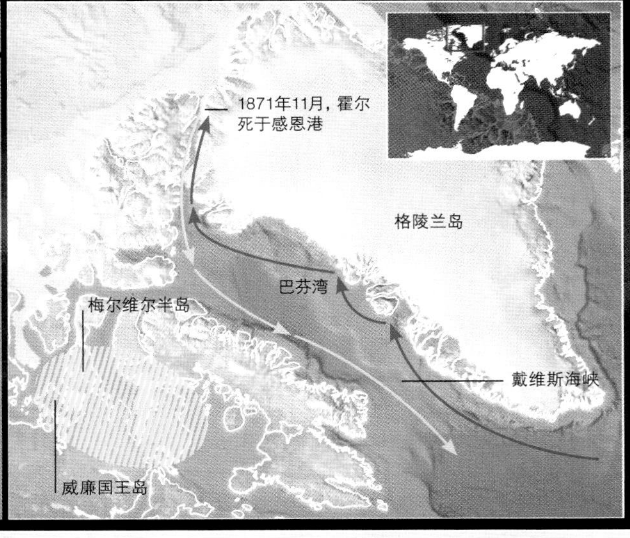

罗伯特·E.皮尔里

备受争议的极地探险家

美国 1856—1920年

在罗伯特·E.皮尔里宣称到达北极一个世纪后，关于他故事的真实性的争论仍然很激烈。有些人甚至指责他欺诈，认为他不可能在他所说的时间内冲向北极。其他人则开始证明他的主张是完全合理的。不管真相如何，皮尔里仍然是极地探险的重要人物，因为他早期在北极进行过开创性的工作，绘制了格陵兰岛和埃尔斯米尔岛北部海岸的地图。

回国时喜忧参半的欢迎
1909年，皮尔里回到美国，受到了喜忧参半的接待。尽管有些人对他的说法持怀疑态度，缅因州班戈镇的居民却在公开仪式上授予他“关爱之杯”。

作为美国海军的一名指挥官，皮尔里于1886年首次前往格陵兰岛和加拿大北极探险。在第一次探险的过程中，他被冻伤，失去了八根脚趾。1906年，他声称自己到达北纬87° 06′，这创造了当时到达世界最北位置的新纪录。这一点后来受到怀疑，因为这意味着他必须至少行进130公里（80英里），而没有宿营。三年后，皮尔里声称的旅行速度受到更严格的审查。

因纽特金属制品
皮尔里惊讶地发现因纽特人有金属工具。他们唯一的金属来源是陨石中的铁。

皮尔里系统

1909年2月27日，皮尔里率领一支由24人和133条狗组成的探险队，从距离北极点665公里（413英里）的哥伦比亚角出发。探险队离开时，由鲍勃·巴特利特上尉在前面开辟道路。他们开创性地采用了一种名为“皮尔里系统”的方法，由一人滑行在队伍前面，碰到有危险的山脊和开放的水道就发出警告。这名前锋的敏捷快速使他尽可能减少绕道，为队伍设置路线。队伍还包括探险协助人员，他们的工作是在返回途中铺设供给点，并携带必要的设备。这样，专门对极点进行最后冲刺的人通过携带较轻的负载保存体力。协助人员一个接一个后退，留下六个人向北极冲刺。

生平事迹

- 声称在北极发现了一个他命名为克罗克岛的大岛，后来被证明是海市蜃楼。
- 相信自己在1909年已到达北极，但其他人认为弗雷德里克·库克可能先于他到达。
- 库克的说法很快就被否定，但现在，皮尔里的说法也遭到了质疑。
- 他对北冰洋深度的测量可以证明他成功了，但仍存在争议。

完美的极地状况

1909年4月2日凌晨，天气晴朗，皮尔里与他信赖的探险助手马修·亨森（见第310—311页），以及最好的因纽特犬雪橇驾驶者奥塔、奥奎亚、西格卢和埃金华一起出发，开始了最后一段旅程。在完美的条件下进行了五次长途跋涉之后，他开始读取数据，并确信他们到达了北极点。他在日记中写道：“终于到了极点！！！……我23年的梦想和抱负终于实现了。”

一行六人就这样轻松地从极点匆匆返回，皮尔里对亨森说：“魔鬼已经睡着了，或者与妻子闹矛盾了，否则我们不会那么容易地回来。”但是，皮尔里的麻烦才刚刚开始，他回到了一个不相信他已经到达极点的世界。不仅如此，他还发现，人们普遍认为，他的前同事、竞争对手、美国同胞弗雷德里克·库克在一年前就到达北极点，击败了他。现在人们认为，库克实际上伪造了证据，并未到达北极，但是专家们对皮尔里的主张仍然存在意见分歧。

重走皮尔里之路

2005年，英国探险家汤姆·埃弗里从哥伦比亚角出发，重演皮尔里的北极点冲刺。埃弗里的目的是验证皮尔里的说法，即这段旅程可以在37天内完成。他

极地摆拍
皮尔里在北极拍下了同伴们的照片，亨森站在中间举着美国国旗。

使用雪橇复制品以及类似的设备——包括一个称为“阿米图克”的操舵装置（因纽特人的装置），结果到达极点的时间比皮尔里还少五个小时。然而，探险机构并不因此就被说服，理由是冰层条件不同。

尽管如此，埃弗里还是顶住了猛烈的批评，他说他已经证明了一个人可以在皮尔里声称的时间里走完这段距离。在这个过程中，埃弗里自己创造了一项新纪录，即以最快的速度到达北极。

然而，其他人仍不信服。1969年4月6日，英国资深的极地探险人士沃利·赫伯特爵士纯粹步行到达北极，结束了对皮尔里说法的广泛认同，该主张之前得到了皇家地理学会的支持。赫伯特的书《荣誉的套索》（1989年）提供了令人信服的证据，证明皮尔里既没有技术专长，也没有时间像他声称的那样去完成对极点的追逐。如果赫伯特是对的，那么第一个到达北极的人应该是亚历山大·库兹涅佐夫——他于1948年4月23日乘坐飞机——而赫伯特本人则是第一个通过地面路线到达北极的人。来自英国剑桥大学斯科特极地研究所的专家认为，皮尔里可能距离他的目标还相差150公里（100英里）。他们并不怀疑皮尔里自己相信已获成功，但围绕他的主张的争议始终存在。

北极竞争
一份法国杂志描绘了皮尔里和库克在北极的拳击比赛，“我们至少可以确定北极没有企鹅！”

他们的足迹

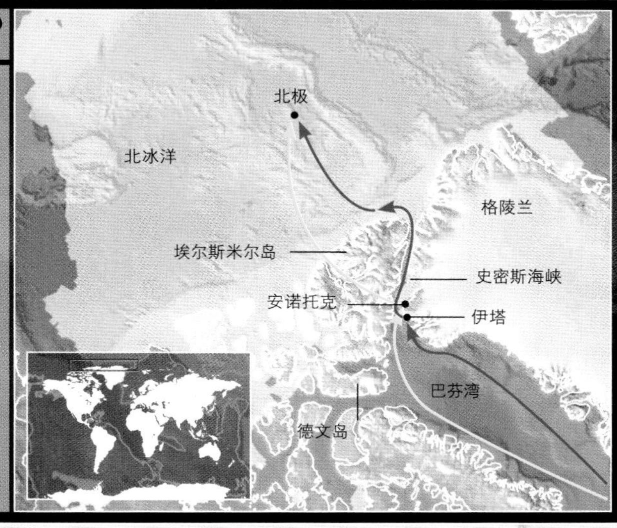

1908年　库克的路线
库克声称已经到达北极，但他提出的证据后来被判定不可信。

1909年　皮尔里的路线
在库克声称到达北极一年之后，皮尔里也宣布到达北极点，但直到今天，他的主张仍有争议。

1969年　赫伯特到达极点
赫伯特带领一队人来到南极，这是第一次毫无争议的徒步旅行。

○ 未在地图中显示

沃利·赫伯特爵士

英格兰　1934—2007年

赫伯特在其长达50多年的职业生涯中，总共旅行了4万公里（23 000英里），穿越极地荒原。

他最伟大的壮举发生在1968—1969年间，当时他领导了英国跨北极远征。他们完成了从阿拉斯加到斯皮茨卑尔根全程6100公里（3800英里）的北冰洋地表穿越，在途中越过了北极。这趟旅程使赫伯特确信罗伯特·皮尔里不可能到达北极。

马修 · 亨森

非裔美国北极探险家

美国 *1866—1955年*

马修 · 亨森是一位来自马里兰州查尔斯郡的非裔美国北极探险家。他11岁时成了孤儿，前往巴尔的摩，在那里受雇为一名客舱服务员，花了六年时间穿越太平洋、大西洋、南中国海和波罗的海旅行。亨森的足智多谋，加上他的实用技能和学习因纽特人语言的能力，使他在罗伯特 · 皮尔里对北极的探索和试图到达地理北极的尝试中发挥了关键作用。

因纽特人防护服
亨森监督用北极兔、海豹、驯鹿以及最珍贵的北极熊的毛皮制作服装。服装由因纽特妇女制作，她们咀嚼兽皮，直到它们变得柔韧。

亨森在六年的航海生涯中获得了宝贵的实用技能，包括导航、木工和机械技能。不过，在华盛顿特区的一家皮草店，与罗伯特 · 皮尔里（见第308—309页）的偶然相遇最终引向了他在北极的探险。当时还是一名年轻土木工程师的皮尔里对亨森印象深刻，于1887年聘请他为尼加拉瓜运河建设调查的随从。这个年轻人在充满挑战的丛林环境中表现出极大的天赋，他的可靠给皮尔里留下了深刻的印象，因此皮尔里邀请他参加一次尚未得到资助的格陵兰和极地冰盖探险。1891年，在必要的资金保障下，北格陵兰岛探险成了头条新闻，皮尔里周围挤满了申请者。然而，1891年6月，最终只有六人组成的探险队登上风筝号，从纽约出发，历经穿越冰层的一段艰难的旅程，最后到达了格陵兰岛西北海岸的麦考密克海湾。

原住民的技术
因纽特人穿着雪地靴，走在厚厚的积雪上。亨森把它们用在了皮尔里的探险中。

生平事迹

- 他受到因纽特人的欢迎，因纽特人极为幽默地卷起他的袖子，酷爱看他与他们自己几乎完全相同的肤色。
- 精通使用9米（30英尺）长的鞭子驾驭狗拉雪橇的技术，这最终导致他的右拇指畸形，无法将鞭子甩过领头狗的头顶。
- 因纽特人给他取名“Miy Paluk”，意思是“马修，善良的人”或“亲爱的小马修”。

探索内陆

这次探险的目的是探索格陵兰岛的冰盖和收集信息，以帮助规划未来在北极的尝试，但亨森的第一项任务更为实际。他负责建造红崖屋，几乎是独自一人完成的。这是一座木屋，可以作为探险队的总部。正是在这项任务中，亨森开始与因纽特人一起工作，因纽特人欢迎他成为自己的一员。他们的帮助和建议使他掌握了因纽特语，并获得了对他未来成功至关重要的驾雪橇技能。

1893年回到格陵兰岛时，亨森对皮尔里拒绝让他参加雪橇探险感到沮丧。皮尔里后来写道：“亨森是一个勤奋的人，擅长做任何事，在忍耐力和抵御寒冷的能力上与其他队员持平。”但他还是强迫亨森履行卑微的职责。亨森并不是一个怀恨在心的人，他充分利用机会与因纽特人度过更多时间，当他收养了一个名叫库德洛克托的孤儿时，他被因纽特人接纳了。

当皮尔里回到营地决心过冬时，大多数人都回家了，只有亨森支持他，直到另一个名叫休 · 李的队员决定效仿他，留下越冬。但这是一个几乎以灾难告终的冬天。皮尔里和亨森乘坐小型捕鲸船威斯塔号航行时，遭到被因纽特人称为“大冰魔”的暴风袭击，险些淹死。1895年，皮尔里、亨森和李在格陵兰岛东北部进行了穿越冰盖的长途旅行，行

北方的朋友
亨森怀抱冒险精神来到北极，与前人不同，他采取当地原住民的生活方式，这对他的成功至关重要。

程725公里（450英里）。途中，因纽特人因为担心科科亚神会把他们全部杀死，所以丢下他们先行离开。留给他们的只有三架雪橇和37条狗。这三名男子在6月赶回，报告说“该地区的条件不允许进行太多的勘探”。为了生存，他们射杀并吃掉了所有的狗，只留下一条。亨森发誓再也不回北极了。“下定决心……再也不回！不回！永远！”

但是，亨森作为皮尔里的助手，在接下来的几次探险中确实又回到了北极。1898年，在进一步探索格陵兰岛北部冰层的一次探险中，皮尔里发现自己严重冻伤——他失去了几乎所有脚趾，只剩下一根——亨森为照顾他，把他绑在雪橇上，带他返程，经过11天的长途跋涉，行程超过400公里（250英里），才得以返回。皮尔里断言，亨森“擅长驾驭狗，除了一些最好的爱斯基摩猎人之外，他比任何人都更能驾驭雪橇”。

前往极点

1906年，亨森陪同皮尔里几次尝试冲锋北极点，距离目标最近的一次是1906年，当时到达了离极点280公里（174英里）处。他们的第八次也是最后一次机会出现在1909年，那时亨森42岁，皮尔里52岁。此时的亨森已能流利地说因纽特人的语言，成为皮尔里和因纽特帮手之间的重要纽带。他负责挑选雪橇司机和他们的狗，亲手制造了20多架皮尔里自己设计的雪橇。他还辅导经验较少的探险队成员，耐心地解释如何更好地避免热量损失，以及如何建造冰屋。3月1日，亨森与皮尔里带领一支五人小队出发，他们各自驾驶所乘的雪橇，另有两架雪橇由因纽特人驾驶，运送足够的物资到达北极。他们的五个同伴在依次完成物资供给后，逐个撤退。1909年4月6日，亨森、皮尔里和四名因纽特人到达了他们认为是北极的地方。亨森后来写道：“我站在世界之巅，想及数百名为了达到这个目标而牺牲的人，深为感激，我有幸代表自己的种族取得了历史性的成就。”皮尔里精疲力竭，无法带领队伍返回，正是亨森的决心，带领他们历经16天的艰难时光，行程800多公里（500英里），于1909年4月23日成功返回哥伦比亚角。

危险地带
位于加拿大埃尔斯米尔岛的1909年探险的营地，风卷冰是一种危险的景观，有时海冰变得凹凸不平，而冰层之间的开阔水域则构成了持续的威胁。

高科技炉子
1909年的探险队使用了这个由皮尔里设计、亨森建造的油炉，它能比其他炉灶更快地融化冰和烧水。

迟到的认可

尽管他是皮尔里的得力助手，也愿意陪伴皮尔里来到极点，但亨森在探险中取得的成就却无人知晓。事实上，探险结束后，亨森再也没有见到过皮尔里，尽管两人就他的自传《北极的黑人探险家》通过信。在皮尔里获得奖项和海军养老金时，亨森在布鲁克林的一个车库找到一份工作，后来在美国海关担任政府邮递员。他直到晚年才得到官方认可。1950年，他在五角大楼举行的一次军事仪式上被授予荣誉，并于1954年获得艾森豪威尔总统的表彰。

“北极探险”奖章由英国皇家地理学会授予皮尔里

罗伯特 · 斯科特

南极悲剧英雄

英格兰 1868—1912年

1902年，英国海军军官罗伯特 · 法尔肯 · 斯科特在试图到达南极时，“被极地狂热咬了一口”。十年后他终于成功了，却发现挪威人罗尔德 · 阿蒙森已捷足先登。阿蒙森从因纽特人那里学会了如何在极地使用狗拉雪橇，斯科特则过度依赖本就不适合的小马和人拉雪橇。结果，他和四名同伴都在从南极返回的恶劣天气中死去。

生平事迹

- 领导1901—1904年发现号探险，乘热气球找到一条通往南极的路线。
- 到达南极晚于他的竞争对手——挪威探险家罗尔德 · 阿蒙森36天。
- 先驱性地使用机动雪橇，但没有意识到雪橇犬的重要性。
- 和四个同伴一起，在离开极点返回的途中，遭遇特别恶劣的天气死亡，离安全地带只有一步之遥。

斯科特在南极的第一次探险发生在1901—1904年，他带领英国南极考察队，其中包括当时担任三副的厄内斯特 · 沙克尔顿（见第318—319页）。斯科特的发现号是专为南极探险建造的考察船只，于1902年1月9日在阿达雷角靠岸。在南极的第一个夏天，他让南极大陆的第一只气球从鲸鱼湾升起，观察一条可能的南极航线。

在冬季避寒之后，进行了两次探险活动。一支队伍向西搜寻磁南极，而斯科特在11月2日与沙克尔顿和医生爱德华 · 威尔逊出发，前往地理南极。他们在到达创纪录的最南位置后掉头返回，但是该位置距离南极点还有850公里（500英里）。斯科特记录说，他们回到哈特角的营地，因为他们三人“已竭尽全力”。返程非常艰难，沙克尔顿尤其感到极度疲惫。在那次经历之后，斯科特对南极严酷的生存环境不再抱任何幻想。

回到英国后，斯科特发现自己被宣布为英雄，并受到皇室的欢迎，但他的眼睛仍然坚定地盯着南极。两年内，他已计划返回南极洲再做一次尝试。然而，到了1906年，斯科特和沙克尔顿分开，沙克尔顿率领自己的探险队创造了另一项新的纪录，记录了当时到达最南位置的一次旅行，但与极点擦肩而过。斯科特知道，如果他要赢得奖项，就必须迅速行动起来。

到1910年，准备工作已经完成，他带着65人乘特拉诺瓦号前往南极洲，其中包括6名参加过发现号航行的老队员。斯科特带着他在法国和挪威测试过的新型机动雪橇。他也把狗和小马作为复杂运输策略的一部分，但最终还是依靠大量的人力。他不喜欢用狗当交通工具，这将导致致命的误判。

角逐开始

1910年10月，斯科特接到消息，挪威探险家罗尔德 · 阿蒙森（见第302—305页）也将前往南极洲。阿蒙森在到达北极的竞赛中，被罗伯特 · 皮尔里击败（见第308—309页）。与斯科特不同，他只对“第一”感兴趣，于是就开始了征服南极的角逐。

写在烛光下

在从南极点返回途中，斯科特在烛光下写日记，用火柴点燃他的烟斗，直到最后几个小时，他写道：“我觉得我无法再写下去了。”

我们要坚持到底。

——罗伯特·斯科特

南极全景照片
摄影师赫伯特·庞廷用一系列令人惊叹的、清晰的图像记录了特拉诺瓦号远航探险。该船1910年12月12日穿过浮冰带时，他从船的桅杆顶部拍摄了这张照片。

大量人力

阿蒙森了解北极狗的价值，与其不同的是，斯科特对哈士奇狗的力量几乎没有信心。他带了34条狗、19匹小马，甚至最先进的机动雪橇，却严重依赖人力来运输货物。斯科特认为："任何与狗一起进行的旅程，都不可能达到一种美好观念的高度，只有当一群人独自努力去面对艰难、困苦和危险时，这种高度才能实现。"

滑行穿越极地高原 鲍尔斯拍摄的埃文斯、奥茨、威尔逊和斯科特拉雪橇的照片

斯科特的队伍在罗斯岛的埃文斯角度过了他们的第一个冬天。这是海路所能到达的最南端的海岛。他们建了一座大木屋，随着天气活动减弱，又在穿越罗斯冰架的沿途上建立了三个补给点。接下来的季节，他们不断增强补给点的储备。

向极点推进

到1911年10月24日，一切都准备就绪，可以尝试向极点冲刺。副指挥特迪·埃文斯率领使用机动雪橇的队伍，斯科特则带着十四小马和八名队员出发。双方于11月21日走到一起，沿着罗斯冰架继续前进，在补给点留下大量粮食。他们在12月21日到达极地高原，斯科特挑选了四个人参加他的最后一程：爱德华·威尔逊、亨利·鲍尔斯、特迪·埃文斯和劳伦斯·奥茨。

极地高原是一片海拔3000米（10 000英尺）高、令人毛骨悚然的寒冷地区。五人小组缓慢但稳定地向前推进，在1月9日超过了沙克尔顿先前到达的最南位置纪录。接近南极点时，鲍尔斯发现了挪威国旗，这说明阿蒙森已捷足先登，胜过了他们。1月17日，在挪威人到达极点的36天之后，这支沮丧的队伍终于到达南极点。斯科特在日记中记录了他成了第二名的感受："最糟糕的事情发生了……白日梦都醒了……上帝啊！这地方糟糕透顶。"面对1300公里（800英里）的返程，他惶恐不安："我担心返程将会非常累人和单调。"

艰难回归

返程时，探险队最初取得了快速进展，在2月7日之前完成了穿越极地高原500公里（300英里）的旅程。然而，当他们沿着危险的比尔德摩尔冰川艰难向下，行进160公里（100英里）时，恶劣的天气步步逼近，口粮开始短缺。几周来，埃文斯的健康状况一直在恶化，2月17日，他在冰川脚下摔倒后倒地而死。

"我出去转转"

探险队余下的四人安全抵达罗斯冰架，这意味着他们已经完成了旅途中最危险的部分。然而，大风和低温阻碍了进展。奥茨患上严重的冻伤和坏疽，一处战争旧创伤的加重使他几乎无法行走。他意识到，如果他继续下去，剩下的人就没有希望了。3月16日，他离开了帐篷，走前只留下一句话："我出去转转，可能得一会儿。"从此他再也没有出现过。

冰城堡
在这幅图片中，摄影师赫伯特·庞廷捕捉到了一架狗拉雪橇在罗斯冰架一座巨大冰城堡前经过的瞬间。

第二名
斯科特与四名同伴于1912年1月17日在南极拍摄了他们自己的照片。背后是阿蒙森的挪威国旗。

到3月19日，剩下的三人已到达离“一吨补给点”仅18公里（11英里）的位置，很快就会进入安全地带（这是离极点最远的补给点）。但由于环境恶劣，精力耗尽，他们不得不扎下最后的营地。暴风雪使任何前进的脚步都不可能了，他们只能躲在帐篷里。当补给耗尽，风暴继续肆虐时，很明显他们已到绝路。斯科特的日记在3月23日后沉寂下来。3月29日他写下最后一篇日记：“末日已经不远……最后一段，上帝保佑我的伙伴。”斯科特还写了一封给公众的信，解释了他们是如何被天气打败的，并以一种挑衅的语气结束：“我们冒了风险……这都是天意，我们没什么可抱怨，只能努力到最后一刻。”

第二年夏天，一支搜索队发现了那顶帐篷，在那些遗体上竖起了冰堆纪念碑，以示敬意。从三具尸体的位置来看，斯科特似乎是最后一个去世的人。虽然最终失败，但因为他们面对困境和绝望时的表现，使斯科特及其手下很快就成了民族英雄，尽管后来他们因探险队的一些组织问题，特别是斯科特在旅程的最后一段拒绝带雪橇狗，而受到批评。

阿蒙森因隐瞒自己的计划而在英国受到指责，但为了表彰他的成就，皇家地理学会邀请他于1912年11月15日发表演讲。主席柯宗勋爵介绍阿蒙森时说：“我们的嘉宾在整个探险过程中都有好运相伴，我们为此祝贺他。”阿蒙森自己也说：“如果我能挽回斯科特可怕的死亡，我愿意放弃任何荣誉和金钱。”

纪念十字架
1913年1月，一个纪念斯科特探险的十字架竖立在哈特角，俯瞰观察山。

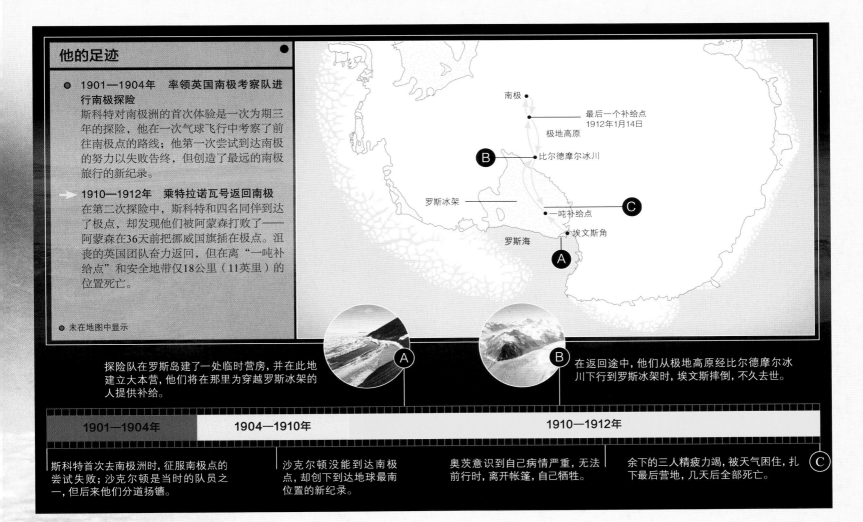

他的足迹

● **1901—1904年　率领英国南极考察队进行南极探险**
斯科特对南极洲的首次体验是一次为期三年的探险，他在一次气球飞行中考察了前往南极点的路线；他第一次尝试到达南极的努力以失败告终，但创造了最远的南极旅行的新纪录。

→ **1910—1912年　乘特拉诺瓦号返回南极**
在第二次探险中，斯科特和四名同伴到达了极点，却发现他们被阿蒙森打败了——阿蒙森在36天前把挪威国旗插在极点。沮丧的英国团队奋力返回，但在离“一吨补给点”和安全地带仅18公里（11英里）的位置死亡。

● 未在地图中显示

南极
最后一个补给点
1912年1月14日
极地高原
B
比尔德摩尔冰川
罗斯冰架
C
一吨补给点
埃文斯角
罗斯海
A

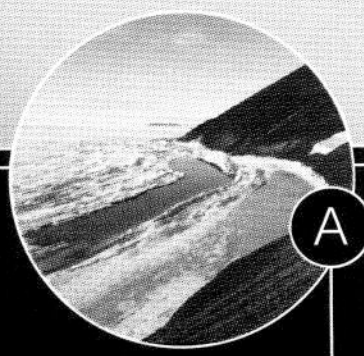

A 探险队在罗斯岛建了一处临时营房，并在此地建立大本营，他们将在那里为穿越罗斯冰架的人提供补给。

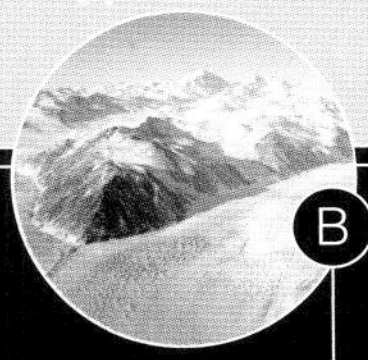

B 在返回途中，他们从极地高原经比尔德摩尔冰川下行到罗斯冰架时，埃文斯摔倒，不久去世。

1901—1904年	1904—1910年	1910—1912年

斯科特首次去南极洲时，征服南极点的尝试失败；沙克尔顿是当时的队员之一，但后来他们分道扬镳。

沙克尔顿没能到达南极点，却创下到达地球最南位置的新纪录。

奥茨意识到自己病情严重，无法前行时，离开帐篷，自己牺牲。

C 余下的三人精疲力竭，被天气困住，扎下最后营地，几天后全部死亡。

悲剧探险队的科学基地

斯科特的临时营房

在1910—1912年的英国南极探险中，罗伯特·斯科特在罗斯岛的一个他命名为埃文斯角的地方扎营。临时营房部分是生活区，部分是实验室，由预制构件快速建造，内墙由包装箱制成。以衣柜桌子和暖气炉为中心，两边分别是包括地质、生物和气象实验室的工作区与共用的生活区（其中一个小隔间为斯科特提供了额外的隐私）。营房里还有一间暗室，可以冲洗照片；一个马厩，养着小马。这个营房三年间一直是探险队之家。

▲ 思考时间
斯科特在他的私人房间里写作。妻子凯瑟琳的照片装饰着墙壁，他们于1908年结婚。

◀ 月光场景
1911年6月3日，赫伯特·庞廷在月光下拍摄了埃文斯角的营房。营房的门廊面向镜头，背景是埃雷布斯山。

▶ 基本用品
队员把柯尔曼牌面粉堆放在营房附近。其他食品供应商包括亨特利和帕默（饼干）、亨氏（烘豆）和弗莱（可可）。

◀ 海藻保温
军官罗伯特·福德和乔治·阿伯特建造了这座营房。空心墙内塞满保温的海藻材料。小屋南面和东面都得到了额外的保护，靠墙堆放着成捆的牧草。

▲ 风分析
在气象学家乔治·辛普森博士的实验室区域，戴恩风速计记录到的风速为80kph（50英里/小时）。

▶ 下班休息
1911年5月22日，地质学家托马斯·格里菲斯·泰勒和弗兰克·德本汉姆在他们的小卧室里学习。他们都是各自领域的顶尖专家。

▲ 天气观测

乔治·辛普森在“磁性小屋”里读取数据。斯科特不在时，由辛普森负责埃文斯角基地。

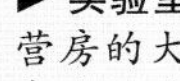

▶ 实验室

营房的大部分无线电和化学设备都可以在这间实验室见到。一部电话连接埃文斯角和哈特角的另一处营房。

▲ 保持士气

塞西尔·米尔斯——首席驯狗师，正坐在暖炉旁的钢琴边。娱乐对于探险队来说是重要的消遣。阿普斯利·切利-加拉德和弗兰克·德本汉姆是主要的音乐演奏者。

▲ 南极地图

海军军官特迪·埃文斯拥有地图制作技能，他用这些技能来更新该地区的地图。

▼ 及时缝制

服装的保养是男人们的一项基本任务。士官埃德加·埃文斯擅长修理营房的缝纫机。

◀ 上下铺

屋里有五个铺位，睡的人依次是切利-加拉德（左下角）、鲍尔斯（站立）、奥茨（中上铺）、米尔斯（右上铺）和阿特金森（右下角）。

厄内斯特·沙克尔顿

爱尔兰南极探险英雄

英国　　1874—1922年

厄内斯特·沙克尔顿是一个奋发向上的人物，很有感召力。他四次到南极探险，首次去南极时，是跟随斯科特船长率领的1901—1904年英国南极探险队，但他最著名的是第三次南极探险。这次探险因为他的“持久号”船被困冰中，差点以悲剧收场，但最终全体船员都奇迹般地安全返回。

生平事迹

- 首次南极探险，是参加斯科特领导的1901—1904年发现号南极探索之旅，他到达了当时“最远的南方”，之后因为患坏血病被遣送回家。
- 在1907—1909年的猎人号南极探险中到达了一个新的“最南端”。
- 因为灾难性的持久号南极探险之旅奇迹般地没有造成生命损失，回国时受到英雄般的欢迎。
- 他震惊地发现，在自己离开期间，“一战”已经肆虐三年，他在绝望中酗酒。
- 在第四次南极探险中，沙克尔顿在南乔治亚遭遇致命的心脏病发作，死后应其妻子要求被埋在该地。

1907—1909年，沙克尔顿在私人资助下乘猎人号进行第二次南极之旅，他成功地创造了到达最南位置的纪录——南纬88° 23′，距南极点约155公里（97英里）。回伦敦后，他开始计划第三次远征，这次是去极点。然而，在他筹到资金之前，挪威的罗尔德·阿蒙森（见第302—305页）到达了南极点。因此，沙克尔顿设计了一个新计划：行程2900公里（1800英里），跨越南极大陆。为此他购买了350吨“持久号”船和386吨“极光号”船，并打出广告：“招聘从事危险旅行的人。低工资。严寒。漫长的极夜。安全返回存疑。若成功则会获得荣誉和认可。”结果有5000人应聘，他从中挑选了56名船员。

持久号于1914年8月8日从普利茅斯起航，于10月26日抵达南乔治亚。极光号则从澳大利亚起航，负责铺设一系列补给站。因为听捕鲸者说该地区有大量坚冰，沙克尔顿让持久号推迟一个月离开。12月5日，持久号终于出发，很快就遇到浮冰群，但船员们终于在1915年1月10日看到陆地。当他们继续往南走时，持续六天的强风把船吹到了浮冰群中。尽管这艘船多次尝试脱离浮冰，但随着温度的下降，最终被冻结在冰中。沙克尔顿宣布这艘船为他的冬季站，并将其改名为“里兹号”。

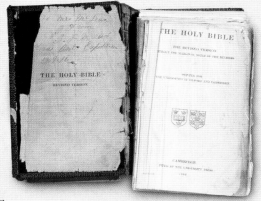

工作簿
沙克尔顿乘持久号时携带的《圣经》有许多缺页。弃船时，为减轻行李重量，他撕掉了这些页。

到了7月中旬，气温开始缓慢上升，但他开始怀疑这艘船是否能够承受冰层压力。结果正如他所担心的那样，冰层压碎了船壳。10月24日，持久号开始严重漏水，船员们弃船在冰上扎营。该船最终在11月21日沉没。

罗伊兹角营房
沙克尔顿于1907—1909年建造的猎人号探险队的基地营房仍然矗立在位于南极洲海岸附近，罗斯岛的罗伊兹角。

逃亡象岛

沙克尔顿决定通过在冰面行进和漂流，前往距离海岸554公里（346英里）的保莱特岛，寻找隐藏的补给品。1916年4月8日，他们周围的冰开始融化，第二天船员们开始登上救生船。他们到达距离保莱特岛95公里（60英里）的地方，但因浮冰而无法继续向前，因此沙克尔顿决定前往象岛。这三艘小船缓慢地通过浮冰，最终到达开阔水域，并于4月中旬抵达了象岛。他们决定由一小队人乘其中最大的一艘救生艇——长6.9米（22.5英尺）的詹姆斯·凯德号，驶向1280公里（800英里）之外的南乔治亚。4月24日，沙克尔顿带五名队员只带着一个月的补给出发，他们每天在完全黑暗中航行长达13个小时。第16天，在饮用水耗尽后，

詹姆斯·凯德号起程
沙克尔顿带五个人出发，他们是船长弗兰克·沃斯利、经验丰富的探险家汤姆·克里恩、水手约翰·文森特和蒂莫西·麦卡锡、木匠哈利·麦克尼什。

终于到达南乔治亚的哈肯国王湾。

5月19日，沙克尔顿留下麦克尼什、麦卡锡和文森特三个人，只带克里恩和沃斯利出发，前往35公里（22英里）以外斯托姆尼斯的捕鲸站。他们跨越超过1200米（3900英尺）高的冰川和山脉，将螺丝固定在靴子上，形成冰爪。由于无法从一个名为“三叉戟”的高山脊滑下，他们被迫系上一小圈绳子，冒着撞上岩石的风险，从巨大的山顶往下跳。经过36小时不间断的旅行，他们终于到达了斯托姆尼斯湾。沃斯利登上一艘捕鲸船去营救麦克尼什、麦卡锡和文森特。沙克尔顿曾三次试图从象岛营救船员，但都因为浮冰受阻。后来，在智利海军一艘小型拖船的帮助下，其余22名船员最终于8月30日获救。

然而，船员们奇迹般逃生的喜悦并没维持多久，因为一回国就发现了“一战”的恐怖。他们将得以逃生归功于“老板”沙克尔顿的领导。其中许多人后来报名参加了沙克尔顿最后一次南极探险，但在这次探险中，沙克尔顿死于心脏病发作。

持久号的终点
在弃船前一周，探险队摄影师弗兰克·赫利拍摄的一张照片中，沙克尔顿（照片中最右侧）正从船上探出身来。

毕竟，困难只是需要克服的东西。

——厄内斯特·沙克尔顿

英雄探险家的传奇船只

持久号

1915年1月18日，在其跨越南极大陆的探险之旅中，厄内斯特·沙克尔顿的持久号被浮冰困在靠近南极洲的威德尔海中。到2月底，这艘船被困在向西南移动的浮冰中，受到极端压力的挤压。正如绰号“老板”的沙克尔顿所描述的那样，“就像远处巨浪的咆哮……站在激荡的冰面上，你可以想象它被下面巨人的呼吸和颠簸所扰乱的情形”。11月21日，探险队站在浮冰上看着持久号沉没。关于沙克尔顿的领导才能和冰上逃生的非凡故事就这样开始了。

▲ 炉边故事
在里兹号上，值班的夜间守夜人给队员们讲炉边故事（持久号上的衣柜被戏称为“里兹号”）。

▲ 训练狗
当这艘船于1915年2月被牢牢地困在冰上时，这些狗被从船上转移到冰面养狗场。

▲ 冰封的船
探险队的官方摄影师弗兰克·赫利拍下了这张令人难以忘怀的照片，照片中的持久号被封冻在冰面上。

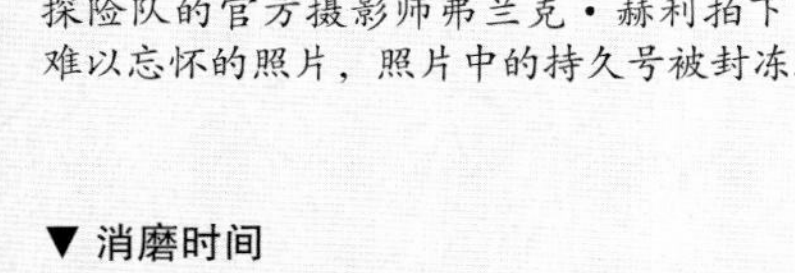

▼ 消磨时间
气象学家伦纳德·赫西（左）和弗兰克·赫利在极夜时节下棋。

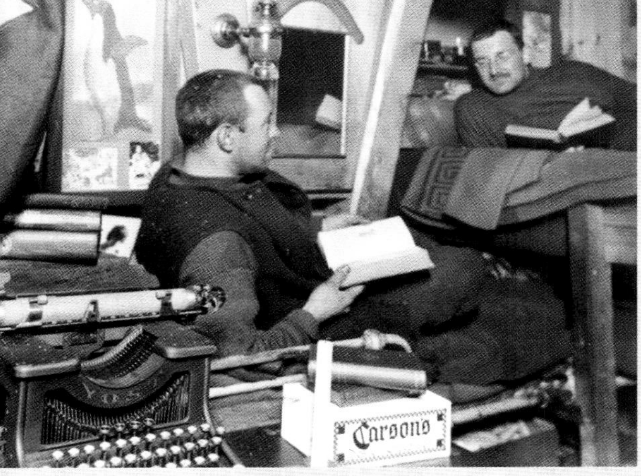

▲ 不工作时的休息
弗兰克·赫利（左）和外科医生亚历山大·麦克林在持久号自己的舱室里休息，他们被纪念品包围，其中包括澳大利亚人赫利的回旋镖，被安装在舱壁木板上。

▲ 餐厅晚餐
1915年6月22日，船员们享用丰盛的晚餐来庆祝隆冬。一年后，在象岛，人们用一杯热水混合姜、糖和少量的甲基化酒精，为这个日子干杯。

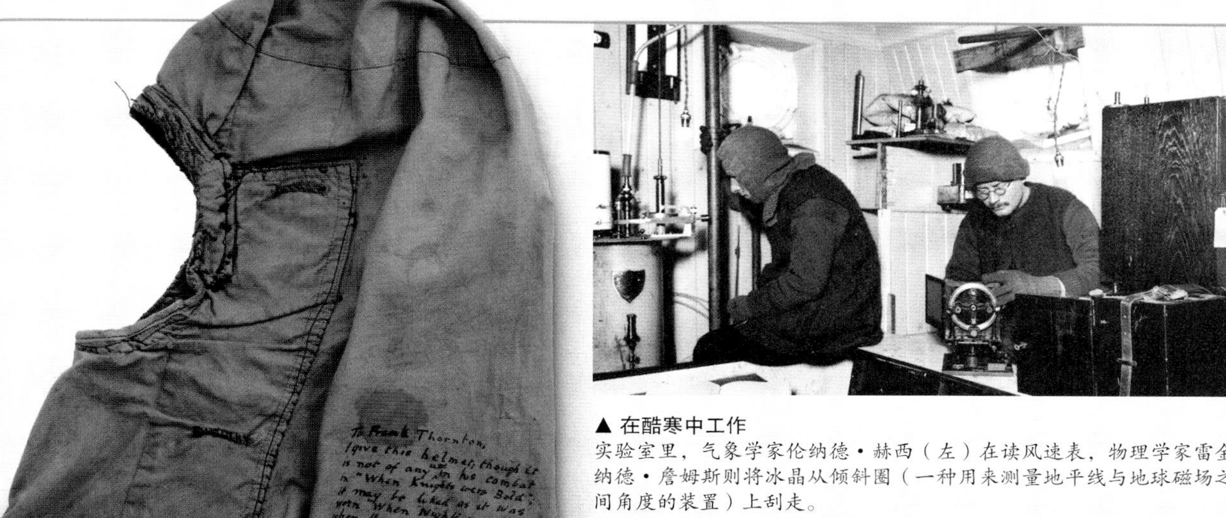

▲ 在酷寒中工作

实验室里，气象学家伦纳德·赫西（左）在读风速表，物理学家雷金纳德·詹姆斯则将冰晶从倾斜圈（一种用来测量地平线与地球磁场之间角度的装置）上刮走。

▲ 探险家之帽

这款巴宝莉防护帽（沙克尔顿在早期南极探险中所戴）既暖和又防水。

▲ 实验室

探险队的生物学家罗伯特·克拉克在一盏油灯下研究微生物。他所有辛苦收集的标本都将在沉船中丢失。

▲ 探察浮冰

守夜人在探察向持久号逼近的浮冰后返回报告。

▲ 探险家的书房

沙克尔顿在持久号的书房里有一个小型的参考资料库、一台打字机和一根连接厨房取暖的炉管。

◀ 基本补给

船员们在船进入威德尔海时打开补给箱。

▼ 设立海洋营地

在船面临沉没命运后，探险队在冰上安营扎寨。沙克尔顿和弗兰克·怀尔德站在前边左侧。

▲ 船上家务

探险队的地质学家詹姆斯·沃迪、三副阿尔弗雷德·奇塔姆和船上的外科医生亚历山大·麦克林（左至右）在清洗持久号的厨房。无人可免除这些劳动，不论它们有多么琐碎。

希拉里和丹增

珠穆朗玛峰的征服者们

新西兰 1919—2008年
尼泊尔 1914—1986年

埃德蒙·希拉里

丹增·诺尔盖

1953年，埃德蒙·希拉里和丹增·诺尔盖最终征服了世界最高峰——中亚喜马拉雅山的珠穆朗玛峰。在此之前，许多人都曾尝试登顶，均告失败。这一成就让他们举世闻名，但他们的成功并不轻松。在他们之后，这座山峰已被多次征服，但仍然是一个艰巨的挑战，因为先后有200多名登山者在其斜坡上丧生。

峰顶的丹增
希拉里拍下了这张标志性的照片，但没有希拉里在峰顶的照片。因为在攀登前，他忘了向丹增展示如何使用照相机。

1953年5月29日上午11:30，正是在这个确切的时间，希拉里和丹增成为有记录以来首次登上珠峰峰顶的人。珠峰，即珠穆朗玛峰，矗立在尼泊尔和中国之间，是喜马拉雅山脉的最高峰。这座山峰是地球上最恶劣的环境之一。海拔8848米（29 029英尺），这个高度的大气含氧量仅为海平面的1/3，这对攀登者的身体有危险的影响。例如，它可能随时造成致命的脑水肿，非必需的身体机能被关闭，使消化和睡眠变得不可能。

生平事迹

- 也许不是第一次登上珠峰的人，但肯定是第一次登上珠峰并活着回来的人。
- 多年来，他们拒绝透露谁最先登上珠峰峰顶，他们更愿意分享荣誉和随之而来的名声。
- 希拉里接下来到达过南北两极，1985年，他还在登月第一人尼尔·阿姆斯特朗的陪同下飞越北极。
- 希拉里将余生的大部分时间用于改善喜马拉雅山区人民的生活，而丹增则重新过上平静的私人生活。

初始失败

面对如此极端的环境，许多攀登珠峰的尝试都失败了。英国登山者乔治·马洛里参加了三次不成功的登山探险。当被问及为何登山时，他的回答非常著名：“因为它在那里。”马洛里和他的伙伴安德鲁·欧文1924年死于山上，尚不清楚他们是否到达了山顶。

1953年的这次登山探险起初貌似也会以失败告终。希拉里和丹增并不是此次登顶的首选。探险队领队约翰·亨特选择了英国同胞汤姆·鲍迪伦和查尔斯·埃文斯作为5月26日的第一对登顶选手。他们在离山顶300米（1000英尺）的地方遭遇困难，随后折返。

然而，三天后，希拉里和丹增成功登顶。尼泊尔夏尔巴人丹增是一位令人敬畏的登山者，但希拉里承认自己并不是“攀岩高手”。然而，这位新西兰人用巨大的决心弥补了自己技术上的欠缺。希拉里坚持认为：“强烈的动机是让你登上顶峰的最重要因素。”另一个因素是使用瓶装氧气帮助对抗极端海拔高度上缺氧的影响，马洛里曾宣称这是“缺乏运动精神的行为”。

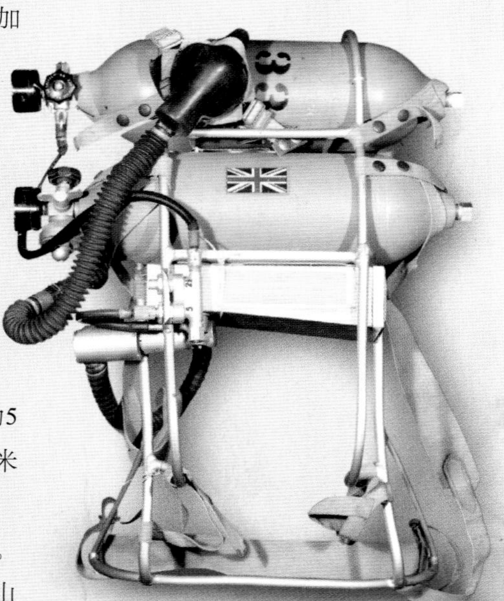
供氧
希拉里和丹增都背着氧气罐。在8000米（2.6万英尺）以上的海拔高度，空气中的氧气含量尤其不足。

世界屋脊

站在世界之巅，希拉里和丹增短暂停留，欣赏尼泊尔和中国西藏地区的风景，将国旗插上珠峰，拍照留念。媒体对这两位登山者的关注使这两个人都大吃一惊，但他们的新名声是有代价的。人们猜测到底谁才是第一个登上山顶的人。探险队队长决定回避这个问题，他说这两人是在“几乎同时”到达顶峰的。但是，这一成就的精神却被有关丹增几乎是被希拉里拖上顶峰的谣言所破坏。后来，两个人都在回忆录中写道，希拉里首先到达了圆形的雪丘，而丹增则落后五六步。

登顶珠穆朗玛峰之后，希拉里在探险中取得了进一步的成功，尤其是在1958年，成为自1912年罗伯特·斯科特（见第312—317页）之后首位穿越南极大陆到达南极点的人，也是首位通过摩托化运输到达南极点的人。不过，希拉里最想让人们记住的还是他帮助尼泊尔人建设急需的学校、医院、机场和桥梁。丹增攀登珠穆朗玛峰之后过着平静的生活，他在印度大吉岭喜马拉雅登山学院担任野外训练的负责人。

顶峰风景
希拉里从峰顶向西，眺望整个喜马拉雅山脉，拍下了这张照片。珠穆朗玛峰是14座高度超过8000米（2.6万英尺）的山峰之一，这14座山峰都在亚洲。

雷纳夫·法因斯

英格兰 1944—

法因斯出生于一个贵族家庭，他在军队里待了八年，才开始了他非凡的探险家事业。

法因斯是首位通过地面路线到达北极和南极的人，也是第一个徒步穿越南极洲的人。2000年，他在一次失败的尝试中遭受了严重冻伤，这是他首次独自一人到达北极。后来，他在自家花园的棚子里亲自用锯子锯掉了几根坏死的手指。尽管随后进行了心脏搭桥手术，但法因斯并没有表现出任何放慢脚步的迹象。2009年，65岁的他成为史上最年长的攀登珠峰的人。

> 没有人会因为科学原因而攀登珠峰，你真的只是为了这座山峰而攀登。
>
> ——埃德蒙·希拉里

攀登珠峰的前一天
照片中的希拉里和丹增在东南坡，准备前去建立珠峰底下的第九个营地，这也是为登珠峰建立的最后一个营地。

体验高海拔地区生活

当被问及为什么要攀登珠穆朗玛峰时，英国登山者乔治·马洛里不客气地回答道：“因为它就在那里！”有人要求他解释为何甘冒生命危险去从事被法国登山家莱昂内尔·特雷称为“无意义的征服”，这使他非常恼火。登山纯粹只是为了山峰本身，这种观点可能始于1786年攀登勃朗峰的雅克·巴尔马特和霍拉斯-本尼迪克特·德索绪尔。将近一个世纪后，爱德华·温珀攀登了马特霍恩峰，这是阿尔卑斯山脉的最后一座山峰，之后人们的注意力转移到了喜马拉雅山脉的高山上。

早期氧气包
在1922年英国的一次登顶尝试中，化学家乔治·芬奇首次使用了氧气。

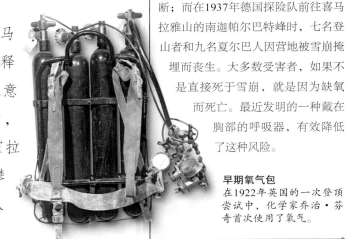

在高海拔地区宿营

由于在高海拔地区找到避难所的可能性很小，所以登山探险中最重要的装备之一就是帐篷。建在高海拔地区的帐篷必须能够抵御高山坡上的极端强风和大雪。没有避风挡雨的环境，登山者就会有暴露和死亡的危险。爱德华·温珀总结说，登山帐篷的要求是“足够轻便，能携带经过最艰难的路段；要既轻盈又稳定”。为攀登阿尔卑斯山，温珀用的帐篷包括四根杆子和一根绳子，外加一大张厚棉布做屋顶，一大块格子防水胶布铺在地面和内壁。

莫里斯·赫尔佐格和其他三名登山者于1950年在从尼泊尔喜马拉雅山脉的安纳普尔纳峰出发的一次噩梦般的下山途中失去了帐篷。他们最终在5米（15英尺）深的裂缝底部找到了栖身之处，那是在队友路易斯·拉钦纳尔跌入其中之后。登山队发现那里比从冰面上挖出洞穴更舒服，可四个人只有一个睡袋，所以他们把脚放在里面，希望能防止更多的冻伤。赫尔佐格病情恶化，直至无法行走——他把自己能活下来归功于一个名叫潘迪的夏尔巴人，是此人背着他这个重达14英石（196磅）的法国人逃生。

珠峰大本营
即使是在相对安全的珠峰大本营，重型帐篷也是必不可少的。珠峰大本营海拔5208米（17 087英尺）。

雪崩

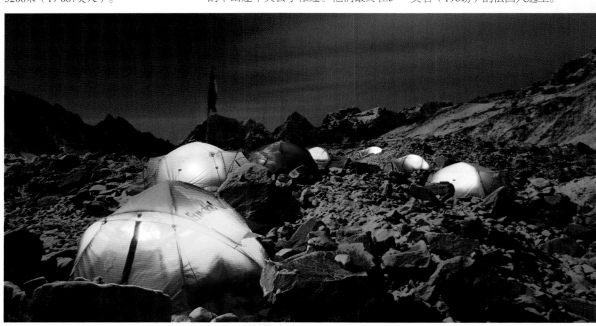

在高山地区，雪崩是一种永远存在的危险。1922年，七名夏尔巴人死于雪崩，英国攀登珠峰的尝试被迫中断；而在1937年德国探险队前往喜马拉雅山的南迦帕尔巴特峰时，七名登山者和九名夏尔巴人因营地被雪崩掩埋而丧生。大多数受害者，如果不是直接死于雪崩，就是因为缺氧而死亡。最近发明的一种戴在胸部的呼吸器，有效降低了这种风险。

空气稀薄

高海拔会使人体虚弱，从疲劳、中风，到大脑和肺部水肿，即大脑或肺部的积水，都可能是致命的。雪反射了80%的紫外线，而沙子只有20%，所以雪盲症也是一种风险。由于缺氧，大脑会变得混乱。高海拔也会带来强烈的寒冷，并增加患低温症和冻伤的风险。

失明的风险
1924年，英国珠峰探险队的一名搬运工戴着临时护目镜。

交通的挑战

征服高峰往往依赖先前攀登积累的知识。如果尝试攀登未经挑战的山峰，一次勘察旅程是至关重要的。1953年珠峰探险的成功在于利用了以前的摄影资料和1951年的勘察资料。

牲畜载重

当地土生土长的动物是最好的高原驮畜。在安第斯山脉，大羊驼的软垫蹄能在山地地面产生更大的附着力。在喜马拉雅山脉，牦牛可以将重物拖到6000米（20 000英尺）的高处。一旦超出动物的承受范围，人力是必不可少的。如果没有夏尔巴人担任搬运工和登山者，珠穆朗玛峰探险不会成功。

钢丝
穿越冰缝非常危险，因为它们可以在毫无预兆的情况下突然扩大或崩溃。珠穆朗玛峰的昆布冰川（如图所示）没有绳索和梯子是无法通行的。

食品运输

在高海拔地区，可食植物和动物十分稀少，因此口粮只能由牲畜或搬运工运送。尽管如此，1868年，乔治·海沃德到达喀喇昆仑山区的莎车河源头后，还是被迫吃了他的牦牛。1953年，为确保珠穆朗玛峰登顶成功，食物供应以精准的军事方式组织起来。每天定量供应给14名队员的基本口粮包括燕麦、奶粉、糖、果酱、甜饼干、香蕉条、奶酪、盐、可可、茶和汤。奢侈品则包括罐头水果、咖啡、沙丁鱼和朗姆酒。

谨慎行进
1936年，一名登山运动员在攀登珠穆朗玛峰时使用了滑雪护目镜、冰爪和冰镐，以应对危险的地形。

应对极端环境

在高海拔地区，地形和天气都可能变幻莫测。设备故障或失足可能导致数百米的跌落，即使不是立即死亡，也可能因无法住院治疗而死亡。由于冻伤的危险，登山靴的性能非常重要。1953年的珠穆朗玛峰探险中，靴子中专门加入一层绝缘材料，它可以保护脚免受外部湿气和汗水的影响。靴子还配有一层橡胶涂层的弹力织物。这款靴子让制造商的能力得到了充分的检验，尤其是埃德蒙·希拉里穿英国尺寸的12码靴子，而一些夏尔巴人只穿6码的靴子。登山队员的外衣和探险帐篷都是用棉与尼龙混合织物制成的，用防水涂层处理过。帐篷则为米德设计的双人帐篷，自20世纪20年代以来一直保持不变，而较大的圆顶帐篷也被用来在较低的海拔地区用作集体睡眠和公共活动。

并非人们决定要变得卓尔不群，而是他们决定要做成不寻常的事情。

——埃德蒙·希拉里

深海探索

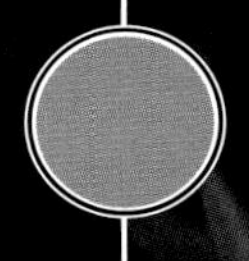

食物、宝藏和军事行为是水下探险的最早动机。早在公元前4500年，人类就潜水寻找可食用的软体动物，而今天，机器人潜水艇探索地球最后尚待开发的区域——深海海底。

神话和传说中的潜水
一份15世纪的法国手稿描绘了亚历山大大帝的玻璃潜水钟。亚里士多德在《论问题》中描述了亚历山大围困提尔时（公元前332年）的水下活动。

深海探险最早的一些证据来自大约公元前3200年，当时由珍珠母制成的装饰物出现在希腊底比斯，数量之多，不可能是单靠海滩打捞而得的。海绵、珍珠牡蛎、红珊瑚以及用于提取紫色染料的骨螺，在当时具有很高的价值。17世纪的英国物理学家埃德蒙·哈雷后来解释这些早期自由潜水者是如何收获他们的猎物的：海绵潜水员“习惯于口中含一块浸泡过油的海绵，这样就可以延长潜水的时间”。

早期潜水故事

公元前5世纪，希腊作家希罗多德在《历史》中描写了锡利亚斯和其女儿西兰的潜水技巧和胆识。这对潜水员受雇于波斯国王薛西斯，从他的沉船中收集宝物。为了报复薛西斯违背诺言，父女二人潜入水中，切断了薛西斯的船锚，然后在水下游泳14公里（9英里）逃脱。这是一个不太可能的故事，但一些人认为，这两人是借助中空的芦苇作为呼吸管逃跑的。根据17世纪德国物理学家加斯帕·肖特在《技术奇珍》中的描述，1538年在托莱多，为查尔斯五世皇帝举行的一次展示中，“两个希腊人在一只倒扣的大水壶里沉入水下，出来时身上丝毫未湿”。肖特还描述了“水中盔甲”的展示——一名男子戴着延伸至脚的潜水罩走进水中。

> *早在公元前4世纪的亚里士多德时代就为人所知的潜水钟，克服了潜水员的体力和肺活量对自由潜水的限制。不过，它一直保持着相同的基本形态不变，直到16世纪。*

潜水钟

1691年，哈雷申请了一项革命性的潜水钟设计专利。该潜水钟是个顶部直径为1米（3英尺）、底部直径为1.5米（5英尺）的圆锥形空木桶，由附加的箍铅木桶补充1700升（60立方英尺）的空气。潜水员的一名同伴坐在潜水钟内的木制平台上，通过皮管给外面的潜水员补充空气。在潜水钟下沉过程中，会每下沉3.5米（12英尺）就暂停，让水从其中一个桶里排出，而在潜水钟顶部的一个止动旋塞可以用于释放污浊的空气。

在潜水实验期间，哈雷在空的贮气桶中向地面发送信息。他在18米（60英尺）的水下停留了90分钟。在描述他的专利的革新性时，他写道：“我认为这是一项适用于各种用途的发明，如采珍珠、珊瑚、海绵等，其抵达深度远远超过人们的想象。”1790年，工程师约翰·斯米顿通过船上的电缆泵源源不断地将空气压进潜水钟，进一步改进了设计。

在水下
哈雷的潜水钟装有一扇观察窗，可以在水下停留很长一段时间，最后创下水下航行四小时的纪录。

从潜水钟到头盔

尽管哈雷的潜水钟使潜水员能够在水下停留相当长的时间，但它对潜水员和勘探范围几乎没有提供什么灵活性。德国发明家奥古斯都·西比是第一个尝试个人潜水设备的人。1819年，他设计了一款金属头盔，附在一件防水帆布夹克上，形成了一款“敞开式”潜水服，由一根软管从水面提供空气。然而，如果潜水员摔倒或失足，夹克可能会充满水——这是一个潜在的致命设计缺陷。这款潜水服重约91公斤（200磅），包括帆布外套、铅鞋和皮带。经过一些改进，这种水下服装仍然使

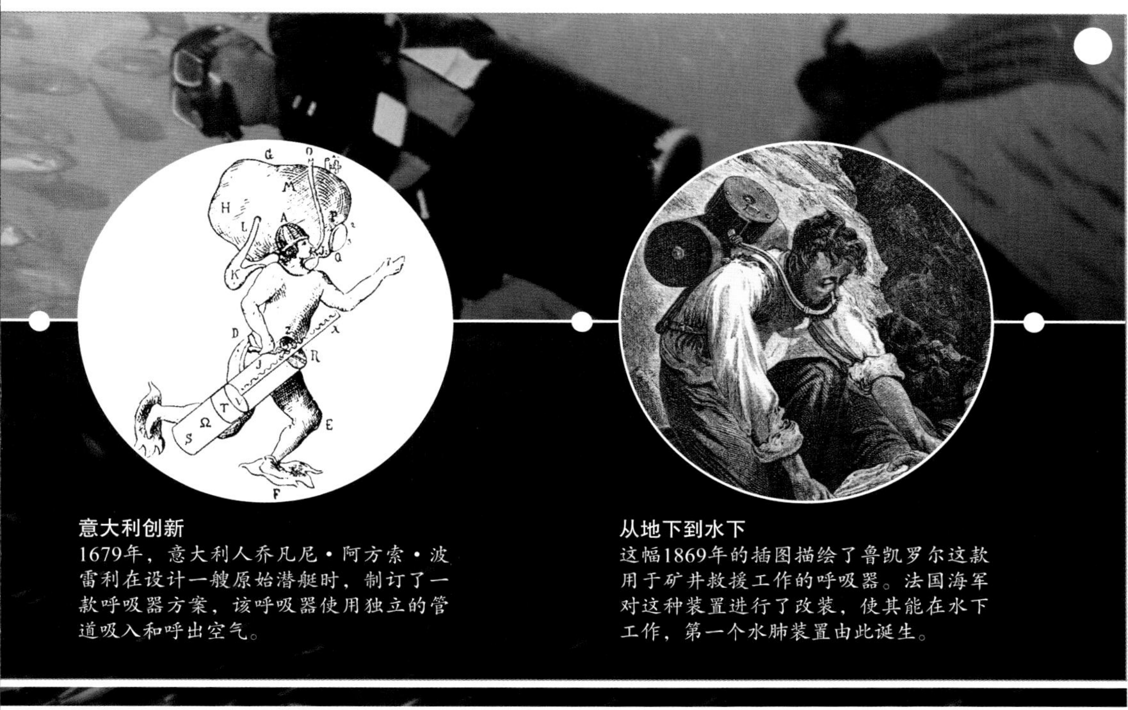

意大利创新
1679年，意大利人乔凡尼·阿方索·波雷利在设计一艘原始潜艇时，制订了一款呼吸器方案，该呼吸器使用独立的管道吸入和呼出空气。

从地下到水下
这幅1869年的插图描绘了鲁凯罗尔这款用于矿井救援工作的呼吸器。法国海军对这种装置进行了改装，使其能在水下工作，第一个水肺装置由此诞生。

背景介绍

- 希罗多德描述了在公元前5世纪一位名叫科拉斯的潜水员，他的技术非常出色，被戏称为“鱼”。这位历史学家写道：“有人说，他完全不用上岸，可以在水里生活好几天，甚至可以穿过海底的海沟。一位国王残忍地提议他在沙雷比斯湾的附近潜水，并为诱使他而扔进一个金杯。为拿到金杯，他尝试下潜，但在第三次尝试中，他应该是被吸进了漩涡，因为他从此消失不见……”
- 马可·波罗（见第56—59页）在他的中世纪记述中，描述了“珍珠牡蛎是如何被那些下潜至15至20个法托的人所捕获的”。这种也被称为“英寻”的计量单位可以追溯到古希腊，以水手伸出的双臂长度为单位。
- 为了提高潜水的能见度和持续时间，14世纪波斯湾的采珠人采用了最基本的护目镜，镜片由打磨和抛光的龟甲制成。
- 在1584年访问日本海岸期间，荷兰商人观察到女潜水员能潜入8英寻深，在水下待15分钟或20分钟。她们的眼睛“红得像血”，据此可认出是潜水员。

潜入深海
今天的潜水器可以到达古代探险家根本无法企及的深度。“深度观察号”船可以将一名驾驶员和两名乘客带到水下450米（1500英尺）或250英寻的深度。

用了一个世纪甚至更长时间。然而，尽管潜水服允许潜水员灵活地移动，但从水面上提供空气的软管限制了潜水员水下行进的距离。1860年，两位法国发明家班诺·鲁凯罗尔和奥克斯特·德奈鲁兹获得了一项名为“气动器”的发明专利，这是一种附着在潜水员背部的空气压缩装置。采矿工程师鲁凯罗尔最初发明的是一种用于救援工作的装置，但他后来和法国海军军官德奈鲁兹将其改装成可供水下使用的设备。最初，气动器是一种令人不舒服的系统，但到了1865年，这两人获得了一个新版本的专利，它与玻璃头盔一起使用，这种玻璃头盔就是现代潜水面罩的前身。最终，1943年，雅克·库斯托（见第330—333页）发明了革命性的水肺，这导致了现代潜水员的完全独立。

威廉·毕比

深海探险家和海洋学先驱

美国 1877—1962年

博物学家和深海探险家威廉·毕比在20世纪30年代率先使用科学技术来研究未被发现的深海生命形式。当时他已是一位成名的鸟类学家，他利用新发明的深海潜水球在巴哈马的一系列深海潜水中揭开了海浪下世界的面目，与世人以前从未见过的海洋标本面对面交流。毕比多产的写作，加上他对自然世界的热情，极大地提升了公众对海洋环境的兴趣。

生平事迹

- 1899年成为纽约动物学会鸟类学馆长。
- 出版世界知名的四卷本专著《雉》。
- 在35次潜水中，探索海洋的深度比以往任何人都要深，1934年达到了923米（3028英尺）的最深纪录。
- 写了几本畅销书，讲述他的冒险经历，包括《无与伦比：水之乡》（1932年）和《半英里下》（1951年）。

探险之物
“深海潜水球”引起国际轰动，吸引了所有年龄段的观众，如1937年这本英国月刊的年轻读者。

毕比出生在纽约布鲁克林，在哥伦比亚大学接受教育。作为一名博物学家，他早期的职业生涯始于在布朗克斯动物园担任鸟类馆助理馆长。他前往新加坡、墨西哥、加拉帕戈斯群岛和南美丛林考察，进行鸟类生活调查研究，并为纽约动物学会收集标本。他作为鸟类学家而闻名于世，并以专著《雉》获得了评论界的赞誉。这是对亚洲雉的一项重要的实例研究。

探究新深度

到51岁时，毕比对海洋学的兴趣已不仅仅是短暂的消遣。自从乘“大角星号”船进行首次海上探险之后，他就对朋友、美国前总统西奥多·罗斯福说了他的愿望，即希望有一种方法来近距离地研究深海问题。当时，安全潜水的最大深度仅为60米（200英尺），比此深度更深则会给潜水员带来身体问题。许多脆弱的海底生命若到水面，也会因压力的变化而被压碎或变形。毕比在1928年经人介绍认识奥蒂斯·巴顿之前，曾咨询过各类工程师和潜水专家。奥蒂斯·巴顿是一位富有的实业家，他发明了深海潜水球——一种他称之为“电缆末端的空心钢球”的潜水器。其内部压力保持在海平面的水平，而在水下425米

深潜入海
1934年8月15日，深海潜水球被下沉到百慕大水域，进行创纪录的半英里深度的潜水。

深海机器
在1934年由《国家地理》发起的潜水探险中，毕比和巴顿与深海潜水球合影。它的圆形进口舱门重达180千克（400磅），为确保舱内人员安全，人进入后，舱门会被螺栓关闭。

（1400英尺）的深度，船体所承受的压力将是1000倍。两个端口孔用的是强化石英玻璃，而第三个端口孔则装有强大的探照灯。一根结实的橡胶电缆把氧气、电线和一条电话线从水面传送到舱内。

首次潜水

1930年6月，在百慕大海岸附近进行了第一次潜水。深海潜水球通过电缆连接到"准备号"驳船上，毕比和巴顿在潜水球里进行了几次下潜测试。毕比在其畅销书《半英里下》中这样记述他们的发现：光亮变成了"无法形容的蓝色……在我看来，这一定是火焰熄灭前最后一次可怕的升腾"。

随着潜水深度的增加，毕比注意到数种发光的海洋生物，它们中许多是自身发光的。在潜水过程中，毕比和助手格罗瑞娅·霍利斯特保持持续的电话联系。当时公认的观点认为，由于潜水的潜在危险，超过5秒的无线电静默就等同于向水面船员发出潜水员遇到麻烦的信号。当潜水球到达600米（2000英尺）的深度时，从海平面射入的最后光线消失了，周围漆黑一片。毕比后来说："这只是一个心理上的里程碑，但它非常真实。我们没有意识到外界的压力，但黑暗本身似乎已经逼近我们。"

两人在一夜之间引起了媒体的轰动，占据了《纽约时报》头版头条，让无数读者为之着迷。1932年，毕比从海底向全美数百万观众广播。他们的船受到巨浪的冲击，两个人都受伤了，此前毕比这样从深海结束广播："奥蒂斯·巴顿和我在百慕大附近大西洋海面下670米（2200英尺）的深处向你们道别。"

打破纪录

巴顿和毕比最后一次深海探险是1934年由《国家地理》发起的潜水活动。两人打破了半英里的障碍，达到了创纪录的水下923米（3028英尺）的深度。然而，毕比的兴趣不在于简单地打破纪录。他的动机是能够看到和记录那些生活在海洋深处、以前未被探索过的海洋生物。

毕比的探险活动率先向更广泛的大众公开——美国观众对《国家地理》杂志中讲述的冒险故事感到兴奋——但他那令人窒息的叙述掩盖了他严肃的科学努力。由于缺乏现代相机，毕比记录了他发现的细节，后来又把这些细节描述给了一位画家，该画家的画作常常成为科学家们批评和争论的主题。

在20世纪30年代，毕比处于海洋学研究的最前沿，他解开海洋秘密，让公众被深海奇观深深吸引。他一直活跃到八十多岁，才回归对鸟类学的初恋。他在家乡特立尼达的阳台上，将一对定制的巨型望远镜安装在三脚架上，借此观察筑巢的鸟儿。

钢球
钢球为直径1.5米（4.75英尺）的简单球体，由厚度为2.5厘米（1英寸）的铸钢建造。氧气是从一个加压的汽缸中供给的，而风扇则通过一盘苏打石灰将空气循环起来，以吸收呼出的二氧化碳。

深海鱼类
在水下600米（2000英尺）的时候，毕比和巴顿目睹了深海生物，如这条鮟鱇，以前从未在其自然栖息地发现活着的鮟鱇。

第一个浮动实验室

"挑战者号"船在1872—1876年间的伟大航行中开始了现代海洋学的科学研究。这艘船行程将近69 000海里（130 000公里），科学家团队采集了样本，并测量了海洋的深度。这次远航探险是由伦敦皇家学会组织的，由查尔斯·怀维尔·汤姆森教授领导。他拆除了战舰的枪炮，为两个装备完善的实验室腾出了空间。返回后，汤姆森的助理约翰·默里监督制作了一份关于他们诸多发现的报告，共50卷。

"挑战者号"船在四年航行中发现了近5000种新海洋生物

人类的肩膀上有重力的重量。但只需要沉入水下，他就自由了。

——雅克·库斯托

生平事迹

- 在第二次世界大战期间服役于法国抵抗力量。
- 与同事一起发明水肺，同时发明现代自给式水下呼吸器。
- 开发水下生活舱、两人潜艇和可在海洋极深处工作的彩色摄像机。

雅克·库斯托

深具魅力的深海探险家

法国 1910—1997年

伟大的海洋学家雅克-伊夫·库斯托同时也是电影制作人、作家和发明家。他和两位同事一起发明了水肺，首次让潜水员在水下长时间自由地游泳。利用这种新设备，库斯托率先使用了彩色水下摄影和电影，向观众展示了一个全新的海底世界。他是一个坚定的环保主义者，用自己的电影来突出人类活动对海洋造成的破坏。

库斯托出生在法国的吉伦德地区，1920年全家搬到纽约，库斯托在那里学会了潜水。1930年回到法国后，库斯托买下了他的第一台电影摄像机，从此开始了对电影的终生迷恋。他进入法国海军学院，希望成为海军飞行员。然而，在最后几个月的学习期间，他在一次车祸中受了重伤，右臂部分瘫痪。

改变职业

由于无法继续自己的飞行员生涯，库斯托被派驻土伦的法国海军基地，在潜水专家兼海军军官菲利普·泰利兹的鼓励下，开始从基地周围的海滩潜水，探索地中海的水下世界。戴着护目镜，穿着橡胶脚蹼，利用一台改装过的相机，库斯托第一次能够记录海洋生物的多样性和美丽。尽管用标准的潜水设备取得了相当好的成绩，但库斯托仍然开始思考如何改进呼吸装置。当时，通过一条管道从船上向潜水员输送氧气，这项技术自19世纪70年代以来一直没有改变过。库斯托意识到，空气需要压缩，以便使潜水员能够携带足够的氧气。但是，尽管在20世纪20年代已经开发了空气压缩系统，但无法控制气流的压力，而这对于潜水员来说至关重要，因为气流的压力需要随着水深而变化。“二战”的爆发使库斯托得以发展自己的想法。在土伦实习时，库斯托和同事弗雷德里克·杜马和埃米尔·加格南发明了一种能改变人类对深海认识的水中呼吸器。

库斯托和同事们开发的新型水中呼吸器系统是革命性的——它提供了

珊瑚探险家
水肺所提供的行动自由意味着库斯托能够比以往任何人都更广泛地探索珊瑚礁。他能够用自己开发的特殊相机记录珊瑚礁非凡的颜色。

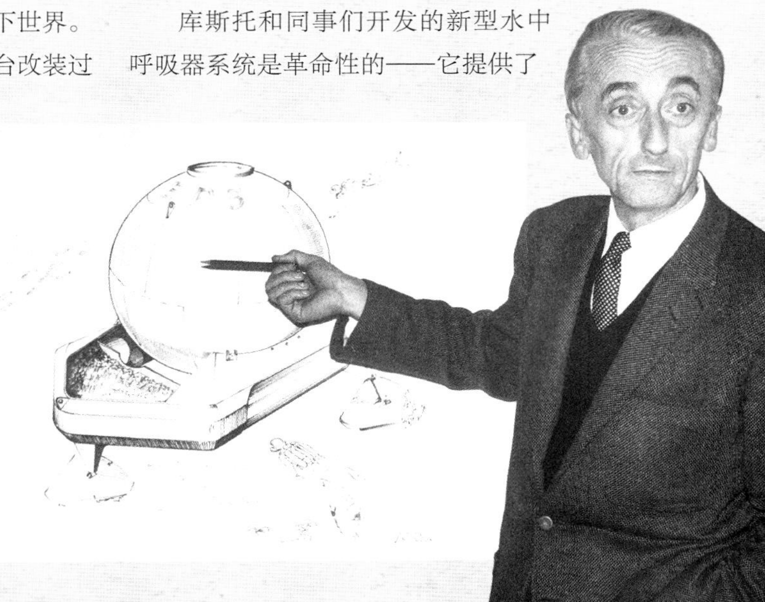

水下站点
库斯托解释他设计的大陆架站点，潜水员将在这个海底站点连续生活多日。

一个压缩空气罐，保持与外部水深相同的压力。在库斯托第一次使用这个新型水中呼吸器样机时，他潜到了18米（59英尺）的深度。他描述了这种感觉："我尝试了所有可能的动作，转圈、翻筋斗……摆脱了重力和浮力，我在太空中飞行。"新设备被美国海军采用，美国海军称其为"水肺"（自持式水下呼吸器）系统。

战争结束时，库斯托说服了上级，在清除地中海和法国沿岸其他港口的德军地雷的过程中，立即投入使用水肺。1946年，他成立了法国海军海底研究小组。他为海军工作了十年，研发了其他水下设备，包括一台能在600米（2000英尺）深处使用的照相机。

狭小空间
潜水碟（见下图）正适合两人俯卧在里面，透过倾斜的舷窗向外看，可以非常近距离地观察目标。

进入静谧的世界

从1950年起，库斯托进行了更大规模的水下勘探，从一系列名为"卡利普索号"的船只上潜水。第一艘卡利普索号是改装过的扫雷舰，作为科学基地，可以容纳28人，成为库斯托电影的背景。除了创新性改造船头观景廊和加入八个水下港口孔之外，库斯托还一直关注潜水员的需要。卡利普索号"有一口湿式潜水井，直接穿过船体，可从厨房进入，这样潜水员就可以经船腹入水，这是船体上最稳定的位置。在恶劣天气下，他们可以避免穿过船两侧的海浪，从寒冷的水中爬进温暖的厨房"。

1951年，卡利普索号开始库斯托的首次探险之旅，从土伦起航，前往红海。他和潜水员将研究珊瑚礁。他把大海描述成"一条充满奇迹的走廊……我潜水经历中最快乐的时光都在那里度过……沙布-苏莱姆珊瑚礁的结构凹凸不平，有着珊瑚门廊、蜿蜒的峡谷和无数狭窄的裂缝，侧翼的生物就像歌剧中的替补演员一样随时准备出场"。库斯托用他习惯性的诗意语言描述了"太阳的升起就像一次打击，令皮肤无法承受。我深深呼吸，热切地期待着这一天的到来"。除了探险考察之外，1952年，库斯托还在靠近法国马赛港的一艘公元前3世纪的沉船残骸中有了考古发现。

全球成功

库斯托撰写《静谧的世界》一书，讲述其早期水下冒险故事。该书1953年出版，成为国际畅销书，销量超过500万册。继这本书之后，为拍摄同名的纪录片，他带领25名船员踏上了穿越红海和印度洋的探索之旅。他拍摄到了一些最早的关于珊瑚礁、珍稀鱼类和鲨鱼攻击行为的彩色录像。1957年，《静谧的世界》获得奥斯卡最佳纪录片奖时，库斯托的生活模式已经牢固确立。他成为摩纳哥海洋学博物馆的馆长，并对这项技术进行了进一步的实验，包括将一台经过特别改装的防压相机下沉到7公里（4英里）的深度，在那里发现了新的海星品种。

在水下生活

1962年，在苏丹海岸外，库斯托建立了他

沉船潜水员
下图中，库斯托和他的潜水小组在勘探加勒比海开曼群岛附近沉没的一艘俄罗斯驱逐舰残骸。

水肺

与以前的水下呼吸器不同，水肺是一个开放式呼吸系统，这意味着呼出的空气不会返回罐中，这就是为什么潜水员必须通过嘴吸入、通过鼻子呼出的原因。然而，这项设计的革命性部分是潜水调节器，它可以确保罐内空气的压力降低到一个可供呼吸的水平，并可以进行调节，以适应随深度而增加的压力。

这个现代水肺是库斯托战争年代水肺原型的改进版

潜水碟
1959年，库斯托和工程师让·莫拉德发明了两人潜水碟。这是一种潜水艇，能在400米（1300英尺）的深度进行探测。

的第一个“大陆架”水下生活实验舱。潜水员可以在水下10米（35英尺）的实验舱里待上一周——潜水期间吃和睡都在实验舱里。后来，还开发出经过改进的更为复杂的“大陆架II”系统与“大陆架III”系统，后者能容纳两人，潜入水下15米（50英尺）的深度。这些被称为“海洋鸟”的居民会呼吸氧气和氦的混合物，因此能长时间待在海床上，尽管氦会使他们的声音变得滑稽地吱吱作响。“大陆架II”还有一个“潜水碟可以停靠的潜艇机库”。潜水员接受持续的医学监测，并有一个支持小组从水面上的船里给他们提供空气、食物和电力的支持。库斯托的水下生活实验显示长期暴露在人工环境中对人的影响，将大大有助于美国宇航空航天局太空培训项目的发展。

环保主义者

1968年，库斯托结合他所有的专业知识，拍摄了一系列彩色电视纪录片。《雅克·库斯托的海底世界》向观众介绍了海洋生物学，让他们更好地了解海底世界。这些节目提出了对海洋生命的浪漫看法，同时探讨了与保护脆弱的海洋环境有关的许多问题。1977年上映的一部名为《库斯托的奥德赛》的新系列剧专注于海洋保护问题，他认为自己的节目是促进公众更广泛关注环境问题的最佳方式。他说：“一个人保护自己喜欢的东西。”作为一位水下探索先驱，库斯托预见到了我们今天面临的许多环境问题，也留下了一份了不起的遗产。

呼吸实验
在这张拍摄于1950年的照片中，库斯托戴着一件水肺装置，在美国的一所大学进行测试。

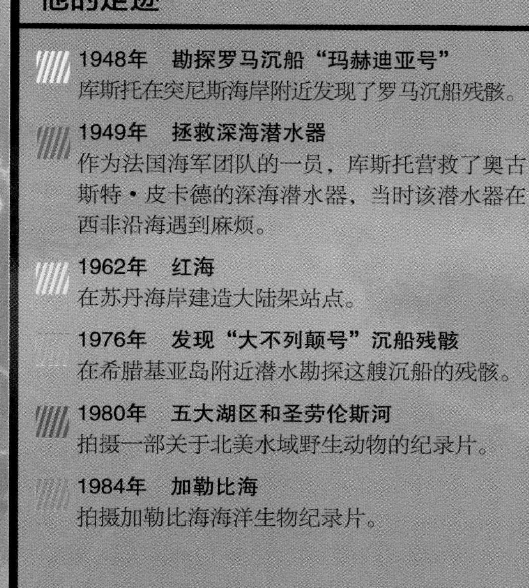

他的足迹

1948年　勘探罗马沉船“玛赫迪亚号”
库斯托在突尼斯海岸附近发现了罗马沉船残骸。

1949年　拯救深海潜水器
作为法国海军团队的一员，库斯托营救了奥古斯特·皮卡德的深海潜水器，当时该潜水器在西非沿海遇到麻烦。

1962年　红海
在苏丹海岸建造大陆架站点。

1976年　发现“大不列颠号”沉船残骸
在希腊基亚岛附近潜水勘探这艘沉船的残骸。

1980年　五大湖区和圣劳伦斯河
拍摄一部关于北美水域野生动物的纪录片。

1984年　加勒比海
拍摄加勒比海海洋生物纪录片。

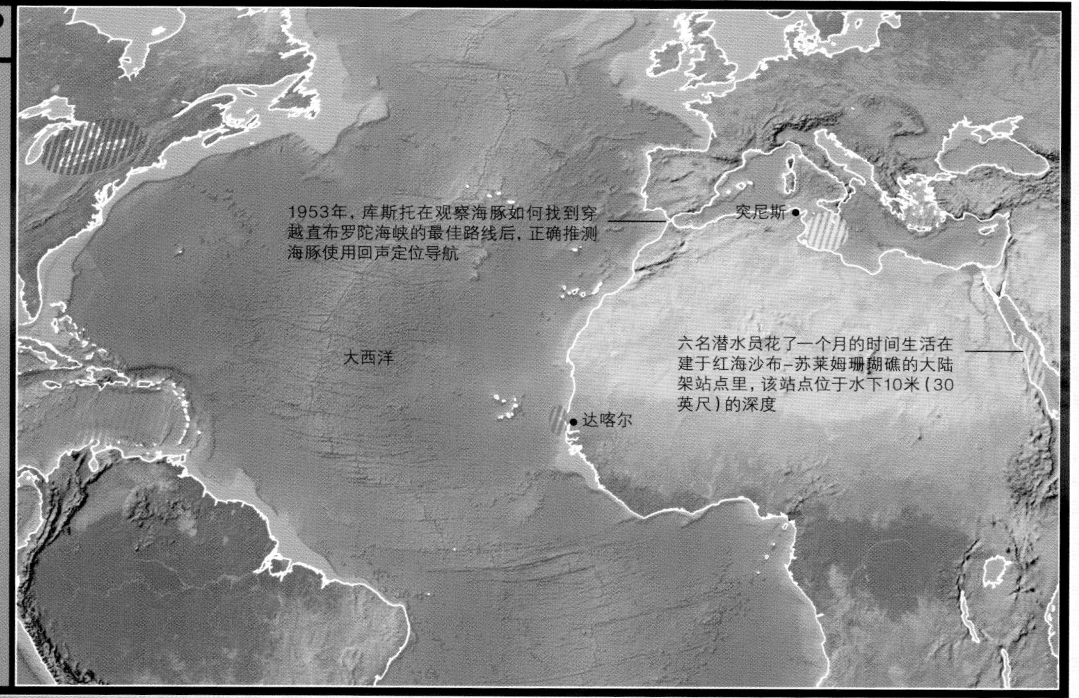
1953年，库斯托在观察海豚如何找到穿越直布罗陀海峡的最佳路线后，正确推测海豚使用回声定位导航
突尼斯
大西洋
达喀尔
六名潜水员花了一个月的时间生活在建于红海沙布–苏莱姆珊瑚礁的大陆架站点里，该站点位于水下10米（30英尺）的深度

体验水下生活

今天，世界似乎已完全被测绘和连接，很少有荒野未被卫星覆盖或未被勘探过。然而，还有一个未开发领域，直到最近才有技术开始探索：地球的大洋深处和地下水道。现代的潜水设备、潜水器和遥控潜水器揭示了一个以前隐秘的世界。未遭破坏的残骸、迷宫般的洞穴系统，以及种种奇特的生命形式，使得科学家们重新思考关于地球和太阳系其他地方生命的本质。

盲鱼的迷宫

墨西哥尤卡坦半岛上有一些奇怪的洞状陷穴，被称为灰岩坑。这些灰岩坑陷入地下水位以下，形成巨大的洞穴网络，直到现在才被测绘和探索。其中，牛贝哈灰岩坑是世界上最长的水下洞穴系统。截至2009年5月，已有180公里（110英里）的通道被探索，还有许多尚待发现。新技术，如全球定位系统（GPS）、驱动推进车（DPS）和呼吸器（一种特殊的呼吸装置，提供氧气和可回收的呼出气体），使潜水员能够逐年更加深入水下洞穴。由于雨水经过多孔的石灰石过滤，洞穴的水非常清澈，揭示了一个以前科学所不知道的生命世界。有些生物是海洋动物的祖先，它们被困在洞穴里，随着时间的推移而进化到适合在淡水和完全黑暗中生存。这些洞穴的路径有许多交会、凹坑和转角，在里面行动是非常危险的，只有最有经验的潜水员才能冒险进入这个系统。在任何时候，他们都不能脱离路标，必须遵循严格的深度规则，为紧急情况保持充足的空气，并携带两盏备用灯，以防主灯失效。

洞穴奇迹
图中，潜水员们正通过尤卡坦半岛的一个灰石坑。灰石坑下面的洞穴产生了许多生物发现，包括具有抗癌特性的化合物。

沉没的宝藏

随着20世纪40年代现代潜水设备的发明（见第332页），潜水员首次可以探索失事船只、毁灭的城市、坠毁的飞机和其他沉没的地点。海洋考古学家已经从16世纪的西班牙帆船沉船中打捞出了来自新大陆的黄金、大炮、古代的葡萄酒桶，甚至尸体，他们用安全气囊把那些手工艺品运出水面。最著名的是，泰坦尼克号于1912年沉没，其残骸于1986年在大西洋中被阿尔文号载人深海潜水器发现。

发现沉船残骸
潜水员们在巴哈马的普罗维登斯岛附近探索沉船。有些沉船残骸是偶然被发现的，还有些是通过声纳发现的，或者仅仅是通过研究发现的。

人类在水下

所有哺乳动物在水中都会表现出对淹没的反射反应。人类心跳的平均速率将比其正常时低10%—25%，从而使身体能够将血液中的氧气输送到重要器官。但深潜时，肢体的血液循环减少，然后完全停止，这是一种被称为外周血管收缩的情况。

第一套潜水衣
1797年，德国人卡尔·克林特发明了第一套由防水皮革制成的潜水衣。

潜水笼
一位科学家在安全的笼子里观察大白鲨的行为；大白鲨是最大、最具攻击性的鲨鱼之一。

深海的危险

水肺潜水给潜水员提供了拥有自身空气供应的自由，从而彻底改变了水下探索。然而，这项活动极其危险，每年海洋都会夺走一些潜水员的生命。他们或耗尽氧气，或撞上一艘船，或被缠住、困住，甚至被危险动物袭击。国际安全规范适用于所有类别的潜水员。水肺潜水员遵循严格的潜水前程序，以确保最大的安全性。在船上潜水，出发前的潮汐时间和潜水区的最新天气报告是必不可少的。对水肺设备进行故障检查，预先计算空气混合气量和平均空气消耗量，以备急用。在冷水中，还要评估暴露潜水服的防护等级，以确保潜水时间对潜水员没有风险。

潜水伙伴

伙伴系统对潜水安全至关重要。潜水员要两人一组，一对“伙伴”一起潜水，并期望在潜水过程中互相监控，确保对方不会陷入麻烦。伙伴在整个潜水过程中要保持紧密的联系，这样就可以在紧急情况下帮助对方，如果必要的话，分享他们的空气供应，直至返回水面。潜水伙伴使用国际通用的手势信号系统在水下“说话”。有些潜水者可能会在没有同伴的情况下独自潜水，特别是当他们想专注于诸如水下摄影之类的活动而不是伙伴状况的时候。只有拥有数百小时经验的潜水员才能独自潜水。

> **大海一旦施展它的魔力，你就会永远在它的神奇之网中。**
>
> ——雅克·库斯托

陌生的海底

1977年，美国加州斯克里普斯海洋学研究所的科学家们有了一项新发现，这一发现将推翻关于地球生命本质最基本的信念之一。他们将潜水器阿尔文号送入2100米（6890英尺）的东太平洋海底，结果发现了奇怪的烟囱状结构，喷出来自地球地壳的热液和矿物质。这些热液喷口的周围是大型动物群落，其中包括巨大的管状蠕虫和鳞片状的腹足类动物，它们通过将热液喷口的热能和矿物质转化为食物来维持生存，这一过程被称为化学合成。换句话说，阳光一直被认为是所有食物、能量和生命的源泉，但在阳光从未透射的地方，生命一直在蓬勃发展。此后，人们还发现了巨大的喷口。

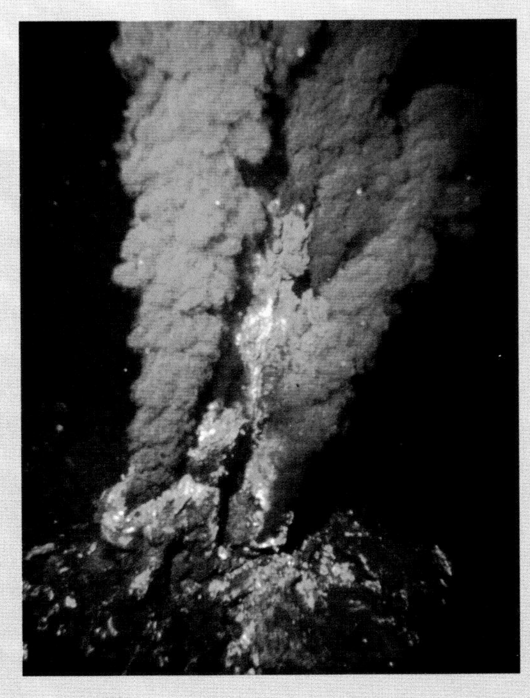

热液喷口
热液喷口的温度可以达到400℃（752℉），但在这样的深度压力下不会沸腾。喷口分布在地壳不稳定的区域。

进入太阳系

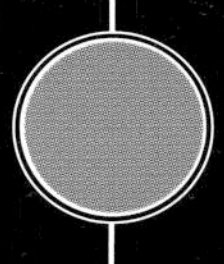

在短短43年的时间里，太空飞行技术从初级的液体燃料火箭发展到了巨大的土星5号飞船，把人类送上了月球。冷战时期的超级大国竞争迅速推进了研究。

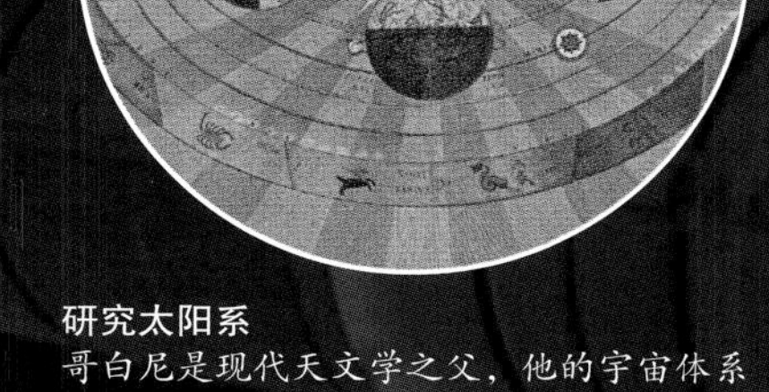

研究太阳系
哥白尼是现代天文学之父，他的宇宙体系首次将太阳置于太阳系的中心，正如这幅绘制于17世纪的图中所示。

最早研究太阳系的是古巴比伦、埃及和亚述天文学家。他们的观察被后世的希腊学者从遥远的古代保存下来。在公元前150年，希帕克与后来著有《天文学大成》的托勒密，都利用埃及天文学家的证据来解释天体事件，认为地球是一个静止不动的、固定在天穹中心的平面，太阳、月亮和恒星被“固定”在穹顶的一系列外球面上。

天文学的发展

直到16世纪波兰天文学家尼古拉斯·哥白尼的革命性工作，我们才彻底改变了对地球与月球和恒星关系的认识。哥白尼认识到太阳是太阳系的中心，这对德国数学家开普勒和意大利学者伽利略的工作产生了影响。开普勒在1605年制定的行星运动规则，将贯穿在英国物理学家艾萨克·牛顿提出的万有引力理论中。后来，这又被用来计算火箭需要多少能量才能摆脱地球的引力。

观测星星
1668年，艾萨克·牛顿设计了第一个反射望远镜，用它来观测天文现象，如1680年的一颗彗星。他的万有引力理论对太空旅行科学至关重要。

火箭动力

从13世纪开始，火箭开始发展用于战争。中世纪的中国开发了一种能用于警示和突袭的初级近程武器。到18世纪晚期，英国发明家威廉·康格里夫改进了军用火箭，并在1805年展示了他的第一个固体燃料动力模型。他的发明为现代火箭的发展奠定了基础。

> *最早有记录的天文学家是古巴比伦人，他们早在公元前1200年就完成了星图。他们观察了行星、恒星和星座，并对宇宙的本质进行了哲学思考。*

科幻小说

19世纪，儒勒·凡尔纳和赫·乔·威尔斯等作家写了关于太空旅行的故事，启发了未来科学家的20世纪的旅行。凡尔纳在《从地球到月球》（1865年）中描述了一次幻想的月球之旅，威尔斯在《星际战争》（1898年）中描述了来自火星的入侵。他们笔下太空旅行的英雄壮举在当时是不可能的。如果没有持续的氧气来源来促进燃烧，火箭就无法在外层空间的真空中运行。

1903年，俄国作家康斯坦丁·齐奥科夫斯基在其先锋派作品《用反应装置探索太空》中提出，火箭可以被推进到太空，这将数学理论与雄心勃勃的空间站、卫星和星际运输的未来计划结合起来。

将小说变成事实

20世纪初，美国科学家罗伯特·H.戈达德发明了一种火箭推进系统，首次使制导火箭研究得以进行。戈达德从小就受威尔斯的作品启发，他于1914年在克拉克大学为美国战争部工作时，注册了一系列与火箭有关的发明专利。到1920年，他的报告描述了无人驾驶火箭到达月球的可能性，并通过引爆一枚照明弹来发出信号。

在媒体的嘲笑下，戈达德搬到了新墨西哥州，在史密森学会的支持下，继续他的研究，建立模型和进行试飞。他很快证明了批评他的人是错误的，并在1926年成功发射了第一枚液体燃料火箭。关于戈达德研究的报道在整个科学界广为流传，到20世纪20年代末，他发表的研究成果已被广泛阅读，部分原因是它具有军事用途的潜力。

罗马尼亚科学家赫尔曼·奥伯斯——他后

“月球人”说得对
罗伯特·H.戈达德因其向月球发射火箭的理论而被媒体戏称为“月球人”。后来证明，他的研究对美国航空航天局的太空计划至关重要。

了解宇宙的窗口
美国航空航天局的哈勃太空望远镜于1990年发射升空，它彻底改变了对遥远星系的探索，尽管是通过望远镜的强大镜头而不是人来进行。

来在“二战”期间为纳粹从事火箭研究工作，在德国出版了《火箭进入行星际空间》一书，收获了巨大的赞誉。1927年，德国业余爱好者创立了“空间旅行协会”。发烧友们进行了几次发射，他们的斥力火箭达到了1000米（3000英尺）的高度。

研究发射升空

随后，对火箭的研究在国际上扩展开来。美国星际协会成立于1930年，而俄罗斯的类似协会在1929年开始发射火箭。随着制导系统的改进，第二次世界大战期间对火箭的军事兴趣导致了研究资金的增加。液氧是作为推进剂发展起来的，并在1944年被德国V2火箭驱动导弹发挥了致命的杀伤力。

背景介绍

- 叙利亚希腊语作家琉善在公元前160年写过一个关于太空飞行的著名的早期幻想故事——《一个真实的故事》。故事主人公的船被从海洋中捞起，寄存在月球表面。他描述“空的一座岛屿，闪闪发光，球形，沐浴在光中……那是在我们下方的另一片陆地，里面有河流、海洋、森林和山脉，我们断定这就是地球”。
- 儒勒·凡尔纳写于1865年的《从地球到月球》是最早的科幻小说之一。奇怪的是，这个故事与美国航空航天局的阿波罗计划有很多相似之处，包括从佛罗里达发射升空，残骸落入海洋。
- “二战”结束时，美国科学家找到了许多德国V2火箭，并利用它们开始美国火箭研究计划，在新墨西哥州的白沙发射它们。V2是一种先进的制导导弹，其速度可达5600公里每小时（3500英里每小时）。它的设计者沃纳·冯·布朗继续领导美国航空航天局的太空计划。
- 美国无人太空探测器计划的目标是在1961—1965年传回月球表面的详细照片。在前六次任务失败后，“徘徊者7号”于1964年7月成功地传回了数千张月球表面的特写照片，然后撞上了月球。

登月竞赛

战后，在20世纪50年代，苏联的月球探测器项目和美国先驱者项目都首批发射了探索性太空探测器。尽管这两个超级大国都进行了复杂的工程，但直到1959年，苏联的月球2飞船才成功地降落在月球表面——这是人类首次与月球进行人为接触，为人类探索太阳系开辟了道路。

绕蓝色星球运行
到20世纪90年代，人类的太空探索已发展到了一个世纪前做梦也想不到的水平。1994年，美国航空航天局宇航员马克·C.李在离地球240公里（150英里）的高空飘浮。

尤里·加加林

首位太空人

苏联　　1934—1968年

1961年，尤里·加加林从苏联集体农场一个普通的孩子成长为全世界最著名的人物。由于他的决心加上幸运（他正好适合太空舱的尺寸），加加林入选有史以来首次载人航天飞行，在太空飞船“东方1号”的轨道上度过了不到两个小时的时间。回国后，他成为国际巨星，在与美国的太空竞赛中，成了苏联技术力量的化身。

尤里·加加林出生于俄罗斯西部的科内希诺村。第二次世界大战爆发后，加加林中断学业，随家人搬到了离莫斯科更近的城镇格扎茨克。21岁时，加加林离家去伏尔加河畔萨拉托夫的一所工业学院学习，并在业余时间加入城市飞行俱乐部学习飞行。十几岁时，他亲眼看见一架苏联战斗机在他家附近坠毁，飞机上的飞行员给他留下了深刻的印象。他描述过首次飞行的兴奋，称这给他的生命带来了意义。熟练驾驶轻型飞机之后，他很快就决定成为职业飞行员。1955年，加加林在乌拉尔河畔的奥伦堡被接纳加入苏联米格战斗机飞行员的军事培训计划。

开始太空竞赛

加加林作为战斗机飞行员开始训练的那年，俄罗斯科学家列奥·塞多夫在丹麦哥本哈根召开新闻发布会，宣布苏联计划将一颗卫星送入太空。这一宣布引发了美国和苏联之间的“太空竞赛”，这两个大国开始在研究上投入巨资，目的是在太空竞赛中击败对方。谢尔盖·科洛列夫是苏联太空工程领域的领军人物之一。他是位于咸海以东的拜科努尔发射场的首席设计师。1954年，科洛列夫研制了R-7火箭，能够发射卫星。1957年10月4日，第一艘无人驾驶宇宙飞船“人造地

生平事迹

- 接受战斗机飞行员训练，成为苏联的明星飞行员之一。
- 加加林和其他19名飞行员一起被选中接受宇航员训练；经过广泛的身体和心理测试后，他被选中参加东方1号的飞行。
- 是第一个离开地球大气层的人；在太空绕地球轨道飞行。
- 他的成功正值苏联在与美国的太空竞赛中占优势的时期，促使美国开始了阿波罗计划。
- 成为国际明星，环游世界，讲述他的经历。
- 在重返太空之前死于飞机失事。

飞行员还是乘客？
东方1号的工程师们不确定加加林是否有能力在太空失重的情况下操纵飞船。因此，所有的飞行控制都是从地面进行的，而加加林实际上是一名被动乘客。在紧急情况下，预备让加加林使用放在他身边信封内的密码打开手动控制装置。

应急口粮
为了防止引擎失灵，加加林有十天的食物来帮助他渡过难关，直到飞船降落。当它的刹车引擎启动时，东方1号的绕轨飞行就结束了。

我和你一样是苏联人，刚从太空下来，我必须找个电话打给莫斯科。

——尤里·加加林着陆后对震惊的当地居民说

球卫星1号”发射升空。

苏联继续发展火箭试验飞行计划，将动物送往450公里（280英里）的高空，以确定失重对生理的影响，并对宇宙辐射的影响进行额外测试。科学证据证实，人体将有可能承受这种条件。

太空培训

1959年，一个特别委员会从俄罗斯空军挑选了200名飞行员进行预备训练，加加林和其他19名未来宇航员一起被选中接受高级训练。他们接受了严格的失重训练，在仿真环境中进行饮食、写作，并操作来自东方号飞船模拟舱的无线电设备。培训人员包括俄罗斯极地探险家尼古拉·卡马宁，他将继续担任未来所有宇航员的培训负责人。卡马宁负责为莫斯科附近的航天城选择地点。这套秘密的苏联城市设施于1960年6月开放。航天城完全自给自足，不仅满足了太空计划的科学和技术要求，而且还能够为宇航员和科学家家属提供学校、商店和医疗设施。该地严格禁止普通苏联公民进入。到1961年4月5日，原20名候选人已减至两人——加加林和盖尔曼·蒂托夫。就在发射日期的前四天，卡马宁最终决定选择加加林，而蒂托夫则担任替补。

在最后的训练中，是加加林首先达到了航天员最严格的心理和生理标准。此外，他体重70公斤（154磅），身高仅157厘米（5英尺2英寸），符合飞行要求的有效载荷。加加林没有控制飞船：东方1号将由来自拜科努尔的无线电遥控，因为没有人知道失重在飞行期间会对加加林的身心产生什么影响。太空船的设计使得加加林背对太空船的再入前锥，坐在一个直径仅为2.3米（7.5英尺）的狭小舱室中，降落伞则置于飞船返回舱的位置。根据苏联官方的说法，1961年4月12日，加加林在早餐后不久，平静地走到发射台上。倒计时几次延迟后，“东方1号”成功发射，加加林高喊：“我们走！”

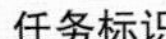

任务标识

这个袖章是专门为“东方1号”任务设计的，每个参与项目的人都戴着这种袖章。

进入太空

进入轨道后，东方1号只需108分钟就完成了对地球的环游。苏联对轨道的全程通信，在加加林成功返回后公开。加加林在飞行期间简短的无线电通信也被重播。例如，在经过南美洲时，他简单地说：“照常进行，感觉很好。”加加林在距离地球约327公里（203英里）处，相对于地球表面达到了28 000公里/小时（17 400英里/小时）的速度。据苏联《医疗工作者》杂志报道，加加林在飞行期间吃了液体和糊状食物的混合物，这两种食物都是他在模拟飞行中最喜欢的食物。随着苏联取得成功的消息传遍世界，苏联通讯社塔斯社发表了一份相当枯燥的声明加以证实：“苏联宇航员尤里·加加林在‘东方1号’宇宙飞船上完成了人类第一次太空飞行，这使我们有可能得出极其重要的科学结论，即载人太空飞行是可行的。”

秘密着陆

塔斯社没有披露加加林返回地球的方式。现在人们知道他是在预定的重返点离开太空舱，从海拔7000米（23 000英尺）的高空跳伞降落在萨拉托夫以南24公里（15英里）的伏尔加河附近。在他飞行后的30年里，这一事实一直是严格保密的国家机密，官方报道称加加林

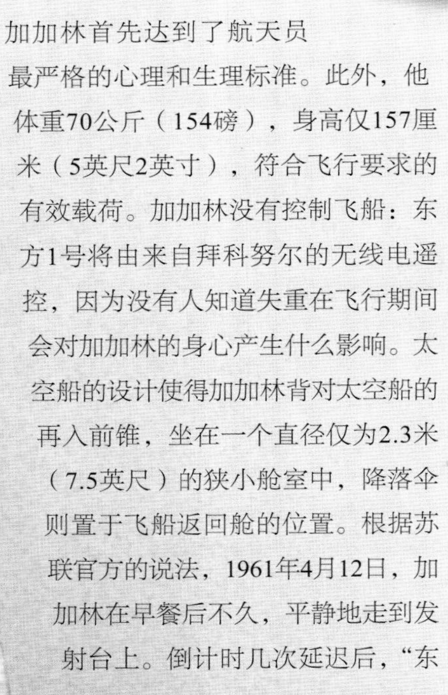

载入史册的发射

东方1号在莫斯科时间9:07分发射升空。它的火箭燃烧的时间比预期的要长，导致轨道高度为327公里（203英里），而不是预期的230公里（143英里）。

着陆舱
降落伞连接在着陆舱上，以减缓降落。不过，原定计划是让加加林在距离地面几公里处弹射。

谢尔盖·科洛列夫

苏联 1906—1966年

科洛列夫在20世纪50年代至60年代是苏联的首席火箭设计师，被许多人认为是航天之父。

作为一名训练有素的飞机设计师，他被派往设计火箭。他是研发洲际导弹的关键人物，这种导弹可以远距离携带核弹头。20世纪50年代，在被任命为苏联太空计划的负责人后，他将注意力转向了太空。在科洛列夫的监督下，东方号宇宙飞船和人造卫星计划取得成功，使苏联在太空竞赛中领先于美国。1966年，他正在计划把人送上月球时，突然去世。

成功标志
这张苏联邮票用于纪念加加林的飞行。他的成就被苏联政府视作为其政治制度成功的一个例证。

是乘坐他的宇宙飞船返回地球的。据信，这意味着他的飞行成为苏联与美国之间持续竞争的一项更为重大的成就。据报道，加加林没有坐等被派去接他的直升机，而是离开降落伞，受到着陆地群众的欢迎，然后向苏联人民转达了他最美好的祝愿。莫斯科隆重庆祝加加林的成就，尼基塔·赫鲁晓夫以最高荣誉向宇航员致敬。鉴于“东方1号”宇航员的代号为“燕子”，赫鲁晓夫亲切地称加加林为一只“太空燕”。

国际名人

除了绕轨道飞行的科学和技术的成功之外，在冷战背景下，苏联的成就是美国太空计划的催化剂。世界对苏联成功绕轨道飞行的反应是既钦佩又怀疑，美国则是沮丧。美国一些评论员抱怨道：“每个人都记得林德伯格——但是谁还记得第二个飞越大西洋的人呢？”

与此同时，加加林成为国际名人，并在世界各地公开露面。他回到航天城，渴望在新的联盟号宇宙飞船中进行第二次太空飞行。最初，当局让他担任同事弗拉基米尔·科马罗夫的副手，他感到失望。当他的这位朋友返回地球，因为降落伞无法打开，导致返回舱直接坠落地球而牺牲时，他极为震惊和悲伤。加加林继续担任航天城宇航员训练中心副主任，但仍然渴望飞行的刺激。34岁的时候，他回归飞行生涯，驾驶最新一代的米格喷气式飞机。他于1968年3月27日在莫斯科附近契卡洛夫斯基空军基地的一次飞行训练中因飞机坠毁而遇难。坠机的原因尚待确定。在加加林去世前，他已经开始为执行第二次太空任务进行训练。

太空狗

苏联科学家不知道活着的生物是否能在太空飞行中存活，所以他们决定先用狗进行试飞。小狗“莱卡”于1957年11月3日发射升空。鉴于没有为它返回地球做任何准备，它在发射后几个小时就去世了。然而，它已证明，在失重的条件下生存是可能的。

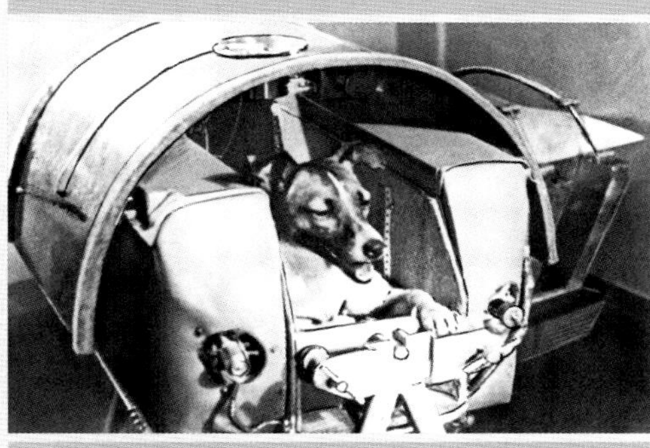

莱卡被绑在“人造地球卫星2号”狭小的太空舱里，准备发射

火箭人
加加林去世后，他的雕像在苏联全境竖立起来。位于莫斯科的这尊雕像以火箭的造型站立。

尼尔·阿姆斯特朗

第一个登上月球的人

美国 *1930—*

航空工程师、飞行员和宇航员尼尔·阿姆斯特朗在空间探索史和人类历史上占有独特的地位。作为一名才华横溢的试飞员，他曾在200多架飞机上完成飞行任务，被选为美国政府太空计划的首批宇航员之一。作为阿波罗11号登月任务的指令长——这一任命部分是因为他谦虚的性格——他有幸成为第一个踏上月球的人。

月球行走
首位宇航员踏上月球的第一个脚印将永远存在，因为月球上没有大气，也没有风会把印迹吹走。

在20世纪40年代中期，大多数美国青少年的终极梦想是获得驾驶执照和汽车。对阿姆斯特朗来说并非如此，从制造模型飞机、阅读飞机和飞行杂志，到通过一系列兼职工作来资助自己的飞行课程，他对航空的兴趣与日俱增。他在俄亥俄州沃帕科内塔家的附近的一个机场里学会驾驶7AC冠军飞机，并在16岁时获得私人飞行执照——尽管他仍然不会开车。1947年，阿姆斯特朗在美国海军航空学院开始攻读航空工程学位，两年后，他以战斗机飞行员的身份在朝鲜战争（1950—1953年）中服役，随后于1955年获得航空工程学位。他先后在位于俄亥俄州克利夫兰的刘易斯飞行推进实验室和位于加州德莱登的美国航空航天局飞行研究中心担任试飞员。到了1962年，他作为一名工程师、管理人员和飞行员的技能使他很适合参加美国国家航空航天局的新宇航员培训计划。他的第一次太空飞行是在1966年担任双子座8号航天任务的指令员，宇航员戴维·斯科特担任飞行员。当双子座与无人驾驶的阿金纳对接舱会合时，实现了飞船在太空中的第一次对接，但当一次电气故障导致对接的飞船滚动时，就差点酿成灾难了。阿姆斯特朗通过脱离对接和激活双子座的返回控制系统重新获得了控制权，但被迫将飞船抛入太平洋，而不是按原计划降落在大西洋。

定制设计
阿波罗11号徽章是由宇航员迈克尔·柯林斯设计的，图案是一只衔着橄榄枝的鹰。

生平事迹

- 他值得信赖的性格可以用他高中毕业纪念册上写的一句话来概括——“他一有想法，就付诸行动，并且完成。”
- 他驾驶火箭动力的贝尔X-15飞机飞行了七次，最高飞行高度为63.2公里（207 500英尺），最高时速为6419公里（3989英里），超过5马赫。
- 出于谦虚的个性，阿姆斯特朗在太空旅行后悄然退休，成为一名大学教授。

登月

1969年7月16日，美国航空航天局阿波罗11号任务的机组人员——尼尔·阿姆斯特朗、埃德温·奥尔德林和迈克尔·柯林斯——从肯尼迪航天中心起飞，开始了他们史诗般的太空飞行。四天后，柯林斯留在哥伦比亚指挥舱，阿姆斯特朗和奥尔德林登上登月舱“鹰号”，并于7月20日在东部标准时间15:17分降落在静海基地。阿姆斯特朗报告说：“休斯敦，这里是静海基地。‘鹰号’着陆成功。”航天地面指挥中心显然松了口气：“地面收到……我们又开始呼吸了。”全世界人数最多的观众群通过电视观看阿姆斯特朗开始EVA（车外活动），他在月球表面迈出了试探性的第一步，然后说

超音速航天器
土星5号火箭推动顶部的哥伦比亚号指令舱，以每小时40 000公里（25 000英里）的速度在太空中飞行。

和平徽章
一枚印有阿波罗11号飞船宇航员和尼克松总统签名的徽章被留在月球表面作为纪念。

了那句不朽的话：“这是一个人的一小步，却是人类的一大步。”

壮丽的荒凉

19分钟后，奥尔德林加入阿姆斯特朗的行列，喊道：“好美啊，好美啊……壮丽的荒凉！”他们的体重仅为地球上的六分之一，两人探索了月球表面，活动范围在登月舱“鹰号”100米以内。在留下一面美国国旗和一枚纪念尤里·加加林（见第338—341页）的苏联奖章之后，他们进行了一系列实验，拍摄了照片，并收集了21公斤（47磅）的月球岩石和土壤样本，然后返回登月舱。

这次任务并非没有事故——在狭小的登月舱内进行操控时，控制火箭进入轨道的断路器开关被折断了。他们冷静而足智多谋，把一支塑料笔塞进空位，充当开关，结果实现了目的——“鹰号”登月舱发射并安全与哥伦比亚号会合。

阿姆斯特朗花了2小时48分钟在月球上行走，阿波罗11号的成就标志着人类探索群星的雄心翻开了新的一页。然而，对阿姆斯特朗来说，一次就足够了——他没有再执行过太空任务，他在回到地球时曾开玩笑说：“无论你在哪里旅行，回家的感觉都很好。”

降落蓝色星球
1969年7月24日，哥伦比亚号坠落在太平洋，不久后被大黄蜂号航空母舰找到。宇航员穿上防污染服，在接下来的21天里被隔离。

这是一个人的一小步，却是人类的一大步。

——尼尔·阿姆斯特朗

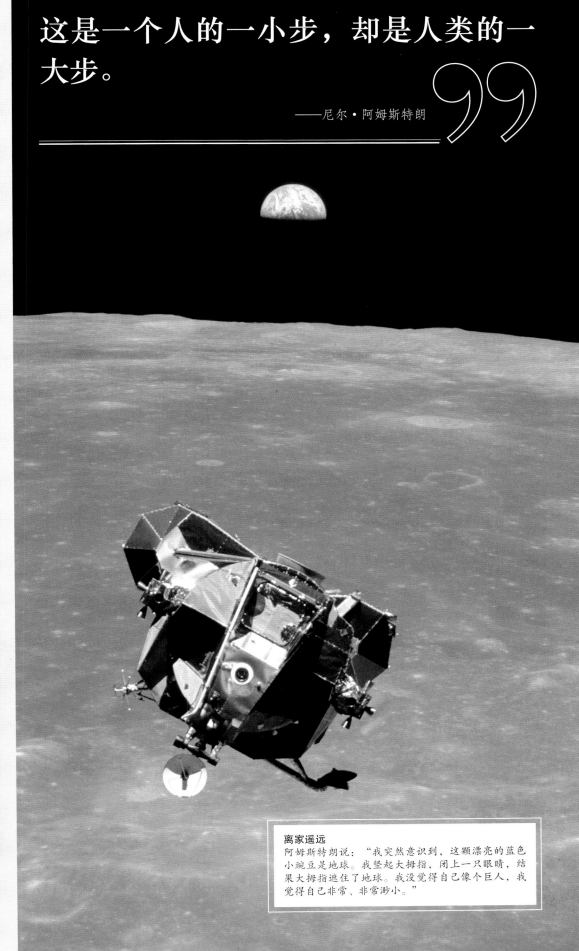

离家遥远
阿姆斯特朗说：“我突然意识到，这颗漂亮的蓝色小豌豆是地球。我竖起大拇指，闭上一只眼睛，结果大拇指遮住了地球。我没觉得自己像个巨人，我觉得自己非常、非常渺小。”

具有历史意义的载人登月太空舱

指令舱

指令舱和服务舱通常统称为“阿波罗航天器”，从1967年起在美国航空航天局的阿波罗太空计划中与登月舱一起使用。指令舱是锥形结构，包含用于机组人员活动的加压舱、设备舱和系统控制装置。一条对接隧道将指令舱连接到登月舱上。服务舱在指令舱后面，包含燃料、水和主机。

▲ **绕月球运行**
这张阿波罗15号指令舱和服务舱的照片是1971年7月26日—8月7日之间在月球上方轨道运行时拍摄的。

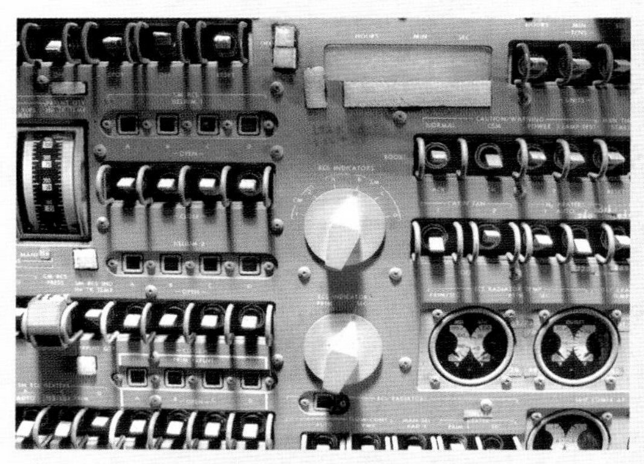

▲ **仪表控制台**
阿波罗10号指令舱仪表板上布满开关。尽管其高度复杂，但飞船没有携带基于微芯片的计算机，计算是在笔记本上进行的。

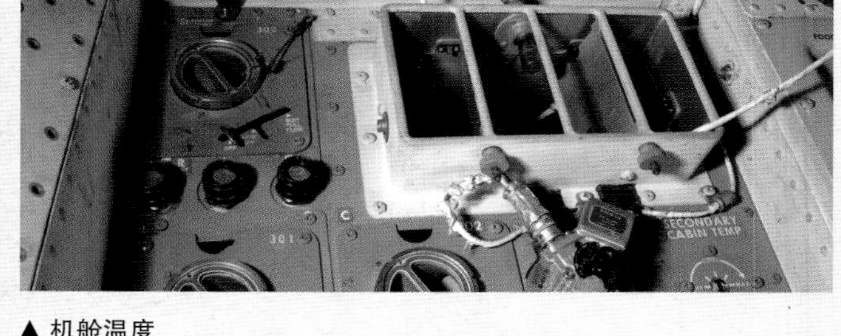

▲ **机舱温度**
这些是阿波罗10号的机舱温度计和控制器。阿波罗10号是第二次绕月球轨道飞行中使用的。

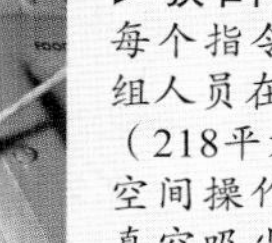

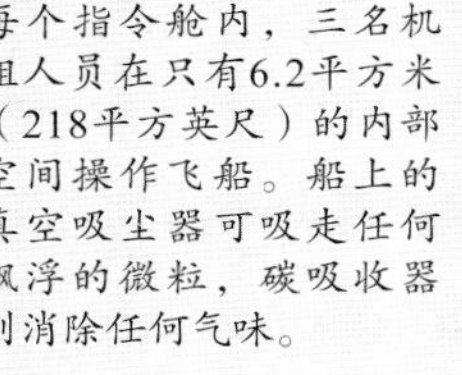

▶ **狭窄内部**
每个指令舱内，三名机组人员在只有6.2平方米（218平方英尺）的内部空间操作飞船。船上的真空吸尘器可吸走任何飘浮的微粒，碳吸收器则消除任何气味。

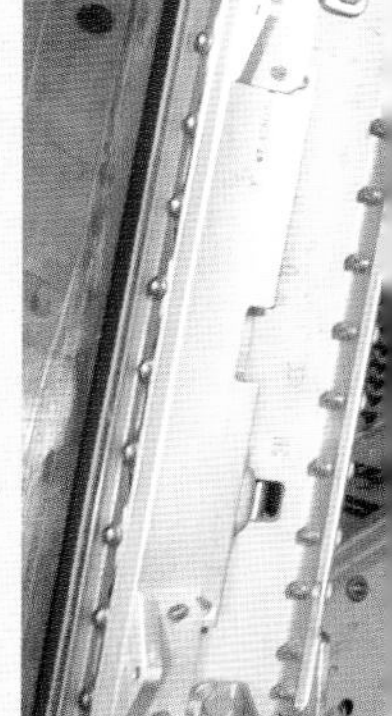

▲ **月球照片**
阿波罗12号指令舱飞行员理查德 · F.戈登为第二次登月任务准备了一台远摄镜头照相机。

▶ **模拟器**
1969年6月20日，阿波罗12号宇航员迈克尔 · 柯林斯在阿波罗飞行任务模拟器中进行检查。

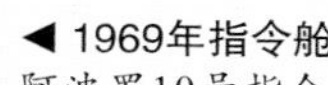

◀ **1969年指令舱**
阿波罗10号指令舱载着宇航员托马斯·斯塔福德、约翰·杨和尤金·塞尔南，于1969年5月发射升空。现存于伦敦科学博物馆。

◀ **地球轨道**
1969年3月，从登月舱观察阿波罗9号指令舱在地球上方的轨道运行。

▼ **即兴操作**
1970年4月17日，阿波罗13号宇航员约翰·斯威格特手里拿着“信箱”——一个用来清除登月舱中一氧化碳的简易装置。

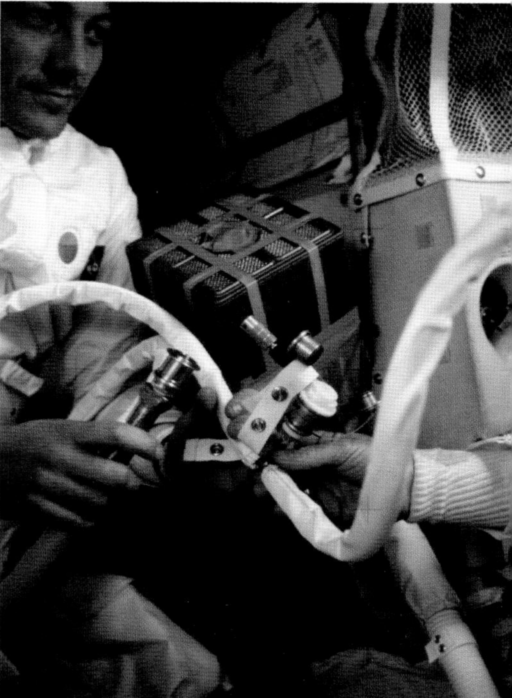

▲ **预演舱**
这是阿波罗10号太空舱的内部，1969年5月，它围绕月球运行，为阿波罗12号登月预演。

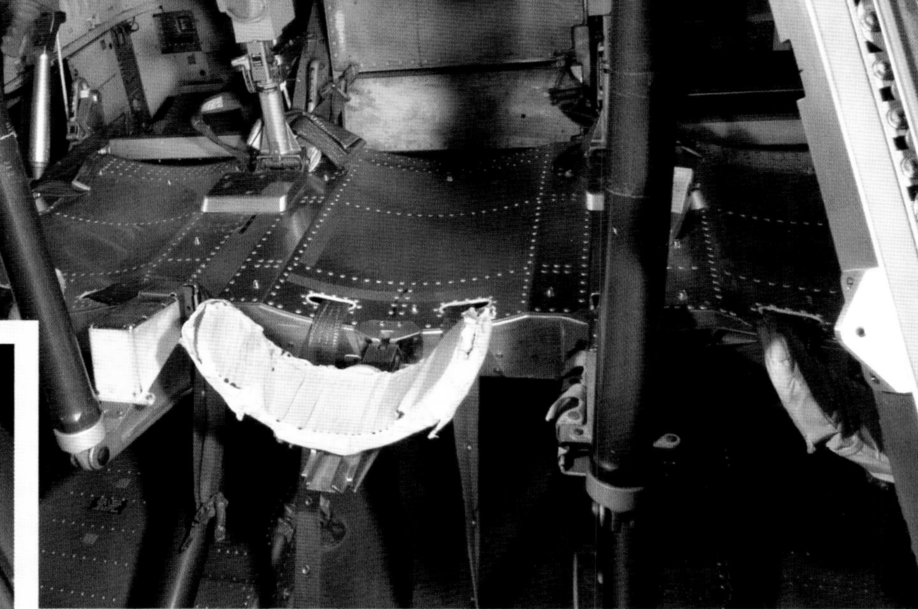

▲ **阿波罗9号任务**
宇航员戴维·斯科特站在舱内的开放舱口，测试登月着陆的对接程序。阿波罗9号包括第一次载人飞行的登月舱。

► **海洋着陆**
这是阿波罗11号指令舱降落在太平洋回收区后不久，美国海军救援人员赶到现场救援。

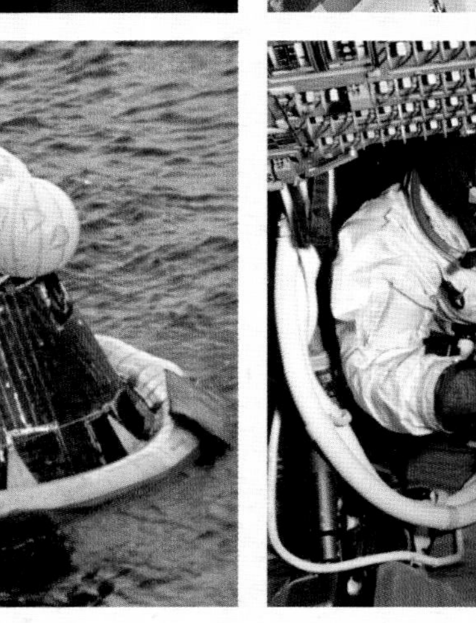

◀ **技术检查**
1969年6月20日，阿波罗12号宇航员迈克尔·柯林斯在佛罗里达州肯尼迪航天中心的阿波罗飞行任务模拟器中工作，跟踪检查技术材料。

后阿波罗时代太空探索

开拓新领域

就在苏联宇航员尤里·加加林首次载人航天飞行八年后，作为阿波罗计划的一部分，美国成功地将人送上月球。然而，事实证明，对未来探索可能性的乐观是没有根据的，因为太空探索的巨大成本让人望而却步。

研究进展

- 1994—1995年，俄罗斯宇航员瓦列里·波利亚科夫在俄罗斯和平号空间站上度过了创纪录的437天18小时。
- 火星探测器尚未在火星表面发现生命，但是火星大气中甲烷的浓度表明在火星表面下可能存在微生物生命。
- 哈勃太空望远镜带来了重大的发现，如我们宇宙的膨胀正在加速。
- 在30年的发展过程中，国际空间站的总成本超过650亿英镑（1000亿美元），是有史以来制造的最昂贵的物体。

阿波罗11号成功后，公众对阿波罗项目其余部分的兴趣减弱。该项目的年度成本约为20亿英镑（30亿美元），对美国政府来说，如此高的支出在政治上已变得毫无道理。1972年12月19日，阿波罗17号返回地球，此后人类再也没有回到月球。

火星探测器
美国航空航天局第一辆火星探测车于1997年成功着陆火星。图为2010年，火星车正在发回图像并分析来自火星表面的样本。

空间科学

从20世纪70年代初开始，美国空间任务的重点转向发展可重复使用的轨道方案。第一个实验空间站，亦即太空实验室，在离地球表面430公里（270英里）的高度运行，证明了人类可以在太空中生活和工作。太空实验室的第一批三人机组人员于1973年5月14日起飞，执行了28天的零重力任务。在三次飞行任务中，科学家首次从轨道航天器上对地球进行了详细研究。这次行动是国际性的，共有来自28个国家的科学家参加了实验和研究。到1974年第三次飞行任务结束时，太空实验室已经绕地球轨道飞行了3900次，覆盖范围超过了地球表面的75%。它使用太阳能电池板发电，为宇航员提供固体食物和可折叠淋浴设施等舒适条件。

太空行走
宇航员欧文·加里奥特在空间站外进行太空行走，调整空间站的太阳能电池板，该设备为太空实验室提供了所有的电力。

航天飞机

美国航空航天局在1981年开始进入载人航天计划的下一阶段，在美国佛罗里达州肯尼迪航天中心发射了第一艘航天飞机——哥伦比亚号。航天飞机是一种可重复使用的飞行器，能够与国际空间站对接。它的飞行控制完全电脑化，使用最初为战斗机飞行员开发的“线上飞

我想人类会到达火星……我想在有生之年看到它。

——埃德温·奥尔德林

地球空间站
已接近使用寿命终点的国际空间站，夜间肉眼可以清楚地看到。

行”技术，从而降低了发生机械故障的风险。航天飞机返回地球的部分是轨道飞行器，载有五名至七名机组人员，其有效载荷可容纳大型卫星，如1990年4月被送入轨道的哈勃太空望远镜（见右）。到目前为止，共执行了114次任务，损失了两架航天飞机。1986年1月，挑战者号航天飞机在升空后73秒爆炸；2003年2月1日，哥伦比亚号在重返地球大气层时被摧毁。这两起事件中，所有宇航员全部丧生。美国航空航天局的计划是在2010年让剩下的三艘航天飞机退役，用新一代猎户座飞船取代。

空间站

国际空间站于1998年开始建造，按计划于2011年完工。完成后的空间站由16个加压舱组成，这些太空舱已送入轨道，并与空间站先前的部分对接。国际空间站是俄罗斯、美国、日本和欧洲的一个合作项目，截至2010年，是迄今发射到太空的最大的人造卫星。它自2000年11月以来一直有工作人员，预计将持续运作到2020年。国际空间站的主要科学目标之一是评估可用于未来月球或火星载人飞行的系统。经过40年的中断之后，这个把人类运送到太阳系其他地方的项目很快就会再次得到认真的执行。

太空望远镜

哈勃太空望远镜自1993年以来一直从其环绕地球的轨道上发回深空图像。因为远离地球大气层的扭曲效应，它让我们看到距离地球数十亿光年的遥远星系。它原计划于2014年被詹姆斯·韦伯太空望远镜取代。

哈勃太空望远镜拍摄的距地球130亿光年的遥远星系

航天飞机
尤里·加加林首次乘东方1号进行载人航天飞行的20年后，第一艘航天飞机“哥伦比亚号”于1981年4月12日从美国佛罗里达州肯尼迪航天中心起飞。航天飞机成功地完成了55个小时的飞行任务，进行了37次绕轨飞行，然后安全返回地球，在加利福尼亚的爱德华兹空军基地无动力着陆。

未来科学探索

发现人类的未来

今天，许多科学研究和探索聚焦于了解人类对地球的影响。由地理学家、地质学家、微生物学家和其他人组成的多学科小组利用最新的高科技设备（通常利用太空远程设备）开展国际项目，观察和模拟我们周围世界的变化。

研究进展

- 最新的电脑模型预测，在未来几十年，地球温度将至少上升2℃（4℉）；科学家面临着减缓全球变暖和减轻其影响的双重挑战。
- 随着科学家们更多地了解森林在气候变化中所扮演的角色，对持续的世界森林砍伐进行探讨成了一个活跃的研究领域。
- 2008年，有史以来第一次，世界上超过一半的人口——33亿人——生活在城市；到2030年，这一数字预计将增加到50亿；如此快速的城市化进程需要科学家研究如何在快速增长的城市中更好地管理有限的资源。

风引起的变化

作为地球上灰尘最多的地方，乍得北部的波德雷沙漠可谓暗无天日。呼啸的狂风吹起了该地数百万吨的白色尘埃，再将其吹到远至亚马逊热带雨林的地方。但该地并不一直是那么荒凉。六千多年前，北非气候比现在湿润，这里曾拥有世界上最大的淡水湖，面积和里海一样大，从中部非洲和今撒哈拉沙漠一带排出的雨水都汇聚于此。科学研究表明，该淡水湖一度延伸到尼日利亚和尼日尔，但现在只余下白色的湖床，其尘埃的构成不是沙子，而是营养丰富的硅藻土，这是曾经生活在湖中的微生物的遗骸。国际科学家小组已经确定了湖泊化石的年代，并发现了尘埃如何为亚马逊地区的土壤带去更多的肥力，并为大西洋提供营养，这反过来又有助于促进藻类的生长。藻类有助于吸收地球大气中的二氧化碳。这些发现使我们能够理解尘埃对未来更干燥的世界的影响，并准确地揭示气候在最近的过去是如何变化的——这些至关重要的信息使我们能够模拟未来的气候变化。

深潜器
2009年5月，海神号深潜器进行了迄今为止最深的潜水，深度达到10 902米（6.8英里），到达了太平洋海床上的马里亚纳海沟，这是地球最深点。

海洋之下

来自美国伍兹霍尔海洋学研究所的科学家们正在扩大我们对地球最深处的了解。科学家们使用高科技设备，如机器人深潜器“海神号”来监测地球构造板块的运动，以及远程环境监测系统，使用声纳技术进行成像扫描，绘制海床地图，这被称为“割草技术”。通过使用内置在潜水器中的高分辨率相机，数据得到增强，从而提供了关于海底地壳和地幔组成的新见解。这有助于科学家预测火山、地震和海啸等自然灾害。伍兹霍尔海洋学研究所还记录、勘探并发现迄今未知的海底动植物群落的样本，这反过来又为太阳系其他地方生命可能性的研究提供了信息。

荒漠灰尘
在波德雷沙漠的实地研究中，科学家们忍受着令人窒息的灰尘和可怕的高温。

冰川水

格陵兰冰盖形成的冰川，崩裂成众多冰山流入北冰洋，正在以惊人的速度变薄和后退。科学家们正在研究冰川融化这一独特现象，探索气候变暖对冰川融化的影响。每升冰川融水中含有多达100万个微生物细胞，这些细胞每年春天和夏天冰川解冻时被释放出来。来自俄罗斯、挪威和英国的团队合作研究了冰川融化的不同阶段。

此外，研究还显示，冰川是繁荣的生态系统，而在冰川上定居的微生物实际上可能正在

人类用自己的五种感官来探索宇宙……叫作探险科学。

——埃德温·哈勃

加速它们的融化。DNA测试使科学家能够了解冰晶石（由微生物、死有机物和矿物碎片组成）是如何形成和影响冰环境的，它的存在如何使太阳辐射吸收增加30%。冰川学家现在正试图了解这将如何影响冰原的未来移动，以及融水的增加将如何影响北冰洋的盐度水平。

极地研究进展

极地科学领域也在迅速发展。对冰川湖的研究始于20世纪60年代末，当时的研究资料来自俄罗斯勘探南极洲东部的索维茨卡亚湖所获得的雷达资料。卫星图像显示，冰川湖的数量从20世纪70年代已知的17个增加到现在的145个，而且还在增加，这表明极地冰盖正在以惊人的速度融化。对这些相互连通的湖泊的分析显示了它们在南极冰流和平衡系统中的动态作用。

除了研究气候对两极的影响之外，科学家们还利用创新技术探索更基本的科学问题。通过在具有高度透明度的南极冰原上钻孔，就有可能捕获中微子，这是一种亚原子粒子，一旦捕获，就能揭示宇宙中恒星、黑洞和暗物质的本质。

粒子加速器

瑞士的欧洲核子研究中心正在地下100多米（300英尺）处开展一项迄今为止最雄心勃勃的科学项目。大型强子对撞机位于一条长27公里（17英里）的圆形隧道，通过它，微小的质子被加速到接近光速，然后相互碰撞。通过分析这些质子高速碰撞所产生的影响，科学家们希望探索一些关于宇宙的基本问题，如为什么物体具有质量，以及暗物质可能是什么。如果我们能发现宇宙诞生时发生了什么，就能更好地想象宇宙的未来。

大型强子对撞机是一种通过液氦冷却到接近绝对零度的超导磁体

冰洞
科学家们会在厚达一公里的冰层下生活数周，研究冰川下的冰洞。图中，科学家们在监测冰川中微生物的生长情况以及冰川融化的速度。

索引

探险家的主要条目用粗体表示

A

阿巴斯哈里发帝国 13, 66, 67
阿贝尔·塔斯曼 103, 155, 156, 157, **160—161**
阿比西尼亚 214, 250
阿波罗 123, 263, 342—345, 346
阿布辛贝勒，埃及 240—242, 243
阿布扎比 227
阿布扎伊德·巴勒齐 66
阿达雷角，南极洲 285, 312
阿道夫·埃里克·诺登舍尔德 228, 262, **290—291**, 297, 299
阿道夫·奥维格 202, 203
阿德莱德，南澳大利亚 185, 186, 187
阿德里安·德格拉克 262, 285, 302
阿尔-比鲁尼 33, 66
阿尔伯特湖 204
阿尔登山，南澳大利亚 186, 187
阿尔弗雷达·米切尔 280
阿尔弗雷德·拉塞尔·华莱士 262, 264, **272—275**, 276, 278, 279
阿尔弗雷德·奇塔姆 321
阿尔冈昆印第安人 124, 127
阿尔戈亚湾 76, 77
阿尔及利亚 193, 226
阿尔-马克迪西 66 67
阿尔-马苏迪 13, 29
阿尔瓦·努涅兹·卡布扎·德瓦卡 177
阿尔瓦罗·德蒙达纳 102, 154
阿尔瓦罗·德萨维德拉 154
阿尔维利·达·卡德莫斯托 75
阿丰索·巴尔达亚 75
阿富汗 13, 14, 47, 59, 237, 251
阿根廷 93, 269
阿拉伯 26, 29, 65, 68, 74, 167, 38—39, 246—247, 250—255, 271
阿拉伯起义 238, 253
阿拉伯人 13, 29, 32—33, 42, 97, 99, 244
　非洲 75, 196
　中东 242, 244, 246—247
阿拉伯沙漠 226—227, 246—247, 254—255
　空旷区 26, 27, 83, 167, 227, 238—239, 248—249, 250, 251, 256
阿拉伯沙漠 239
阿拉姆山谷 254—255
阿拉斯加 162, 169, 170, 171, 172, 302, 304
阿勒颇，叙利亚 226, 240—243
阿里亚斯·德阿维拉 121
阿列克谢·奇里科夫 170
阿留申群岛 170
阿鲁斯利·切利-加拉德 123, 295, 317
阿伦索·德奥维达 94
阿洛普 13
阿马迪·法图玛 197
阿曼 249
阿那克西曼德 75, 98, 136, 168
阿纳姆地 154—155
阿森松岛 147
阿塔华尔帕，印加皇帝 85, 113, 114—115, 118
阿瓦德，印度 45
阿沃什河，阿比西尼亚 250
阿育王 42, 43
阿旃陀石窟，印度 47
阿兹特克 84, 85, 102, 104, 105, 106, 107, 108—111, 244
埃德加·埃文斯 317
埃德蒙·巴特尔特少校 215
埃德蒙·哈雷 83, 326
埃德蒙·希拉里 123, 231, 245, 263, **322—323**, 325
埃德温·巴兹·奥尔德林 342—343
埃尔伯兹山脉 228
埃尔南·科尔特斯 84, 102, 104, 105, **106—111**, 112, 154
埃尔斯米尔岛，加拿大 311
埃格伯特堡，阿拉斯加 304
埃及 12, 14—17, 22—24, 29, 43, 74, 99, 167, 193, 226, 242, 270—271
埃拉托色尼 15, 84, 98, 136
埃雷布斯号 264, 285, 293
埃雷布斯山 285, 316
埃米尔·加格南 263, 331
埃明·帕夏 215
埃塞俄比亚 12, 193, 203
埃斯皮尔里图桑托岛 103, 154
埃斯特班·戈麦斯 124
埃文斯角，罗斯岛 314, 316—317
艾蒂安·布雷尔 103, 124
艾尔半岛，澳大利亚 186
艾尔湖，澳大利亚 187
艾哈迈德·哈萨尼 26
艾哈迈德·梅斯吉德 80
艾哈迈德·雅库比 66
艾哈迈德·伊本·马吉德 82
艾梅·邦普兰 262, 265, 266, 269
艾萨克·牛顿 336
爱德华·艾尔 166, 169, **186—187**
爱德华·布兰斯菲尔德 284
爱德华·威尔逊医生 123, 294, 312, 314
爱德华·温珀 324
爱德华·沃格尔 202, 203
爱德华湖，东非 214
爱德华七世领地 285
爱尔兰 15, 35
安达曼群岛 198
安大略湖 127, 134
安德鲁·欧文 245, 263, 322
安第斯山脉 84, 114, 115, 264, 268, 278, 280, 324
安东尼·范迪曼 160
安东尼·亨迪 125
安东尼奥·德赫雷拉 117
安东尼奥·皮加费塔 140, 141
安东尼奥托·乌西达姆 75
安哥拉 78, 212, 265
安加托，波利尼西亚 283
安纳普尔纳，尼泊尔 324
安纳托利亚 12, 14
安妮·布朗特夫人 227
安世高，安息 42
安斯特岛，设得兰群岛 20
安陶·冈萨维斯 192
奥蒂斯·巴顿 328, 329
奥尔巴尼，澳大利亚 186, 187
奥尔巴尼，纽约 287
奥戈韦河，加蓬 212—213
奥古斯都·格雷戈里 208
奥古斯都·西比 326
奥古斯特·安德雷 153
奥古斯特·皮卡德 333
奥胡兹部落 33
奥克斯山谷 56
奥里诺科河 89, 94, 266, 268
奥利维尔·范诺尔特 137
奥姆兹，波斯湾 56, 58, 59
奥斯伯格号船 41
奥托·斯维德鲁普 298
奥托·托雷尔 290
澳大利亚 103, 161, 163, 168, 262, 264, 279, 292
　环球航行 169, 264
　库克 156, 158
　发现 151, 154, 155
　内陆 166, 169, 184—191
　北方 208
　西方 186—187
澳门 162, 216

B

巴比伦 15, 24, 25, 271
巴达格里，尼日利亚 201
巴达维亚 155, 160, 161
巴尔米拉，叙利亚 12, 28, 29
巴尔托洛梅乌·迪亚士 51, 75, **76—77**, 80, 96, 99, 153
巴芬岛 102, 124, 173, 307
巴芬湾 307
巴格达 29, 32, 53, 66, 67, 68, 253, 254
巴哈马 87, 89, 103, 328
巴基斯坦 42, 228, 237, 251
巴卡，蒙古可汗 56
巴卡岛，印度尼西亚 273
巴拉圭 269
巴勒贝克, 黎巴嫩 252
巴勒斯坦 22, 238, 252, 271
巴黎条约（1763年）125
巴伦支海 305
巴门尼德，哲学家 137
巴米扬，阿富汗 13, 47
巴拿马 89, 112, 118, 120
巴拿马运河 126, 155
巴士拉，伊拉克 253
巴塔哥尼亚 95, 140, 144, 145
巴托罗密欧·哥伦布 87, 89
巴托洛姆·德拉斯卡萨斯 102, 104, 105, 216
巴托洛姆·鲁伊斯 112, 115
巴西 51, 77, 93, 94, 96, 97, 99, 140, 148, 198, 272, 277
巴伊亚，巴西 277, 278
拔都汗 50, 52, 54
白海 92
白濑矗 285
白令岛 170
白令海峡 156, 158, 159, 169, 290, 291
百夫长号 148, 149
百慕大 329
柏柏尔人 227
拜科努尔发射场 338, 340
班韦乌卢湖 221, 223
半月号 286, 287
邦蒂号 137, 264
棒形海图 82
保加尔王国 13, 29, 32, 33
保加利亚人 13, 29, 32, 33
保莱特岛 318
保罗·达伽马 80, 81
保罗-安东尼·德朗格尔 162, 163
保罗三世教皇 218
鲍勃·巴特利特 308
北冰洋 159, 284, 288—289, 295, 297, 298, 349
北极 21, 170, 262, 263, 284—285, 287, 290—311, 323
　草原和苔原 172—173
　失败的尝试 290, 291, 298, 299, 302, 307
　飞越 304, 305, 322
　成功的尝试 308—309, 311, 312
北极光 12, 21, 302
北极光 21, 300, 302
北极星号 307
北美洲 51, 102, 103, 118
　法属 126—127
　哈德逊湾 286, 287
　维京人 13, 35, 36—39
　西海岸 156, 159, 162, 170
　见“加拿大”“美洲”
贝都因人 26, 27, 167, 227, 240、242, 246 247, 250, 251
贝尔基卡号 262, 285, 302, 304
贝格尔海峡 277
贝格尔号 137, 143, 262, 264, 272, 276—279
贝克河，加拿大 293
贝拉四世，匈牙利国王 50, 52
贝宁 50, 201

贝希顿山，伊朗 271
比阿夫拉湾 201
比德德摩尔冰川，南极洲 314
比萨的列奥纳多 168
比萨的鲁斯蒂谦 56, 59
比斯开湾 277
比亚尼・赫若尔夫松 35, 36, 39
彼得・福尔斯卡尔 226, 270, 271
彼得・戈达诺夫 169
彼得大帝 169, 170
冰川 348—349
冰岛 12, 13, 34—35, 36, 38
冰山 284, 348
冰下湖 349
波德雷沙漠，乍得 348
波多黎各 116—117
波加多角 51, 75
波利比奥斯 75
波利尼西亚 12, 82, 154, 155, 156, 265, 282
波罗斯，国王 25
波斯 29, 30, 43, 58, 59, 68, 152, 167, 228, 254—255, 271
  亚历山大 12, 22, 24—25
波斯波利斯，波斯 12, 24, 25, 271
波斯湾 283
波特兰人 82, 98
玻利维亚 85
伯特伦・托马斯 27, 83, 167, 227, 238—239, 244, **248—249**
勃朗峰 324
博马，刚果 215
博物学家 146, 162, 169, 178—179, 204, 264—265, 328
  托马斯・贝恩斯 208—209
  约瑟夫・班克斯 158, 197
  达尔文 276—279
  冯・洪堡 266
  华莱士 272—275
不列颠群岛 13, 20, 21
布迪斯号 150, 155
布法罗，纽约 134
布哈拉，中亚 56
布里斯托尔，英国 92
布萨瀑布，尼日尔 166, 197, 198, 200, 201
布西亚湾 302, 307

C

草原 172—173
测量 99, 162, 168, 169, 185, 271, 278—279, 293
查尔斯・"恰克"・古德奈特 182
查尔斯・埃文斯 322
查尔斯・艾伦 273
查尔斯・达尔文 142, 262, 264, 265, 273, **276—279**
查尔斯・格雷 189, 190, 191
查尔斯・怀维尔・汤姆森 329
查尔斯・霍尔 123, 262, **306—307**
查尔斯・克莱克 158
查尔斯・路易斯・拉维兰 199
查尔斯・麦金塔 244
查尔斯・蒙塔古・道蒂 167, 226, **246—247**
查尔斯・斯图特 169, 185, 186
查尔斯・威尔克斯 262, 265
查尔斯国王 142, 294
查尔斯五世，110, 114, 115
查尔斯一世，西班牙 140, 141
查干诺尔，蒙古 256
查拉湖，坦桑尼亚 193
朝鲜战争 342
车辆 26, 27, 173, 295
沉船 334
陈特 43
成吉思汗 43, 50, 52, 54
乘热气球飞行 153, 312, 315
持久号 318, 319, 320—321
穿越南极探险 294, 318, 320
船葬 32, 35
刺客谷 254—255
丛林 198—199

D

达法尔，阿曼 65
达里恩地峡 108, 109, 120—121, 144
达那基尔游牧民族 250
大堡礁 151, 158, 264
大博弈 167, 169, 231
大不列颠号 333
大都（北京）56, 58
大汗蒙哥 43, 54, 55
大胡曼号 130
大角星号 328
大金字塔 271
大流士，波斯国王 22, 24, 152, 271
大陆架站点 331, 332—333
大马士革，约旦 68, 246
大卫・斯科特 342, 345
大西洋 65, 87, 89, 92, 94, 130, 152, 283
大夏 30, 42
大象岛 318, 319
大型强子对撞机 349
大盐湖，犹他州 180
大英博物馆 212, 213
大沼泽，佛罗里达 117
戴维・巴肯 293
戴维・利文斯通 123, 166, 193, 197, 198, 207, 208, 214—215, 217, **220—225**, 228, 245
戴维斯海峡 102, 124
丹尼尔・索兰德 156, 197
丹增・诺尔盖 123, 231, 245, 263, **322—323**
导航 20, 66, 67, 82—83, 95, 142, 146, 204
道格拉斯・莫森 263, 285
道路 152
得克萨斯州 169
德国 29, 216
德国南极考察（1911年）294
德怀特・惠特尼 259
德里，印度 70
登山运动 228, 231, 245, 263, 268—269, 322—325
迪奥戈・戈麦斯 75
迪奥戈・康 51, 75, 76, 77, **78—79**
迪克森医生 200
迪尼什・迪亚士 51, 75
迪亚士角，纳米比亚 76
底格里斯号 283
底格里斯河 253
底特律，密歇根州 135
地球周长 15, 66, 84, 98
地图 35, 63, 75, 77, 79, 82, 83, 98—99, 127, 168—169, 236, 250, 287
  阿拉伯 66, 67, 88, 98
  等高线 269
  早期 12, 15, 98, 136
  新世界 51, 85
  极地 317
地震 278
地质学 258, 259, 266
地中海 15, 331, 332
蒂卡尔，危地马拉 84
蒂莫西・麦卡锡 319
电报 153, 185
迭戈・贝拉斯克斯 106, 18
迭戈・德阿尔马格罗 112, 114, 115
东北通道 92, 228, 262, 284, 288, 290, 291
东方1号 263, 338, 340, 341
东非远征 204—207
东南亚 56, 58, 216
东亚 258, 272
东印度公司：
  英国 155, 195
  荷兰 154, 160, 161, 192, 287
东印度群岛 58, 144, 160
冻伤 123, 294, 324
洞窟 334, 349
杜桑・夏博诺 176, 177
杜威・索菲尔 173
渡渡鸟 265
敦煌 235—236, 237
敦煌，中亚 42, 43
多瑙河谷 22

E

俄斐 154
俄勒冈，美国 169, 176
俄勒冈小道 180
俄罗斯 92, 162, 170—171, 269
厄瓜多尔 85, 112, 115, 268
厄立特里亚 250
厄内斯特・沙克尔顿 245, 263, 285, 291, 294, 295, 305, 312, 315, **318—321**
鄂霍次克海 162, 170
恩加米湖 208, 209, 221, 222
"二战" 27, 255, 331, 332, 337

F

发现号（哈德逊之船）286, 287
发现号（库克之船）159
发现号（斯科特之船）312
发现军团 123, 174—179
法比安・冯・别林斯高晋 262, 284
法国弗朗索瓦一世 124, 131
法国海军水下研究小组 332
法罗群岛 34
法图-希瓦岛，马克萨斯群岛 282
法显 13, 42, 44—45, 46, 152
范迪曼之地 155, 160, 293
  见"塔斯马尼亚"
范族 213
非洲 13, 123, 192—193, 198, 216, 217, 250
  中央 16, 202, 214—215, 220—225
  环航 12, 15, 74—77, 80, 154
  东部 29, 51, 70, 193, 204—207, 250
  东海岸 13, 29, 53、63, 65, 67, 75, 80, 192
  非洲之角 12, 17
  北部 193, 226—227, 240, 243, 348
  南部 51, 208—209, 266
  撒哈拉沙漠以南地区 68, 122, 167, 245
  西部 12, 50, 51, 166, 167, 193, 194—197, 200—203, 212—213, 216, 251
  西海岸 13, 18-19, 51, 78—79, 192
非洲协会 193, 195, 196, 240, 242, 243
菲利普・德卡门森 264
菲利普・科洛姆，英国海军中将 153
菲利普・泰利兹 331
菲律宾 139, 140, 141, 144, 154, 162, 258
菲尼斯特雷战役 148, 149
腓尼基人 12, 13, 15, 18—19, 74, 75, 82
斐济 160, 161
费迪南德・冯・李希霍芬 166, 228, **258—259**
费迪南德・麦哲伦 102, 137, **138—141**, 143, 152, 154
费迪南德二世和伊莎贝拉女王，西班牙 87, 104
费尔南德斯・品托 218
费尔南多・哥伦布 89
费尔诺・戈麦斯 78
费萨尔，伊拉克国王 253
奋进号 156, 159, 264
风暴湾，南乔治亚岛 319
风筝号 310
冯・奥特，船长 290
佛得角 193, 200
佛得角 51
佛得角群岛 75, 81, 97, 104, 277
佛经 47
佛罗里达 102, 116, 117, 118, 145, 169
佛塔 237
佛陀 12, 42, 43, 44, 47
弗拉基米尔・科马罗夫 341
弗拉基米尔・亚特兰索夫 170
弗拉毛罗 65
弗拉姆号 262, 285, 297—301, 304

弗兰克·德本汉姆 316, 317
弗兰克·赫利 319, 320
弗兰克·怀尔德 321
弗兰克·沃斯利 319
弗兰兹·威廉·荣胡恩 258
弗朗茨·约瑟夫之地 173, 299
弗朗坦克堡，加拿大 134
弗朗坦克伯爵 132
弗朗西斯·巴森 265
弗朗西斯·德雷克 102, 137, **144—145**, 162
弗朗西斯·麦克林托克 306
弗朗西斯·荣赫鹏 167, 231
弗朗西斯·泽维尔 216, **218—219**
弗朗西斯科·德奥雷拉纳 102, 199
弗朗西斯科·德博巴迪拉 89
弗朗西斯科·德科罗拉多 102
弗朗西斯科·赫尔南德斯·德科尔多瓦 84
弗朗西斯科·皮萨罗 104, **112—115**, 118
弗朗西斯科·塞劳 139, 140
弗雷德里克·杜马 331
弗雷德里克·杰克逊 173, 299
弗雷德里克·库克 304, 308
弗雷德里克·马里亚特 153
弗雷德里克五世，丹麦 270, 271
弗雷迪斯 38—39
弗雷娅·斯塔克 167, 227, **254—255**
弗里德里希·冯·黑文 270, 271
弗里乔夫·南森 245, 285, 291, **296—301**, 302
弗林德斯河，澳大利亚 190, 191
弗林德斯山脉，澳大利亚 187
弗罗比舍海峡 124
弗罗比舍湾 307
弗洛基·维尔格达尔森 34
伏尔加河 32, 54
服装 244—245, 248, 325
　极地 172, 173, 245, 295, 310, 317 , 321
福岛 13
福克兰群岛 149, 150, 278
福克斯河，加拿大 124
福克斯探险队（1859年）293
复活节岛 103, 154, 155, 159, 162, 163, 283

G

伽利略 336
盖尔曼·蒂托夫 340
冈比西斯二世，波斯 226
冈比亚河 18, 75, 195, 196
冈比约恩·乌尔夫松 35
刚果 167, 212, 214, 215, 216
刚果河 75, 79, 167, 198, 199, 212, 214, 215, 223
高海拔 123, 322—325
高原反应 322, 324
戈壁沙漠 26, 44, 46, 58, 231
戈德萨布，格陵兰 298
哥伦比亚 112, 120, 268, 280
哥伦比亚号航天飞机 346, 347
哥伦比亚河 176, 177, 180
哥伦比亚角，北极 308
哥斯达黎加 89
格奥尔格·巴伦菲德 270, 271
格哈德·罗尔夫斯 27
格兰德河 181
格里姆·卡班 34
格利特·德维尔 288, 289
格陵兰 102, 290, 291, 297—298, 307, 308, 310—311, 348
格陵兰北部探险（1891年）310
格罗瑞娅·霍利斯特 329
格洛斯特港，马萨诸塞州 127
格特鲁德·贝尔 167, 227, **252—253**
格特鲁德·卡顿-汤普森 255
工程勘察队 180
恭亲王 259
贡萨洛·德西尔韦拉 192
贡萨洛·科埃略 95
贡萨洛·皮萨罗 198
古巴 88, 89, 105, 106, 108, 118, 268
古代斯堪的纳维亚人，见“维京人”
古吉拉特邦，印度 58, 80
古杰尔人 237
古斯塔夫·纳赫蒂加尔 226
瓜达尔卡纳尔 154
瓜卡纳加里国王 88
瓜乔亚，密西西比州 119
广州，中国 13, 29
贵由可汗 50, 52
国际空间站 153, 346, 347
国家地理 280, 329
国王角，加拿大 304
果阿 81, 216, 218

H

H.G.威尔斯 336
哈勃太空望远镜 337, 346, 347
哈得逊河 124, 286, 287
哈得逊湾公司 124, 125
哈德拉莫，也门 227, 254, 255
哈德逊湾 124, 162, 286, 287, 292, 293, 307
哈尔胡夫 12, 15, **16—17**
哈肯湾，南乔治亚岛 319
哈拉尔德·芬海尔，挪威国王 35
哈拉和林 50, 54—55
哈里发曼苏尔 66
哈利·麦克尼什 319
哈利·圣约翰·菲尔比 26, 27, 167, 227, **238—239**, 248, 256
哈伦·拉希德 66, 75
哈桑凯伊夫，土耳其 252
哈特角南极 312, 315, 317
哈特谢普苏特，埃及女王 12, 15, 17
哈伊勒，沙特阿拉伯 253
海底勘探 326—335, 348
海拉姆·宾厄姆 263, 264, **280—281**
海伦号 272
海鸟粪 269
海上劫掠 63, 144, 146, 201
海洋，见“海底勘探”
海洋学 285, 297, 299, 328—333
海因里希·巴尔特 26, 27, 166, **202—203**, 226, 227
韩国 42, 162
汉武帝 12, 30, 31
汉志 238
行宫（上都）56
航海家汉诺 12, 15, **18—19**, 74, 75
航海日志 92
航海天文钟 83, 137, 142
航天飞机 346—347
航位推测法 82
好望角 19, 51, 65, 75, 77, 96, 139, 144, 279
合恩角 145, 155, 278
和田 44, 47, 235
荷马 22
赫伯特·格雷戈里 281
赫伯特·庞廷 313, 314, 316
赫尔曼·奥伯斯 337
赫尔曼·斯波林 156
赫尔南多·德卢克 112
赫尔南多·德索托 102, 114, **118—119**
赫尔南多·皮萨罗 115
赫卡特修斯 12, 15, 168
赫梯遗址 253
赫歇尔岛 304
黑海 15, 70
亨利·鲍尔斯 314, 317
亨利·布拉德福德·沃什伯恩 169
亨利·德科姆布拉神父 97
亨利·德托尼蒂 134
亨利·哈德逊 124, 143, 262, 284, **286—287**
亨利·凯尔西 125
亨利·拉林森爵士 209
亨利·莫顿·斯坦利 167, 193, 198, 199, **214—215**, 222, 223, 245
亨利·沃尔特·贝茨 264, 265, 272
亨利七世，英格兰 92, 124
亨利王子，航海家 51, 74, 75, 99
恒河 45, 47
红发埃里克 13, 34—35, 36, 39
红海 15, 28, 29, 67, 71, 74, 82, 271, 332
红鹿河，亚伯达 125
洪堡洋流 269, 282
洪都拉斯 84, 89
侯赛因·阿里 238, 239
忽必烈 50, 52, 53, 54, 56—58, 59
胡安·奥尔蒂斯 118
胡安·费尔南德斯岛 103, 146, 148
胡安·庞塞·德莱昂 102, **116—117**
胡安·塞巴斯蒂安·埃尔卡诺 102, 137, 139, 140, 141
胡德山 176
胡福夫，沙特阿拉伯 239
琥珀 21
华莱士线 273
化石 278
《怀唐伊条约》（1840年）155
坏血病 80, 103, 122, 123, 127, 131, 142, 156, 173, 285, 294
环球航行 103, 136—141, 144—151, 156—159, 162—163, 279
皇家海军 149, 156, 262, 284, 285, 293, 295
皇家学会 150, 329
黄金海岸 75, 76
黄金王国 104, 105
黄石河 176
惠生 42
活人祭祀 105
火地岛 140, 152, 277
火箭 336—337
火山 266, 268, 269
火星 263, 346, 347
霍尔木兹，伊朗 64, 65
霍华德·卡特 167
霍拉斯-本尼迪克特·德索绪尔 324
霍普堡，浅水湾 307
霍普威尔号 286
霍奇拉加，加拿大 131

J

J.H.威尔逊 222
J.S.亨斯洛 276
基多，厄瓜多尔 268
基辅 29
基姆·菲尔比 239
吉布提 250
吉达港，沙特阿拉伯 64, 238, 246, 271
吉恩·萨沃伊 281
吉尔·埃阿尼什 51, 75
吉尔吉斯草原 173
吉哈德斯·墨卡托 82, 99, 154,
极地 83, 123, 284—285, 294—321, 349
极地温度 294
极光号 318
疾病 104—105, 109, 118, 122—123, 192, 198
几内亚 18, 75, 78, 80, 193
几内亚湾 19, 201
祭司王约翰 52, 76
加德尔·斯瓦尔松 34
加尔各答，印度 258
加拉帕戈斯群岛 146, 264, 277, 279, 328
加勒比 51, 84, 88, 89, 106, 126, 144, 333
加利福尼亚 103, 144, 159, 62, 169, 180—181, 259
加拿大 124—125, 128, 130, 162
　北极 284, 292—293, 308
加那利群岛 74, 75, 87, 89, 265, 268
加纳 87
加蓬 212—213, 265
加蓬河 167, 212, 213
加斯帕·肖特 326
加泰罗尼亚地图 56, 60, 98
加兹尼，阿富汗 59
迦太基 12, 15, 18, 19
嘉峪关，中国 258
贾巴尔德鲁兹，叙利亚 255

犍陀罗 42, 44, 46, 47
教皇本尼迪克特十二世 50, 53
教皇亚历山大六世 104, 217
杰克逊岛 298, 299
杰内，西非 50, 201
金刚经 235, 236, 237
金鹿号 136, 144, 145
金星凌日 155, 156, 158
金字塔湖，内华达 181
进化论 262, 264, 272, 273, 276, 278, 279
经度 83, 137, 142, 153, 279
鲸鱼湾 312
静海，月球 342
鸠摩罗什 43
“决议号”船 83, 158, 159, 266
君士坦丁堡 56, 70, 74

K

喀布尔，阿富汗 237
喀拉拉邦，印度 96
喀喇昆仑山脉 44, 228, 237, 325
喀麦隆 12, 18, 74, 213
喀麦隆山，喀麦隆 18 , 213
喀什，中国 47, 58, 228, 231, 235, 237
卡奔塔利亚湾 190
卡尔・林奈 263
卡哈马卡战役 113, 114, 118
卡库利马山 18
卡拉哈里沙漠 221, 222
卡拉斯科中士 280
卡利卡特，印度 63, 65, 74, 80, 81, 96, 97
卡利普索号 332
卡列塔人 121
卡洛斯二世，西班牙 266
卡米基什，土耳其 167, 253
卡诺，尼日利亚 200
卡齐米日・诺瓦克 167
卡斯滕・博克格雷温克 285
卡斯滕・尼布尔 226, **270—271**
卡塔赫纳，哥伦比亚 268
卡西基尔河 266
卡亚俄，秘鲁 279, 282
开罗，埃及 68
开罗会议（1921年）253
开曼群岛 332
凯瑟琳一世，俄罗斯 170
堪察加半岛 162, 170
坎纳诺尔，印度 80, 97, 139
康塞普西翁，智利 278
“康塞普西翁号”船 140, 141
康斯坦丁・齐奥科夫斯基 336
考古学 167, 252, 253, 265, 280, 281
柯宗勋爵 315
科柳钦海湾 291
科罗拉多河，巴西 278
科洛蓬 221, 222
科曼多尔群岛 171
科摩罗 75
科珀曼河，加拿大 125, 292, 293
科钦，印度 65, 80, 81, 96
科斯马斯・印迪克吕斯 28
科托帕希火山，厄瓜多尔 269
科学 158, 162, 170, 197, 264—271
　未来 348—349
　海洋学 297, 298, 329
　极地的 285, 291, 302, 316—317, 321
科学和商业联合探险 202
科伊巴，中美洲 121
克尔尼将军 181
克雷夫科尔堡 134, 135
克里米亚 56
克里莫纳的巴托洛缪 54
克里斯蒂安・克莱默 270, 271
克里斯蒂亚尼 296, 297, 299, 302
克里斯托弗・哥伦布 51, 67, 82, 83, 84, **86—91**, 94, 95, 116, 122, 136, 153
克罗斯角 76, 78, 79
克什米尔 265
克孜勒库姆沙漠 46
肯尼迪航天中心，佛罗里达 342, 346, 347
肯尼亚 217, 251
空间站 346
恐怖号 285, 293
骷髅海岸 78, 79
库弗拉绿洲，利比亚 26
库赫特莫克，阿兹特克皇帝 102, 108, 109
库伦山脉 236
库马纳，委内瑞拉 268
库珀河，澳大利亚 189—190
库斯科，秘鲁 115, 118, 280
库页岛 162
魁北克 103, 124, 125, 126, 127, 134, 217, 244
昆虫 199, 264, 272, 273, 274—275

L

拉班・巴尔・索马 43
拉布拉多 13, 36, 39, 92, 124, 125
拉达克 236, 265
拉丁美洲 266
拉尔夫・巴格诺尔德 27
拉尔斯・伯格伦 270, 271
“拉号”与“拉Ⅱ号” 283
拉帕努伊，见“复活节岛”
拉佩鲁兹 103, **162—163**
拉萨，西藏 167, 229, 231, 236
拉西姆・肯德尔 137
莱昂・巴蒂斯塔・阿尔贝蒂 168
莱昂内尔・特雷 324
莱弗・埃里克森 13, 35, **36—39**
莱卡（太空犬）341
莱茵河 21, 266
兰开斯特海峡 293
兰扎罗特・马尔科罗 74
蓝毗尼，尼泊尔 43, 44, 47
劳伦斯・奥茨 295, 314, 317
勒内–罗贝尔・德拉萨尔 103, 124, **134—135**
雷金纳德・詹姆斯 321
雷纳夫・法因斯 295, 323
雷内・凯利 166, 193, 199, 201, 226
黎塞留河 127
里海 29, 33, 54, 66, 254
里蓬瀑布，乌干达 204, 207
里斯本，葡萄牙 76, 77, 78, 79, 87
里约热内卢，巴西 272, 278
理查德・E.伯德 153
理查德・F.戈登 344
理查德・伯顿 166, 1933, **204—207**, 226, 244
理查德・兰德 166, 197, **200—201**
理查德・尼克松 342, 343
理查尔・哈克卢伊特 152
利昂，尼加拉瓜 118
利奥波德二世，比利时 214, 215
利马，秘鲁 115, 269
利玛窦 51, 53, 216
利雅得 227, 238
莉莉亚丝・坎贝尔・戴维森 245
联盟号宇宙飞船 341
量角器 162
列奥・塞多夫 338
猎户座飞船 347
猎人号探险 318
林肯港，南澳大利亚 186, 187
临时营房，极地 294, 316—317
六分仪 83, 156, 185
楼兰，中国 231
卢阿拉巴河 223
卢多维科・迪瓦尔马 226, 227
卢恩字母 34
卢里斯坦，波斯 254, 255
炉子 291, 311
鲁布哈利沙漠，见“阿拉伯沙漠：空旷区”
鲁布吕克的威廉 50, 52, **54—55**, 122, 217
鲁齐兹河 223
鲁文佐里山脉，中部非洲 214
鲁乌马河 223
陆地测量部 99
路德维希・克拉普夫 217
路易九世，法国 54, 55
路易十六，法国 103, 162
路易十四，法国 134, 135
路易十五，法国 150
路易斯・安东尼・德布干维尔 103, 137, **150—151**, 155, 264
路易斯・奥杜–杜布鲁伊 26
路易斯・拉钦纳尔 324
路易斯・马西尼翁 253
路易斯・乔利埃 103, **132—133**
路易斯・瓦兹・德托雷斯 154
路易斯安那 133, 134, 135, 166, 169, 174—177, 179
路易斯–毛里斯–阿道夫・利南・德贝尔莱夫斯 193
伦布韦河 213
伦敦传教士协会 221, 222, 223
伦敦林奈学会 276
伦敦自然历史博物馆 277
伦纳德・赫西 320, 321
罗安达，安哥拉 212
罗宾・诺克斯–约翰逊 137
罗伯特・E.皮尔里 123, 153, 245, 262, 284, 295, 297, 304, **308—309**, 310—311, 312
罗伯特・H.戈达德 336, 337
罗伯特・奥哈拉・伯克 166, **188—191**
罗伯特・布朗 264
罗伯特・法尔肯・斯科特 83, 123, 245, 262, 263, 294, 304, 318, **312—317**, 323, 385
罗伯特・菲茨罗伊 276—277, 278
罗伯特・福德 316
罗伯特・胡德 292
罗伯特・克拉克 321
罗布泊 58, 228, 231, 236, 258
罗德里戈・德巴斯提达斯 120
罗德里戈・特里亚纳 87
罗尔德・阿蒙森 83, 123, 245, 262, 263, 284, 285, 294, 295, **302—305**, 315, 318
罗杰・爱德华兹 221
罗杰・培根 82
罗杰二世，西西里岛 66, 98
罗马人 12, 14, 28, 29, 52, 74, 98, 168, 169, 226
罗盘 27, 63, 82, 83, 142, 222, 225, 262
罗斯冰架 285, 304, 305, 314
罗斯岛 285, 314, 316, 318
罗斯海 285
罗斯人 29, 32, 33
罗西塔・福布斯 26
罗伊・查普曼・安德鲁斯 26
洛阳，中国 42
骆驼 26, 226, 227, 230, 232, 248, 251
　澳大利亚 189, 190
　大夏人 32—33, 173
　驼商队 18, 29, 59, 68, 72, 246—247, 256
落基山脉 166, 174, 176, 180, 181
旅行作家 152, 254—255

M

马 104, 109, 173, 176
马车队 182—183
马达加斯加 97, 192
马德拉 75, 265
马丁・贝海姆 84, 98
马丁・费尔南德斯・德恩希索 120
马丁・弗罗比舍 102, 124, 307
马丁・瓦耳德西姆勒 51, 95, 99
马尔代夫 13, 64, 68, 71
马格达莱纳河，哥伦比亚 268
马欢 63—65
马可・波罗 29, 50, 53, **56—61**, 85, 152, 231, 327
马克・奥瑞尔・斯坦因 25, 53, 58, 167, 226, 228, **234—237**
马克萨斯群岛 282
马克坦岛战役 141
马拉维 225
马来群岛 42, 198, 262, 264, 272—273, 274

马里 50, 193, 194, 197
马林迪，肯尼亚 65, 80, 81
马六甲，马来西亚 13, 64, 139, 155, 216, 218, 219
马普切人 115
马丘比丘，秘鲁 263, 264, 280—281
马萨利亚 20
马萨诸塞州 127
马赛的皮西亚斯 12, 13, **20—21**, 136
马斯喀特 248
马塔贝列 208
马特霍恩峰 324
马修·弗林德斯 169, 262, 264
马修·亨森 153, 172, 308, **310—311**
马修号 92
玛·罗伯茨号 222, 223
玛赫迪亚号（罗马沉船）333
玛丽·弗兰奇·谢尔登 193
玛丽·赫伯特 173
玛丽·金斯利 123, 167, 193, **212—213**, 245, 265
玛丽·莫法特 221, 222
玛丽亚·西比拉·梅里安 264
玛雅 84, 85, 105
迈克尔·柯林斯 342, 344, 345
迈克尔·斯特劳德 295
迈兰拉，法老 16
麦地那，沙特阿拉伯 68, 226
麦加 29, 50, 63, 66, 68, 204, 226, 227, 240, 242—243, 246
麦考密克湾，格陵兰 310
麦克特韦盐湖 209
麦肯齐河 124, 293
麦哲伦海峡 137, 138, 139, 140, 144 , 148, 150, 278
曼谷，泰国 258
曼科，印加皇帝 115
曼努埃尔一世，葡萄牙 80, 81 96, 139
芒戈·默里 222
毛淡棉，缅甸 258
毛里求斯 279
毛利人 103, 154, 155, 158, 160, 161
冒险号 158
贸易 14, 15, 28—29, 30, 63, 65
梅尔乔·阿特加 280
梅尔维尔半岛，加拿大 307
梅里韦瑟·刘易斯 153, 166, 169, **174—179**, 244
梅南德一世 42
美第奇家族 94, 95
美国 118, 166, 174—177, 180—181, 214, 269
　绘制地图 168, 169
　太空计划 263, 338, 341, 342—343
美国国家航空航天局 333, 337, 342, 344, 347
美国南北战争 214, 307
美拉尼西亚 198
美索不达米亚 14, 30, 70, 167, 248, 252
美洲印第安人
　加拿大 124, 125
　加勒比海 84, 94
　中美洲 147
　北美洲 118, 126, 127, 131, 132, 133, 174, 176, 177, 178
　南美洲 84—85
门多萨抄本 105
蒙巴萨 80, 81
蒙大拿，美国 175
蒙得维的亚，乌拉圭 150, 277, 278
蒙蒂塞洛号 307
蒙戈·帕克 123, 166, 193, 194—197, 200
蒙古 50, 52, 173, 217, 256
蒙古包 27, 173
蒙古人 43, 50, 52—55, 56, 58, 63, 122, 170, 217
蒙泰姆侯爵 125
蒙特利，加利福利亚 180, 181
蒙特利尔，加拿大 125
蒙特苏马，阿兹特克皇帝 104, 106, 107, 108
孟买，印度 271
米格尔和加斯帕·克尔特-雷阿尔 125
米歇尔·泰罗阿赫特 292—293
秘鲁 85, 112—115, 118, 269, 279, 282
密苏里河 174, 176, 177, 179, 180
密苏里民主报 214
密特拉日二世，帕提亚帝国 29
密西西比河 102, 103, 119, 124, 132—133, 135, 180, 217
密歇根湖 132, 244
缅甸 58
缅因州，北美洲 102
灭绝 265
明朝 50, 63
摩尔国王阿里 196
摩加迪沙，索马里 65
摩加多尔，摩洛哥 12
摩揭陀国，印度 42, 43
摩卡，也门 271
摩鹿加（香料群岛）58, 93, 137, 139—141, 146, 154, 218
莫德号 304
莫高窟 44, 46, 235, 236, 237
莫里森医生 200
莫里斯·赫尔佐格 324
莫塞尔湾，南非 76, 77
莫桑比克 80
莫斯科，俄罗斯 92
莫斯科公司 92, 102, 124, 286
墨尔本，澳大利亚 189, 190
墨累河，澳大利亚 186
墨西哥 84, 106—109, 122, 269, 328
墨西哥城 102, 108, 109
墨西哥湾 93, 134, 135, 177
慕士塔格峰 228
穆罕默德·阿里·帕夏 242
穆罕默德·贝洛 200, 201
穆胡姆塔巴帝国 192
穆萨，马里国王 50 , 227
穆斯古部落 202

N

拿破仑·波拿巴 99, 174
纳巴泰人 12, 246, 247
纳多德（维京人）34
纳菲德沙漠 227
纳米比亚 76, 79
纳撒尼尔·帕尔默 284
纳塔尔 80, 209
纳维达德，伊斯帕尼奥拉岛 87, 88
南澳大利亚 185, 186
南部海洋 150, 154—157, 216, 265, 266
南大洋 143, 295
南非 77, 80, 208—209, 213, 221, 265
南极 262, 263, 285, 302, 318, 323
　阿蒙森 295, 304—305
　斯科特 312—315
南极极地航行 285
南极圈 156, 158, 284, 304
南极洲 262, 263, 264, 265, 284—285, 294—295, 323, 349
　阿蒙森 302, 304—305
　斯科特 312—317
　沙克尔顿 318—319
南迦帕尔巴特峰，巴基斯坦 324
南美洲 51, 67, 103, 122
　海岸 89, 276, 277, 278
　征服者 104, 112—115, 120
　首次登陆 87, 88
　马丘比丘 280
　博物学家 266, 268, 272
　环球航行 139
　西班牙语 148
南乔治亚 158, 159, 318—319
南太平洋 103, 137, 262, 264
南中国海 58
内格罗河，见“里奥内格罗”
内华达山脉，美国 169, 180, 181, 259
尼泊尔 42, 47, 323
尼尔·阿姆斯特朗 263, 322, **342—343**
尼哥，法老 12, 15, 74
尼古拉·卡马宁 340
尼古拉·普列日瓦斯基 60, 169, 236
尼古拉斯·波丁 265
尼古拉斯·哥白尼 336
尼基塔·赫鲁晓夫 341
尼加拉瓜 89, 118, 310
尼科巴群岛 146
尼科洛·伦巴迪 53
尼可洛·马可 56, 58
尼罗河 17, 68, 167, 192, 193, 203, 242, 243, 271
　源头 166, 204—207, 208, 221, 222, 223
尼娜号 87, 88
尼日尔河 50, 166, 193, 195, 196, 197, 200, 201, 202
尼亚加拉河 134, 135
尼亚萨湖 223
鸟类 262, 273, 279, 328
牛贝哈灰岩坑，墨西哥 334
牛津大学北极探险（1935—1936年）294
纽芬兰 36, 39, 51, 92, 124, 125, 130, 146, 156, 158
纽约 124
纽约时报 329
纽约先驱报 214, 215, 223
奴隶贸易 72, 201
　非洲 201, 217, 221, 223
　美国 87, 118, 144
　撒哈拉 202, 227
奴隶制 17, 105, 122, 192, 195
努比亚 12, 14, 15, 16—17, 240, 241, 242
努诺·达席尔瓦 144
努诺·特里斯唐 75
疟疾 122, 123
挪威号飞艇 263, 304, 305
挪威极地探险 300
诺姆，阿拉斯加 302,
女性 155, 193, 212—213, 227, 245, 252—255, 265

O

欧文·加里奥特 346
欧亚草原 172
欧洲北部 21, 32, 35

P

帕德隆角 77
帕迪卡斯 25
帕拉，巴西 272
帕里亚海湾 87, 88
帕米尔山脉 56, 58, 59, 228, 235
帕努科，墨西哥 119
帕恰库蒂，印加皇帝 85
帕特里克·盖斯 174, 176, 179
帕提亚 12, 29, 42
潘菲洛·德纳瓦埃斯 177
叛乱 143
旁遮普 25
佩达尼乌斯·迪奥科里斯 122
佩德拉里亚斯·达维拉 118
佩德罗·阿尔瓦雷斯·卡布拉尔 51, 77, 80, 94, **96—97**
佩德罗·德·基罗斯 103, 154
佩德罗·德阿尔瓦拉多 107
佩德罗·德洛斯里奥斯 112
佩皮二世，法老 12, 17
佩特拉，约旦 28, 29, 166, 240, 242, 243, 250, 252
蓬特 12, 15, 16, 17
皮毛贸易 32, 125, 162, 244
皮钦查火山，厄瓜多尔 269
皮瑞·雷斯 67, 99
皮萨尼亚，冈比亚 195, 196
啤酒 20, 21, 142, 280
品塔号 87, 88
葡萄牙帝国 80, 104, 140

普拉塔河 279
普林尼长老 19, 255
普林西比岛 77
普卢塔克 22
普纳，厄瓜多尔 118

Q

祁连山，中国 166, 259
奇琴伊察，墨西哥 105
乞力马扎罗山 217
气候变化 259, 266, 348—349
“恰克”马车 182—183
千佛洞 235
钱伯斯河，澳大利亚 185
潜水 326—327, 330—335
潜水器 327, 348
潜水球 263, 328—329
浅水湾，加拿大 292, 307
乔奥二世，葡萄牙 51, 76, 77, 79, 87
乔贝河 222
乔恩·布莱厄 160
乔凡尼·阿方索·波雷利 327
乔格·福斯特 266
乔瓦尼·戴伊·马利格诺利 50, 53
乔瓦尼·德·维拉扎诺 51, 124
乔瓦尼·卡尔皮尼 50, 52
乔亚号 262, 302, 303
乔治·阿伯特 316
乔治·安森 103, 123, 142, **148—149**, 152
乔治·贝克 292, 293
乔治·德鲁里亚 153, 175
乔治·芬奇 324
乔治·海沃德 325
乔治·亨利·金斯利 265
乔治·亨利号 306
乔治·马洛里 245, 263, 322, 324
乔治·玛丽·哈尔德 26
乔治·斯特朗·纳尔斯 262
乔治·威廉·斯特勒 170
乔治·温哥华 159
乔治·辛普森 316, 317
乔治·伊顿 281
乔治王湾，澳大利亚 187
乔治王之地 285
切利斯金角，俄罗斯 299
全球定位系统GPS 83

R

让·莫拉德 333
让·尼科莱特 124, 244
让-巴蒂斯特·夏尔·布韦·德洛泽 284
热那亚 59, 74, 87
热液喷口335
人工地平仪 204
人造地球卫星1号 263, 338, 341
日本 42, 56, 59, 162, 216, 217, 218, 258, 265
儒勒·凡尔纳 336, 337
瑞士 266
若昂·巴洛斯 77
若昂·洛佩兹·卡瓦略 140, 141

S

撒哈拉沙漠 12, 26, 27, 28, 71, 166, 201, 202, 203, 226
撒马尔罕 46, 70, 228
萨卡加维亚 153, 174, 176, 177
萨克拉门托，加利福尼亚 181
萨利赫·本·卡鲁特 249
萨利赫迈达，沙特阿拉伯 246, 247
萨缪尔·德尚普兰 103, 124, **126—127**
萨摩亚 12, 150, 154, 163
萨莫萨塔的琉善 337
萨纳，也门 271
塞巴斯蒂安·卡伯特 51, **92—93**
塞尔米利克峡湾，格陵兰 298
塞拉莱，阿曼 249
塞拉利昂 75, 217
塞米恩·雷梅佐夫 168
塞缪尔·阿杰伊·克劳瑟 217
塞缪尔·贝克 207
塞缪尔·赫恩 125
塞缪尔·摩尔斯 153
塞缪尔·约翰逊 192
塞内加尔 192, 265
塞内加尔河 18
塞浦路斯 271
塞萨尔·弗朗索瓦·卡西尼 99
塞西尔·米尔斯 317
三明治群岛 156, 158, 159
桑格，马里 194
桑给巴尔 75, 193, 215
桑奇，印度 43
森林砍伐 155, 266, 348
沙巴瓦，沙特阿拉伯 255
沙布-苏莱姆珊瑚礁，红海 332
沙哈里部落，阿曼 249
沙赫里斯坦，波斯 255
沙克尔顿冰架 265
沙漠 16, 26—27, 83, 226—227, 231, 251
沙纳，沙特阿拉伯 239
沙特阿拉伯 227, 238—239, 246, 253
鲨鱼湾，澳大利亚 155
山东，中国 259
珊瑚礁 142, 330, 332
商人苏莱曼 13, 29, 66
上川岛，中国 218, 219
设得兰群岛 20, 21, 34, 35
摄影 280, 281, 313, 331
圣奥古斯丁，佛罗里达 116, 145
圣保罗礁 277
圣布伦丹 13
圣地 52, 53
圣地亚哥号 116
圣多明各，伊斯帕尼奥拉 88, 89, 106
圣加布里埃尔号 80
圣凯瑟琳修道院，西奈 243
圣克里斯托瓦奥号 76
圣克鲁兹群岛 163
圣拉斐尔号 80, 81
圣劳伦斯河 39, 124, 130, 131, 333
圣劳伦斯湾 102, 124, 130
圣卢西亚河，乌拉圭 150
圣路易斯 135
圣玛丽亚号 20, 84, 87, 88, 90—91, 116, 142
圣玛丽亚角 79
圣潘泰隆号 76
圣萨尔瓦多 51, 84, 87, 88, 89
圣塞巴斯蒂安，中美洲 120
圣文森特角 20
圣詹姆斯河 130
失重 338, 340, 341
狮鹫号 134, 135
十字架石柱 51, 75, 76, 78, 79, 80, 90
十字军 50, 52, 53, 54, 216
食品 26, 199, 325
　罐头 293
　极地 173, 294, 316
　船上 142
食人族 94, 198, 212, 213
史密斯海峡 307
室利佛逝王国 42
双子座航天器 342
水肺 263, 326, 330, 313—332
水肺潜水 332
水星过境 265, 269
司马迁 30, 31
丝绸 28, 58
丝绸之路 13, 28—29, 32, 52, 53, 152, 232
　中国旅行者 12, 30, 44, 46
　马可·波罗 56, 60
　命名 258, 259
　斯坦因 235, 236, 237
斯宾塞湾，南澳大利亚 186, 187
斯堪的纳维亚 34—35
斯里兰卡 13, 28, 29, 43, 45, 50, 58, 63, 71, 97, 103, 154, 155, 216, 258
斯皮茨卑尔根岛 286, 288, 289, 290, 291, 305
斯特拉博 20, 21
斯特里基湾，南澳大利亚 186, 187
斯图特山脉，澳大利亚中部 185
斯图亚特公路，澳大利亚 185
斯文·赫定 26, 53, 167, 173, 226, **228—233**, 235, 259
苏必利尔湖 103, 124
苏丹 215, 250, 332
苏丹马蒙 66
苏格兰 20, 34, 35
苏拉威西 258
苏莱曼大帝 66, 67
苏莱伊，沙特阿拉伯 239
苏里南 264
苏联 263, 338
苏美尔 12, 14
苏门答腊岛 146
苏萨，波斯24, 25
所罗门群岛 103, 151, 154, 161
索菲亚号 290
索科托，尼日利亚 200, 201
索马里 70
索马里兰 204, 207
索维茨卡亚湖，南极洲 349
琐罗亚斯德教 228

T

T.E.劳伦斯 167, 247, 253
塔巴斯科州，墨西哥 106, 108
塔蒂河 209
　见“非洲”
塔杜萨克，北美 127
塔克拉玛干沙漠 26, 27, 46, 167, 228—231, 235, 236, 237
塔纳湖 203
塔斯马尼亚 155, 160, 264
　见“范迪曼之地”
塔苏斯船 18
塔希提岛 150, 151, 156, 158, 279
台湾岛 258
苔原 172—173
太空狗 341
太空实验室 346
太空探索 263, 336—347
太空望远镜 346, 347
太平天国 217, 259
太平洋 103, 127, 139, 144, 149, 150, 161
　首次见到 102, 121, 137
　太阳神号航行 263 282—283
　命名 120, 140
　西北 162, 170, 176—177
　南太平洋 154—155
太平洋岛屿 12, 147, 154, 156, 198
太阳能系统 263, 336—337
太阳神号 263, 282—283
泰德火山，特里内费岛 268
泰诺印第安人 84, 102
坦噶尼喀湖 167, 204, 207, 214, 215, 221, 223
坦桑尼亚 204, 206, 207, 215
汤加 12, 154, 160, 161
汤姆·埃弗里 308—309
汤姆·鲍迪伦 322
汤姆·克里恩 319
唐太宗，中国 47
特奥蒂华坎古城，墨西哥 104
特迪·埃文斯 314, 317
特拉克斯卡拉，墨西哥 108
特拉诺瓦号 123, 142, 143, 312, 315
特里尔号 155
特里内费岛 268, 276
特立尼达岛 87, 88, 94
特立尼达号 140, 141
特诺奇蒂特兰城，墨西哥 84, 102, 106, 108, 109
提贝斯提山脉，乍得 226, 250
鹈鹕号 144
天山山脉 236
天文学 66, 67, 95, 266, 336—337
　“挑战者号”船 166, 329

“挑战者号”航天飞机 347
调查者号 262, 264, 292
帖木儿 63
铁路 169, 185, 253
廷巴克图，马里 26, 71, 166, 193, 195, 196, 201, 202, 203, 226, 227
通布斯，厄瓜多尔 112, 114, 115
通信 152—153
图德拉的本杰明 59
图勒 20, 21, 34
图密善，罗马皇帝 12, 28
图帕克华尔帕，印加皇帝 115
土耳其 56, 252, 253, 271
吐鲁番地区 234, 236
《托德西利亚斯条约》（1494年）104, 140, 216, 217
托尔·海尔达尔 263, 265, **282—283**
托勒密 12, 15, 34, 66, 74, 98, 136, 154, 204, 336
托雷斯海峡 154, 160, 161
托伦斯湖，澳大利亚 186
托马斯·贝恩斯 166, **208—211**, 222, 223
托马斯·道蒂 144
托马斯·格里菲斯·泰勒 316
托马斯·杰斐逊 174, 176, 179, 269
托马斯·斯塔福德 345
托托纳克 108
托瓦尔德·埃里克森 38

W

瓦巴尔陨石坑，阿拉伯 239
瓦尔迪维亚，智利 278
瓦腊纳西，印度 47
瓦列里·波利亚科夫 346
瓦斯科·达伽马 51, 75, 77, **80—81**, 96, 122, 123, 136, 154
瓦斯科·努涅斯·德巴尔沃亚 102, 112, **120—121**, 137
瓦维斯湾 76
外交 28—29, 269
望远镜 336, 337, 347
危地马拉 84
威德尔海 320
威尔弗雷德·西格尔 26, 27, 83, 167, 227, 244, 249, **250—251**
威廉·爱德华·帕里 142, 143, 290, 295
威廉·巴芬 124
威廉·巴伦支 262, 284, **288—289**, 291
威廉·毕比 263, **328—329**
威廉·布拉赫 190, 191
威廉·布莱 137, 262, 264
威廉·丹皮尔 103, 137, **146—147**, 155
威廉·吉福德·帕尔格雷夫 227
威廉·康格里夫 336
威廉·考顿·奥斯威尔 222
威廉·克拉克 153, 166, 169, **174—177**, 244
威廉·罗伊 99
威廉·佩利 278
威廉·莎士比亚 227
威廉·斯考滕 154
威廉·韦斯特尔 264
威廉·扬松 154
威廉·约翰·威尔斯 166, **188—191**
威廉国王岛 262, 292, 302, 306, 307
威尼斯 56, 59, 66
维多利亚，澳大利亚 186
维多利亚号 137, 139, 140, 141
维多利亚湖 167, 204, 205, 206, 207, 214
维多利亚陆地，南极洲 285
维多利亚瀑布 192, 208, 209, 210, 220, 223, 224, 225
维多利亚远征探险队 188—191
维尔贾穆尔·斯特芬森 294
维尔卡班巴，秘鲁 280, 281
维京 13, 29, 33, 34—39, 82, 124, 152, 172, 284
长船 34, 35, 36, 40—41
“维京号” 297, 300
维拉克鲁兹，墨西哥 104, 108
维图斯·白令 169, **170—171**
维维安·福赫斯爵士 295
伟大的北方远征（1733—1742年）169, 170
纬度 12, 20, 66, 82—83, 136, 137
委内瑞拉 87, 88, 89, 266, 268, 280
卫星 83, 99, 263, 338, 347
卫星城，苏联 340, 341
温哥华岛 159
温尼贝戈印第安人 124
温斯顿·丘吉尔 253
文兰 13, 33—39
翁贝托·诺比尔 305
沃利·赫伯特 83, 284, 295, 309
沃纳·冯·布朗 337
渥太华河 124
乌哥利诺·维瓦尔迪和圭多·维瓦尔迪 74
乌吉吉，坦桑尼亚 215, 223
乌卡迪尔，伊拉克 167, 253
乌拉尔山脉 269
乌拉圭 93
乌鲁班巴山谷，秘鲁 280
乌姆哈伊特，阿拉伯 248
乌帕斯河，巴西 272
乌孙 31
无线 153
无线电 153
五大湖 126, 127, 134, 333

X

西安，中国西部 33
西奥多·罗斯福 328
西澳大利亚 186
西班牙 266
无敌舰队 144
征服者 104—109, 112—117
摩尔 71, 104, 116
西北公司 125
西北通道 102, 124, 130, 159, 162, 169, 262, 284
阿蒙森 302—304
富兰克林 292—293
西伯利亚 162, 168, 169, 170, 172, 288, 291, 297
西藏地区 42, 167, 228—231
西德尼·布丁顿 306, 307
西迪·穆巴拉克·孟买 204, 206
西蒙·玻利瓦尔 280
西蒙·费迪南多 102
西米尔科 15
西奈沙漠 243
西撒哈拉 75
西瓦，利比亚沙漠 24, 226
西西里岛 13, 15
西印度公司 192
西印度群岛 87, 88, 200, 265
希尔默斯·法布里修斯 123
希腊人 13, 15、20—25, 28, 74, 98, 136, 168, 326, 336
希罗多德 15, 19, 74, 227, 255, 326, 327
希帕克 336
锡 20, 21
锡兰，见“斯里兰卡”
喜马拉雅山 228, 231, 322—323, 324, 325
下加利堡，加拿大 125
下加利福尼亚 106, 108
夏尔河，马拉维 225
夏威夷 154, 156, 157, 158, 159, 162
暹罗 64
香料 28
香料路线 28, 29
香料贸易 28, 29, 80, 96, 97, 139, 141
香料群岛，见“摩鹿加群岛”
肖尔瓦湖，马拉维 225
肖肖尼族印第安人 176
小天鹅湾，澳大利亚 155
谢尔盖·科洛列夫 338, 341
辛普森沙漠，澳大利亚 185
新不列颠 147
新大陆 51, 84—85, 136, 216
见“中美洲”“北美洲”“南美洲”
新地岛 262, 286, 288, 289
新法兰西 103, 124—125, 127, 131, 132, 134
新荷兰 146, 147, 155, 158
新赫布里底群岛 103, 154
新几内亚 103, 147, 154, 161, 198, 273
新加坡 265, 328
新喀里多尼亚 163
新南威尔士 158, 264
新斯科舍 124
新西兰 103, 154, 155, 156, 158, 160, 264, 279
信号量 153
星盘 50, 67, 82—83
兴都库什 228, 251
匈奴人 30, 31
休·克拉珀顿 166, 200, 201
休·李 310
休达，摩洛哥 75
休伦湖 127
休伦印第安人 127
宿务，菲律宾 102, 141, 154
旭烈兀可汗 43, 53, 68
叙利亚 12, 22, 28, 29, 240—242, 252, 255
叙利亚沙漠 253
玄奘 13, 42, **46—47**
雪崩 324
雪橇 293, 295, 297, 298, 311, 312, 314

Y

1898—1900年英国南极探险 285
牙买加 87, 89, 146, 187
雅各布·勒梅尔 154
雅克·巴尔马特 324
雅克·卡蒂亚 102, 123, 124, 128, **130—131**, 152
雅克·马奎特 103, 124, **132—133**, 217
雅克-伊夫·库斯托 263, 327, **330—333**
雅克塔帕特，秘鲁 280
亚伯达，加拿大 125
亚伯拉罕·奥特柳斯 99, 154
亚当峰，斯里兰卡 50
亚丁 65, 70, 254, 255
亚里士多德 22, 98, 136, 326
亚历山大·冯·洪堡 122, 146, 258, 262, 265, **266—269**, 276, 280
亚历山大·戈登·莱恩 226
亚历山大·库兹涅佐夫 309
亚历山大·麦克林 320, 321
亚历山大·麦肯齐 125
亚历山大·塞尔柯克 103, 147, 148
亚历山大大帝 12, 15, **22—25**, 152, 235, 237, 255, 326
亚历山大的克莱门特 42
亚历山大市，埃及 22, 42, 270
亚历山德里娜·廷恩 227
亚马逊河 94, 102, 198, 199, 264, 265, 268
雨林 198, 272
源头 266, 269
亚美利哥·韦斯普奇 **94—95**, 99
亚姆 15, 16, 17
亚速 75
亚洲，见中亚；东亚；东南亚
小亚细亚12, 255
扬·卡斯滕 154
耶尔马·约翰森 298, 299
耶尔马克·提莫费耶维奇 170
耶鲁大学秘鲁考察队（1911年）280
耶路撒冷 50, 53, 67, 98, 252, 271
耶律楚才 43
也门 28, 70, 226, 227, 254, 271
野生动物 146, 178, 204, 209
鳄鱼 265
深海 329
沙漠 26
渡渡鸟 265
鱼 212, 265, 277
吼猴 266
丛林 198

袋鼠 265
企鹅 140, 285
草原犬鼠 174
普列日瓦斯基马 236
斯特勒海牛 170
见“鸟”“昆虫”
叶尼塞河，西伯利亚 291
“一战” 27, 238, 248, 252, 253, 319
伊奥里，尼日利亚 201
伊本·白图泰 50, 67, **68—71**, 72, 122, 226
伊本·法德兰 13, 29, **32—33**
伊本·马尔万 75
伊本·沙特，国王 38, 167, 227, 239
伊本·伊德里西 66, 98, 99
伊拉克 68, 227, 251, 252, 253
伊朗 251, 254, 271
伊里 16
伊利诺伊河 134, 135
伊莎贝拉·伯德 245, 265
伊斯帕尼奥拉，海地 90
伊斯帕尼奥拉岛 94, 102, 106, 108, 116, 120, 216
哥伦布 86, 87, 88, 89, 90
伊西多鲁斯，塞维利亚 98
医药 122—123
义净 42
译员萨拉姆 29, 66
易北河 21
易洛魁联盟 125
易洛魁印第安人 124, 125, 126, 127, 130, 131, 135
意大利 266
因纽特人 38, 124, 294, 295, 302, 306, 308, 310—311
服装 172, 173, 245, 305, 310
圆顶冰屋 173, 307
皮划艇 125, 298
印度 33, 44—45, 47, 50, 65, 70, 99, 231, 251, 258
亚力山大 12, 25
海上航线 51, 74—75, 76, 77, 80—81, 96—97
贸易 28, 29
印度河流域 14, 25, 44
印度尼西亚 146, 216, 218, 273
印度洋 63—65, 74, 77, 80, 136, 155, 332
印加 84—85, 104, 118, 264
马丘比丘 280—281
皮萨罗 112—115
英戈·赫若尔夫松 34
英戈弗尔·阿尔纳森 13
英国北极考察（1875年）262
英国国家南极探险队（1901—1904年）262, 312, 315, 318
英国皇家地理学会 204, 207, 209, 223, 224, 301, 315
纪念奖章 206
创建者奖章 200, 222
金奖 202, 215, 247
英国跨越北极探险（1968—1969年） 295, 309
英国南极考察（1910—1912年）312—317
英国伊丽莎白一世 102, 144
尤金·塞尔南 345
尤卡坦半岛，墨西哥 334
尤里·加加林 263, **338—341**, 343, 347
游牧民族 26, 27, 33
幼发拉底河 253
宇航员 123, 153, 245, 342—345, 346
宇航员 338—341, 346
雨林 18, 97, 198—199, 214, 266, 272, 277
玉石 30
原住民 185, 189, 190, 191, 208
约旦 253
约道库斯·洪第乌斯 287
约翰·埃尔哈特 204, 217
约翰·艾伦 264
约翰·巴克斯特 186, 187
约翰·拜伦 149
约翰·伯克哈特 27, 166, **240—243**, 244
约翰·布鲁克 155
约翰·查尔斯·弗里蒙特 166, 169, **180—181**
约翰·戴维斯 102, 124
约翰·弗里德里希·布卢门巴赫 240, 242
约翰·富兰克林 153, 262, 284, **292—293**, 302, 306, 307
约翰·哈德利 137
约翰·哈里森 83, 137, 142
约翰·汉宁·斯贝克 153, 166, 193, **204—207**
约翰·赫歇尔爵士 276
约翰·亨特 322
约翰·卡伯特 51, 92, 124
约翰·卡斯珀·拉瓦特 277
约翰·兰德 201
约翰·理查森 292
约翰·麦克道尔·斯图亚特 166, 169, **184—185**
约翰·默里 329
约翰·斯米顿 326
约翰·斯威格特 345
约翰·托灵顿 293
约翰·文森特 319
约翰·杨 345
约翰国王 189, 190—191
约翰尼斯·开普勒 336
约瑟夫·班克斯 156, 158, 195, 197, 240, 242, 264, 265
约瑟夫·道尔顿·胡克 264, 285
约瑟夫·勒卡隆神父 126
约书亚·斯洛克姆 137
月球 263, 337, 342—343, 344, 346
月球环形山 204
月氏人 30
越南 13, 64
云南，中国 58

Z

赞比西河 166, 198, 208, 221, 223, 224
葬礼仪式 32, 33, 120
扎伊尔河 214
乍得 226, 250
乍得湖 202
旃陀罗笈多二世，印度 44
詹姆斯·奥古斯都·格兰特 153, 204, 206, 207
詹姆斯·布鲁斯 192, 203
詹姆斯·查普曼 209
詹姆斯·戈登·贝内特 215
詹姆斯·凯德号 263, 295, 318, 319
詹姆斯·克拉克·罗斯 285
詹姆斯·库克 83, 103, 123, 137, 155, **156—159**, 161, 162, 266, 284
詹姆斯·理查森 202, 203
詹姆斯·林德 122, 123, 142
詹姆斯·伦内尔 197
詹姆斯·丘马 223
詹姆斯·威德尔 285
詹姆斯·韦伯太空里远镜 347
詹姆斯·沃迪 321
詹姆斯·沃尔夫 125
詹姆斯堡，冈比亚 192
张骞 12, 29, **30—31**
长城 152, 235, 258
长江，中国 259
帐篷 27, 324, 325
爪哇 45, 58, 64, 154, 258
珍妮·巴雷 155
珍珠岛群岛 120, 121
征服者 102, 104—121, 198, 199, 216
郑和 51, 53, **63—65**, 75
织女星号 290, 291
直布罗陀海峡 18
植物学 158, 197, 264, 269
植物学湾，澳大利亚 158, 163
殖民 99
非洲 75, 80, 215, 221
古代世界 12, 15, 18
澳大利亚 156, 208
新大陆 87—89, 97, 104, 112—115, 118, 130, 135
维京 34—35, 36—39
殖民地办事处 196, 197
指南针号 162
制图学，见“地图”
智利 115, 276, 278
中东 59, 227, 238—255, 270
中国 12, 13, 42, 50, 51, 53, 149, 152, 217, 231
阿拉伯人 66, 68, 70—71
对外关系 28—29, 52
地质调查 258, 259
马可·波罗 56—59
斯坦因 235—237
中国汉朝 30—31, 44, 45, 53
中国杭州 58, 71
中国新疆 228, 231, 235, 236, 237
中美洲 84, 87, 89, 103, 104, 106—109, 118, 122
中亚 12, 30, 32, 44, 54, 68, 169, 228—237
马可·波罗 56—61
草原 172—173
重装步兵 22
舟船 142—143
卡拉维尔帆船 66, 75, 76, 90, 141
大帆船 90—91, 96, 130, 141
中国帆船 53
阿拉伯独桅帆船 13, 66, 67, 71
希腊三桅帆船 15, 20
破冰船 290
腓尼基人 18
葡萄牙人 76, 96
河流 199
罗马 14
汽船 29
维京长船 34, 35, 36, 40—41
周穆王，中国皇帝 29
朱棣，中国明朝皇帝 63, 64, 65
朱利安修士 50, 52
朱元璋 50
珠穆朗玛峰 123, 153, 231, 245, 263, 322—323, 324, 325
自然选择 272, 273, 276, 279

致谢

皇家地理学会（暨英国地理学家协会）特此致谢图片馆的杰米·欧文和乔伊·惠勒，以及朱莉·卡灵顿、乔尔斯·科尔、苏珊娜·詹姆斯、大卫·麦克尼尔、尼克·史密斯、凯瑟琳·苏奇、莎拉·斯特朗、珍妮特·特纳和塞缪尔·瓦莱。

英国DK出版公司特此致谢本书成书过程中在以下领域提供协助的下列人士：设计领域的莎朗·斯宾塞和乔安妮·克拉克，图片研究领域的珍妮·巴斯卡亚，以及地图领域的E.D.梅利特。

高树有限公司特此致谢负责本书校对工作的黛布拉·沃特与负责本书索引工作的克里斯·伯恩斯坦。

出版者特此致谢许可复制照片的下列人士或单位（以下全为英文标识）：

（略语表：a-上；b-下/底部；c-中心；f-远端；l-左，r-右；t-顶部；bkg-背景；AA-艺术档案馆；BAL-布里奇曼艺术图书馆；DK-英国DK出版公司；NHM-伦敦自然历史博物馆；RGS-皇家地理学会）

1 RGS. 2–3 RGS. 4–5 RGS. 6 RGS: (bl) (bc) (br). **Corbis:** Bettmann (tl). **Getty Images:** Banco Nacional Ultramarino/BAL (tr); Bibliothèque Nationale, Paris/Imagno (tc). **6–7 Getty Images:** BAL (c). **7 RGS:** (bl) (bc). **Corbis:** Bettmann (tc) (br); The Gallery Collection (tl). **Getty Images:** National Library of Australia, Canberra/BAL (tr). **8 RGS:** (b/3) (b/1) (t/4) (t/5). **Corbis:** Bettmann (t/2); The Gallery Collection (t/3); Sandro Vannini (t/1). **Getty Images:** (b/5); Hulton Archive (b/6); Imagno (b/2); National Library of Australia, Canberra/BAL (t/6); Popperfoto/Bob Thomas (b/4). **8–9 Getty Images:** Photographer's Choice/Jochen Schlenker (c) (b/4). **9 RGS:** (t/6) (b/2) (b/5). **Corbis:** Bettmann (b/1); Sean Sexton Collection (b/3); Stapleton Collection (t/1). **Getty Images:** BAL (t/2); Hulton Archive/Stringer (t/5). **NASA:** (b/6). **courtesy of the National Park Service:** (t/4). **Marinemuseum, St Petersburg:** (t/3). **10–11 Corbis:** Richard T. Nowitz. **12 Alamy Images:** WoodyStock (fclb). **Corbis:** Bettmann (tr); Araldo de Luca (tc); Gianni Dagli Orti (tl) (cla); Guenter Rossenbach (ca). **Getty Images:** Axiom Photographic Agency/Chris Caldicott (fbr); De Agostini Picture Library/W. Buss (crb); Photodisc/Medioimages (bl). **13 Alamy Images:** David Paterson (bc). **Corbis:** Robert Harding World Imagery/Sybil Sassoon (clb); Royal Ontario Museum (cl); SABA/Shepard Sherbell (tr); Gustavo Tomsich (tl). **Getty Images:** Apic (c); Stone/Russell Kaye/Sandra-Lee Phipps (br). **14 Corbis:** Stapleton Collection (b). **DK:** The British Museum, London (tr). **14–15 Corbis:** Gianni Dagli Orti (t/bkg). **15 RGS:** (tc). **Corbis:** The Gallery Collection (cl). **Getty Images:** Stock Montage (tl). **16 akg-images:** Hervé Champollion (cla). **Corbis:** AA (cra). **DK:** The British Museum, London/Peter Hayman (crb). **17 Corbis:** Brooklyn Museum (tc); Gianni Dagli Orti (tr) (b). **18 Alamy Images:** Paul Almasy (br). **Getty Images:** National Geographic/Michael Nichols (cr). **19 Alamy Images:** Mary Evans Picture Library. **20 AA:** Museo Naval, Madrid/Gianni Dagli Orti (br). **Corbis:** Roger Tidman (cra). **Rvalette:** (cla). **21 Corbis:** Science Faction/Fred Hirschmann (r). **Hannes Grobe:** (tl). **22 Corbis:** The Gallery Collection (cla). **Getty Images:** DK/Gary Ombler (crb). **23 Corbis:** Sandro Vannini. **24 Corbis:** Kazuyoshi Nomachi (bc). **Getty Images:** BAL (ca); The Image Bank/Andrea Pistolesi (cra). **25 Corbis:** Robert Harding World Imagery/Nico Tondini (cra). **Getty Images:** BAL (tl); Time & Life Pictures/Mansell (b). **26 Corbis:** Frans Lemmens (c). **26–27 Corbis:** Science Faction/Louie Psihoyos (b). **Getty Images:** Aurora/Ted Wood (bkg). **27 Corbis:** Hulton-Deutsch Collection (tr). **Getty Images:** Three Lions (clb). **28 Corbis:** Burstein Collection (bl); The Gallery Collection (tr). **28–29 Corbis:** Jose Fuste Raga (t/bkg). **29 Getty Images:** Photographer's Choice/Michele Falzone (tc); Win Initiative (tl). **30 The British Museum, London:** (cr). **31 Corbis:** Edifice (t). **Mogao Caves:** (br); **ZazaPress:** (bl). **32 DK:** National Maritime Museum, London/Tina Chambers (cl). **Getty Images:** AFP/Carl de Souza (b). **33 Getty Images:** Tin Graham (cla). Illustration by Al-Biruni (973-1048) of different phases of the moon from *Kitab al-tafhim* (cr). **34 Corbis:** Homer Sykes (tr). **DK:** Danish National Museum/Peter Anderson (bc). **34–35 Corbis:** Wolfgang Kaehler (t/bkg). **35 RGS:** (tl) (b). **Getty Images:** Jeff J. Mitchell (tc). **36 Corbis:** Werner Forman (bc). **Getty Images:** Hulton Archive (cla). **37 Corbis:** Bettmann. **38 Corbis:** Robert Harding World Imagery/Yadid Levy (c). **Getty Images:** BAL (b); National Geographic/Peter V. Bianchi (tc). **39 Corbis:** Tom Bean (cra); Bettmann (crb); Wolfgang Kaehler (cla). **Getty Images:** First Light/Yves Marcoux (bl). **40 Alamy Images:** Alex Ramsay (bc). **The Viking Ship Museum, Roskilde, Denmark:** (cl) (bl) (c). **41 BAL:** Viking Ship Museum, Oslo (bc). **Corbis:** Werner Forman (tc). **DK:** Roskilde Viking Ship Museum, Denmark/Peter Anderson (cr). **Getty Images:** Robert Harding World Imagery/David Lomax (tl). **The Viking Ship Museum, Roskilde, Denmark:** (bl) (br). **Werner Forman Archive:** Viking Ship Museum, Bygdoy (tr). **42 Alamy Images:** The Art Gallery Collection (br). **Rolf Müller:** (tr). **42–43 Corbis:** Angelo Hornak (t/bkg). **43 Corbis:** Lindsay Hebberd (b); Jose Fuste Raga (tl); Alison Wright (tc). **44 RGS:** (bc). **AA:** The British Museum, London (tr). **Private Collection:** (cr). **45 Corbis:** Robert Harding World Imagery. **46 Alamy Images:** ArkReligion.com (cla); The Art Gallery Collection (cr). **46–47 The Trustees of the British Museum:** (b). **47 Alamy Images:** AA (c). **Corbis:** Asian Art & Archaeology, Inc. (cr); Richard T. Nowitz (tl). **48–49 Getty Images:** BAL. **50 akg-images:** (clb). **Corbis:** The Gallery Collection (tr). **DK:** National Maritime Museum, London/Tina Chambers (cl). **Getty Images:** BAL (cla) (bc) (tc); Panoramic Images (cra); Workbook Stock/Eitan Simanor (c). **Private Collection:** (crb). **51 Corbis:** (clb); Bettmann (cb) (crb); Chris Hellier (tl); Angelo Hornak (br); Frans Lanting (tr); Francesc Muntada (tc); Stapleton Collection (bl). **Getty Images:** Photographer's Choice/Christopher Thomas (ca). **Library of Congress, Washington, D.C.:** (cr). **52 AA:** Museo Correr, Venice/Dagli Orti (cr). **Corbis:** The Gallery Collection (tr). **52–53 Corbis:** Barry Lewis (b); Michel Setboun (t/bkg). **53 Corbis:** Bettmann (tc); Nik Wheeler (tl). **54 akg-images:** (cla). **Alamy Images:** The Print Collector (tr). **Getty Images:** Photographer's Choice/Massimo Pizzotti (bc). **55 Corbis:** Nik Wheeler (b). **Photolibrary:** John Warburton-Lee Photography/Antonia Tozer (c). **56 Corbis:** Bettmann (cla). **57 Getty Images:** Bibliothèque Nationale, Paris/Imagno. **58 Corbis:** Zhuoming Liang (bl). **Getty Images:** Altrendo (br). **58–59 Getty Images:** Roger Viollet Collection (tc). **59 RGS:** (br). **Alamy Images:** Mary Evans Picture Library (cra). **Corbis:** Fadil (bl). **Getty Images:** China Span/Keren Su (clb). **60–61 AA:** Bibliothèque Nationale, Paris. **62 Getty Images:** AFP/Frederic J. Brown. **63 Alamy Images:** Chris Hellier (cla). **DK:** National Maritime Museum, London (br). **64 Corbis:** Martin Puddy (clb). **Getty Images:** The Image Bank/Ashok Sinha (crb). **National Palace Museum, Taiwan:** (cla). **65 Alamy Images:** Stuart Forster (tr). **Corbis:** Asian Art & Archaeology, Inc. (c); JAI/Michele Falzone (bl). **Getty Images:** The Image Bank/Christopher Pillitz (bc). **Private Collection:** (clb). **66 Getty Images:** BAL (bl); Popperfoto (tr). **66–67 Getty Images:** Photographer's Choice/Travelpix Ltd (t/bkg). **67 Alamy Images:** AA (tc). **DK:** National Maritime Museum, London/James Stevenson (br). **Getty Images:** BAL (tl). **68 Corbis:** Bojan Brecelj (bc). **69 Getty Images:** Apic. **70 Corbis:** EPA/Namir Noor-Eldeen (bc). **Getty Images:** Photographer's Choice/Travelpix Ltd (t). **71 Corbis:** Burstein Collection (cr). **Getty Images:** AFP/Yasser Al-Zayyat (cb); Gallo Images/Thomas Dressler (bc). **Private Collection:** (bl). **72 Getty Images:** Apic. **73 Getty Images:** Apic. **74 Getty Images:** BAL (tr). Calicut from Georg Braun and Franz Hogenber's atlas *Civitates orbis Terrarum*, 1572 (b). **74–75 Corbis:** (t/bkg). **75 Corbis:** Bettmann (cr); Bojan Brecelj (tc); Michael Freeman (tl). **76 Alamy Images:** Mary Evans Picture Library (cr). **BAL:** Private Collection/Ancient Art and Architecture Collection Ltd. (cla). **77 Getty Images:** Biblioteca Estense, Modena/BAL (tr); Tobias Titz (b). **78 AA:** Marine Museum, Lisbon/Dagli Orti (br). **Photo Scala, Florence:** Museu Nacional de Arte Antiga, Lisbon (bl). **Alvesgaspar:** (cla). **79 Getty Images:** Gallo Images/Anthony Bannister (cra). **Alvesgaspar:** (tl). **80 Corbis:** The Gallery Collection (cla). **Getty Images:** Kean Collection (cr). **Carlos Luis M C da Cruz:** (bl). **81 Getty Images:** Banco Nacional Ultramarino/BAL. **82 RGS:** (cl) (cb) (cr) (crb). **Corbis:** Werner Forman (bc). **DK:** National Maritime Museum, London/James Stevenson (c). **Getty Images:** National Geographic/Walter Meayers Edwards (bl). **83 RGS:** (br). **DK:** National Maritime Museum, London/James Stevenson (bc). **Getty Images:** Aurora Open/Peter Dennen (cr); SSPL (cl) (clb). **84 Corbis:** Danny Lehman (bl). **Getty Images:** Digital Vision/John Wang (tr). **84–85 Corbis:** Frans Lanting (t/bkg). **85 Corbis:** Bettmann (tl) (tc). **Getty Images:** AFP/Philippe Desmazes (b). **86 Corbis:** The Gallery Collection. **87 AA:** Museo Navale, Pegli/Dagli Orti (bl). **Corbis:** The Gallery Collection (ca). **88 Corbis:** Reuters (b). **Getty Images:** Roger Viollet Collection (tr). **89 Alamy Images:** Mary Evans Picture Library (clb). **AA:** General Archive of the Indies, Seville/Dagli Orti (br). **Corbis:** Yann Arthus-Bertrand (cra). **Getty Images:** Tribaleye Images/Jamie Marshall (cla). **90 Nau Santa Maria de Colombo:** (c) (bl) (br) (cb) (clb). **90–91 Alamy Images:** Mikael Utterstrom (tc). **91 Nau Santa Maria de Colombo:** (tl) (bl) (br) (c) (cr) (tc) (tr). **92 BAL:** Bristol City Museum and Art Gallery (bl). **Corbis:** Bettmann (cla); Hans Strand (tr). **93 AA:** Bibliothèque Nationale, Paris/Harper Collins Publishers. **94 akg-images:** The British Library, London (cra). **Getty Images:** National Library of Australia, Canberra/BAL (cla); Time Life Pictures/James Whitmore (bl). **95 AA:** General Archive of the Indies, Seville/Dagli Orti (tl). **Getty Images:** Hulton Archive (br). **Photo Scala, Florence:** The British

Library, London (tr). **96 Alamy Images:** The Art Gallery Collection (tr). **Corbis:** (cla). **97 Alamy Images:** INTERFOTO (cr). **Corbis:** Arvind Garg (c). **Getty Images:** Stone/Macduff Everton (b). **98 RGS:** (clb) (bc). **Alamy Images:** INTERFOTO (cb). **Corbis:** Araldo de Luca (c); Science Faction/Library of Congress, Washington, D.C. (crb). **DK:** The British Museum, London/Alan Hills (cl). **Getty Images:** BAL (cr). **99 RGS:** (cl) (c) (crb). **Corbis:** NASA (cr). Joannes Janssonius, *Belgii Foederati Nova Descriptio*, Amsterdam, 1658 (cb); Library of Congress, Washington, D.C. (bl). **100-101 Corbis:** Bettmann. **102 Alamy Images:** AA (tc) (cl); North Wind PIcture Archives (bl) (bc). **Getty Images:** BAL (cra); Hulton Archive (tl); The Image Bank/Daryl Benson (c). **103 Corbis:** (bc); Bettmann (tl) (cr); PoodlesRock (c). **DK:** Pitt Rivers Museum, University of Oxford (clb). **Getty Images:** Hulton Archive (crb); Stone/Diane Cook and Len Jenshel (br). **104 akg-images:** Biblioteca Colombina, Seville (tr). **DK:** CONACULTA-INAH-Mex. Authorized reproduction by the Instituto Nacional de Antropologia e Historia/Michel Zabe (cr). **104–105 Getty Images:** Robert Harding World Imagery (t/bkg). **105 Corbis:** Yann Arthus-Bertrand (tl); Bettmann (tc). **Codex Mendoza/Folio 67r:** (b). **106 Corbis:** AA (cla). **DK:** Michel Zabe (c) (bl). **107 Corbis:** The Gallery Collection. **108 Corbis:** Werner Forman (tr) (cl); Stuart Westmorland (br). **Getty Images:** Glow Images (bl). **109 Corbis:** Gianni Dagli Orti (cla). **Getty Images:** BAL (b). **110–111 Corbis:** Werner Forman. **112 AA:** Musée du Château de Versailles, Dagli Orti (cla). **Corbis:** Smithsonian Institution (bc). **113 AA:** Biblioteca Nazionale Marciana, Venice/Dagli Orti. **114 Alamy Images:** North Wind Picture Archives (tl). **DK:** The British Museum, London (c). **Getty Images:** Time Life Pictures/Mansell (br). **115 Corbis:** Bettmann (crb); Photographer's Choice/Allison Glen (cra). **Getty Images:** Photographer's Choice/Tony Hutchings (ca). **116 AA:** Culver Pictures (tr). **Corbis:** Bettmann (cla); Paul Colangelo (cr). **116–117 Getty Images:** Discovery Channel Images/Jeff Foott (b). **117 Getty Images:** Hulton Archive (cl). **118 Alamy Images:** North Wind Picture Archives (tr). **Corbis:** Bettmann (cla). **Getty Images:** MPI (br). **119 Corbis:** Bettmann (t). **120 Corbis:** Kevin Schafer (bl). **Getty Images:** Hulton Archive (cla). **121 akg-images:** North Wind Picture Archives (tr). **Corbis:** (tl). **122 Alamy Images:** AA (crb); World History Archive (cr). **Getty Images:** BAL (clb); SSPL (cl). **123 DK:** The American Museum of Natural History/Lynton Gardiner (cr). **123 DK:** NASA (cr). **Getty Images:** Buyenlarge (bl); SSPL (cb) (br). **124 Corbis:** Brand X/Brian Hagiwara (br); Raymond Gehman (tr). **124-125 Getty Images:** All Canada Photos/Don Johnston (t/bkg). **125 Corbis:** All Canada Photos/Barrett & MacKay (tc); Bettmann (tl); Smithsonian Institution (b). **126 Alamy Images:** North Wind picture Archives (br). **AA:** Kharbine-Tapabor (tr). **Corbis:** Bettmann (cla). **127 Corbis:** Bettmann (cr). **128–129 Getty Images:** BAL. **130 Alamy Images:** Mary Evans Picture Library (cr). **Getty Images:** Stock Montage (cla). **131 RGS:** (tr). **Corbis:** The Gallery Collection (b). **132 Alamy Images:** North Wind Picture Archives (cla/Jolliet). **Corbis:** Bettmann (cla/Marquette); Richard Cummins (br). **133 Alamy Images:** Peter J. Hatcher (t); North Wind Picture Archives (cl) (br). **134 Alamy Images:** The Art Gallery Collection (cr). **Corbis:** Bettmann (cla). **135 Alamy Images:** Paul Nichol (tc). **AA:** Laurie Platt Winfrey (b). **136 AA:** Marine Museum, Lisbon/Dagli Orti (b). **Corbis:** Joel W. Rogers (tr). **136–137 Corbis:** Joel W. Rogers (t/bkg). **137 Corbis:** George Steinmetz (tc). **DK:** National Maritime Museum, London/James Stevenson (br). **Getty Images:** SSPL (tl). **138 akg-images:** The British Library, London. **139 Alamy Images:** North Wind Picture Archives (crb). **Getty Images:** Hulton Archive (ca). **140 Corbis:** Theo Allofs (c). **Getty Images:** DK/Nigel Hicks (br). **141 Alamy Images:** North Wind Picture Archives (clb). **AA:** Museo Naval, Madrid/Dagli Orti (tr). **Corbis:** Fadil (bc). **Getty Images:** Skip Nall (bl); National Geographic/Bjorn Landstrom (tc). **142 RGS:** (cra/Biscuit) (br). **DK:** Whitbread Plc/Steve Gorton (cra/Barrel). **Getty Images:** National Geographic/Richard Schlecht (cb). **142-143 Corbis:** Arctic-Images (bkg). **143 RGS:** (r). **Corbis:** Bettmann (cl). **144 AA:** Plymouth Art Gallery/Eileen Tweedy (cl). **Corbis:** Bettmann (tr); Joel W. Rogers (br); Stapleton Collection (cla). **145 Getty Images:** BAL. **146 RGS:** (tr). **Getty Images:** Hulton Archive (cla); Time Life Pictures/Jeffrey L. Rotman (c). **147 RGS. 148 RGS:** (cla). **BAL:** Paul Mellon Collection/Yale Center for British Art (b). **Getty Images:** BAL (tr). **149 RGS:** (br). **DK:** Royal Green Jackets Museum, Winchester/Geoff Dann (c). **150 RGS:** (tr). **Alamy Images:** Mary Evans Picture Library (br). **Corbis:** Christel Gerstenberg (cla). **National Maritime Museum, Greenwich, London:** (clb). **151 Corbis:** Sygma/Philippe Giraud. **152 Alamy Images:** North Wind Picture Archives (br). **Corbis:** Arctic-Images (c); Frank Lukasseck (bl). **Getty Images:** Time Life Pictures/Eliot Elisofon (cr). Samuel Scott (1702-1772) , *Capture of the Spanish Galleon Nuestra Señora de Covadonga by the British ship Centurion commanded by George Anson, 20 June 1743*, 1722 (crb). **153 RGS:** (br). **Corbis:** Reuters/NASA (cr). **DK:** The Science Museum, London/Clive Streeter (cl). **154 DK:** Pitt Rivers Museum, University of Oxford/Andy Crawford (bc). **Getty Images:** Hulton Archive (tr). **154-155 Getty Images:** Iconica/Grant V. Faint (t/bkg). **155 RGS:** (tc). **Alamy Images:** AA (tl). **Getty Images:** AFP/Eric Feferberg (b). **156 Getty Images:** BAL (cla); SSPL (bl). **157 Getty Images:** National Library of Australia, Canberra/BAL. **158 Corbis:** Earl & Nazima Kowall (bc); Stapleton Collection (tl). **158–159 DK:** National Maritime Museum, London/James Stevenson (tc). **159 Corbis:** Bettmann (cr); JAI/Michele Falzone (clb); Mark A. Johnson (bc); Momatiuk-Eastcott (bl). **160 Corbis:** Dave Bartruff (cr); Bettmann (cla). **161 BAL:** The British Library, London (t). **DK:** The British Museum, London (bl). **Getty Images:** Rijksmuseum, Amsterdam/BAL (br). **162 AA:** Musée La Pérouse, Albi/Dagli Orti (tr); Private Collection, Paris/Dagli Orti (c). **Getty Images:** BAL (br); Roger Viollet (cla). **163 Getty Images:** BAL. **164-165 Corbis:** Burstein Collection. **166 RGS:** (c) (cb). **Alamy Images:** David Hancock (br). **Corbis:** Bettmann (tl); Hulton-Deutsch Collection (cr); George Steinmetz (crb). **Getty Images:** Apic (cl); BAL (tc) (tr); MPI (bc); Robert Harding World Imagery/Gavin Hellier (bl). **167 RGS:** (tl) (bc) (bl) (c) (ca) (cra) (tc). **Getty Images:** Edward Gooch (clb); Popperfoto (tr); Roger Viollet/Harlingue (crb). **168 RGS:** (b). **Getty Images:** Bibliothèque des Arts Décoratifs, Paris/BAL (tr). **168–169 DK:** Judith Miller/Branksome Antiques (t/bkg). **169 RGS:** (tc). **DK:** Judith Miller/Branksome Antiques (c). **Getty Images:** Time Life Pictures/Robert Lackenbach (tl). **170 Alamy Images:** INTERFOTO (bc). **DK:** NHM/Harry Taylor (cra). **Marinemuseum, St Petersburg:** (cla). **171 Alamy Images:** North Wind Picture Archives. **172 Corbis:** Sygma/Jacques Langevin (b). **172–173 Corbis:** George D. Lepp (bkg). **173 Corbis:** Adrian Arbib (cla); Peter Harholdt (br); Historical Picture Archive (bc). **Getty Images:** Hulton Archive/Stringer (cra). **174 Corbis:** W. Perry Conway (bc). **courtesy of the National Park Service:** (cla). **175 Corbis:** Dewitt Jones. **176 Alamy Images:** North Wind Picture Archives (bl). **Corbis:** Tom Bean (cla); Connie Ricca (cra). **The US National Archives and Records Administration:** (crb). **177 BAL:** Peter Newark American Pictures (b). **Getty Images:** MPI (tl) (tr). **178 Alamy Images:** North Wind Picture Archives (c) (bc) (bl). **178–179 Alamy Images:** North Wind Picture Archives (bc). **Getty Images:** Ulrich Matuschowitz (bkg). **179 akg-images:** North Wind Picture Archives (tl). **Getty Images:** MPI (cr) (bc). **180 Alamy Images:** North Wind Picture Archives (bl). **Corbis:** Bettmann (cla). **Getty Images:** MPI (cr). **181 Alamy Images:** North Wind Picture Archives (cr). **Corbis:** David Muench (b). **182 Hansen Wheel and Wagon Shop (hansenwheel.com) :** Kirsten Andersen (clb) (bc) (br) (crb). **Luray Caverns, VA, USA:** (c). **183 Getty Images:** Lonely Planet Images/John Elk III (cb). **Hansen Wheel and Wagon Shop (hansenwheel.com) :** Kirsten Andersen (tl) (bl) (br) (cra) (crb) (tr). **184 Getty Images:** Riser/Chris Sattlberger. **185 Alamy Images:** INTERFOTO (cra). **AA:** (cla); South Australia Art Gallery (crb). **186 Alamy Images:** Mary Evans Picture Library (cla) (tr). **AA:** (bc). **187 Alamy Images:** Mary Evans Picture Library (tr). **Getty Images:** National Geographic/O. Louis Mazzatenta (b). **188 Alamy Images:** Mary Evans Picture Library. **189 Corbis:** Chris Hellier (ca). **Images provided by the Australian Aboriginal & Archaeology Collections, South Australian Museum, Adelaide, Australia:** (br). **190 BAL:** Look and Learn (tl). **Getty Images:** National Geographic/Joe Scherschel (bc). **State Library Of Victoria:** Australian Manuscripts Collection (br). **191 Getty Images:** Radius Images (cla). **Photolibrary:** Claver Carroll (ca); Peter Harrison (b). **192 RGS:** (bl). **Corbis:** Sergio Pitamitz (tr). **192–193 Getty Images:** The Image Bank/Ben Cranke (t/bkg). **193 RGS:** (tl) (br) (tc). **194 Getty Images:** National Geographic/Martin Gray. **195 Getty Images:** Time Life Pictures/Mansell (ca). *Travels in Central Africa*, 1859 (br). **196 RGS:** (cra). **BAL:** Bibliothèque des Arts Decoratifs, Paris/Archives Charmet (bc). **Getty Images:** Robert Harding Picture Library/Jenny Pate (cla). **197 RGS:** (cl). **Corbis:** Yann Arthus-Bertrand (b). **Library Of Congress, Washington, D.C.:** James Gillray (cr). **198 Library Of Congress, Washington, D.C.:** (bl). **survivalinternational.org:** Funai/Miranda Gleison (cr). **198–199 Corbis:** Frans Lanting (bkg). **199 Corbis:** Bettmann (cr). **200 RGS:** (ca). **Corbis:** National Geographic Society/Dr Gilbert H. Grosvenor (tr); George Steinmetz (b). **201 RGS:** (c). **Private Collection:** (tr). **202 RGS:** (cla). **AA:** Musée des Arts Africains et Océaniens/Dagli Orti (cr). **Corbis:** Wolfgang Kaehler (clb). **203 RGS:** (t) (bl). **204 RGS:** (cla/Speke) (bc) (bl) (cr). **Getty Images:** Hulton Archive/Stringer (cla/Burton). **205 Getty Images:** BAL. **206 RGS:** (t) (bc). **206–207 RGS:** (c). **207 RGS:** (br). **Corbis:** Michael Nicholson (tr); Kennan Ward (bc). **208 RGS:** (cla) (bc) (cra). **Corbis:** Visuals Unlimited (cb). **209 RGS:** (tl) (tr). **210-211 RGS. 212 RGS:** (cla). **DK:** NHM (tr). **212–213 Getty Images:** Time Life Pictures/Mansell (b). **213 Getty Images:** Photographer's Choice/Sylvain Grandadam (tr). **214 RGS:** (cla) (bl). **214-215 Getty Images:** National Geographic/Michael Nichols (c). **215 RGS:** (cb). **Getty**

Images: SSPL (tr). **216 Alamy Images:** AA (tr). **216-217 Getty Images:** BAL (t/ bkg). **217 RGS:** (tl). **akg-images:** Nimatallah (cr). **Getty Images:** Stone/ Nicholas Parfitt (tc). **Private Collection:** (b). **218 AA:** Laurie Platt Winfrey (cla). **BAL:** Bibliothèque Les Fontaines, Chantilly/Archives Charmet (bl). **Corbis:** EPA/Adrian Bradshaw (cr). **219 AA:** Marine Museum, Lisbon/Dagli Orti. **220 Corbis:** Sergio Pitamitz. **221 RGS:** (br). **Corbis:** Bettmann (ca). **222 RGS:** (c). **Corbis:** Paul Almasy (bc); Peter Johnson (bl). **222–223 RGS:** (tc). **223 RGS:** (tr) (bl) (br) (tr/Pen). **224 RGS:** (c) (cr). **Corbis:** (bl). **224–225 Getty Images:** Photographer's Choice/Kevin Summers (bkg). **225 RGS:** (tl) (bl) (c) (tr). **226 RGS:** (tr) (bl). **226–227 Corbis:** Bob Krist (t/bkg). **227 Corbis:** Alinari Archives (b); Bettmann (tl). **Getty Images:** Iconica/ Frans Lemmens (tc). **228 RGS:** (cr). **Corbis:** Tibor Bognar (bl). **Getty Images:** Imagno (cla). **229 RGS. 230 RGS:** (t). **BAL:** Archives Charmet (bl). **231 RGS:** (tr) (bc). **akg-images:** (cla). **Pravit:** (bl). **232–233 RGS. 234 Corbis:** Pierre Colombel. **235 The Trustees of the British Museum:** (br). **Getty Images:** Hulton Archive (ca). **236 RGS:** (cra). **Alamy Images:** RIA Novosti (bl). **Corbis:** Burstein Collection (cla). **237 RGS:** (bl). **AA:** The British Library, London (cra). **The Trustees of the British Museum:** (c). **Corbis:** Eurasia Press/Steven Vidler (tl). **238 RGS:** (cla) (crb). **Getty Images:** Time Life Pictures/ Bob Landry (tr). **239 RGS. 240 Getty Images:** Imagno (cla). **Private Collection:** (bl). **241 Corbis:** Alinari Archives. **242 Alamy Images:** Mary Evans Picture Library (bl). **Corbis:** Sygma/Frédéric Soltan (tr). **243 Corbis:** Historical Picture Archive (tr); Richard T. Nowitz (br). **Getty Images:** Taxi/Harvey Lloyd (bc). **244 BAL:** Musée du Vieux-Marseille, Marseille/Giraudon (cl). **Corbis:** Blue Lantern Studio (br); Lowell Georgia (c). **Getty Images:** Hulton Archive (cr). **245 RGS:** (c) (bl) (cb) (crb). **Corbis:** Aurora Photos/Stephen Matera (cr); Hulton-Deutsch Collection (cl). **246 RGS:** (cla). **246–247 RGS:** (b). **247 Corbis:** Kazuyoshi Nomachi (cr). **Getty Images:** Popperfoto (tc). **248 RGS:** (cla). **249 RGS:** (b). **Corbis:** George Steinmetz (tr). **250 RGS:** (bl). **Getty Images:** Hulton Archive (cla). **251 Corbis:** Frans Lemmens (br). **Pitt Rivers Museum, University of Oxford:** (l). **252 RGS:** (cla) (b). **Alamy Images:** Dennis Cox (tr). **253 RGS:** (c). **Library Of Congress, Washington, D.C.:** G. Eric and Edith Matson Photographic Collection (cla). **254 RGS:** (cla). **The John Murray Collection:** (cr). **254–255 Corbis:** Tibor Bognár (b). **255 RGS:** (cr). **256–257 RGS. 258 Corbis:** George Steinmetz (b). **Getty Images:** Hulton Archive (cla). **259 akg-images:** (cl). **Corbis:** Chun Li (br). **260–261 RGS. 262 Alamy Images:** AA (tl). **Corbis:** Academy of Natural Sciences of Philadelphia (cb); Yann Arthus-Bertrand (bl); Bettmann (tc) (cr). **DK:** The American Museum of Natural History/ Lynton Gardiner (br); NHM/Dave King (ca); Scott Polar Research Institute, Cambridge/Geoff Brightling (cra). **Getty Images:** Imagno (bc); SSPL (c); Stock Montage (cla). **NOAA:** (cl). **263 RGS:** (tl) (ftr) (tc). **Alamy Images:** Hipix (cr). **Corbis:** Bettmann (cla) (bc); Science Faction/Norbert Wu (cra); Underwood & Underwood (bl). **Getty Images:** Keystone (tr). **NASA:** (br). **TopFoto.co. uk:** (cl). **264 DK:** NHM (br). **Getty Images:** The Image Bank/David Noton (tr). **264–265 Corbis:** Yann Arthus-Bertrand (t/bkg). **265 RGS:** (tl) (b). **Getty Images:** Stock Montage (tc). **266 RGS:** (bc). **Image courtesy History of Science Collections, University of Oklahoma Libraries; copyright the Board of Regents of the University of Oklahoma:** (cla). **267 Getty Images:** National Geographic/Bobby Haas. **268 Corbis:** Yann Arthus-Bertrand (bc) (br). **Staatliche Museen zu Berlin:** (tc). **269 akg-images:** (tr). **Getty Images:** The Image Bank/Philippe Bourseiller (clb). Alexander von Humboldt, *Carte Generale*, 1811 (cl); Ugra Land (bc). **270 RGS:** (cr). **J.P. Trap:** (cla). **271 akg-images:** (bl). **Photolibrary:** AGE Fotostock/Wojtek Buss (t). **272 RGS:** (cla). **NHM:** (cl). from Henry Walter Bates, *The Naturalist on the River Amazons*, 1863 (tr). **273 Corbis:** Academy of Natural Sciences of Philadelphia (tr). **NHM:** (tl). **274 NHM. 275 NHM. 276 Corbis:** The Gallery Collection (cla). **DK:** Down House/ NHM/Dave King (c). **276–277 NHM:** (c). **277 Getty Images:** SSPL (cra). **278 akg-images:** (b). **Corbis:** Star Ledger/ William Perlman (cl). **DK:** NHM/Dave King (tr). **279 RGS:** (bl). **Getty Images:** Dan Kitwood (crb); Photolibrary/Chris Sharp (cra). **NASA:** Earth Sciences and Image Analysis Laboratory, Johnson Space Center (cla). **280 Library Of Congress, Washington, D.C.:** Harris & Ewing Collection (cla). **TopFoto.co.uk:** (bl). **Yale University Peabody Museum Of Natural History:** (cr). **281 Corbis:** Ed Kashi (b). **TopFoto.co.uk:** (tl). **282 Alamy Images:** Aivar Mikko (cr). **Getty Images:** (cla). **283 Getty Images:** Archive Photos (r); Time & Life Pictures/ Robert Nickelsberg (bl). **284 RGS:** (tr) (bl). **284-285 Corbis:** Geray Sweeney (t/ bkg). **285 RGS:** (tl) (tc). **NOAA:** (b). **286 Corbis:** Bettmann (cr). **Getty Images:** Stock Montage (cla). **287 RGS:** (t). **Alamy Images:** The Print Collector (br). **288 Alamy Images:** Pictorial Press Ltd (cla). **Corbis:** Paul Souders (cr). **289 akg-images:** (b). **Alamy Images:** AA (tl). **290 akg-images:** (cr) (bl). **Getty Images:** SSPL (cla). **291 AA:** Travelsite/ Global (c). **Getty Images:** Photographer's Choice/Paul Oomen (b). **292 RGS:** (tr). **Corbis:** Michael Nicholson (cla). **DK:** Scott Polar Research Institute, Cambridge/ Geoff Brightling (c). **292–293 RGS:** (c) (bc). **293 RGS:** (c). **TopFoto.co.uk:** (bc) (br). **294 RGS:** (clb) (bc). **294–295 Getty Images:** Digital Vision/Eastcott Momatiuk (bkg). **295 RGS:** (tr) (b). **296 akg-images. 297 RGS:** (cr). **Corbis:** Bettmann (ca); Rick Price (bc). **298 Getty Images:** Hulton Archive (tr); The Image Bank/Sue Flood (br); Imagno (bl). **299 RGS:** (bl). **akg-images:** Jürgen Sorges (br). **300 RGS:** (bc). **akg-images:** (crb) (bl). **DK:** Science Museum, London/Dave King (tr). **Getty Images:** Imagno (cl). **300–301 RGS:** (c). **Getty Images:** Photodisc/Don Farrall (bkg). **301 RGS:** (bc). **Corbis:** Bettmann (cr/Inset Photo); The Manuscript Collection (cr); The Manuscript Collection/Ms.8° 2201:3 (t). **The National Library of Norway:** The Manuscript Collection/Brevs. 48 (c). **302 Alamy Images:** Mary Evans Picture Library (c). **Corbis:** Bettmann (cla). **303 Corbis. 304 Alamy Images:** RIA Novosti (tc). **Corbis:** Bettmann (cra); Science Faction/Norbert Wu (br); Science Faction/Steven Kazlowski (bl). **305 RGS:** (clb). **Corbis:** Bettmann (t); Galen Rowell (br); Science Faction/Jeff Harbers (bl). **306 DK:** National Maritime Museum, London (c). **Getty Images:** Popperfoto/Bob Thomas (tr); Transcendental Graphics (cla). **307 Alamy Images:** World History Archive (cla). **Getty Images:** Hulton Archive (b). **Kari Herbert/Polarworld. co.uk:** (cr). **308 Alamy Images:** INTERFOTO (cr). **Corbis:** (b). **Library Of Congress, Washington, D.C.:** (cla). **309 DK:** The American Museum of Natural History/Lynton Gardiner (clb). Charles Francis Hall, *Arctic Researches and Life Among the Esquimaux*, 1865 (tr). **310 RGS:** (tr). **Corbis:** Bettmann (cla). **DK:** The American Museum of Natural History/Lynton Gardiner (c). **311 RGS:** (crb) (br). **Corbis:** Bettmann (bl); Staffan Widstrand (tr). **312 RGS:** (cla). **DK:** The American Museum of Natural History/ Lynton Gardiner (bl). **313 RGS. 314 RGS:** (cla). **Corbis:** Bettmann (b). **315 Corbis:** Bettmann (tl); Radius Images (bl); Chris Rainier (cra). **Antarctic Photo Library, U.S. Antarctic Program:** Commander Jim Waldron USNR (Retired) (br). **316 Getty Images:** Popperfoto (cl) (bc) (br) (c) (clb). **317 RGS:** (tl). **Getty Images:** Popperfoto (tr) (bc) (c) (cl) (cra). **318 RGS:** (cr). **Corbis:** Ann Hawthorne (bl); Sean Sexton Collection (cla). **319 RGS:** (tl) (r). **320 RGS:** (tr) (bc) (bl) (br) (cl) (cr). **321 RGS:** (tc) (bl) (br) (cl) (clb) (cr) (tr). **DK:** Royal Geographical Society, London (tl). **322 RGS:** (cla/Hillary) (br) (tr). **Getty Images:** Keystone (cla/Tenzing). **323 RGS:** (ca) (b). **Corbis:** Joanna Vestey (tr). **324 RGS:** (cra) (br). **Corbis:** Aurora Photos/Stefen Chow (bl). **324–325 Corbis:** Keren Su (bkg). **325 RGS:** (tr). **Getty Images:** Aurora/Peter McBride (cl). **326 Alamy Images:** mediacolor's (cr). **AA:** The British Library, London (tr). **326–327 Corbis:** Science Faction/ Norbert Wu (t/bkg). **327 akg-images:** (tl). **Getty Images:** The Image Bank/Jeff Rotman (b). **Science Museum / Science & Society Picture Library:** (tc). **328 Alamy Images:** Mary Evans Picture Library (cra). **Corbis:** Bettmann (cla) (bl). **329 Alamy Images:** INTERFOTO (cr). **Corbis:** Ralph White (tl). **Getty Images:** Taxi/Peter David (bl); Time Life Pictures/ Mansell (br). **330 The Kobal Collection. 331 Corbis:** Bettmann (br). **Getty Images:** ABC Photo Archives (ca). **332 Corbis:** Lawson Wood (br). **Getty Images:** National Geographic/Thomas J. Abercrombie (tc). **333 Getty Images:** National Geographic/Luis Marden (tl); Popperfoto/Haynes Archive (tr). **334 Corbis:** Stephen Frink (cr); Gianni Dagli Orti (br); Reuters/Henry Watkins & Yibran Aragon (bl). **334–335 Getty Images:** The Image Bank/Sue Flood (bkg). **335 Getty Images:** Stone/Jeff Rotman (t). **NOAA:** P. Rona (br). **336 DK:** Science Museum, London/Dave King (bl). **Getty Images:** Time Life Pictures/Mansell (tr). **336-337 Getty Images:** Stone/World Perspectives (t/ bkg). **337 NASA:** (tl); Johnson Space Center (tc) (b). **338 Corbis:** Bettmann (cla). **Science Photo Library:** Seth Joel (bc). **339 Alamy Images:** RIA Novosti. **340 Alamy Images:** RIA Novosti (b). **Private Collection:** (tr). **341 Alamy Images:** RIA Novosti (tl) (c) (tr). **Corbis:** Bettmann (bl); JAI/Jon Arnold (br). **342 DK:** NASA (clb). **NASA:** (cla) (br) (tr). **343 NASA:** (tl) (bl) (r). **344 Corbis:** (tr); Bettmann (br). **NASA:** Saturn Apollo Program (bl). **Science Museum / Science & Society Picture Library:** (cl) (cr). **345 Corbis:** (tc); Bettmann (cra) (br). **NASA:** (crb); Saturn Apollo Program (bl). **Science Museum / Science & Society Picture Library:** (tl) (ca) (cl). **346 NASA:** Johnson Space Center (bl); JPL (cr). **347 NASA:** (tl); ESA, S. Beckwith (STScl) and the HUDF Team (cra); Space Shuttle Project (b). **348 Charlie Bristow:** (bl). **Woods Hole Oceanographic Instititution:** (c). **349 Corbis:** EPA/ Martial Trezzini (cr). **Getty Images:** Stone+/Tyler Stableford (b). **Shaping the Globe Boxes: Getty Images:** Photographer's Choice/Jochen Schlenker (Mountain); Photographer's Choice/Roy Hsu (Forest); Stone/Ryan McVay (Desert). **Endpapers Getty Images:** SuperStock.